Grundriß der Physik

für Naturwissenschaftler, Mediziner und Pharmazeuten

von

Dr. Ernst Lamla
Oberstudiendirektor in Berlin

Zugleich fünfte, völlig neubearbeitete Auflage
der „Schule der Pharmazie
Physikalischer Teil“

Mit 250 Textabbildungen

Springer-Verlag Berlin Heidelberg GmbH
1925

ISBN 978-3-662-27167-4 ISBN 978-3-662-28650-0 (eBook)
DOI 10.1007/978-3-662-28650-0

Vorwort.

Das Buch ist für Naturwissenschaftler bestimmt, die die Physik nicht zum Hauptfach wählen (Mediziner, Pharmazeuten, Chemiker, Biologen). Es ist zugleich die 5., völlig neu bearbeitete und auf eine breitere Grundlage gestellte Auflage des physikalischen Teils der „Schule der Pharmazie". Auf längere mathematische Deduktionen wird grundsätzlich verzichtet. Die wenigen mathematischen Begriffe und Sätze, die gebraucht werden, sind im Anhang III noch einmal zusammengestellt. Der Umfang des Buches ist möglichst gering bemessen worden; doch ist bei aller Knappheit und Kürze darauf Wert gelegt worden, die physikalischen Zusammenhänge der einzelnen Erscheinungen und Erscheinungsgebiete herauszustellen. In diesem Zusammenhang möge besonders darauf hingewiesen werden, daß die atomistischen Auffassungen der neueren Physik in allen Kapiteln betont worden sind. In einem besonderen Abschnitt (dem 5. Hauptteil) sind eine Reihe von Eigenschaften der Atome und Elektronen behandelt, die den Leser klar erkennen lassen, daß es sich bei der Atomistik keineswegs etwa nur um eine Hypothese, sondern um einen wohl fundierten Komplex von Tatsachen handelt.

Auf die technischen Anwendungen der physikalischen Lehren ist, soweit sie von allgemeinem Interesse sind, an den geeigneten Stellen stets hingewiesen worden. Gelegentlich sind auch die dabei auftretenden technischen und wirtschaftlichen Probleme gestreift worden; ein näheres Eingehen verbot sich meist mit Rücksicht auf den Umfang des Buches. Aus dem gleichen Grunde mußten auch die geschichtlichen Angaben auf gelegentliche Bemerkungen beschränkt bleiben.

Noch eine Anmerkung möge gemacht werden. Es war bisher üblich, bei Temperaturangaben die Bezeichnung C (Celsius) hinzuzufügen, wenn die hundertteilige Skala gemeint war. Nachdem diese Skala vom 7. 8. 25 ab durch Reichsgesetz zur allein maßgebenden gemacht worden ist, ist der Zusatz nicht mehr nötig. Dementsprechend beziehen sich auch im folgenden alle Temparaturangaben ohne weiteren Zusatz auf die hundertteilige Skala.

Berlin-Charlottenburg, August 1925.

Ernst Lamla.

Inhaltsverzeichnis.

Erster Hauptteil.

Mechanik.

Zweiter Hauptteil.

Lehre von der Wärme und anderen Molekularwirkungen.

Dritter Hauptteil.

Elektrizität und Magnetismus.

Vierter Hauptteil.

Optik.

Fünfter Hauptteil.

Berichtigung.

Abb. 185 auf S. 215 ist um 180° zu drehen.

Erster Hauptteil.

Mechanik.

Mechanik des Massenpunktes.

Relativität von Ruhe und Bewegung. Ändert ein Körper in bezug auf einen anderen seine Lage nicht, so sagt man, er sei relativ zu diesem in Ruhe. Z. B. ist ein Mensch, der in einem fahrenden Eisenbahnzuge sitzt, relativ zum Zuge in Ruhe. Ein gedrehter Schleifstein ist relativ zu dem Zimmer, in dem er steht, nicht in Ruhe, obwohl er als Ganzes seine Lage beibehält, weil seine einzelnen Teilchen sich bewegen. Der Mensch, der im fahrenden Zuge sitzt und also relativ zu diesem ruht, bewegt sich relativ zur Erde. Ruht er relativ zur Erde, so bewegt er sich nichtsdestoweniger relativ zu den Sternen, da ja die Erde in elliptischer Bahn um die Sonne läuft und sich zudem um ihre Achse dreht. Ruhe und Bewegung müssen daher immer auf einen Vergleichskörper (Bezugsystem) bezogen werden. Die Erdbewegung ist für die meisten Bewegungen auf der Erde ohne merkbaren Einfluß; man nimmt daher häufig die Erde als Bezugsystem und sagt, daß ein Körper ruhe oder sich bewege, wenn er relativ zur Erde ruht oder sich bewegt. Wir können aber ebensogut andere Bezugsysteme wählen.

Materieller Punkt. Wir werden im folgenden häufig Körper betrachten, deren Ausdehnung im Verhältnis zu den Längen, die sonst bei der Untersuchung vorkommen, sehr klein ist. Der Physiker spricht dann idealisierend von einem „materiellen Punkt“. Bei Fallversuchen z. B. können wir einen materiellen Punkt durch einen kleinen Stein, ein Bleikügelchen oder dergleichen verwirklicht denken. Bei astronomischen Untersuchungen, bei denen ungeheure Entfernungen auftreten, können wir die ganze Erde, unter Umständen sogar die Sonne oder das Sonnensystem als materiellen Punkt ansehen.

Gleichförmige Bewegung. Die einfachste Art der Bewegung ist die gleichförmig-geradlinige. Ein materieller Punkt bewegt sich gleichförmig-geradlinig, wenn er auf gerader Bahn in gleichen Zeiten immer den gleichen Weg zurücklegt. Jede Bewegung wird charakterisiert durch die Geschwindigkeit. Diese wird gemessen durch die Länge des Weges, den der Körper in der Zeiteinheit zurücklegt. Jede Geschwindigkeit besitzt Größe und Richtung; sie ist eine „gerichtete

Größe“ oder ein „Vektor“ (S. 8). Bezeichnet man die Geschwindigkeit eines Körpers mit v (velocitas), die Zahl der Zeiteinheiten, die er unterwegs ist, mit t (tempus), die zurückgelegte Wegstrecke mit s (spatium), so ist $s = vt$. Daraus folgt $v = \frac{s}{t}$. Die Maßzahl der Geschwindigkeit erhält man dadurch, daß man die Maßzahl des Weges durch die Maßzahl der Zeit dividiert. Für die Einheit der Geschwindigkeit hat man keine besondere neue Benennung gewählt; man paßt sie den Einheiten des Weges und der Zeit an. Legt z. B. ein Körper in 5 Sekunden 100 m zurück, so sagt man, seine Geschwindigkeit sei 20 m in der Sekunde (geschrieben: 20 m/sec oder 20 m s^{-1}). Einige Geschwindigkeiten seien angegeben:

Gehender Mensch	1,5	m/sec
Schnellzug	22	„
Flugzeug	120	„
Infanteriegeschoß	800	„
Orkan	40	„
Punkt am Äquator infolge der Erddrehung	465	„
Schall in Luft	330	m/sec
Erde in ihrer Bahn um die Sonne	30	km/sec
Licht	300000	km/sec

Ungleichförmige Bewegung. Ungleichförmig heißt eine Bewegung, wenn sich die Geschwindigkeit nach Größe oder Richtung oder nach beiden ändert. Man nennt die Bewegung beschleunigt, wenn die Geschwindigkeit zunimmt, verzögert, wenn sie abnimmt. Beschleunigt ist z. B. die Bewegung eines anfahrenden Zuges, verzögert die eines bremsenden Zuges. Wird ein stehender Zug in Fahrt gebracht, so durchläuft die Geschwindigkeit alle Werte von null bis zum Höchstwert. Wie kann man nun dabei die Geschwindigkeit in einem bestimmten Augenblick feststellen? Es sei (Abb. 1) OA ein Stück der Bahn des Körpers; die Geschwindigkeit in A soll bestimmt werden. Zu dem Zweck nehmen wir nahe bei A noch einen Punkt B an, der von dem Körper um die Zeit t später erreicht wird als A. So nennt man $v_m = \frac{AB}{t}$ die „mittlere Geschwindigkeit zwischen A und B“.

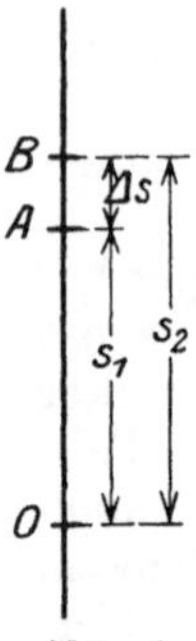

Abb. 1.

Je näher man B an A heranrückt, je kleiner also t wird, um so genauer erhält man die Geschwindigkeit in A selbst. Die Lage des Punktes A ist bestimmt durch seine Entfernung von einem festen Punkt der Bahn, etwa von O; es sei $OA = s_1$, $OB = s_2$, also $s = AB = s_2 - s_1$. Die Zeiten, zu denen der Körper in A und B ist, seien t_1 und t_2, so ist $t = t_2 - t_2$ und $v_m = \frac{s_2 - s_1}{t_2 - t_1}$. Man schreibt statt $s_2 - s_1$ häufig Δs. Dieser Ausdruck (gelesen: Delta s) ist nicht etwa als Produkt aufzufassen; der Buchstabe Δ, das griechische D, soll an „Differenz" erinnern; Δs bedeutet also „Differenz der Wege". Entsprechend setzt man $t_2 - t_1 = \Delta t$ und schreibt

$$v_m = \frac{\Delta s}{\Delta t}.$$

Nimmt man B immer näher bei A an, läßt also Δt immer kleiner werden oder, wie der Mathematiker sagt, sich der Grenze null nähern, so gibt der Grenzwert[1]), dem der Quotient $\frac{\Delta s}{\Delta t}$ zustrebt, die Maßzahl der Geschwindigkeit v im Punkte A an. Man schreibt

$$\underline{v = \lim_{\Delta t \to 0} \frac{\Delta s}{\Delta t}} \qquad \text{(lies: limes } \frac{\Delta s}{\Delta t} \text{ für } \Delta t \text{ gegen null).}$$

Wächst z. B. der Weg nach der Formel $s = 3 \cdot t^2$ m, ist er also nach der Zeit 1 sec $s = 3$ m, nach der Zeit 2 sec $s = 3 \cdot 4 = 12$ m usw., und verlangt man die Geschwindigkeit v zur Zeit $t = 4$ sec, so setzt man

$$t_1 = 4 \qquad t_2 = 4 + \Delta t$$

$$s_1 = 3 \cdot 16 = 48 \qquad s_2 = 3 \cdot (4 + \Delta t)^2 = 48 + 24 \cdot \Delta t + 3 \cdot (\Delta t)^2$$

$$\Delta s = s_2 - s_1 = 24 \cdot \Delta t + 3 \cdot (\Delta t)^2$$

$$v_m = \frac{\Delta s}{\Delta t} = 24 + 3 \cdot \Delta t.$$

Je kleiner Δt wird, desto mehr nähert sich v_m dem Wert 24[2]); es wird

$$v = \lim_{\Delta t \to 0} (24 + 3 \cdot \Delta t) = 24 \text{ m/sec}.$$

Die Ermittelung solcher Grenzwerte ganz allgemein ist Aufgabe der Differentialrechnung.

Weg-Zeit-Diagramm. Zur Veranschaulichung gesetzmäßiger Beziehungen bedient man sich in der Physik gern der graphischen Darstellung. Betrachten wir z. B. eine geradlinige, beschleunigte Bewegung. In einem Koordinatensystem (Abb. 2) tragen wir auf der einen Achse die Zeiten t, auf der anderen die Wege s ab. Die zweite Achse kann man zugleich als Bahn des Punktes ansehen. Den Bahnpunkten A und B entsprechen die Diagrammpunkte A_1 und B_1. Man erkennt aus der Figur, daß die Maßzahl der mittleren Geschwindigkeit $v_m = \frac{\Delta s}{\Delta t}$ gleich dem Tangens

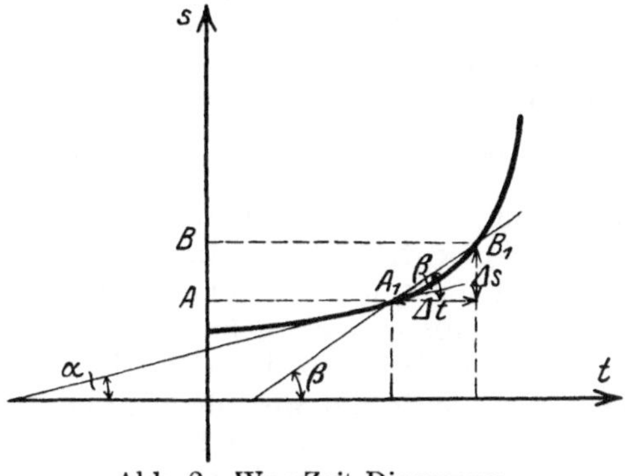

Abb. 2. Weg-Zeit-Diagramm.

[1]) Lateinisch: limes.

[2]) Für $\Delta t = 1$ sec wird $v_m = 27$ m/sec; für $\Delta t = 0{,}1$ sec wird $v_m = 24{,}3$ m/sec.

des Winkels β ist, den die Sekante $B_1 A_1$ mit der Zeitachse bildet. Die Grenzlage der Sekante ist die Tangente; der Tangens des Winkels α, den die Tangente in A mit der Zeitachse bildet, gibt daher die Maßzahl der Geschwindigkeit in A.

Das Zeit-Geschwindigkeits-Diagramm. Brauchbarer als das eben besprochene ist oft das Diagramm, das man erhält, wenn man auf der einen Achse die Zeiten, auf der anderen die zugehörigen Geschwindigkeiten aufträgt. Hat die Geschwindigkeit einen konstanten Wert v, so ist die entstehende Kurve eine zur t-Achse parallele Gerade (Abb. 3). Errichtet man in dem Punkte, der der Zeit t entspricht, das Lot, so ist der Inhalt des entstehenden Rechteckes $v \cdot t$, also gleich der Maßzahl des in der Zeit t zurückgelegten Weges. Ent-

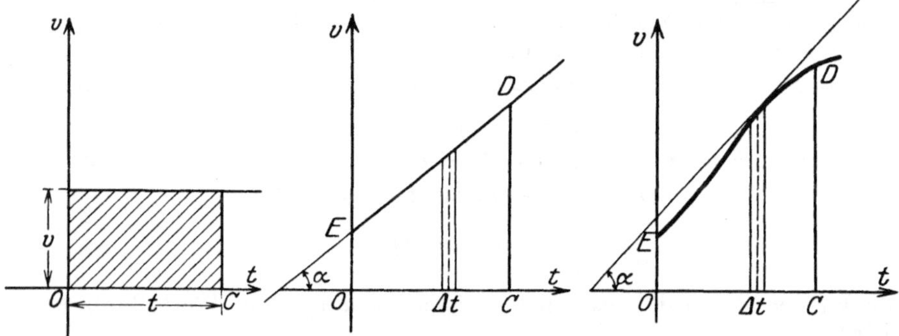

Abb. 3 – 5. Geschwindigkeit-Zeit-Diagramm.
3. Gleichförmige, 4. gleichförmig beschleunigte, 5. ungleichförmig beschleunigte Bewegung.

sprechendes gilt auch in anderen Fällen. Bei gleichmäßigem Anwachsen der Geschwindigkeit erhält man eine schräge Gerade (Abb. 4), bei ungleichmäßigem eine andere Kurve (Abb. 5). Wir errichten wieder in dem der Zeit t entsprechenden Punkt C das Lot auf der Zeitachse. Wir teilen OC in sehr viele kleine Teile und errichten in allen Teilpunkten Lote. Ist ein solches Zeitteilchen Δt klein genug, so können wir die Geschwindigkeiten in ihm durch ihren Mittelwert $v_m = \frac{\Delta s}{\Delta t}$ ersetzen; aus $\Delta s = v_m \cdot \Delta t$ folgt aber, daß der Inhalt des über Δt stehenden sehr schmalen Trapezes die Maßzahl Δs des während Δt zurückgelegten Weges angibt. Die Summe aller Trapeze ergibt aber das Viereck bzw. die Fläche $OCDE$; die Flächen des Diagramms messen mithin den im ganzen zurückgelegten Weg.

Im Fall der Abb. 4 heißt die Bewegung gleichförmig beschleunigt. Man mißt die Beschleunigung a durch die Maßzahl des Zuwachses, den die Geschwindigkeit in jeder Sekunde erfährt. Wächst also z. B. die Geschwindigkeit etwa in 6 sec um 300 cm/sec, so ist die Beschleunigung 50 cm/sec pro sec oder 50 cm/sec^2 = 50 cs^{-2}. In der Figur ist $a = \operatorname{tg} \alpha$. Je größer a, desto steiler ist die Gerade. Bei ungleichförmigem Anwachsen wird die Beschleunigung in einem bestimmten Augenblick durch den Grenzwert gemessen, dem der Quotient $\frac{v_2 - v_1}{t_2 - t_1} = \frac{\Delta v}{\Delta t}$ zustrebt, wenn Δt sich der Null nähert.

$$a = \lim_{\Delta t \to 0} \frac{\Delta v}{\Delta t}.$$

Entsprechend dem früheren Ergebnis ist a gleich dem Tangens des Winkels, den die Tangente an die Zeit-Geschwindigkeits-Kurve mit der Zeitachse bildet.

Aus dem Gesagten erkennt man die große Bedeutung des Zeit-Geschwindigkeits-Diagramms. Es gibt unmittelbar ein Bild von dem zeitlichen Verlauf der Geschwindigkeit, es gibt durch die mehr oder minder große Steilheit der Kurve (gemessen durch die Steilheit der Tangente) das Maß der Beschleunigung, es gibt endlich durch den Inhalt der Fläche, die zwischen der Kurve, den Achsen und der Ordinate des betrachteten Kurvenpunktes liegt, die Maßzahl des Weges. Die Verwendung dieses so einfachen und doch so wirksamen Hilfsmittels stammt von Galilei.

Der freie Fall. Das einfachste Beispiel einer beschleunigten Bewegung bietet jeder fallende Körper. Daß die Bewegung beschleunigt ist, lehrt der bloße Augenschein. Die genauere Gesetzmäßigkeit der Bewegung ist aber erst von Galilei aufgefunden worden (1638). Aus dem Altertum war der Satz überkommen, daß schwere Körper schneller fallen als leichte. Galilei lehnte den Satz ab; denn, so argumentierte er, hiernach müßten zwei gleiche Gewichte, die man nebeneinander fallen läßt, langsamer fallen, als wenn man sie zuvor durch einen Faden zu einem Körper verbindet; das aber sei absurd. Galilei erklärte vielmehr die tatsächlich vorhandenen Unterschiede der Fallzeiten durch den Reibungswiderstand der Luft. Im luftleeren Raum fallen in der Tat alle Körper, z. B. eine Stahlfeder und eine Flaumfeder, gleich schnell, wie Galilei vorausgesagt hat. (Die Luftpumpe wurde erst 1650 erfunden.) Das für alle Körper gleiche Gesetz des Fallens war nun aufzufinden. Das Verfahren, das Galilei hierzu eingeschlagen hat, ist vorbildlich für die Physik geworden. Es besteht in der geschickten Vereinigung von Überlegung, Rechnung und Experiment. Da der Fall immer schneller wird, liegt es nahe, anzunehmen, daß die Geschwindigkeit proportional der Zeit wächst. Direkt konnte Galilei diese Annahme nicht nachprüfen, wohl aber indirekt. Im Augenblick des Loslassens ist die Geschwindigkeit null; es ist also anzusetzen:

$$v = at.$$

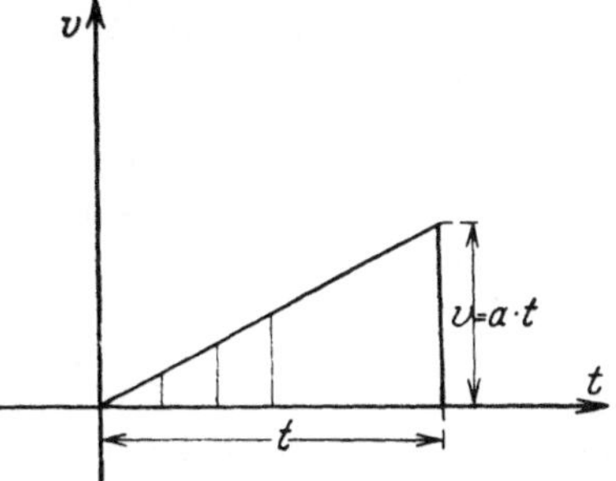

Abb. 6. Diagramm für gleichförmig beschleunigte Bewegung.

Das Diagramm ergibt eine gerade Linie, die durch den Achsenschnittpunkt (Abb. 6) geht. Der zurückgelegte Weg wird durch den Inhalt der Dreiecke dargestellt, z. B. ist der Weg nach

$$1\ \text{sec}:\ \frac{1}{2}\cdot a,$$

$$2\ \text{sec}:\ \frac{1}{2}\cdot 2\cdot 2a = \frac{a}{2}\cdot 4,$$

$$3\ \text{sec}:\ \frac{1}{2}\cdot 3\cdot 3a = \frac{a}{2}\cdot 9,$$

$$t\ \text{sec}:\ \frac{1}{2}t\cdot at = \frac{a}{2}t^2.$$

Aus der Annahme $v = at$ folgt also $s = \frac{a}{2}t^2$. Die gesamten Fallstrecken sind den Quadraten der Fallzeiten proportional. Da die Bewegung beim freien Fall sehr rasch vor sich geht, so untersuchte Galilei zunächst eine verlangsamte Fallbewegung, den Fall auf der schiefen Ebene. Er ließ Kügelchen in einer mit Pergament ausgelegten Holzrinne herunterrollen. Er fand sein Gesetz, daß die Fallstrecken proportional dem Quadrat der Zeiten wachsen, bestätigt. Damit war indirekt auch das andere Gesetz, daß die Geschwindigkeit der Zeit proportional ist, bestätigt. Je stärker die Ebene geneigt ist, desto größer wird die Beschleunigung a. Man hat später durch eine Reihe von direkten und indirekten Methoden auch die Beschleunigung beim freien Fall ermitteln können; man bezeichnet sie meist mit g (gravitas); ihr Betrag hängt von der geographischen Breite des Ortes ab; in unseren Breiten ist $g = 981$ cm/sec^2,

am Äquator $g = 978$ „ ,

an den Polen $g = 983$ „ .

Angenähert ist $g = 10$ m/sec^2. (Genaue Werte S. 46.)

Die Formeln für den freien Fall lauten mithin

$$v = gt,$$

$$s = \frac{g}{2}t^2;$$

aus diesen beiden folgt durch Elimination von t: $v^2 = 2gs$.

Auf einer schiefen Ebene vom Neigungswinkel α beträgt die Fallbeschleunigung

$$a = g \sin\alpha. \qquad \text{(S. 14.)}$$

Das Beharrungsgesetz. Gibt man einer Kugel einen Anstoß und läßt sie dann eine schiefe Ebene hinaufrollen, so nimmt ihre Geschwindigkeit ab, läßt man sie hinabrollen, so nimmt die Geschwindigkeit zu. Das tritt stets ein, unabhängig von der Neigung der Ebene, wofern man alle Störungen (Reibung usw.) entfernt. Daraus schloß Galilei, daß auf wagerechter Ebene, die also weder steigt noch fällt, ein Körper eine einmal erlangte Geschwindigkeit beibehält, wenn keine Reibung vorhanden ist (Beharrung). Das gilt zunächst nur für wagerechte Bewegung. Beim freien Fall nimmt nun die Geschwindigkeit in jeder Sekunde um den gleichen Betrag zu. Das kann man so deuten, daß auch hier die einmal erlangte Geschwindigkeit beibehalten wird, und daß die stets gleichbleibende Ursache des Fallens dazu in jeder Sekunde einen gleichen Zuwachs hinzufügt. Es gilt das Beharrungsgesetz auch für vertikale Bewegung. Wir postulieren heut, daß es für alle Bewegungen gilt: eine einmal erlangte Geschwindigkeit bleibt nach Größe und Richtung erhalten, bis eine besondere Ursache Änderungen hervorbringt. Die Richtigkeit dieser Behauptung folgt aus der Tatsache, daß alle Folgerungen mit dem Experiment übereinstimmen.

Senkrechter Wurf. Wird ein Körper mit der Geschwindigkeit c senkrecht nach unten geworfen, so addieren sich nach dem Vorstehenden in jedem Augenblick zwei Geschwindigkeiten: die Anfangsgeschwindigkeit c, die er nach dem Beharrungsgesetz beibehält, und die durch den Fall erlangte Geschwindigkeit $g \cdot t$; nach t sec beträgt also die Geschwindigkeit

$$v = c + gt.$$

Das Diagramm (Abb. 4) liefert eine nicht durch den Nullpunkt gehende Gerade; der in t sec zurückgelegte Weg s wird durch den Inhalt des Trapezes $OCDE$ gemessen; es ist $OE = c$; $CD = c + gt$; daher

$$s = \frac{1}{2} t(c + c + gt)$$

oder

$$s = ct + \frac{1}{2} gt^2.$$

Beim Wurf senkrecht nach oben ist entsprechend

$$v = c - gt,$$

$$s = ct - \frac{g}{2} t^2.$$

Im höchsten Punkt ist die Geschwindigkeit null; die Zeit T, nach welcher er erreicht wird, ergibt sich also aus

$$0 = c - gT, \qquad T = \frac{c}{g}.$$

Für die Steighöhe erhält man hieraus

$$S = \frac{c^2}{2g}.$$

Die Parallelogrammgesetze. Mit dem Beharrungsgesetz in Zusammenhang stehen einige Sätze über die Zusammensetzung zweier Bewegungen usw., denen ein Körper gleichzeitig unterliegt. Von ihnen soll jetzt die Rede sein.

Gesetz vom Parallelogramm der Bewegungen. Vollführt ein Körper zwei Bewegungen zu gleicher Zeit, so gelangt er an denselben Ort, als wenn er beide Bewegungen nacheinander ausführt. Haben die beiden Bewegungen verschiedene Richtungen, so gelangt der Körper an die Gegenecke des Parallelogramms, dessen Seiten von den beiden Wegen gebildet werden. (Unabhängigkeit der Bewegungen.)

Beispiel: Schwimmt jemand quer über einen Fluß mit starker Strömung, so wird er abgetrieben (Abb. 7); er landet in D statt in B.

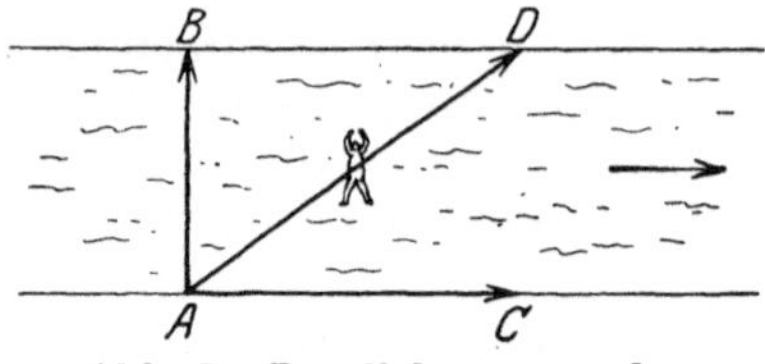

Abb. 7. Parallelogramm der Bewegungen.

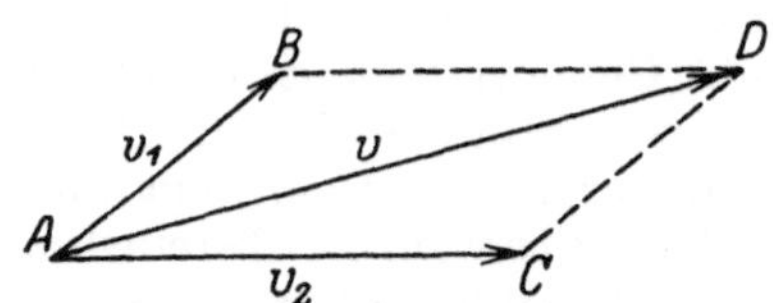

Abb. 8. Parallelogramm der Geschwindigkeiten.

Parallelogramm der Geschwindigkeiten. Vollführt ein Körper zwei gleichförmige Bewegungen, so gelangt er zur Gegenecke des Parallelogramms auf der Diagonale. Betrachtet man die Wege, die in 1 sec zurückgelegt werden, so stellen diese die Geschwindigkeiten dar, und man gelangt zu dem Satz: Werden einem Körper gleichzeitig die Geschwindigkeiten v_1 und v_2 in verschiedenen Richtungen erteilt, und stellt man diese Geschwindigkeiten nach Größe und Richtung durch zwei Strecken AB und AC dar, so stellt die Diagonale AD des aus diesen beiden Strecken gebildeten Parallelogramms nach Größe und Richtung die Geschwindigkeit dar, die der Körper wirklich hat (Abb. 8). Auch bei ungleichförmigen Bewegungen kann man die Geschwindigkeiten in jedem Augenblick nach diesem Gesetz zusammensetzen, da für genügend kleine Zeiten die Geschwindigkeiten als konstant angesehen werden dürfen.

Parallelogramm der Beschleunigungen: Ist ein Körper zwei Beschleunigungen ausgesetzt, so erfährt er eine Gesamtbeschleunigung, die sich nach Größe und Richtung als Diagonale eines Parallelogramms ergibt, dessen Seiten die ursprünglichen Beschleunigungen darstellen.

Bei allen Parallelogrammsätzen nennt man die Bestimmungsstücke der beiden anfänglich gegebenen Bewegungen die Komponenten, das Bestimmungsstück der sich ergebenden Bewegung die Resultierende oder Resultante. Man kann sich entsprechend auch jede Bewegung aus zwei Komponenten zusammengesetzt denken.

Vektoren und Skalare. Eine Größe, die einen Betrag und eine Richtung besitzt, nennt man in der Mathematik einen Vektor. Man spricht daher auch von dem Vektor der Geschwindigkeit, der Beschleunigung usw. Die nach dem Parallelogrammgesetz gefundene Resultierende zweier Vektoren nennt man auch die (geometrische) Summe der Vektoren. Vektoren pflegt man mit deutschen Buchstaben zu bezeichnen. In Abb. 8 z. B. würden die Buchstaben $\mathfrak{v}_1$ und $\mathfrak{v}_2$ die Geschwindigkeiten nach Größe (v_1 bzw. v_2) und Richtung (AB bzw. AC) bezeichnen. Die Tatsache, daß $AD = \mathfrak{v}$ die Resultierende ist, würde man mathematisch durch die Gleichung ausdrücken

$$\mathfrak{v} = \mathfrak{v}_1 + \mathfrak{v}_2.$$

Zum Unterschied zu den Vektoren nennt man solche Größen, die keine Richtung haben, sondern durch einen einzigen Zahlenwert vollständig definiert sind, „skalare“ Größen (z. B. Masse, Temperatur).

Schiefer Wurf. Mit Galilei denken wir uns die Wurfbewegung aus zwei Bewegungen zusammengesetzt: einer gleichförmigen in Richtung der Anfanggeschwindigkeit des bewegten Körpers und aus einem Fall senkrecht nach unten. Ist die Anfanggeschwindigkeit c und bildet sie mit der Horizontalen den Winkel α, so hat der Körper nach t sec zurückgelegt: in der Anfangsrichtung den Weg ct, senkrecht nach unten $\frac{g}{2}t^2$.

Seine augenblickliche Lage ist daher bestimmt durch die (in horizontaler und vertikaler Richtung gemessenen) Koordinaten (Abb. 9):

$$x = ct\cos\alpha$$

$$y = ct\sin\alpha - \frac{g}{2}t^2.$$

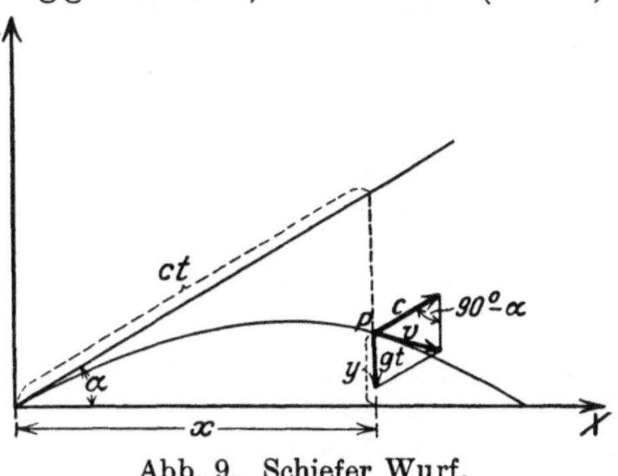

Abb. 9. Schiefer Wurf.

Die Wurfbahn ist eine Parabel. Die Wurfweite erhält man, wenn man $y = 0$ setzt, t errechnet und in die Gleichung für x einsetzt; es ergibt sich (s. Anhang III Nr. 2)

$$\text{Wurfweite } w = \frac{c^2 \sin 2\alpha}{g}.$$

Die größte Wurfweite bei gegebener Geschwindigkeit c ergibt sich für den Wurfwinkel 45^0.

Für kleine Geschwindigkeiten stimmen die Rechnungen mit den Versuchsergebnissen überein. Bei großen Geschwindigkeiten (Artilleriegeschosse) treten wegen des Luftwiderstandes sehr erhebliche Abweichungen auf; der absteigende Teil der Wurfbahn, die man auch ballistische Kurve nennt, ist weit steiler als der aufsteigende (Abb. 10).

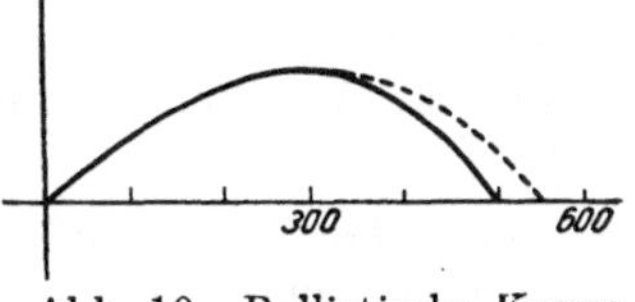

Abb. 10. Ballistische Kurve.

Die Geschwindigkeit nach t sec ist in der Anfangsrichtung c, senkrecht nach unten gt; die Resultierende ergibt sich als Diagonale eines Parallelogramms (Abb. 9) mit den Seiten c und gt und den Winkeln $90^0 + \alpha$ bzw. $90^0 - \alpha$; nach dem Cosinussatz der Trigonometrie (vgl. Anhang III Nr. 3) erhält man

$$v^2 = c^2 + g^2t^2 - 2\,cgt\cos(90^0 - \alpha),$$

$$v^2 = c^2 - 2\,g\left(ct\sin\alpha - \frac{g}{2}t^2\right),$$

$$\underline{v^2 = c^2 - 2\,gy.}$$

Wir werden später (S. 18) auf diese Formel zurückkommen; v hängt bei gegebenem c nur von der Höhe y ab.

Erstes Bewegungsaxiom. Wir haben oben gesehen, daß ein Körper, der keiner Reibung oder sonstigen Einwirkung unterliegt, nach einmaligem Anstoß in der einmal eingeschlagenen Richtung geradlinig gleichförmig sich weiterbewegt. Wo wir eine Abweichung von der geradlinig gleichförmigen Bewegung wahrnehmen, nehmen wir eine besondere Ursache für die Abweichung an: diese Ursache nennen wir „Kraft". Hiernach können wir das oben aufgestellte Beharrungs- oder Trägheitsgesetz in der Form aussprechen: „Jeder Körper verharrt im Zustande der Ruhe oder der gleichförmigen geradlinigen Bewegung, solange er nicht durch Kräfte gezwungen wird, seinen Zustand zu ändern." (Erstes Bewegungsaxiom[1]) von Newton.)

Beispiele für die Wirkung des Beharrungsgesetzes lassen sich im täglichen Leben zahlreich finden. Ein Stück Papier läßt sich unter einer ruhenden Münze mit plötzlichem Ruck wegziehen, ohne daß diese in Bewegung gerät; fährt ein Fahrzeug scharf an, so kippen die Insassen nach hinten über. — Bremst ein Fahrzeug scharf, so fallen die Fahrgäste nach vorn (ihre Körper behalten die Bewegung bei); aus gleichem Grund stürzt ein Schlittschuhläufer, der auf Sand gerät, vornüber; beim Abspringen von der fahrenden Bahn muß man ein Stück mitlaufen und den Oberkörper nach hinten biegen (Gesicht nach vorn!); Ausspritzen der Tinte aus einer Feder, usw. usw.

Wirkungen einer Kraft. Der Begriff der Kraft stammt aus dem menschlichen Erleben. Physikalisch brauchbar wird er erst, wenn man die Möglichkeit einer exakten Messung der Kraft hat. Nach dem Vorstehenden ist Kraft die Ursache einer Bewegungsänderung, also einer Beschleunigung. Ein Stein fällt beschleunigt zu Boden, also wirkt eine Kraft auf ihn, die ihn nach unten zieht. Derselbe Stein bringt, solange er auf der Hand oder auf dem Tisch liegt, einen Druck nach unten hervor. Beide Wirkungen schreiben wir derselben Ursache, der Kraft, zu. Eine Kraft kann sich also entweder äußern durch Erzeugen einer Druck- oder Zugwirkung (statische Wirkung) oder durch Hervorbringen einer Beschleunigung (dynamische Wirkung). Beide Wirkungen kann man zur Messung der Kraft benutzen.

Statisches Kraftmaß. Das Gewicht. Als statische Krafteinheit nimmt man den Druck oder Zug eines Kilogrammstücks, das ist der Druck oder Zug von 1 Liter Wasser bei 4° C, gemessen in der geographischen Breite 45°, in Meereshöhe[2]) und im luftleeren Raum. Man nennt diese Kraft ein Kilogrammgewicht (1 kg-gew. = 1000 gr.-gew.). Druck und Zug kann man mit einer gewöhnlichen oder einer Federwage messen (Dynamometer).

---

[1]) Newton selbst sprach von Bewegungs„gesetzen". Es handelt sich aber nicht um Gesetze, welche eine Verknüpfung bereits definierter Begriffe geben, freilich auch nicht um Axiome gleich denen der Mathematik, sondern eigentlich um Definitionen. Die beiden ersten Axiome definieren den Begriff der Kraft.

[2]) In Meereshöhe unter 45° Breite ist $g = 980{,}665\ \mathrm{cm/sec}^2$.

Dynamisches Kraftmaß. Die Masse. Auf einer wagerechten Schienenbahn (Abb. 11) wird ein kleiner Wagen durch ein fallendes Gewicht p in Bewegung gesetzt, nachdem man zuvor die Reibung durch ein kleines Übergewicht oder durch schwaches Neigen der Bahn kompensiert hat. Der Versuch zeigt, daß die durchlaufenen Wege mit dem Quadrat der Zeit wachsen, die Bewegung also gleichförmig beschleunigt ist; er ergibt weiter, daß die Beschleunigung a proportional der wirkenden Kraft p ist. Ähnliche Versuche können mit der Atwoodschen Fallmaschine (Abb. 12) angestellt werden. Zwei gleiche Gewichte g und g', die sich an der über die Rolle r gelegten Schnur das Gleichgewicht halten, werden durch ein Übergewicht p bewegt. Mit diesem Apparat kann man erstens sehr gut das Weg-Zeit-Gesetz $s = \frac{1}{2} a t^2$ nachprüfen; hebt man zweitens das Übergewicht mittels eines Ringes s ab, der g' durchläßt, p aber aufhält, so ist die weitere Bewegung gleichförmig; man kann so die erlangte Geschwindigkeit messen und das Gesetz $v = at$ direkt prüfen. Auch hier ist a proportional p.

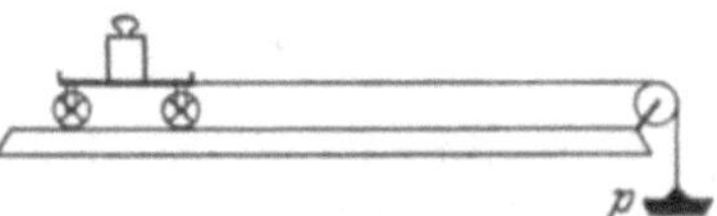

Abb. 11. Beschleunigte Bewegung.

Allgemein gilt: Die von einer Kraft hervorgebrachte Beschleunigung ist der Größe der Kraft proportional.

Die tägliche Erfahrung zeigt, daß verschiedene Körper durch dieselbe Kraft verschiedene Beschleunigungen erfahren. (Man denke etwa an einen Mann, der einmal einen leichten, das andere Mal einen schweren Wagen in Bewegung setzen soll.) Wir schreiben dies dem verschieden großen Beharrungswiderstand oder der verschiedenen „Masse" der zu bewegenden Körper zu. Zwei Massen nennen wir gleich, wenn sie durch dieselbe Kraft dieselbe Beschleunigung erfahren. Von zwei Massen ist die eine z. B. viermal so groß wie die andere, wenn sie durch dieselbe Kraft nur $^1/_4$ der Beschleunigung erfährt.

Als Einheit der Masse hat man die Masse von 1 ccm Wasser bei 4^0 C Temperatur gewählt; man nennt sie ein Gramm (Massengramm, abgekürzt g oder gr; 1000 gr = 1 kg). Denken wir uns zwei Kilogrammstücke, etwa eins aus Messing, eins aus Eisen; auf sie wirkt die gleiche Kraft nach unten (je 1 kg-gew.); sie erfahren ferner beim Fall gleiche Beschleunigung; mithin haben sie auch gleiche Massen. Allgemein gilt, daß Körper von gleichem Gewicht gleiche Massen haben, ein Satz, der durchaus nicht selbstverständlich ist (vgl. S. 20); aus ihm folgt, daß man auch die Massengleichheit mit der Wage feststellen kann.

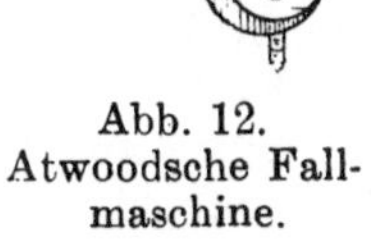
Abb. 12. Atwoodsche Fallmaschine.

Ist k_0 die Kraft, die der Masse 1 die Beschleunigung 1 erteilt, so ist zum Hervorbringen der Beschleunigung a die Kraft $k_0 \cdot a$ erforderlich; soll die Masse m diese Beschleunigung erfahren, so muß die Kraft m mal so groß sein:

$$k = k_0 \cdot m \cdot a\,.$$

Man nimmt nun als dynamische Einheit diejenige Kraft, die der Masse von 1 gr die Beschleunigung 1 cm/sec² erteilt; man nennt die Kraft 1 Dyn (von griech. dynamis = Kraft). Mißt man die Masse m in gr, die Beschleunigung a in cm/sec², die Kraft k in Dyn, so ist $k_0 = 1$, und man erhält

$$\underline{k = m \cdot a\,.}$$

Beziehung zwischen statischem und dynamischem Kraftmaß. Wir denken uns ein Grammstück. Die Kraft, die darauf wirkt, nennen wir 1 gr-gew. Wir können dieselbe Kraft auch in Dyn messen; denn sie erteilt dem Stück, dessen Masse $m = 1$ gr ist, beim Fall die Beschleunigung $a = 981$ cm/sec²; mithin ist die Kraft $k = m \cdot a = 981$ Dyn. Es ist also

1 gr-gew. = 981 Dyn (genauer: 980,665 Dyn; S. 10, Anm. 2),
1 kg-gew. = 981000 Dyn (980665 Dyn).

Man nennt das Maßsystem, bei dem man die Kraft in Dyn mißt, das absolute, dasjenige, bei dem man sie in kg-gew. mißt, das technische.

Man kann die Richtigkeit der angegebenen Maßbeziehung und des Gesetzes $k = ma$ z. B. dadurch nachprüfen, daß man bei den durch Abb. 11 und 12 angedeuteten Versuchen nicht nur die bewegende Kraft, sondern auch die Gesamtmasse aller bewegten Teile (Wagen + Übergewicht bzw. $g + g' + p +$ Rolle) in mannigfacher Weise abändert. Ist z. B. bei der Fallmaschine $g = g' = 200$ gr, $p = 4$ gr-gew. und entspricht die Bewegung der Rolle einer Zusatzmasse von 50 gr, so muß sein: $m = 200 + 200 + 4 + 50 = 454$ gr, $k = 4$ gr-gew. $= 4 \cdot 981$ Dyn, also

$$a = \frac{4 \cdot 981}{454} = 8{,}6\ \mathrm{cm/sec^2}\,.$$

Masse und Gewicht. Es ist wohl zu beachten, daß die Worte Kilogramm und Gramm zwei physikalisch ganz verschiedene Begriffe bezeichnen können, nämlich 1. ein Gewicht, also eine Kraft (kg-gew.), 2. eine Masse (kg). Man achte auch bei den Definitionen der Einheiten auf die Meßbedingungen. Die Masse hängt nur von der Substanz des Körpers selbst ab, das Gewicht dagegen von der Anziehungskraft zwischen Körper und Erde; daher bei der Definition des kg-gew. (S. 10) die Zusätze über geographische Breite, Meereshöhe usw., die für die Masse ohne Belang sind. 1 l Wasser hätte auf dem Monde dieselbe Masse, aber ein viel geringeres Gewicht als bei uns, was etwa mit einer Federwage feststellbar sein müßte.

Das zweite Bewegungsaxiom. Die aufgestellte Beziehung zwischen Kraft und Beschleunigung und die bei Behandlung der Wurfbewegung angewandten Grundsätze faßt das zweite Newtonsche Axiom[1]) zusammen: „Die Änderung der Bewegung (Beschleunigung) ist der wirkenden Kraft proportional und erfolgt in der Richtung der Kraft“.

Der erste Teil des Axioms ist in der Formel $a = \frac{k}{m}$ enthalten; der zweite spricht das sogenannte „Unabhängigkeitsprinzip“ aus: die an einem Körper durch eine Kraft hervorgebrachte Beschleunigung ist unabhängig von dem bereits vorhandenen Bewegungszustand des Körpers. Dieses Prinzip ist oben bei Behandlung des Wurfes benutzt worden.

Parallelogramm der Kräfte. Eine Kraft ist bestimmt durch Größe, Richtung und Angriffspunkt. Wirken auf einen Massenpunkt zwei Kräfte, so ruft nach dem Unabhängigkeitsprinzip jede die ihr entsprechende Beschleunigung hervor. Zwei Beschleunigungen lassen sich aber nach dem Parallelogrammsatz (S. 8) zu einer einzigen zusammensetzen, und da die Beschleunigungen den Kräften proportional sind, so gilt das gleiche auch für diese. Die Resultierende zweier an demselben Massenpunkt angreifenden Kräfte wird nach Richtung und Größe durch die Diagonale des Parallelogramms bestimmt, dessen Seiten die gegebenen Kräfte (die Komponenten) darstellen.

Zusammensetzung von Kräften. Am einfachsten ist das Parallelogrammgesetz durch einen Versuch von Varignon zu bestätigen. An einem kleinen Ring greifen zwei über Rollen gehende Schnüre an. Bringt man an beiden Schnüren gleiche Gewichte an, so ist der

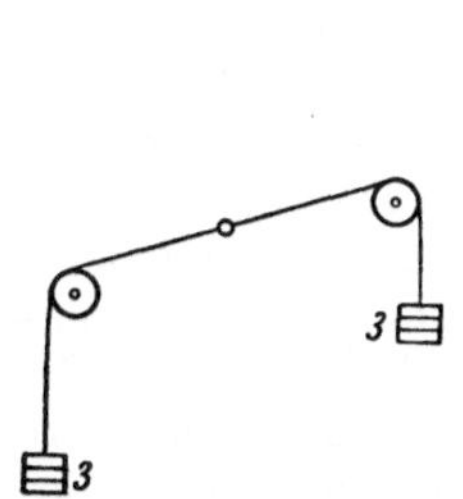

Abb. 13. Gleichgewicht zwischen 2 Kräften.

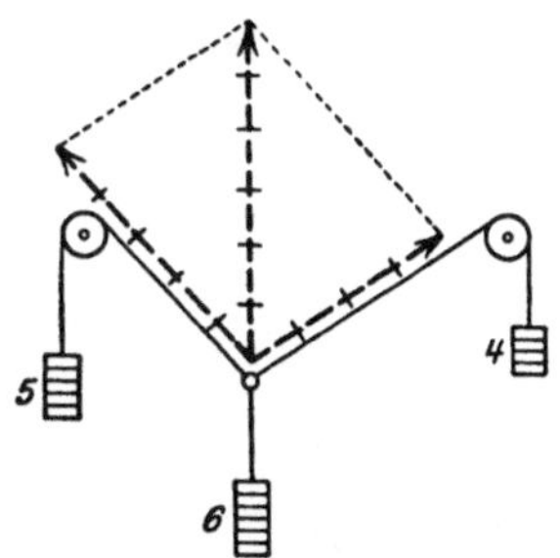

Abb. 14. Gleichgewicht zwischen 3 Kräften.

Ring bei jeder Lage der Gewichte im Gleichgewicht; die Resultierende ist null (Abb. 13). Man nehme nun die beiden Gewichte verschieden und hänge außerdem mittels eines Fadens ein drittes Gewicht an den Ring. Die Einstellung erfolgt so, daß die Resultierende zweier Kräfte gleich und entgegengesetzt der dritten Kraft ist (Abb. 14).

[1]) Vgl. die Anmerkung 1 auf S. 10.

Zerlegen von Kräften. Eine Kraft kann man in ihrer Wirkung durch zwei Kräfte (Komponenten) ersetzen, die man nach Größe und Richtung nach dem Parallelogrammsatz konstruiert. Diese Ersetzung, die man auch „Zerlegung" nennt, ist besonders in den Fällen wichtig, wo eine Bewegung des materiellen Punktes in Richtung der Kraft nicht möglich ist, wohl aber in einer anderen Richtung. Ein Körper vom Gewicht p (dargestellt in Abb. 15 durch den Vektor AB), der

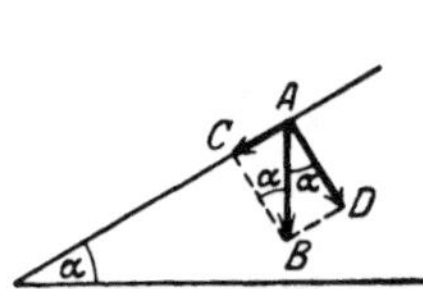

Abb. 15. Zerlegung der Schwerkraft auf der schiefen Ebene.

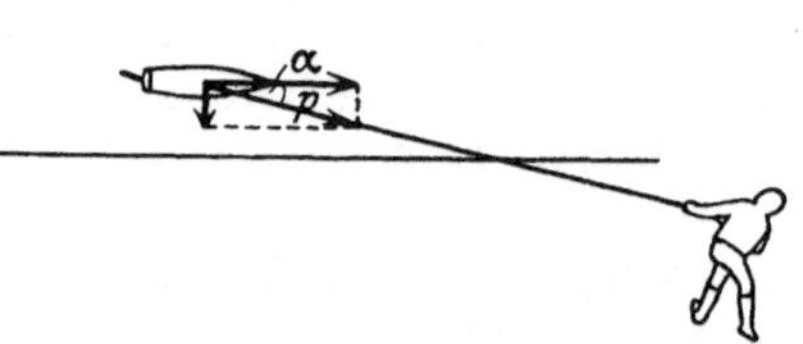

Abb. 16. Zerlegung der Zugkraft beim Treideln.

auf einer schiefen Ebene vom Neigungswinkel α liegt, strebt nur mit der Kraftkomponente $AC = p \cdot \sin \alpha$ in Richtung der Ebene nach unten, während die andere Komponente $AD = p \cdot \cos \alpha$ einen Druck senkrecht zur Ebene ausübt. Die Beschleunigung beim freien Fall ist g, daher die Beschleunigung auf der schiefen Ebene $g \cdot \sin \alpha$ (vgl. S. 6). Ähnlich kommt beim Treideln eines Schiffes (Abb. 16) von der Zugkraft p nur der Bruchteil $p \cdot \cos \alpha$ zur Wirkung.

Unter Umständen können Kräfte auch Bewegungen in Richtungen hervorbringen, die zu ihrer eigenen Richtung senkrecht sind. Läßt man auf einer schiefen Ebene, die auf einen leichten Wagen aufgesetzt ist, eine Kugel oder eine Walze herunterrollen, so erfährt der Wagen einen Rückstoß in horizontaler Richtung. Erklärung: Man zerlegt die nach unten gerichtete Kraft des Gewichts in eine Komponente in Richtung der schiefen Ebene und eine dazu senkrechte. Diese zweite übt einen Druck auf die Ebene aus, dem diese nachgibt. (Man denke sich die Druckkraft in eine horizontale und eine vertikale Komponente zerlegt.)

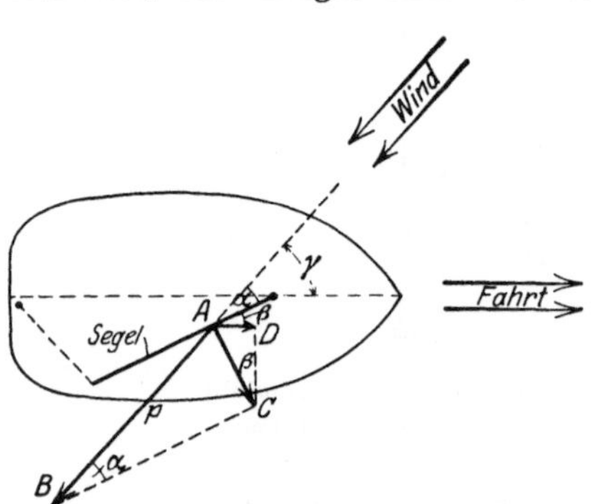

Abb. 17. Kraftverhältnisse beim Segeln am Winde.

Das Segeln senkrecht zum Winde und am Winde kann man sich durch eine ähnliche doppelte Kraftzerlegung klarmachen. Ist (Abb. 17) der Winkel zwischen der Fahrtrichtung und der Richtung, aus der der Wind weht, γ, zwischen Fahrtrichtung und Segel β, zwischen Segel und Wind α, ist ferner $AB = p$ die Kraft des Windes, so ist die senkrecht zum Segel wirkende Komponente $AC = p \sin \alpha$, die in der Fahrtrichtung wirkende mithin

$$AD = p \cdot \sin\alpha \cdot \sin\beta = \frac{p}{2}\left[\cos(\alpha - \beta) - \cos(\alpha + \beta)\right].$$

Da $\alpha + \beta = \gamma$ durch die Natur gegeben ist, so erhält man bei vorgeschriebener Wind- und Fahrtrichtung offenbar die größte Wirkung, wenn $\cos(\alpha - \beta)$ am größten, also $\alpha = \beta$ ist, wenn also das Segel den Winkel zwischen Wind- und negativer Fahrtrichtung halbiert. Der senkrecht zur Fahrtrichtung ausgeübte Druck sucht das Boot seitlich zu verschieben, wogegen durch einen tief reichenden Kiel angekämpft werden muß, und zu drehen, wogegen geeignete Stellung des Ruders (Steuers) hilft.

Drittes Bewegungsaxiom. Jede Kraft hat den Charakter einer Spannung; sie wirkt nach zwei Seiten hin. Ein Magnet und ein Stück Eisen ziehen sich gegenseitig an, beide erfahren die gleiche Kraft. (Man erkennt das am leichtesten, wenn man beide auf Korkscheiben auf Wasser setzt.) Beim Herausspringen aus einem Kahn fliegt dieser zurück. Das Geschütz erfährt einen Rückstoß beim Abfeuern des Geschosses. Diese Tatsachen werden zusammengefaßt durch das dritte Bewegungsaxiom[1]) von Newton: „Die Wirkungen zweier Körper aufeinander sind immer gleich und einander entgegengesetzt gerichtet“ oder, kürzer ausgedrückt: „Wirkung und Gegenwirkung sind einander gleich.“

Ein Gewicht sinkt auf einer Unterlage (Tischplatte) so tief ein, bis die durch das Zusammenpressen erzeugten Gegenspannungen gleich dem Druck des Gewichtes sind. Die Erde und ein Stein ziehen sich gegenseitig mit gleicher Kraft an; wegen der ungeheuer viel größeren Masse erfährt die Erde jedoch die viel kleinere Beschleunigung.

Das Pferd, das einen Wagen zieht, erfährt eine ebenso große Kraft rückwärts wie der Wagen vorwärts. Wenn es trotzdem den Wagen vorwärts zieht, so liegt das daran, daß durch die Reibung der Hufe eine Kraft zwischen Pferd und Erdboden wirksam wird, die eine Verschiebung des Systems Pferd + Wagen gegen den Erdboden ermöglicht. Fehlt diese Reibung, z. B. bei Glatteis, so gelingt die Bewegung nicht. Ebensowenig kann man, innerhalb des Wagens stehend, diesen durch Druck gegen die Wand vorwärtsbewegen. (Vgl. Münchhausen, der sich an den Haaren aus dem Sumpf ziehen will.) Die Kraft, die das Pferd beim Anziehen hervorbringen muß, ist gleich der Reibung des Wagens, vermehrt um das Produkt Masse des Wagens mal Beschleunigung; sie ist beim Anziehen größer als bei gleichmäßiger Fahrt, wo die Beschleunigung null ist.

Eine Masse m hänge an einem Faden an der Decke eines Fahrstuhls. Die Fadenspannung ist mg. Fährt der Fahrstuhl nach oben mit der Beschleunigung a an, so überträgt der Faden diese auf die Masse m, seine Spannung wächst um ma. Das Gewicht der Masse

---

[1]) Vgl. Anmerkung 1 zu S. 10.

vergrößert sich während der Zeit des Anfahrens im Verhältnis $\frac{g+a}{g}$. (Mit einer Federwage zu messen.)

Bewegungsgröße oder Impuls. Wirken zwei Körper aufeinander, z. B. beim Stoß, so ist nach dem dritten Newtonschen Axiom (S. 15) die Kraft, die der erste auf den zweiten ausübt, gleich der Kraft, mit der der zweite auf den ersten wirkt. Kraft wird gemessen durch das Produkt Masse mal Beschleunigung oder Masse mal Geschwindigkeitsänderung in der Sekunde. Es wird also in jedem Augenblick die Änderung des Produktes mv (Masse mal Geschwindigkeit) für beide Körper entgegengesetzt gleich sein, die Summe beider Änderungen ist null. Das Produkt mv heißt „Bewegungsgröße“ oder Impuls. Es gilt daher der Satz: Unterliegen zwei (oder mehr) Körper nur der gegenseitigen Einwirkung, so bleibt die Summe der Bewegungsgrößen konstant.

Wirkt auf einen (oder mehrere) Körper eine äußere Kraft, so ist ihre Größe gleich der pro Sekunde bewirkten Änderung der Bewegungsgröße.

Bewegungsgröße oder Impuls spielen z. B. eine Rolle bei der Behandlung des Stoßes und in der Quantentheorie.

Arbeit. Hebt man ein Gewicht, so leistet man „Arbeit“. Dieser Begriff stammt ebenso wie der Begriff der Kraft aus dem täglichen Leben. Um ihn physikalisch brauchbar zu machen, muß man ihn seines anthropomorphen Charakters entkleiden, muß man „Arbeit“ als eine objektiv meßbare Größe definieren. Die beim Heben des Gewichts geleistete Arbeit mißt man durch das Produkt aus der aufzuwendenden Kraft und dem Weg.

Verschiebt man ein Gewicht auf horizontalem Tisch, so leistet man Arbeit zur Überwindung der Reibung. Ist keine Reibung vorhanden, so hat man nach dem Beharrungsgesetz zur Aufrechterhaltung der Bewegung keine Kraft aufzubringen, also auch keine Arbeit zu leisten[1]). Allgemein gilt die Definition: Die Arbeit wird gemessen durch das Produkt aus der Kraft und dem Weg in der Kraftrichtung oder durch das Produkt aus dem Weg und der Kraft in der Wegrichtung. Mathematisch ausgedrückt, ist die Arbeit A, wenn man die Kraft mit k, den Weg mit s, den Winkel zwischen beiden mit (k, s) bezeichnet:

$$A = k \cdot s \cdot \cos(k, s).$$

Ein auf eine Unterlage drückendes Gewicht leistet keine Arbeit, weil der Weg null ist.

Weg-Kraft-Diagramm. Oft ändert sich die Kraft, während der Weg durchlaufen wird. Man trägt dann zweckmäßig in ein Diagramm den Weg als Abszisse, die jeweils zugehörige Kraft als Ordinate ein. Die von der entstehenden Kurve umrandete Fläche kann man, ähnlich

[1]) Nur zum Ingangsetzen, also zur Beschleunigung des Körpers ist eine Kraft und daher auch Arbeit nötig; diese kann man (theoretisch) beim Anhalten des Körpers wiedergewinnen.

wie in Abb. 5, in schmale Trapeze teilen, deren Inhalt die Arbeit auf der kurzen Wegstrecke mißt. Man erkennt, daß der Inhalt der ganzen Fläche die Maßzahl der im ganzen geleisteten Arbeit darstellt.

Einheit der Arbeit. Die Einheit der Arbeit hängt von der Einheit der Kraft ab.

Absolutes Maßsystem: Mißt man die Kraft in Dyn (S. 12), so ist die Einheit der Arbeit ein Erg (von griech. „ergon" = Arbeit). Sie wird geleistet, wenn die Kraft 1 Dyn ihren Angriffspunkt in der Kraftrichtung um 1 cm verschiebt. 1 Erg = 1 Dyn $\times$ cm. Eine Arbeit von 10^7 Erg heißt 1 Joule.

Technisches Maßsystem. Mißt man, wie es in der Technik geschieht, die Kraft in kg-gew., so ist die Einheit der Arbeit das Kilogrammeter oder Meterkilogramm (kgm); sie wird geleistet, wenn die Kraft 1 kg-gew. ihren Angriffspunkt in der Kraftrichtung um 1 m verschiebt, wenn man z. B. 1 kg-gew. um 1 m hoch hebt. Ein 75 kg schwerer Mensch, der einen 100 m hohen Hügel besteigt, leistet die Arbeit 7500 kgm.

Vergleich beider Einheiten: Es werde ein Kilogrammstück 1 m hoch gehoben. Die Arbeit ist 1 kgm. Andererseits ist die dabei zu überwindende Kraft 1 kg-gew. = 981 000 Dyn, der Weg 100 cm, daher die Arbeit $981\,000 \cdot 100 = 9{,}81 \cdot 10^7$ Erg. Mithin ist

$$1 \text{ kgm} = 9{,}81 \cdot 10^7 \text{ Erg}$$

oder

$$1 \text{ kgm} = 9{,}81 \text{ Joule}.$$

Wird ein Milligrammstück 1 cm gehoben, so ist die dazu nötige Arbeit $0{,}981 \cdot 1$ oder rund 1 Erg.

Leistung oder Effekt. Für die Beurteilung von Maschinen usw. ist es von Wichtigkeit, zu wissen, welche Arbeit in 1 Sekunde geleistet wird. Man nennt dies die Leistung oder den Effekt; die Einheit hängt von der Einheit der Arbeit ab.

1. Absolutes Maßsystem. Die Leistung 1 Joule/sec oder 1 Watt liegt vor, wenn in jeder Sekunde die Arbeit 1 Joule geleistet wird. 1000 Watt = 1 Kilowatt.

2. Technisches Maßsystem. Die Leistung 1 Pferdestärke (1 PS) liegt vor, wenn in jeder Sekunde die Arbeit 75 mkg geleistet wird. Da 1 kgm = 9,81 Joule, so ist

$$1 \text{ PS} = 75 \cdot 9{,}81 = 736 \text{ Watt}$$

oder

$$1 \text{ PS} = 0{,}736 \text{ Kilowatt}.$$

Eine Kilowattstunde (kWh) ist die Arbeit (nicht Leistung), die zustande kommt, wenn 1 Stunde (= 3600 sec) lang in jeder Sekunde die Arbeit 1000 Joule geleistet wird. Elektrische Arbeit wird oft nach dieser Einheit gemessen.

$$1 \text{ Kilowattstunde} = 1 \text{ kWh} = 3\,600\,000 \text{ Joule} = 367\,000 \text{ kgm}.$$

Energie. Drückt man eine Feder zusammen, so muß man dazu Arbeit aufwenden. Umgekehrt kann die gespannte Feder bei der Entspannung Arbeit leisten; sie besitzt, wie man sagt, „potentielle

Energie“. Energie ist hier also die Fähigkeit, Arbeit zu leisten. Ebenso besitzt ein Körper, den man gehoben hat, potentielle Energie: er kann z. B. beim Herabsinken einen anderen Körper heben und so Arbeit leisten. Man mißt die potentielle Energie eines Körpers durch die Arbeit, die er unter Verlust der Energie leisten kann.

Die Masse m, die sich in der Höhe h befindet, kann die gleiche Masse ebenso hoch heben: die dabei zu leistende Arbeit und mithin die Energie des Körpers ist $A = mgh$. Fällt der Körper frei herab, so verliert er seine potentielle Energie. Man kann sich vorstellen, daß sie verbraucht wird, um die Geschwindigkeit des Körpers zu erzeugen. Die Endgeschwindigkeit ist nach S. 6 gegeben durch $v^2 = 2\,gh$; mithin besteht zwischen der verlorenen potentiellen Energie und der erzielten Geschwindigkeit die Beziehung

$$A = mgh = \frac{1}{2} \cdot mv^2 .$$

Da umgekehrt ein Körper, der mit der Geschwindigkeit v emporgeschleudert wird, zur Höhe $h = \frac{1}{2}\frac{v^2}{g}$ wieder ansteigt, also unter Verlust der Geschwindigkeit die potentielle Energie mgh erwirbt, so sagt man, der Körper besitze vermöge seiner Geschwindigkeit eine Bewegungsenergie oder „kinetische Energie“ (griechisch kineo = ich bewege); sie ist gleich der potentiellen Energie, in die sie sich umsetzen kann; als ihr Maß sieht man daher den Ausdruck $\frac{1}{2}mv^2$ an.

Für den horizontalen und den schiefen Wurf waren die Formeln abgeleitet (S. 9)

$$v^2 = c^2 - 2\,gy \qquad \text{oder} \qquad \tfrac{1}{2}\,mc^2 = \tfrac{1}{2}\,mv^2 + mgy .$$

Das heißt: die Summe aus der kinetischen und der potentiellen Energie des Körpers ist in jedem Augenblick der Bewegung gleich groß.

Schreibt man die Gleichung in der Form

$$\tfrac{1}{2}mc^2 - \tfrac{1}{2}\,mv^2 = mgy ,$$

so ist mgy die Arbeit, die die Erde an dem fallenden Körper leistet, und man kann sagen: die Zunahme der kinetischen Energie des Körpers ist gleich der Arbeit, die an ihm geleistet wird.

Es ist das ein besonderer Fall eines viel allgemeineren Satzes, der so lautet: Die gesamte Energie eines Körpersystems nimmt bei irgend einer Änderung zu um den Betrag der Arbeit, die dem System von außen zugeführt wird; sie ist konstant, wenn das System abgeschlossen ist, d. h., wenn keine äußeren Kräfte darauf einwirken.

Gesetz von der Erhaltung der Energie. Der eben ausgesprochene Satz gilt zunächst nur für die Mechanik. Er wurde aber durch Robert Mayer (1842) und Hermann Helmholtz auf alle Gebiete der Physik ausgedehnt und zu einem der Hauptpfeiler der gesamten modernen Physik gemacht. Die Energie kann auch in anderen Formen auftreten, z. B. als Wärmeenergie, als elektrische, magnetische, chemische Energie. Um diese Energien miteinander vergleichen zu können, vergleicht man jede einzeln mit der mechanischen Arbeit, die nötig ist, um sie hervorzubringen. Es ist eins der wichtigsten Ergebnisse der experimentellen Physik, daß eine Kalorie Wärme, eine bestimmte elektrische oder sonstige Energie stets derselben mechanischen Energie entspricht. Man kommt so auf ein mechanisches Äquivalent der Wärme, der elektrischen Energie usw. Beim Vergleichen zweier Energiearten miteinander spricht man auch z. B. von dem thermischen Äquivalent der chemischen Energie usf. Das allgemeine Gesetz von der Erhaltung der Energie besagt dann, daß die Gesamtenergie eines Körpersystems bei irgend welchen Änderungen zunimmt um das Äquivalent der ihm von außen zugeführten Energie. In einem nach außen abgeschlossenen System bleibt die Gesamtenergie konstant.

Perpetuum mobile. Das Energiegesetz kann, wie alle physikalischen Sätze, nur durch die Erfahrung als richtig oder falsch erwiesen werden. Für die Richtigkeit des Energiegesetzes liegt nun eine sehr alte und oft gemachte Erfahrung vor. Jahrhunderte hindurch, bis in die neueste Zeit, ist immer wieder versucht worden, ein „Perpetuum mobile“ zu konstruieren. Man versteht darunter eine Maschine, die, einmal in Bewegung gesetzt, imstande ist, sich nicht nur selbst dauernd in Bewegung zu halten, sondern obendrein nach außen hin Arbeit abzugeben. Schon um sich selbst in Bewegung zu halten, muß sie zur Überwindung der Reibung Arbeit leisten. Das Energiegesetz fordert, daß diese Arbeit nur auf Kosten der Bewegungsenergie geleistet werden kann, daß also die Maschine schließlich zum Stillstand kommen muß. Die Erfahrung hat das immer wieder bestätigt, und hierin liegt eine der stärksten Stützen für das Gesetz von der Erhaltung der Energie.

Zentralkräfte.

Gegenseitige Kraftwirkung zweier Körper. Ein Körper kann auf einen andern einwirken bei unmittelbarer Berührung (Stoß) oder durch Vermittlung eines Zwischenkörpers (Ziehen eines Wagens an einer Schnur) oder endlich ohne jede sichtbare äußere Übertragung. Das letztere ist der Fall bei der Massenanziehung (Gravitation), z. B. zwischen Erde und Sonne, bei der elektrischen und der magnetischen Anziehung. Wir werden weiter unten sehen, daß die moderne atomistische Theorie auch die andern Kräfte auf solche Anziehungen zurückführt. Ziehen sich 2 Massenpunkte oder elektrische Ladungen an, so fällt die Kraft stets in die Richtung ihrer Verbindungslinien; man spricht daher von Zentralkräften.

Newtonsches Gesetz. Gravitationskonstante. Der Gedanke, daß zwei Weltkörper sich gegenseitig anziehen und sich dadurch in ihrer Bahn halten, ist bereits von Kepler (1609) eingehend behandelt worden. Newton (1666) hat das Kraftgesetz richtig erkannt und ausgesprochen: die Kraft K ist den anziehenden Massen m_1 und m_2 direkt, dem Quadrat der Entfernung r umgekehrt proportional. Da

z. B. die von m_1 ausgeübte Kraft dem von m_1 nach m_2 gehenden Strahl entgegengesetzt gerichtet ist, gibt man ihr zweckmäßig negatives Vorzeichen:

$$K = -f \cdot \frac{m_1 m_2}{r^2}.$$

Newton hat gezeigt, daß aus seinem Gesetz die Elliptizität der Planetenbahnen und die anderen Keplerschen Gesetze rein mathematisch folgen. Die Gravitationskraft ist wirksam zwischen beliebigen Massen, z. B. Sonne und Erde, Erde und Mond, den Komponenten eines Doppelsternes, der Erde und einem Körper auf ihr, zwei Körpern auf der Erde. Die Konstante f muß experimentell dadurch bestimmt werden, daß man die Anziehung zwischen zwei bekannten Massen mißt. Nach der Methode von Richarz und Krigar-Menzel (1896) wurden zwei gleiche Gewichte von 1 kg an den Schalen einer sehr empfindlichen Wage mit Stangen so aufgehängt, daß sich das eine oberhalb, das andere unterhalb eines großen Bleiklotzes (etwa 23000 kg) befand. Das obere Gewichtstück wurde vom Blei nach unten, das untere nach oben gezogen. Das Übergewicht, das unten zur Erzielung des Gleichgewichts nötig war, wurde gemessen und aus ihm f berechnet. Es ist

$$f = 6{,}67 \cdot 10^{-8} \frac{\mathrm{cm}^3}{\mathrm{gr.\,sec}^2} \quad (\text{oder } \mathrm{c}^3\,\mathrm{g}^{-1}\,\mathrm{s}^{-2}).$$

Mittlere Erddichte. Wie Newton gezeigt hat, zieht eine Kugel einen anderen Körper so an, als ob ihre Masse im Mittelpunkt vereinigt wäre. Die Erde (Masse M) zieht einen Körper der Masse m mit der Kraft mg an, also ist $f \cdot \frac{Mm}{r^2} = mg$, $M = \frac{gr^2}{f}$, wo r der Erdradius (6370 km) ist. Hieraus ergibt sich die Erdmasse und daraus ihre mittlere Dichte, d. h., die durchschnittliche Masse in 1 ccm (vgl. S. 32). Sie beträgt 5,5 gr/ccm.

Schwere und träge Masse. Ebenso wie man eine Kraft statisch oder dynamisch messen kann (S. 12), kann man auch zwei Massen auf zweierlei Weise vergleichen.

1. Man mißt die Kraft, mit der jede von ihnen eine dritte Masse anzieht bzw. von ihr angezogen wird; man findet so die „schwere oder gravitierende Masse“. Sie ist es, die die Newtonsche Anziehung bedingt. Die mit der Wage festgestellten Gewichte sind nach der Newtonschen Formel der schweren Masse proportional.

2. Man mißt die Beschleunigungen, die durch ein und dieselbe Kraft den beiden Massen erteilt werden. Man findet so die „träge Masse“, die den Trägheitswiderstand des Körpers bedingt und in die Formel Masse mal Beschleunigung gleich Kraft eingeht.

Wie besonders Eötvös durch sehr genaue Versuche bestätigt hat, sind schwere und träge Masse einander gleich. Jedoch ist zu betonen, daß diese Gleichheit keineswegs selbstverständlich[1]), sondern

---

[1]) Es wäre z. B. denkbar, daß etwa eine Blei- und eine Elfenbeinkugel, die am Nordpol gleiches Gewicht (also gleiche schwere Masse) haben, am Äqua-

ein Ergebnis des Experiments ist; sie ist daher auch nur innerhalb der Versuchsfehlergrenzen sichergestellt.

Coulombsches Gesetz. Auch die Kraftwirkung zweier elektrischer Ladungen (oder zweier Magnetpole) aufeinander ist dem Quadrat ihrer Entfernung r umgekehrt proportional (Coulombsches Gesetz). Man wählt die Einheit der Ladung (bzw. der Polstärke) so, daß die auftretende Konstante (f) den Wert 1 annimmt. Die Kraft zwischen zwei Ladungen e_1 und e_2 ist daher

$$K = \frac{e_1 \cdot e_2}{r_2}.$$

Das positive Vorzeichen ist zu wählen, weil (anders als bei der Gravitation) gleichnamige Ladungen (bzw. Magnetpole) einander abstoßen. Bei ungleichnamigen Ladungen liefert die Formel von selbst für K einen negativen Wert (Anziehung).

Das Potential. Beeinflussen sich zwei Körper nach dem Newtonschen oder dem Coulombschen Gesetz, so muß man eine gewisse (positive oder negative) Arbeit leisten, um sie in radialer Richtung gegeneinander zu verschieben. Diese Arbeit ist bei gleichen Wegstücken um so kleiner, je weiter die Körper schon entfernt waren, da ja die Anziehungskraft mit dem Quadrat der Entfernung abnimmt. Bei unendlich großer Entfernung ist die Arbeit für weiteres Entfernen null. Gegeben sei nun ein Zentralkörper I. Der Körper II, der zu verschieben ist, habe die Masse 1, bzw. bei elektrischer Anziehung die Ladung $+1$. Befindet sich dieser Körper II in einem bestimmten Punkte, so nennt man die Arbeit, die nötig war, um ihn bis zu diesem Punkte vom Unendlichen heranzuschaffen, das Potential des Punktes in bezug auf den Zentralkörper.

Für eine elektrische Ladung E hat das Potential eines Punktes, der die Entfernung r von ihr hat, den Wert $V = \frac{E}{r}$. Man kann das durch folgende Überlegung einsehen: Verkleinert man r um den gegen r sehr kleinen Betrag s, so steigt V auf $\frac{E}{r - s}$. Die Zunahme von V muß gleich der bei der Verschiebung geleisteten Arbeit sein. Nennt man die im Mittel aufgewandte Kraft $\overline{K}$, so ist daher

$$\overline{K} \cdot s = \frac{E}{r - s} - \frac{E}{r} = \frac{E \cdot s}{r(r - s)},$$

$$\overline{K} = \frac{E}{r(r - s)}.$$

Läßt man jetzt den Verschiebungsweg s sich der Grenze null nähern, so ergibt sich für die in der Enfernung r wirkende Abstoßungskraft

tor verschiedenes Gewicht zeigen; denn hier ist das Gewicht durch die Differenz aus Schwer- und Zentrifugalkraft bedingt (S. 24); erstere hängt von der schweren, letztere von der trägen Masse ab.

tatsächlich

$$K = \frac{E \cdot 1}{r^2}.$$

Das Potential ist also $V = \frac{E}{r}$. Wird nicht ein Körper der Ladung 1, sondern der Ladung e vom Unendlichen herangeschafft, so ist dazu die Arbeit Ve nötig.

Das Gravitationspotential in bezug auf die Masse M ist entsprechend $V = -\frac{f \cdot M}{r}$. Es ist negativ, da ja beim Heranschaffen der Masse 1 Arbeit nicht geleistet, sondern gewonnen wird.

Kraftfelder, Feldstärke, Äquipotentialflächen. In der Umgebung eines gravitierenden Körpers oder einer elektrischen oder magnetischen Ladung erfährt eine andere Masse bzw. Ladung eine Kraftwirkung. Man nennt daher jene Umgebung ein „Kraftfeld". Je nach der Art des Zentralkörpers unterscheidet man Gravitationsfelder, elektrische und magnetische Felder. Die Kraft, mit der an einem Punkte die Masse 1 bzw. die Ladung $+1$ angegriffen wird, nennt man die „Feldstärke" an dem betreffenden Punkte. Die Feldstärke hat an jeder Stelle eine bestimmte Größe und Richtung. (Sie ist daher ein Vektor, S. 8.) „Kraftlinien" sind solche Linien, deren Richtung in jedem Punkt mit der Kraftrichtung zusammenfällt.

Die Arbeit, die nötig ist, um die Einheit der Masse bzw. der Ladung von einem Punkt A des Feldes nach B zu bringen, wird durch den Unterschied des Potentials in beiden Punkten gegeben. Solche Flächen, deren sämtliche Punkte dasselbe Potential haben, heißen „Äquipotentialflächen". Eine Verschiebung auf ihnen erfordert keine Arbeit; die Komponente der Feldstärke in Richtung der Potentialfläche muß also null sein, das heißt, die Kraftlinien stehen überall senkrecht auf den Äquipotentialflächen.

Das Potential hat in jedem Feldpunkt einen bestimmten Wert, aber keine Richtung; es ist daher ein Skalar (S. 8).

Zur zeichnerischen Veranschaulichung des Charakters eines Feldes pflegt man Äquipotentialflächen und Kraftlinien zu zeichnen. An die ersteren kann man den zugehörigen Wert des Potentials anschreiben, da er für alle Punkte der Fläche gleich ist. Die Feldstärke dagegen kann sich auf einer Kraftline von Punkt zu Punkt ändern. Um trotzdem eine Darstellung zu ermöglichen, zeichnet man die Kraftlinien um so dichter, je höher die Feldstärke ist. Die „Kraftliniendichte" wird so definiert: herrscht an einer Stelle die Feldstärke F, so werden die Kraftlinien so dicht gezeichnet, daß jedes Quadratzentimeter der durch die Stelle gehenden Äquipotentialfläche von F Kraftlinien durchsetzt wird.

Denken wir uns z. B. einen elektrischen Einheitspol ($E = 1$). Auf der um ihn gelegten Kugel vom Radius 1 cm herrscht die Feldstärke 1, durch jedes Quadratzentimeter ihrer Oberfläche geht eine Kraftlinie. Da die Oberfläche 4π qcm ist, gehen im ganzen von dem Einheitspol 4π Kraftlinien aus.

Periodische Bewegungen.

Kreisbewegung. Fliehkraft. Ein Körper, der gezwungen ist, sich auf einer kreisförmigen Bahn zu bewegen, sucht sich vom Mittelpunkt des Kreises zu entfernen. Die Kraft, mit der er dieses tut, nennt man die Zentrifugalkraft oder Fliehkraft. Sie macht sich z. B. als Zug an der Hand bemerkbar, wenn man einen Stein an einem Faden im Kreis herumschleudert. Sie ist weiter zu beobachten, wenn die Insassen eines Wagens beim Durchfahren einer Kurve nach außen geschleudert werden. Woher rührt nun diese Zentrifugalkraft, und welches ist ihre Größe? Wir betrachten einen materiellen Punkt von der Masse m; er bewege sich mit der Geschwindigkeit v auf der Peripherie eines Kreises mit dem Halbmesser r. Wäre der Körper frei, so würde er sich infolge des Beharrungsvermögens in Richtung der Tangente bewegen, sich also vom Mittelpunkt entfernen. Wird er daran gehindert, so gibt sich sein Bestreben eben in der Zentrifugalkraft kund. Ihre Größe hat zuerst Huyghens (1673) berechnet. Wäre der Körper in A frei (Abb. 18), so würde er in der Zeit t das Stück $AB = vt$ in Richtung der Tangente durchlaufen. Zieht man durch B den Durchmesser CD, so hätte sich also der Körper in der Zeit t um das Stück BC vom Mittelpunkt entfernt. Nach einem geometrischen Satz ist nun $BC \cdot BD = \overline{AB}^2$ oder $BC(2r + BC) = v^2 t^2$. Ist die Zeit t klein, so ist BC sehr klein gegen den Durchmesser $2r$; statt $2r + BC$ kann man dann ohne merklichen Fehler $2r$ setzen; es ergibt sich

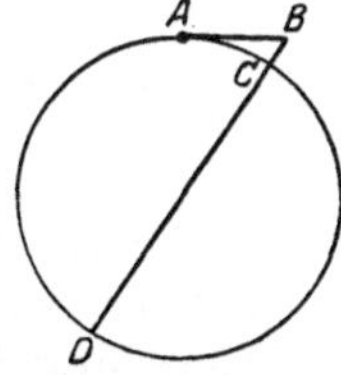

Abb. 18. Zentrifugalbewegung.

$$BC = \frac{v^2 t^2}{2r},$$

und zwar um so genauer, je kleiner t und damit BC ist. Zu Beginn der Bewegung erfolgt also die Entfernung vom Kreismittelpunkt auf jeden Fall so, daß die zurückgelegte Strecke dem Quadrat der Zeit proportional ist. Die Bewegung ist mithin gleichförmig beschleunigt. Schreibt man die Formel $BC = \frac{1}{2} \cdot \frac{v^2}{r} \cdot t^2$, so erkennt man durch Vergleich mit der Formel $s = \frac{1}{2} a t^2$ (S. 6), daß die zugehörige Beschleunigung $a = \frac{v^2}{r}$ ist. Die Kraft, die diese Beschleunigung an der Masse m hervorbringt, also die Zentrifugalkraft, mit der sie nach außen strebt, ist

$$\underline{K = \frac{m v^2}{r}.}$$

Diesem Ausdruck kann man noch andere Formen geben. Nennt man die Umlaufzeit des Körpers T, so ist $vT = 2r\pi$, also $v = \frac{2r\pi}{T}$, mithin

$$\underline{K = \frac{4\pi^2 r m}{T^2}.}$$

Zuweilen benutzt man auch die Drehungs- oder Winkelgeschwindigkeit w. Das ist die Geschwindigkeit, die ein Körper bei gleicher Umlaufzeit T in der Entfernung 1 vom Kreismittelpunkt hat. Die Geschwindigkeit in der Entfernung r ist dann $v = rw$, daher

$$\underline{K = m r w^2}\,.$$

Prüfung der Formeln. Die Nachprüfung erfolgt mit der Schwungmaschine. Sie besteht im wesentlichen aus einem größeren und einem kleineren Rade mit vertikalen Achsen. Beide Räder sind durch einen endlosen Riemen verbunden. Das größere Rad wird gedreht, an der Achse des kleineren werden die Apparate befestigt, die rotieren sollen.

1. An einer horizontalen Stange, die senkrecht steht zur Achse der Schwungmaschine, ist eine Kugel leicht verschiebbar befestigt, die durch einen Faden mit einem an der Achse befindlichen Dynamometer (Federwage) verbunden ist. An diesem kann man die Größe der Fliehkraft ablesen und so die Formeln nachprüfen.

2. Zwei Kugeln werden auf der Stange zu verschiedenen Seiten der Achse angebracht und durch eine Schnur verbunden. Beide haben dieselbe Umlaufzeit T. In Übereinstimmung mit der Formel halten sie sich das Gleichgewicht, wenn ihre Massen sich umgekehrt verhalten wie ihre Entfernungen von der Drehachse.

3. Biegsame Metallstreifen sind mit ihren Enden an zwei senkrecht übereinander stehenden Ringen befestigt, von denen der untere fest, der obere auf vertikaler Achse verschiebbar ist. Im Ruhzustand hüllen die Streifen einen kugelähnlichen Raum ein. Bei der Rotation tritt starke Abplattung unter Senkung des oberen Ringes ein, da die mittleren Teile der Streifen, die am weitesten von der Drehachse entfernt sind, gemäß den Formeln die stärkste Fliehkraft erfahren. Der Versuch veranschaulicht die Entstehung der Erdabplattung durch die bei der Rotation auftretenden Fliehkräfte. Diese Fliehkraft wirkt übrigens der Erdanziehung entgegen und verringert dadurch die Beschleunigung beim freien Fall. Die Verringerung ist am größten am Äquator (etwa $3{,}37\ \mathrm{c\,s^{-2}}$ gegenüber den Polen).

4. Kugeln, die sich auf horizontaler, rotierender Scheibe in Vertiefungen befinden, fliegen bei wachsender Rotationsgeschwindigkeit ab, die entfernteren zuerst.

5. Die Oberfläche einer Flüssigkeit in einem Gefäß, das um eine vertikale Achse rotiert, nimmt die Gestalt eines Rotationsparaboloids an. Aus der Stärke der Einsenkung kann man die Rotationsgeschwindigkeit errechnen. (Anwendung beim Gyrometer.)

6. Bei Eisenbahnkurven wird die äußere Schiene höher gelegt und stärker verankert.

7. Gießt man in eine Glaskugel Quecksilber und Wasser und versetzt das Ganze in Rotation, so geht das Quecksilber am weitesten nach außen und umgibt als glänzender Ring den Äquator der Kugel, dann folgt das Wasser, während die Luft die Achse der Kugel umgibt. Erklärung: 1 ccm Quecksilber hat eine größere Masse als

1 ccm Wasser, erfährt also nach der Formel $K = mrw^2$ einen größeren Druck nach außen als Wasser.

8. Nach demselben Prinzip werden in der Praxis Stoffe verschiedenen spezifischen Gewichtes getrennt (Milchzentrifuge, Gewinnung von Schleuderhonig usw.).

Zentralbewegungen. Soll ein Körper auf einer Kreisbahn verharren, so muß die Zentrifugalkraft stets durch eine gleich große, nach dem Mittelpunkt gerichtete Kraft aufgehoben werden. Diese nennt man die Zentripetalkraft. Ist der Körper z. B. mittels eines Fadens an einem Nagel befestigt, so müssen Nagel und Faden genügend Festigkeit haben. Die Zentripetalkraft kann aber auch ohne sichtbare äußere Übertragung wirksam sein. Sie kann hervorgerufen werden durch die Massenanziehung (Gravitation), durch elektrische oder magnetische Anziehung, also durch Zentralkräfte (S. 19).

1. Beispiele für die Anziehung durch Gravitation bieten die Bewegungen der Planeten. Nach dem Newtonschen Gesetz wirken zwei Massen m_1 und m_2 in der Entfernung r aufeinander mit der Kraft $K = -f \cdot \frac{m_1 m_2}{r^2}$. Soll ein Trabant (Masse m) in kreisförmiger Bahn um einen Zentralkörper (Masse M) in der Zeit T sich bewegen, so muß die Newtonsche Kraft der Zentrifugalkraft das Gleichgewicht halten:

$$-f \cdot \frac{Mm}{r^2} + \frac{4\pi^2 rm}{T^2} = 0 \qquad \text{oder} \qquad \frac{fM}{4\pi^2} = \frac{r^3}{T^2}.$$

Bewegen sich um denselben Zentralkörper zwei Trabanten in Kreisen, so ist $\frac{fM}{4\pi^2}$ für beide gleich groß; daher

$$\frac{r_1^3}{T_1^2} = \frac{r_2^3}{T_2^2} \qquad \text{oder} \qquad \frac{T_1^2}{T_2^2} = \frac{r_1^3}{r_2^3}.$$

Die Quadrate der Umlaufzeiten verhalten sich wie die Kuben der Bahnradien. Das ist, allerdings nur für den Fall der Kreisbahnen, das dritte Keplersche Gesetz für die Planetenbewegung.

2. Ein anderes Beispiel für eine Zentripetalkraft liefert die elektrische Anziehung. Ihre Größe ist durch das Gesetz von Coulomb (S. 21) bestimmt. Nur ungleichnamige Ladungen ziehen sich an. Es kreise etwa ein Körper von der Masse m und der Ladung $-e$ um einen anderen von der Ladung $+E$. Der Bahnradius sei r, die Umlaufzeit T, Geschwindigkeit v. Es muß die Coulombsche Kraft der Zentrifugalkraft das Gleichgewicht halten:

$$-\frac{eE}{r^2} + \frac{4\pi^2 rm}{T^2} = 0, \quad \frac{Ee}{m} = 4\pi^2 \cdot \frac{r^3}{T^2} \text{ oder, da } \frac{2\pi r}{T} = v, \quad \frac{Ee}{m} = v^2 \cdot r.$$

Diese Art der Bewegung spielt in der Bohrschen Theorie der Atome eine große Rolle.

Gesamtenergie einer kreisenden elektrischen Ladung. Wir betrachten wie vorhin den Körper der Masse m und der Ladung $-e$, der um die Ladung $+E$ kreist (Bahnradius r, Geschwindigkeit v). Seine Energie ist teils kinetisch, teils potentiell. Um den zweiten Teil, der von r abhängt, zu berechnen, denken wir den Körper im Unendlichen. Er habe dort die Energie U_0. Rückt er bis in die Entfernung r an den Zentralkörper (positive Ladung E) heran, so leistet er dabei die Arbeit $\frac{Ee}{r}$ (s. oben). Seine potentielle Energie beträgt jetzt nur noch $U_0 - \frac{Ee}{r}$ gegenüber dem früheren Zustand. Es ist daher die Gesamtenergie $U = U_0 - \frac{Ee}{r} + \frac{1}{2} mv^2$. Nach den obigen Entwickelungen ist aber $mv^2 = \frac{Ee}{r}$, daher

$$U = U_0 - \frac{Ee}{r} + \frac{1}{2}\frac{Ee}{r}, \qquad U = U_0 - \frac{1}{2}\frac{Ee}{r}.$$

Wir kommen später (S. 301) darauf zurück.

Harmonische Bewegung. Auf einem Kreis vom Radius r laufe ein Punkt C mit gleichförmiger Geschwindigkeit um (Abb. 19). Die Umlaufzeit sei T. Man fälle in jedem Augenblicke das Lot von C auf den festen Durchmesser AB und betrachte die Bewegung des Fußpunktes P. Während der Zeit T vollführt P eine Bewegung von B nach A und wieder zurück. Diese Art der hin und her gehenden Bewegung nennt man „harmonische Bewegung“. Die Geschwindigkeit des Punktes P ist bei M am größten, bei B und A, wo die Umkehr erfolgt, null. P muß also, wie stets bei ungleichförmiger Bewegung, eine Beschleunigung bzw. Verzögerung erfahren. Ihre Größe läßt sich leicht berechnen. Der Punkt C muß, um die Zentrifugalbeschleunigung aufzuheben, in jedem Augenblick die nach dem Mittelpunkt gerichtete Beschleunigung $\frac{4\pi^2 \cdot CM}{T^2}$ erfahren. Diese werde dargestellt durch den Vektor CD. Man zerlege sie nach dem Parallelogrammsatz in zwei Komponenten CE und CF. Die dem Durchmesser AB parallele Komponente $CE = a$ gibt die Beschleunigung an, die der Punkt P erfährt. Aus der Figur erhält man

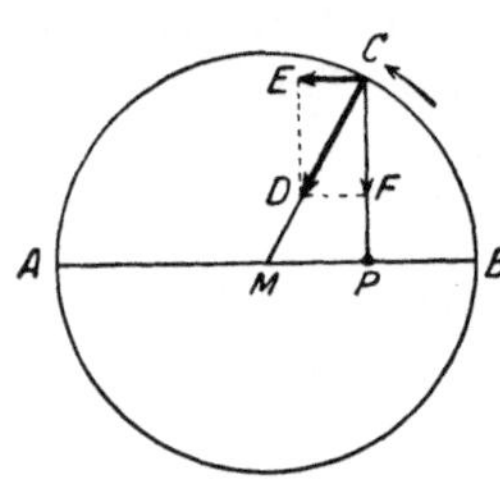

Abb. 19. Die harmonische Bewegung als Abbild der Kreisbewegung.

$$CE : CD = MP : CM, \quad a = CE = \frac{CD \cdot MP}{CM} \text{ oder, da } CD = \frac{4\pi^2 \cdot CM}{T^2} \text{ ist,}$$

$$a = \frac{4\pi^2}{T^2} \cdot MP.$$

Ist P ein Massenpunkt mit der Masse m, so muß auf ihn also, damit er die harmonische Bewegung vollführt, die Kraft wirken

$$K = \frac{4\pi^2 m}{T^2} \cdot MP.$$

Ein Körper wird also eine harmonische Bewegung dann beschreiben, wenn er durch eine Kraft nach einem festen Zentrum gezogen wird, deren Größe der Entfernung von dem festen Zentrum proportional ist.

Eine harmonische Bewegung tritt bei allen kleinen Schwingungen um Gleichgewichtlagen ein, z. B. beim Pendel, bei eingeklemmten Metallfedern, bei Schwingungen von Flüssigkeiten in einem U-Rohr, bei Schwingungen einer gespannten Saite usw.

Ist ein Körper gleichzeitig zwei harmonischen Bewegungen in zwei zueinander senkrechten Richtungen unterworfen, so beschreibt er, wenn die Schwingungszeiten für beide gleich sind, eine Ellipse (Abb. 20), die auch zum Kreis und zur Geraden werden kann, wenn sie verschieden sind, komplizierte Kurven (Lissajoussche Figuren).

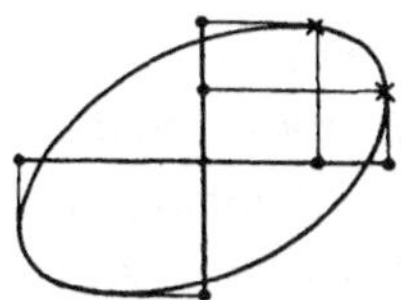

Abb. 20. Superposition von zwei harmonischen Bewegungen, deren Richtungen aufeinander senkrecht sind.

Das mathematische Pendel. Ein Pendel ist jeder Körper, der unter dem Einfluß der Schwerkraft um eine wagerechte Achse schwingt. Ist der schwingende Körper möglichst wenig ausgedehnt, und hängt er an einem möglichst leichten Faden, so spricht man von einem „mathematischen Pendel". (Idealfall: Das mathematische Pendel besteht aus einem materiellen Punkt an einem gewichtlosen Faden.)

Pendelgesetz. Galilei hat zuerst die Gesetze der Pendelbewegung aufgefunden; sie lauten: die Schwingungszeit des Pendels ist unabhängig von der Masse des Pendelkörpers (wenn man von der Wirkung des Luftwiderstandes absieht) und von der Größe des Ausschlagwinkels (gilt nur für kleine Winkel genau); sie ist der Quadratwurzel aus der Pendellänge proportional. Ist ein Pendel z. B. viermal so lang wie ein anderes, so hat es die doppelte Schwingungszeit.

Theoretische Herleitung der Pendelformel. Es sei (Abb. 21) A der Aufhängepunkt, P der Pendelkörper (Masse m), Pendellänge $AP = l$. Auf den Pendelkörper wirkt die Schwerkraft mg, dargestellt durch den Vektor PB. Diesen kann man in zwei Komponenten PC und PD zerlegen, von denen PC in die Richtung des Fadens fällt und durch dessen Widerstand aufgehoben wird. Bewegend wirkt nur die Komponente $PD = K$. Aus der Ähnlichkeit der Dreiecke APM und PBD ergibt sich

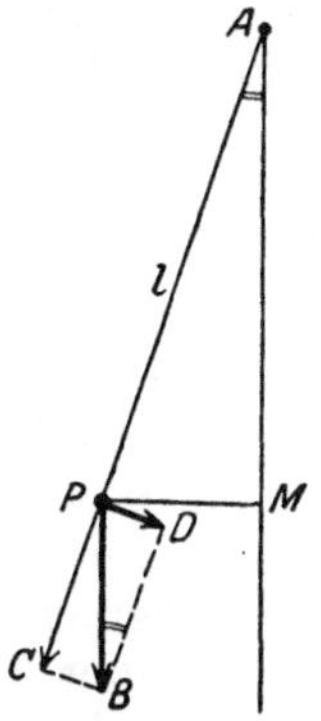

$$PD : PB = PM : AP,$$

$$PD = K = \frac{PB \cdot PM}{AP} \quad \text{oder} \quad K = \frac{mg}{l} \cdot PM.$$

Abb. 21. Mathematisches Pendel.

Bei sehr kleinen Pendelausschlägen kann man nun die Bewegung des Pendelkörpers als nahezu geradlinig betrachten; ist das aber der Fall, so ist die Bewegung harmonisch; denn auf den Pendelkörper wirkt eine Kraft, die der Entfernung PM von der Mittellage proportional ist. Durch Vergleich mit der allgemeinen

Formel für die harmonische Bewegung (S. 26) ergibt sich

$$\frac{mg}{l} = \frac{4\pi^2 m}{T^2}, \qquad \text{daher} \qquad T = 2\pi\sqrt{\frac{l}{g}}.$$

Das ist die Zeit eines Hin- und Rückgangs oder eine vollständige Schwingungszeit. Die Zeit einer einfachen Schwingung (vom höchsten Punkt auf der einen Seite bis zu dem auf der anderen Seite) ist daher

$$t = \pi\sqrt{\frac{l}{g}}.$$

Die Formel entspricht den oben angegebenen Sätzen: Unabhängigkeit von Masse und Ausschlagwinkel, Proportionalität mit $\sqrt{l}$.

Näherungsformel. Mißt man l in Metern, t in Sekunden, so hat man $g = 9{,}81$; $\sqrt{g} = 3{,}13$; $\pi = 3{,}14$; daher ist mit guter Annäherung $t = \sqrt{l}$. Die Formel leistet für Überschlagrechnungen oft wertvolle Dienste.

Sekundenpendel. Ein Pendel, dessen einfache Schwingung gerade eine Sekunde dauert, heißt Sekundenpendel. Seine Länge ist $l = \frac{\pi^2}{g}$; für unsere Breiten ist $l = 99{,}42$ cm.

Einfluß der Luft auf die Pendelschwingung. Die Luft wirkt in doppelter Weise ein.

1. Der Auftrieb der Luft (S. 63) wirkt wie eine Verminderung der Schwerkraft; er bewirkt eine Verkleinerung der Beschleunigung g, mithin eine Vergrößerung der Schwingungszeit. (Man denke sich etwa eine Eichenkugel in Wasser, die gerade noch untersinkt, aber sehr langsame Pendelschwingungen macht.) Der Auftrieb hängt von dem Volumen des Körpers ab; er ist daher bei gleicher Masse für spezifisch leichte Körper größer als für spezifisch schwere.

2. Die Reibung der Luft hemmt die Bewegung, vergrößert also nochmals die Schwingungszeit. Infolge der Reibung wird die Energie der Schwingungen allmählich aufgezehrt, das Pendel kommt zur Ruhe.

Anwendungen des Pendels.

1. **Uhren.** Die Hauptanwendung finden die Pendel zur Regulierung von Uhren. Die Pendeluhren sind von Huyghens erfunden. Bei ihnen werden durch ein fallendes Gewicht oder eine gespannte Feder vermittels eines Systems von Zahnrädern die beiden Zeiger in Bewegung gesetzt. Mit dem Pendel ist ein kleiner Dorn verbunden, der in ein Zahnrad eingreift. Bei jeder Schwingung des Pendels wird er gehoben und gibt dadurch einen Zahn frei. Da alle Pendelschwingungen gleiche Dauer haben, wird so ein gleichmäßiger Gang der Uhr erzielt. Geht die Uhr nach, also zu langsam, so verkürzt man die Länge und damit die Schwingungszeit des Pendels. In den Taschenuhren geschieht die Regulierung durch die ebenfalls von Huyghens erfundene Unruhe. (Einfluß der Temperatur s. S. 99.)

2. Bestimmung der Erdbeschleunigung. Die Gleichung für die Schwingungszeit kann man in der Form schreiben $g = \frac{\pi^2 l}{t^2}$. Die Beobachtung von Länge und Schwingungsdauer eines Pendels liefert die genaueste Methode zur Bestimmung der Erdbeschleunigung g. Durch Pendelbeobachtungen hat Richer (1672) zuerst die Abnahme der Größe g von den Polen zum Äquator hin festgestellt.

Die physikalischen Körper und ihr Aufbau.

Die Aggregatzustände. Wir haben bisher meist von einem „Massenpunkt" geredet. Einen solchen gibt es, streng genommen, in der Natur nicht. Alle wirklich existierenden Körper haben eine endliche Ausdehnung. Der äußeren Beschaffenheit der Körper nach unterscheidet man seit alters her drei Aggregatzustände: fest, flüssig, gasförmig. Scharfe Grenzen zwischen diesen Aggregatzuständen gibt es nicht. Übergänge sind stets vorhanden. (Man denke etwa an Butter im Sommer, an dicken Sirup usw.) Im allgemeinen kann man sagen, daß feste Körper jeder Änderung des Volumens und der Gestalt starken Widerstand entgegensetzen, flüssige Körper nur einer Änderung des Volumens, nicht aber der Form, gasförmige Körper keiner von beiden Änderungen.

Der Aufbau der Materie. Bevor wir die mechanischen Gesetze auf die wirklichen Körper anwenden, wollen wir ganz kurz auf die Kenntnisse eingehen, die man vom Aufbau der Materie hat. Die Grundlage ist die Molekulartheorie, die von der modernen Physik allgemein angenommen ist. Wir wissen heute, daß jeder Körper (z. B. Zucker, Wasser, Kohlensäuregas) aus kleinsten Teilchen besteht, die sich physikalisch nicht weiter teilen lassen, das heißt, nicht, ohne die Natur des Körpers zu zerstören. Diese Teilchen heißen Molekeln (molecula = die kleine Masse, von moles). Durch chemische Methoden kann man Wasser in Wasserstoff und Sauerstoff, Zucker in Wasserstoff, Sauerstoff und Kohlenstoff zerlegen. Da man das auch mit den kleinsten Mengen des Körpers tun kann, so schließt man, daß jede Molekel aus noch kleineren Bausteinen, den sogenannten Atomen, zusammengesetzt ist, die sich ihrerseits auch chemisch nicht weiter zerlegen lassen (atomos griech. = unteilbar). Es gibt so viele Atomarten, wie es Grundstoffe oder Elemente gibt (92). Die Massen der Atome sind ungeheuer klein. Man gibt meist ihre „spezifische Masse" an, das ist die Zahl, welche angibt, wieviel mal so viel Masse ein bestimmtes Atom hat als die atomistische Masseneinheit. Diese Zahl nennt man das Atomgewicht (A.G.). Die Einheit ist so gewählt, daß das A.G. des Sauerstoffs = 16 ist. Das Wasserstoffatom, das ursprünglich Einheit war, hat das A.G. 1,008. Über die Beschaffenheit der Atome haben neuere physikalische Arbeiten, insbesondere von Niels Bohr in Kopenhagen, weitgehenden Aufschluß gegeben. Ein Atom ist kein einfaches Gebilde; wir müssen uns darunter eine Art Sonnensystem vorstellen. Um einen positiv elektrisch geladenen „Atomkern" kreisen kleinste, negativ geladene Teilchen, die „Elektronen". Die Elektronen sind bei allen Elementen gleich; nur ihre Anzahl ist verschieden. Ihre Masse ist so gering, daß erst 1847 Elektronen die Masse des Wasserstoffatoms erreichen. Die Kerne sind für die einzelnen Elemente verschieden. Sie enthalten fast die gesamte Masse des Atoms. Beim Wasserstoff besitzt der Kern eine positive Ladung, die, absolut genommen, gleich der eines Elektrons ist. Für die übrigen Elemente ist die Ladung des Kerns stets ein ganzzahliges Vielfaches von der Ladung des Wasserstoffkerns. Dieses Vielfache, die „Kernladungszahl" oder „Ordnungszahl", ist für das betreffende Element charakteristisch, weit charakteristischer als das Atomgewicht. Es gibt z. B. in der Reihe der radioaktiven Elemente Grundstoffe, die verschiedenes Atomgewicht, aber gleiche Ordnungszahl haben; sie sind in allen chemischen Eigenschaften völlig gleich (isotope Elemente). Die Zahl der kreisenden Elektronen ist stets gleich der Kernladungszahl. Die höchste bisher bekannte Ordnungszahl ist 92 beim Uran, das zugleich das größte Atomgewicht (238) hat.

Ein Atom ist also ein System voller Bewegung und daher voller Energie. Da es gleich viele negative wie positive Ladungen enthält, ist es nach außen hin meist neutral. Zwei Atome können sich zu einer Molekel z. B. dadurch verbinden, daß das eine ein oder mehrere Elektronen abgibt, das andere ebenso viele aufnimmt. Das erste wird dadurch nach außen hin positiv, das zweite negativ elektrisch. Dadurch ist eine Verkoppelung durch elektrische Anziehung zwischen den Atomen möglich. Einzelheiten über den Aufbau sind noch nicht bekannt.

Die Molekeln sind danach relativ selbständige Gebilde, die in ihrer Gesamtheit die uns umgebende Welt aufbauen. Nach dem Vorhergehenden hat es keinen eigentlichen Sinn, nach ihrer „Größe" zu fragen. Man könnte darunter den Raum verstehen, der alle zugehörigen Elektronenbahnen umfaßt. Häufig spricht man auch von der „Wirkungssphäre" der Molekeln. Zu diesem Begriff gelangt man folgendermaßen. Es ist bekannt, daß feste Körper durch hinreichend große Kräfte zwar zerrissen werden können, daß sich jedoch einem immer stärkeren Zusammendrücken Widerstände entgegenstellen, die sehr bald unübersteigbar werden. Wir schließen daraus, daß je zwei benachbarte Molekeln aufeinander Kräfte ausüben. Sie ziehen einander an; die Anziehungskraft wächst, je geringer die Entfernung wird, jedoch nur bis zu einer gewissen Grenze. Bei weiterer Verminderung der Entfernung nimmt die anziehende Kraft schnell ab, erreicht den Betrag null und geht danach in eine sehr schnell zunehmende Abstoßungskraft über. Der Raum, innerhalb dessen die abstoßenden Kräfte wirksam werden, kann als Wirkungssphäre bezeichnet werden. Bewegen sich zwei Molekeln aufeinander zu, so werden sie, sobald ihre Wirkungssphären ineinander eintreten und damit die abstoßenden Kräfte wirksam machen, auseinanderprallen wie zwei elastische Kugeln.

In keinem Körper sind die Molekeln in Ruhe. Ihre Bewegung st um so stärker, je höher die Temperatur ist. Ist die Temperatur genügend hoch und der den Molekeln zur Verfügung stehende Raum genügend ausgedehnt, so ist die Geschwindigkeit und die durchschnittliche Entfernung der Molekeln so groß, daß die Anziehungskräfte so gut wie gar keine Rolle spielen. Die Molekeln bewegen sich, stoßen gegeneinander und gegen die Wände und erfüllen jeden dargebotenen Raum: wir haben einen Körper, den wir gasförmig nennen. Die Geschwindigkeiten der Gasmolekeln sind beträchtlich, z.B. für Wasserstoff bei 0^0 C im Mittel etwa 1840 m/sec (vgl. S. 289).

Werden die Bewegungen weniger heftig und die durchschnittlichen Entfernungen der Molekeln geringer, so rufen die Anziehungskräfte einen gewissen Zusammenhalt hervor: der Körper gelangt in den flüssigen Zustand. Werden Bewegungen und Abstände noch kleiner, so werden die Anziehungskräfte so stark, daß sie den einzelnen Teilchen nur noch ein Hin- und Herpendeln um eine mittlere Lage erlauben: der Körper ist fest. Die genaueste Kenntnis haben wir bisher vom Bau eines Kristalls. In ihm sind die einzelnen Molekularverbände aufgelöst und zu einem einzigen großen Verband zusammengeschlossen. Um uns z. B. den Bau eines Kochsalzkristalls vorzustellen, denken wir uns eine große Zahl gleicher Würfel Ecke auf Ecke aneinander gestellt. Das ist das Gerüst. In jeder Ecke denken wir uns jetzt abwechselnd Natrium- und Chloratome untergebracht, die um ihre mittlere Lage kleine zitternde Bewegungen ausführen. Die Atome bilden ein Raumgitter (Abb. 22) Werden die Bewegungen der Atome bei Erwärmung immer stärker, so lockert sich ihr Zusammenhang: das Raumgitter zerfällt, der Kristall schmilzt.

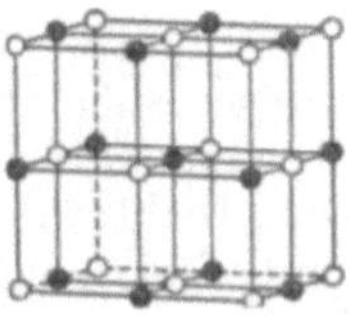

Abb. 22. Raumgitter des Natriumchlorids.

In einem einheitlichen Kristall sind einzelne, gegeneinander abgegrenzte Molekeln nicht vorhanden; er ist als Ganzes aus den Atomen aufgebaut, ist also gewissermaßen eine Riesenmolekel. Wesentlich ist, daß in ihm die Atome parallel zu bestimmten ausgezeichneten Richtungen angeordnet sind. Die meisten festen Körper der Natur sind kristallinisch; das soll heißen: sie bestehen aus kleinen, unter Umständen mikroskopischen Kristallen, die durch ihre gegenseitige Anziehung zusammenhalten. In einem solchen Körper gibt es keine Vorzugrichtungen, wohl aber in jedem einzelnen Kriställchen. Bestehen die Teilchen eines Körpers aus einzelnen Molekeln, die regellos zusammenhalten, so daß es auch in den kleinen Teilen keine Vorzugrichtungen mehr gibt, so nennt man den Körper amorph (= gestaltlos). Amorph sind die Gase, die meisten Flüssigkeiten und einige feste Körper (S. 120).

Unter Umständen können sich auch in ungestörten Flüssigkeiten die Atome so anordnen, daß Vorzugrichtungen entstehen wie bei Kristallen. Man spricht dann von „flüssigen Kristallen“. Wichtiger als die Unterscheidung von fest, flüssig, gasförmig ist für den Physiker die Einteilung der Körper in Kristalle, kristallinische und amorphe Körper.

Die Vorstellung von dem atomaren Aufbau der Materie ist so grundlegend für die moderne Physik, daß wir im folgenden immer wieder darauf zurückkommen werden. Aufgabe der Physik ist es, alle Erscheinungen auf Grund dieser Vorstellung zu erklären.

Kohäsion und Adhäsion. Den durch die Anziehung der Atome oder Molekeln hervorgerufenen Zusammenhalt der Teilchen eines Körpers bezeichnet man als Kohäsion. Die Kohäsionskräfte haben oft eine beträchtliche Größe. Werden zwei Körper nahe aneinander gebracht, so können sie unter Umständen aneinander haften. Man bezeichnet diese Erscheinung als Adhäsion. So haftet z. B. Kreide an der Tafel, Graphit, Tinte, Druckerschwärze auf Papier, Leim am Holz, Flüssigkeit am Glase (Ausgießen am Glasstab, Abb. 23) usw. Hierbei kommen die Molekeln beider Körper einander so nahe, daß Anziehungskräfte wirksam werden. Aus den angeführten Beispielen erhellt bereits die ungeheure Bedeutung der Adhäsion für das tägliche Leben. Das Gehen auf der Straße, das Fahren der Eisenbahn usw. ist nur möglich infolge der durch die Adhäsion bedingten Reibung unserer Sohlen an der Straßenfläche, der Lokomotivräder an den Schienen usw.

Abb. 23. Adhäsion des Wassers am Glasstabe.

Dichte und spezifisches Gewicht. Aus der Tatsache, daß ein Körper sich ausdehnen und zusammenziehen kann, ersehen wir, daß dieselbe Materie einen größeren oder kleineren Raum einnehmen kann. Die „Dichte" des Körpers gibt an, wieviel Gramm Masse in 1 ccm enthalten sind. Die Benennung der Dichte ist gr/ccm oder g c^{-3}. Die Angaben der Dichte beziehen sich stets auf eine bestimmte Temperatur und einen bestimmten Druck. Die Dichten schwanken zwischen recht weiten Grenzen. Z. B. ist in einem Röntgenrohr die Dichte der Platinelektroden 21,4 gr/ccm, die Dichte der Gasfüllung 10^{-10} gr/ccm.

Häufig gibt man statt der Dichte das „spezifische Gewicht" an. Dieses gibt an, wieviel mal so schwer ein Körper ist als ein gleiches Volumen eines Vergleichskörpers. Das spezifische Gewicht ist, als eine Verhältnisgröße, eine unbenannte Zahl. Bei festen und flüssigen Körpern wählt man als Vergleichskörper meist Wasser von 4^0 C. Da 1 ccm dieses Wassers gerade 1 gr Masse hat, so sind in diesem Fall Dichte und spez. Gewicht zahlenmäßig (d. h. bis auf die Benennung) gleich. Bei Gasen nimmt man als Vergleichskörper häufig Wasserstoff oder auch Luft von 0^0 C und einer Atmosphäre Druck.

Spez. Gewichte s. Tabelle I, S. 306.

Mechanik starrer Körper.

Gleichgewicht starrer Körper (Statik).

Starrer Körper. Bei festen Körpern sind, wie oben auseinandergesetzt, die innern Kräfte so groß, daß sie jeder Änderung des Volumens wie auch der Gestalt einen erheblichen Widerstand entgegensetzen. Sind die innern Kräfte so groß, daß die Teilchen des Körpers gar nicht gegeneinander verschoben werden können, so nennt man den Körper „starr“. Eine dicke Eisen- oder Messingplatte z. B., die nicht zu starken Kräften ausgesetzt wird, kommt der Starrheit nahe. Einen absolut starren Körper gibt es nicht; es ist das eine Abstraktion, die sich aber in der Natur in gewissen Fällen ebenso angenähert verwirklicht findet wie in andern Fällen der materielle Punkt. Wie für diesen hat daher die Physik auch die Gesetze des starren Körpers eingehend untersucht. Wir wenden uns zuerst zur Statik, der Lehre vom Gleichgewicht.

Vorbemerkung. Wir wollen im folgenden, wo nichts anderes gesagt ist, von der Wirkung der Schwerkraft auf die einzelnen Teilchen des Körpers zunächst absehen. Zur Veranschaulichung können wir uns den Körper etwa auf einer ebenen Tischplatte oder auf Quecksilber liegend oder auf einer Holzunterlage auf Wasser schwimmend denken.

Zwei Kräfte am starren Körper. Greift in irgendeinem Punkte eines starren Körpers eine Kraft an und bewegt ihn, so wird infolge der innern Kräfte, die keinerlei Verschiebung der Teilchen gegeneinander gestatten, der ganze Körper bewegt werden. Greifen in zwei Punkten A und B zwei Kräfte an, so werden sie im allgemeinen eine drehende und verschiebende Bewegung hervorbringen. Bleibt der Körper unter gleichzeitiger Wirkung von zwei Kräften in Ruhe, so sagt man, die beiden Kräfte halten sich das Gleichgewicht. Man erkennt: zwei Kräfte am starren Körper halten sich dann und nur dann das Gleichgewicht, wenn sie gleich groß, parallel und entgegengesetzt gerichtet sind, und wenn die Verbindung ihrer Angriffspunkte mit der Kraftrichtung zusammenfällt (Abb. 24).

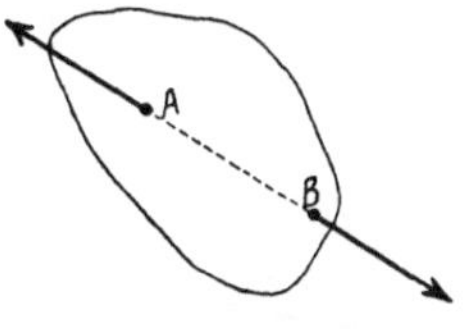

Abb. 24. Gleichgewicht zweier Kräfte an einem starren Körper.

Die Entfernung der Angriffspunkte voneinander spielt dabei keine Rolle; das heißt: Die Wirkung einer Kraft auf einen starren Körper bleibt unverändert, wenn man den Angriffspunkt in der Kraftrichtung verschiebt.

Drehbarer starrer Körper. Ist ein Körper (etwa eine Scheibe) um eine feste Achse D drehbar, so bringt eine am Körper angreifende Kraft dann und nur dann keine Bewegung hervor, wenn ihre Richtung durch die feste Achse D geht. In allen andern Fällen bewirkt sie eine Drehung des Körpers. In A (Abb. 25) greife eine Kraft K an, dargestellt durch den Vektor AB. Nach dem Satz vom Parallelogramm der Kräfte kann man die Kraft K in ihrer Wirkung durch zwei Kräfte ersetzen, von denen $Q = AE$ in Richtung DA, $P = AF$ senkrecht dazu wirkt. Offenbar bewirkt Q gar keine Drehung am starren Körper, sondern nur einen

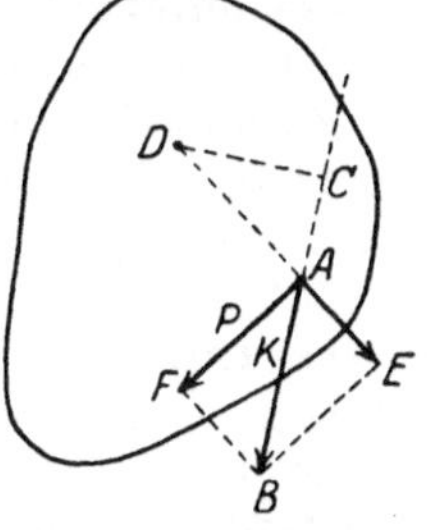

Abb. 25. Wirkung einer Kraft an einem starren Körper, der um eine feste Achse D drehbar ist.

Zug auf die Achse. K und P müssen also in bezug auf die Drehwirkung gleichwertig sein. Fällt man auf die Verlängerung von BA das Lot CD, so folgt aus der Ähnlichkeit der Dreiecke DCA und BEA

$$AB:BE = AD:CD \text{ oder, da } AB = K, BE = P \text{ ist,}$$

$$K \cdot CD = P \cdot AD.$$

Das Produkt aus der Kraft und dem Abstand ihrer Richtung vom Drehpunkt (auch Arm der Kraft in bezug auf den Drehpunkt genannt) heißt das Drehmoment oder das statische Moment der Kraft. Zwei in ihrer Drehwirkung gleichwertige Kräfte K und P haben gleiches Drehmoment.

Drehwirkung zweier Kräfte. Zwei Kräfte, die in beliebigen Punkten eines um eine feste Achse drehbaren Körpers angreifen und deren Richtungen in derselben, zur Drehachse senkrechten Ebene liegen, sind in bezug auf ihre Drehwirkung durcheinander ersetzbar, wenn ihre Drehmomente gleich und von gleichem Drehungssinn sind.

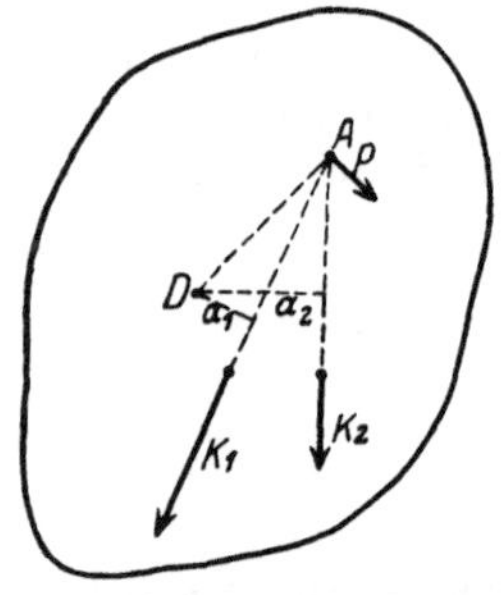

Abb. 26. Kräfte mit gleichem Drehmoment.

Die Kräfte seien K_1 und K_2, ihre Arme a_1 und a_2 (Abb. 26). Man verschiebe die Kräfte in ihren eigenen Richtungen so, daß ihre Angriffspunkte in den Schnittpunkt A ihrer Richtungen fallen. Dann ist, wie oben gezeigt, K_1 ersetzbar durch eine senkrecht zu DA in A angreifende Kraft $P_1 = \frac{K_1 \cdot a_1}{AD}$, K_2 durch eine in derselben Richtung wirkende Kraft $P_2 = \frac{K_2 a_2}{AD}$. Sind nun die Momente gleich, ist also $K_1 a_1 = K_2 a_2$, so folgt $P_1 = P_2$; die Kräfte haben gleiche Wirkung. Haben die angreifenden Kräfte K_1 und K_2 gleiches Moment, aber entgegengesetzten Drehungssinn, so heben sie einander auf. Der experimentelle Nachweis erfolgt mit Hilfe einer um eine feste Achse drehbaren Metallscheibe, an der man in verschiedenen Punkten mit Hilfe von Schnüren Kräfte in verschiedenen Richtungen angreifen lassen kann.

Momentensatz. Bezeichnet man die Momente in der einen Drehrichtung als positiv, in der andern als negativ, so ergibt sich aus dem Vorhergehenden der Satz: Wirken auf einen starren, um eine feste Achse drehbaren Körper beliebig viele Kräfte, deren Richtungen zur Drehachse senkrecht sind, so herrscht Gleichgewicht, wenn die Summe der Momente aller wirkenden Kräfte null ist (Momentensatz). Haben die Kräfte eine andere Richtung, so nehme man die Komponente, die in die zur Drehachse normale Ebene fällt.

Gleichgewicht am freien starren Körper. — Vorbemerkung. Wir sehen auch im folgenden noch von der Wirkung der Schwerkraft ab. Die Tatsache, daß an einem um eine feste Achse drehbaren Körper eine einzige Kraft Gleichgewicht bewirken kann oder zwei Kräfte, die nicht den Bedingungen S. 33 gehorchen, erklärt sich daraus, daß die Achse fest genug sein muß, um die gleich große Gegenkraft bzw. gerade die nötige dritte Kraft (Lagerdruck) zu liefern. Allgemein werden die innern Kräfte, die eine Verschiebung der Teilchen beim starren Körper hindern, erst bei Zug oder Druck wirksam. Ebenso ist es mit der festen Achse: sie liefert, wenn sie nur fest genug ist, beliebig große Gegenkräfte, bringt aber nicht von sich aus Bewegung hervor. Ist daher ein freier Körper bereits im Gleichgewicht, so wird daran nichts geändert, wenn man ihn um eine feste Achse drehbar denkt. Diese Bemerkung ist für das Folgende von Bedeutung. Eine im Gleichgewicht befindliche, hängende Kette z. B. bleibt im Gleichgewicht, wenn man noch einige ihrer Glieder bei unveränderter Lage durch Nägel stützt.

Nichtparallele Kräfte. Greifen an einem starren, freien Körper mehr als zwei Kräfte an, deren Richtungen in einer Ebene liegen, so kann man zunächst die Angriffspunkte der beiden ersten in den Schnittpunkt ihrer Richtungen verlegen und sie dann nach dem Parallelogrammsatz durch eine Resultierende ersetzen, danach diese Resultierende mit der dritten Kraft zusammenfassen usw. (Vgl. das Kraftpolygon S. 38.) Das Verfahren versagt, wenn die Kräfte parallel sind.

Resultierende paralleler Kräfte. An einem freien, starren Körper (Abb. 27) mögen zwei Kräfte p_1 und p_2 in A und B und eine antiparallele Kraft p_3 in C so angreifen, daß sie sich im Gleichgewicht halten. Wann wird das der Fall sein? Wir verschieben die Kräfte in ihren Richtungen so, daß die Angriffspunkte auf einer zur Kraftrichtung senkrechten Geraden liegen. Die Abstände der Angriffspunkte voneinander seien $AC = a_1$ und $CB = a_2$. Wir denken uns nun, entsprechend der oben gemachten Vorbemerkung, den Körper, der ja im Gleichgewicht ist, um eine durch A gehende feste Achse drehbar. Die Gleichgewichtsbedingung lautet, da p_1 jetzt keine Bewegung bewirkt, $a_1 p_3 = (a_1 + a_2) p_2$. Entsprechend ist für Drehung um eine Achse durch $B: a_2 p_3 = (a_1 + a_2) p_1$. Addiert man beide Gleichungen, so ergibt sich $p_3 = p_1 + p_2$, dividiert man sie, so ist $a_1 : a_2 = p_2 : p_1$ oder $a_1 p_1 = a_2 p_2$.

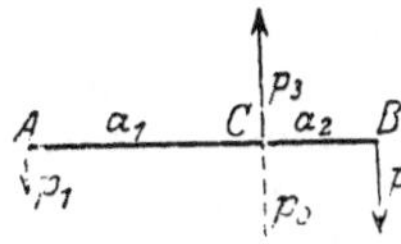

Abb. 27. Resultierende paralleler Kräfte.

Die der Kraft p_3 gleiche, aber entgegengesetzt gerichtete Kraft p_0 kann als die Resultierende der Kräfte p_1 und p_2 angesehen werden.

Die Resultierende zweier paralleler Kräfte ist also gleich der Summe der beiden Kräfte. Ihr Angriffspunkt teilt die Verbindungsgerade der beiden Angriffspunkte im umgekehrten Verhältnis der Kräfte.

Fährt z. B. ein Wagen über eine Brücke, so ist die Summe der vertikalen Auflagerdrucke stets gleich dem Gesamtgewicht des Wagens.

Beliebig viele parallele Kräfte. Da man immer je zwei parallele Kräfte durch eine Resultierende ersetzen kann, so kann man auch beliebig viele parallele Kräfte hinsichtlich ihrer Wirkung auf einen starren Körper durch eine einzige Resultierende ersetzen. Die Größe der Resultierenden ist stets gleich der algebraischen Summe der Kräfte. Ihr Angriffspunkt ergibt sich daraus, daß ihr Moment in bezug auf irgendeine Achse gleich der Summe der Momente der Einzelkräfte sein muß. (Momentensatz.)

Kräftepaar. Der Satz über die Vereinigung paralleler Kräfte gilt im allgemeinen auch dann, wenn es sich um parallele, aber entgegengesetzt gerichtete Kräfte handelt (antiparallele Kräfte). Sind zwei antiparallele Kräfte gleich, so wäre nach dem Früheren ihre Resultierende null mit dem Angriffspunkt im Unendlichen. Das bedeutet: zwei gleiche, antiparallele Kräfte lassen sich in ihrer Wirkung nicht durch eine einzige Resultierende ersetzen, sie bilden ein „Kräftepaar". Einem Kräftepaar kann nie durch eine einzelne Kraft das Gleichgewicht gehalten werden. Es bewirkt eine Drehung des Körpers (Magnetnadel, die auf einer Holzunterlage auf Wasser schwimmt).

Schwerpunkt. Wir haben bisher stets von den Wirkungen der Schwerkraft abgesehen. In Wirklichkeit ist jedes einzelne Atom dieser Kraft unterworfen; auf jeden Körper wirkt also stets ein System paralleler Kräfte. Alle diese Kräfte lassen sich durch eine einzige Resultierende ersetzen, deren Größe gleich der Summe der einzelnen Kräfte, hier also gleich dem Gesamtgewicht des Körpers ist. Die Bestimmung ihres Angriffspunktes erfolgt nach dem Momentensatz. Bei einer bestimmten Lage des Körpers ist dieser Angriffspunkt nur so weit bestimmt, daß er auf einer bestimmten Geraden (Vertikalen) liegt. Bei andrer Lage des Körpers liegt er auf einer andern Geraden. Es zeigt sich nun, daß alle diese Geraden in einem Punkt sich schneiden, den man mithin als Angriffspunkt der Resultierenden für jeden Fall ansehen kann. Diesen Punkt nennt man den Schwerpunkt. Die Wirkung der Schwerkraft auf den gesamten starren Körper läßt sich mithin bei beliebiger Lage des Körpers durch sein im Schwerpunkt angreifendes Gewicht ersetzen.

Die mathematische Berechnung des Schwerpunkts nach dem Momentensatz ist eine Aufgabe der Integralrechnung. Zuweilen läßt er sich aus einfachen Betrachtungen ermitteln. So liegt er z. B. bei Körpern mit Symmetriezentrum in diesem (Kugel, Kreis, Quadrat, Würfel, homogene Stange); bei einem Dreieck liegt er im Schnittpunkt der Mittellinien (denkt man sich nämlich das Dreieck in schmale Streifen parallel zu einer Seite zerlegt, so liegt der Schwerpunkt jedes Teils und mithin auch der des Ganzen auf der zugehörigen Mittellinie).

Aufgehängter schwerer Körper. Hängt man einen starren Körper an einem Punkte frei drehbar auf, so ist er im Gleichgewicht, wenn die Richtung der Resultierenden der Schwerkraft durch den Unterstützungspunkt geht, wenn also Schwerpunkt und Unterstützungspunkt auf derselben Vertikalen liegen. Hängt man einen

Körper nacheinander in zwei Punkten frei drehbar auf und zieht jedesmal durch den Aufhängepunkt die Vertikale, so ist ihr Schnittpunkt der Schwerpunkt des Körpers. Es ist das ein experimentelles Verfahren zur Schwerpunktermittlung.

Schwerpunkt des Menschen. Die Lage des Schwerpunkts im menschlichen Körper ist je nach der Haltung verschieden. Hermann Meier (1863) fand für die militärische aufrechte Haltung den Schwerpunkt in Höhe des zweiten Kreuzwirbels. Das Lot vom Schwerpunkt lag 5 cm hinter der Querachse des Hüftgelenks, 3 cm vor der des Fußgelenks. Um den Schwerpunkt für andere Körperlagen zu konstruieren, muß man die Schwerpunkte der einzelnen Körperteile (Kopf, Unterarm, Oberarm, Rumpf, Ober-, Unterschenkel usw.) und das Verhältnis ihrer Massen kennen.

Arten des Gleichgewichts. Eine dünne Stange ist unter dem Einfluß der Schwere im Gleichgewicht, wenn sie an ihrem oberen Ende aufgehängt wird, aber unter Umständen auch dann, wenn sie auf ihrem unteren Ende balanciert. Der Unterschied zwischen beiden Fällen ist ersichtlich: im zweiten Fall ist das Gleichgewicht gegen die geringsten Störungen empfindlich, im ersten nicht. Man unterscheidet demgemäß mehrere Arten des Gleichgewichts.

Stabil heißt das Gleichgewicht dann, wenn der Körper nach einer kleinen Verrückung wieder in die Gleichgewichtslage zurückkehrt. Es ist stets dann vorhanden, wenn bei jeder unter den gegebenen Bedingungen möglichen Verrückung der Schwerpunkt gehoben wird. (Einmal wäre zu weiterer Hebung noch mehr Arbeit nötig; andrerseits sucht der Schwerpunkt stets die tiefste Lage einzunehmen.)

Beispiele für stabiles Gleichgewicht bieten alle aufgehängten schwingungsfähigen Körper (Pendel). Ein Beispiel, bei dem der Schwerpunkt über dem Unterstützungspunkt liegt, bietet eine Kugel im tiefsten Punkt einer Schale.

Im stabilen Gleichgewicht sind auch alle aufgehängten und aufgestellten Gegenstände unserer Umgebung (Bilder, Wagen, Tische, Stühle usw., ferner ein stehender Mensch; der schiefe Turm zu Pisa). Ihre „Standfestigkeit“ ist um so größer, je höher der Schwerpunkt gehoben werden muß, bevor die durch ihn gezogene Vertikale die Kippkante schneidet und der Schwerpunkt bei weiterem Kippen sich wieder senkt.

Beim Gehen muß der Schwerpunkt stets über den jeweils ruhenden Fuß verlegt werden.

Labil ist das Gleichgewicht, wenn der Körper bei einer kleinen Verrückung nicht in seine alte Lage zurückkehrt, sondern eine neue Gleichgewichtslage aufsucht. Das tritt dann ein, wenn bei der Verrückung der Schwerpunkt sich senkt. (Zur Rückkehr wäre eine äußere Arbeit erforderlich.) Beispiele bieten ein balancierendes Lineal, eine Kugel auf dem höchsten Punkt einer umgekehrten Schale.

Indifferent heißt das Gleichgewicht, wenn der Körper nach der kleinen Verschiebung stets wieder im Gleichgewicht ist. Das tritt ein, wenn der Schwerpunkt auf der gleichen Höhe bleibt, wenn also Schwerpunkt und Unterstützungspunkt weiter auf einer Vertikalen liegen. Beispiele: Körper, der im Schwerpunkt aufgehängt ist; Kugel auf ebener Tischfläche.

Anwendungen der Gesetze der Statik. Die sogenannten einfachen Maschinen.

Graphische Statik. Greifen in einem Punkt mehrere, z. B vier in einer Ebene liegende Kräfte an (Abb. 28), so kann man ihre Resultierende in der Weise finden, daß man (Abb. 29) erst P_1 und P_2

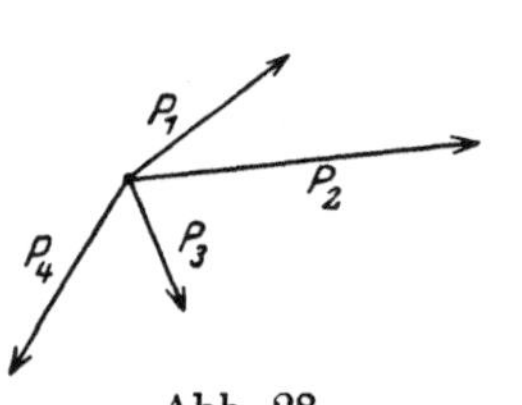

Abb. 28.

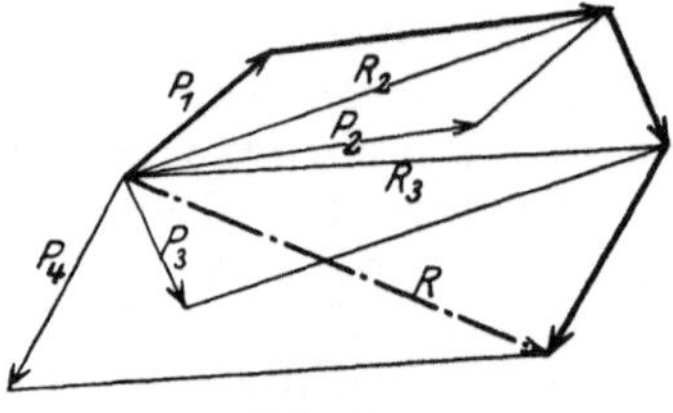

Abb. 29.

Abb. 28 u. 29. Konstruktion der Resultierenden von 4 Kräften.

nach dem Parallelogrammgesetz durch R_2 ersetzt, dann R_2 und P_3 durch R_3, endlich R_3 und P_4 durch R. Zeichnet man nur die stark ausgezogenen Linien der Abb. 29, so erhält man das einfachere Bild Abb. 30. Man setzt einfach 4 Vektoren aneinander, die den gegebenen Kräften parallel und gleich sind. Der so erhaltene Linienzug heißt ein Krafteck oder Kraftpolygon.

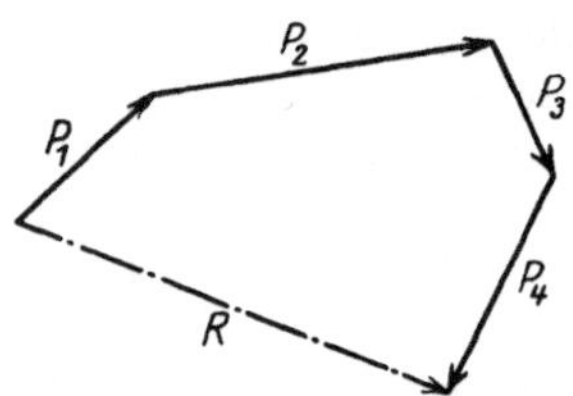

Abb. 30. Konstruktion der Resultierenden von 4 Kräften.

In ähnlicher Weise läßt sich die Zusammensetzung von Kräften vereinfachen, die an verschiedenen Punkten eines starren Körpers angreifen. Derartige Konstruktionen werden von der „graphischen Statik" ausgearbeitet, die sich allgemein mit dem zeichnerischen Auffinden von Kräfte-Resultierenden beschäftigt, und die die größte Wichtigkeit für jede Art Bautechnik besitzt.

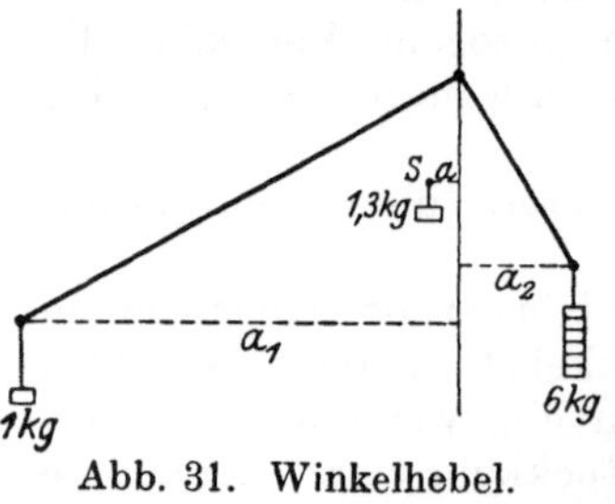

Abb. 31. Winkelhebel.

Der Hebel. Ein Hebel ist jeder um eine Achse, die sog. Drehachse, drehbare Körper. Im besonderen versteht man darunter eine gerade, gebogene oder geknickte Stange, an der zu beiden oder auf einer Seite der Achse Kräfte angreifen. Diese Seiten der Stange heißen Hebelarme. Nach dem Momentensatz (S. 34) herrscht Gleichgewicht am Hebel, wenn die Summe der Drehmomente auf beiden Seiten der Drehachse gleich groß ist. Abb. 31 zeigt einen Winkelhebel. An ihm wirken außer den Kräften $P_1 = 1$ kg und

$P_2 = 6$ kg noch das Eigengewicht $P = 1{,}3$ kg des Hebels, das im Schwerpunkt S angreifend gedacht werden kann. Gleichgewicht herrscht, wenn

$$a_1 P_1 + a P = a_2 P_2 \quad \text{ist.}$$

Die Wage. Die Wage dient dazu, die Gewichte zweier Körper zu vergleichen. Der Wagebalken ist ein zweiarmiger, um die Mittelschneide drehbarer Hebel, der im Gleichgewicht ist, wenn sein Schwerpunkt senkrecht unter der Schneide liegt. Die Zunge der Wage muß dann auf den Nullpunkt der Skala zeigen. Die Wagschalen sind mittels dachförmiger Schneiden auf den Wagebalken aufgelegt. Auch nach ihrer Anbringung muß die Wage im Gleichgewicht sein. Sind die seitlichen Schneiden von der Mittelschneide gleich weit entfernt, so müssen, wenn nach Auflegen von Gewichten die Wage wieder im Gleichgewicht ist, die aufgelegten Gewichte auf beiden Seiten gleich sein. Wird die Wage nicht gebraucht, so werden durch die „Arretierung“ die Schneiden von ihren Lagern abgehoben, um sie zu schonen. Gute Wagen befinden sich zum Schutz gegen Luftströmungen in einem Glasgehäuse (Abb. 32).

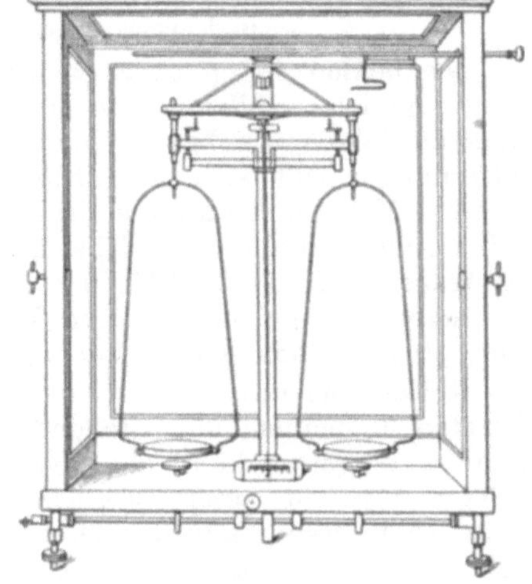

Abb. 32. Chemische Wage.

Empfindlichkeit der Wage. Eine Wage heißt empfindlich, wenn ein geringes Übergewicht auf einer Seite eine starke Verschiebung der Gleichgewichtslage hervorruft. Wir denken uns eine Wage (Abb. 33), deren Wagearm auf jeder Seite die Länge l hat; der Schwerpunkt S liege um a unter der Mittelschneide; das Gewicht des Wagebalkens sei G, das Gewicht einer Schale samt der darauf gestellten Last sei P. Das Übergewicht p auf einer Schale rufe den Ausschlagwinkel α hervor. Wir berechnen die vorhandenen Drehmomente. Sie betragen

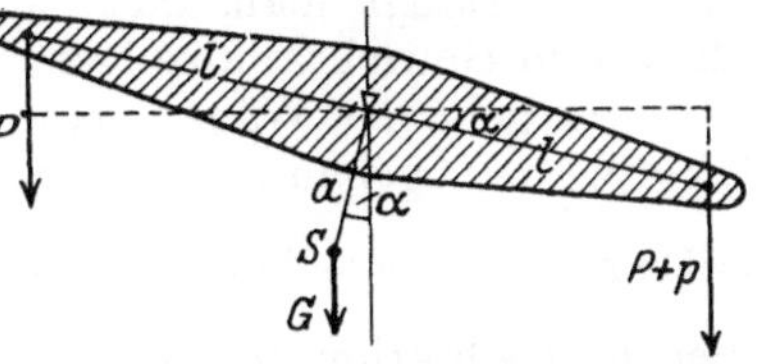

Abb. 33. Ausschlag der Wage bei Mehrbelastung der einen Seite.

in der einen Richtung: $(P + p)\, l \cos\alpha$,

in der andern Richtung: $Pl \cos\alpha + Ga \sin\alpha$.

Daher ist

$$Pl \cos\alpha + Ga \sin\alpha = (P + p)\, l \cos\alpha$$

$$Ga \sin\alpha = pl \cos\alpha,$$

$$\operatorname{tg}\alpha = \frac{p \cdot l}{G \cdot a}.$$

Die Empfindlichkeit z. B. für 1 mg Übergewicht ist also

1. unabhängig von der Belastung P. (Das trifft freilich nur so lange zu, wie der Balken gar nicht deformiert, insbesondere also nicht durchgebogen ist.)
2. um so größer, je länger l,
   je kleiner G,
   je kürzer a ist.

Die beiden ersten unter 2. genannten Bedingungen lassen sich nicht zugleich erfüllen. Man baut meist Wagen mit kurzem und leichtem Balken, da bei ihnen die Durchbiegung geringer ist. Die Entfernung a läßt sich mit Hilfe einer Stellschraube beliebig verändern. Man kann dadurch die Empfindlichkeit der Wage beliebig groß machen. Es wächst dabei aber zugleich die Schwingungsdauer der Wage, wodurch das Wägen sehr erschwert wird. Als Dauer einer Schwingung ist bei langarmigen Wagen 10 bis 15, bei kurzarmigen 6 bis 10 Sekunden gebräuchlich.

Reitergewicht. Das Reitergewicht dient als Ersatz für die kleinsten, unbequem herzustellenden Gewichte. Auf den in 100 Teile geteilten Wagearm kann der „Reiter“, ein gebogener Draht von bekanntem Gewicht, gesetzt werden. Sitzt er etwa auf dem Teilstrich 4, so ist er in bezug auf das Drehmoment mit 0,04 seines Eigengewichts auf der Schale gleichwertig. Mit einem Zentigrammreiter kann man also Zehntel-Milligramm, mit einem Milligrammreiter 0,01 mg messen. Meist setzt man den Reiter nur auf die Zehntel und interpoliert.

Die besten Wagen. Von den besten, d. h. genauesten und empfindlichsten Wagen (dazu gehören vor allem chemische Wagen, Abb. 32) verlangt man, daß sie noch ein Zweihundertmillionstel des aufgelegten Gewichtes anzeigen, bei Belastung mit 1 kg noch 0,005 mg.

Zum genauen Wägen ganz kleiner Gewichte hat man besondere Mikrowagen gebaut. Eine solche Mikrowage von Riesenfeld und Müller z. B. zeigt bei 5 mg Höchstbelastung noch $\frac{1}{30 \cdot 10^6}$ mg an. Über die Reduktion der Wägung auf den luftleeren Raum s. u. S. 63.

Tafelwage. Abb. 34 zeigt eine sog. Robervalsche Tafelwage, bei der das Gestänge ein Parallelogramm bildet. Die Folge davon ist, daß die Tafeln stets horizontal bleiben und daß es gleichgültig ist, auf welche Stelle der Tafel die Last gestellt wird.

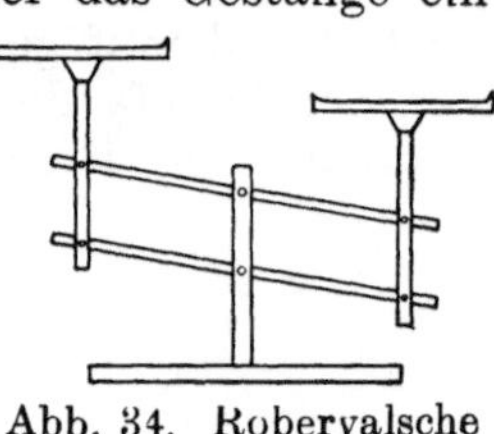
Abb. 34. Robervalsche Tafelwage.

Brückenwage. Die Brückenwage dient zum Abwägen größerer Lasten. Die Brücke EF, auf die die Last gestellt wird (Abb. 35), ruht einerseits mit der Schneide F auf der um H beweglichen Unterlage GH, und hängt andererseits durch die Stange CE an dem um A drehbaren Hebel BAD. Das Brett GH hängt vermittels der Stange DG am gleichen Hebel. Die Brücke ist so gebaut, daß $AC:AD = HF:HG$

ist. In diesem Fall bleibt die Brücke stets sich selbst parallel und senkt sich um ebensoviel wie der Punkt C. (Ist z. B. $AD = 4\,AC$, so senkt sich D viermal soviel wie C, G ebenso wie D, F $^1/_4$ soviel wie G, also ebenso wie C.) Die Drehwirkung der Last Q am Hebel ist also ebenso groß, als wenn sie im Punkt C befestigt wäre. Gleichgewicht herrscht, wenn $P \cdot AB = Q \cdot AC$ ist.

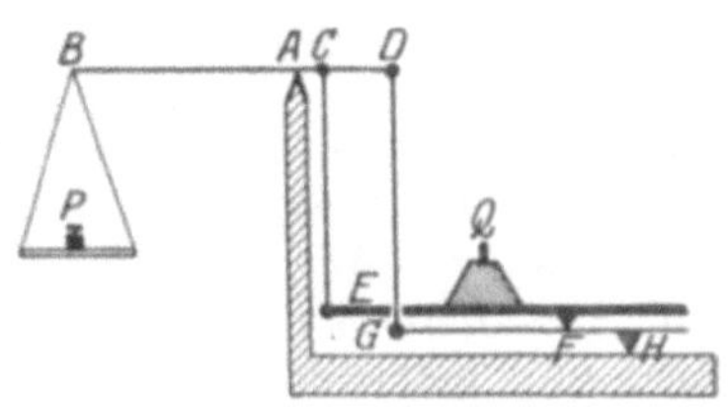

Abb. 35. Brückenwage.

Ist z. B. $AB = 10 \cdot AC$, so folgt $10\,P = Q$. Man nennt die Wage in diesem Fall eine Dezimalwage, für $100\,P = Q$ eine Zentesimalwage.

Dezimalwagen dienen zum Abwägen mittelgroßer Lasten (Kartoffeln, Obst usw.), Zentesimalwagen werden für große Lasten (beladene Wagen) gebraucht.

Andere Anwendungen des Hebels. Der Hebel kann dazu dienen, mit Hilfe einer kleinen Kraft, die am langen Hebelarm angreift, eine große Kraftwirkung am kurzen Hebelarm hervorzubringen. Die Wege in Richtung der Kräfte sind ihren Größen umgekehrt proportional. In solcher Art findet der Hebel Anwendung als Brechstange, ferner bei der Zange, der Schere, dem Pumpenschwengel, dem Nußknacker usw. Die meisten täglich gebrauchten Werkzeuge enthalten Hebel. Geht die Drehachse nicht durch den Schwerpunkt, so denken wir uns das Hebelgewicht im Schwerpunkt angreifen. Es sei z. B. eine gleichförmige Stange von 20 cm Lange und 1,4 kg Gewicht gegeben. Sie werde 3 cm vom Mittelpunkt unterstützt. Um Gleichgewicht zu erzielen, muß man am Ende des kürzeren (7 cm langen) Hebelarms 0.6 kg anhängen (denn $7 \cdot 0{,}6 = 3 \cdot 1{,}4$ kgcm).

Energieverhältnisse. Hängen an einem Hebel zwei Gewichte p_1 und p_2 in den Entfernungen a_1 und a_2 von der Drehachse, so herrscht Gleichgewicht, wenn $a_1 p_1 = a_2 p_2$ ist. Wird der Hebel um einen kleinen Winkel gedreht und sind die Stücke, um die die Gewichte sich heben bzw. senken, h_1 und h_2, so ist $h_1 : h_2 = a_1 : a_2$, daher $p_1 h_1 = p_2 h_2$. $p_1 h_1$ ist aber die Arbeit, die an dem Gewicht p_1 geleistet wird, $p_2 h_2$ ist die Arbeit, die das andere Gewicht leistet. Beide sind gleich. Im ganzen kann also keine Arbeit gewonnen werden. Diese Tatsache, die eine selbstverständliche Folge des Energiegesetzes ist, nannte man früher goldene Regel der Mechanik. Sie war der wissenschaftliche Niederschlag der Erfahrungen, die man bei den vielen vergeblichen Versuchen, ein Perpetuum mobile zu erfinden, gemacht hatte.

Schiefe Ebene. Es soll ein Wagen von $Q = 8000$ kg Gewicht an einem Seil eine schiefe Ebene emporgezogen werden, die auf $l = 100$ m Länge um $h = 15$ m ansteigt (Neigungswinkel α; $\sin\alpha = h/l$). Wie groß muß die angreifende Kraft P sein? Wir besprechen zwei Lösungswege. 1. Wir denken uns im Schwerpunkt des Wagens die Kraft $Q = 8000$ kg senkrecht nach unten wirken. Nach der Methode des Kräfteparallelogramms zerlegen wir diese Kraft in zwei Komponenten, von denen die eine in Richtung der schiefen Ebene, die andere senkrecht dazu wirkt (Abb. 15 auf S. 14). Nur die erste ist durch die Seilkraft zu überwinden; sie beträgt

$$8000 \cdot \sin\alpha = 8000 \cdot \frac{15}{100} = 1200\,\text{kg}.$$

2. Schneller kommt man mit dem Energiegesetz zum Ziele. Wird der Wagen die Ebene emporgefahren, so ist er um 15 m gehoben, an ihm ist die Arbeit $8000 \cdot 15$ mkg geleistet. Die Seilkraft P hat ihren Angriffspunkt um 100 m vorwärts bewegt, also die Arbeit $P \cdot 100$ mkg geleistet. Daher muß sein

$$P \cdot 100 = 8000 \cdot 15; \qquad P = 1200\,\text{kg}.$$

Allgemein ist $P \cdot l = Q \cdot h$; die Kraft verhält sich zur Gegenkraft (Last) wie die Höhe zur Länge der schiefen Ebene.

Der Keil. Um die Wirkungsweise des Keils, den man z. B. zum Spalten von Holz braucht, zu verstehen, betrachten wir Abb. 36[1]). Die Kraft wird ausgeübt durch einen Mann, der den auf Rollen liegenden Keil schiebt; die Last wird gebildet durch ein Gewicht von $Q = 120$ kg, das auf einer in Führung laufenden Stange ruht. Auf dem ganzen Keilweg wird die Last um 0,3 m gehoben, also die Arbeit $120 \cdot 0{,}3 = 36$ mkg geleistet. Der Mann schreitet 1,5 m vorwärts, er muß also 24 kg Druck aufwenden, um $24 \cdot 1{,}5 = 36$ mkg zu leisten. Allgemein verhält sich die Kraft zur Gegenkraft (Last) wie die Breite zur Höhe des Keils.

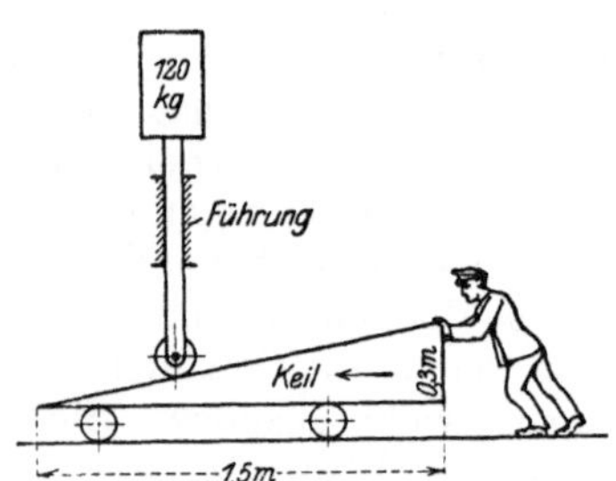

Abb. 36. Veranschaulichung der Keilwirkung.

Die Schraube. Eine Schraubenlinie können wir uns dadurch entstanden denken, daß ein rechtwinkliges Dreieck so um einen Kreiszylinder gewickelt wird, daß die eine Kathete der Zylinderachse parallel ist. Der in Richtung der Zylinderachse gemessene Abstand eines Schraubengangs vom nächsten heißt die „Ganghöhe". An einer Schraube der Ganghöhe $h = 2$ cm hänge die Last $Q = 150$ kg. Mittels eines Stabes greife in der Entfernung $a = 14$ cm von der Schraubenachse die Kraft P an. Wie groß muß P sein, um Gleichgewicht zu erzielen? Wir denken uns die Schraube einmal herumgedreht. Q wird um 2 cm gehoben, also wird die Arbeit $2 \cdot 150 = 300$ cmkg (allgemein $h \cdot Q$) geleistet. Die Kraft P verschiebt ihren Angriffspunkt um den Umfang des Kreises mit dem Radius a, also um $3\frac{1}{7} \cdot 2 \cdot 14 = 88$ cm (allgemein $2\pi a$). Daher muß sein

$$P = \frac{300}{88} = 3{,}4\,\text{kg}, \quad \text{allgemein} \quad P = \frac{hQ}{2\pi a}.$$

(Anwendung bei der Kopierpresse.)

[1]) Entnommen aus: Hanffstengel, Technisches Denken und Schaffen. 3. Aufl. Berlin: Julius Springer 1922.

Seil- und Zahnradübertragungen. Seile, Ketten und Zahnräder dienen teils dazu, die Richtung einer Kraft zu ändern oder ihren Angriffspunkt zu verlegen, teils dazu, Kraft und Gegenkraft (Last) in ein gewünschtes Verhältnis zu bringen. Wir finden sie z. B. bei der Übersetzung des Fahrrades, den Transmissionen der Fabriken, Motorkupplungen usw. Abb. 37 zeigt ein komplizierteres Zahnradgetriebe. Die Berechnung ist einfach. Die Kurbelwelle, an der man dreht, habe 50 cm Radius, die Welle, auf der das Seil mit der Last läuft, 10 cm. Das große Zahnrad habe 32, das kleine 8 Zähne. Einer Umdrehung der Kurbelwelle entspricht dann $\frac{8}{32} = \frac{1}{4}$ Umdrehung der Seilwelle. Da ferner die Umfänge der Wellen sich wie $10:50 = 1:5$ verhalten, so ist der Weg der Last $\frac{1}{5} \cdot \frac{1}{4} = \frac{1}{20}$ von dem der Kraft. Die Last kann daher 20 mal so groß sein wie die Kraft.

Abb. 37. Zahnradgetriebe.

Besondere Seilmaschinen sind die Flaschenzüge.

Gewöhnlicher Flaschenzug. Er besteht aus 2 „Flaschen“, die je 2 (oder 3) Rollen enthalten. Die Last Q hängt an der unteren Flasche (Abb. 38). Die Schnur ist an der oberen Flasche befestigt und nacheinander um die Rollen der beiden Flaschen gelegt. Am freien Ende wird mit der Kraft P gezogen. Da die Last Q an 4 Schnüren hängt, so hebt sie sich bei einer Verschiebung um $\frac{1}{4}$ der Strecke, um die P gesenkt wird. Dementsprechend muß, damit Gleichgewicht herrscht,

$$P = \frac{1}{4} \cdot Q$$

sein.

Der Flaschenzug dient zum Heben von Lasten, zum Spannen von Seilen, zum Heranziehen schwerer Gegenstände, z. B. der meisten Segel (auf Seeschiffen).

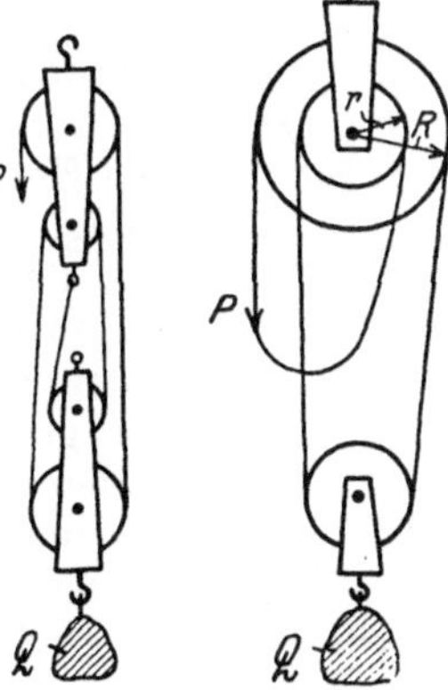

Abb. 38. Flaschenzug. Abb. 39. Differentialflaschenzug.

Differentialflaschenzug. Der Differentialflaschenzug dient vor allem zum Heben von Lasten und dgl. Er besteht aus einer an der Decke, einem Balken oder dgl. befestigten Doppelrolle (Radien der Rollen r und R) und einer beweglichen einfachen Rolle, an der die Last Q hängt. Eine endlose Kette führt nacheinander um die obere große, die untere, die kleinere obere Rolle (Abb. 39). Die oberen Rollen sind mit Zähnen versehen, um ein Gleiten der Kette zu verhindern. An der durch einen Pfeil gekennzeichneten Stelle der Kette werde mit der Kraft P gezogen. Die Last Q hängt an zwei Schnüren, zieht also je zur Hälfte an der großen und der kleinen oberen Rolle. Gleichgewicht herrscht, wenn die Gesamtsumme der auf die Doppelrolle wirkenden Drehmomente null ist:

$$PR + \frac{Q}{2} r = \frac{Q}{2} R$$

oder

$$P = \frac{Q(R-r)}{2R}.$$

Je kleiner $R - r$, desto kleiner wird P; um so größer wird aber das Stück Kette, das emporgezogen werden muß, um Q um ein bestimmtes Stück zu heben.

Einfluß der Reibung. Bei allen bisher besprochenen Vorrichtungen wird ein Teil der aufgewandten Arbeit — was bisher nicht berücksichtigt ist — zum Überwinden der Reibung (S. 51) verbraucht. Z. B. beträgt bei der Zahnradwinde (Abb. 37) der Verlust durch Reibung bei guter Schmierung $15^0/_0$; nur $85^0/_0$ der Arbeit werden zum Heben der Last verwendet. Diese darf daher nicht 20, sondern nur $20 \cdot 0{,}85 = 17$ mal so groß sein wie die Kraft. Ähnlich ist es bei Flaschenzügen usw. Bei Schrauben ist der Verlust durch Reibung sehr erheblich größer. Hierauf beruht die Möglichkeit, Schrauben zum Befestigen zweier Gegenstände aneinander zu benutzen.

Lehre von der Bewegung starrer Körper (Dynamik).

Trägheitsmoment. Physikalisches Pendel. Ein physikalisches Pendel ist ein beliebiger starrer Körper, der um eine horizontale Achse unter dem Einfluß der Schwerkraft schwingen kann. Denken wir uns zunächst etwa einen starren, sehr leichten Stab (Abb. 40), an dem 4 Massen m_1, m_2, m_3, m_4 in den Entfernungen r_1, r_2, r_3, r_4 vom Aufhängepunkt befestigt sind. Offenbar würde m_1 allein am schnellsten, m_4 allein am langsamsten schwingen; es ist daher zu vermuten, daß die ganze Stange mit den 4 Massen eine mittlere Schwingungszeit annehmen wird. Die Frage, wie groß diese ist, hat — nach vergeblichen Versuchen anderer Forscher — zuerst Huyghens gelöst. Denken wir uns das Pendel beim Ausschlagwinkel α losgelassen. In dem Augenblick, wo es die vertikale Lage erreicht, hat sich

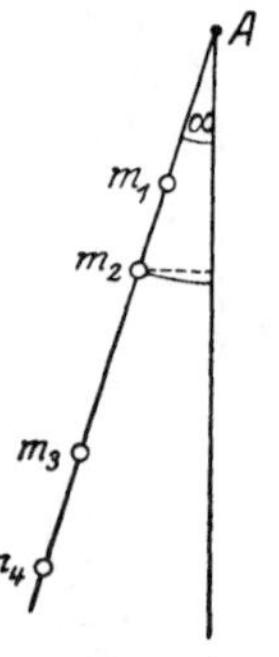

$$m_1 \text{ um } r_1 - r_1 \cos\alpha = r_1(1-\cos\alpha),$$
$$m_2 \text{ um } r_2(1-\cos\alpha) \text{ usw. gesenkt.}$$

Abb. 40. Schwingender Stab mit 4 Massen (m_1, m_2, m_3, m_4).

Das bedeutet für m_1 einen Verlust an potentieller Energie um $m_1 g r_1 (1-\cos\alpha)$, für das ganze System also den Verlust

$$U = (m_1 r_1 + m_2 r_2 + m_3 r_3 + m_4 r_4)\, g\, (1-\cos\alpha).$$

Ist w die im tiefsten Punkt erreichte Winkelgeschwindigkeit, so sind die Geschwindigkeiten der einzelnen Massen $r_1 w$, $r_2 w$ usw.; m_1 hat an kinetischer Energie gewonnen $\frac{1}{2} m_1 r_1^2 w^2$, das ganze System also

$$L = \tfrac{1}{2} w^2 (m_1 r_1^2 + m_2 r_2^2 + m_3 r_3^2 + m_4 r_4^2).$$

Nach dem Energiegesetz müssen beide Energieänderungen den gleichen Wert haben. Bezeichnet man die Gesamtmasse der 4 Körper mit M, den Abstand des Schwerpunkts S von A mit a, so ist nach dem Momentensatz

$$m_1 r_1 + m_2 r_2 + m_3 r_3 + m_4 r_4 = Ma.$$

Den Ausdruck

$$m_1 r_1^2 + m_2 r_2^2 + m_3 r_3^2 + m_4 r_4^2 = K$$

nennt man das „Trägheitsmoment“ des Gesamtkörpers in bezug auf die Drehachse durch A. Führt man diese Bezeichnungen ein, so wird aus $U = L$:

$$Mag(1 - \cos\alpha) = \tfrac{1}{2} K w^2.$$

Zur Bestimmung der Schwingungszeit sucht nun Huyghens die „reduzierte Pendellänge“, das ist die Länge desjenigen mathematischen Pendels, das genau ebenso schwingt wie das vorgelegte physikalische. Ist seine Länge l, die Pendelmasse m, so muß das Pendel, beim Ausschlagwinkel α losgelassen, auch beim Durchgang durch die Vertikale die Winkelgeschwindigkeit w erreichen. Der Verlust an potentieller Energie ist gleich dem Gewinn an kinetischer:

$$mgl(1 - \cos\alpha) = \tfrac{1}{2} m l^2 w^2$$

oder

$$w^2 = \frac{2g(1 - \cos\alpha)}{l}.$$

Man erhält die gleiche Bewegung bei beiden Pendeln für jeden Ausschlagwinkel, wenn w für beide denselben Wert hat, d. h., wenn

$$\frac{g}{l} = \frac{Mag}{K} \text{ oder } l = \frac{K}{Ma} \text{ ist.}$$

Nach S. 28 wird daher die einfache Schwingungszeit des physikalischen Pendels

$$t = \pi \sqrt{\frac{K}{Mag}}.$$

Für Pendel, deren Gestalt sich geometrisch genau beschreiben läßt, kann man K mathematisch berechnen. In andern Fällen wird K durch Versuche bestimmt. Im allgemeinen ist das Trägheitsmoment desselben Körpers für verschiedene Drehachsen verschieden.

Bestimmung von g durch das Reversionspendel. Legt man durch die Schwingungsachse A und den Schwerpunkt S eines physikalischen Pendels eine (vertikale) Ebene und bestimmt in ihr eine zur ersten parallele zweite Schwingungsachse A' so, daß S zwischen A und A' liegt, und daß AA' gleich der reduzierten Pendellänge l wird, so hat, wie hier nicht bewiesen werden soll, das Pendel dieselbe Schwingungszeit, ob es nun um die Achse A oder A' schwingt. Umgekehrt, hat das Pendel beim Schwingen um zwei parallele, mit dem Schwerpunkt in einer Ebene liegende Achsen gleiche Schwingungszeit, so ist der Abstand der Achsen gleich der reduzierten Pendellänge, vorausgesetzt, daß die Achsen nicht symmetrisch zum Schwerpunkt liegen. Diese Tatsache benutzt man beim sog. Reversionspendel (Kater 1818). An einer Stange (Abb. 41) befinden sich zwei Schneiden A und B, deren Abstand sehr genau bestimmt werden kann. Durch Verschieben zweier Massen M_1 und M_2 richtet man es so ein, daß das Pendel beim Aufhängen in A und in B dieselbe Schwingungszeit t zeigt. Diese wird gemessen. Da außerdem die reduzierte Pendellänge $AB = l$ bekannt ist, so ergibt sich

$$t = \pi \sqrt{\frac{g}{l}} \qquad \text{oder} \qquad g = \frac{\pi^2 l}{t^2}.$$

Das ist die beste und genaueste Methode zur Bestimmung der Erdbeschleunigung g. Die Abhängigkeit der Größe g von der geographischen Breite hat sich auf diese Weise genauer untersuchen lassen. Nach Helmert ist in der geogr. Breite φ und H Meter über dem Meere:

Abb. 41. Reversionspendel.

$$g = 978{,}030\,(1 + 0{,}005\,302 \sin^2 \varphi - 0{,}000\,007 \sin^2 2\,\varphi) - 0{,}000\,3086 \cdot H \quad \text{cm/sec}^2.$$

Die Abnahme von g von den Polen zum Äquator hin erklärt sich teils aus der Gestalt des Erdkörpers, teils aus der Wirkung der Zentrifugalkraft am Äquator, deren Ursache die Achsendrehung der Erde ist (S. 24).

Kinetische Energie eines rotierenden Körpers. Der Begriff des Trägheitsmoments ist stets dann von Bedeutung, wenn es sich um rotierende Körper handelt. Ein starrer Körper rotiere mit der Winkelgeschwindigkeit w um eine feste Achse. Wir denken uns den Körper in kleine Massenteilchen m_1, m_2 usw. zerlegt, die von der Drehachse die Abstände r_1, r_2 usw. haben. Die Geschwindigkeit des ersten Teilchens ist $r_1 w$, die des zweiten $r_2 w$ usw. Daher ist die kinetische Energie des Körpers

$$\tfrac{1}{2} m_1 r_1^2 w^2 + \tfrac{1}{2} m_2 r_2^2 w^2 + \cdots = \tfrac{1}{2} w^2 (m_1 r_1^2 + m_2 r_2^2 + \cdots) = \underline{\tfrac{1}{2} K w^2}.$$

Gewaltige kinetische Energien enthalten die großen Schwungräder, die dazu dienen, Maschinen über die sog. toten Punkte hinwegzubringen. Um ihr Trägheitsmoment groß zu machen, legt man einen möglichst großen Teil ihrer Masse an die Peripherie.

Nachweis der Erddrehung.

1. Der Pendelversuch von Foucault. Ist ein Pendel frei aufgehängt und gegen Luftströmungen geschützt, so schwingt es scheinbar nicht immer in derselben Ebene. Seine Schwingungsebene dreht sich gegenüber dem Erdboden in unsern Breiten um etwa 12 Grad in der Stunde, allgemein in der Breite φ um $15 \cdot \sin \varphi$ Grad in der Stunde. Ursache dafür ist die Drehung der Erde und die Eigenschaft der Schwingungsebene, ihre Lage im Raum beizubehalten. Um das zu verstehen, betrachten wir ein Tischchen, über dessen Mitte ein Fadenpendel aufgehängt ist. Schwingt das Pendel und dreht man das Tischchen, so behält die Schwingungsebene des Pendels ihre Lage im Raum bei und dreht sich daher scheinbar über den Tisch hinweg. Endsprechend liegen die Verhältnisse am Nordpol der Erde. Hier muß sich also die Schwingungsebene in 24 Stunden um 360, in einer Stunde um 15 Grad drehen.

Am Äquator dagegen findet gar keine, in der Breite φ eine Drehung um $15 \cdot \sin \varphi$ Grad statt. Der korrekte Beweis dafür in elementarer Form ist schwierig und soll daher hier übergangen werden. Die Versuche (erster Versuch von Foucault 1850 in Paris) haben die theoretischen Ergebnisse bestätigt und damit den experimentellen Nachweis für die Drehung der Erde erbracht.

2. Ostabweichung beim freien Fall. Ein anderer Beweis für die Erddrehung liegt in folgender Tatsache. Läßt man einen Gegenstand von einem hohen Turm herunterfallen, so liegt der Aufschlagpunkt nicht genau vertikal unter dem Punkt, wo der Körper losgelassen wurde, sondern etwas östlich davon. Der Grund dafür ist der, daß die Turmspitze S weiter von der Erdachse entfernt ist und daher infolge der Erddrehung eine größere Geschwindigkeit besitzt als der Turmfußpunkt F. Wird ein Gegenstand in S losgelassen, so bewegt er sich mit der der Spitze eigentümlichen seitlichen Geschwindigkeit nach Osten, er eilt dem Fußpunkt vorauf und wird daher östlich davon aufschlagen. Entsprechende Versuche sind mehrmals mit Erfolg angestellt worden, z. B. von Benzenberg (1802) im Michaeliskirchturm in Hamburg, von Reich (1831) in einem Bergwerk bei Freiberg in Sachsen, von Hall (1902) in Cambridge (Mass.) und anderen.

3. Gesetz von Buys-Ballot. Winde und Meeresströmungen, die in nordsüdlicher Richtung verlaufen, besitzen auf der nördlichen Halbkugel eine geringere West-Ost-Drehung als die Teile der Erde, zu denen sie wehen; sie bleiben hinter diesen zurück. Süd-nördliche Winde eilen entsprechend vor. So erklärt sich die NO-SW-Richtung der Passate auf der nördlichen Halbkugel. Auf eine Stelle geringsten Luftdrucks (Minimum oder Tief) weht die Luft nicht geradlinig zu; infolge der Ablenkung durch die Erddrehung bildet sich um das Tief herum ein großer Windwirbel aus (Wirbel oder Zyklone, Abb. 42a), wie jede Wetterkarte erkennen läßt. Ebenso strömt von Gebieten höchsten

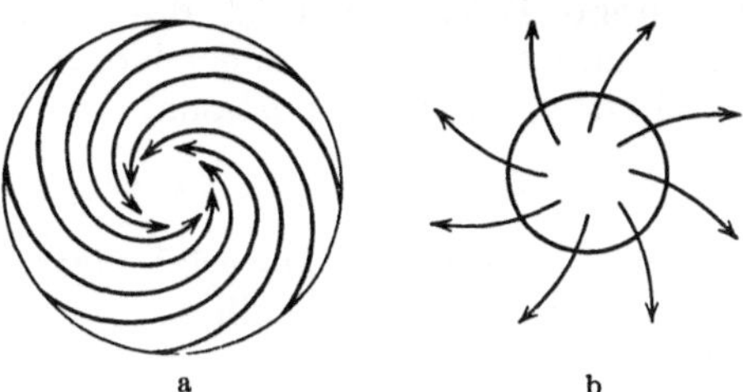

Abb. 42. Zyklone und Antizyklone. (Wirbel und Gegenwirbel.

Luftdrucks (Maximum oder Hoch) der Wind nicht radial weg, sondern wirbelförmig (Gegenwirbel oder Antizyklone, Abb. 42b). Den Zyklonen unsrer Breiten ähnlich sind die großen Wirbelstürme der Tropen (Zyklon; Hurrican in Westindien; Taifun in Ostchina). Nach dem Gesetz von Buys-Ballot (1857) werden Winde und Meeresströmungen durch die Erddrehung auf der nördlichen Halbkugel nach rechts, auf der südlichen nach links aus ihrer Richtung abgelenkt.

Weitere Beweise für die Achsendrehung der Erde sind:

4. Abweichung der Geschosse nach rechts auf der nördlichen, nach links auf der südlichen Halbkugel. (Erklärung wie bei 3.; wird praktisch durch andre Abweichungen überdeckt.)

5. Stärkere Auswaschung der rechten Flußufer auf der nördlichen Halbkugel. (Gesetz von v. Baer.)

6. Stärkere Abnutzung der rechten Eisenbahnschiene auf der nördlichen Halbkugel.

7. Die Tatsache der Abplattung der Erde.

Nichtstarre feste Körper.

Deformierbarkeit. Wir haben oben gesagt, daß die inneren Kräfte eines festen Körpers jeder Änderung des Volumens wie auch der Gestalt einen Widerstand entgegensetzen. Beim idealen starren Körper sind diese Widerstände unendlich groß, es ist keine Verschiebung der Körperteilchen gegeneinander möglich. In der Natur gibt es keinen absolut starren Körper, sondern nur solche, die angenähert starr sind. Nichtstarre Körper heißen deformierbar.

Homogener und isotroper Körper. Homogen heißt ein Körper, wenn er sich an allen Stellen gleich verhält. Der Körper heißt an einer bestimmten Stelle isotrop oder anisotrop, je nachdem, ob er sich in verschiedenen Richtungen gleich verhält oder nicht. Ein einheitlicher Kristall z. B. ist homogen und (im allgemeinen) anisotrop.

Elastische Dehnung. Elastische Nachwirkung. Wird ein Draht am oberen Ende befestigt, am unteren mit dem Gewicht P belastet, so dehnt er sich aus; zugleich wird sein Querschnitt kleiner. Für nicht große Belastungen ist die Ausdehnung λ des Drahtes seiner Länge l und dem „Zug" oder der „Spannung" (= Belastung P durch Querschnitt q) direkt proportional

$$\lambda = \frac{1}{E} \cdot l \cdot \frac{P}{q}. \qquad \text{(Gesetz von Hooke.)}$$

E ist dabei eine dem Material eigentümliche Konstante und heißt Elastizitätsmodul (vgl. Tabelle II auf S. 306); E hängt von der Temperatur ab.

Beim Abnehmen der Belastung geht der Draht nicht völlig auf die alte Länge zurück; es bleibt vielmehr eine mehr oder minder große Dehnung (elastische Nachwirkung). Abb. 43[1]) u. Abb. 44[1]) zeigen für Gußeisen und Aluminiumguß in sinnfälliger Weise, wie sich die

[1]) Abb. 43 und 44 aus: Landolt-Börnstein, Physikalisch-chemische Tabellen. Berlin: Julius Springer 1923.

gesamte Dehnung aus der bleibenden und der „federnden“ Dehnung zusammensetzt. Bei genauer Gültigkeit des Hookeschen Gesetzes wäre die Linie der federnden Dehnung eine gerade. Die bleibende Dehnung, die bei starker Belastung unter Umständen beträchtlich ist (Abb. 44), kann man durch Dehnungen und Gleitungen der Mikrokristalle erklären. Es treten dabei oft sehr bedeutende Drahtverlängerungen auf. Besonders eingehend ist dieses Verhalten bei Zink-Einkristalldrähten von Marck, Polanyi und Schmid untersucht worden. Solche Drähte, die aus einem einzigen Kristall bestehen, werden durch schnelles Herausziehen aus der überhitzten Zinkschmelze gewonnen. Zink kristallisiert in sechseckigen Säulen. Ist die Achse des kreisförmigen Drahtes der Säulenachse parallel, so tritt beim Ziehen eine Dehnung bis auf das Fünf- und Sechsfache, bei 205° sogar auf das 17fache der ursprünglichen Länge ein; zugleich nimmt der Querschnitt ein ellipsenförmiges Aussehen an. Man erklärt sich die Erscheinung durch ein Umkippen und Gleiten der senkrecht zur Achse gelagerten Sechseckflächen aneinander. Der Draht besitzt alsdann das Aussehen eines Bandes. Bei weiterer Belastung schnürt sich das Band ein und reißt. Läuft die Drahtachse dagegen senkrecht oder nahezu senkrecht zur Säulenachse, so dehnt sich der Draht fast gar nicht. Das ist erklärlich, da in diesem Fall kein weiteres Gleiten möglich ist. Ähnliche Versuche sind mit Zinn, Wismut, Aluminium, Blei u. a. angestellt worden.

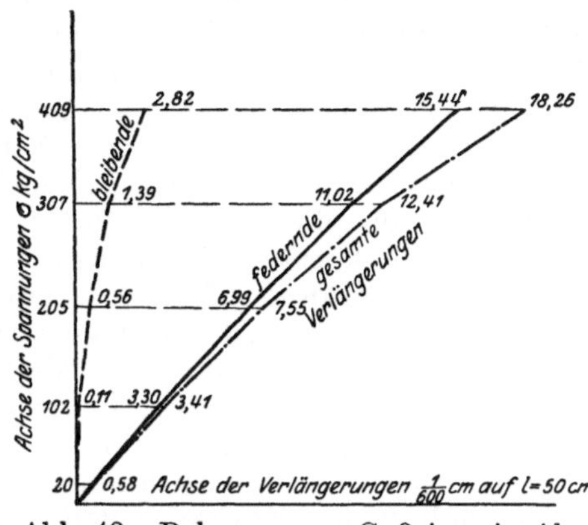

Abb. 43. Dehnung von Gußeisen in Abhängigkeit von der Spannung.

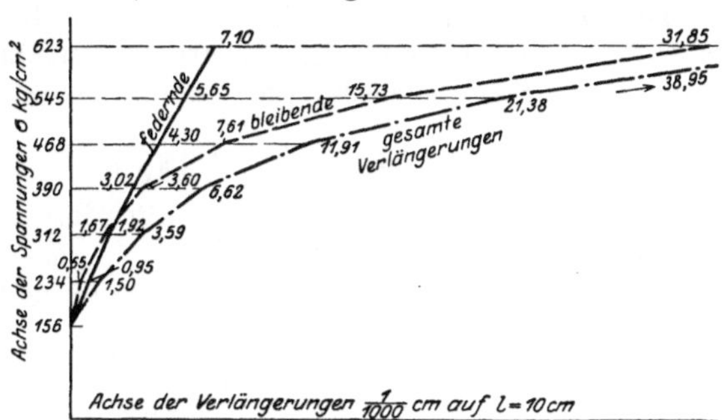

Abb. 44. Dehnung von Aluminiumguß in Abhängigkeit von der Spannung.

Die komplizierten Verhältnisse bei kristallinischen Körpern sind noch nicht völlig geklärt; es scheint jedoch festzustehen, daß bei der Dehnung polykristalliner Drähte die Einzelkristalle gedehnt werden.

Zugfestigkeit nennt man den kleinsten Zug, unter dessen Wirkung der Draht zerreißt (Tabelle II auf S. 306).

Dehnbar oder spröde heißt ein Körper, je nachdem, ob er stark oder nur schwach gedehnt werden kann, ehe er reißt.

Bei Metalldrähten, die kristallinisch sind, hängen die elastischen Eigenschaften (ganz besonders die bleibende Dehnung und die Zugfestigkeit) außerordentlich stark von der vorhergegangenen mechanischen und thermischen Behandlung ab (Dehnen, Glühen, Hämmern, Walzen usw.); geringe Beimischung anderer Substanzen verändert die Eigenschaften zuweilen von Grund aus. Bei anisotropen Körpern sind die elastischen Eigenschaften nach verschiedenen Richtungen hin verschieden. Die genaue Kenntnis der elastischen Eigenschaften ist für die Technik von größter Wichtigkeit (Brückenbau, Hausbau, Eisenkonstruktionen usw.).

Querkontraktion. Unter Querkontraktion versteht man den Bruchteil der ursprünglichen Länge, um den eine Querlinie bei der Belastung verkürzt wird. Das Verhältnis ν von Querkontraktion zur Längsdilatation, die sog. Poissonsche Zahl, liegt für alle Substanzen zwischen 0 und $\frac{1}{2}$, für die meisten Metalle ist ν rund $\frac{1}{3}$. Bei einseitigem Zug wird das Gesamtvolumen des Drahtes vergrößert.

Verhalten der Körper gegen Druck. Die Verkürzung bei geringem Druck bestimmt sich nach denselben Gesetzen wie die Verlängerung bei Zug. Bei einseitigem Druck tritt entsprechend eine Volumverringerung ein. Eine stark gedrückte Kautschuksäule zeigt am besten die Verkürzung der Länge und die Verbreiterung des Querschnitts.

Biegung. Ein rechteckiger Stab von der Länge l, der Breite b, der Höhe a sei an der einen Seite A eingeklemmt, an der andern Seite B mit P kg belastet; die Seite B senkt sich um

$$h = 4 \cdot \frac{l^3}{a^3 b} \frac{P}{E}.$$

Die oberen Schichten werden auf Zug, die unteren auf Druck beansprucht.

Wird der Stab an beiden Enden aufgelegt, in der Mitte mit P kg belastet, so beträgt die Durchbiegung

$$h = \frac{1}{4} \cdot \frac{l^3}{a^3 b} \frac{P}{E}.$$

Die Festigkeit gegen Druck und Biegung ist in der Tabelle II S. 306 angegeben.

Torsion. Ein Draht werde am oberen Ende eingeklemmt, am unteren gedreht; dann ist die Drehung irgendeines der Grundfläche parallelen Querschnitts der Entfernung vom eingeklemmten Ende proportional. Punkte, die vorher senkrecht untereinander lagen, werden es nachher nicht mehr tun. Es tritt also eine Formänderung (Torsion) ein, und es ist verständlich, daß die innern Kräfte sich dieser widersetzen. Die Elastizitätstheorie lehrt, daß, wenn l die Länge, r der Radius des Drahtes ist, eine am unteren Querschnitt angreifende Kraft, deren Drehmoment in bezug auf die Drahtachse M ist, am unteren Ende eine Drehung hervorruft um den Winkel (in Grad gemessen)

$$\varphi = 57{,}3 \cdot \frac{2l}{\pi r^4} \cdot \frac{M}{G}.$$

Dabei heißt G Torsionsmodul (Tabelle II S. 306). Die Theorie lehrt, daß $G = \frac{E}{2(1+\nu)}$ ist.

Reibungskräfte. Wird ein Draht gedehnt, so werden die Molekeln, entgegen ihrer Anziehung, voneinander entfernt. Es wird dabei potentielle Energie zwischen ihnen aufgespeichert. Verringert man die Belastung langsam, so wird die potentielle Energie verbraucht, um die jeweils noch vorhandene Belastung zu heben. Bei schnellem Rückgang wird sie in kinetische Energie der Molekeln verwandelt und macht sich als Wärme bemerkbar. Bei der bleibenden Dehnung wird von vornherein die Arbeit in Wärme verwandelt.

Ähnliches tritt bei der auf Adhäsion beruhenden Erscheinung der Reibung auf. Wird ein Körper vom Gewicht P auf horizontaler Unterlage gezogen, so ist die Reibungskraft R bei nicht zu großem Gewicht diesem proportional, $R = \varrho \cdot P$.

ϱ heißt „Reibungskoeffizient" und hängt ab von der Beschaffenheit der beiden aneinander gleitenden Flächen.

Es ist verständlich, daß, je größer das Gewicht, um so inniger die Berührung zwischen Körper und Unterlage, um so stärker daher die gegenseitige molekulare Anziehung und damit die Reibungskraft ist. Ein Körper mit der Anfangsgeschwindigkeit v komme beim Gleiten auf horizontaler Ebene nach der Wegstrecke s zur Ruhe. Seine kinetische Energie war anfänglich $\frac{1}{2}mv^2$, die Arbeit, die er zur Überwindung der Reibung geleistet hat, beträgt, da der Druck mg, die Reibungskraft $mg\varrho$ ist, $mg\varrho s$. Diese Arbeit war aus der kinetischen Energie zu bestreiten. Daher ist

$$\tfrac{1}{2}mv^2 = mg\varrho s, \qquad s = \frac{v^2}{2g\varrho}.$$

Die verlorene kinetische Energie entspricht der durch die Reibung entstandenen Wärme.

Legt man den Körper auf eine Ebene und neigt diese immer mehr, so wird er in dem Augenblick zu gleiten anfangen, wo die in Richtung der Ebene ziehende Komponente der Schwerkraft gleich der Reibungskraft ist:

$$mg \sin\alpha = \varrho \cdot mg \cos\alpha, \qquad \operatorname{tg}\alpha = \varrho.$$

Der Reibungskoeffizient ist für den Fall der Ruhe meist größer als für Bewegung.

Reibungskoeffizienten:

	bei Ruhe	bei Bewegung
Gußeißen auf Gußeisen	0,16	0,15
Schmiedeeisen auf Schmiedeeisen	0,19	0,18
„ „ Eiche (mit Wasser) .	0,65	0,26
Hanfseil auf Eiche (trocken)	0,80	0,52
Eisen auf Muschelkalk	0,42	0,24
Eiche „ „	0,65	0,38

Der Koeffizient der rollenden Reibung ist erheblich kleiner als der der gleitenden Reibung.

Gesetze des Stoßes. Zwei Körper mit den Massen m_1 und m_2, die sich in gleicher Richtung bewegen, mögen zusammenstoßen. Die Geschwindigkeiten seien c_1 und c_2. (Bei entgegengesetzten Richtungen ist die eine Geschwindigkeit negativ zu rechnen.) Nach dem Stoß seien die Geschwindigkeiten v_1 und v_2. Es sei etwa $c_1 > c_2$. So wird $c_1 > v_1$, dagegen $c_2 < v_2$ sein. Da die Körper beim Stoß nur der gegenseitigen Einwirkung unterliegen, muß die Summe der Bewegungsgrößen nach S. 16 vor und nach dem Stoß gleich sein, d. h.

$$m_1 c_1 + m_2 c_2 = m_1 v_1 + m_2 v_2 .$$

Beim Stoß treten wieder innere Kräfte auf. Es kann daher ein mehr oder minder großer Teil der Energie in molekulare Energie (Wärme) verwandelt werden.

Vollkommen elastisch heißt der Stoß dann, wenn gar keine Energie in Wärme verwandelt wird, wenn also die Summe der kinetischen Energien der Körper nach dem Stoß ebenso groß ist wie vorher:

$$\tfrac{1}{2} m_1 c_1^2 + \tfrac{1}{2} m_2 c_2^2 = \tfrac{1}{2} m_1 v_1^2 + \tfrac{1}{2} m_2 v_2^2 .$$

Aus dieser und der vorhergehenden Gleichung lassen sich v_1 und v_2 berechnen. Es stoße z. B. eine Kugel zentral gegen eine andre von gleicher Masse, die ruht. In diesem Fall ist $m_1 = m_2$, $c_2 = 0$. Die erste Gleichung liefert $c_1 = v_1 + v_2$, die zweite $c_1^2 = v_1^2 + v_2^2$, daraus $v_1 = 0$, $v_2 = c_1$. Das heißt: Die erste Kugel bleibt stehen, die zweite läuft mit der Geschwindigkeit c_1 weiter. Die in Abb. 45 dargestellte Vorrichtung enthält eine Reihe elastischer Kugeln. Hebt man die erste links hoch und läßt sie gegen die andern fallen, so bleiben die Kugeln alle in Ruhe bis auf die letzte rechts, die abfliegt. Ähnliche Versuche lassen sich mit Stahlkugeln machen, die in einer Rinne liegen. Beim Stoß gegen eine feste Wand

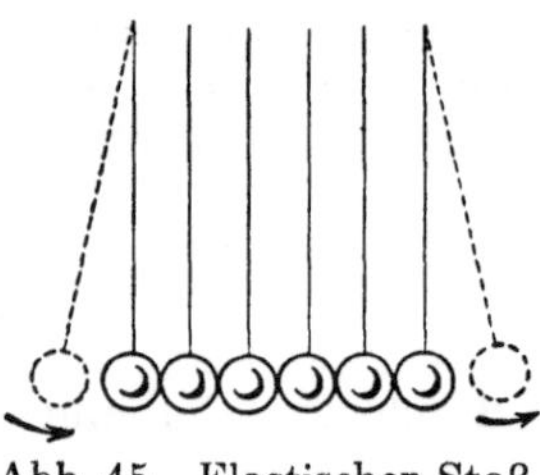
Abb. 45. Elastischer Stoß.

$$(m_2 = \infty , \quad c_2 = 0)$$

erhält man $v_1 = -c_1$, d. h. Reflexion.

Vollkommen unelastisch heißt der Stoß dann, wenn die Deformationen der stoßenden Körper überhaupt nicht rückgängig gemacht werden, wenn beide also gemeinsam weiterfliegen. Dann ist $v_1 = v_2$,

$$v_1 = v_2 = \frac{m_1 c_1 + m_2 c_2}{m_1 + m_2} .$$

Lehre vom Gleichgewicht flüssiger Körper (Hydrostatik).

Flüssigkeiten. Flüssige Körper setzen, wie schon gesagt, einer Formänderung keinen Widerstand entgegen, sie haben keine Formelastizität. Streng genommen, gilt das nur für „vollkommene Flüssigkeiten"; es trifft nicht genau zu für „zähe Flüssigkeiten", z. B. Sirup.

Druck. Unter Druck versteht man die auf die Flächeneinheit wirkende Kraft. Man mißt Drucke häufig in „Atmosphären" (S. 60). 1 Atmosph. = 1,033 kg-gew. pro qcm.

Volumelastizität der Flüssigkeiten. Ein Bild von der Größe der innern Kräfte in einer Flüssigkeit erhält man, wenn man untersucht, wie stark sich das Volumen einer allseitig gedrückten Flüssigkeit verringert. Die Zusammendrückbarkeit ist so gering, daß man vor allem dafür sorgen muß, daß eine solche nicht durch Erweiterung des Gefäßes vorgetäuscht wird. Das erreicht man im Piezometer von Oersted (Abb. 46). Die zu untersuchende Flüssigkeit befindet sich in dem Glasgefäß A, das unten mit dem engen Fortsatzrohr in Quecksilber taucht. Das Ganze befindet sich in dem großen Gefäß C, in das Wasser unter hohem Druck gepreßt werden kann. Das mit Luft gefüllte Rohr B dient zum Messen des Druckes. Da das Gefäß A von innen und außen gleich starkem Druck unterworfen ist, so dehnt es sich nicht aus, zieht sich vielmehr etwas zusammen. Daß dem so sein muß, zeigt folgende Überlegung. Wäre A ein Vollkörper aus Glas, so würde er sich in allen Teilen unter dem Druck zusammenziehen. Ist Flüssigkeit in ihm, so herrscht derselbe Druck, also dieselbe Zusammenziehung. Durch das in dem engen Rohr aufsteigende Quecksilber wird die Differenz zwischen der Zusammenziehung der Flüssigkeit und des Glases gemessen. Letztere läßt sich aus den elastischen Größen des Glases errechnen. Der „Kompressibilitätskoeffizient" β der Flüssigkeit gibt an, um welchen Bruchteil das Volumen sich verringert, wenn der Druck um eine Atmosphäre steigt. Er ist bei den meisten Flüssigkeiten so ungeheuer gering, daß man sie mit guter Annäherung als inkompressibel ansehen kann. Er nimmt mit steigenden Drucken ab und ändert sich auch mit der Temperatur.

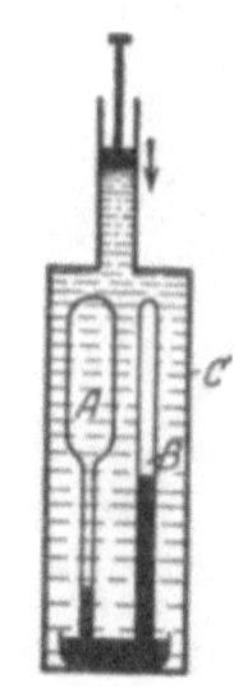

Abb. 46. Piezometer von Oersted

Kompressibilitätskoeffizient von Flüssigkeiten (pro Atm.).

	Temp.	Druckbereich		β
Äther	19°	1—3,6	Atm.	0,000183
Äthylalkohol .	12°	1—450	„	0,000073
Quecksilber . .	20°	1—200	„	0,0000039
„	20°	5800—6800	„	0,0000033
„	20°	10600—11600	„	0,0000026
Wasser	20°	1—100	„	0,0000468
„	20°	200—300	„	0,0000434
„	20°	400—500	„	0,0000415
„	20°	900—1000	„	0,0000365
„	20°	2500—3000	„	0,0000257

Quecksilber z. B. verringert sein Volumen bei 100 Atm. Druck nur um 100 β oder rund $0{,}0004 = \frac{1}{2500}$ des ursprünglichen Betrages.

Hydrostatischer Druck in einer der Schwere entzogenen Flüssigkeit. Wir betrachten zunächst eine Flüssigkeit, die der Wirkung der Schwere entzogen ist.

1. Der Druck auf die Begrenzung einer ruhenden Flüssigkeit ist stets senkrecht zur gedrückten Fläche. Wäre das nicht der Fall, so würde er die Flüssigkeitsteilchen, da ja jede Formelastizität fehlt, zur Seite schieben.

2. Im Innern einer der Schwere entzogenen, ruhenden Flüssigkeit ist der Druck überall und nach allen Seiten der gleiche.

Befindet sich die Flüssigkeit in einem durch Abb. 47 dargestellten Gefäß, das durch zwei Stempel mit den Querschnitten F_1 und F_2 verschlossen ist, und betragen die drückenden Kräfte K_1 und K_2, so zeigt das Experiment, daß Gleichgewicht herrscht, wenn

$$\frac{K_1}{F_1} = \frac{K_2}{F_2} \quad \text{oder } p_1 = p_2 \text{ ist.}$$

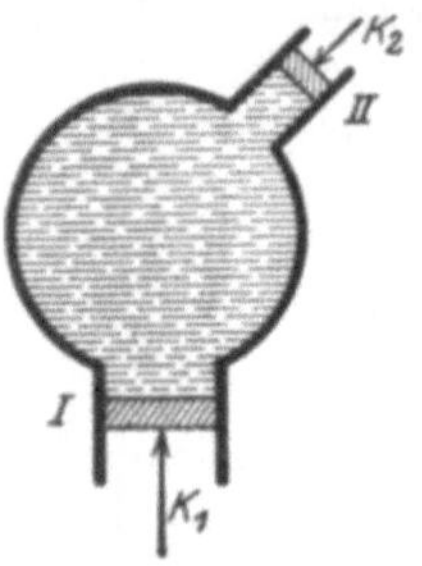

Abb. 47. Hydrostatischer Druck in einer ruhenden Flüssigkeit.

Das ist theoretisch leicht zu verstehen. Aus der Definition der Flüssigkeit folgt, daß die Spannung zwischen je zwei benachbarten Molekeln überall gleich groß ist. Da ferner die Molekeln überall gleichmäßig verteilt sind, wird auf jede Flächeneinheit derselbe Druck ausgeübt.

Man kann sich dasselbe auch so klarmachen. Die Flüssigkeit sei in dem Gefäß Abb. 47. Gleichgewicht wird dann vorhanden sein, wenn bei einer kleinen Verschiebung am einen Stempel ebenso viel Arbeit geleistet wird, wie am andern gewonnen wird. Es werde I um die Strecke a_1 hinein, II um a_2 hinausgeschoben. So muß sein

$$K_1 a_1 = K_2 a_2 .$$

Ferner ist, wegen der Unveränderlichkeit des Volumens,

$$F_1 a_1 = F_2 a_2 .$$

Daher

$$\frac{K_1}{F_1} = \frac{K_2}{F_2} \quad \text{oder} \quad p_1 = p_2 .$$

Hydraulische Presse. Der Satz von der gleichmäßigen Fortpflanzung des Druckes findet eine wichtige Anwendung bei der hydraulischen Presse. Mit Hilfe einer Druckpumpe, die einen Stempel a von kleinem Querschnitt besitzt, wird Wasser in einen Zylinder B gepreßt, in den ein Stempel C von großem Querschnitt hineinragt (Abb. 48). Die Ventile S und m bewirken, daß beim Heben des kleinen Stempels das Wasser unten in die Pumpe steigt, beim Senken aber in den Zylinder gepreßt wird. Die Druckkräfte, die die Stempel

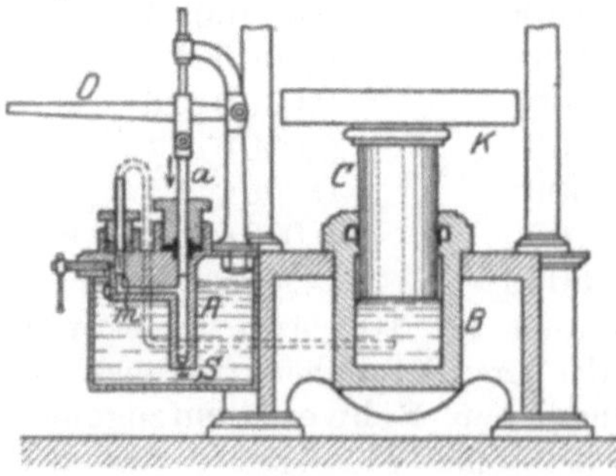

Abb. 48. Hydraulische Presse.

erfahren, verhalten sich wie ihre Querschnitte. Ist z. B. die Hebelübertragung an der Pumpe 1 : 4, das Verhältnis der Stempelquerschnitte 1 : 100, so kann man durch einen Druck von 1 kg auf den Hebel einen Druck von 400 kg auf den großen Stempel ausüben. Umgekehrt bewegt sich der große Stempel nur um $\frac{1}{400}$ des Betrages, um den sich das Hebelende bewegt, wie es auch das Gesetz von der Erhaltung der Arbeit verlangt.

Die hydraulische Presse findet Anwendung zum Auspressen von Fruchtkernen aller Art, zum Pressen von Wolle, Heu, Tuch, von glühendem Stahl und von kalten Metallen, ferner auch zum Prüfen von Dampfkesseln u. dgl. auf genügende Festigkeit. Bricht hierbei der Kessel an einer Stelle, und tritt etwas Wasser aus, so ist, wegen der geringen Kompressibilität des Wassers, diese Menge hinreichend, um den Druck sofort ungeheuer herabzusetzen. Infolgedessen wird das Wasser dem ausgesprengten Kesselstück keine große Geschwindigkeit erteilen; es findet also keine explosionsartige Erscheinung statt.

Flüssigkeiten unter dem Einfluß der Schwerkraft. Oberfläche. Die Oberfläche einer schweren ruhenden Flüssigkeit ist stets horizontal. Das ist verständlich; denn wäre sie es nicht, so würde die auf die höheren Teilchen wirkende Schwerkraft eine Komponente in Richtung der Oberflächenneigung haben und die Teilchen verschieben. (Über die Erscheinungen an den Gefäßrändern siehe unten S. 133.) Ebenso ist die Trennungsfläche zweier ruhenden Flüssigkeiten (z. B. Quecksilber und Wasser) bei genügender Gefäßweite stets horizontal.

Druck. In allen Teilen einer durch die Flüssigkeit gelegten horizontalen Ebene ist der Druck gleich groß.

Wäre nämlich der Druck etwa an der linken Seite stärker als an der rechten, so bliebe im ganzen eine nach rechts gerichtete Druckkraft auf jedes Teilchen übrig; dazu wirkt die Schwerkraft in vertikaler Richtung; das Teilchen müßte sich also schief abwärts bewegen.

Der Druck im Innern der Flüssigkeit nimmt von oben nach unten zu; an der Oberfläche ist er gleich dem Luftdruck, in der Tiefe h gleich diesem vermehrt um das Gewicht der über 1 qcm stehenden Flüssigkeitsmenge, also, wenn σ die Dichte ist, um

$$p = \sigma \cdot g \cdot h \text{ Dyn/qcm}$$

(im absoluten Maßsystem) oder

$$p = \sigma \cdot h \quad \frac{\text{gr-gew}}{\text{qcm}}.$$

σ kann bei den meisten Flüssigkeiten, z. B. Wasser und Quecksilber, wegen der geringen Kompressibilität in großen und geringen Tiefen als gleich angesehen werden; man mißt daher die Drucke oft durch die Flüssigkeitshöhe. Z. B. ist eine Atmosphäre gleich dem Druck einer 76 cm hohen Quecksilbersäule (vgl. S. 60).

Bodendruck. Gießt man Wasser in ein Gefäß, so übt es auf den Boden einen Druck aus, den man als „Bodendruck“ bezeichnet. Um seine Größe zu messen, kann man den in Abb. 49 dargestellten

Apparat benutzen. Auf einen Messingring M können Gefäße gleicher Grundfläche, aber verschiedener Form geschraubt werden. Der Messingring wird durch eine Scheibe S verschlossen, die von unten dagegen gepreßt wird. Es wird nun Flüssigkeit in das Gefäß gegossen und mit Hilfe einer kleinen Wage festgestellt, welche Belastung der Wage und somit welcher Bodendruck zu einer bestimmten Höhe der Flüssigkeit gehört. Pascal hat zuerst experimentell festgestellt, daß der Bodendruck nur von dem spez. Gew. und der Höhe der Flüssigkeit abhängt, nicht dagegen von der Form des Gefäßes.

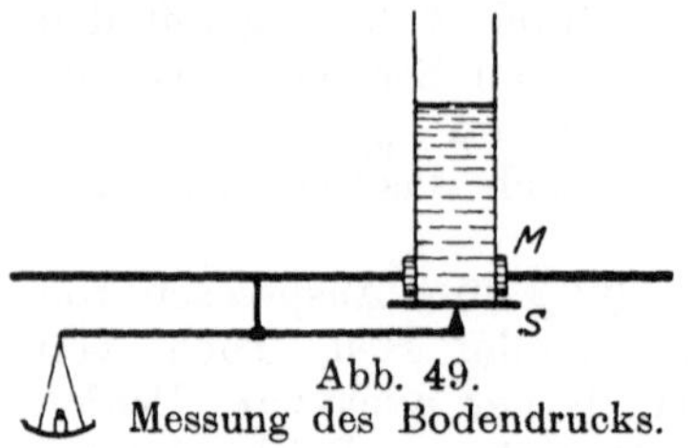

Abb. 49. Messung des Bodendrucks.

Er ist stets $p = \sigma h \ \frac{\text{gr-gew}}{\text{qcm}}$.

Ist die Bodenfläche F, so ist die gesamte auf den Boden ausgeübte Kraft $F \cdot p = F \cdot h \cdot \sigma$; sie ist bei Gefäß a (Abb. 50) gleich dem Gewicht des Wassers, bei b kleiner, bei c sogar größer. Man erhält das merkwürdige Ergebnis, daß das Wasser eine größere Kraft auf den Boden ausüben kann, als sein eigenes Gewicht beträgt.

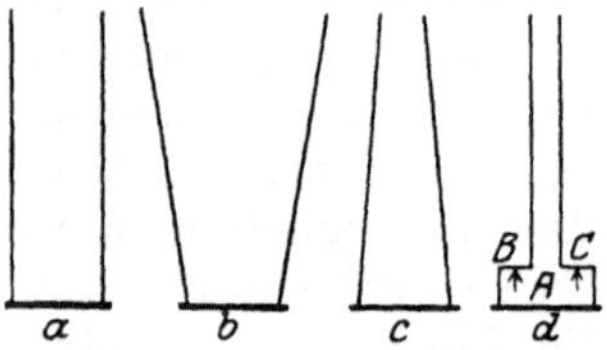

Abb. 50. Gefäße gleicher Grundfläche zur Messung des Bodendrucks.

Dieses sogenannte „hydrostatische Paradoxon" kann man so erklären: Hat das Gefäß die Form d in Abb. 50, so wirkt der Wasserdruck bei B und C nach oben, er sucht das Gefäß vom Boden abzuheben. Dieser Druck ist bei B und C gerade so groß wie bei A. Ist der Boden fest, das Gefäß beweglich, so wird dieses nach oben abgehoben; ist dagegen das Gefäß fest, so macht sich die Gegenkraft (drittes Axiom von Newton) als Bodendruck bemerkbar. Das Wasser wirkt gewissermaßen wie ein Mensch, der in einem niedrigen Raum einen größeren Druck auf den Boden ausüben kann als sein eigenes Gewicht, wenn er sich gegen die Decke stemmt. Bei Gefäß c ist es entsprechend, bei b wird ein Teil des Druckes von den Seitenwänden aufgenommen.

Setzt man bei Gefäß d den Boden als beweglichen Stempel ein, so kann man die Vorrichtung als eine mit Druckwasser betriebene hydraulische Presse benutzen.

Seitendruck. Bohrt man in die Wand eines mit Wasser gefüllten Gefäßes ein Loch, so spritzt das Wasser heraus und zeigt damit das Vorhandensein eines Seitendruckes an. Auch der Seitendruck ist gleich $\sigma \cdot h$, wo h der Abstand des Loches vom Flüssigkeitsspiegel ist. Wasserleitungsrohre z. B. platzen um so leichter, je tiefer sie liegen.

Aufdruck. Besonders augenfällig zeigt sich der Druck nach aufwärts, wenn man in ein mit Wasser gefülltes Gefäß einen Glaszylinder senkt, der unten durch eine Metallplatte geschlossen werden kann. Die Platte, die beim Einsenken zunächst durch einen Faden gehalten wird, wird durch den Aufdruck nach oben gepreßt. Schüttet man Schrotkörner oder Wasser in den Zylinder, bis die Platte abfällt, so kann man den Aufdruck messen (Gewicht von Platte plus Schrotkörnern); auch für ihn gilt die Formel

$$p = \sigma \cdot h\,.$$

Kommunizierende Gefäße. Stehen zwei oder mehr mit Flüssigkeit gefüllte Gefäße mit ihren unteren Teilen miteinander in Verbindung (Abb. 51), so nennt man sie verbundene oder kommunizierende Gefäße. Sind kommunizierende Gefäße mit der gleichen Flüssigkeit gefüllt, so steht die Flüssigkeit in allen gleich hoch. Die Erklärung ist leicht. Auf der Horizontalen a herrscht überall gleicher Druck. Der Druck unter den einzelnen Röhren ist σh_1, σh_2, σh_3, σh_4. Aus der Gleichheit der Drucke folgt $h_1 = h_2 = h_3 = h_4$.

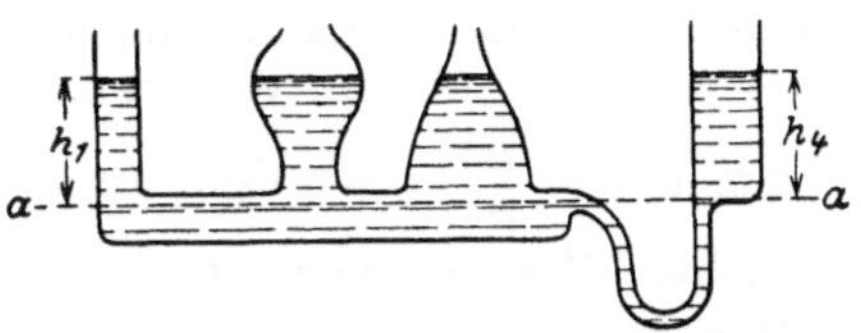

Abb. 51. Kommunizierende Gefäße.

Anwendung finden kommunizierende Gefäße bei Wasserleitungen, Springbrunnen, artesischen Brunnen, Wasserstandrohren der Dampfkessel, Gießkannen, Kanalwagen der Feldmesser u. a. m.

Gesetz des Archimedes. Taucht man einen Körper in eine Flüssigkeit, so erfährt er einen Auftrieb, der gleich ist dem Gewicht der von ihm verdrängten Flüssigkeitsmenge. (Archimedes, 287 bis 212 v. Chr.)

Daß der Körper überhaupt einen Auftrieb erfährt, ist verständlich, denn der auf seine unteren Teile nach oben wirkende Druck muß wegen der größeren Tiefe größer sein als der Druck, der auf seine oberen Teile nach unten wirkt. Denkt man sich den ganzen Körper entfernt und an seine Stelle Flüssigkeit von gleichem Volumen und Gestalt gebracht, so werden die Druckkräfte auf diese ebenso groß sein wie vorher auf den Körper, da ja an der Oberfläche nichts geändert ist. Die Flüssigkeit aber bleibt an der Stelle schweben. Die Druckkräfte ergeben mithin insgesamt einen Auftrieb, der gleich dem Gewicht der vom Körper verdrängten Flüssigkeit ist.

Das Schwimmen. Erfährt ein Körper, ganz eingetaucht, einen Auftrieb, der kleiner ist als sein Gewicht, so sinkt er unter; sind Auftrieb und Gewicht gleich, so schwebt er; ist der Auftrieb größer, so schwimmt er. Er sinkt dann nur so tief ein, daß sein Auftrieb gleich dem Eigengewicht wird, und er stellt sich weiter so ein, daß Schwerpunkt und Mittelpunkt des Auftriebs auf einer Vertikalen liegen. Bei Schiffen ist es wichtig, daß sie nicht nur überhaupt schwimmen, sondern daß sie stabil schwimmen, das heißt, sie müssen, wenn sie zur Seite abgelenkt werden, von selbst in ihre ursprüngliche Lage zurückkehren. Es kommt dabei darauf an, wie nach der Ablenkung Schwerpunkt S und Mittelpunkt A des Auftriebs zueinander liegen. Bei einer Kugelschale (Abb. 52) z. B. behält A

seine Lage, S wird gehoben, die Kräfte drehen das Schiff zurück. Ein senkrecht schwimmender dünner Stock dagegen schwimmt labil; bei einer Ablenkung wirkt der Auftrieb in A nach oben, die Schwerkraft in S nach unten; der Stab wird gedreht und flach auf das Wasser gelegt.

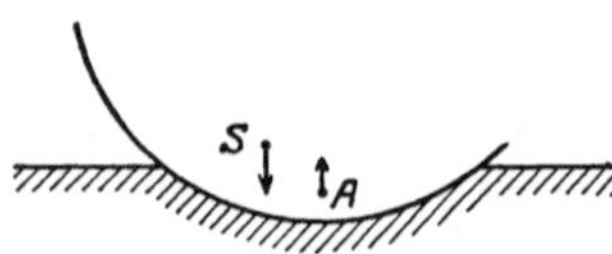

Abb. 52. Stabiles Schwimmen.

Bestimmung des spezifischen Gewichts von festen und flüssigen Körpern. Das auf Wasser bezogene spez. Gewicht s ist nach S. 32 zahlenmäßig gleich der Dichte. Es hängt daher mit dem Gewicht p und dem Volumen v des Körpers durch die Gleichung zusammen $s = \frac{p}{v}$. Nach den einzelnen Methoden bestimmt man teils die Dichte (Messung von p und v), teils das spez. Gewicht (Vergleich mit Wasser).

1. Direkte Bestimmung von p (durch Wägen) und von v (aus den geometrischen Abmessungen oder durch die Wasserverdrängung bei festen, mit einem Meßzylinder bei flüssigen Körpern).

2. Mit dem Pyknometer. Die Methode ist genauer als die erste. Das Pyknometer ist ein Glasgefäß, das bis zu einer im verjüngten Gefäßhals befindlichen Marke mit Flüssigkeit gefüllt werden kann. Man bestimmt das Gewicht des leeren sowie die Gewichte des mit der zu untersuchenden Flüssigkeit und des mit Wasser (von 4^0) gefüllten Gefäßes. Sind F und W die Gewichte von Flüssigkeit und Wasser, so ist das spez. Gewicht $s = \frac{F}{W}$. Hat man einen festen Körper, etwa ein unlösliches Pulver, so bestimmt man zunächst das Gewicht von Pyknometer plus Wasser; dann schüttet man den festen Körper ins Gefäß, füllt wieder mit Wasser bis zur Marke und wägt. Ist das Gewicht des festen Körpers K, der Unterschied der beiden Wassergewichte W, so ist das spez. Gewicht $s = \frac{K}{W}$.

3. Mohrsche Wage. Ein Glaskörper A wird an einem dezimal geteilten Wagebalken in Luft durch ein Gegengewicht B im Gleichgewicht gehalten (Abb. 53). Die aufzusetzenden Reitergewichte zerfallen in drei Gruppen; diese stehen im Verhältnis 1 : 10 : 100. Das Gewicht eines großen Reiters ist so gewählt, daß es dem Auftrieb des Körpers A in reinem Wasser gleich ist. Taucht der Körper in eine andere Flüssigkeit und muß man, um Gleichgewicht zu erzielen, etwa zwei große Reiter am Ende, ferner einen großen auf den dritten, den mittleren auf den siebenten, den kleinen Reiter auf den zweiten Teilstrich aufsetzen, so ist das spez. Gewicht der Flüssigkeit 2,372.

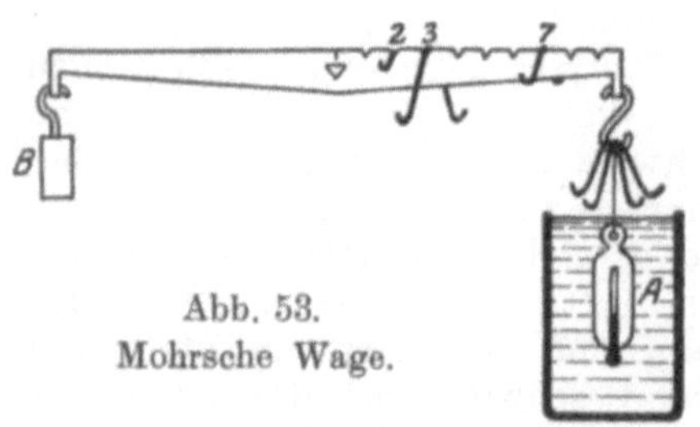

Abb. 53. Mohrsche Wage.

4. *Das Skalenaräometer* (für Flüssigkeiten). Einem gläsernen Schwimmkörper A ist nach unten hin eine Kugel B, nach oben hin eine längere, oben geschlossene Röhre C, die Spindel, angesetzt (Abb. 54). Die Kugel enthält etwas Quecksilber, damit der Körper aufrecht schwimmt. Das Ganze taucht beim Schwimmen so tief ein, daß das Gewicht des Körpers gleich dem der verdrängten Flüssigkeit ist. Von einer spezifisch leichteren Flüssigkeit wird er daher mehr verdrängen, er sinkt dort tiefer ein. Die Skala ist so geeicht, daß der Teilstrich, bis zu dem der Körper einsinkt, unmittelbar das spez. Gewicht angibt. Bei manchen technisch gebräuchlichen Apparaten (für Alkohol, Schwefelsäure) wurden früher „Dichtigkeitsgrade“ (nach Baumé oder andern) angegeben. Ein besonderes Aräometer ist auch der Milchprüfer.

Abb. 54. Skalenaräometer.

5. *Schwebemethode.* Sehr kleine, selbst pulverförmige Körper lassen sich dadurch untersuchen, daß man durch Mischen eine Flüssigkeit herstellt, in der der Körper gerade schwebt. (Z. B. Bernstein in Salzwasser.) Sein spez. Gewicht ist dann gleich dem der Flüssigkeit, das durch ein Aräometer bestimmt wird.

6. *Nach dem Archimedischen Prinzip.* Ein Körper wird zuerst in Luft, dann in einer Flüssigkeit vom spez. Gewicht σ gewogen. Die Gewichte seien p bzw. p'. Der Gewichtsunterschied ist gleich dem Gewicht der verdrängten Flüssigkeit, daher

$$\begin{aligned} p - p' &= v \cdot \sigma \\ p &= v \cdot s \\ \hline s &= \frac{p \cdot \sigma}{p - p'}. \end{aligned}$$

Will man das spez. Gewicht σ_1 einer anderen Flüssigkeit bestimmen, so macht man den Versuch auch noch mit demselben Körper und der neuen Flüssigkeit (Gewicht p_1'). Dann ist

$$\frac{p\sigma_1}{p - p_1'} = \frac{p\sigma}{p - p'}; \qquad \sigma_1 = \frac{\sigma(p - p_1')}{p - p'}.$$

Bei genauen Messungen nimmt man eine Reduktion auf das Vakuum vor, das heißt, man berücksichtigt beim Bestimmen des Gewichtes den durch die Luft hervorgebrachten Auftrieb (S. 63).

7. *Kommunizierende Röhren.* Zum Vergleich der spez. Gewichte nicht mischbarer Flüssigkeiten gießt man die schwerere in ein U-Rohr und schichtet auf sie in einem Schenkel die andere (Abb. 55). Die Höhen über dem gemeinsamen Niveau verhalten sich umgekehrt wie die spez. Gewichte. Um Ablesungsschwierigkeiten, die durch die Gestalt der

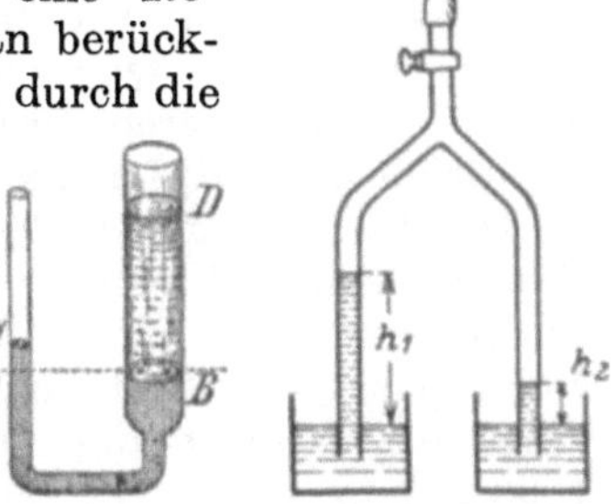

Abb. 55 u. 56. Vergleich der spez. Gewichte mit Hilfe kommunizierender Röhren.

Trennungsflächen bedingt sind, zu vermeiden, gießt man meist in den einen Schenkel viel, in den andern wenig von der leichteren Flüssigkeit; man hat dann auf beiden Seiten gleiche Trennungsflächen, so daß Ablesungsfehler sich wegheben. — Abb. 56 zeigt eine Vorrichtung, die auch für mischbare Flüssigkeiten brauchbar ist. Hier werden die Flüssigkeiten bei C angesogen. Auch hier verhält sich $\sigma_1:\sigma_2=h_2:h_1$.

Lehre vom Gleichgewicht gasförmiger Körper (Aerostatik).

Gase. Ein Gas unterscheidet sich dadurch von einer Flüssigkeit, daß es jeden ihm dargebotenen Raum einnimmt. Wie schon gesagt, sind in einem Gas die Geschwindigkeit und die Entfernung der Molekeln so groß, daß ihre gegenseitige Anziehung gar nicht oder nur äußerst wenig zur Wirkung kommt. Daraus erklärt sich, daß das Gas kein bestimmtes Volumen hat, sondern sich so weit ausdehnt, bis es durch die Wände gehindert wird. Andererseits wird verständlich, daß alle Gase stark zusammendrückbar sind. Der Anprall der Molekeln gegen die Wände macht sich als Druck des Gases auf die Gefäßwände bemerkbar.

Versuch von Torricelli. Man füllt eine 90 bis 100 cm lange, an einer Seite verschlossene Glasröhre mit Quecksilber, das durch Auskochen luftrei gemacht ist, verschließt die Röhre mit dem Daumen, taucht das freie Ende unter Quecksilber und nimmt dann den Daumen weg. Das Quecksilber sinkt in dem Rohr (Abb. 57) so weit, daß der Niveauunterschied außen und innen etwa 76 cm beträgt. Bewegt man jetzt das Rohr auf und ab oder neigt man es, so bleibt der Niveauunterschied in vertikaler Richtung immer der gleiche. Oberhalb B befindet sich das „Torricellische Vakuum“, ein Raum, der bis auf Quecksilberdämpfe völlig leer ist. Die Erklärung für die Erscheinung hat schon Torricelli selbst gegeben. Er führt sie auf den Druck der atmosphärischen Luft zurück. An der Erdoberfläche ist der Luftdruck gleich dem Gewicht der über einem Quadratzentimeter stehenden Luftsäule. Der Apparat von Torricelli ist mit einem Paar kommunizierender Röhren zu vergleichen. In der Höhe des Niveaus A herrscht innen und außen gleicher Druck. Innen ist es der Druck der Quecksilbersäule, außen der gesamte Luftdruck, der also dem inneren Drucke gleich sein muß.

Abb. 57. Versuch von Torricelli.

Größe des Luftdrucks. Bei 0° C und in Meereshöhe ist der Luftdruck im Durchschnitt gleich dem einer Quecksilbersäule von 76 cm Höhe. Man bezeichnet diesen Druck als „eine Atmosphäre“ oder als „76 cm Quecksilber“. Er ist gleich dem Gewicht eines Quecksilberzylinders von 1 qcm Querschnitt und 76 cm Höhe; er beträgt also, da bei 0° das spez. Gewicht des Quecksilbers $s=13{,}596$ ist, $13{,}596\cdot 76 = 1033$ gr-gew./qcm. Da endlich ein 1 gr-gew. $=981$ Dyn ist, so erhält man

$$1 \text{ Atmosphäre} = 1{,}033 \text{ kg-gew./qcm},$$
$$1 \quad „ \quad = 1\,013\,250 \text{ Dyn/qcm}.$$

Der Luftdruck ist je nach der Temperatur und der Wetterlage veränderlich. Er ist in einem Haus ebenso groß wie außerhalb, da die Luft im Innern mit der äußeren Luft durch Ritzen und Spalten in Verbindung steht.

Barometer. Der Luftdruck spielt für das praktische Leben eine große Rolle, weil er einen Anhalt für die Wettervorhersage liefert und weil es mit seiner Hilfe möglich ist, die Höhenlage von Orten zu bestimmen. Auch bei chemischen Arbeiten mit Gasen muß man ihn kennen (S. 102). Man hat daher besondere Apparate gebaut, um ihn zu messen, die Barometer.

a) Gefäßbarometer sind Vorrichtungen, die dem beim Torricellischen Versuch benutzten Apparat gleich sind (Abb. 58). Die Skala ist gewöhnlich fest. Steigt das Quecksilber, so sinkt das Niveau im unteren Gefäß unter den Nullpunkt herab; bei feineren Barometern ist daher der Gefäßboden aus Leder und kann mit Hilfe einer Schraube gehoben werden, bis der Quecksilberspiegel wieder die durch eine feine Spitze *E* angezeigte Nullstellung hat.

b) Heberbarometer sind V-förmige Rohre, bei denen der eine Schenkel offen, der andere geschlossen ist (Abb. 59). Hier mißt man die Höhendifferenz der Quecksilberspiegel in beiden Schenkeln.

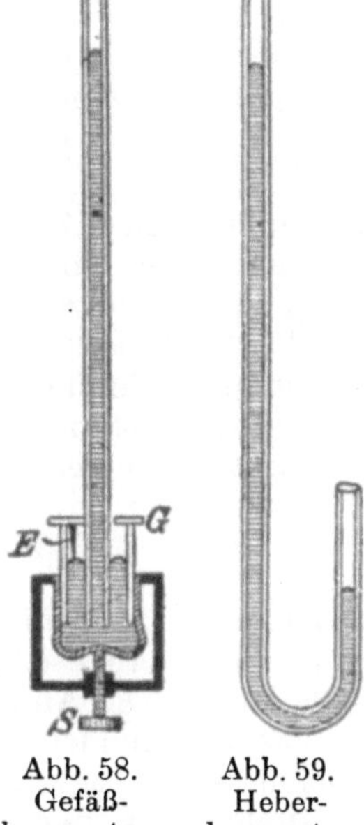

Abb. 58. Gefäßbarometer. Abb. 59. Heberbarometer.

Bei genauen Barometermessungen muß man die durch Temperaturänderungen bedingte Ausdehnung des Quecksilbers und der Skala berücksichtigen; man reduziert die Messung auf 0^0. Ein bei hoher Temperatur abgelesener Barometerstand von 760 mm z. B. entspricht, da die Wärme das Quecksilber ausdehnt und leichter macht, in Wahrheit einem geringeren „reduzierten" Barometerstand. Ferner müssen bei Normalbarometern die Rohre so weit sein, daß die Kapillardepression des Quecksilbers (S. 133) nicht störend wirkt. Beim Heberbarometer genügt es, daß beide Schenkel gleich weit sind.

c) Aneroidbarometer enthalten kein Quecksilber, sondern eine luftleere Kapsel, die durch eine gewellte Metallplatte verschlossen ist. Eine Stahlfeder preßt die Mitte der Platte, dem Luftdruck entgegen, nach außen. Sobald der äußere Luftdruck zu- oder abnimmt, macht die Plattenmitte kleine Bewegungen nach innen oder außen, die durch eine Übertragung an einem Zeiger sichtbar werden. Das Instrument wird durch Vergleich mit einem Quecksilberbarometer geeicht. Aneroidbarometer sind bequem zu transportieren und leicht abzulesen, aber weniger zuverlässig. Eine andere Form des Aneroids enthält statt der Kapsel eine flache, luftleere Röhre, die fast zu einem Kreis zusammengebogen ist (Bourdon). Stärkerer Luftdruck drückt sie mehr zusammen.

d) Manometer sind Instrumente, die nach Art der Aneroidbarometer gebaut sind und zum Messen hoher Drucke dienen (Dampfkessel, Druckluft).

Barometrisches Höhenmessen. Steigt man von der Erdoberfläche 1 m in die Höhe, so nimmt der Luftdruck ab um das Gewicht der Luft, die in einem Prisma von 1 qcm Grundfläche und 100 cm Höhe, also 100 ccm Volumen enthalten ist. Diese Menge hat bei gewöhnlicher Temperatur und Druck etwa 0,12 gr Gewicht. Nun entspricht 1 mm Quecksilber Druck dem Gewicht $0{,}1 \cdot 13{,}596 = 1{,}3596$ gr. Daher ist die Abnahme des Luftdrucks beim Emporsteigen um 1 m $\frac{0{,}12}{1{,}3596} = 0{,}09$ mm. Diese Größe kann z. B. durch ein empfindliches Aneroidinstrument gemessen werden. Bei größeren Höhenunterschieden muß man bedenken, daß die Luft nach oben hin unter immer geringerem Druck steht, also immer leichter wird. Aus dem Boyle-Mariotteschen Gesetz (siehe S. 63) kann man mit Hilfe der Integralrechnung leicht ermitteln, daß, wenn in zwei Punkten die Barometerstände b_0 und b gemessen werden, und wenn die Durchschnittstemperatur t^0 beträgt, der Höhenunterschied zwischen beiden Punkten gegeben ist durch

$$h = 18400\,(\log b_0 - \log b)\,(1 + 0{,}00366\,t) \text{ Meter}.$$

Das Zeichen log bedeutet dabei den Briggischen Logarithmus. Die Temperatur muß berücksichtigt werden, weil warme Luft spezifisch leichter ist als kalte. Die Abnahme des Luftdrucks mit der Höhe ist zuerst von Pascal gefunden worden. Man bedient sich der barometrischen Höhenmessung vor allem in Flugzeugen und bei Expeditionen.

Dichtigkeit der Gase. Man bestimmt sie dadurch, daß man einen Glasballon von bekanntem Volumen erst wägt, wenn das Gas darin ist, dann, nachdem man es durch Auspumpen entfernt hat. Die Differenz der Wägungsergebnisse, dividiert durch des Volumen, liefert die Dichte. Man gibt sie gewöhnlich für das Gas „im Normalzustand“ (i. N.) an, d. h., bei 0^0 und unter dem Druck einer Atmosphäre. Die folgende Tabelle enthält die Dichten einiger Gase und die spezifischen (d. h. Verhältnis-) Gewichte, bezogen auf verschiedene Vergleichssubstanzen.

Dichte und spez. Gewicht von Gasen bei 0^0 und 1 Atm. Druck.

	Dichte gr-gew./ccm	Spez. Gewicht	
		Luft = 1	Sauerstoff = 16
Luft	0,001293	1,000	14,48
Wasserstoff	0,000090	0,070	1,008
Helium	0,000178	0,138	2,00
Stickstoff	0,001251	0,968	14,01
Sauerstoff	0,001429	1,105	16,00
Kohlendioxyd	0,001977	1,529	22,00

Gesetz von Boyle-Mariotte. Ist ein mit Gas gefülltes zylindrisches Gefäß durch einen verschiebbaren Kolben verschlossen, so wird das Gasvolumen um so kleiner, je größeren Druck man auf den Kolben ausübt. Den genaueren Zusammenhang zwischen Druck und Volumen zeigt folgender Versuch: Ein graduiertes, mit einem Hahn C versehenes, zylindrisches Glasgefäß A (Abb. 60) und ein weiteres Glasgefäß B stehen durch den Schlauch D in Verbindung. Hahn C wird geöffnet und Gefäß B gesenkt, bis das Quecksilber in A bei einer bestimmten Marke E steht. C wird geschlossen. Nun ist zwischen E und C ein Quantum Luft unter Atmosphärendruck abgesperrt. Hebt man jetzt B, so ist der Druck, unter dem die Luft steht, gleich dem Atmosphärendruck, vermehrt um den Druck einer Quecksilbersäule, deren Länge durch den Niveauunterschied zwischen A und B gegeben ist. Senkt man B, so kann man die Luft unter geringeren Druck bringen und jedesmal das zugehörige Volumen bestimmen. Die Versuche ergeben das Gesetz:

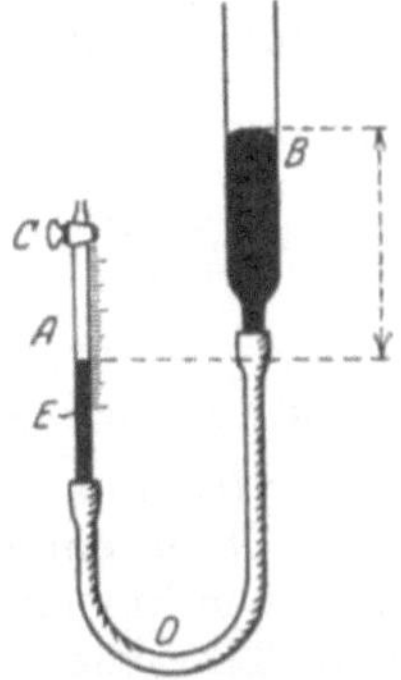

Abb. 60. Prüfung des Gesetzes von Boyle-Mariotte.

„Bei konstanter Temperatur ist das Volumen einer bestimmten Gasmenge dem Druck umgekehrt proportional.“ Gehören die Volumina v_1 und v_2 zu den Drucken p_1 und p_2, so ist

$$v_1 : v_2 = p_2 : p_1 \quad \text{oder} \quad v_1 p_1 = v_2 p_2 .$$

Das Gesetz ist von Boyle 1662 und unabhängig davon von Mariotte 1679 gefunden worden.

Abweichungen vom Boyle-Mariotteschen Gesetz. Nach Versuchen von Regnault, Cailletet, Amagat und anderen folgen die Gase dem Gesetz von Boyle-Mariotte nicht genau; doch sind die Abweichungen meist gering. Bedeutend werden sie erst, wenn man sich einem Temperatur- und Druckgebiet nähert, wo das Gas flüssig wird (z. B. Kohlensäure bei 0^0 und 34 bis 35 Atm.).

Auftrieb in Luft. Genau wie im Wasser erfährt ein Körper auch in einem Gase, z. B. Luft, einen Auftrieb, der gleich ist dem Gewicht des verdrängten Gases. Bei genauen Wägungen muß man den Auftrieb berücksichtigen und die Wägung „auf das Vakuum reduzieren“ (S. 40). Zu beachten ist, daß der gewogene Körper sowie auch die Gewichtstücke einen Auftrieb erfahren. Ein Beispiel möge die Reduktion klarmachen. Mit Messinggewichten (spez. Gew. $s = 8{,}4$), die „im leeren Raum richtig“ sind, wägen wir ein Stück Marmor ab (spez. Gew. $\sigma = 2{,}71$). Das in Luft gemessene Gewicht sei 100 gr. Das „wahre Gewicht“ sei x. Die Luft habe bei Zimmertemperatur die Dichte $\lambda = 0{,}0012$. So ist das Volumen des Marmors $\frac{x}{\sigma}$, der Auftrieb daher $\frac{x}{\sigma} \cdot \lambda$; entsprechend ist der Auftrieb der Gewichte $\frac{100}{s} \cdot \lambda$, und man erhält $x - \frac{x}{\sigma} \cdot \lambda = 100 - \frac{100}{s} \lambda$; $x\left(1 - \frac{\lambda}{\sigma}\right) = 100\left(1 - \frac{\lambda}{s}\right)$.

Da nun $\frac{\lambda}{\sigma}$ und $\frac{\lambda}{s}$ sehr kleine Brüche sind, ist mit guter Annäherung (Anhang III Nr. 5 auf S. 311)

$$x = 100\left(1 + \frac{\lambda}{\sigma}\right)\left(1 - \frac{\lambda}{s}\right) \text{ oder } x = 100\left(1 + \frac{\lambda}{\sigma} - \frac{\lambda}{s}\right).$$

$$x = 100\,(1 + 0{,}000\,30) = 100 + 0{,}030 \text{ gr}.$$

Die Korrektur beträgt 30 mg, ist also nicht unbeträchtlich (0,3 $^0/_{00}$).

Luftballon. Ist der Auftrieb eines Körpers größer als sein Gewicht, so steigt er empor, bis das von ihm verdrängte Volumen Luft, die nach oben hin immer leichter wird, dasselbe Gewicht hat wie er selbst. Diese Tatsache benutzt man bei Luftballons. Zur Füllung der Luftballons muß man Gase benutzen, die spezifisch leichter sind als Luft; gewöhnlich nimmt man das leichteste aller Gase, den Wasserstoff. Noch besser geeignet ist das Helium, das zwar etwas schwerer als Wasserstoff, dafür aber nicht brennbar ist. Helium läßt sich jedoch bisher nicht überall in genügenden Mengen herstellen. Kleine, mit Registrierinstrumenten ausgerüstete Ballons dienen zur Erforschung der Atmosphäre in größeren Höhen (10 bis 15 km).

Lenkbares Luftschiff. Das Problem der lenkbaren Luftschiffe ist seit der Verwendung starker, leistungsfähiger Motoren und länglicher, aus vielen selbständigen Teilen bestehender Ballons gelöst. Die bekanntesten starren Luftschiffe sind die vom Grafen Zeppelin konstruierten. Der Vortrieb geschieht durch Luftschrauben, die Steuerung durch Seiten- und Höhensteuer. Die bedeutendste Leistung während des Krieges war die Fahrt von L 59, das im November 1917 von Bulgarien nach Deutsch-Ostafrika fliegen sollte, aber auf der Höhe von Karthum (Oberägypten) drahtlos zurückbefohlen wurde. Das Luftschiff hat mit 22 Mann Besatzung die 6755 km lange Strecke Bulgarien—Karthum und zurück ohne Zwischenlandung in 95 Stunden zurückgelegt. Am 12.—15. Okt. 1924 ist das für amerikanische Rechnung gebaute Luftschiff Z R III von Friedrichshafen über Frankreich und den Atlantischen Ozean nach Lakehurst bei Newyork gefahren. Die Strecke von 8150 km wurde mit 31 Mann an Bord in 81 Stunden zurückgelegt. Der Gasinhalt betrug 70000 cbm, die Nutzlast 40 t, die Höchstgeschwindigkeit 150 km/h (Durchschnitt 100 km/h).

Abb. 61. Pipette.

Heber und Pipetten. a) Taucht man ein Gefäß, das unten in eine Röhre ausläuft (Abb. 61), in Flüssigkeit, verschließt oben mit dem Finger und hebt das Ganze heraus. so fließen von der Flüssigkeit einige Tropfen heraus, während das übrige im Gefäß bleibt. Beim Ausfließen der ersten Tropfen dehnt sich die Luft über der Flüssigkeit aus, ihr Druck verringert sich, und der nunmehr stärkere Druck der äußeren Luft hält die übrige Flüssigkeit in der Röhre zurück,

Die Vorrichtung heißt Stechheber. Besondere, im chemischen Laboratorium gebrauchte Formen nennt man Pipetten. Sie dienen zum Abheben von Flüssigkeiten.

b) Der Saugheber ist eine gebogene, beiderseits offene Röhre mit ungleichen Schenkeln. Füllt man den Heber mit Flüssigkeit und setzt ihn mit dem kürzeren Schenkel in ein Gefäß mit derselben Flüssigkeit, so fließt diese aus dem längeren Schenkel aus, und das Gefäß wird entleert. Da (Abb. 62) $AB < DE$ ist, so ist klar, daß, wenn die im Heber befindliche Flüssigkeitsmenge überhaupt zusammenbleibt, sie nach E, der Seite des größeren Zuges, sich bewegt. Am Zerreißen aber wird die Flüssigkeitssäule durch den äußeren Luftdruck gehindert. Daß dem tatsächlich so ist, erkennt man daran, daß z. B. Quecksilber zerreißt, wenn DE länger als 76 cm ist.

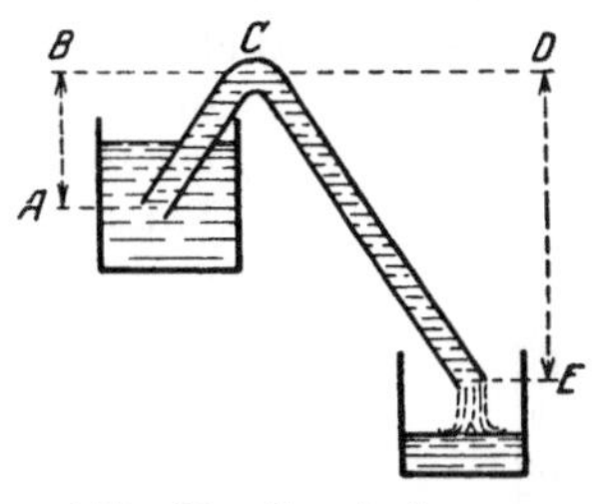

Abb. 62. Saugheber.

Als Heber kann jeder Gummischlauch dienen.

Saugpumpe für Wasser. Das Saugrohr S taucht ins Grundwasser (Abb. 63), es schließt oben mit dem Bodenventil V ab. Darauf ist das Pumpenrohr B gesetzt, in dem ein Kolben K luftdicht auf-

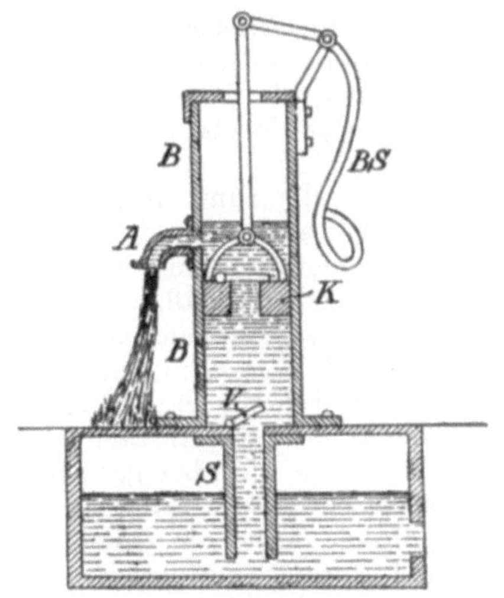

Abb. 63. Saugpumpe.

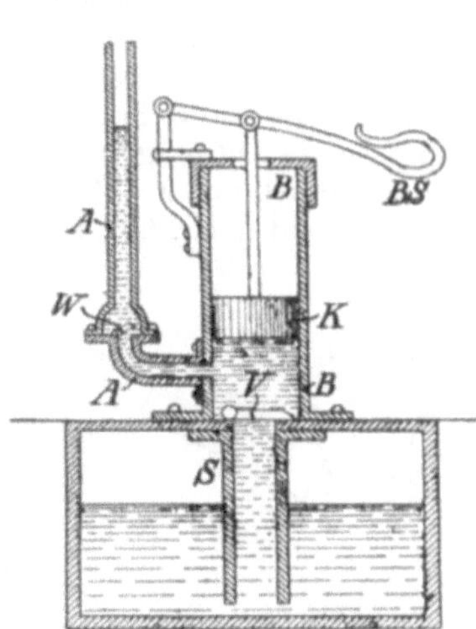

Abb. 64. Druckpumpe.

und abbewegt werden kann. Er ist durchbohrt und trägt das Kolbenventil. Beide Ventile öffnen sich nach oben. Zieht man den Kolben durch die Pumpenstange hoch, so verdünnt sich die darunter befindliche Luft, das Bodenventil öffnet sich, auch im Saugrohr verdünnt sich die Luft, und der durch die Poren des Bodens wirkende äußere Luftdruck treibt das Wasser im Saugrohr in die Höhe. Stößt man den Kolben hinab, so fällt das Bodenventil zu, die Luft zwischen ihm und dem Kolben wird komprimiert und entweicht durch das Kolbenventil. Nach einigen Wiederholungen füllt das Wasser die ganze Pumpe aus. Es wird bei weiterem Pumpen bis zur Ausflußöffnung A gehoben und fließt hier aus.

Da der äußere Luftdruck nur einer Säule von 76 cm Quecksilber oder 10,3 m Wasser das Gleichgewicht halten kann, so darf selbst bei luftdicht schließenden Ventilen die Entfernung zwischen der höchsten Lage des Kolbens und dem Grundwasserspiegel nicht mehr als 10 m betragen. Diese Tatsache war den Brunnenmachern lange bekannt, und es wird erzählt, daß Torricelli von dieser Beobachtung durch Florentiner Brunnenbauer gehört habe, und daß er dadurch zu seinem Versuch angeregt worden sei.

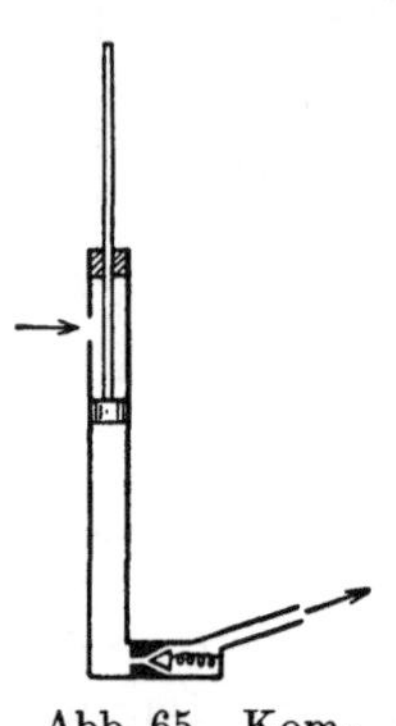

Abb. 65. Kompressionspumpe für Luft.

Druckpumpe für Wasser. Das Bodenventil V öffnet sich (Abb. 64) wie bei der Saugpumpe nach oben. Der Kolben ist jedoch nicht durchbohrt; ein zweites Ventil W öffnet sich in das Druckrohr A hinein. Beim Heben des Kolbens wird das Wasser aus dem Saugrohr angesogen, beim Niederdrücken in das Druckrohr gestoßen.

Kompressionspumpe für Luft. Sie ist im Prinzip ebenso eingerichtet wie die Wasserdruckpumpe (Abb. 65). Statt des Ventils V ist eine Öffnung vorhanden, an der der Kolben bei jeder Bewegung vorbeigeführt wird. Das ins Druckrohr führende Ventil hat häufig die Form eines Kegels, der in eine entsprechende Öffnung paßt.

Stiefelluftpumpe. Die Stiefelluftpumpe, die zum Auspumpen von Luft dient (Abb. 66), ist im Prinzip der Wasserdruckpumpe nachgebildet. Das Saugrohr führt zu dem luftleer zu pumpenden Gefäß, dem sog. Rezipienten R. Das Pumpenrohr (S in Abb. 66, entspricht B in Abb. 64) heißt hier Stiefel. Das Seitenrohr (A in Abb. 64) mündet in die freie Luft. An Stelle der Ventile V und W, die sich bei geringem Druck nur noch schwer von selbst öffnen, kann man Hähne benutzen, die von außen bedient werden, und zwar kann man beide Ventile durch einen einzigen „Dreiweghahn" ersetzen (Abb. 66 a, b, c). In Stellung a verbindet der Hahn Rezipient und Stiefel (beim Herausziehen des Kolbens), in Stellung b Stiefel und äußere Luft (beim Hineinstoßen des Kolbens). Stellung c endlich verbindet den Rezipienten mit der äußern Luft, um nach Beendigung des Versuchs den Rezipienten wieder mit Luft füllen zu können. Da bei Stellung b die Gänge des Hahns sich immer wieder mit Luft

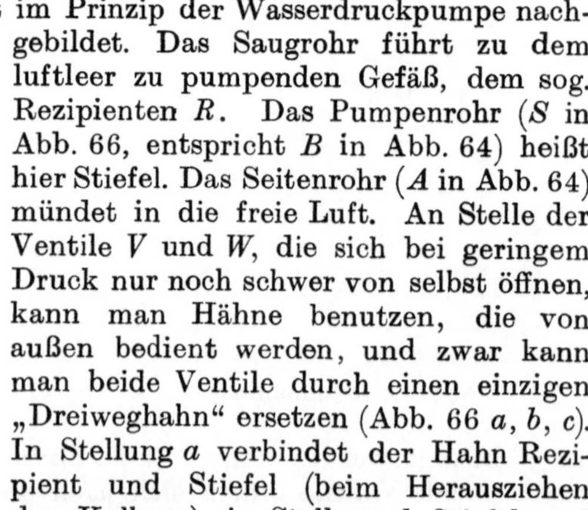

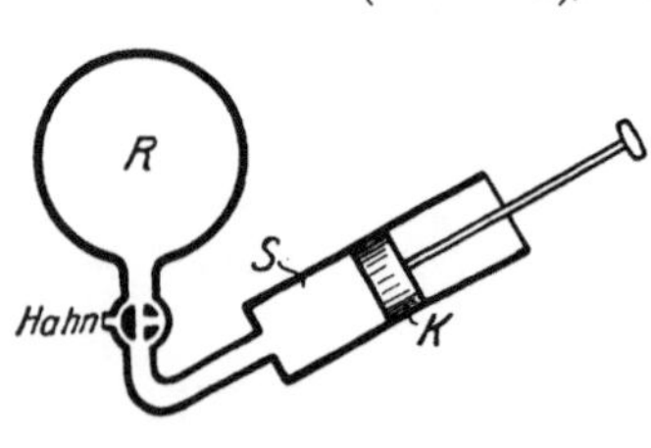

Abb. 66. Stiefelluftpumpe.

füllen (schädlicher Raum), kann die Verdünnung mit der Stiefelpumpe nicht sehr weit getrieben werden.

Die erste Luftpumpe ist um 1650 von dem Magdeburger Bürgermeister Otto von Guericke konstruiert worden. Sein erster Versuch war der, aus einer mit Wasser gefüllten Tonne das Wasser mit einer Feuerspritze herauszupumpen. Dabei war keine Tonne fest genug, um das Eindringen der äußeren Luft durch die Ritzen zu verhindern. Über moderne Pumpen siehe unten S. 72ff.

Vakuummeter. a) Heberbarometer. Den Luftdruck im Rezipienten mißt man mit einem verkürzten Heberbarometer (vgl. Abb. 59). Bei gewöhnlichen Drucken stößt das Quecksilber in dem kurzen geschlossenen Schenkel gegen das Glas; kleinere Drucke werden durch die Differenz der Quecksilberniveaus gemessen.

b) Verfahren von Mac Leod. Sehr geringe Luftdrucke (Bruchteile eines Millimeters) lassen sich nach dem gewöhnlichen Verfahren nicht mehr messen. In diesem Fall wendet man das Verfahren von Mac Leod an, das im Prinzip in folgendem besteht. Durch das Rohr *a* (Abb. 67) wird die Kugel *b* mit dem Rezipienten verbunden und auf das gleiche Vakuum gebracht. An die Kugel ist die oben geschlossene Kapillare *c* angeschmolzen. Man hebt nun die mit Quecksilber gefüllte Kugel *d*. Das in der Kugel *b* befindliche Gas wird dadurch abgesperrt und in der Kapillare *c* zusammengedrückt. Sein Volumen und Druck können abgelesen werden. Kennt man zudem das Volumen der Kugel *b*, so läßt sich der Druck berechnen, unter dem das Gas vor der Kompression in *b* gestanden hat. An der Skala bei *c* kann man diese Drucke ablesen. Man kann so Drucke messen, die weniger als 10^{-6} mm betragen.

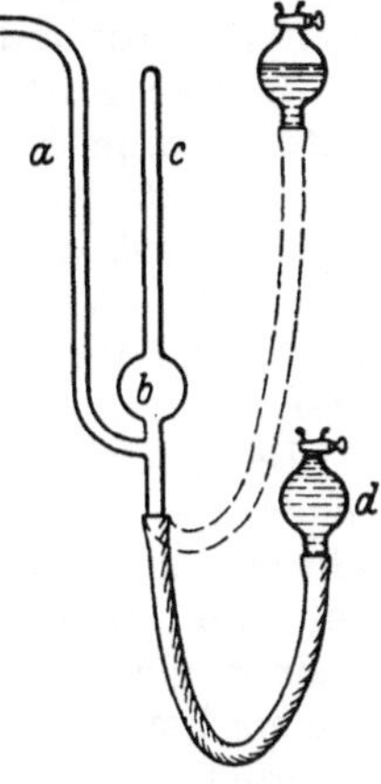

Abb. 67. Druckmessung nach Mac Leod.

Es ist wohl zu beachten, daß man nach dem Mac Leod-Verfahren nur den Teildruck (Partialdruck, S. 103) der nicht kondensierbaren Gase (Luft, Wasserstoff usw.) mißt. Ist der Raum durch Quecksilber abgesperrt, so ist er stets mit Quecksilberdampf gefüllt, dessen Druck bei 20° C 0,00126 mm beträgt, also von der Größenordnung 10^{-3} mm ist. Diese Quecksilberdämpfe, die bei Anwendung der modernen Pumpen stets in das Vakuum eindringen, können durch adsorbierende Holzkohle (S. 75) entfernt werden.

Versuche mit der Luftumpe. 1. Berühmt ist der Versuch mit den Magdeburger Halbkugeln, den Otto von Guericke 1654 dem Regensburger Reichstag vorführte. Eine aus zwei aneinander gelegten Hälften bestehende Kugel wurde luftleer gepumpt; an jeder Seite wurden 8 Pferde vorgespannt, die sie nur mit Mühe und unter gewaltigem Knall auseinander rissen. Der Druck der äußern Luft preßte die beiden Kugelhälften aneinander.

2. Eine mit Luft gefüllte, fest verschlossene Schweinsblase bläht

sich unter dem Rezipienten auf, da die Luft, dem verringerten äußern Druck entsprechend, ein größeres Volumen einzunehmen sucht.

3. Wird ein Gefäß durch eine größere Glasplatte geschlossen, so wird diese beim Auspumpen der Luft durch den äußern Druck zertrümmert. Bei den ersten Versuchen Guerickes wurde eine Kupferkugel, die luftleer gemacht werden sollte, durch den äußern Luftdruck mit heftigem Knall zerdrückt.

4. Aus Flüssigkeiten entweichen unter dem Rezipienten absorbierte Gase bei abnehmendem Druck, entsprechend dem Gesetz von Henry und Dalton (S. 139).

5. Eine unter dem Rezipienten stehende Glocke hört man kaum noch tönen, wenn man sie auf eine den Schall schlecht leitende Unterlage (Filz) setzt. (Die Luft als Vermittler der Schallübertragung scheidet aus.)

6. Ein Heber hört unter dem Rezipienten zu fließen auf, da die Flüssigkeit durch den verringerten Luftdruck nicht mehr zusammengehalten wird und reißt.

7. Der Auftrieb in Luft kann durch folgenden Versuch gezeigt werden. Eine Hohlkugel aus Glas und eine kleine Bleikugel halten sich in Luft an einem Hebel das Gleichgewicht. Da der Auftrieb für die Glaskugel größer ist als für die kleinere Bleikugel, muß sie tatsächlich schwerer sein als diese. In der Tat senkt sich die Glaskugel beim Auspumpen der Luft unter dem Rezipienten herab (Dasymeter).

Beim Atmen vergrößern wir durch Heben der Rippen oder durch Senken des Zwerchfells das Volumen des Brustkastens und saugen dadurch die Luft hinein. Die mit einer Gummiplatte versehenen Pfeile der Heurekapistole, eines bekannten Knabenspielzeugs, haften an einer glatten Fläche, weil beim Aufschlagen die Luft unter der Gummischeibe zum Teil herausgetrieben ist, dort also ein geringerer Luftdruck herrscht als draußen. In derselben Weise wirken die Saugapparate, mit denen sich manche Tiere (Laubfrosch) an einer Wand festhalten. Bei der Rohrpost sind die einzelnen Postanstalten durch ein Röhrensystem verbunden. Eine Kapsel mit den zu befördernden Briefsachen wird durch die Röhren von der einen Station durch Druckluft fortgetrieben, von der andern angesogen.

Lehre von der Bewegung flüssiger und gasförmiger Körper (Hydro- und Aerodynamik).

Satz von Torricelli. Ein Gefäß sei mit einer Flüssigkeit gefüllt, die durch ein Loch im Boden frei ausfließen kann. In diesem Fall gilt der Satz von Torricelli: Die Geschwindigkeit, mit der ein Teilchen einer Flüssigkeit durch eine Öffnung des Gefäßbodens vertikal abwärts austritt, ist gleich der Geschwindigkeit, die es beim freien Fall vom Flüssigkeitsspiegel bis zur Öffnung erreicht hätte.

Theoretische Begründung: Die Flüssigkeit fließt vermöge ihrer Schwere aus; der äußere Luftdruck hat keine Wirkung, da er oben und unten sehr nahezu gleich stark ist. Ist q der Querschnitt, h die Höhe der Flüssigkeit, s ihre Dichte, so ist ihre Gesamtmasse $M = qhs$. Senkt sich der Flüssigkeitsspiegel um das kleine Stück (Abb. 68) $AB = a$, so senkt sich die gesamte Wassermenge um a und verliert dabei an potentieller Energie den Betrag Mga. Diese muß sich wiederfinden als kinetische Energie der unten austretenden Flüssigkeitsmenge. Ihre Masse ist $m = qas$, ihre kinetische Energie $\frac{1}{2}mv^2$, wo v die Geschwindigkeit ist, daher

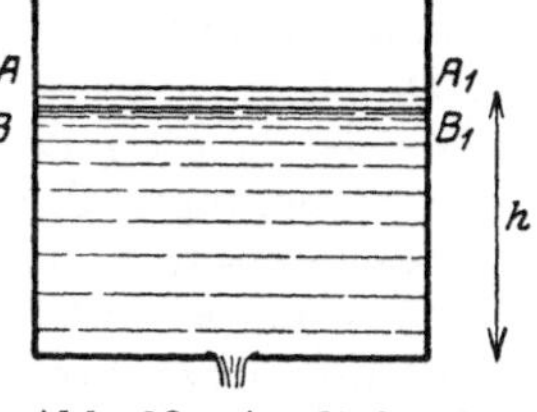

Abb. 68. Ausfließende Flüssigkeit.

$$\frac{1}{2}mv^2 = Mga$$

$$v^2 = \frac{M}{m}\cdot 2ga = \frac{h}{a}\cdot 2ga, \qquad v = \sqrt{2gh} \text{ (vgl. dazu S. 6).}$$

Da sich der Wasserspiegel dauernd senkt, wird die Ausflußgeschwindigkeit allmählich immer kleiner.

Experimentelle Prüfung. Zusammenschnürung des Strahls. In t sec fließt ein Strahl der Länge vt aus; seine Masse ist, wenn man den Öffnungsquerschnitt mit q_0 bezeichnet, $q_0 vts$. Diese läßt sich experimentell nachprüfen. Tatsächlich beträgt die gemessene Ausflußmenge nur etwa 62% der theoretisch geforderten. Das kommt daher, daß die Flüssigkeitsteilchen nicht in vertikalen, sondern in schiefen Bahnen zur Bodenöffnung streben, und daß dadurch der Strahl sich „einschnürt“, d. h. hinter der Öffnung schmaler wird als die Öffnung selbst.

Mariottesche Flasche. Ist das Gefäß (Abb. 68) oben luftdicht verschlossen, so fließt überhaupt nichts aus (Stechheber). Allgemein hängt die Ausflußgeschwindigkeit ab von dem Niveauunterschied zwischen der Öffnung und dem Niveau, wo auch Atmosphärendruck herrscht. Die Mariottesche Flasche (Abb. 69) ist oben geschlossen; durch den Verschluß führt eine Glasröhre bis zur Tiefe A. Die Ausflußgeschwindigkeit wird durch die Höhe $A_1 B_1$ bestimmt und bleibt daher konstant, bis der Flüssigkeitsspiegel die Höhe A unterschreitet. Die Mariottesche Flasche wird da angewandt, wo eine Ausflußgeschwindigkeit längere Zeit konstant gehalten werden muß.

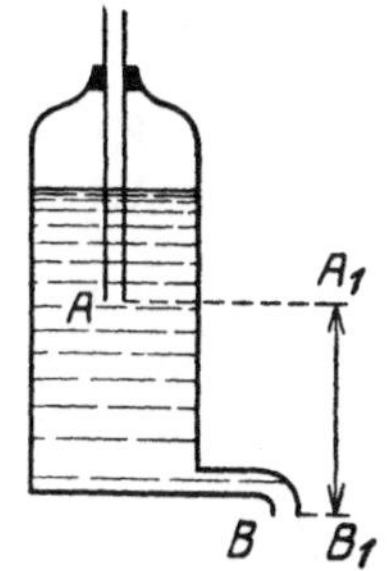

Abb. 69. Mariottesche Flasche.

Hydrodynamischer Druck. Der Druck in einer ruhenden schweren Flüssigkeit (hydrostatischer Druck) ist S. 55 untersucht. Er nimmt nach oben hin ab. Bezeichnet man ihn in der Höhe h_0 mit p_0, in der Höhe h mit p, so ist

$$p = p_0 - (h - h_0) g\sigma,$$

wo σ das spez. Gewicht der Flüssigkeit ist, oder

$$p + g\sigma h = p_0 + g\sigma h_0 = \text{const}.$$

Man kann auch sagen: die Summe von Druck und potentieller Energie der Volumeinheit ist an jeder Stelle gleich groß.

Ganz anders ist es bei bewegten Flüssigkeiten (hydrodynamischer Druck).

Wir betrachten in einer inkompressibeln Flüssigkeit eine „stationäre Strömung“, d. h., eine solche, bei der sich der Zustand an einer bestimmten Raumstelle mit der Zeit nicht ändert. In diesem Fall ist, wenn u und u_0 die Geschwindigkeiten in den Höhen h und h_0 sind, die obige Formel durch die folgende zu ersetzen:

$$\tfrac{1}{2}\sigma u^2 + p + g\sigma h = \tfrac{1}{2}\sigma u_0^2 + p_0 + g\sigma h_0 = \text{const}.$$

Den Sinn der Formel kann man sich an einem Beispiel klarmachen. Ein Flüssigkeitswürfel mit der Kante 1 cm sinke von der Höhe h auf h_0 herab; sein Gewinn an kinetischer Energie ist

$$\tfrac{1}{2}\sigma u_0^2 - \tfrac{1}{2}\sigma u^2;$$

er muß gleich sein der Arbeit, die nötig ist, um den Würfel zurückzubringen. Es ist nun zu beachten, daß, wenn etwa der Druck von unten nach oben von p_0 auf p abnimmt, das Flüssigkeitsteilchen durch die Druckdifferenz gehoben wird, da es von unten stärkeren Druck erfährt als von oben. Bei gleichmäßiger Druckabnahme entfiele auf jedes cm der Betrag

$$\frac{p_0 - p}{h - h_0};$$

mit dieser Kraft wird der Würfel gehoben, da er gerade 1 cm Höhe hat. Die Arbeit, die auf dem Weg $h - h_0$ geleistet wird, ist also

$$p_0 - p.$$

Um den Würfel zurückzubringen, ist also nicht die Arbeit $g\sigma(h - h_0)$, sondern nur $g\sigma(h - h_0) - (p_0 - p)$ zu leisten; es ergibt sich daher

$$g\sigma(h - h_0) - (p_0 - p) = \tfrac{1}{2}\sigma u_0^2 - \tfrac{1}{2}\sigma u^2,$$

was mit der oben angegebenen Gleichung übereinstimmt.

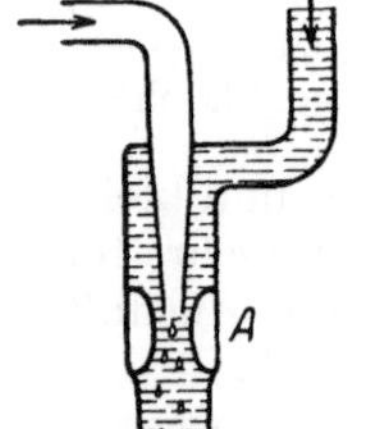

Abb. 70. Wasserstrahlluftpumpe.

Der hydrodynamische Druck ist also keineswegs ebenso zu berechnen wie der hydrostatische, was stets wohl zu beachten ist. (Einfluß der Reibung s. u.)

Wasserstrahl-Luftpumpe. Wasser werde (z. B. von der Wasserleitung) durch eine Röhre gepreßt, die es am Ende B mit der Geschwindigkeit u verläßt (Abb. 70). Bei B habe der Röhrenquerschnitt den Wert q, kurz vorher (bei A) den kleineren Wert q_1. Dort ist die Geschwindigkeit offenbar größer, da dieselbe Wassermenge pro Sekunde hindurch muß, nämlich $u_1 = \frac{q}{q_1} u$. Bei B herrscht Atmosphärendruck p_0; setzt man $AB = a$, so ist der

Druck bei A nach der oben gegebenen Gleichung

$$p = p_0 - \sigma g a + \tfrac{1}{2} \sigma (u^2 - u_1^2),$$

$$p = p_0 - \sigma g a - \frac{1}{2} \sigma u^2 \left(\frac{q^2}{q_1^2} - 1 \right).$$

p ist also kleiner als p_0. Die Druckdifferenz kann bei passend großer Wahl des Verhältnisses $\frac{q}{q_1}$ und großen Werten u beträchtlich sein; man kann dann die Vorrichtung als Luftpumpe benutzen. Man bringt zu diesem Zweck bei A die Mündung eines Rohres C an, das mit dem Rezipienten in Verbindung steht und aus diesem die Luft absaugt. Die Luft wird vom Wasser mitgerissen. Wasserstrahlpumpen dienen z. B. zum Absaugen des Filtrats aus einem Filter, als Vorpumpen für Quecksilber-Luftpumpen usw.

Gebläse. Läßt man den bei B austretenden Strahl in ein geschlossenes Gefäß fließen, in dem er die mitgerissene Luft abgeben kann, während das Wasser durch eine Bodenöffnung abfließt, so wird die Luft in dem Gefäß verdichtet und kann als Druckluft austreten. (Gebläse.)

Druckdifferenz in Gasen. Die Gesetze über den hydrodynamischen Druck gelten auch für Gase. Einen Apparat zum Nachweis zeigt Abb. 71. Das Gas strömt in Richtung ABC. Die Öffnung bei B ist eng, das Rohr unmittelbar dahinter weit; die Geschwindigkeit ist also bei B größer als bei C. Bei C herrscht Atmosphärendruck, bei B infolgedessen geringerer Druck, wie es auch das Manometer M anzeigt.

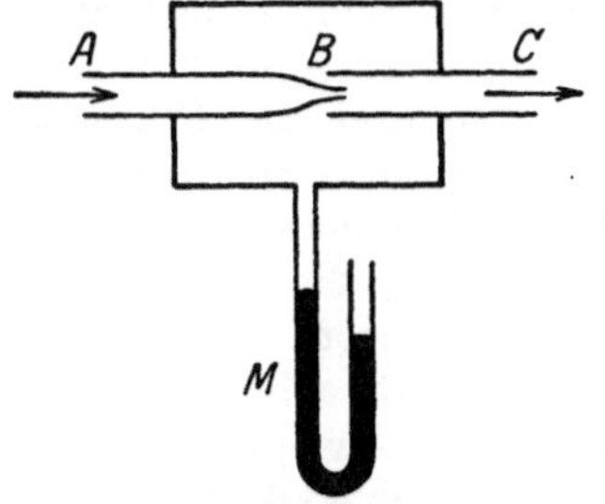

Abb. 71. Druckdifferenz in strömenden Gasen.

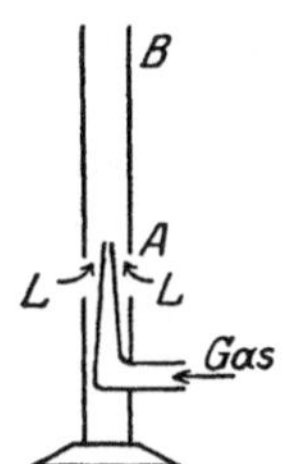

Abb. 72. Bunsenbrenner.

Bunsenbrenner. Beim Bunsenbrenner wird genau das gleiche Prinzip verfolgt. Das Gas strömt aus der engen Öffnung A in das weitere Mantelrohr. Bei B (Abb. 72) herrscht Atmosphärendruck, bei A geringerer, infolgedessen wird bei A die Luft durch die Löcher L von außen angesogen. Das Gemisch von Leuchtgas und Luft wird bei B entzündet.

Zerstäuber und Inhalationsapparat. Bei ersterem strömt Luft, beim zweiten Wasserdampf aus einer engen Öffnung aus und erweitert sich zu einem breiteren Strahl. Der unmittelbar an der engen Öffnung entstehende Unterdruck saugt Wasser bzw. andere Flüssigkeiten an, die dann der Gasstrahl mitreißt.

Flüssigkeitsbewegung mit Reibung. Die Reibung beeinflußt wie überall die Bewegungserscheinungen. An ein weites Gefäß (Abb. 73) ist ein langes horizontales Ausflußrohr angesetzt. Da von A bis B die Höhe überall null ist und auch die Geschwindigkeit der Flüssigkeit überall den gleichen Wert haben muß, so müßte nach S. 70 der Druck in der Flüssigkeit überall gleich dem Atmosphärendruck p_0 sein. Setzt man also in den Zwischenpunkten C, D, E dünne Ansatzrohre auf, so dürfte das Wasser in ihnen überhaupt nicht emporsteigen. Macht man den Versuch, so steigt das Wasser tatsächlich doch, und zwar in C am meisten. Der Grund dafür ist die Reibung, durch die die Geschwindigkeit der Flüssigkeit im Ausflußrohr herabgemindert wird. Ist die Reibung (bei engem Rohr) so groß, daß das Wasser fast mit der Geschwindigkeit null austritt, so ist der Druck bei A gleich dem hydrostatischen Druck $p_0 = \sigma g h$; er nimmt von A bis B allmählich ab, und die Flüssigkeitshöhen in dem Haupt- und den Steigrohren bilden eine gerade Linie. Die potentielle Energie, die die Flüssigkeit von A bis B verliert, wird nicht in kinetische umgesetzt, sondern zur Überwindung der Reibung gebraucht. Ist die Reibung geringer, so daß die Flüssigkeit bei B mit merklicher Geschwindigkeit austritt, so liegen zwar C_1, D_1, E_1 auf einer Geraden, diese trifft aber das Hauptrohr nicht in A_1, sondern in einem tiefer gelegenen Punkte (Abb. 73).

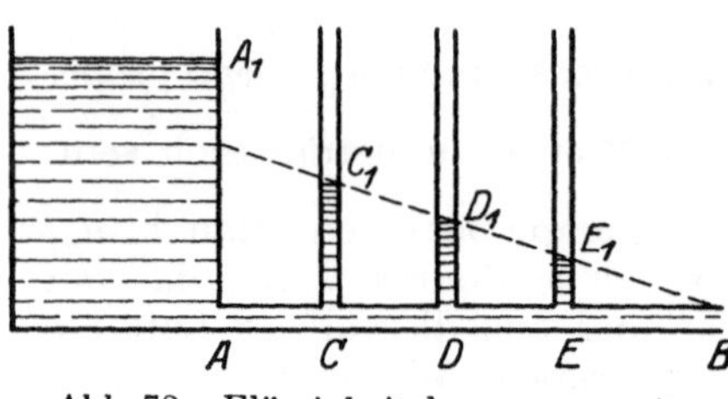

Abb. 73. Flüssigkeitsbewegung mit Reibung.

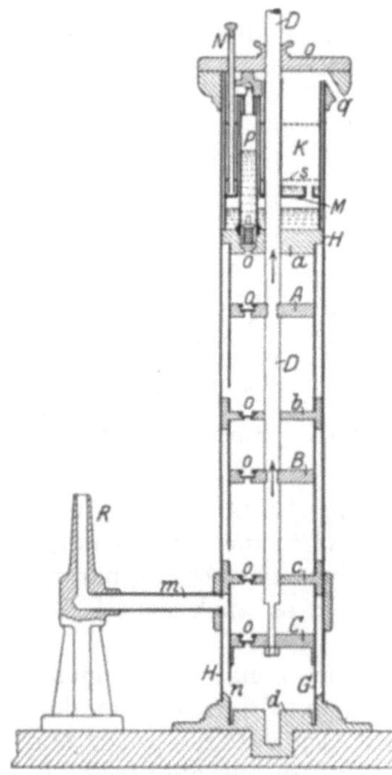

Abb. 74. Stufenpumpe.

Moderne Luftpumpen.

1. **Die Wasserstrahlpumpe** (S. 70 Abb. 70) wirkt schnell und ist bequem zu handhaben, erzeugt aber nur mäßige Luftverdünnung. Die Grenze der Verdünnung ist gegeben durch den Druck des gesättigten Wasserdampfes (bei 15° C etwa 13 mm Quecksilber).

2. **Ölluftpumpen.** Die alte Stiefelluftpumpe von Otto von Guericke (S. 66) ist mehrfach verbessert worden. Man hat den Stiefel vertikal gestellt und auf die obere Kolbenfläche eine Ölschicht gegossen,

die beim Bewegen des Kolbens einen luftdichten Abschluß sichert. Eine besondere Pumpe dieser Art hat Gaede konstruiert (Stufenpumpe). Der Stiefel (Abb. 74) ist durch Querwände *b* und *c* in drei gleiche, übereinander liegende Abteilungen geteilt; in jeder bewegt sich je ein Kolben *A*, *B*, *C*, die sämtlich an einer Führungsstange *D* sitzen. Der Rezipient wird durch *R*, *m*, *n* mit der untersten Kammer verbunden. Die Kolben und die Trennungswände des Stiefels tragen Ventile *o*, die sich nach oben öffnen. Der untere verjüngte Teil der Stange *D*, der im Kolben *C* luftdicht gleitet, ermöglicht ein Entweichen der Luft aus der unteren in die mittlere Kammer auch durch die Mittelöffnung in *c*. Der Hauptvorteil ist, daß der Inhalt der untersten Kammer in die bereits evakuierte Mittelkammer, deren Inhalt in die ebenfalls evakuierte obere Kammer, deren Inhalt erst in die Atmosphäre entleert wird. Die Pumpe liefert hohe Vakua (bis 0,00005 mm Hg Druck).

3. **Kapselpumpen.** Die Gaedesche Kapselpumpe beruht auf folgendem Prinzip. In der großen, vorn und hinten luftdicht abgeschlossenen Kapsel (Abb. 75) dreht sich der massive Stahlzylinder *B*, in dem zwei Stahlschieber *C* verschiebbar sind. Sie werden durch Spiralfedern fest gegen die Wandung von *A* gepreßt. Die Achse von *B* sitzt exzentrisch zu der von *A*. Dreht sich *B* in der Pfeilrichtung, so vergrößert sich das durch den linken Schieber abgeschlossene Volumen in der Kapsel *A* dauernd; die Folge ist, daß Luft durch *D* angesogen, durch *E* ausgestoßen wird. Die Pumpe kann als Saugpumpe (Rezipient bei *D*) und als Kompressionspumpe (bei *E*) dienen.

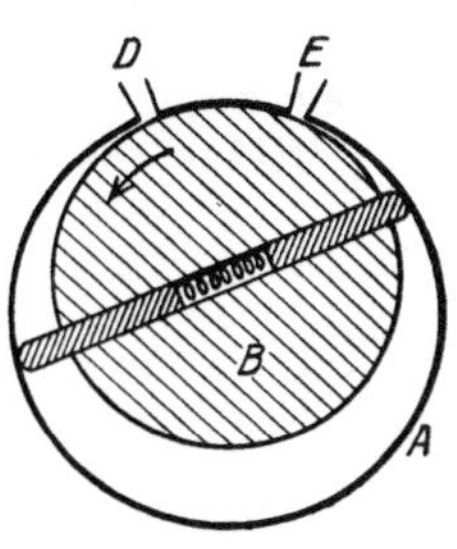

Abb. 75. Kapselpumpe.

4. **Rotierende Quecksilberpumpe.** Die rotierende Quecksilberpumpe besteht aus einem etwas mehr als zur Hälfte mit Quecksilber gefüllten zylindrischen Eisenbehälter *G*, in dem eine Porzellantrommel *T* rotiert. Abb. 76a gibt eine Ansicht der Pumpe, Abb. 76b

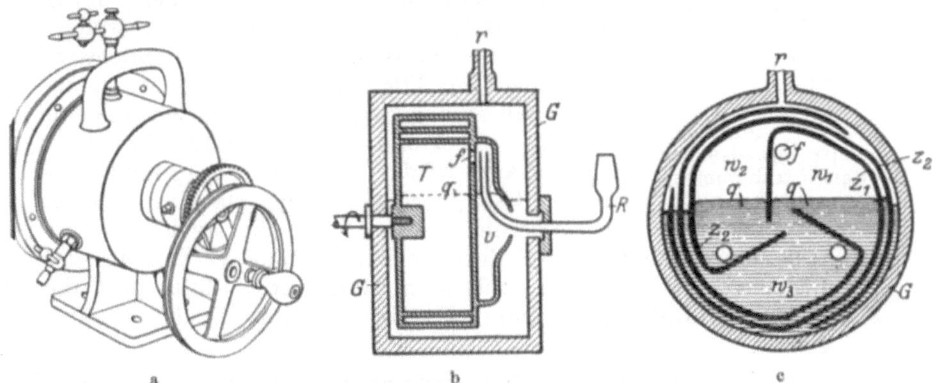

Abb. 76. Rotierende Quecksilberpumpe.

und c zeigen schematische Querschnitte in zwei zueinander senkrechten Ebenen. Der Hauptraum der Trommel T ist durch die Wände z in der aus Abb. 76c ersichtlichen Weise in drei Abteilungen unterteilt. Jede Abteilung steht nur durch eine Öffnung f in der Vorderwand der Trommel mit dem Vorraum v in Verbindung; dieser ist durch das Quecksilber, das bis zur Höhe q steht, nach außen hin völlig abgesperrt und wird nur durch das Rohr R mit dem Rezipienten verbunden. Dreht sich die Trommel in der Pfeilrichtung, so füllt sich bei der gezeichneten Lage der Raum w_1 mit Luft aus dem Rezipienten, und zwar so lange, bis die Öffnung f in das Quecksilber taucht. Das ist geschehen bei w_2 in der Abbildung. Bei weiterer Drehung wird die Luft aus der Trommelkammer in das Innere des Gehäuses G abgedrängt; von dort wird sie durch eine Vorpumpe durch das Rohr r abgesaugt. Die Pumpe kann ein Gefäß von 6 l Inhalt, bei 10 mm Luftdruck beginnend, in 15 Minuten auf 0,00001 mm Hg Druck evakuieren.

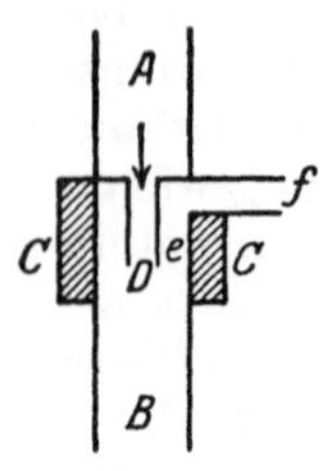

Abb. 77. Prinzip der Diffusionspumpe.

5. **Diffusionspumpen. (Quecksilberdampfstrahlpumpen.)** Unter Diffusion (S. 135) versteht man die Tatsache, daß zwei Gase, die aneinander grenzen, gegenseitig ineinander eindringen, bis sie eine völlig homogene Mischung bilden. Die Geschwindigkeit, mit der ein Gas in das andere diffundiert, ist der Differenz der Partialdrucke (S. 135), unter denen das Gas auf beiden Seiten steht, proportional. Ein luftfreier Quecksilberdampfstrahl trete (Abb. 77) von A durch den Kanal D in das Rohr B ein. f ist mit dem Rezipienten verbunden. Die Luft von f diffundiert bei e in den Quecksilberdampfstrahl, da ja in ihm der Partialdruck der Luft null ist, und wird von ihm nach B mitgerissen. Die Quecksilberdampfteilchen, die umgekehrt durch e in den Luftraum f hineindiffundieren wollen, werden durch die Wasserkühlung C kondensiert und fließen als Tröpfchen nach B. Der Ringraum e muß eine günstigste Weite haben, die von dem Druck bei B und der Temperatur abhängt[1]). In der Praxis wird B mit einer Vorpumpe verbunden. Abb. 78 zeigt das Schema einer Pumpe, wie sie besonders von Gaede konstruiert worden ist. Das Quecksilber Q wird durch einen Brenner verdampft; der Dampf steigt bei D empor. Aus dem Ringraum e diffundiert die Luft aus dem Rohr f, das zum Repizienten führt, in den Dampf-

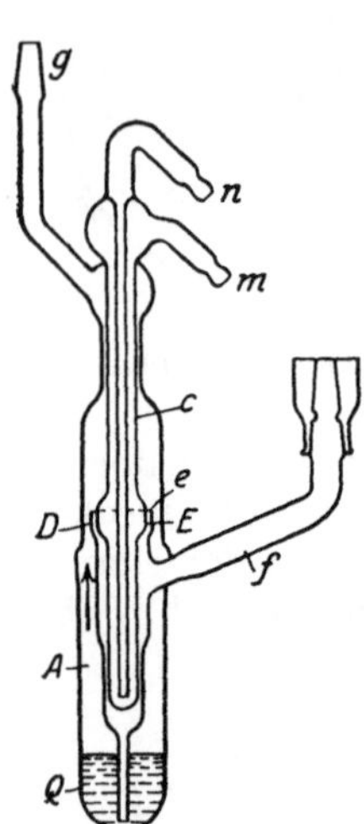

Abb. 78. Diffusionspumpe. (Quecksilberdampfstrahlpumpe nach Gaede.)

[1]) Die Weite muß von der Größenordnung der freien Weglänge der Gasmolekeln im Vorvakuum (S. 107) sein.

strahl und wird von diesem in den oberen Teil der Pumpe gerissen, der durch g mit der Vorpumpe verbunden ist. Der Kühler c (m und n sind Zu- und Abflußrohr für das Kühlwasser) kondensiert das im Vorvakuum befindliche und das bei e in das Hauptvakuum hineindiffundierte Quecksilber, das dann wieder nach Q tropft. Man hat Diffusionspumpen auch als Stufenpumpen (s. o. Ölpumpen) aus Stahl hergestellt.

Die Diffusionspumpen zeichnen sich durch ungeheure Saugleistungen aus; in wenigen Minuten ist höchstes Vakuum erzeugt.

6. **Adsorbierende Holzkohle.** Um die letzten Gasreste aus dem Rezipienten zu entfernen, benutzt man die Eigenschaft der Holzkohle, bei tiefen Temperaturen sehr stark Gase zu adsorbieren (S. 140). Der Rezipient wird mit einem Glasrohransatz versehen, in dem sich gut ausgeglühte Bambuskohle befindet. Nachdem durch Pumpen ein möglichst hohes Vakuum erreicht ist, wird der Ansatz von außen durch flüssige Luft gekühlt. Die Holzkohle nimmt dann die letzten Gasreste auf, insbesondere auch die überdiffundierten Quecksilberdämpfe (vgl. S. 67). Diese Methode stammt von Dewar. Von der Glaswand adsorbierte Gasreste werden vorher durch Erhitzen entfernt.

Durch Anwendung von Diffusionspumpen und von adsorbierender Holzkohle ist es gelungen, Vakua bis herab zu einem Druck von $0{,}8 \cdot 10^{-7}$ mm Hg herzustellen und längere Zeit zu erhalten.

Wasserkraftmaschinen.

Leistung und Wirkungsgrad. Kraftmaschinen sind Vorrichtungen, die imstande sind, gegebene Energiemengen, z. B. die kinetische oder potentielle Energie von Wassermassen, in nutzbringende Arbeit umzusetzen. Die Leistung gibt man gewöhnlich in PS an (S. 17).

Der „Wirkungsgrad“ der Maschinen gibt an, welcher Bruchteil der zur Verfügung stehenden Energie in nutzbringende Arbeit umgesetzt wird.

Wasserräder. Bei den oberschlächtigen Wasserrädern, wie man sie häufig in Gebirgen usw. bei kleineren Anlagen (Getreide- und Sägemühlen) findet, fällt das Wasser von oben auf die Schaufeln des Rades und wirkt teils durch seinen Aufprall (Stoß), teils durch seine Schwere. Das Wasser wird von einer höher gelegenen Stelle des Baches durch einen Kanal zugeleitet, der weit schwächer geneigt ist als der Bach, damit man an der Mühle das nötige Gefälle zur Verfügung hat. Wesentlich für gute Wirtschaftlichkeit des Rades ist es, daß Geschwindigkeit und Richtung des Wassers so geregelt

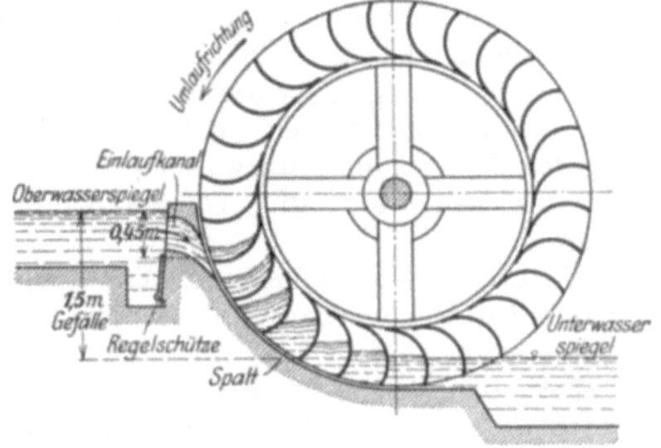

Abb. 79. Mittelschlächtiges Wasserrad.

werden, daß es möglichst nie in senkrechtem Stoß auf die Schaufeln trifft, daß unnütze Wasserwirbel vermieden werden, die nur das Wasser erwärmen, daß endlich das Wasser mit geringer Geschwindigkeit abfließt und daher wenig Energie mitführt. Keiner dieser Bedingungen genügen die alten unterschlächtigen Wasserräder, bei denen das strömende Wasser gegen die unteren Teile des hineingehängten Rades stößt; dreht sich das Rad langsam, so ist der Stoßverlust groß, dreht es sich schnell, so nimmt das Wasser seine kinetische Energie ungenutzt mit. Solche Räder sind heutzutage überall durch mittelschlächtige Räder ersetzt (Abb. 79); diese haben einen ziemlich hohen Wirkungsgrad ($60^0/_0$), während die unterschlächtigen noch nicht $30^0/_0$ der Energie ausnutzen.

Turbinen. Wasserräder haben den Nachteil, daß sie sich sehr langsam drehen. Dynamomaschinen verlangen eine etwa 150 mal so große Tourenzahl; das bedingt die Verwendung teurer und Energie verzehrender Zahnräder. Bei allen Großanlagen werden daher heut die schnell laufenden Turbinen benutzt. Jede Turbine hat einen Leitapparat, der dem Wasser eine vorgeschriebene Einströmungsrichtung gibt, und ein Laufrad, das eigentliche Turbinenrad, auf das die Wasserenergie übertragen wird. Praktisch am wichtigsten sind die Freistrahlturbinen (Pelton-Turbinen) und die Hochdruck- oder Vollturbinen (Francis-Turbinen). Bei den ersteren trifft ein aus einer kreisrunden Düse kommender Wasserstrahl gegen die Schaufeln des Rades. Wesentlich ist die Form der Schaufeln und die Geschwindigkeit des Rades. Bei den Hochdruckturbinen fließt das Wasser aus dem Druckrohr zwischen den schief gestellten Schaufeln des unbeweglichen „Leitrades“ heraus so gegen die ebenfalls schief gestellten Schaufeln des um eine Achse drehbaren, vom Leitrad umschlossenen „Laufrades“ (Abb. 80), daß eine möglichst große Komponente der Bewegung wirksam wird. Das aus dem Laufrad nach innen austretende Wasser fließt durch ein meist als Saugrohr ausgebildetes Rohr zum Unterwasser. Auch hier hängt sehr viel von der Form der Schaufeln ab. Gute Turbinen haben über $80^0/_0$ Wirkungsgrad.

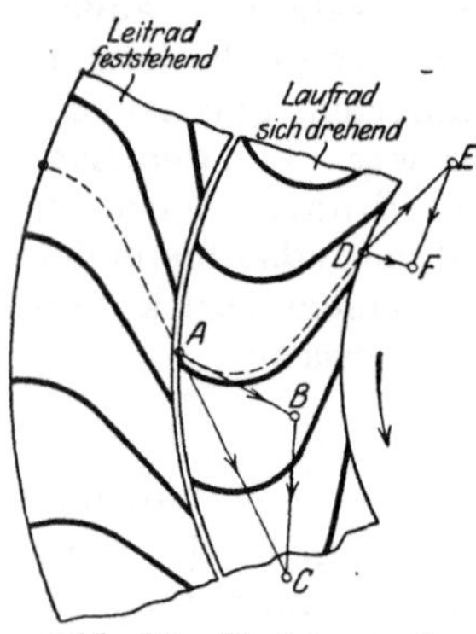

Abb. 80. Turbinenrad.

Wo große Druckhöhen zur Verfügung stehen (bei Wasserfällen) oder sich durch Kunstbauten (Talsperren) erzeugen lassen, sind Kraftwerke gewaltiger Leistung angelegt worden. Die größten Anlagen der Welt befinden sich an den Niagarafällen; die größte Anlage Deutschlands ist das Walchenseekraftwerk mit 120000 PS Leistung.

Raddampfer. Bei den Raddampfern werden durch eine im Innern des Schiffes befindliche Maschine zwei an den Seiten angebrachte Schaufelräder in Bewegung gesetzt. Das Wasser wird nach hinten getrieben, durch den Gegendruck wird das Schiff nach vorn bewegt.

Schiffsschraube. Wenn die Schiffsschraube, die sich ganz im Wasser befindet, sich dreht, so übt sie auf das Wasser einen Druck senkrecht zur Schraubenfläche aus. Durch die Gegenwirkung des Wasserwiderstandes wird das Schiff nach vorn getrieben. Die andere Bewegungskomponente verursacht eine drehende Bewegung des Wassers um die Schraubenachse.

Luftwiderstand von Körpern verschiedener Form. Bewegt man eine rechteckige Platte senkrecht zu ihrer Ebene durch Wasser oder Luft, so erfährt sie einen Widerstandsdruck, der der Bewegung entgegengesetzt gerichtet ist. Dasselbe tritt ein, wenn man die ruhende Platte in einen senkrecht zu ihrer Ebene gerichteten Wasser- oder Luftstrom bringt. Der zweite Fall ist der Untersuchung leichter zugänglich. Es zeigt sich erstens, daß sich die Strömung vor der Platte teilt, sich dort staut und einen „Staudruck" hervorruft. Zweitens zeigt sich, daß sich hinter der Platte Wirbel ausbilden und dort ein „Unterdruckgebiet" erzeugen, das auf die Platte einen Zug nach rückwärts ausübt. Die Summe aus den Druckkräften auf der Vorderseite und den Zugkräften auf der Rückseite ergibt den gesamten Widerstand, den die Platte erfährt. Die Saugwirkung der Rückseite (der Sog) macht bei der Platte etwa $^1/_3$ des Gesamtwiderstandes aus. In anderen Fällen, z. B. bei den gewöhnlichen, gewölbten Flugzeugtragflächen, beträgt die Saugwirkung weit mehr als die Hälfte des Gesamtwiderstandes. Diese Erkenntnis ist wichtig zum Verständnis der Tatsache, daß der Widerstand, den schnellbewegte Körper in Wasser oder Luft finden (Geschoß, Flugzeugflügel usw.), keineswegs etwa nur von der Form der bei der Bewegung vorn liegenden Seite, sondern auch sehr stark von der Gestalt der Rückseite abhängt. Abb. 81 zeigt (nach Prandtl) den relativen Widerstand verschiedener Körper gleicher Dicke. Bemerkenswert ist der geringe Widerstand eines vorn abgerundeten, nach hinten verjüngten Körpers (Fischform).

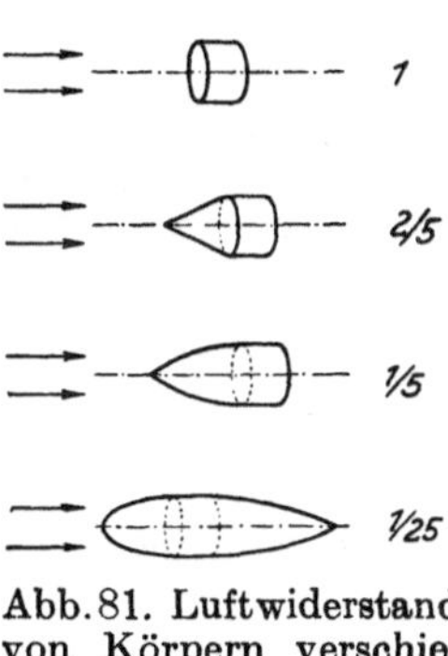

Abb. 81. Luftwiderstand von Körpern verschiedener Form.

Wird eine rechteckige Platte schräg gegen einen wagerechten Luftstrom eingestellt, so steht die gesamte, an der Platte angreifende Kraft nicht mehr senkrecht zur Platte. Man zerlegt sie gewöhnlich in eine vertikale und eine horizontale Komponente, von denen man die erste den Auftrieb (D_a oder l_a), die zweite den Rücktrieb (r) oder den „Widerstand" (D_w) nennt. D_a und D_w hängen sehr stark vom Neigungswinkel der Platte, dem sog. Anstellwinkel, ab; Abweichungen von der Rechteckform (gewölbte Tragflächen) bedingen völlig andere Werte von D_a und D_w. Wirklich zuverlässige Messungen dieser Größen sind erst in neuerer Zeit ausgeführt worden; besonders brauchbare Einrichtungen dafür besitzt das aerodynamische Institut in Göttingen.

Flugzeuge. Dem Flugzeug wird durch die Luftschraube ein Vortrieb v erteilt. In der schematischen Abb. 82 ist sie nicht vorn, sondern hinten am Flugzeug angebracht. Der Gesamt-Luftwiderstand a, der auf den Druckmittelpunkt A der Tragflächen wirkt, werde in 2 Komponenten zerlegt: den wagerechten Rücktrieb r, der durch den Vortrieb v überwunden wird, und den Auftrieb l_a, dem die Schwere des Apparats (s) entgegenwirkt. Die Resultierende aus aus der wagerechten Kraft $v - r$ und der senkrechten $l_a - s$ bewegt den Apparat, und zwar schräg aufwärts oder abwärts, je nachdem $l_a \gtrless s$ ist. Durch das Höhensteuer kann der Anstellwinkel und damit l_a und r verändert werden. Beim motorlosen Gleitflug ergibt der Luftwiderstand zusammen mit der Schwerkraft eine schräg abwärts gerichtete Resultierende, die die Bewegung unterhält.

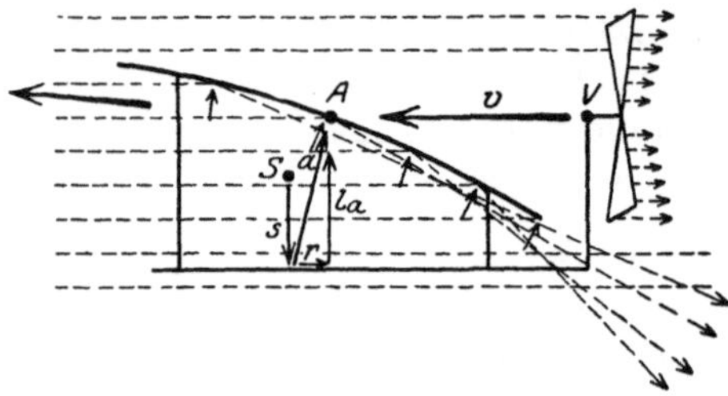

Abb. 82. Schema des Flugzeugs.

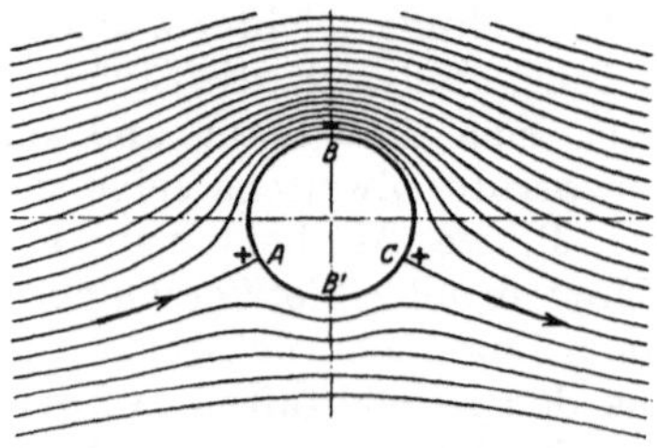

Abb. 83. Überlagerung einer geradlinigen und einer Zirkulationsströmung.

Der Begründer und Pfadfinder der Flugtechnik ist der deutsche Flugforscher Otto Lilienthal, der zuerst 1890 erfolgreiche Versuche mit Gleitfliegern angestellt hat. Er erreichte (1896) Flugweiten bis 350 m. Bei einem der Versuche verunglückte er tödlich. Die Brüder Orville und Wilbur Wright aus Nordamerika bauten auf den Erfahrungen Lilienthals weiter. 1903 konstruierten sie den ersten Motorflieger. Der erste deutsche Motorflieger war Hans Grade (1909). Wesentlich für die Entwicklung der Flugtechnik war der Bau leichter, aber doch starker, unbedingt zuverlässiger Motoren, die lange ohne Unterbrechung laufen können.

Magnus-Effekt. In einer strömenden Flüssigkeit (oder einem Gase) befinde sich ein Zylinder, dessen Achse senkrecht zur Stromrichtung steht. Wir denken uns zunächst eine (idealisierte) Flüssigkeit, deren Stromlinien vor dem Zylinder auseinander weichen und sich hinter ihm (ohne Wirbelbildung) wieder schließen. Nun möge der Zylinder in Uhrzeigerrichtung rotieren (Richtung $ABCB'$ in Abb. 83) und auch die Flüssigkeit in Rotation versetzen. Durch die Überlagerung der Kreisströmung über die alte Strömung ergibt sich das Stromlinienbild Abb. 83. Auf der unteren Hälfte, besonders bei A und C entsteht eine Stauung und damit ein Überdruck, bei B entsteht eine schnellere Strömung und daher ein Unterdruck (vgl. hierzu die Ausführungen über den hydrodynamischen Druck auf S. 70). Insgesamt wird der Zylinder eine Druckkraft in Richtung $B'B$ erfahren.

Wie nun Magnus 1852 in Berlin experimentell gezeigt hat, erfährt ein in einen wagerechten Luftstrom gebrachter, rotierender Zylinder mit vertikaler Achse eine Ablenkung senkrecht zur Richtung des Luftstroms (Magnus-Effekt). Das entspricht der Abb. 83, wenn auch die tatsächlichen Verhältnisse wegen der Wirbelbildung weit komplizierter sind.

Rotorschiff. Der deutsche Ingenieur Flettner hat (1924) ein Windkraftschiff gebaut, dessen Fortbewegung auf der Ausnutzung des Magnus-Effektes beruht. Auf dem Schiff befinden sich 2 Metallzylinder (Rotoren), die durch eingebaute Motoren in schnelle Drehung um ihre vertikalen Achsen versetzt werden können. An den Zylinderenden sind (zur Vermeidung störender Wirbelbildungen) überragende Scheiben angebracht, die sich mitdrehen. Sobald die Zylinder sich drehen, erfährt das Schiff einen Antrieb quer zur Windrichtung. Dadurch, daß zwei Rotoren vorhanden sind, die sich mit verschiedenen Geschwindigkeiten und in verschiedenem Sinn drehen können, ist die Möglichkeit der Ausnutzung jedes Windes gegeben. Das Rotorschiff beansprucht eine sehr geringe Zahl von Bedienungsmannschaften, es kann sich jeder Windänderung sofort anpassen, und es ist jederzeit in Sturmbereitschaft, da die Windkräfte bei stillstehenden Rotoren sehr klein sind.

Die Erfahrung muß zeigen, ob das neue Rotorschiff mit Dampfer und Motorschiff wettbewerbsfähig ist. Die bisherigen Fahrten haben ein günstiges Ergebnis gehabt.

Wellenlehre.

Beispiele für Wellenbewegung. 1. Wird das Gleichgewicht einer Wasserfläche durch einen hineingeworfenen Stein oder dgl. gestört, so breiten sich von der Störungsstelle Wasserwellen aus, wobei Wellenberge und Wellentäler einander folgen. Holz- oder Korkstückchen, die auf dem Wasser schwimmen, lassen erkennen, daß sich die Wasserteilchen selbst nicht von der Stelle, sondern nur auf- und abbewegen. (Genauere Untersuchung zeigt, daß sich die Teilchen zugleich auch ein klein wenig in elliptischen Bahnen bewegen.)

2. Wird ein ausgespanntes Seil an einem Ende befestigt, am andern ruckweise hin und her bewegt, so sieht man Seilwellen darüber hinlaufen.

3. Ähnliche Wellen sieht man bei einem Ährenfeld, über das der Wind streicht. Allen Bewegungen ist gemeinsam, daß die einzelnen Teilchen nur um eine mittlere Lage pendeln.

Erklärung: Eine Wellenbewegung findet statt, wenn in einer Reihe von Massenteilchen jedes die gleiche Bewegung vollführt, aber derart, daß jedes folgende eine gewisse Zeit später beginnt als das vorhergehende.

Wesentlich ist also, daß sich nicht die einzelnen Teilchen selbst in der Fortpflanzungsrichtung der Welle bewegen, daß sich vielmehr der Bewegungszustand und damit die Energie fortpflanzt.

Harmonische Bewegung. Sinuswelle. Der einfachste Fall der Wellenbewegung ist der, daß jedes einzelne Teilchen eine harmonische Bewegung (S. 26) gleicher Schwingungszeit und gleicher Amplitude beschreibt. Trägt man die Entfernung des Teilchens von seiner Mittellage als Funktion der Zeit in ein Koordinatensystem, so erhält man eine Sinuslinie. Denken wir uns nun die Teilchen in einer Geraden angeordnet, und denken wir uns ferner, daß die einzelnen Teilchen senkrecht zu dieser Geraden schwingen, so zeigt der Anblick der Welle räumlich nebeneinander die Ausschläge, die ein einzelnes Teilchen zeitlich nacheinander erreicht. Die Wellenkurve hat in dem oben beschriebenen Fall die Form einer Sinuslinie. In Abb. 84 ist dargestellt, wie die Teilchen beim Vorbeiziehen eines einfachen

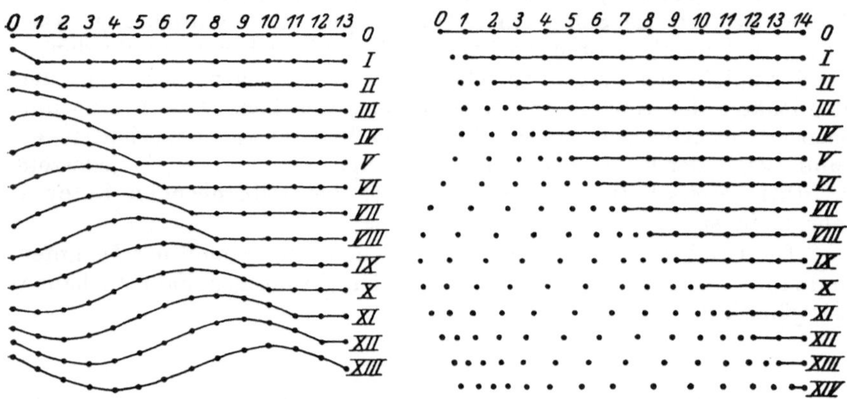

Abb. 84. Fortschreiten einer transversalen Welle.

Abb. 85. Fortschreiten einer longitudinalen Welle.

Wellenzuges (Berg und Tal) nacheinander dieselbe harmonische Bewegung ausführen.

Längs- und Querwellen. Bei der eben beschriebenen Welle stehen die Bewegungsrichtungen der einzelnen Teilchen senkrecht zur Fortpflanzungsrichtung der Welle. Solche Wellen nennt man Querwellen oder transversale Wellen. Bei ihnen folgen Berge und Täler aufeinander (Wasser- und Seilwellen).

Es kann aber auch sein, daß in der oben behandelten Punktreihe jedes Teilchen seine harmonische Bewegung in Richtung der Punktreihe ausführt. Eine Welle, bei der die Bewegung der einzelnen Teilchen in derselben Richtung erfolgt wie die Fortpflanzung der Welle, heißt Längswelle oder longitudinale Welle. Das Bild, das sich in diesem Fall unter sonst gleichen Voraussetzungen wie bei Abb. 84 darbietet, ist in Abb. 85 dargestellt. Statt der Berge und Täler folgen hier Verdichtungen und Verdünnungen in der Teilchenreihe aufeinander. Hängt man eine Spiralfeder vertikal auf und erschüttert sie unten in vertikaler Richtung, so läuft die Erschütterung als Longitudinalwelle nach oben.

Wellenlänge. Die Entfernung von einem Wellenberg bis zum nächsten oder von einer Stelle maximaler Verdichtung bis zur nächsten nennt man „Wellenlänge“. Wir bezeichnen sie mit λ. Es sei weiter c die Geschwindigkeit, mit der die Wellenbewegung sich fortpflanzt, τ die Zeit, die ein Teilchen zu einer vollständigen harmonischen Schwingung braucht. Aus den Abb. 84 und 85 ist nun leicht zu ersehen, daß sich während der Zeit τ, die ein Teilchen zu seiner Schwingung braucht, die Welle gerade um eine Wellenlänge λ weiter geschoben hat (Zeile XII der Abb. 84 und 85); es ist daher

$$\lambda = c \cdot \tau .$$

Häufig gibt man auch die Zahl n der Schwingungen eines Teilchens pro Sekunde an. Zu einer Schwingung braucht das Teilchen die Zeit $\frac{1}{n} = \tau$, also ist

$$n\tau = 1; \qquad \lambda = \frac{c}{n}.$$

Wellenmechanismus. Energieübertragung. Damit ein schwingendes Teilchen seine Bewegung auf das folgende übertragen kann, müssen die Teilchen irgendwie miteinander in Verbindung stehen, müssen sie „gekoppelt“ sein. Eine Energieübertragung durch Koppelung kann man durch folgenden Versuch demonstrieren: Zwei gleiche Fadenpendel sind nebeneinander aufgehängt (Abb. 86). Zwischen beiden Fäden ist ein Querfaden gezogen und durch ein kleines Gewicht belastet. Stößt man das Pendel I an, so kommt allmählich auch Pendel II in Bewegung. Pendel I wird immer langsamer und bleibt schließlich stehen, während II die volle Bewegung erhalten hat. Nunmehr geht das Spiel rückwärts. Hat man mehr als zwei Pendel, so geht die Übertragung durch die ganze Reihe. Je kürzer der Querfaden und je größer seine Belastung ist, desto schneller erfolgt die Übertragung der Energie. Man spricht in solchem Fall von „enger Koppelung“, im entgegengesetzten von loser. Einen Fall sehr starker oder enger Koppelung zeigt Abb. 45 auf S. 52. Hebt man die Elfenbeinkugel links hoch und läßt sie gegen die nächste fallen, so fliegt die äußerste Kugel rechts fast augenblicklich hoch. Die Energieübertragung erfolgt in kürzester Zeit.

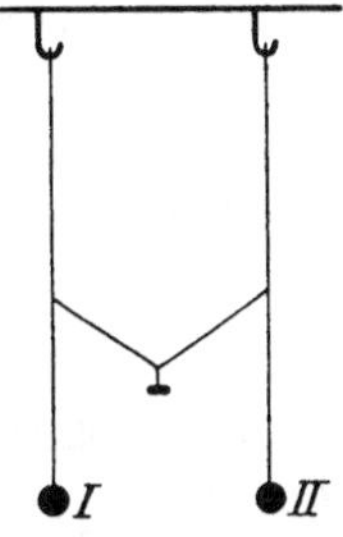

Abb. 86. Doppelpendel.

Bei den gewöhnlichen schwingenden Körpern erfolgt die Koppelung der einzelnen Teilchen durch die Molekularkräfte. Damit eine Molekel andere beeinflussen kann, die senkrecht zu ihrer Bewegungsrichtung liegen, ist das Vorhandensein von Anziehungskräften (Kohäsion) nötig. Solche Kräfte sind aber nur in festen Körpern in starkem Maße vorhanden. Damit wird der experimentelle Befund erklärt, daß transversale Wellen wesentlich nur in festen Körpern auftreten. Die Ursache für die an den freien Oberflächen von Flüssigkeiten auftretenden transversalen Wellen sind die durch die Schwere hervorgerufenen Druckdifferenzen (die kleineren Kapillarwellen werden durch Oberflächenspannungen verursacht.)

Die Mitbewegung von Teilchen, die in der eigenen Bewegungsrichtung liegen, ist immer möglich, da ja stets bei starker Annäherung Abstoßungskräfte auftreten. In Übereinstimmung damit zeigt das Experiment, daß longitudinale Wellen in allen Körpern (festen, flüssigen, gasförmigen) möglich sind.

Geschwindigkeit der Wellenausbreitung. Die Schnelligkeit der Wellenausbreitung wird um so größer sein, 1. je schwerer sich der Abstand zweier Molekeln verändern läßt (je stärker die Koppelung ist), 2. je weniger Molekeln auf 1 cm liegen (je weniger also zu bewegen sind), 3. je kleiner die Masse einer Molekel ist. Für große Geschwindigkeiten fordert 1. einen großen Elastizitätskoeffizienten, 2. und 3. geringe Dichte. In der Tat hat bereits Newton für die Geschwindigkeit longitudinaler Wellen die Formel gefunden

$$c = \sqrt{\frac{E}{d}},$$

wo d die Dichte, E bei festen Drähten der lineare, bei Flüssigkeiten und Gasen der kubische Elastizitätskoeffizient ist.

Die Geschwindigkeit der transversalen Wellen in straff ausgespannten Drähten hängt überhaupt so gut wie gar nicht von den elastischen Eigenschaften des Materials ab; sie beträgt

$$c = \sqrt{\frac{P}{q \cdot d}},$$

wo P die spannende Kraft, q der Querschnitt des Drahtes, d die Dichte ist.

Kreiswellen, Kugelwellen, ebene Wellen. Auf dem Wasser breiten sich die Wellen vom Erregungszentrum in Ringen aus (Kreiswellen); im dreidimensionalen Luftraum breitet sich der Schall nach allen Richtungen hin gleichmäßig aus, er bildet Kugelwellen. In allen Punkten einer um das Wellenzentrum gelegten Kugelfläche herrscht in jedem Zeitpunkt der gleiche Schwingungszustand. Jede solche Kugelfläche heißt „Wellenfläche“. Geschieht die Ausbreitung nicht nach allen Richtungen hin gleichförmig (in anisotropen Körpern, z. B. Kristallen), so kann die Wellenfläche kompliziertere Formen, z. B. die eines Ellipsoids haben. In solchem Fall stehen die vom Zentrum ausgehenden „Wellenstrahlen“ nicht mehr überall senkrecht auf der „Wellenfläche“ und sind von den „Wellennormalen“ verschieden.

Liegt das Erregungszentrum der Welle sehr weit entfernt und betrachtet man nur ein begrenztes Stück der Wellenfläche, so kann man dieses als eben ansehen. Man spricht dann von einer „ebenen Welle“.

Reflexion; Brechung. Trifft eine Wellenbewegung auf die Grenze zweier Medien, so tritt sie zum Teil in das erste Medium zurück, zum Teil geht sie (meist unter Änderung der Richtung) in das zweite Medium über. Den ersten Vorgang nennt man Reflexion, den zweiten Brechung oder Refraktion.

Versuche: Seilwellen werden am Seilende reflektiert. — Man erzeuge in einem Wasserkasten durch periodisches Eintauchen eines Stabes eine ebene Welle. Sie wird an der Wand reflektiert. — Eine Kreiswelle, durch einen fallenden Tropfen erzeugt, wird an der ebenen Wand so reflektiert, daß eine Kreiswelle entsteht, deren Zentrum ebenso weit hinter der Wand zu liegen scheint, wie das Zentrum der ursprünglichen Welle davor lag.

Bei der Reflexion macht es einen Unterschied aus, ob sie an der Grenze gegen ein festeres oder ein dünneres Medium erfolgt. Kommt z. B. eine Seilwelle gegen das freie Seilende (also an die Grenze gegen ein dünneres Medium), so erfolgt die Reflexion „in gleicher Phase", das heißt so, daß die reflektierte Welle die Fortsetzung der ankommenden, nur in umgekehrter Richtung ist; man kann auch sagen, sie ist das Spiegelbild der ankommenden (Abb. 87a; hier ist die ausgezogene Welle die ankommende, die punktierte entspricht der reflektierten, die sich vom freien Ende nach oben vorschiebt). Das Seilende bewegt sich stark, da sich hier beide Wellen addieren. Erfolgt die Reflexion der Seilwelle am festen Ende (also an der Grenze gegen das dichtere Medium), so ist die reflektierte Welle gegenüber dem vorigen Fall um eine halbe Wellenlänge verschoben; es tritt, wie man sagt, eine „Phasenverschiebung um $\frac{\lambda}{2}$" ein (Abb. 87b).

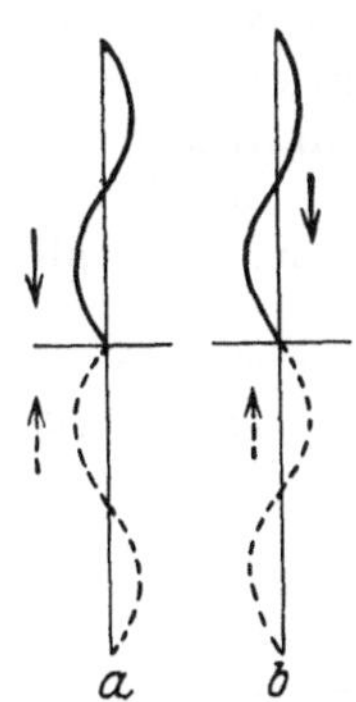

Abb. 87. Reflexion einer Welle an der Grenze a) gegen das dünnere, b) gegen das dichtere Medium.

Reflektierte und ankommende Welle vernichten sich am festen Ende; dieses bleibt in Ruhe.

Superposition von Wellen. Ist ein Teilchen zugleich zwei Sinusschwingungen in derselben Richtung unterworfen, so wird nach dem Satz von der Addition der Bewegungen sein Ausschlag in jedem Augenblick gleich sein der Summe aus den Ausschlägen, die es unter dem Einfluß jeder Bewegung allein angenommen hätte. Abb. 88 zeigt das graphische Bild einer solchen Bewegung. Auf der Abszissenachse sind die Zeiten, auf der Ordinatenachse die Ausschläge aufgetragen. Die gestrichelte Kurve gibt das Bild der ersten Sinusschwingung, die punktierte das der zweiten. Diese zweite besitzt die halbe Schwingungsdauer und die halbe Amplitude der ersten, außerdem beginnt ihre Schwingung um $\frac{1}{3}$ ihrer Periode früher als die erste. Das Bild der resultierenden Bewegung ergibt sich durch Addition der Or-

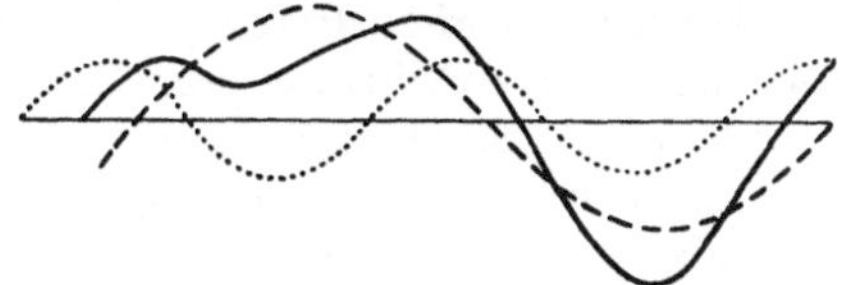
Abb. 88. Superposition von zwei Sinuswellen.

dinaten; es sieht recht kompliziert aus. Man nennt eine solche Zusammensetzung „Superposition“. Es läßt sich mathematisch zeigen, daß jede periodische Bewegung aufgefaßt werden kann als entstanden durch Superposition von Sinusschwingungen, deren Schwingungszeiten sich wie $1 : \frac{1}{2} : \frac{1}{3} : \frac{1}{4} : \frac{1}{5}$ usw. verhalten. Der mathematische Ausdruck, der die Gesamtschwingung als Summe solcher harmonischer Teilschwingungen darstellt, heißt eine „Fouriersche Reihe“, die Bestimmung der einzelnen Glieder der Reihe heißt „Schwingungsanalyse“ oder auch „Fourier-Analyse“.

Interferenz; stehende Wellen. Treffen zwei Wellenzüge zusammen, so werden die von beiden getroffenen Teilchen des Mediums Bewegungen vollführen, die sich aus der Superposition der durch die Einzelwellen bestimmten Bewegungen ergeben. Diesen Vorgang nennt man Interferenz der Wellen.

In Abb. 89 ist die Interferenz zweier entgegengesetzt gerichteter Wellen von gleicher Wellenlänge und Amplitude dargestellt, ein Fall, der besonders wichtig ist. Es ergibt sich dabei ein Bewegungszustand, den man als „stehende Welle“ bezeichnet. Gewisse, im Abstand $\frac{1}{2}\lambda$ voneinander befindliche Teilchen bleiben dauernd in Ruhe; in ihnen liegen die „Schwingungsknoten“. Charakteristisch ist ferner, daß sämtliche Teilchen zur gleichen Zeit (aber nicht in gleicher Richtung) durch ihre Ruhelage gehen. In der Mitte zwischen den Knoten liegen die Steller stärkster Bewegung, die „Schwingungsbäuche“.

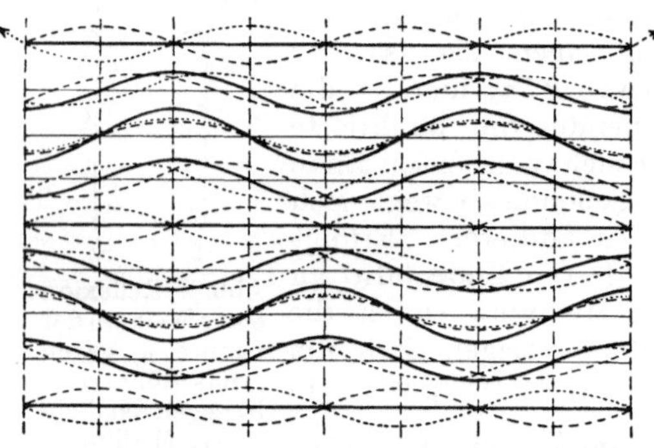

Abb. 89. Entstehung einer stehenden Welle (stark ausgezogen) durch Interferenz zweier gleicher, aber entgegengesetzt laufender Sinuswellen (gestrichelt).

Erzeugt man an einem Ende eines langen, ausgespannten Seils dauernd fortschreitende Wellen, die am andern, festen Ende reflektiert werden, so bilden sich stehende Wellen aus.

Huyghenssches Prinzip. Die genaue Verfolgung der molekularen Vorgänge zur Erklärung von Reflexion und Brechung ist ungeheuer kompliziert. Eines nur kann man ohne weiteres sagen: da die Bewegung von Molekel zu Molekel weiter gegeben wird, so wird es gleichgültig sein, ob die Bewegungsenergie schon einen langen Transport hinter sich hat, oder ob sie dem zur Zeit bewegten Teilchen etwa eben erst von außen zugeführt worden ist. Man kann die augenblicklich bewegten Teilchen geradezu als neue, „sekundäre“ Wellenzentren ansehen. Dieser Gedanke liegt dem Huyghensschen Prinzip zugrunde: Bei einer Welle kann man in jedem Augenblick alle von der Welle erreichten Punkte als Mittelpunkte neuer Elementarwellensysteme ansehen. Die wirkliche Wellenbewegung erfolgt genau ebenso, wie sie sich aus der Interferenz der von den sekundären Erregungszentren ausgehenden Elementarwellen ergibt.

Hat z. B. die Welle nach einiger Zeit eine bestimmte Kugelfläche erreicht (Abb. 90), so können wir jedes auf dieser Fläche liegende Teilchen als Zentrum einer Sekundärwelle ansehen. Die Wirkungen dieser Wellen heben sich zum allergrößten Teil durch Interferenz gegenseitig auf, so daß nur eine Wellenfläche übrig bleibt, die alle Elementarkugeln berührt. Nach innen zu tritt völlige Auslöschung durch Interferenz ein.

Abb. 90. Elementarwellen.

Erklärung von Reflexion und Brechung. Es falle ein durch die Randstrahlen 1 und 4 begrenztes ebenes Strahlenbündel auf die Grenzfläche der Medien I und II (Abb. 91). Die Geschwindigkeit der Welle in den beiden Medien sei v_1 bzw. v_2. (In der Abbildung ist $v_1 : v_2 = 4 : 3$.) Das Strahlenbündel wird an der Grenzfläche zum Teil in das Medium I reflektiert (in Abb. 91 nach rechts oben), zum Teil dringt es unter Richtungsänderung (Brechung) in das Medium II ein (nach rechts unten).

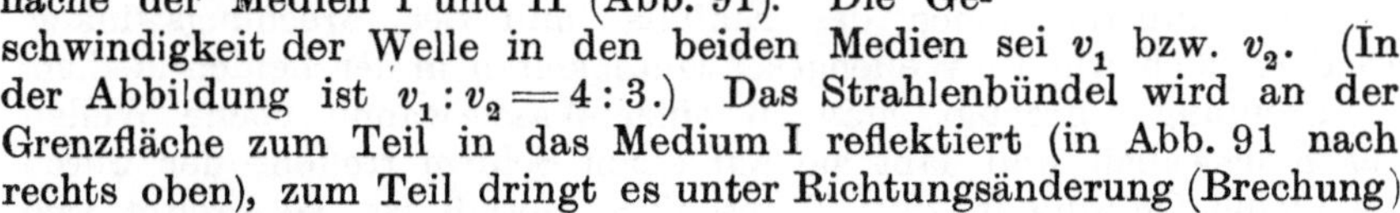

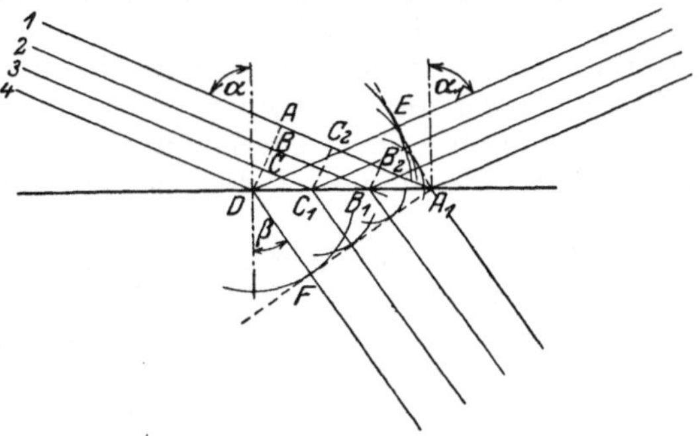

Abb. 91. Erklärung von Reflexion und Brechung nach Huyghens.

Das Lot auf der Grenzebene der Medien heißt Einfallslot; der Winkel α zwischen Einfallslot und einfallendem Strahlenbündel heißt Einfallswinkel; der Winkel α_1 zwischen Einfallslot und reflektiertem Strahl heißt Reflexionswinkel; der Winkel β zwischen Einfallslot und gebrochenem Strahl heißt Brechungswinkel. In den Punkten A, B, C, D herrschen gleiche Schwingungszustände. Wir betrachten D, C_1, B_1 als neue Wellenzentren. Während Strahl 1 von A nach A_1 geht, hat sich um D im Medium I eine Wellenfläche mit dem Radius $DE = AA_1$ entwickelt, im Medium II, in dem die Geschwindigkeit $v_2 < v_1$ ist, eine solche mit dem kleineren Radius $DF = \frac{v_2}{v_1} \cdot AA_1$ (in der Figur $\frac{3}{4} AA_1$). Ebenso herrschen gleiche Schwingungszustände in C_1 und C_2 bzw. in B_1 und B_2. Wenn Strahl 1 den Punkt A_1 erreicht hat, haben sich um C_1 und B_1 Wellenflächen entwickelt, die im Medium I die Radien $A_1 C_2$ bzw. $A_1 B_2$ haben; im Medium II sind die Radien $\frac{3}{4}$, allgemein $\frac{v_2}{v_1}$ mal so groß. Die Einhüllende aller Elementarwellenflächen ist die Wellenfläche der neu entstehenden Welle; es ist das in I die Gerade A_1E, in II die Gerade A_1F. Senkrecht dazu liegt der Wellenstrahl, der die Fortpflanzungsrichtung bezeichnet. Aus der Abbildung ergibt sich

$$\Delta ADA_1 \cong \Delta EDA_1,$$

daher

$$\sphericalangle ADA_1 = \sphericalangle EA_1D,$$

$\alpha = \alpha_1$: Der Einfallswinkel ist gleich dem Reflexionswinkel.

Ferner ist

$$\sin\alpha = \frac{AA_1}{DA_1}, \qquad \sin\beta = \frac{DF}{DA_1}.$$

$$\frac{\sin\alpha}{\sin\beta} = \frac{AA_1}{DF} = \frac{v_1}{v_2}.$$

Die Sinusfunktionen des Einfalls- und des Brechungswinkels verhalten sich wie die Wellengeschwindigkeiten in den beiden Medien.

Beugung. Erzeugt man in einer Wasserwanne ebene Wellen oder Kreiswellen und läßt sie auf einen Schirm treffen, der durch eine kleine Öffnung in zwei Halbschirme geteilt ist, so breitet sich auf der andern Seite des Schirmes eine Kreiswelle aus, deren Zentrum die Öffnung ist. Fehlt der eine Halbschirm, so dringt ein Teil der Wellenbewegung in den hinter dem andern Halbschirm liegenden Schattenraum ein. Diese Erscheinungen bezeichnet man als „Beugung der Wellen". Sie sind nach dem Huyghensschen Prinzip ohne weiteres verständlich.

Die Beugung der Schallwellen zeigt sich z. B. darin, daß man jemand durch eine offene Tür hindurch hören kann, ohne daß man ihn sehen kann, daß also der Schall gewissermaßen „um die Ecke" geht.

Akustik.

Schall. Bei jeder Reizung des Gehörnerven haben wir eine Schallempfindung. Im allgemeinen erfolgt diese Reizung durch einen Schall.

Klang und Geräusch. Ein Schall heißt ein musikalischer Klang oder ein Geräusch, je nachdem, ob wir ihm eine bestimmte Tonhöhe zuschreiben können oder nicht. An einem Klang unterscheiden wir Tonhöhe, Tonstärke und Klangfarbe. Unter Klangfarbe werden dabei alle die Unterschiede zusammengefaßt, die zwei Töne gleicher Höhe, auf verschiedenen Instrumenten gespielt, außer der Tonstärke aufweisen.

Entstehung des Klanges. Ein musikalischer Klang von bestimmter Stärke und Höhe entsteht durch periodische Schwingungsbewegungen, z. B. einer Stimmgabel, einer Saite. Die dadurch erzeugten periodischen Bewegungen der Luft erregen, wenn sie ins Ohr gelangen, die Klangempfindung.

Tonhöhe. Sirene. Die Tonhöhe hängt nur von der Schwingungszahl des Tones ab. Man untersucht die Abhängigkeit am einfachsten mit einer Sirene. Die Lochsirene ist eine um eine Achse drehbare Scheibe, die eine größere Zahl Löcher, auf einem Kreise gleichmäßig angeordnet, enthält. Die Scheibe wird gedreht, ein Luftstrom gegen die Löcher geblasen. Beim Vorbeigleiten jedes Loches vor dem Luftstrom wird ein neuer Luftstoß erzeugt. Je nach der Drehgeschwindigkeit erhält man mehr oder weniger Luftschwingungen in der Sekunde und, wie der Versuch zeigt, einen mehr oder weniger hohen Ton.

Sirene von Cagniard de la Tour. Bei dieser wird die Lochscheibe nach Art einer Turbine durch den Luftstrom selbst gedreht. An einem Zählwerk kann man die Zahl der Umdrehungen ablesen. Das Produkt aus der Zahl der Umdrehungen und der Lochzahl gibt die Zahl der Luftschwingungen. Diese Sirene ist also für quantitative Messungen geeignet.

Musikalische Intervalle. Die Größe eines musikalischen Intervalls hängt, wie die Versuche lehren, nur ab von dem Verhältnis der Schwingungszahlen der beiden Töne, die das Intervall bilden. Es entsprechen den Intervallen der

	Oktave	Quinte	Quarte	gr. Terz	kl. Terz	gr. Sexte	kl. Sexte
die Schwingungszahlverhältnisse	1 : 2	2 : 3	3 : 4	4 : 5	5 : 6	3 : 5	5 : 8

Man zeigt das am einfachsten durch eine Lochsirene mit mehreren Lochreihen, deren Lochzahlen in den angegebenen Verhältnissen stehen.

Kammerton. Wenn man die Schwingungszahl eines Tones kennt, kann man daraus unter Benutzung der Intervallverhältnisse die aller andern Töne errechnen. Als Normale ist festgesetzt der sogenannte Kammerton, das eingestrichene $\bar{a}$, mit 435 Schwingungen pro Sekunde.

Umfang der Tonreihe. Für das Ohr wahrnehmbar sind Töne von etwa 12 bis 30000 Schwingungen. Übrigens ist die Empfindlichkeit des Ohrs individuell verschieden; allgemein nimmt die Empfindlichkeit für hohe Töne mit dem Alter ab.

Tonleiter. Man zerlegt das Intervall einer Oktave in 7 Schritte. Die untergesetzten (nicht eingeklammerten) Zahlen geben das Verhältnis der Schwingungszahlen an.

C	*Cis*	*D*	*Dis*	*E*	*F*	*Fis*	*G*	*Gis*	*A*	*B*	*H*	*C'*
24		27		30	32		36		40		45	48
(24)		(26,94)		(30,24)	(32,04)		(35,96)		(40,36)		(45,31)	(48)

Zur Verkleinerung der Tonabstände schaltet man Zwischentöne ein, und zwar dadurch, daß man entweder einen Ton im Verhältnis $\frac{25}{24}$ erhöht (bezeichnet mit *cis*, *dis* usw.) oder im Verhältnis mit $\frac{24}{25}$ erniedrigt (bezeichnet mit *ces*, *des* usw.).

Temperierte Stimmung. Bei Instrumenten mit festen Tönen (Klavier, Orgel) schaltet man zwischen *c* und *d* nicht zwei Töne *cis* und *des*, sondern nur einen ein, entsprechend zwischen *d* und *e*, *f* und *g*, *g* und *a*, *a* und *h*. Dadurch zerfällt die ganze Oktave in 12 Schritte. Man macht nun alle diese Schritte gleich groß, so daß das Schwingungsverhältnis zum Grundton wird $x:1$, $x^2:1$, $x^3:1$, schließlich $x^{12} : 1 = 2$. Hieraus folgt $x = \sqrt[12]{2} = 1{,}0595$. In der Tontabelle oben sind in Klammern die Schwingungsverhältnisse für diese „gleichmäßig temperierte Stimmung“ angegeben. Man sieht, daß auf dem Klavier nur die Oktave ganz, die Quinte und Quarte sehr rein ist, die Terz z. B. ist ziemlich unrein.

Tonquellen. Die hauptsächlichsten Tonquellen sind Saiten und Stäbe, Gabeln, Platten (Felle), Pfeifen.

1. Saiten. Die Fortpflanzungsgeschwindigkeit der Welle in der Saite ist durch die Formel S. 82 gegeben. Da $n = \frac{c}{\lambda}$, so ist zur Berechnung von n noch die Kenntnis von λ nötig. Auf der Saite bilden sich infolge Reflexion an beiden festen Enden stehende Wellen aus. Die Enden selbst sind fest; in ihnen müssen Knoten liegen. Die Saite kann als Ganzes schwingen oder in 2, 3, 4 usw. Teilen (Abb. 92). Bezeichnet l die Länge der Saite, so ist in den einzelnen Fällen die Wellenlänge $\lambda = 2\,l$, $\frac{1}{2} \cdot 2\,l$, $\frac{1}{3} \cdot 2\,l$ usw; dementsprechend wird

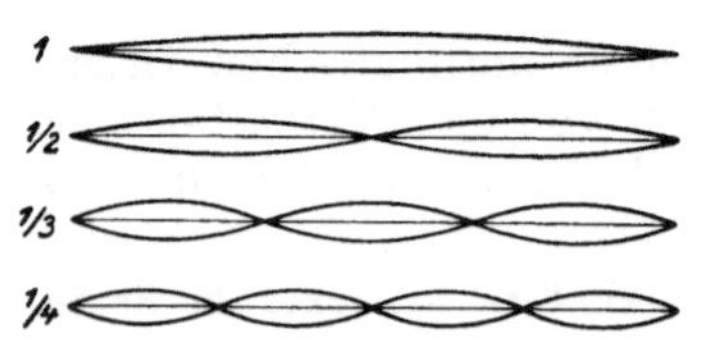

Abb. 92. Schwingungen einer Saite.

$$n = \frac{c}{2\,l}, \quad 2 \cdot \frac{c}{2\,l}, \quad 3 \cdot \frac{c}{2\,l} \quad \text{usw.}$$

Die Saite kann also neben dem „Grundton“ noch „Obertöne“ geben, deren Schwingungszahlen ganzzahlige Vielfache von der des Grundtons sind. Man nennt solche Obertöne harmonisch. Im allgemeinen werden beim Anschlagen oder Anstreichen der Saite alle möglichen Obertöne mitklingen, nur in verschiedener Stärke. — Durch Verkürzen der Saite (Geige, Laute) wird der Ton höher.

In Stäben bilden sich Longitudinalwellen aus (vgl. S. 82).

2. Stimmgabeln. Sie bilden meist in der Mitte der Krümmung einen Schwingungsbauch. Ein dort angebrachter Fuß schwingt daher stark mit. Setzt man die Gabel mit dem Fuß auf einen Tisch, so wird auch dieser in periodische Erschütterungen versetzt und macht dadurch den Ton deutlicher hörbar. Die Schwingungsknoten liegen auf den Zinken in der Nähe der Stelle, wo der gebogene Teil ansetzt.

3. Platten. Die Verteilung der Knotenstellen bei Platten und Fellen (Trommel) erkennt man durch Aufstreuen von feinem Sand und nachheriges Anstreichen der Platte mit einem Bogen. Der Sand wird von den bewegten Stellen weggeschleudert und sammelt sich an den Knotenlinien (Chladnische Klangfiguren).

Glocken kann man als gekrümmte Platten ansehen. Ihre Obertöne sind nicht sämtlich harmonisch; das Stärkeverhältnis der Obertöne hängt oft wesentlich von der Stelle des Anschlags ab.

4. Pfeifen. Die in der Pfeife befindliche Luft gerät durch Anblasen in stehende Schwingungen. Bei der gedackten (oben geschlossenen) Pfeife entstehen an beiden Pfeifenenden Knoten (hier

kann sich die Luft nicht bewegen, da sonst ein Vakuum entstehen müßte); die Schwingungszahlen ergeben sich wie bei der Saite. Die Reihe der Obertöne ist harmonisch.

Bei der offenen Pfeife wird am oberen (offenen) Ende wegen der Verbindung mit der Atmosphäre ein Schwingungsbauch entstehen. Die Pfeifenlänge entspricht dann $\frac{1}{4}\lambda$, $\frac{3}{4}\lambda$, $\frac{5}{4}\lambda$ usw. (vgl. Abb. 93). Es ist also

$$\lambda = 4\,l, \qquad \tfrac{1}{3}\,4\,l, \qquad \tfrac{1}{5}\,4\,l$$

und

$$n = \frac{c}{4\,l}, \qquad 3\cdot\frac{c}{4\,l}, \qquad 5\cdot\frac{c}{4\,l} \text{ usw.}$$

Die Reihe der harmonischen Obertöne ist nicht vollständig.

Die entwickelte elementare Theorie der Pfeife ist korrekturbedürftig. Helmholtz hat bereits nachgewiesen und theoretisch begründet, daß bei der offenen Pfeife der Bauch nicht genau am offenen Ende liegt, sondern etwas weiter außen. Es kommt hinzu, daß die Wandung der Pfeife eine Rolle spielt; z. B. tönt eine Pfeife mit Filzwänden, die mit Seidenpapier ausgelegt sind, überhaupt nicht. Eine genauere Theorie muß daher die elastischen Eigenschaften der Wand mit berücksichtigen. Man kann mit Deformationswellen rechnen, die sich längs der Grenze zwischen Luft und Wandung ausbreiten, und die durch ihr Zusammenfließen an der Öffnung eine Reflexion und damit stehende Wellen möglich machen.

Abb. 93. Offene Lippenpfeife.

Je nach der Art des Anblasens unterscheidet man Lippen- und Zungenpfeifen. Bei den Lippenpfeifen (Abb. 93) tritt die Luft aus der Luftkammer A durch den Spalt S, dem die „Lippe" L gegenübersteht. Der aus S austretende Luftstrom gerät, wie jeder aus einer engen Öffnung tretende Luftstrom, von selbst in rhythmische Schwingungen, trifft auf die Lippe und erzeugt innerhalb des Pfeifenrohrs stehende Längswellen der eingeschlossenen Luft. Die Periode der stehenden Welle wirkt auf die des austretenden Luftstroms zurück, jedoch gehört zu jedem Pfeifenrohr eine günstigste Stellung von Spalt und Lippe und eine günstigste Anblasegeschwindigkeit.

Bei den Zungenpfeifen kann die Luft aus der Luftkammer nur durch einen Schlitz entweichen, über dem eine elastische, schwach nach innen gebogene Zunge angebracht ist. Ist die Geschwindigkeit der ausströmenden Luft groß genug geworden, so reißt sie die Zunge mit und verschließt dadurch die Öffnung. Sobald nunmehr die Luft zur Ruhe gekommen ist, hebt sich die elastische Zunge wieder, und das Spiel beginnt von neuem. Es treten so periodische Luftstöße aus dem Schlitz aus. Der erzeugte Ton wird durch das Pfeifenrohr verstärkt. Zunge und Pfeife müssen in diesem Fall aufeinander abgestimmt sein.

Eine besondere Art von Zungenpfeifen ist in Abb. 94 schematisch angedeutet. Man nennt sie Gegenschlagpfeifen. Hierbei wird die periodische Unterbrechung des Luftstroms durch seitlich auseinander weichende Puffer bewirkt.

Die Flöte ist eine offene Lippenpfeife, deren wirksame Länge man durch Öffnen und Schließen der Seitenöffnungen verändern kann. Die Trompete ist eine Gegenschlag-Zungenpfeife, bei der die vibrierenden Lippen des Bläsers die Gegenschlagpolster bilden, und bei der durch Ein- und Ausschalten einzelner Rohrwindungen die Länge geändert werden kann. Waldhorn und Fanfare sind Gegenschlagpfeifen unveränderlicher Länge; die Luftsäule im Rohr kann daher nur als Grundton und als harmonischer Oberton schwingen. Um trotzdem eine nahezu kontinuierliche Tonfolge zu haben, benutzt man diese Instrumente meist nur im Bereich hoher Obertöne.

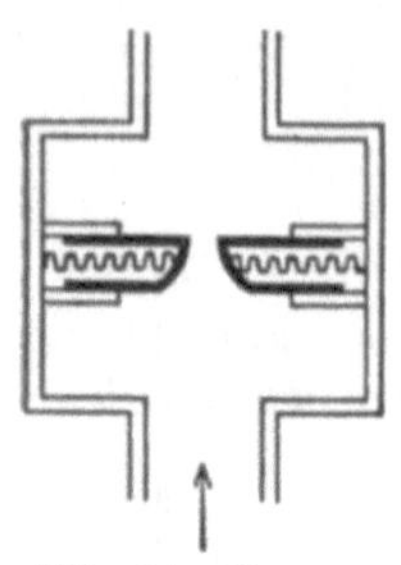

Abb. 94. Gegenschlagpfeife.

Resonanz. Stellt man eine Stimmgabel mit dem Fuß auf den Tisch, so wird der Ton stärker; der Tisch wird zum Mittönen angeregt. Man nennt diese Erscheinung Resonanz. Die Resonanzkästen und -böden des Klaviers, der Geige usw. verstärken den Ton durch Resonanz. Der Bereich der Tonhöhen, durch die ein Körper zur Resonanz gebracht wird, ist je nach den elastischen Eigenschaften des Körpers verschieden groß. Ein Tisch oder ein Resonanzkasten wird durch jede Stimmgabel zum Mittönen erregt.

Eine tönende Stimmgabel dagegen bringt nur eine genau gleich gestimmte, in der Nähe befindliche zum Mittönen. Sind die Gabeln gegeneinander verstimmt, so erfolgt das Mittönen nicht. Diese Art des Mittönens bezeichnet man auch als „auswählende Resonanz“. Sie tritt z. B. auch ein, wenn man bei aufgehobener Dämpfung einen Ton in den Klavierkasten hineinsingt; die entsprechende Saite klingt mit.

Auswählende Resonanz zeigen schwingungsfähige Gebilde mit stark ausgeprägtem Eigenton und geringer Dämpfung (Stimmgabel, Saite, Luftsäule im Pfeifenrohr). Man muß sorgfältig darauf achten, daß der Resonanzboden von Musikinstrumenten keinen im Bereich der benutzten Töne liegenden ausgeprägten Eigenton besitzt, da dieser sonst stärker tönt als andre Töne.

Die Erscheinung der auswählenden Resonanz kann man sich an folgendem klarmachen. Stößt man ein Pendel bei jeder Schwingung gleichmäßig ein wenig an, so summieren sich die Einzelstöße zu einer starken Wirkung; das gleiche ist der Fall, wenn man einen Baum in seinem Eigenryhthmus schüttelt usw. Eine über eine Brücke marschierende Abteilung kann, wenn ihr Marschtritt denselben Rhythmus hat wie die Eigenschwingung der Brücke, diese so stark zum Schwingen bringen, daß die Festigkeit gefährdet wird (gefährliche Schwingungen).

Klangfarbe; Klanganalyse. Die Klangfarbe eines Tons ist bedingt durch die in ihm enthaltenen Obertöne. Unter Klanganalyse versteht man die Bestimmung dieser Obertöne und ihrer Stärke. Helmholtz verwandte dazu besondere „Resonatoren“, kugelähnliche

Hohlräume, die für einen bestimmten Ton auswählende Resonanz zeigen. Zuweilen läßt man den Ton auf eine Membran treffen, deren Eigenton von den in Betracht kommenden Tönen sehr verschieden ist; die Membran bewegt ein Spiegelchen, das einen Lichtstrahl reflektiert. Die Bewegung dieses Lichtstrahls wird auf einer vorübergezogenen photographischen Platte aufgenommen. Die mathematische Untersuchung der so gewonnenen Kurve (Fourier-Analyse, S. 84) gestattet Rückschlüsse auf die Obertöne des Klanges.

Interferenz des Schalles. 1. Kundtsche Röhre. Daß bei Schallwellen überhaupt Interferenz auftritt, erkennt man an der Bildung stehender Wellen (Saiten, Pfeifen). Man kann diese in folgender Art zur Messung der Wellenlänge benutzen. In einer Röhre, die (Abb. 95) auf einer Seite verschlossen ist, befindet sich

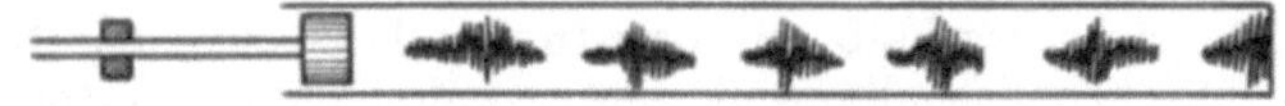

Abb. 95. Kundtsche Staubfiguren.

feines Korkpulver. Von der andern Seite her ragt ein in der Mitte eingeklemmter Stab hinein, der am Ende einen Kork trägt und der durch Reiben zum Tönen gebracht wird. Die Luftwellen werden am geschlossenen Ende reflektiert und bilden stehende Wellen. Das Korkpulver wird von den Schwingungsbäuchen weggeschleudert und sammelt sich an den Knotenstellen, die dadurch erkennbar werden. Der Abstand zweier benachbarter Knoten ist $\frac{1}{2}\lambda$. Der Versuch ist zuerst von Kundt angegeben (1866).

2. Quinckesche Röhre. Auch sie dient zur Messung der Wellenlänge. Man läßt einen Ton zwei Wege in der durch Abb. 96 angedeuteten Art gehen. Der eine Weg (über C) hat eine feste Länge, der andere (D) ist durch Herausziehen des Rohrs veränderlich. Unterscheiden sich beide Wege gerade um $\frac{1}{2}\lambda$, so vernichten sich die in B ankommenden Wellen durch Interferenz, was mit dem Ohr festzustellen ist. Bei weiterem Herausziehen des Rohrs tritt beim Wegunterschied λ ein Maximum der Tonstärke auf usw.

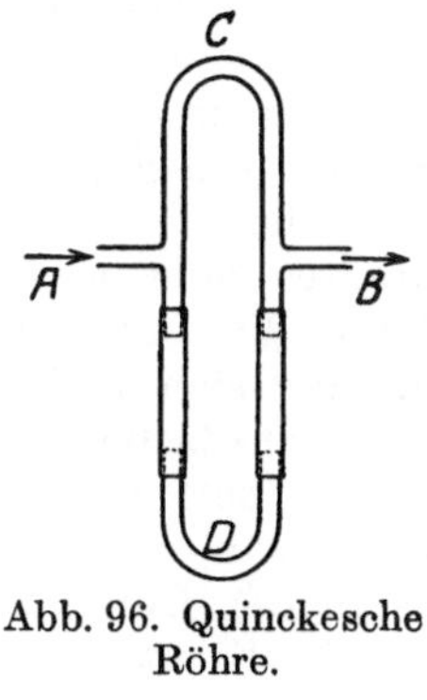

Abb. 96. Quinckesche Röhre.

Schwebungen. Sind zwei Stimmgabeln oder zwei Saiten ein wenig gegeneinander verstimmt, und werden beide zugleich angeschlagen, so hört man ein periodisches Anschwellen und Abnehmen der Tonstärke, das um so langsamer erfolgt, je weniger die Gabeln verstimmt sind. Man nennt die Erscheinung Schwebungen. Wir können sie uns folgendermaßen erklären (Abb. 97): Von der ersten Tonquelle mögen in einer bestimmten (kleinen) Zeit n Luftschwingungen (in der Abb. 7), von der andern $n-1$ (6) erzeugt werden.

Abb. 97. Schwebungen.

Beim Fortschreiten der Welle superponieren sich beide, und es entsteht das gezeichnete Wellenbild. Man erkennt, daß je nach der Hälfte der Zeit ein Maximum mit einem Minimum wechselt, die nun ebenfalls in der Wellenrichtung fortschreiten und dem Ohr als Anschwellen und Abnehmen der Tonstärke wahrnehmbar sind. In der dreifachen Zeit etwa macht die erste Tonquelle 21, die zweite 18 Schwingungen, die Zahl der Schwebungen ist drei. Allgemein gilt: Sind die Schwingungszahlen der beiden Töne m und n pro Sekunde, so erhält man in der Sekunde $m - n$ Schwebungen. Die Beobachtung der Schwebungen wird benutzt, um zwei Saiteninstrumente aufeinander abzustimmen.

Dissonanz. Folgen die Schwebungen so rasch aufeinander, daß man sie nicht mehr getrennt wahrnehmen kann, so empfinden wir bei lauten Tönen ein fast schmerzhaftes Unbehagen. Diese Tatsache erklärt z. B. auch, weshalb wir das Intervall *c* — *cis'* als Dissonanz empfinden, nämlich deshalb, weil mit *c* zugleich der Oberton *c'* mitschwingt, der mit *cis'* rasche Schwebungen gibt.

Differenzton. Wird die Zahl der Schwebungen noch größer, so schmelzen sie zu einer Tonempfindung zusammen. Dieser Ton wird Differenzton oder Tartinischer Ton genannt (Tartini, italienischer Geigenvirtuose, 1714).

Ausbreitung des Schalles. Die Ausbreitung des Schalles ist an das Vorhandensein materieller Körper gebunden. Eine Glocke, die im Vakuum isoliert aufgestellt ist, wird außerhalb der Rezipienten fast nicht gehört (S. 68). Gewöhnlich erfolgt die Schallausbreitung durch die Luft. Da hierbei die Energie nach allen Seiten zerstreut wird, nimmt die Intensität mit dem Quadrat der Entfernung ab. Bei der Fortpflanzung in Schallrohren (Sprachrohr) ist die Verminderung der Intensität geringer, weil keine allseitige Ausbreitung möglich ist. Aus demselben Grunde erfolgt die Ausbreitung längs eines ausgespannten Drahtes oder Fadens (Fadentelephon) auf weitere Entfernungen als durch die Luft. Hierbei treten wahrscheinlich Deformationswellen auf, die sich von Kugelwellen wesentlich unterscheiden, und die an die Grenzfläche zwischen Luft und festem Körper gebunden sind. Ebenso hört man das Ticken einer auf dem Tisch liegenden Uhr, wenn man das Ohr an den Tisch legt, auf größere Entfernungen als in der freien Luft.

In Körpern geringer Elastizität wird die Schallenergie schnell aufgezehrt; sie dienen daher als Schalldämpfer (Federbetten, Polster, Teppiche).

Geschwindigkeit des Schalles. 1. In der Luft. Man erzeugt an einem Ort zugleich einen Schall und ein Lichtsignal (Kanonenschuß); an einem entfernten Ort beobachtet man die Ankunft beider Signale. Da die Lichtgeschwindigkeit ungeheuer groß ist, kann man aus der Zeitdifferenz und der Entfernung der Orte die Schallgeschwindigkeit berechnen. Sie wächst mit der Temperatur und beträgt bei 0^0 C 331,5 m/sec, bei 20^0 C rund 340 m/sec, bei 1000^0 C z. B. 700 m/sec.

Hierzu ist zweierlei zu bemerken: 1. Eine sehr starke Lufterschütterung (Knall) pflanzt sich mit Überschallgeschwindigkeit fort. Bei Versuchen mit Sprengladungen hat man festgestellt, daß in der Nähe des Explosionsherdes die Schallgeschwindigkeit bei normaler Lufttemperatur 1000 m/sec und mehr beträgt. 2. Durchfliegt ein Geschoß mit Überschallgeschwindigkeit die Luft, so erzeugt es in jedem neu erreichten Punkt eine Lufterschütterung. Es bildet sich eine „Kopfwelle" (entsprechend der Bugwelle eines fahrenden Dampfers), deren Spitze unmittelbar vor dem Geschoß herläuft. Ein seitlich zur Schußrichtung stehender Beobachter hört also erstens die Kopfwelle, zweitens den Mündungs- oder Abschußknall, drittens die Detonation des aufschlagenden Geschosses.

2. In andern Gasen. Man erzeugt in einer Kundtschen Röhre die Staubfiguren durch einen Ton bestimmter Schwingungszahl erst, wenn die Röhre mit Luft dann, wenn sie mit dem andern Gas gefüllt ist. Sind die in Luft und Gas gemessenen Wellenlängen λ_1 und λ_2, sind ferner die entsprechenden Schallgeschwindigkeiten c_1 und c_2, so ist

$$n = \frac{c_1}{\lambda_1} = \frac{c_2}{\lambda_2}; \qquad c_2 = c_1 \cdot \frac{\lambda_2}{\lambda_1}.$$

3. In Wasser. Nach Versuchen von Calladon und Sturm (1827) am Genfer See mit Unterwasserglocken beträgt die Schallgeschwindigkeit 1435 m/sec, nach neueren Versuchen im Seewasser bei 14,5° $v = 1503{,}5$ m/sec. Unterwassersignale werden in der Schiffahrt viel verwendet (Hafeneinfahrt bei Nebel).

4. In festen Körpern. Benutzt man beim Versuch mit der Kundtschen Röhre als Tonquelle einen in der Mitte eingeklemmten Stab, den man durch Reiben in longitudinale Schwingungen versetzt, so schwingt dieser so, daß an beiden Enden Bäuche entstehen; die Wellenlänge λ_2 ist mithin gleich der doppelten Stablänge. Die Wellenlänge λ_1 in Luft wird gemessen; die Schwingungszahl n ist für beide Medien gleich; daher

$$c_2 = c_1 \cdot \frac{\lambda_2}{\lambda_1}.$$

Die Schallgeschwindigkeit beträgt z. B. bei Zimmertemperatur in Blei 1250 m/sec, Stahl 4900 m/sec, Glas 5000—6000 m/sec.

Reflexion des Schalles, Echo, Luftecho. Reflexion ist überall da vorhanden, wo stehende Wellen entstehen (Kundtsche Röhre, Saiten.) Eine Reflexionserscheinung ist ferner das Echo. Hierbei wird der reflektierte Ton nur dann vom ursprünglichen getrennt wahrgenommen, wenn die reflektierende Wand genügend weit entfernt ist. Wir können in der Sekunde etwa 10 Schallwahrnehmungen getrennt auffassen. Der Weg des Schalles bis zur Wand und wieder zurück muß also mindestens $\frac{340}{10} = 34$ m, die Entfernung der Wand mithin 17 m betragen. Für zwei- oder mehrsilbige Echos ist eine entsprechend größere Entfernung nötig. Bei geringerer Entfernung als 17 m schließt sich der reflektierte Ton unmittelbar an den ursprünglichen an (Nachhall). — Große Hohlspiegel sammeln den Schall ähnlich wie das Licht (Flüstergewölbe).

Ein Schall kann auch an Grenzflächen (Gleitflächen) zwischen Luftschichten verschiedener Dichte (akustischen Wolken) reflektiert werden (Luftecho). Bei großen Explosionen hat man oft mehrere Luftechos gehört. Auf Luftechos ist vielleicht auch die Tatsache zurückzuführen, daß Explosionen (Kanonendonner) in sehr großen Entfernungen hörbar sind, in mittleren Entfernungen aber nicht. Z. B. folgte bei der großen Explosion von Oppau (1922) auf das Gebiet normaler Hörbarkeit (100 km Radius) die „Zone des Schweigens". Daran schloß sich ein Gebiet anormaler Hörbarkeit, das sichelförmige Gestalt hatte bei 200 km innerem Radius und 130 km Breite, und dessen Lage, Gestalt und Ausdehnung aus den meteorologischen Verhältnissen erklärbar war.

Brechung und Beugung des Schalles. Schalldruck. Nicht nur in bezug auf Reflexion, sondern auch in vielen anderen Hinsichten verhalten sich Schallwellen ebenso wie Lichtwellen.

Beim Übergang des Schalls von einem Medium ins andre findet eine Änderung der Richtung statt, der Strahl wird gebrochen. Es ist gelungen, große, mit Kohlensäure gefüllte Hohllinsen aus dünner Gummimembran herzustellen, durch die Schallstrahlen in ähnlicher Weise vereinigt werden können wie Lichtstrahlen durch Glaslinsen.

Daß der Schall „um die Ecke" geht, also gebeugt wird, ist eine allbekannte Erscheinung (vgl. S. 86).

Eine stehende Schallwelle übt, wie Lord Rayleigh zuerst theoretisch gezeigt hat, auf eine vollkommen reflektierende Wand einen Druck aus, der der mittleren Energiedichte der Welle proportional ist. Der Schalldruck ist mit Hilfe einer empfindlichen Wage gemessen worden (Altberg, Zernov u. a.).

Dopplersches Prinzip. Wenn eine pfeifende Lokomotive oder ein klingelnder Radfahrer an uns vorüberfahren, so hören wir im Augenblick des Vorbeifahrens plötzlich eine Erniedrigung des Tons. Ganz allgemein lehrt die Erfahrung: Wird der Abstand zwischen dem Ohr und einer Tonquelle kleiner, so klingt der Ton höher, wird der Abstand größer, so klingt er tiefer als bei unveränderlicher Entfernung. Das läßt sich leicht verstehen.

1. Bewegte Tonquelle. Die Tonquelle (Abb. 98a) erzeuge in einer Sekunde n Schwingungen. Ist ihre Geschwindigkeit v, so nähert sie sich während dieser Sekunde dem (ruhend gedachten) Ohr O um das Stück $AB = v$. Die erste Welle wird von A 1 sec früher abgesandt als die n^{te} von B. Diese n^{te} wird aber, um nach O zu kommen, weniger Zeit brauchen als die erste, und zwar so viel weniger, wie der Schall zum Durchmessen der Strecke $AB = v$ gebraucht, das heißt um $\frac{v}{c}$ sec (c = Schallgeschwindigkeit). Die Zeit, während der die n

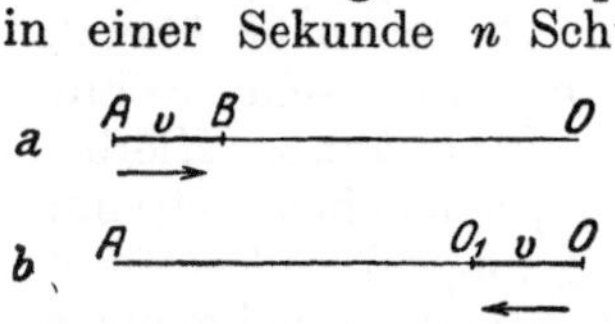

Abb. 98. Zum Dopplerschen Prinzip.

Schwingungen das Ohr erreichen, beträgt also nicht 1 sec, sondern nur

$$1-\frac{v}{c}=\frac{c-v}{c}\text{ sec}.$$

In $\frac{c-v}{c}$ sec kommen n Schwingungen zum Ohr, in 1 sec also

$$n'=n\cdot\frac{c}{c-v}.$$

$n'>n$, der Ton erscheint höher als bei ruhender Quelle.
Entfernt sich die Quelle mit der Geschwindigkeit v, so erhält man entsprechend

$$n''=n\cdot\frac{c}{c+v}.$$

2. Ruhende Tonquelle. Die Tonquelle A ruhe, das Ohr nähere sich ihr mit der Geschwindigkeit v. Es legt in 1 sec die Strecke $OO_1=v$ (Abb. 98b) zurück und empfängt dabei 1. alle Schwingungen, die während 1 sec den Punkt O_1 passieren, das sind n, 2. alle die Schwingungen, die sich zu Beginn der Sekunde zwischen O und O_1 befanden, das sind, da jede Welle die Länge λ hat,

$$\frac{v}{\lambda}=v\cdot\frac{n}{c},$$

im ganzen erhält es also in 1 sec

$$n_1'=n+v\frac{n}{c},\qquad n_1'=n\cdot\frac{c+v}{c}.$$

Entsprechend erhält man bei Entfernung des Ohrs

$$n_1''=n\cdot\frac{c-v}{c}.$$

Für Werte v, die klein sind gegen c, sind n' und n_1' nahezu gleich. (Man vgl. Anhang III Nr. 6.) Entfernt sich dagegen die Schallquelle vom ruhenden Ohr mit der Geschwindigkeit $v=c$, so erhält man

$$n''=\frac{n}{2}$$

(tiefere Oktave), dagegen wäre $n_1''=0$; in der Tat, entfernt sich das Ohr mit Schallgeschwindigkeit, so hört man nichts, da der Schall das Ohr nicht einholt, ruhende Luft vorausgesetzt.

Das menschliche Sprachorgan. Der Ton wird im Kehlkopf erzeugt, und zwar durch Schwingungen der beiden gegenüberstehenden Stimmbänder. Der zum Anblasen nötige Luftstrom wird von der Lunge durch die Luftröhre (Trachea) gepreßt. Bei ruhigem Atmen sind die Stimmbänder schlaff und lassen einen Zwischenraum zum Durchgang der Luft. Beim Sprechen und Singen werden sie gespannt und geraten durch den austretenden Luftstrom in Schwingungen, deren Zahl durch verschieden starkes Spannen innerhalb enger Grenzen geändert werden kann. Sie bewegen sich beim sogenannten Brustton wie die Puffer einer Gegenschlagpfeife. Mund- und Nasenraum wirken als Resonanzräume, denen man verschiedene Formen und Stellungen geben kann. An der Bildung der einzelnen Laute sind Zunge, Lippen und Zähne beteiligt.

Das Gehörorgan. Die Ohrmuschel fängt den Schall auf und leitet ihn durch den Gehörgang zum Trommelfell, einem dünnen Häutchen, das den Gehörgang abschließt. Seine Bewegungen werden durch die drei Gehörknöchelchen (Hammer, Amboß, Steigbügel) auf eine andere dünne Haut, das ovale Fenster, übertragen, das zum inneren Ohr führt. Das innere Ohr besteht aus Vorhof, Bogengängen und Schnecke und ist mit einer Flüssigkeit (Gehörwasser) angefüllt. Das ganze innere Ohr ist in einem äußerst festen Knochen (Felsenbein) eingebettet. Die Schnecke wird durch eine teils knöcherne, teils häutige Scheidewand in zwei Teile geteilt. Diese Scheidewand ist das eigentlich tonempfindende Organ. Auf ihr befinden sich eine große Menge (bis zu 5000) äußerst feine Härchen von verschiedener Dicke und Länge (das Cortische Organ). Diese Härchen sprechen durch Resonanz auf die Schwingungen an, die im Gehörwasser vom ovalen Fenster her erregt werden, und übertragen die Erregung auf die an ihrer Basis mündenden Nervenenden des Gehörnerven. — Die in drei zueinander senkrechten Ebenen liegenden Bogengänge sind vermutlich der Sitz des Gleichgewichtsorgans. Die Eustachische Röhre stellt eine Verbindung zwischen Mundhöhle und Mittelohr her.

Phonograph und Grammophon. Durch einen Schalltrichter werden die vom Tonerreger ausgehenden Schwingungen auf eine dünne Membran geleitet, die dadurch schwingt. Auf der Membran befindet sich ein Stahlstift, der gegen eine sich drehende Wachswalze drückt und dadurch in diese eine Furche gräbt, die je nach der Stärke der Schwingung flacher oder tiefer ist. Führt man später die Walze wieder an dem Stift vorbei, so wird dadurch die Membran und auch die Luft in Schwingungen versetzt; der vorher aufgenommene Ton wird dadurch reproduziert.

Der Phonograph ist von Edison erfunden. Bei dem heute allein benutzten Grammophon geschieht die Aufnahme nicht mit Walzen, sondern mit Platten aus Wachs. Von ihnen werden auf elektrolytischem Wege Matrizen gewonnen, mit deren Hilfe dann die bekannten harten Grammophonplatten hergestellt werden. Das Grammophon hat außer für die Unterhaltung großen Wert für die wissenschaftliche Fixierung von Sprachen und Dialekten (Sammlung „Stimmen der Völker“ von Doegen in der Berliner Staatsbibliothek).

Zweiter Hauptteil.

Lehre von der Wärme und anderen Molekularwirkungen.

Ausdehnung der Körper durch die Wärme.

Temperatur. Je nach der Stärke der Wärmeempfindung, die ein Körper in uns hervorruft, schreiben wir ihm einen verschiedenen Wärmegrad (Temperatur) zu. Die Messung nach dem bloßen Gefühl ist jedoch unzuverlässig; dasselbe lauwarme Wasser erscheint der Hand kalt, wenn sie vorher in warmem, warm, wenn sie vorher in kaltem Wasser war. Man braucht daher zur Messung des Wärmegrades oder der Temperatur ein weniger subjektives Maß. Die historisch älteste Methode benutzt dafür die Eigenschaft der Wärme, Körper auszudehnen. Instrumente, die hierauf beruhen, heißen Ausdehnungsthermometer. Andere Thermometer beruhen auf der Temperaturabhängigkeit des elektrischen Widerstandes (Widerstandsthermometer, S. 164), der Thermoelektrizität (Thermoelement, S. 162), auf Strahlungsmessungen (Pyrometer, S. 287).

Ausdehnungsthermometer. Das gebräuchlichste Thermometer enthält Quecksilber. Dieses befindet sich in einer Kapillarröhre mit angeschmolzener Kugel. Die Füllung geschieht in der Weise, daß man die Luft der Kugel durch Erhitzen zum Teil austreibt und durch Zusammenziehen des Luftrestes beim Erkalten das Quecksilber einsaugen läßt. Nach der Füllung wird das Quecksilber ausgekocht (um Luftreste zu vertreiben); während die Kapillare bis oben hin gefüllt ist, wird sie zugeschmolzen, so daß der über dem Quecksilber entstehende Raum luftleer ist. Für die Eichung gelten als Fundamentalpunkte bei unsern Thermometern diejenigen Punkte, auf die sich der Quecksilberfaden bei den Temperaturen des schmelzenden Eises bzw. des Dampfes von siedendem Wasser bei 760 mm Luftdruck einstellt (Eispunkt und Siedepunkt).

Die gebräuchliche, durch Reichsgesetz vom 7. 8. 1924 festgelegte Skala bezeichnet den Eispunkt mit 0°, den Siedepunkt mit 100°. Die Teilung in 100° stammt von Celsius (C). Veraltet ist die Einteilung nach Réaumur (Eispunkt 0°, Siedepunkt 80°). In England und Amerika gebräuchlich ist die Einteilung nach Fahrenheit (Eispunkt 32°, Siedepunkt 212°). Es ist z. B.

$$30^0\,\mathrm{C} = (\tfrac{4}{5}\cdot 30)\,\mathrm{R} = 24^0\,\mathrm{R} = (\tfrac{9}{5}\cdot 30 + 32)\,\mathrm{F} = 86^0\,\mathrm{F}.$$

Für Temperaturen unter $-38{,}9^0$ (Gefrierpunkt des Quecksilbers) benutzt man als Füllung gefärbten Weingeist, Toluol, Petroläther, Pentan usw. Füllt man andererseits den Raum über dem Quecksilber mit Kohlensäure oder Stickstoff von hohem Druck (30 Atmosphären), so gelingt es, das Sieden des Quecksilbers zu verhindern und die Thermometer bis etwa 576^0 (Weichwerden des Glases), bei Quarzglas bis 750^0 zu benutzen.

Eichung. Für die Eichung von Thermometern sind gewisse „Fixpunkte" bestimmt, außer 0^0 und 100^0 mit Hilfe des Wassers z. B. der normale Siedepunkt des Sauerstoffs (-183^0), die Schmelzpunkte des Silbers ($960{,}5^0$) und des Goldes (1063^0) u. a. Zur Eichung von Thermometern dienen von -193^0 bis 630^0 Platinwiderstandsthermometer (S. 164), danach bis 1063^0 Thermoelemente (S. 162), darüber hinaus Pyrometer (S. 287). Die Eichung dieser 3 Instrumente wiederum erfolgt durch Gasthermometer (S. 103) oder nach den Strahlungsgesetzen (S. 284.)

Besondere Thermometer. Das Maximum- und Minimumthermometer von Six (Abb. 99) enthält im Gefäß A Alkohol, daran anschließend Quecksilber, dann wieder einen kurzen Faden Alkohol, danach Alkoholdampf. Zwei Stahlstifte B_1 und B_2 werden vom Quecksilber weiter geschoben, vom Alkohol nicht bewegt. B_1 zeigt die tiefste, B_2 die höchste Temperatur. Die Rückführung der Stifte geschieht von außen durch einen Magneten.

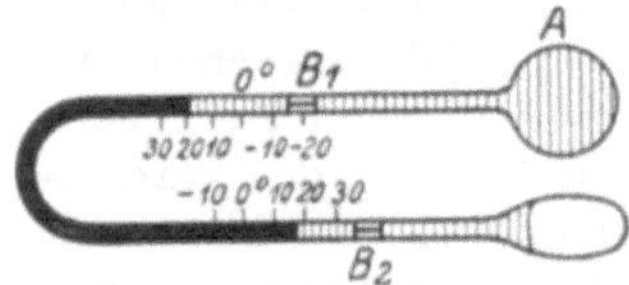

Abb. 99. Maximum- und Minimum-Thermometer.

Beim Fieberthermometer wird durch einen Knick im unteren Teil der Röhre bewirkt, daß beim Zurückgehen der Quecksilberfaden reißt und so das obere Ende den maximalen Stand weiter anzeigt. Durch eine Erschütterung kann der Faden zurückgeführt werden. (Metallthermometer S. 99.)

Wärmegleichgewicht. Die Erfahrung lehrt, daß, wenn man zwei oder mehr Körper miteinander in Berührung bringt, alle dieselbe Temperatur annehmen. Sie sind dann, wie man sagt, im „Wärmegleichgewicht". Hierauf beruht die Möglichkeit, die Temperatur zweier Körper zu vergleichen, ohne sie in Berührung zu bringen, nämlich dadurch, daß man jeden von ihnen mit demselben Thermometer in Berührung bringt.

Ausdehnungskoeffizient. Beim Gebrauch des Thermometers setzen wir die Temperaturzunahme proportional der Ausdehnung des Quecksilbers, genauer gesagt, proportional der Differenz aus den Ausdehnungen des Quecksilbers und des Glases[1]). Würden sich alle Körper der Wärmeausdehnung gegenüber gleich verhalten, so müßte ihre Ausdehnung der Temperaturzunahme proportional sein. Hat z. B. ein Stab die Länge l_0, so müßte seine Ausdehnung bei Er-

[1]) Ein Quecksilberthermometer mit einem Gefäß aus Hartgummi fällt beim Erwärmen, da das Gefäß sich stärker ausdehnt als die Füllung.

wärmung um 1^0 einen bestimmten Bruchteil α von l_0 betragen, bei Erwärmung um t^0 also $\alpha l_0 t$, daher ist seine Gesamtlänge nachher

$$l = l_0 (1 + \alpha t).$$

Dieses Gesetz gilt in der Tat innerhalb nicht zu großer Temperaturintervalle mit guter Annäherung.

$$\alpha = \frac{l - l_0}{l_0} \cdot \frac{1}{t}$$

heißt der „mittlere Ausdehnungskoeffizient" in dem betreffenden Temperaturintervall. Er ist zuerst von Lavoisier und Laplace gemessen worden. Sie benutzten eine Anordnung, wie sie Abb. 100 schematisch zeigt. Das Ende A des Stabes ist fest, das Ende B bewirkt bei der Ausdehnung eine Drehung des Fernrohrs C, deren Betrag an der Skala D abgelesen wird.

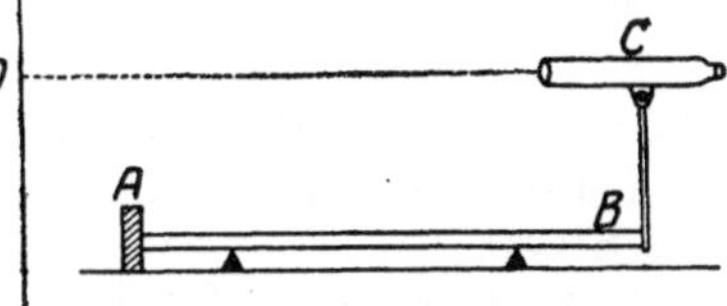

Abb. 100. Messung des Ausdehnungskoeffizienten.

Ausdehnungskoeffizienten fester Körper s. in Tabelle III (S. 307.) Man beachte die sehr geringen Ausdehnungskoeffizienten von Invar (Nickelstahl) und Quarzglas.

Folgerungen und Anwendungen. 1. Ein gerader Blechstreifen, der aus zwei übereinander gelöteten Streifen aus Eisen und Zink besteht, krümmt sich bei Erwärmung, und zwar so, daß das Zink, das die stärkere Ausdehnung hat, im äußeren Bogen liegt.

2. Metallthermometer. Eine Spirale, die ebenfalls aus zwei verschiedenen, zusammen genieteten Metallen besteht, ändert ihre Krümmung mit der Temperatur; ein Zeiger zeigt die Bewegung an. Beim Registrierthermometer wird die Bewegung auf einer rotierenden Trommel aufgezeichnet.

3. Kompensationspendel. Es besteht (Abb. 101) aus drei Eisenstäben (1, 3, 5) und zwei Zinkstäben (2, 4), die so ausgewählt und angeordnet sind, daß die Eisenstäbe bei Erwärmung den Pendelkörper um ebensoviel senken, wie die Zinkstäbe ihn heben. Daher bleibt die Pendellänge bei allen Temperaturen gleich und der Gang der Uhr gleichmäßig (S. 28). Kompensationspendel wurden früher bei allen guten Uhren angebracht. Heut benutzt man statt dessen vielfach einfache Pendel aus Invar, einem Nickelstahl mit $36^0/_0$ Nickel, dessen Ausdehnungskoeffizient ($\alpha = 0{,}0000009$) so klein ist, daß man ihn vernachlässigen darf. Die Unruhen guter Taschenuhren werden entsprechend aus Kompensationsmetallen oder aus Legierungen wie Invar hergestellt.

Abb. 101. Kompensationspendel.

4. Das Springen des Glases beim Erwärmen beruht darauf, daß die äußeren Teile, die zuerst erwärmt werden, sich schneller ausdehnen, und daß dadurch innere Spannungen hervorgerufen werden. Dünne Glasgefäße springen weniger leicht als dicke,

weil bei ihnen die ganze Masse schneller durchwärmt wird. Bemerkenswert ist der sehr geringe Ausdehnungskoeffizient des Quarzglases; dieses springt auch bei sehr starken, plötzlichen Temperaturänderungen nicht.

5. Glas und Platin haben gleiche Ausdehnungskoeffizienten. Deshalb lassen sich Platindrähte gut in Glas einschmelzen. Das Glas springt beim Erwärmen nicht, da sich beide Substanzen gleich stark ausdehnen.

6. Eiserne Radreifen werden in glühendem Zustand auf das Rad gebracht; beim Erkalten pressen sie den Radkranz zusammen.

7. Telegraphendrähte müssen etwas durchhängen, damit sie im Winter nicht reißen. Zwischen den Eisenbahnschienen sind kleine Zwischenräume, damit sie für die Ausdehnung im Sommer Spielraum haben.

8. Fest sitzende Glasstopfen lösen sich bei vorsichtigem Erwärmen des Flaschenhalses.

Kubischer Ausdehnungskoeffizient. Ein Würfel mit der Kante a_0 (Volumen v_0) vergrößert sein Volumen beim Erwärmen um t^0 auf $v = a_0^3 (1 + \alpha t)^3$, $v = v_0 (1 + \alpha t)^3$ oder, da man die höheren Potenzen von αt wegen ihrer Kleinheit weglassen kann:

$$v = v_0 (1 + 3 \alpha t).$$

Setzt man $v = v_0 (1 + \beta t)$, so wird $\beta = 3 \alpha$.

Der kubische Ausdehnungskoeffizient ist gleich dem dreifachen linearen.

Ausdehnung der Flüssigkeiten. Die Messung des hier allein in Frage kommenden kubischen Ausdehnungskoeffizienten ist schwierig, weil sich die Gefäße stets gleichzeitig ausdehnen. Die erste exakte Messung für Quecksilber stammt von Dulong und Petit. Zwei kommunizierende Röhren wurden mit Quecksilber gefüllt, die eine befand sich in schmelzendem Eis, die andere in heißem Öl. Die Temperaturen wurden mit Luftthermometern (siehe unten S. 102) gemessen. Hatte das Öl 100^0, so verhielten sich die Höhen der Quecksilbersäulen wie 55 : 56; das ergibt für das Verhältnis der spez. Gewichte $1\frac{1}{55} : 1$ und damit für die Ausdehnung $\frac{1}{55}$ bei Erwärmung um 100^0, daher

$$\beta = \frac{1}{5500} = 0{,}000182.$$

Für Wasser beträgt die Ausdehnung von 0^0 bis 100^0 etwa 0,043, für Alkohol von 0^0 bis zum Siedepunkt 0,1. β ist nicht konstant, es wächst vielmehr mit steigender Temperatur, für Alkohol schneller als für Quecksilber; Quecksilber- und Weingeistthermometer müssen daher empirisch geeicht werden (z. B. durch Vergleich mit einem Platinwiderstandsthermometer, S. 98).

Ausdehnung des Wassers. Wasser zeigt ein besonderes Verhalten. Wird eine Wassermenge von 0^0 langsam erwärmt, so zieht sie sich zunächst zusammen, erreicht bei 4^0 das kleinste Volumen und dehnt sich von da ab erst langsamer, dann schneller aus. Ist das Volumen bei 4^0 1000 ccm, so ist es bei

0^0 C:	1000,132 ccm	10^0 C:	1000,273 ccm
2^0 C:	1000,032 „	50^0 C:	1012,07 „
4^0 C;	1000,000 „	80^0 C:	1028,99 „
6^0 C:	1000,031 „	100^0 C:	1043,43 „

Diese Anomalie des Wassers spielt eine Rolle im Haushalt der Natur. Kühlt sich die Oberfläche eines Gewässers unter 4^0 C ab, so sinken die kälteren Wasserteilchen nicht herunter, sondern bleiben oben, gefrieren dort und verhindern so im allgemeinen die Bildung von Grundeis, das schwer auftaut. Hierdurch allein wird die Existenz von Fischen im Norden der Erde möglich.

Ausdehnung der Gase. Eine Reihe von Gasen (Luft, Wasserstoff, Sauerstoff, Stickstoff) zeigen eine relativ gute Übereinstimmung in den Ausdehnungskoeffizienten; er beträgt $\beta = 0{,}003\,66 = \frac{1}{273{\cdot}2}$ oder nahezu $\frac{1}{273}$ des Volumens bei 0^0 C, vorausgesetzt, daß der Druck konstant bleibt.

Gay-Lussac bestimmte (1802) den Wert von β für Luft und andere Gase mit Hilfe eines Dilatometers, das aus einer Glaskugel von etwa 1 cm Durchmesser und einer daran angesetzten, sehr engen Glasröhre von etwa 30 bis 40 cm Länge bestand. In der Kugel war ein Quantum Luft durch einen Quecksilbertropfen abgesperrt. Das Gas wird im Flüssigkeitsbad erwärmt und seine Ausdehnung durch die Verschiebung des Absperrtropfens gemessen.

Bezeichnet man mit v_0 das Volumen des Gases bei 0^0 mit v_t das bei t^0, so ist

$$v_t = v_0\left(1 + \frac{t}{273}\right).$$

Diese Beziehung heißt das Gesetz von Gay-Lussac.

Zustandsgleichung. Ändert sich außer der Temperatur auch der Druck des Gases, so kann man die Gesetze von Gay-Lussac und von Boyle-Mariotte (S. 63) kombinieren.

Es sei beim Druck p_0 und der Temp. 0^0 das Volumen v_0;

so ist „ „ p_0 „ „ „ t^0 „ „ $v_t = v_0\left(1 + \frac{t}{273}\right)$

und „ „ p „ „ „ t^0 „ „

$$v = \frac{p_0}{p} v_t = \frac{p_0 v_0}{p}\left(1 + \frac{t}{273}\right).$$

Schreibt man $v = \frac{p_0 v_0}{p} \cdot \frac{273 + t}{273}$, so sieht man, daß der Ausdruck $\frac{vp}{273 + t} = \frac{v_0 p_0}{273}$ einen konstanten Wert für die Gasmenge besitzt.

Man nennt $273 + t = T$, das heißt, die um 273 vermehrte Celsiustemperatur, die „absolute Temperatur“ und den Anfangspunkt dieser, die Temperatur -273^0, genauer $-273{,}2^0$, den absoluten Nullpunkt. Die Gleichung wird dann

$$\frac{vp}{T} = \frac{v_0 p_0}{T_0}. \qquad (T_0 = 273.)$$

In dieser Form wird die Gleichung z. B. von dem Chemiker benutzt, um ein bei beliebiger Temperatur t und Druck p gemessenes Gasvolumen v auf den „Normalzustand" zu reduzieren, d. h. auf das Volumen v_0, das das Gas bei $p_0 = 760$ mm Quecksilber und $t = 0^0$ oder $T = 273$ absolut einnehmen würde.

Die konstanten Werte der rechten Seite der Gleichung für verschiedene Gase stehen in einfachem Zusammenhang. Sie sind, wie die Erfahrung lehrt, der Masse M des Gases direkt, dem Molekulargewicht $\mathfrak{M}$ umgekehrt proportional. Man kann schreiben

$$\boldsymbol{\frac{vp}{T} = \frac{M}{\mathfrak{M}} \cdot R.}$$

In dieser Form nennt man die Gleichung die „Zustandsgleichung der idealen Gase". R heißt die Gaskonstante. Mißt man v in ccm, p in Dyn/qcm, M in gr, so ist

$$R = 8{,}316 \cdot 10^7 \text{ Erg/grad.}$$

Gesetz von Avogadro. Das Molekulargewicht $\mathfrak{M}$ gibt an, wievielmal so schwer eine Molekel eines Gases ist als die atomistische Masseneinheit[1]); nennt man die letztere m_0, so ist $\mathfrak{M} \cdot m_0$ die Masse einer Gasmolekel. Schreibt man die Zustandsgleichung in der Form

$$\frac{vp}{T} = \frac{M}{\mathfrak{M} \cdot m_0} \cdot R\, m_0,$$

so ist der zweite Faktor rechts konstant, der erste gibt die Gesamtzahl der in der Masse M enthaltenen Gasmolekeln an. Man erhält daher das Gesetz von Avogadro: In gleichen Volumen verschiedener Gase sind bei gleichem Druck und gleicher Temperatur gleich viel Molekeln enthalten.

Mol. Die Menge eines Stoffes, deren Masse so viel Gramm beträgt, wie das Molekulargewicht angibt, heißt ein Mol oder eine Gramm-Molekel (z. B. 32 gr Sauerstoff). Für ein Mol Gas wird $M = \mathfrak{M}$.

Setzt man $p = 1$ Atm. $= 1013250$ Dyn/qcm, $T = 273^0$, so wird das Volumen eines Mols $v = 22390$ ccm., d. h., im Normalzustand nimmt ein Mol jedes idealen Gases den Raum von rund 22,4 Liter ein. Mißt man M, v, p, T, so kann man nach der Zustandsgleichung das Molekulargewicht bestimmen.

Gasthermometer. Man kann auch die Ausdehnung der Gase zur Messung der Temperatur benutzen. Ein Gasthermometer besteht aus einer Kugel A (Abb. 102) mit angesetztem Rohr; das Gas ist durch Quecksilber bis zu einer Marke abgesperrt. Wird das Gas er-

---

[1]) Man bezieht die Atomgewichte auf das Sauerstoffatom $O = 16$, $H = 1{,}008$ (S. 29); die Masse einer beliebigen Molekel ist dann $m = \mathfrak{M} \cdot m_0 = \frac{\mathfrak{M} \cdot m_H}{1{,}008}$.

wärmt, so sucht es sich auszudehnen. Man steigert durch Heben der anderen Kugel den Druck p, bis das Volumen wieder den alten Wert hat. Nennt man den Druck, unter dem das Gas bei 0° C stehen muß, p_0, so läßt sich, da $v = v_0$, nach der Zustandsgleichung $\frac{p}{T} = \frac{p_0}{T_0}$ die Temperatur T berechnen, die zum Druck p gehört.

Bei genauen Messungen ist auf die Ausdehnung der Kugel und auf die Temperaturverhältnisse des Quecksilbers Rücksicht zu nehmen. Alle Apparate zum Messen hoher und sehr tiefer Temperaturen werden mit dem Wasserstoffthermometer geeicht. Wasserstoff wird unter normalem Druck bei — 252,5° C flüssig. Für noch tiefere Temperaturen dient das Heliumthermometer (flüssig bei — 269° C).

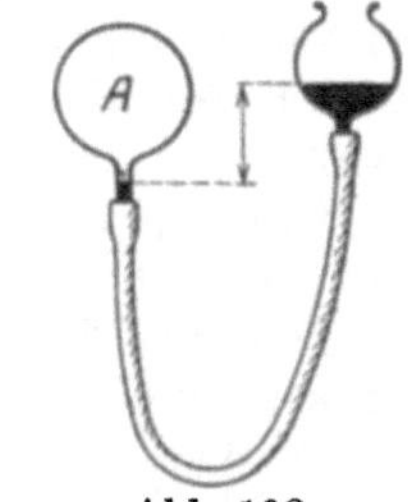

Abb. 102. Gasthermometer.

Ideale Gase. Die Gase weichen in ihrem Verhalten um so mehr von der Zustandsgleichung ab, je näher sie ihrem Verflüssigungspunkt kommen (vgl. S. 111). Ein Gas, das die Zustandsgleichung genau erfüllt, heißt ein „ideales Gas". Streng genommen, gibt es solche überhaupt nicht. Aber viele Gase (Helium, Wasserstoff, Stickstoff, Sauerstoff, Luft) nähern sich unter gewöhnlichen Umständen dem idealen Zustand sehr stark, ganz besonders aber bei niedrigem Druck, wo die zwischen den Molekeln wirkenden Anziehungskräfte verschwindend klein werden.

Mischungen idealer Gase. Partialdruck. Bringt man zwei unter gleichem Druck und gleicher Temperatur stehende Gase zusammen, so tritt vollständige Mischung (Diffusion) ein. Es ändert sich dabei, wie die Erfahrung lehrt, weder der Gesamtdruck p noch die Temperatur T, wofern keine chemische Reaktion eintritt. Die Volumina der Gase vor Mischung seien v_1 und v_2. Nach der Mischung nimmt jedes Gas den ganzen Raum $v_1 + v_2$ ein. Dabei erniedrigt sich der Druck, unter dem jedes Gas einzeln steht, und zwar für das erste Gas auf

$$p_1 = \frac{p v_1}{v_1 + v_2},$$

für das zweite auf

$$p_2 = \frac{p v_2}{v_1 + v_2}.$$

Die Summe der beiden „Partialdrucke" ist $p_1 + p_2 = p$.

Wärmemessung (Kalorimetrie).

Wärmemenge. Eine Temperaturänderung wird durch Zufuhr oder Abfuhr einer Wärmemenge hervorgebracht. Einheit der Wärmemenge oder kurz Wärmeeinheit ist die „Gramm-Kalorie" (cal); das ist diejenige Wärmemenge, die nötig ist, um 1 gr flüssiges Wasser von 14,5° auf 15,5° C zu erwärmen. (Reichsgesetz v. 7. 8. 24, § 2.)

1000 Gramm-Kalorien sind eine Kilogramm-Kalorie oder große Kalorie (kcal). Die Wärmemengen, die nötig sind, um 1 gr Wasser von beliebiger Temperatur um 1^0 zu erwärmen, sind sehr angenähert, aber nicht ganz genau eine Kalorie.

Spezifische Wärme. Gleiche Mengen verschiedener Stoffe erfordern zur Erwärmung um 1^0 verschiedene Wärmemengen. Man erkennt das am einfachsten aus Mischungsversuchen. Z. B. geben 100 gr Quecksilber von 100^0 und 100 gr Wasser von 0^0 C als Mischungstemperatur nicht 50^0, sondern etwa $2{,}9^0$. Quecksilber gibt also bei Abkühlung weit weniger Wärme ab als eine gleiche Menge Wasser.

Unter „spezifischer Wärme" eines Stoffes versteht man die Wärmemenge in cal, die nötig ist, um 1 gr des Stoffes um 1^0 zu erwärmen.

Die spez. Wärme des Wassers ist also 1. Bezeichnet man sie für Quecksilber mit c, so ergibt sich aus dem oben beschriebenen Versuch, da das Wasser so viel Wärme aufnimmt, wie das Quecksilber abgibt:
$100\,c\,(100 - 2{,}9) = 100\,(2{,}9 - 0)$

$$c = 0{,}03\,.$$

Weitere Angaben über spez. Wärme s. Tab. III u. IV auf S. 307.

Mischungsregel. Werden zwei Stoffe von den Massen m_1 und m_2, den spez. Wärmen c_1 und c_2, den Temperaturen t_1 und t_2 gemischt, und nennt man die Mischungstemperatur t, so folgt aus dem Gesetz von der Erhaltung der Energie, daß der eine Körper so viel Wärme abgibt, wie der andere aufnimmt. Es sei etwa $t_1 < t_2$. Der erste Körper erwärmt sich um $t - t_1{}^0$. 1 gr nimmt bei Erwärmung um 1^0 c_1 cal auf; bei Erwärmung von m_1 gr um $t - t_1{}^0$ werden daher $m_1\,c_1\,(t - t_1)$ cal aufgenommen. Entsprechend gibt der zweite Körper $m_2\,c_2\,(t_2 - t)$ cal ab. Aus $m_1\,c_1\,(t - t_1) = m_2\,c_2\,(t_2 - t)$ folgt die Mischungsregel

$$t = \frac{m_1 c_1 t_1 + m_2 c_2 t_2}{m_1 c_1 + m_2 c_2}\,.$$

Kalorimeter. Kalorimeter sind Instrumente, die zur Messung der spez. Wärme dienen. Das einfachste ist das Wasserkalorimeter. In einem Gefäß aus dünnem Metallblech befindet sich eine abgewogene Wassermenge von bekannter Temperatur. Der erwärmte Körper wird hinein gebracht, die Wassertemperatur mit Hilfe eines Rührers gleichmäßig gemacht und die erhöhte Temperatur abgelesen. Nach der Mischungsregel wird daraus die spez. Wärme berechnet. Zur Vermeidung von Wärmeverlusten isoliert man das Kalorimeter nach Möglichkeit durch Einpacken in Watte u. dgl. Da auch das Kalorimetergefäß mit erwärmt wird, muß man seinen „Wasserwert" berücksichtigen, das ist diejenige (gedachte) Wassermenge, die zur Erwärmung dieselbe Wärmemenge braucht wie das Gefäß. Die Wassermenge im Kalorimeter erscheint um den Wasserwert vergrößert. Man bestimmt den Wasserwert durch einen Versuch oder durch Wägung und Berechnung.

Bei den Eiskalorimetern wird die Wärme des zu untersuchenden Körpers dazu benutzt, um Eis zu schmelzen. Es ist bekannt (S. 117), daß man zum Schmelzen von 1 gr Eis von 0^0 C rund 79 cal braucht. Die Menge des geschmolzenen Eises, aus der man die abgegebene Wärmemenge und daraus dann die spez. Wärme des Stoffes errechnet, wird gemessen entweder durch die Menge des Schmelzwassers (Lavoisier) oder aber durch die Volumenverminderung, die beim Schmelzen eintritt, weil das Wasser einen kleineren Raum einnimmt als Eis (Bunsen).

Spez. Wärmen sind in Tabelle III und IV angegeben (S. 307).

Über spez. Wärme der Gase s. S. 109, über Atomwärme s. S. 119.

Der erste Hauptsatz der Wärmelehre.

Mechanisches Wärmeäquivalent. Während man früher an einen besonderen „Wärmestoff“ glaubte, wurde in der ersten Hälfte des vorigen Jahrhunderts die Wärme als eine besondere Energieart erkannt. Wir wissen heute, daß die Wärme mechanischer Natur ist, und daß der Wärmegehalt eines Körpers sein Gehalt an Bewegungsenergie der Molekeln und Atome ist. Wärmelehre ist Mechanik der Molekeln. In Übereinstimmung hiermit findet sich die Arbeit, die z. B. bei der Reibung eines Körpers geleistet wird, quantitativ in vermehrter molekularer Bewegungsenergie wieder; es besteht eine Äquivalenz zwischen mechanischer Arbeit und Wärme. Dieser Gedanke der Äquivalenz ist zuerst (ohne Anlehnung an die atomistische Theorie) in voller Schärfe von dem Heilbronner Arzt Robert Mayer (1842), später vor allem durch Joule und Helmholtz ausgesprochen worden.

Unter „mechanischem Wärmeäquivalent“ versteht man die Größe derjenigen mechanischen Arbeit, die der Wärmemenge von 1 cal entspricht. Besonders der englische Physiker Joule (1818—1889) hat eine ganz außerordentlich große Anzahl verschiedener Versuche erdacht und durchgeführt, um jene Zahl möglichst genau zu bestimmen. Bei seinen Versuchen wurde durch herabsinkende Gewichte eine genau meßbare Arbeit geleistet und die erzeugte Wärme im Kalorimeter gemessen. Z. B. wurde durch das fallende Gewicht bei einer Reihe von Versuchen ein Schaufelrad in Quecksilber gedreht und die Erwärmung des Quecksilbers gemessen. Aus der großen Zahl der von Joule und andern angestellten Versuchen hat sich ergeben, daß der Zusammenhang zwischen Wärme und Arbeit unabhängig von der Art der Umwandlung ist, daß also ein mechanisches Wärmeäquivalent tatsächlich existiert, und daß eine Kilogrammkalorie der Arbeit von 426,3 kgm oder 4184 Joule entspricht. Eine Grammkalorie (cal) entspricht der Arbeit

$$a = 4{,}184 \cdot 10^7 \text{ Erg.}$$

Damit war bewiesen, daß das Gesetz von der Erhaltung der Energie (S. 19). auch das Gebiet der Wärmelehre umfaßt. Man bezeichnet es hier auch als den „ersten Hauptsatz der Wärmelehre“.

Er besagt, daß die Energiezunahme eines Körpersystems beim Übergang von einem Zustand in den andern gleich ist dem mechanischen Äquivalent der ihm von außen zugeführten Energie, oder, anders ausgedrückt, daß die Summe der mechanischen Äquivalente aller Wirkungen, die bei dem Übergang außerhalb des Systems hervorgebracht werden, unabhängig ist von der Art des Überganges.

Bezeichnet man die Energie des Systems im Anfangs- und Endzustand mit U_1 und U_2, die von außen an ihm geleistete Arbeit mit A, die von außen zugeführte Wärme mit Q (abgeführte Wärme ist negativ zu rechnen), ihr mechanisches Äquivalent also mit aQ, so ist

$$U_2 - U_1 = A + a \cdot Q.$$

Das ist die mathematische Formulierung des ersten Hauptsatzes. Bei einem Kreisprozeß, bei dem der Endzustand des Systems der gleiche ist wie der Anfangszustand, ist insbesondere $U_1 = U_2$, $A + aQ = 0$. (Vgl. S. 123.)

Adiabatische Prozesse; pneumatisches Feuerzeug. Adiabatische Vorgänge sind solche, bei denen keinerlei Wärmeaustausch mit der Umgebung stattfindet, also Wärme weder zu- noch abgeleitet wird. Bei ihnen ist $Q = 0$, also $U_2 - U_1 = A_1$, $U_2 = U_1 + A$.

Wird Gas in einem für Wärme undurchlässigen Behälter stark zusammengepreßt, so erwärmt es sich beträchtlich. Beim pneumatischen Feuerzeug z. B. wird Luft in einem starkwandigen Zylinder plötzlich zusammengedrückt; die erzeugte Wärme bringt Feuerschwamm zum Glühen. Die obige Gleichung enthält die Erklärung. A ist positiv beim Zusammendrücken des Gases, da Arbeit zu leisten ist, mithin ist $U_2 > U_1$, also, da U von der Temperatur abhängt, $T_2 > T_1$. (Vgl. Dieselmotor S. 129.)

Daraus folgt wiederum, daß bei adiabatischer Kompression der Druck schneller steigt, als wenn man bei der Kompression (durch Wärmeableitung) dafür sorgt, daß die Temperatur konstant bleibt (isothermer Prozeß). In der Tat gilt hier nicht mehr das Gesetz $p \cdot v = p_0 v_0$, sondern $p \cdot v^k = p_0 v_0^k$, wo k für Luft 1,4 ist, allgemein den Wert $\frac{c_p}{c_v}$ hat. (Vgl. S. 110.)

Die Druckschwankungen bei der Schallbewegung vollziehen sich adiabatisch.

Thermochemie. Die bei den meisten chemischen Reaktionen auftretende Wärme, die sogenannte Wärmetönung, ist ein Zeichen für die Änderung des Energiegehalts der reagierenden Körper. Die äußere Arbeit ist meist gegenüber der oft recht beträchtlichen Wärme zu vernachlässigen, so daß man schreiben kann

$$U_2 - U_1 = Q.$$

Nach Thomson und Ostwald bedeutet das Symbol $[Pb]$ so viel Gramm Blei, wie das Atomgewicht angibt. Die Gleichung

$$[Pb] + [S] - [PbS] = 18400 \text{ cal}$$

besagt dann, daß Blei und Schwefel vor der Verbindung energiereicher sind, und daß genauer bei der Bildung von einem Mol ($206 + 32 = 238$ gr) Schwefelblei 18400 cal frei werden.

Nach Planck unterscheidet man die Aggregatzustände in der Schreibweise dadurch, daß man eckige Klammern für den festen, runde für den flüssigen, geschweifte für den gasförmigen Aggregatzustand nimmt. Die Gleichung

$$(H_2O) - [H_2O] = 1440 \text{ cal}$$

besagt z. B., daß beim Erstarren von einem Mol = 18 gr Wasser 1440 cal frei werden. Aus den Gleichungen

$$\{H_2\} + \tfrac{1}{2}\{O_2\} - \{H_2O\} = 68400 \text{ cal}$$
$$[C] + \{O_2\} - \{CO_2\} = 97000 \text{ cal}$$

ist die Verbrennungswärme bei Bildung von 18 gr Wasser bzw. 44 gr Kohlendioxyd zu entnehmen.

Die Wärmetönung bei chemischen Prozessen spielt für die Lebewesen eine große Rolle (Atmung und Körperwärme).

Übergang von einem Aggregatzustand zum andern. (Verdampfen, Schmelzen.)

Kinetische Gastheorie. Wie schon oben gesagt, ist die Wärmelehre die Mechanik der Molekeln (S. 105). Aufgabe der Physik ist es, das im einzelnen aufzuzeigen, und die im Vorhergehenden beschriebenen, experimentell gefundenen Tatsachen und Gesetze auf Grund der Atomistik zu erklären. Am einfachsten ist diese Aufgabe für ideale Gase zu lösen. Hier besitzen die Molekeln zwar eine endliche, aber äußerst kleine Ausdehnung (Wirkungssphäre). Die Zwischenräume zwischen den Gasmolekeln sind groß im Vergleich zu ihren Dimensionen. Demgemäß üben sie im allgemeinen keinerlei Einwirkung aufeinander aus. Nur wenn sie einander sehr nahe kommen, treten sehr starke Abstoßungskräfte auf, so daß sie sich dann abstoßen wie elastische Kugeln. Betrachten wir eine Molekel, so läuft diese gleichförmig dahin bis zum Zusammenstoß mit einer andern; durch den Stoß wird die Geschwindigkeit nach Größe und Richtung geändert. Die Molekeln durchlaufen Zickzackwege mit einer veränderlichen, aber um einen Mittelwert schwankenden Geschwindigkeit. Die Strecken zwischen den Zusammenstößen, die „freien Weglängen", schwanken ebenfalls um eine „mittlere freie Weglänge". Der Druck p auf die Gefäßwandung wird durch den Anprall der Molekeln hervorgerufen.

Wir betrachten die Masse M des Gases; sie sei eingeschlossen in einem Würfel mit der Kante a. Die Zahl der Molekeln sei N, die Masse einer jeden m, die mittlere Geschwindigkeit u. Prallt eine Molekel senkrecht gegen die Wand, so wird die Geschwindigkeit genau umgekehrt, also um den Betrag $2u$ (von $+u$ in $-u$) geändert. Die Änderung der Bewegungsgröße für eine Molekel bei jedem Anprall ist daher $2mu$, die für alle Molekeln ist, wenn pro Sekunde n Stöße gegen eine Wand erfolgen, $2mun$ pro Sekunde. Die Änderung der Bewegungsgröße pro Sekunde mißt aber die Kraft (S. 16),

Kraft pro Quadratzentimeter ist Druck, daher, da jede Wand die Fläche a^2 hat,

$$p = \frac{2\,m u \cdot n}{a^2}.$$

Um n zu berechnen, kann man die vereinfachende Annahme machen, daß von den N Molekeln, die im ganzen vorhanden sind, durchschnittlich je $\frac{1}{3}N$ zwischen einer Wand und der gegenüberliegenden hin und her fliegen. (Streng genommen, ist das durchaus nicht selbstverständlich; die strengere mathematische Behandlung führt aber zu demselben Schlußergebnis.) Jede Molekel braucht zum Hin- und Rückweg $2 \cdot \frac{a}{u}$ sec, stößt also in jeder Sekunde $\frac{u}{2\,a}$ mal gegen eine Wand; die Gesamtzahl der Stöße auf eine Wand pro Sekunde ist daher

$$n = \frac{1}{3} N \cdot \frac{u}{2\,a} = \frac{u\,N}{6\,a}.$$

Damit wird

$$p = \frac{2\,m u}{a^2} \cdot \frac{u\,N}{6\,a} = \frac{N m u^2}{3\,a^3}.$$

$a^3 = v$ ist das Volumen des Gases; daher ist

$$p\,v = N \cdot \frac{m u^2}{3}. \tag{1}$$

Schreibt man $p\,v = \frac{2}{3} \cdot N \cdot \frac{m u^2}{2}$, und setzt man die kinetische Energie einer Molekel $\frac{1}{2} m u^2$ proportional der absoluten Temperatur, so enthält Gleichung (1) erstens die Zustandsgleichung der idealen Gase (S. 102) und zweitens auch das Avogadrosche Gesetz (S. 102), da ja die Molekelzahl N unabhängig ist von der Art der Molekeln. Beide Gesetze sind damit theoretisch hergeleitet.

Die früher angegebene Form der Zustandsgleichung liefert

$$p\,v = \frac{M}{\mathfrak{M}} \cdot R \cdot T;$$

durch Vergleich erhält man

$$N \cdot \frac{m u^2}{3} = \frac{M}{\mathfrak{M}} \cdot R\,T$$

oder

$$\frac{m}{2} u^2 = \frac{3}{2} \cdot \frac{R}{N} \cdot T \cdot \frac{M}{\mathfrak{M}}. \tag{2}$$

Betrachtet man nicht eine beliebige Menge M, sondern gerade ein Mol des Gases (S. 102), so wird $M = \mathfrak{M}$; die Zahl der in einem Mol enthaltenen Molekeln nennt man die Loschmidtsche Zahl; wir bezeichnen sie mit L. In diesem Fall ($M = \mathfrak{M}$; $N = L$) geht Gleichung (2) über in

$$\frac{1}{2} m u^2 = \frac{3}{2} \cdot \frac{R}{L} \cdot T. \tag{3}$$

Wir setzen $L/R = k$, wo k eine Konstante (die sog. Entropiekonstante) ist; es ist

$$\boldsymbol{k \cdot L = R.} \tag{4}$$

Dann ergibt sich aus (3) für die mittlere kinetische Energie einer Molekel

$$\frac{1}{2} m u^2 = \frac{3}{2} k T. \tag{5}$$

Loschmidtsche Zahl. Die Loschmidtsche Zahl gibt die Zahl der Molekeln in einem Mol (im Normalzustand 22,4 l, S. 102) an. Über die Messung von L siehe unten S. 145. Es ist

$$L = 6{,}06 \cdot 10^{23} \text{ pro Mol.}$$

Die Zahl der in 1 ccm Gas bei 760 mm Druck und 0^0 C enthaltenen Molekeln bezeichnet man auch als Avogadrosche Zahl; sie ist

$$N = 2{,}71 \cdot 10^{19} \text{ pro ccm im Normalzustand.}$$

L hängt aufs engste mit der Atommasse zusammen. Bezeichnen wir die Masse eines Wasserstoffatoms mit m_H, also die einer Molekel mit $2\,m_H$, so ist die Masse eines Mols Wasserstoff $L \cdot 2\,m_H$; andererseits ist das Molekulargewicht des Wasserstoffs $\mathfrak{M} = 2{,}016$, daher $L \cdot 2\,m_H = 2{,}016$ oder

$$\boldsymbol{L \cdot m_H = 1{,}008.} \tag{6}$$

Die Gleichungen (4) und (6) geben wichtige Beziehungen zwischen L, m_H und k. Ist eine der 3 Größen gemessen, so sind auch die beiden anderen bekannt.

Spezifische Wärme der Gase. Die spez. Wärme eines Gases ist verschieden groß, je nachdem ob das Gas bei der Erwärmung unter konstantem Druck oder unter konstantem Volumen gehalten wird. Das ist verständlich. Führen wir 1 gr Gas, dessen Volumen konstant gehalten wird, so viel Wärme (also Energie) zu, daß die Temperatur um 1^0 steigt, so wird ein Teil dieser Energie dazu dienen, um die kinetische Energie der Molekeln ($N \cdot \frac{1}{2} m u^2$) zu vergrößern, also die Temperatur um 1^0 zu erhöhen; der andere Teil wird die Rotationsenergie der Molekeln vermehren, die nicht zur Temperaturerhöhung beiträgt. Beide Anteile zusammen bestimmen die „spez. Wärme bei konstantem Volumen“ c_v.

Läßt man dagegen nicht das Volumen, sondern den Druck konstant, so kommt noch ein dritter Anteil hinzu; das Gas dehnt sich bei der Erwärmung aus; es muß zur Überwindung des äußern Drucks Arbeit geleistet werden, und um den Betrag dieser Arbeit muß die zugeführte Arbeit größer sein als vorher, wenn die Temperatur auch um 1^0 steigen soll. Die „spez. Wärme bei konstantem Druck“ c_p ist also stets größer als c_v. c und c_v beziehen sich auf 1 gr Gas

Häufig rechnet man mit den Größen $C_p = \mathfrak{M} c_p$ und $C_v = \mathfrak{M} c_v$, die sich auf ein Mol beziehen, und die man als Molekularwärmen bezeichnet.

Eine elementare Rechnung liefert für ideale Gase zwei Beziehungen:

$$\mathfrak{M} c_p - \mathfrak{M} c_v = \frac{R}{a} = 1{,}985 \frac{\text{cal}}{\text{grad}} \approx 2 \frac{\text{cal}}{\text{grad}}$$

und

$$1 < \frac{c_p}{c_v} \leqq \frac{5}{3}.$$

Beide Beziehungen werden durch das Experiment bestätigt. Z. B. erhält man für den einatomigen Quecksilberdampf $\frac{c_p}{c_v} = 1{,}666$. Bei mehratomigen Gasen wird $\frac{c_p}{c_v}$ kleiner. c_p ist zuerst von Lavoisier und Laplace genauer bestimmt worden. Das Gas wurde durch ein Schlangenrohr, das in einem Wasserbad von gemessener Temperatur sich befand, geleitet und dadurch erwärmt. Es floß dann durch ein zweites Schlangenrohr, das in der Kalorimeterflüssigkeit stand. Die hierbei abgegebene Wärme und die Masse des durchgeleiteten Gases wurden gemessen. Hieraus ergibt sich c_p. Das Verhältnis $\frac{c_p}{c_v}$ läßt sich ebenfalls experimentell finden; c_v wird daraus dann berechnet.

Spezifische Wärme von Gasen bei konstantem Druck (c_p) und bei konstantem Volumen (c_v) (alle Größen bei Zimmertemperatur und 760 mm Druck).

	c_p	$\frac{c_p}{c_v} = k$	c_v
Helium	1,25	1,66	0,75
Wasserstoff	3,40	1,41	2,40
Sauerstoff	0,22	1,40	0,16
Stickstoff	0,25	1,41	0,18
Luft	0,24	1,40	0,17
Kohlendioxyd	0,20	1,30	0,15

Abweichungen von der Zustandsgleichung der idealen Gase.
1. Joule-Thomson-Effekt. Bei adiabatischer Kompression eines Gases tritt Erwärmung ein, da die geleistete Arbeit in Molekularenergie umgesetzt wird (S. 106). Entsprechend erniedrigt sich die Temperatur, wenn sich ein Gas adiabatisch unter Arbeitsleistung expandiert. Bei Ausdehnung ohne Arbeitsleistung (z. B. ins Vakuum hinein) müßte dagegen die Temperatur unverändert bleiben, was Versuche von Joule auch zu bestätigen schienen. Das Gleiche ist zu erwarten, wenn das Gas sich in anderer Weise ohne Arbeitsleistung ausdehnt, wenn es z. B. aus einem Gefäß, in dem ein höherer Druck konstant erhalten bleibt, in langsamem Strom (z. B. durch ein Rohr,

das mit Watte oder dgl. gefüllt ist) in ein Gefäß strömt, in dem ein konstanter niedrigerer Druck erhalten bleibt; hierbei gibt das Gas die Arbeit, die auf der einen Seite an ihm geleistet wird, auf der anderen wieder ab, und die Temperatur müßte unverändert bleiben. Sehr genaue Versuche von Joule und Thomson haben nun gezeigt, daß bei den wirklich vorhandenen Gasen tatsächlich doch eine geringe Temperaturänderung auftritt (Joule-Thomson-Effekt). Diese Tatsache ist ein Zeichen dafür, daß die Molekeln gegenseitig aufeinander wirken, daß sie gegenseitige potentielle Energie besitzen. Bei den meisten Gasen erfolgt eine Abkühlung. Bei einer Anfangstemperatur von 0° C und einem Druckunterschied von 100 Atm. ist die Temperaturerniedrigung für Luft 25° C, bei anfänglich —90° C ist sie 63,4°. Bei 200 Atm. Druckunterschied sind die entsprechenden Abkühlungen 44,6° bzw. 99° C. Bei Wasserstoff findet bei gewöhnlicher Temperatur Erwärmung, unterhalb —80,5° C ebenfalls Abkühlung statt. Ein solcher Inversionspunkt (Boyle-Punkt) existiert für alle Gase. Er hängt vom Druckunterschied ab. Er beträgt bei 100 Atm. Druckunterschied für Luft +248°, Stickstoff +233°, Wasserstoff —80,5°, Helium —253° C.

2. Zustandsgleichung von Van der Waals. Alle wirklichen Gase weichen, besonders bei tiefer Temperatur und hohen Drucken, von der Zustandsgleichung der idealen Gase ab. Bei hohen Drucken nimmt der Wert des Produktes pv merklich zu; die Gase werden also weniger kompressibel. Bei sehr hohen Drucken versagen die Gasgesetze völlig, ebenso dann, wenn das Gas in die Nähe des Verflüssigungspunktes gelangt. Z. B. wird Kohlensäure bei etwa 20° C und 56 bis 57 Atmosphären Druck tropfbar flüssig und zeigt bei Annäherung an diesen Punkt eine äußerst starke Zusammendrückbarkeit. Eine Erklärung der Erscheinungen auf molekulartheoretischer Grundlage stammt von Van der Waals. Er legt zwei Annahmen zugrunde. Er nimmt an, daß das Eigenvolumen der Molekeln eine Rolle spielt; es geht von dem Raum ab, der den Molekeln für ihre Bewegung zur Verfügung steht. Er findet, daß der Druck p nicht mehr $\frac{1}{v}$, sondern $\frac{1}{v-b}$ proportional ist, wo b eine Funktion des Molekularvolumens ist. Zweitens sollen zwischen den Molekeln anziehende Kräfte wirken, um so stärker, je näher sie einander sind. Die Molekeln im Innern werden nach allen Richtungen hin gleichmäßig angezogen, erfahren im ganzen also keine Kraft; die Molekeln an der Oberfläche werden nach innen gezogen; dadurch wird der Druck verkleinert, und zwar, wie die Theorie zeigt, um $\frac{a}{v^2}$, wo a eine Konstante ist. Man erhält (für ein Mol)

$$p = \frac{RT}{v-b} - \frac{a}{v^2} \quad \text{oder} \quad \left(p + \frac{a}{v^2}\right)(v-b) = RT.$$

Das ist die Zustandsgleichung von Van der Waals. Sie gibt bei passender Wahl der Konstanten die Beobachtungen gut wieder. Auch sie gilt aber nicht allgemein. Ihre große Bedeutung verdankt sie der Tatsache, daß sie auch eine Reihe von Erscheinungen bei Flüssigkeiten erklärt.

Gesättigte und ungesättigte Dämpfe. Bringt man eine Flüssigkeit in einen Raum, der keinen Dampf dieser Flüssigkeit enthält, so findet Verdampfung statt, und zwar so lange, bis der Druck des entstehenden Dampfes einen von der Temperatur und der Natur der Flüssigkeit abhängigen Maximalwert, die sogenannte Dampfspannung oder den „Druck des gesättigten Dampfes", erreicht hat. Man führt den Versuch in der Weise aus, daß man etwas Flüssigkeit (Wasser, Alkohol, Äther usw.) in ein Torricellisches Vakuum bringt. Die Quecksilbersäule sinkt sofort um einen gewissen Betrag herab, und dieser Betrag mißt unmittelbar den Dampfdruck. Hat man genügend Flüssigkeit eingebracht, so ist nur ein Teil verdampft; der Dampf, der mit der Flüssigkeit in Berührung steht, heißt dann „gesättigter Dampf". Vergrößert man das Dampfvolumen durch Anheben der Torricellischen Röhre, so bleibt das Quecksilberniveau und mithin der Dampfdruck unverändert, es verdampft vielmehr ein weiterer Teil der Flüssigkeit; entsprechend kondensiert sich ein Teil des Dampfes bei Volumverminderung. Ist alle Flüssigkeit verdampft und vergrößert man das Volumen noch weiter, so enthält der Raum weniger Dampf, als er aufnehmen könnte, der Dampf ist „ungesättigt". Bei Erhöhen der Temperatur (durch eine Bunsenflamme, bei genauen Messungen im Flüssigkeitsbad) steigt der Druck oder die Spannkraft des gesättigten Dampfes, und zwar meist sehr stark, wie die folgende Tabelle zeigt.

Dampfspannung gesättigter Dämpfe (in mm Quecksilber).

Temperatur	Äthyläther	Äthylalkohol	Benzol	Wasser	Quecksilber
0° C	184,9	12,7	25,3	4,6	0,0002
40° „	921	133,7	183,6	55,3	0,0065
80° „	2990	812,9	752	355,1	0,092
120° „	7500	3230	2235	1489	0,756
160° „	15800	9370	5280	4636	4,18
200° „	—	22160	10660	11661	17,22
Siedetemp. bei 760 mm Druck	34,6°	78,3°	80,5°	100°	357°
Krit. Temp.	194°	243°	289°	370°	etwa 1400°

Verdunsten und Sieden. An der Oberfläche einer Flüssigkeit verwandeln sich fortwährend Flüssigkeitsteilchen in Dampf. Diesen Vorgang nennt man Verdunsten. Er spielt sich so lange ab, bis der Raum über der Flüssigkeit mit dem Dampf gesättigt ist[1]), was dann der Fall ist, wenn der Partialdruck des Dampfes (S. 103) die zu der betreffenden Temperatur gehörige Dampfspannung erreicht hat. Entfernt man den Dampf, so setzt die Verdunstung wieder ein.

Man kann das Verdunsten daher durch Fortblasen des Dampfes beschleunigen. Steigert man die Temperatur so weit, daß die Dampf-

[1]) Über das in diesem Fall erreichte „dynamische Gleichgewicht" s. u. S. 116.

spannung den auf der Flüssigkeit lastenden Druck übersteigt, so entwickeln sich auch im Innern der Flüssigkeit Dampfblasen. Ihre Spannkraft ist dann groß genug, um den Druck der darüber liegenden Flüssigkeit und der Atmosphäre zu überwinden. In diesem Stadium bezeichnet man den Vorgang als Sieden. Es ist nach dem Gesagten verständlich, daß der Siedepunkt derselben Flüssigkeit um so tiefer liegt, je geringer der Druck über der Flüssigkeit ist, wie Versuche mit der Luftpumpe beweisen. Die Tabelle zeigt, daß z. B. bei 80° die Dampfspannung bei Alkohol etwas größer ist als 760 mm (Siedepunkt 78,3°), bei Benzol etwas kleiner (Siedepunkt 80,5°).

Versuche: a) Wasser beliebiger Temperatur siedet unter dem Rezipienten der Luftpumpe.

b) Auf hohen Bergen siedet Wasser bei geringerer Temperatur als 100° C, ebenso bei tiefem Barometerstand.

c) In einem Kolben wird Wasser zum Sieden gebracht. Dann wird dieser luft- und dampfdicht geschlossen und umgekehrt. Sobald der Boden durch Anhauchen, Befeuchten mit Wasser oder dgl. abgekühlt und durch die so bewirkte Dampfkondensation der Dampfdruck über dem eingeschlossenen Wasser herabgesetzt wird, wallt dieses auf.

d) In einem dampfdicht verschlossenen Gefäß („Papinscher Topf") siedet Wasser unter dem Druck des eigenen Dampfes erst bei höherer Temperatur, ebenso in Dampfkesseln.

Siedetemperatur des Wassers bei verschiedenen Drucken.

Druck (in Atmosph.)	0,5	1	2	3	5	10	15	20	25
Siedetemperatur	80,9°	100°	120°	133°	151°	179°	197°	211°	223°

Die normalen Siedepunkte einiger Stoffe sind in Tabelle III, IV und V (S. 307) angegeben.

Führt man einer siedenden Flüssigkeit Wärme zu, so steigt die Temperatur nicht weiter an; die gesamte Wärme wird zur Überführung der Substanz vom flüssigen in den gasförmigen Zustand gebraucht.

Ausnahmeerscheinungen. a) In Gefäßen mit glatten Wänden kann luftfreies Wasser bis über den normalen Siedepunkt erhitzt werden. (Siedeverzug.)

b) Umgekehrt sind zur Einleitung der Kondensation von Wasserdampf „Kondensationskerne" (z. B. Staubteilchen) erforderlich; fehlen diese (in ganz staubfreien Räumen), so tritt Übersättigung ein. Staubteilchen als Kondensationskerne spielen eine große Rolle bei der Wolkenbildung.

c) Auf einer stark erhitzten Metallplatte erhält sich Wasser in großen Tropfen längere Zeit, ohne zu sieden. Hier läßt die Dampfhülle die Hauptmasse des Tropfens schweben und schützt ihn so vor der Berührung mit der heißen Platte und vor dem Verdampfen. (Leidenfrostsches Phänomen.)

Verdampfungswärme. Zur Überführung von Flüssigkeit in Dampf ist Energiezufuhr nötig. Die Wärmemenge, die nötig ist, um 1 gr

Flüssigkeit in Dampf von gleicher Temperatur überzuführen, heißt „Verdampfungswärme". Sie beträgt z. B. für Wasser unter Atmosphärendruck 539 cal. Die Bestimmung erfolgt folgendermaßen: Man leitet Dampf in Wasser. Die Gewichtszunahme bestimmt die Masse des eingeleiteten Dampfes, die Temperaturzunahme die Menge der abgegebenen Wärme. Z. B. werden 60 gr Wasser durch Einleiten von 2 gr Dampf von 20^0 auf 40^0 erwärmt. Das Wasser hat dabei $20 \cdot 60 = 1200$ cal aufgenommen, die aus dem Dampf stammen. Der Dampf hat nach der Kondensation (bei der Abkühlung von 100^0 auf 40^0) $2 \cdot 60 = 120$ cal, bei der Kondensation daher die restlichen 1080 cal abgegeben. Die Verdampfungswärme ist mithin $1080:2 = 540$ cal.

Angaben über Verdampfungswärme siehe Tabelle IV (S. 307).

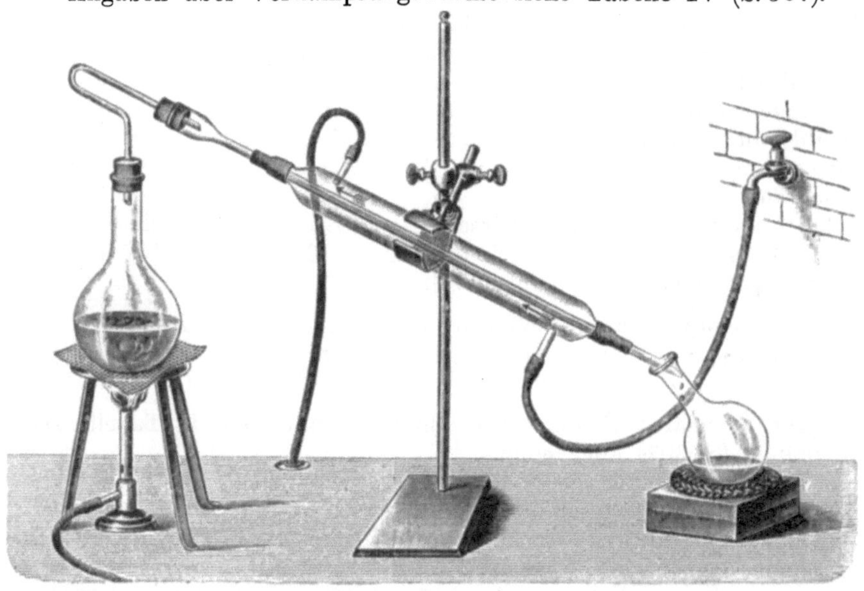

Abb. 103. Destillation.

Versuche: a) Gießt man Äther auf die Haut, so hat man ein starkes Kältegefühl, zumal wenn man das Verdunsten durch Wegblasen der Ätherdämpfe befördert. Der Äther entzieht der Haut die zur Verdunstung nötige Wärme. Läßt man Äther sehr schnell in einem Uhrschälchen verdampfen, das außen mit Wasser befeuchtet ist, so friert das Schälchen an der Unterlage fest.

b) Läßt man flüssige Kohlensäure aus einer Bombe, in der hoher Druck herrscht, ausströmen, so verdampft ein Teil der Kohlensäure äußerst lebhaft. Er entzieht die nötige Verdampfungswärme einem andern Teil der Kohlensäure, so daß dieser fest wird. (Kohlensäureschnee.)

c) Auf der Erscheinung der Verdampfungswärme beruht auch die Eismaschine (S. 130).

Destillieren. Will man aus dem Dampf die Flüssigkeit zurückgewinnen, so muß man ihm die Verdampfungswärme wieder entziehen. Bei den Destillationsapparaten geschieht das z. B. mit Hilfe des Liebigschen Kühlers (Abb. 103). Hier treten die durch Erhitzen der Flüssigkeit erzeugten Dämpfe durch ein Rohr, das von entgegenströmendem kaltem Wasser umspült wird; sie werden dadurch kondensiert. Enthält die ursprüngliche Flüssigkeit gelöste feste Substanzen, so bleiben diese, da sie nicht mit verdampfen, im Gefäß zurück (Reinigung durch Destillation). Ist ein Gemisch aus zwei Flüssigkeiten mit verschiedenen Siedepunkten gegeben, so verdampft die Substanz mit dem tieferen Siedepunkt stärker, da ihr Dampfdruck der größere ist; das Destillat ist daher an dieser Substanz reicher als die Ausgangsflüssigkeit. Durch mehrmaliges Wiederholen kann man so zwei Flüssigkeiten trennen. (Fraktionierte Destillation.)

Die kritischen Erscheinungen. Die bei gewöhnlicher Temperatur gasförmigen Körper lassen sich bei genügend hohem Druck und genügend tiefer Temperatur verflüssigen. Komprimiert man z. B. Kohlendioxyd bei 20° C, so teilt sich die anfangs homogene Masse bei einem Druck von 56,5 Atm. in zwei durch eine scharfe Trennungsfläche geschiedene homogene Teile (Phasen); es hat also die Verflüssigung begonnen. Die Frage, ob es bei jeder Temperatur einen Druck gibt, bei dem Verflüssigung eintritt, ist durch die Forschungen vor allem von Andrews in verneinendem Sinne entschieden worden. Für jede Substanz existiert eine sog. „kritische Temperatur" (für Kohlendioxyd z. B. 31,3° C), oberhalb deren bei keinem noch so hohen Druck Verflüssigung, d. h., plötzlicher Übergang vom gasförmigen in den flüssigen Zustand eintritt.

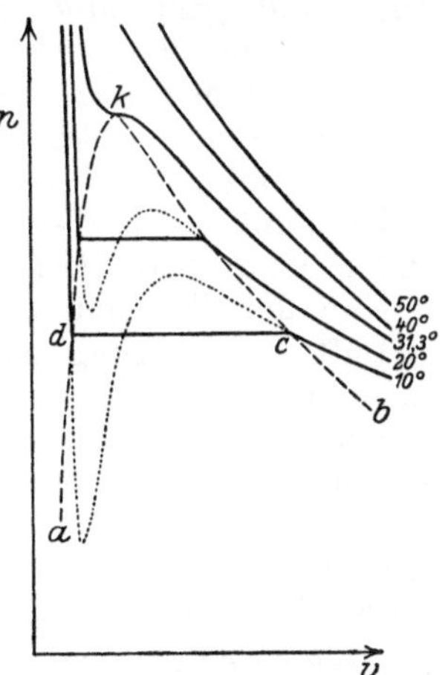

Abb. 104. Isothermen des Kohlendioxyds. (Diagramm von Andrews.)

Man kann sich die Verhältnisse am einfachsten an dem Andrewsschen Diagramm für Kohlendioxyd klar machen (Abb. 104). Als Abszisse ist das spezifische Volumen (d. i. Volumen von 1 g Substanz), als Ordinate der zugehörige Druck p eingetragen. Die stark ausgezogenen Kurven stellen „Isothermen" dar, d. h., sie verbinden Zustandspunkte gleicher Temperatur (griech. isos = gleich, therme = Wärme). Die Isothermen höherer Temperatur (50° C und mehr) haben ähnliche Gestalt, wie es der Zustandsgleichung der idealen Gase entspricht. Ganz anders ist es bei tieferen Temperaturen. Wir betrachten die 10°-Isotherme. Wir beginnen bei geringem Druck (in Abb. 104 rechts unten). Kompression verlangt Druckerhöhung: die Kurve steigt nach links. Plötzlich (bei c) geht die Isotherme in eine zur v-Achse parallele Gerade über; während das Volumen kleiner wird, bleibt der Druck konstant. Wir haben

8*

den Druck des bei 10^0 C gesättigten Dampfes erreicht, der Dampf geht in den flüssigen Zustand über. Auf der Geraden *cd* existieren gasförmige und flüssige Phase nebeneinander. Ist die Verflüssigung vollendet (bei *d*), so steigt die Isotherme stark an, d. h., selbst starke Drucksteigerung verringert das Flüssigkeitsvolumen sehr wenig. Bei höherer Temperatur ist das geradlinige Stück der Isotherme kürzer (man vergleiche die 20^0-Isotherme), d. h. die spezifischen Volumina und damit die spezifischen Gewichte von Flüssigkeit und Dampf unterscheiden sich weniger; der Dampf wird dichter, die Flüssigkeit leichter. Auf der durch *k* gehenden, sog. „kritischen Isotherme" wird die Gerade zu null: bei *k* werden Flüssigkeit und Dampf identisch. Die zu *k* gehörigen Größen heißen kritische Temperatur, kritischer Druck, kritisches Volumen (vgl. Tabelle V auf S. 307). Die Isothermen, die zu einer höheren als der kritischen Temperatur gehören, haben kein geradliniges Stück, d. h.: oberhalb der kritischen Temperatur können bei keinem noch so hohen Druck Flüssigkeit und Dampf nebeneinander existieren, kann also keine Verflüssigung eintreten.

Die gestrichelte Linie *akb* teilt die Zustandsebene in zwei Teile: die Fläche innerhalb *akb*, den Sättigungsraum, wo Flüssigkeit und Dampf nebeneinander existieren, und die Fläche außerhalb *akb*, wo stets nur eine Phase existiert. Links von *ka* liegen die Zustandspunkte des flüssigen, rechts von *kb* die des dampfförmigen Zustands.

Der Übergang von einem zweifellos flüssigen Zustand (links von *d*) in einen zweifellos gasförmigen (rechts von *c*) kann erfolgen entweder durch das Sättigungsgebiet hindurch, wobei eine Zeitlang flüssige und gasförmige Phase nebeneinander existieren und man einen scharfen Übergang bemerkt, oder aber auf dem Wege um das Sättigungsgebiet herum (oberhalb *k*), wobei die Substanz stets homogen bleibt und einen stetigen Übergang vom flüssigen zum gasförmigen Zustand durchmacht.

Die punktierten *S*-förmigen Teile der Isothermen (z. B. zwischen *c* und *d*) sind theoretisch ergänzt. Sie ergeben sich aus der Theorie von Van der Waals und entsprechen instabilen Zuständen.

Luftverflüssigung nach dem Stufenverfahren. Um Luft durch Druck zu verflüssigen, muß man sie mindestens bis zur kritischen Temperatur (-141^0 C) vorkühlen. Man verflüssigt z. B. Kohlendioxyd durch starken Druck und Kühlung mit kaltem Wasser. Die Flüssigkeit läßt man ausströmen uud benutzt die durch die Verdampfung entstehende Temperaturerniedrigung, um ein zweites, stark komprimiertes Gas mit tieferer krit. Temperatur zu verflüssigen. Dieses verdampft wieder usw. Durch ein solches „Stufenverfahren" ist es Cailletet und Pictet (1877) zuerst gelungen, Luft zu verflüssigen.

Über moderne Verflüssigungsmethoden s. S. 130.

Kinetische Theorie der Flüssigkeiten. Die Flüssigkeit ist vom Gase nicht grundsätzlich verschieden, sondern nur durch die geringere Entfernung der Molekeln voneinander und dadurch, daß sich die Anziehungs- und Abstoßungskräfte der Molekeln stärker bemerkbar machen. Infolge ihrer Geschwindigkeit wird stets ein Teil der Molekeln die Flüssigkeit verlassen und in das Gas übergehen. (Verdunsten.) Wir nennen diese der Flüssigkeit innewohnende Expansivkraft „Dampftension". Andrerseits werden die Molekeln am Auseinanderfahren durch die gegenseitige Anziehung gehindert, die ja auch in der Van der Waalsschen Theorie (S. 111) berücksichtigt ist. Die Anziehung wird sich besonders der Oberfläche bemerkbar machen[1]) und alle Molekeln, die nicht besonders große Geschwindigkeit haben, zurückhalten. Ist oberhalb der Flüssigkeit ein freier Raum, so erfüllt sich dieser stets mit Molekeln der Substanz in gasförmigem Zustand. Umgekehrt werden die Gasmolekeln, die der Flüssigkeit nahe kommen, infolge der Molekularattraktion in diese hineingezogen. Es findet also ein fortwährender Austausch von Molekeln zwischen Flüssigkeit und Gas, ein „bewegliches oder dynamisches Gleichgewicht", statt. Der Gasdruck kann nur so weit steigen, bis die Zahl der von der Flüssigkeit ausgesandten Molekeln im Durchschnitt gleich der von ihr eingefangenen ist. Mit wachsender Temperatur steigt die Expansivkraft der Flüssigkeitsmolekeln und damit der Druck des gesättigten Dampfes.

Da nur die Molekeln besonders großer Geschwindigkeit die Flüssigkeit verlassen können, so nimmt beim Verdunsten und Verdampfen die mittlere kinetische Energie der Flüssigkeitsmolekeln und damit die Temperatur ab. Soll die Temperatur aufrechterhalten bleiben, so muß von außen Energie zugeführt werden; damit ist die Verdampfungswärme erklärt.

Schmelzpunkt und Schmelzwärme. Diejenige Temperatur, bei der ein Körper aus dem festen in den flüssigen Aggregatzustand übergeht, heißt sein Schmelzpunkt. Bei leicht schmelzbaren Körpern bestimmt man diesen in der Weise, daß man den Körper in ein dünnwandiges Glasrohr bringt und dieses zugleich mit einem Thermometer in ein Flüssigkeitsbad hängt, das langsam erwärmt wird. Man liest die Temperatur ab, bei der der Stoff anfängt, flüssig zu werden. Schmelzpunkte reiner Substanzen dienen als thermometrische Fixpunkte, z. B. Eis 0^0, Silber $960,5^0$, Gold 1063^0 u. a.

Bemerkenswert ist, daß der Schmelzpunkt von Legierungen oft weit tiefer liegt als der Schmelzpunkt irgendeines der Bestandteile. Z. B. schmilzt das Weichlot der Klempner (1 Teil Blei, 1 Zinn) bei 200^0 C, die Woodsche Legierung (1 Kadmium, 1 Zinn, 2 Blei, 4 Wismut) sogar schon bei 70^0 C, also in heißem Wasser.

Hat ein Körper den Schmelzpunkt erreicht, so wird er bei Wärmezufuhr nicht heißer, sondern schmilzt. Die Wärmemenge, die zum Schmelzen von 1 g Substanz beim Schmelzpunkt nötig ist, heißt Schmelzwärme. Sie beträgt bei 0^0 C für Eis 79 cal. Ihren Wert findet man dadurch, daß man abgewogene Mengen Eis und Wasser mischt, das Eis schmelzen läßt und die Temperaturerniedrigung des Wassers beobachtet. Beim Festwerden wird umgekehrt die Schmelzwärme frei. Thermophore, wie sie z. B. Gallenkranke benutzen, enthalten in einer Metallkapsel ein Salz. Man schmilzt dieses durch Einlegen der Kapsel in heißes Wasser. Es behält dann seine Schmelztemperatur so lange, bis alles Salz erstarrt und die gesamte Schmelzwärme abgegeben ist.

Volumenänderung beim Schmelzen; Abhängigkeit vom Druck. Die meisten Körper erfahren beim Schmelzen eine Zunahme des Volumens. Bei diesen wird der Schmelzpunkt durch Druck erhöht. Beim

---

[1]) Denn hier erfolgt die Anziehung nur in die Flüssigkeit hinein, nicht, wie im Innern, nach allen Seiten.

Schmelzen des Eises dagegen tritt eine Volumverminderung um etwa $\frac{1}{12}$ ein. (Die Dichte des Eises beträgt bei 0° C 0,917.)

Bei Druckerhöhung erniedrigt sich der Schmelzpunkt des Eises. Bei 500 Atm. Druck beträgt er — 4,2°, bei 1000 Atm. — 9° C, bei etwa 2100 Atm. — 22° C. Bei weiterer Steigerung des Drucks geht das Eis in eine andere Modifikation über (es gibt mindestens 6 stabile Modifikationen), und der Schmelzpunkt steigt. Er ist z. B. bei 6200 Atm. wieder 0° C, bei 20000 Atm. sogar + 76° C.

Versuche. a) Eis schwimmt auf Wasser, ist also weniger dicht als dieses.

b) Legt man eine ganz mit Wasser gefüllte, fest verschlossene, gußeiserne Bombe in eine Kältemischung, so wird sie beim Erstarren des eingeschlossenen Wassers gesprengt. (Volumvergrößerung.)

c) Erniedrigung des Schmelzpunkts durch Druck: Über einen Eisblock wird ein dünner Draht gelegt und an beiden Enden durch Gewichte belastet. Der Draht gleitet langsam durch das Eis, ohne daß dieses zerfällt, indem das Eis unter dem Druck der Drahtschleife schmilzt, der Draht einsinkt und das vom Druck befreite Eis wieder gefriert (Regelation). Das Flüssigwerden der untersten Eismassen eines Gletschers unter dem Druck der darüber liegenden ist Ursache für die Gletscherbewegung.

Unterkühlen. Reines Wasser kann, wenn es vor jeder Erschütterung bewahrt bleibt, bis — 10° C und noch tiefer abgekühlt werden, ohne zu erstarren (Unterkühlung.) Beim Erschüttern oder Hineinwerfen eines festen Körpers (vgl. die Kondensationskerne S. 113) erstarrt es sofort. Die frei werdende Schmelzwärme läßt die Temperatur bis 0° steigen.

Besonders gut lassen sich Natriumthiosulfat (Schmelzpunkt 48°) und Natriumazetat (Schmelzpunkt 58°) unterkühlen. Das Erstarren bewirkt man durch Hineinwerfen kleiner Kristalle; die Temperatur steigt dann auf den Schmelzpunkt.

Lösungswärme; Kältemischung. Beim Auflösen einer Substanz in Wasser oder andern Flüssigkeiten tritt im allgemeinen Abkühlung ein; es wird Wärme verbraucht. Besonders auffällig zeigt sich die Abkühlung beim Lösen von Natriumnitrat oder Natriumthiosulfat in Wasser. (Kältemischung).

Mischt man gleiche Teile von fein gestoßenem Eis und Kochsalz, so sinkt die Temperatur bis — 20° C. Es entsteht Salzwasser, beide Teile werden flüssig und verbrauchen Schmelzwärme. Die Mischung von fester Kohlensäure und Äthyläther führt sogar auf — 80° (vgl. S. 139).

Der Begriff der Lösungswärme steht nicht genau fest. Man versteht darunter die Wärme, die nötig ist, um 1 g Substanz entweder in seiner nahezu gesättigten Lösung oder aber in stark überschüssigem Lösungsmittel zu lösen. Beide Lösungswärmen sind im allgemeinen verschieden, zuweilen sogar dem Vorzeichen nach. (Über Gefrierpunktserniedrigung bei Lösungen siehe S. 138.)

Sublimation. Unter Sublimation versteht man den unmittelbaren Übergang eines Körpers vom festen in den gasförmigen Zu stand (unter Überspringung des flüssigen). Sublimation läßt sich beobachten beim Jod (man erhitze Jod im Reagenzglas), bei Salmiak, Sublimat, in geringem Maß auch bei Eis und Schnee. (Die Schneehaufen in den Straßen verschwinden bei klarem, windigem Wetter durch Sublimation, ohne vorher zu schmelzen.)

Sublimationswärme ist die Wärmemenge, die zur Sublimation von 1 g Substanz erforderlich ist. Sie ist ebenso wie die Schmelz- und Verdampfungswärme von der Temperatur abhängig.

Atomwärme. Regel von Dulong und Petit. Unter Atomwärme versteht man das Produkt aus spez. Wärme und Atomgewicht eines Elements. Dulong und Petit haben die bemerkenswerte Regel aufgefunden, daß bei gewöhnlicher Temperatur die Atomwärmen der meisten Elemente um die Zahl 6 herum liegen (5,8—6,4). Die Angaben der Spalte „Atomwärme“ in Tabelle III bestätigen das. Indes wußten schon Dulong und Petit, daß die Elemente kleinen Atomgewichts geringere Atomwärme haben, z. B. Silizium 4,8, Bor 2,6, Kohlenstoff (Diamant) 1,5.

Später haben die Messungen gezeigt, daß nicht nur einige Elemente von der Regel abweichen, daß vielmehr bei allen Körpern die Atomwärme mit fallender Temperatur unbegrenzt abnimmt. Bei hohen Temperaturen steigt die Atomwärme über 6,4.

Änderung der Atomwärme mit der Temperatnr:

	900°	300°	20°	—70°	—185°	—250°	—257°
Diamant	5,6	4,0	1,5	0,7	0,03	0,00	—
Kupfer	8,00	6,26	5,82	5,4	3,33	0,22	0,05
Blei	—	7,00	6,40	6,1	5,79	3,17	1,27

Gesetz von Debye. Debye hat (1912) auf theoretischem Wege folgendes Gesetz gefunden:

Bei sehr tiefen Temperaturen ist die spez. Wärme jedes festen Grundstoffs der dritten Potenz der absoluten Temperatur proportional, $c_v = \alpha \cdot T^3$.

Zahlreiche sehr genaue Messungen haben das Gesetz experimentell zweifellos sicher gestellt.

Kinetische Theorie der festen Körper. Der stabilste Zustand des festen Körpers ist die Kristallform. Im Kristall ist jedes Atom durch die Anziehungskräfte im wesentlichen an einen festen Platz gebunden (S. 31) und vollführt nur um diesen herum Schwingungen. Es ist verständlich, daß zur Überwindung dieser Kohäsionskräfte beim Schmelzen Energiezufuhr nötig ist (Schmelzwärme).

Einzelne Molekeln mit besonders großer Energie werden sich, ähnlich wie bei der Flüssigkeit (S. 116), aus dem Verband des Körpers ablösen und in das Gas übertreten (Sublimation). Zwischen festem Körper und Gas bildet sich ebenso ein bewegliches Gleichgewicht aus wie zwischen Flüssigkeit und Gas. Erreicht der Druck des gesättigten Dampfes über dem festen Körper bei Temperatursteigerung früher den Wert einer Atmosphäre als der Dampfdruck über dem flüssigen, so tritt lebhafte Sublimation ohne Schmelzen ein (Jod usw.).

Bei bestimmter Temperatur können beide Dampfdrucke gleich sein. Nur bei dieser Temperatur und dem zugehörigen Druck können feste, flüssige und gasförmige Körper nebeneinander im Gleichgewicht bestehen. Für Wasser ist das der Fall bei $t = 0{,}0075^0$ C und $p = 4{,}58$ mm Quecksilber-Druck.

Um die Abweichung von der Dulong-Petitschen Regel erklären zu können, darf man nicht mehr, wie bei den Gasen, annehmen, daß die durchschnittliche kinetische Energie einer Molekel der absoluten Temperatur proportional ist. An die Stelle dieser Annahme tritt eine kompliziertere Beziehung, zu deren Herleitung man die sogenannte Quantentheorie von Planck (S. 299) zugrunde legt.

Amorphe Körper. Es gibt auch einige feste Körper, die nicht kristallinisch, sondern amorph (griech. = gestaltlos) sind: Opal, natürliche und künstliche Gläser, Harze. Es sind das unterkühlte Flüssigkeiten von so großer innerer Reibung, daß die Molekeln nur noch kleine Wärmeschwingungen vollführen können. Amorphe Körper haben das Betreben, in den stabileren kristallinischen Zustand überzugehen. Gläser z. B. „entglasen sich", sie werden porzellanartig. Amorph sind auch viele frische Opale (S. 142).

Fortpflanzung der Wärme.

Ausbreitung der Wärme. Wärme kann sich ausbreiten durch Leitung, Strömung und Strahlung. Leitung und Strömung sind an das Vorhandensein von Materie gebunden. Bei der Strömung bewegen sich die Teilchen, welche die Wärme transportieren; bei der Leitung bleibt die Materie selbst unbewegt. Strahlung erfolgt auch durch den leeren Raum hindurch und wird durch Materie nur aufgehalten.

Wärmetransport durch Strömung. Er spielt eine große Rolle bei Flüssigkeiten und Gasen. Die warmen Flüssigkeits- oder Gasteilchen sind leichter als die kalten und steigen in die Höhe. Schüttet man auf den Boden eines Reagenzglases einen Tropfen blauen Farbstoffes, der sich mit Wasser mischt, und darüber Wasser, so tritt eine völlige Mischung nur sehr allmählich ein. Erhitzt man aber das Gefäß von unten, so strömt das warme Wasser sofort nach oben, was man an der Bewegung der gefärbten Teilchen sehen kann. Bei der Warmwasserheizung (Abb. 105) wird der Kessel unten (Boiler) erhitzt; das Wasser steigt hinauf in das obere Gefäß und fließt von dort durch das Röhrensystem (Heizschlangen in den Wohnräumen), wo es sich abkühlt, wieder in den Kessel zurück.

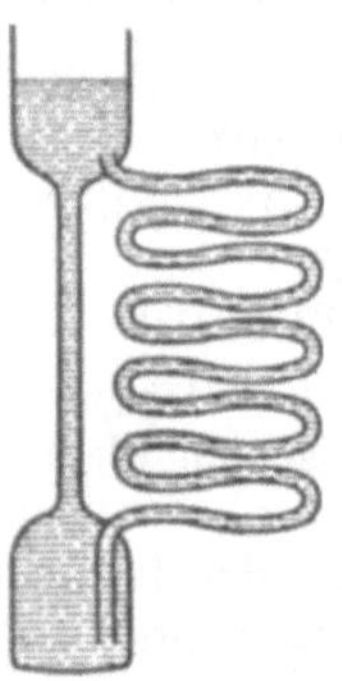

Abb. 105. Warmwasserheizung.

Wärmeleitung in festen Körpern. Wird ein Metallstab an einem Ende erwärmt, so breitet sich die Wärme über den ganzen Körper aus. Bohrt man in den Stab Vertiefungen, füllt sie mit Quecksilber und senkt da hinein Thermometer, so kann man den Vorgang genau verfolgen. Erwärmt man das eine Ende gleichmäßig, während das andere auf konstanter Temperatur gehalten wird (Wasserbad), so hören die Thermometer bald auf zu steigen. Der Zustand ist „stationär" geworden. Jeder Punkt der Metallstange erhält dann in der Sekunde ebensoviel Wärme, wie er abgibt. Die Abgabe erfolgt teils an die benachbarten Teile (innere Leitung), teils an die Luft (äußere Leitung). Die Temperaturabnahme, die auf 1 cm Länge des Stabes entfällt, heißt „Temperaturgefälle". Nach Fourier ist die Wärmemenge, die pro Sekunde durch

1 qcm des Stabes hindurchfließt (der sogenannte Wärmefluß) dem Temperaturgefälle proportional

$$\text{Wärmefluß} = \lambda \cdot \text{Temperaturgefälle.}$$

λ ist eine Konstante, die vom Material abhängt, und die man „Wärmeleitungsvermögen" nennt. Je größer λ, desto mehr Wärme fließt bei gleichem Temperaturgefälle pro Sekunde durch den Stab. Die besten Wärmeleiter sind Silber und Kupfer, dann kommen die andern Metalle; schlechte Wärmeleiter sind z. B. Glas oder Holz (Angaben in Tabelle III S. 307).

Das Wärmeleitvermögen wird mit sinkender Temperatur größer; bei manchen Kristallen ist die Steigerung bei tiefen Temperaturen sehr bedeutend. Z. B. hat reines Kupfer bei -252^0 C die Leitfähigkeit $\lambda = 4{,}5$, ein natürlicher Kupferkristall sogar $\lambda = 29{,}3$. Bei Bergkristall ist $\lambda = 0{,}016$ bei 0^0, dagegen $\lambda = 0{,}681$ bei -252^0 C.

Versuche und Anwendungen. a) Zwei gleich lange und dicke Stäbe aus Kupfer und Eisen werden an einem Ende gehalten, am andern gleich stark erwärmt. Den Kupferstab muß man viel früher aus der Hand legen.

b) Durch die Wandung eines Blechkastens führen gleich lange und gleich dicke Stäbe aus verschiedenen Materialien. Sie sind mit Quecksilber-Silberjodid bestrichen, das für gewöhnlich hellgelb ist, bei 35^0 C aber orangefarben wird (Farbenthermoskop). Man gießt in den Kasten heißes Wasser. Je nach der Wärmeleitfähigkeit der einzelnen Substanzen tritt auf einer längeren oder kürzeren Strecke Erwärmung über 35^0 C und damit Farbenumschlag ein.

c) Kaltes Eisen fühlt sich kälter an als gleich kaltes Holz, weil das Eisen die Wärme der Hand sofort weiter leitet und ihr dadurch immer mehr Wärme entzieht[1]).

d) Metallgefäße (Teekessel), die für heiße Flüssigkeiten bestimmt sind, werden mit Holzgriffen versehen (schlechte Wärmeleiter).

e) Glasgefäße, die erwärmt werden sollen, werden auf ein Drahtnetz gestellt, das die Wärme verteilt, so daß das Gefäß nicht springt.

f) Hält man ein Netz aus dünnem Draht über einen Bunsenbrenner, so läßt sich das Gas oberhalb des Netzes entzünden. Die Flamme schlägt nicht hindurch, da der Draht die Wärme schnell zur Seite leitet und so unterhalb des Drahtes nicht die nötige Entzündungstemperatur entstehen kann.

g) Auf demselben Prinzip beruht die Sicherheitslampe von Davy. Die Flamme ist von einem engmaschigen Drahtkäfig umgeben. Befindet sich außerhalb der Lampe ein explosibles Gasgemisch (schlagende Wetter), so kann, weil das Drahtgeflecht die Wärme der Flamme zur Seite leitet, die nötige Entzündungstemperatur außerhalb nicht entstehen, und das Gasgemisch kommt nicht zur Explosion.

---

[1]) Die Verschiedenheit der spez. Wärme spielt hier eine untergeordnete Rolle.

h) Die Sonnenwärme dringt durch Leitung nur bis zu geringer Tiefe in die Erde ein (Erdboden 20 m, Weltmeer 40 m). Gleichmäßige Temperatur sehr tiefer Keller.

Wärmeleitung in Flüssigkeiten und Gasen. Bei Flüssigkeiten und Gasen ist die Wärmeleitung, wenn man jede Strömung sorgfältig ausschließt, außerordentlich gering. Darauf beruht die wärmeisolierende Wirkung von Gashüllen, in denen man durch lose Packung fester Körper jede Strömung verhindert. (Federbetten, Doppelfenster, Schotterfüllung zwischen zwei Steinschichten der Hauswand, Asche zwischen der Doppelwandung des feuersicheren Geldschranks.) Daß im Wasser die Leitung sehr gering ist, zeigt folgender Versuch. Auf dem Boden eines mit Wasser gefüllten Reagenzglases wird durch Draht oder dgl. ein Stück Eis gehalten. Man kann in dem schräg gestellten Glas die oberen Wasserteilchen zum Kochen bringen, ohne daß das Eis sofort schmilzt.

Während z. B. die Leitfähigkeit für Kupfer 0,90 ist, ist sie für Wasser 0,0014, für Holz etwa 0,0008; noch geringer ist sie für Substanzen mit Lufträumen, z. B. für Korkmehl 0,00008, für Federn 0,00006.

Der von Materie freie Raum (Vakuum) leitet Wärme überhaupt nicht. Thermosflaschen sind doppelwandige Gefäße, bei denen der Zwischenraum zwischen den Wandungen luftleer gepumpt ist. Dieses Vakuum wirkt als Wärmeschutz. Die Flasche ist zum Schutz gegen Beschädigungen federnd in einer Metallhülle untergebracht. Ähnliche doppelwandige Gefäße werden zum Aufbewahren flüssiger Luft benutzt. Hier ist die äußere Glaswand meist noch versilbert, um Wärmestrahlen zurückzustrahlen (Dewarsches Gefäß).

Über die Wärmestrahlung s. S. 283.

Der zweite Hauptsatz der Wärmelehre.

Reversible und irreversible Prozesse. Wärme fließt von selbst stets nur vom heißeren zum kälteren Körper, obwohl der umgekehrte Vorgang dem Energiegesetz (ersten Hauptsatz, S. 105) durchaus nicht widerspräche. Man bezeichnet solche Vorgänge, die ohne äußere Einwirkung stets nur in einer Richtung verlaufen, als „irreversibel". Es zeigt sich, daß irreversible Vorgänge niemals vollständig rückgängig gemacht werden können, ohne daß irgend welche Veränderungen in der Natur zurückbleiben. Vorgänge, die vollständig rückgängig gemacht werden können, heißen reversibel. Zu den letzteren gehören die Vorgänge der Mechanik, soweit keine Reibung ins Spiel kommt (z. B. Pendelschwingung, elastischer Stoß). Irreversibel sind die Vorgänge der Reibung, der Wärmeleitung, ferner z. B. die Ausdehnung eines Gases ohne Arbeitsleistung, die eintritt, wenn man das Gas ins Vakuum strömen läßt. Da Reibung und Wärmeleitung, streng genommen, bei allen Vorgängen auftreten, so sind alle wirklich vorkommenden Prozesse irreversibel; die reversibeln bilden nur einen idealen Grenzfall.

Carnotscher Kreisprozeß. Sadi Carnot hat (1824) ein Gedankenexperiment beschrieben, das für die theoretische Physik von größter Bedeutung ist, und das man den Carnotschen Kreisprozeß nennt. Wir denken uns zwei große Wärmebehälter I und II mit den absoluten Temperaturen T_1 und T_2 ($T_1 > T_2$) und einen Zylinder, in dem ein ideales Gas durch einen verschiebbaren Kolben abgeschlossen ist. Damit nehme man folgenden, aus vier Teilen bestehenden, sehr langsam verlaufenden Prozeß vor:

1. Man bringe den Zylinder, der die Temperatur T_1 haben möge, in das Gefäß I und lasse das Gas sich langsam isotherm ausdehnen. Dabei wird der äußere Druck überwunden, somit nach außen Arbeit geleistet. Dem Gefäß I wird die der Arbeit äquivalente Wärmemenge Q_1 entzogen. (Der Wärmeinhalt des Gefäßes sei so groß, daß dadurch die Temperatur nicht merklich sinkt.)

2. Der Zylinder wird herausgenommen und gegen Wärmezufuhr von außen geschützt; das Gas wird adiabatisch (also ohne Zu- oder Abfuhr von Wärme) weiter ausgedehnt, bis die dabei heruntergehende Temperatur den Wert T_2 erreicht hat. Dabei wird ebenfalls nach außen Arbeit geleistet.

3. Man bringe den Zylinder in das Gefäß II und komprimiere das Gas langsam isotherm. Dabei wird von außen Arbeit geleistet und dem Reservoir die äquivalente Wärmemenge Q_2 zugeführt.

4. Man bringe das Gas durch adiabatische Kompression wieder in den Anfangszustand (die Grenzen der einzelnen Prozesse lassen sich entsprechend wählen); dabei muß von außen Arbeit geleistet werden.

Es läßt sich nun zeigen, daß die bei 2. gewonnene Arbeit gleich der bei 4. geleisteten ist. Bei 1. ist eine größere Arbeit gewonnen, als bei 3. zu leisten ist. Nennt man den Überschuß A, so ist nach dem Energiegesetz

$$A = (Q_1 - Q_2)\,a\,.$$

Wie zuerst Carnot gezeigt hat, gilt ferner die sehr bemerkenswerte Beziehung

$$\frac{a\,Q_1}{T_1} = \frac{a\,Q_2}{T_2} = \frac{A}{T_1 - T_2}\,.$$

Von der dem Reservoir I entnommenen Wärmemenge Q_1 ist also der Bruchteil $\frac{A}{a\,Q_1} = \frac{T_1 - T_2}{T_1}$ in Arbeit, der Rest in Wärme geringerer Temperatur umgewandelt worden. Da der Prozeß in allen Teilen äußerst langsam verläuft, also gewissermaßen aus lauter Gleichgewichtszuständen besteht, ist er reversibel; man kann durch seine Umkehrung dem kälteren Gefäß die Wärme Q_2 entnehmen und unter Aufwand der äußeren Arbeit A dem heißeren Gefäß die Wärme $Q_1 = Q_2 + \frac{A}{a}$ oder $Q_1 = \frac{T_1}{T_2}\,Q_2$ zuführen.

Perpetuum mobile zweiter Art. Der beim Carnotschen Kreisprozeß in Arbeit umgesetzte Teil der Wärme ist meist gering; haben die Reservoire etwa 200^0 und 0^0 C Temperatur, ist also $T_1 = 473$, $T_2 = 273$, so ist

$$\frac{T_1 - T_2}{T_1} = \frac{200}{473} = 0{,}42\,.$$

Trotzdem liefert der Carnotsche Prozeß den größten Prozentsatz Arbeit oder den größten Nutzeffekt, der beim Arbeiten mit zwei Wärmereversoiren überhaupt erzielbar ist. (Bei direkter Wärmeleitung ist z. B. die Arbeit null.) Der Beweis ergibt sich aus folgendem, auf Grund der Erfahrung aufgestellten Satz: „Es ist unmöglich, eine periodisch wirkende Maschine zu bauen, die nichts weiter bewirkt als Abkühlung eines Wärmereservoirs und Leistung einer mechanischen Arbeit.“ Gäbe es eine solche Maschine, die man nach Planck als „Perpetuum mobile zweiter Art“ bezeichnet (vgl. S. 19), so könnte z. B. ein Dampfer dadurch betrieben werden, daß er die zur Fortbewegung nötige Energie dem unerschöpflichen Wärmevorrat des Meeres entnimmt. Auf Grund unserer Erfahrungen nehmen wir an, daß eine solche Maschine und somit auch ein Perpetuum mobile zweiter Art nicht existiert.

Angenommen nun, es gäbe einen Prozeß, der einen größeren Nutzeffekt erzielte als der Carnotsche. Wir entnehmen dann dem heißeren Reservoir die Wärme Q_1, verwandeln sie durch den neuen Prozeß zum Teil in Arbeit A', zum Teil in Wärme Q_2' von der Temperatur T_2. Nach Voraussetzung ist $Q_2' < Q_2$, also $Q_2' < \frac{T_2}{T_1} Q_1$. Nunmehr leiten wir einen umgekehrten Carnotschen Kreisprozeß ein. Wir entnehmen dem Reservoir II wieder die Wärme Q_2', fügen äußere Arbeit hinzu und bringen dadurch in das Reservoir I die Wärmemenge $Q_1' = \frac{T_1}{T_2} Q_2'$. Da nun $Q_2' < \frac{T_2}{T_1} Q_1$ war, so ist

$$Q_1' < Q_1\,.$$

Das heißt: Am Ende ist der Wärmeinhalt des Reservoirs II ungeändert, dem Reservoir I ist die Wärmemenge $Q_1 - Q_1'$ entzogen und in Arbeit verwandelt. Wir hätten damit aber ein Perpetuum mobile zweiter Art, dessen Unmöglichkeit wir vorausgesetzt haben.

Daraus folgt die Richtigkeit der Behauptung, daß bei Benutzung von zwei Wärmebehältern der Nutzeffekt des Carnotschen Kreisprozesses der größte überhaupt mögliche ist. Da alle wirklichen Prozesse nicht wie der Carnotsche reversibel, sondern irreversibel sind, so gilt für sie

$$\frac{A}{aQ_1} < \frac{T_1 - T_2}{T_1}\,.$$

Hieraus ergibt sich z. B. der maximale Wirkungsgrad einer Dampfmaschine (S. 129.) Da $A = aQ_1 - aQ_2$, so kann man auch schreiben $\frac{Q_1 - Q_2}{Q_1} < \frac{T_1 - T_2}{T_1}$ oder

$$-\frac{Q_1}{T_1} + \frac{Q_2}{T_2} > 0\,.$$

Entropie. Das Ungleichheitszeichen in der obigen Beziehung bringt deutlich die Einseitigkeit des Vorgangs zum Ausdruck. Bei den irreversibeln Prozessen ist der Endzustand vor dem Anfangszustand in bestimmter Weise ausgezeichnet. Mathematisch könnte das so zum Ausdruck kommen, daß eine bestimmte, dem in Wirksamkeit tretenden Körper zukommende Größe sich nur einseitig ändern, also bei allen Prozessen nur zunehmen oder nur abnehmen kann. Wie Clausius und Boltzmann gezeigt haben, kann man eine solche dauernd zunehmende Größe tatsächlich finden. Man nennt sie die „Entropie" des Systems.

Zweiter Hauptsatz der Wärmelehre. Bei allen Vorgängen in der Natur nimmt die Gesamtsumme der Entropien aller an dem Vorgang beteiligten Körper zu. Bei Prozessen der oben beschriebenen Art, bei denen der Druck des Körpers (hier des Gases) in jedem Augenblick mit dem Außendruck übereinstimmt, ist die Entropiezunahme stets gleich dem Quotienten $\frac{Q}{T}$, wo Q die von außen zugeführte Wärme, T die absolute Temperatur bedeutet. In unserm Beispiel ist die Entropiezunahme des kälteren Reservoirs $\left(+\frac{Q_2}{T_2}\right)$ größer als die Entropieabnahme des wärmeren $\left(-\frac{Q_1}{T_1}\right)$, die Gesamtentropie nimmt also zu. — Ist der Druck des Gases nicht in jedem Augenblick gleich dem äußeren Druck, so wird die Entropiezunahme nicht durch den einfachen Ausdruck $\frac{Q}{T}$ gemessen. Z. B. nimmt die Entropie zu, wenn ein Gas in ein Vakuum strömt, oder wenn zwei Gase sich mischen, ohne daß Wärme zugeführt wird. Beide Vorgänge sind irreversibel und mit Entropiezunahme verknüpft.

Ludwig Boltzmann ist es zuerst gelungen, eine theoretische Erklärung des Entropiesatzes zu geben, die von der Molekulartheorie ausgeht und sich auf Wahrscheinlichkeitsbetrachtungen aufbaut. Der Satz ist nur anwendbar auf Prozesse, an denen sehr viele Molekeln beteiligt sind. (Vgl. S. 145 Anm.)

Wärmekraftmaschinen und Kältemaschinen.

Kolbendampfmaschine. Die wesentlichsten Teile einer Dampfmaschine sind der Kessel für die Erzeugung des Dampfes, der Zylinder mit dem Kolben zur Erzeugung der Bewegung, die Steuerung (Schieber- oder Ventilsteuerung) für die Zuleitung des Dampfes in den Zylinder, das Triebwerk (Kurbel, Pleuelstange, Balancier, Schwungrad) zur Umformung der hin und her gehenden in drehende Bewegung. Nebenvorrichtungen sind das Wasserstandsrohr am Kessel, das Manometer, das Sicherheitsventil, der Regulator zur Erzielung gleichmäßigen Ganges.

Der Dampfzylinder mit doppelseitiger Dampfwirkung ist eine der wesentlichsten Erfindungen von James Watt (1736—1819). Der Dampf tritt unter Druck aus dem Kessel durch Rohr x und Rohr b in die untere Zylinderkammer (Abb. 106) und treibt den Kolben T nach oben. Der zur Zeit in der oberen Kammer befindliche Dampf kann dabei durch die Rohre a und O entweichen. Hat T die höchste Lage erreicht, so wird das „Schieberventil" y nach unten gedrückt; der Dampf gelangt jetzt durch a in die obere Kammer und treibt den Kolben T nach unten. Ist T unten angelangt, so findet eine neue Umsteuerung statt usw. Der Kolben dreht mit Hilfe der Stange A ein Schwungrad. Er übt, wenn er seine Endlage oben oder unten erreicht hat, gar keine Kraft aus; er drückt am stärksten in der Mittellage. Diese Unregelmäßigkeiten werden durch ein Schwungrad mit großem Trägheitsmoment ausgeglichen. Die Umsteuerung des Schieberventils wird von der Maschine selbst mit Hilfe einer exzentrischen Scheibe bewirkt.

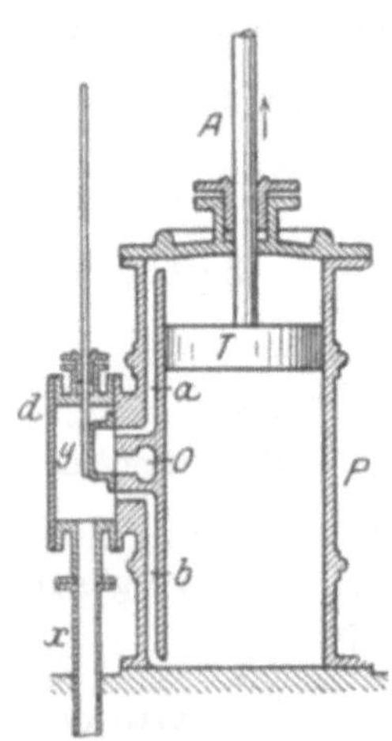

Abb. 106. Zylinder einer Dampfmaschine.

Der den Zylinder verlassende Dampf wird bei den Hochdruckmaschinen, bei denen im Kessel ein Dampfdruck von 5 bis 60 Atm. herrscht, in die freie Luft geleitet, wo er also einen Gegendruck von 1 Atm. zu überwinden hat, bei den Niederdruckmaschinen, die im Kessel nur bis 3 Atm. Druck haben, in einen besonderen Kondensationsraum (Kondensator), der durch Abkühlen der Wände oder durch Einspritzen kalten Wassers gekühlt wird. Da hier der Dampfdruck, der niedrigen Temperatur entsprechend, gering ist, hat der vom Zylinder kommende Dampf auch nur geringen Gegendruck zu überwinden. Der Kondensator ist eine Erfindung Watts, die um so bedeutsamer war, als man zu seiner Zeit Kessel für hohe Drucke nicht herstellen konnte. Dampfer arbeiten viel mit Niederdruckmaschinen, da sie beliebig viel Kühlwasser zur Verfügung haben; Lokomotiven sind stets Hochdruckmaschinen, da sie keinen Kondensator mitführen können.

Watt hat auch bereits (1776) gefunden, daß es zweckmäßig ist, die Dampfzufuhr zum Zylinder zu unterbrechen, bevor der Kolben seine äußerste Lage erreicht hat. Er legt dann den letzten Teil des Weges infolge der Expansion des Dampfes zurück; da dieser sich hierbei abkühlt, wird eine bessere Ausnutzung der Wärmeenergie ermöglicht.

Wesentliche Energieverluste entstehen durch Wärmeabgabe an die Wände des Zylinders. Zwei Mittel werden dagegen angewandt: man erhitzt den Dampf auf 300—350° C (überhitzter Dampf); er kondensiert sich dann trotz beträchtlicher Ausdehnung im Zylinder nicht und bleibt trocken; an trockene Zylinderwände wird aber erfahrungsgemäß weniger Wärme abgegeben als an feuchte. Zweitens läßt man den Dampf stufenweise in zwei oder drei Zylindern nacheinander expandieren, da hierbei die Temperaturänderungen in den einzelnen Zylindern kleiner sind. Die Zylinder wirken auf dasselbe Schwungrad (Verbundmaschinen).

Bei modernen Dampfkesseln leitet man die Verbrennungsgase in vielen Röhren durch das Wasser, um ihren Wärmegehalt möglichst auszunutzen, oder man löst den Kessel in ein Röhrensystem auf, das von den Verbrennungsgasen umspült wird. Das im Kondensator gesammelte Wasser wird wieder zur Speisung des Kessels benutzt.

Dampfturbinen. Wie bei den Wasserturbinen das Wasser, so kann hier der Dampf entweder wesentlich durch seinen Druck oder durch seine Geschwindigkeit wirken. (Es gibt auch kombinierte Maschinen.) Bei der Turbine von Laval (1887) strömt der Dampf aus einem Raum hohen Drucks in einen geringeren Drucks mit sehr großer Geschwindigkeit gegen die Schaufeln eines Rades (Laufrades). Das Ausströmen des Dampfes erfolgt durch eine „Ausströmdüse", deren Inneres einem lang gestreckten Hohlspiegel ähnelt (Abb. 107). Hier werden die Dampfmolekeln so an den Wänden reflektiert, daß sie alle nahezu parallele Bewegungsrichtung erhalten. Dadurch wird erreicht, daß fast die gesamte überhaupt in kinetische Energie umgesetzte Wärme in Energie geordneter Bewegung übergeht (Energie $\frac{1}{2} mv^2$, wo die Geschwindigkeit v des Strahls ist). Die Düse ist schräg gegen das Rad gestellt, so daß eine möglichst große Komponente der Dampfgeschwindigkeit in die Richtung der Radbewegung fällt. Da bei Anwendung eines einzigen Rades die Geschwindigkeit des Rades sehr groß sein muß, um die Dampfenergie voll auszunutzen, benutzt man bei neueren Turbinen mehrere Räder und entsprechende Druck- und Geschwindigkeitsabstufungen. Der Dampf stößt z. B. zuerst gegen ein erstes Laufrad und gibt dort seine halbe Geschwindigkeit ab; ein fest stehendes „Leitrad" kehrt seine Richtung um und leitet ihn gegen ein zweites Laufrad, wo er die restliche Geschwindigkeit abgibt. Beide Laufräder sitzen auf gemeinsamer Achse. Der Dampf tritt nunmehr in einen größeren Raum; er dehnt sich aus, gewinnt an Geschwindigkeit, treibt ein drittes Laufrad usw. Moderne Turbinen enthalten bis über 100 Laufräder.

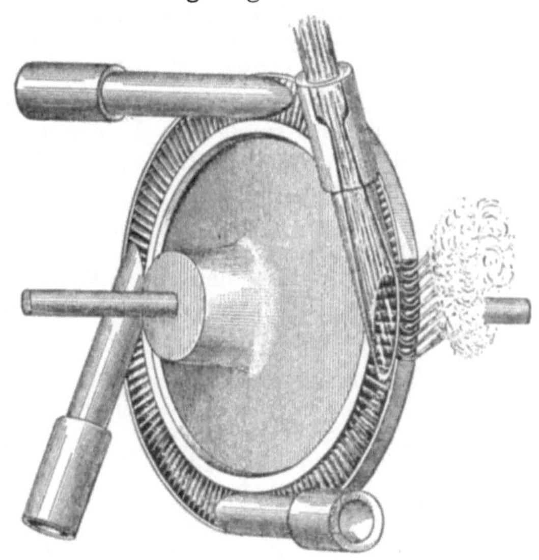

Abb. 107. Dampfturbine.

Die Dampfturbinen zeichnen sich gegenüber den Kolbendampfmaschinen durch einfache Bauart, ruhigen Gang (drehende Bewegung statt der hin und her gehenden) und geringeren Platzbedarf aus. Sie werden da bevorzugt, wo von der Maschine sehr hohe, sich gleich bleibende Leistungen und sehr hohe Tourenzahlen verlangt werden.

Explosionsmotoren. Auf dem langen Umwandlungswege, den die Energie des Brennstoffes bei Dampfmaschinen und Turbinen durchzumachen hat, geht der allergrößte Teil für die zu leistende mechanische

Arbeit verloren (s. u.). Die Explosionsmotoren kürzen diesen Weg ab; die Verbrennungsgase leisten direkte Arbeit. Der Kolben wird durch die Druckkraft bewegt, die durch die Explosion eines Gemisches von Luft und brennbarem Gas (Leuchtgas, Generatorgas oder vergastes Benzin, Benzol, Spiritus) im Zylinder erzeugt wird. Die Wirkungsweise des Motors vollzieht sich im Viertakt oder im Zweitakt. Abb. 108 zeigt schematisch den Zylinder eines Viertaktmotors (Otto und Langen 1878). *E* ist das Einlaßventil für das explosible Gasgemenge, *A* der Auspuff. Die vier Bilder sind rechts nach links zu betrachten. Es spielt sich Folgendes ab:

1. Kolben geht nach unten, Ventil *E* öffnet sich, das explosible Gemisch wird angesogen.
2. Kolben geht nach oben, *E* schließt sich, das Gasgemisch wird komprimiert.
3. Explosion des Gemisches, Abwärtstreiben des Kolbens.
4. Kolben geht nach oben, Ventil *A* öffnet sich, Auspuff der Verbrennungsgase.

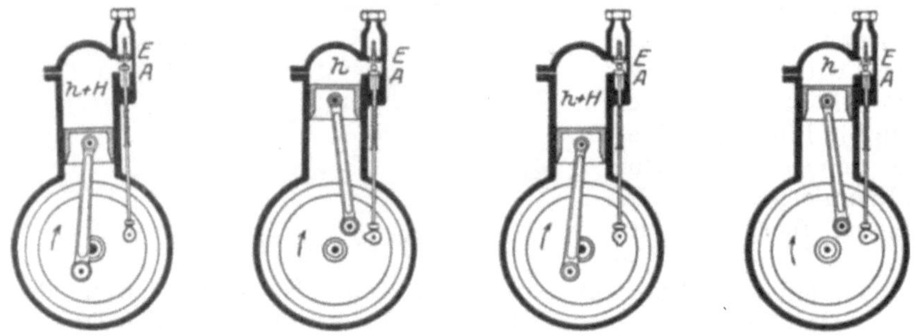

Abb. 108. Viertaktgasmotor. (Von rechts nach links zu betrachten.)

Die Zündung (bei 3) erfolgt entweder durch ein Glührohr (erhitztes Porzellanrohr) oder (häufiger) durch elektrischen Funken. Die Bedienung der Ventile *E* und *A* erfolgt durch die Maschine selbst, und zwar mit Hilfe von Wülsten (Nocken), die auf der sog. Steuerungswelle sitzen. Der Zylinder wird von außen durch kaltes Wasser, dieses selbst wird bei Automobilen durch Luft gekühlt (Rippenkühler). Nur im dritten der vier Takte erfährt der Motor einen Antrieb. In den übrigen Perioden muß das Schwungrad für den Fortlauf des Motors sorgen. Bei den Doppel-Viertakt-Motoren bewegt sich der Kolben im Innern eines Zylinders, dem von beiden Seiten das explosible Gasgemisch zugeführt werden kann. Zwei solche Zylinder lassen sich so koppeln, daß bei jedem der vier Takte in einer der vier Zylinderkammern die Explosion eintritt. Derartige Konstruktionen bevorzugt man bei Großmaschinen (4000 PS und mehr), wie sie z. B. zur Ausnutzung der Gichtgase der Hochöfen gebaut werden.

Beim Zweitakt-Motor fallen die Takte 1 und 4 weg. Unmittelbar nach Takt 3 werden durch einen Strom komprimierter Luft die Verbrennungsgase aus dem Zylinder ausgespült, danach wird das brennbare Gas hineingedrückt und beim Weitergehen des Kolbens zusammengepreßt (Takt 2).

Bei den Dieselmotoren (Diesel 1897) wird zunächst reine Luft (Takt 2) auf 30—40 Atm. komprimiert und dadurch auf etwa 800^0 C erwärmt (adiabatische Kompression). Nun wird flüssiger Brennstoff eingespritzt, der sofort ohne Zündung verbrennt. Die Verbrennung wird so geführt, daß sie bei konstantem Druck erfolgt. Dieselmotoren zeichnen sich dadurch aus, daß in ihnen auch die billigeren schweren Öle (Naphtha-Rückstände) verbraucht werden können. Sie werden in der Schiffahrt verwandt (Unterseeboote). Die Vervollkommnung der Benzinmotoren (bei den ersten Konstruktionen von Daimler 1883 wog der Motor 40 kg pro PS, heut etwa 1 kg pro PS) hat erst die Entwicklung des Automobil- und Flugzeugwesens ermöglicht. Moderne Flugzeugmotoren enthalten bis 24 Zylinder.

Leistung, Wirkungsgrad, Wirtschaftlichkeit der Wärmekraftmaschinen. Unter der tatsächlichen oder effektiven Leistung einer Wärmekraftmaschine versteht man den Betrag der von ihr pro Sekunde gelieferten mechanischen Arbeit. Man gibt sie gewöhnlich in Pferdestärken (PS) an (S. 17).

Das Verhältnis der tatsächlich als Arbeit gewonnenen zu der im Brennmaterial zugeführten Energiemenge heißt der Wirkungsgrad. Er hängt von verschiedenen Umständen ab. Bei Dampfmaschinen gehen allein schon durch die in den Schornstein steigenden heißen Abgase, durch die Wärmeausstrahlung des Kessels usw. etwa $30^0/_0$ der Energie der Kohle verloren. Von den restlichen $70^0/_0$, die dem Dampf zugeführt werden, findet sich der größte Teil als Wärmegehalt des Kondensatorwassers wieder. Hat z. B. der Dampf 180^0 C, der Kondensator 50^0 C, so kann nach der Carnotschen Formel (S. 124) höchstens der Bruchteil $\frac{T_1 - T_2}{T_1} = \frac{130}{273 + 180} = 0{,}29$ von $70^0/_0$, d. h. $20^0/_0$ der Kohlenenergie in Arbeit umgesetzt werden. Dazu kommen noch Verluste beim Arbeiten des Dampfes in der Maschine, durch Reibung usw. Je höher T_1, um so besser ist der Wirkungsgrad. Der Wirkungsgrad beträgt bei guten, mit überhitztem Dampf arbeitenden Dampfmaschinen und Turbinen etwa $15—18^0/_0$, bei Gasmotoren $25^0/_0$, bei Dieselmotoren sogar $35^0/_0$.

Die Höhe des Wirkungsgrades allein bestimmt freilich noch keineswegs den Grad der Wirtschaftlichkeit einer Maschine. Hier müssen noch andere Faktoren nicht physikalischer Art berücksichtigt werden: Kosten für Anschaffung und Verzinsung, Kosten für Schmiermittel und Beaufsichtigung, vor allem Kosten des Brennstoffs. Allerlei lokale Verhältnisse können eine große Rolle spielen. Allgemein läßt sich nur sagen, daß für Anlagen sehr kleiner Leistung (bis 10 PS) der Gasmotor meist überlegen ist, für große Leistungen nur dann, wenn die Betriebsgase ungewöhnlich billig sind (Gichtgase der Hochöfen). Dieselmotoren verbrennen zwar billige Öle, doch werden diese vom Ausland bezogen, wodurch bei schwankender Marktlage eine sichere Kalkulation sehr erschwert wird.

Kältemaschinen. a) Eismaschine. Ammoniakgas (oder auch Schwefeldioxyd) wird in einem Zylinder komprimiert und durch kaltes Wasser gekühlt, bis es flüssig wird. Das flüssige Ammoniak strömt nun durch ein Ventil in ein von einem Salzwasserbad umgebenes Schlangenrohr, in dem geringerer Druck herrscht. Das Ammoniak verdampft und kühlt sich dabei so stark ab, daß das Salzwasserbad eine Temperatur von -10^0 C annimmt. Hängt man Blechgefäße mit reinem Wasser hinein, so gefriert das Wasser zu Eis. Das gasförmige Ammoniak wird von neuem der Kompressionspumpe zugeleitet. (Vergleich mit einem umgekehrten Carnotschen Prozeß: Abkühlung des kälteren Reservoirs [Salzwasserbad], Zufügung äußerer Arbeit, Erwärmung des wärmeren Reservoirs [Kühlwasser].)

b) Luftverflüssigung. Ein Verfahren, daß im Gegensatz zu dem Stufenverfahren von Cailletet und Pictet (S. 116) geeignet ist, beliebig große Mengen flüssiger Luft zu liefern, ist 1895 von Linde (in München) angegeben worden. Charakteristisch für das Lindesche Verfahren ist 1. die Benutzung des Joule-Thomson-Effekts (S. 110), 2. das „Gegenstromprinzip“. Luft wird durch die Pumpen *B* und *C* (Abb. 109) in zwei Druckstufen auf etwa 70 Atm. zusammengepreßt; die hierbei auftretende Erwärmung wird durch Kühlung mit kaltem Wasser rückgängig gemacht. Die komprimierte Luft wird nun in das innere Rohr (in der Abb. 109 links oben) des Gegenstromapparates geleitet. Dieser besteht aus einem langen, doppelwandigen Schlangenrohr, das gegen äußere Wärmezufuhr durch Wolle u. dgl. geschützt ist. Am untern Ende strömt die Luft durch ein Ventil *D* in das äußere Rohr, in dem der Druck auf etwa 20 Atm. gehalten wird. Beim Übergang von 70 auf 20 Atm. erniedrigt sich die Temperatur beträchtlich (Joule-Thomson-Effekt, S. 110). Die so gekühlte Luft strömt durch den äußern Mantel des Schlangenrohrs zurück (Gegenstrom) und kühlt die Luft im innern Rohr vor. Diese wird daher beim Ausströmen eine immer tiefere Temperatur annehmen. Schließlich wird erreicht, daß die Luft bei 20 Atm. flüssig wird. Bei gewöhnlichem Druck siedet flüssige Luft bei -191^0 C. Sie wird in Dewarschen Gefäßen (S. 122) aufbewahrt. Da reiner Stickstoff bei -196^0, reiner Sauerstoff bei -183^0 C siedet, so findet beim Stehenlassen der flüssigen Luft von selbst eine fraktionierte Destillation statt: Stickstoff entweicht, und der Rest wird immer reicher an Sauerstoff.

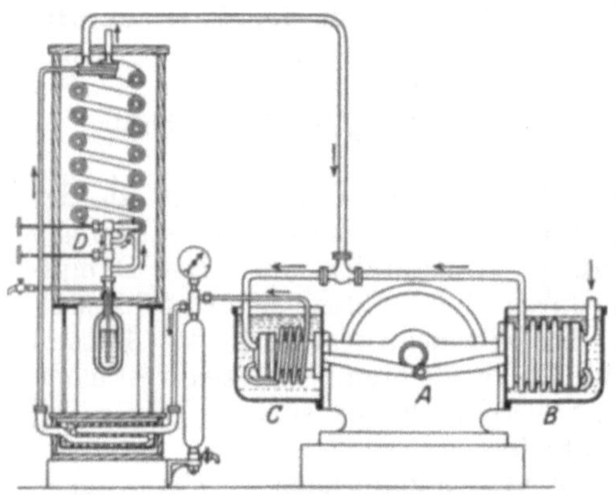

Abb. 109. Luftverflüssigung nach Linde.

Bei der fraktionierten Destillation der Luft hat Ramsay (1896) die Edelgase Argon, Neon, Krypton, Xenon entdeckt.

Wie schon S. 111 erwähnt, hat der Joule-Thomson-Effekt beim Wasserstoff bei etwa 100 Atm. Druck oberhalb — 80,5° C umgekehrtes Vorzeichen, Wasserstoff erwärmt sich beim Ausströmen. Die Verflüssigung des Wasserstoffs nach dem Lindeschen Verfahren gelingt aber, wenn man ihn mit flüssiger Luft bis unter — 80,5° vorkühlt.

Läßt man flüssige Luft unter sehr geringem Druck schnell verdampfen, so wird die Verdampfungswärme der Umgebung so schnell entzogen, daß ein Teil der Luft fest wird (vgl. S. 114, Versuch b). Ebenso ist es mit Wasserstoff.

Helium ist zuerst durch Kamerlingh-Onnes (1908) in Leiden[1]) durch Vorkühlung mit flüssigem Wasserstoff verflüssigt worden; seine Überführung in den festen Zustand ist noch nicht mit Sicherheit gelungen. Die tiefste bisher (1922) erreichte Temperatur ist 0,9° absolut.

Flüssige Luft hat etwa das spez. Gew. des Wassers, Wasserstoff ist 14 mal so leicht. Genauere Angaben über spez. Gew., Schmelz- und Siedepunkt, Schmelz- und Verdampfungswärme einiger Gase sind in Tabelle V (S. 307) zusammengestellt.

Molekularwirkungen an Grenzflächen und in Lösungen.

Oberflächenspannung. Versuch a: $ABCD$ ist ein Rechteck aus dünnem Draht, dessen Seite CD in Führungen parallel verschoben werden kann (Abb. 110). Man bringt CD nahe an AB, benetzt das Ganze mit Seifenwasser und entfernt CD. Das Rechteck wird dann von einer Seifenlamelle erfüllt. Läßt man CD los, so zieht sich die Lamelle sofort zusammen; sie kann dabei ein kleines Gewicht p heben. Die Lamelle verhält sich in dieser Hinsicht wie ein gespanntes Kautschukblättchen. Durch angehängte passende Gewichte oder mit einer Federwage kann man die Größe der Spannkraft messen. Es zeigt sich, daß sie nur von der Länge CD, dagegen nicht von der Länge AD abhängt, anders als beim Kautschukblättchen, dessen Spannkraft größer wird, je weiter man es auszieht. Aus der letzten Tatsache schließt man, daß die Spannkraft nicht im Innern der Lamelle ihren Sitz hat, sondern eine Eigenschaft einer ganz dünnen Oberflächenschicht ist, die noch weit dünner ist als die weit ausgezogene Lamelle. Die Oberfläche sucht sich zu verkleinern.

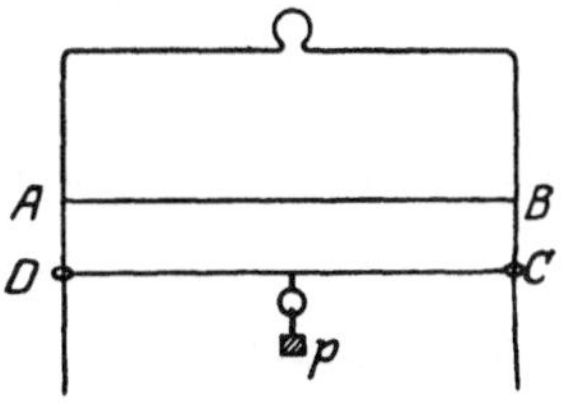

Abb. 110. Oberflächenspannung einer Seifenwasserlamelle.

Versuch b: Man blase an eine Glasröhre eine Seifenblase an. Gibt man die Röhrenmündung frei, so zieht sich die Blase zusammen.

[1]) Nur etwa sechs Laboratorien auf der Erde haben brauchbare Einrichtungen zur Verflüssigung des Wasserstoffs; das Laboratorium in Leiden hat solche zur Verflüssigung des Heliums seit 1908, die Phys.-Technische Reichsanstalt in Berlin seit 1925.

Auch bei diesem Versuch sucht sich also die Oberfläche der Flüssigkeit zu verkleinern; auch hier wirkt die „Oberflächenspannung" im gleichen Sinne wie vorher. Vom Standpunkt der kinetischen Theorie kann man sich die Erscheinung so erklären: Die Teilchen einer Flüssigkeit üben aufeinander Anziehungskräfte aus, die sich besonders für die Oberflächenteilchen bemerkbar machen (vgl. S. 117). Im Innern werden die Teilchen nach allen Richtungen gleichmäßig gezogen, an der Oberfläche dagegen ins Innere hinein. Die Anziehungskraft sucht möglichst viele Teile von der Oberfläche zu entfernen, also die Oberfläche zu verkleinern.

Jede Vergrößerung der Oberfläche kostet Arbeit, denn sie verlangt die Überwindung einer Kraft, der Oberflächenspannung. Die sich selbst überlassene Flüssigkeit sucht ihre Oberfläche so weit wie möglich zu verringern, ähnlich wie ein mechanisches System im Gleichgewicht ist, wenn die potentielle Energie den kleinsten möglichen Wert angenommen hat.

Die „Konstante der Oberflächenspannung" oder „Kapillaritätskonstante" α gibt die Arbeit an, die nötig ist, um die Oberfläche um 1 qcm zu vergrößern.

Bei dem Versuch a (Abb. 110) sei P die Kraft, die der Lamelle gerade das Gleichgewicht hält ($P = p +$ Gewicht von CD); ferner sei $CD = b$; so wird bei Verschiebung des Drahtes CD um 1 cm die Arbeit $P \cdot 1$ geleistet; die eintretende Vergrößerung der Gesamtoberfläche (beide Seiten gerechnet!) ist $2 \cdot b \cdot 1$, daher

$$\alpha = \frac{P}{2\,b}.$$

Bei eigentlichen „Oberflächen", also Grenzen zwischen Flüssigkeit und Dampf, ist α wesentlich nur von der Flüssigkeit abhängig und ändert sich nicht merklich, wenn man dem Dampf ein beliebiges Gas zufügt; bei „Grenzflächen" zwischen zwei Flüssigkeiten und bei „Wandflächen" (Flüssigkeit gegen Wand) hängt α stets von beiden Medien stark ab. In allen Fällen ist α eine Funktion der Temperatur.

Kapillaritätskonstante α bei 20° C.

Wasser gegen Luft:	72 Dyn/cm	Quecksilb. geg. Wasser	375 Dyn/cm
Quecksilber „ „	500 „	Benzol „ „	34 „
Äther „ „	17 „	Olivenöl „ „	18 „
Alkohol „ „	22 „	Petroleum „ „	48 „
Benzol „ „	29 „		
Terpentinöl „ „	27 „		
Olivenöl „ „	33 „		
Petroleum „ „	24 „		

Es ist 1 Dyn/cm = 0,102 mg-gew./mm.

Ist z. B. der Draht CD in Abb. 110 5 cm lang, so trägt eine Wasserhaut $5 \cdot 72 = 360$ Dyn = 367 mg-gew.

Tropfenbildung. Ist eine Flüssigkeit der Schwerkraft ganz entzogen, schwebt z. B. ein Öltröpfchen in einer passenden Mischung von Alkohol und Wasser, mit der er sich nicht mischt, so nimmt er die kleinste überhaupt mögliche Oberfläche an, also Kugelgestalt. Je kleiner ein Tropfen ist, um so beträchtlicher ist die Oberflächenspannung gegenüber der Schwerkraft; kleine Quecksilbertröpfchen nehmen daher auch auf dem Tisch ziemlich genau Kugelgestalt an.

Wird ein Öltropfen auf Wasser gebracht (Abb. 111), so wirken in den Punkten A der Grenzlinie, in der die drei Medien Luft (1), Wasser (2) und Öl (3) zusammenstoßen, drei Spannungen zur Verkleinerung der Oberflächen; diese haben die Richtungen der Tangenten an die Grenzflächen und sind den Größen α proportional. Im Fall des Gleichgewichts müssen sie einander das Gleichgewicht halten. Da nach der Tabelle für Öl stets $\alpha_{12} > \alpha_{13} + \alpha_{23}$ ist, so kann keine Tropfengestalt existieren, für die α_{13} und α_{23} der Spannung α_{12} das Gleichgewicht halten. Das Öl breitet sich daher über die ganze Wasserfläche aus. Man kann den Versuch mit einem Tropfen Terpentinöl leicht machen; die dünne Ölschicht ist am besten durch die entstehenden bunten Interferenzfarben zu erkennen.

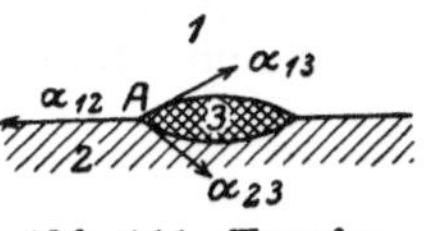

Abb. 111. Tropfenbildung.

Flüssigkeit an der Gefäßwand. Auch hier kommen drei Medien in Frage, Luft (1), Flüssigkeit (2), Wand (3).

Die Komponente von α_{12}, die in der Richtung der Wand fällt, muß den Spannungen α_{13} und α_{23} das Gleichgewicht halten. Es ergeben sich drei Fälle:

1. $\alpha_{13} = \alpha_{23}$; die Flüssigkeitsoberfläche steht senkrecht zur Wand.

2. $\alpha_{23} > \alpha_{13}$; α_{12} muß nach oben weisen, die Oberfläche ist konvex. Das ist der Fall beim Quecksilber (Abb. 112).

3. $\alpha_{13} > \alpha_{23}$; α_{12} muß nach unten weisen, die Oberfläche ist konkav, die Flüssigkeit wird am Rande emporgezogen.

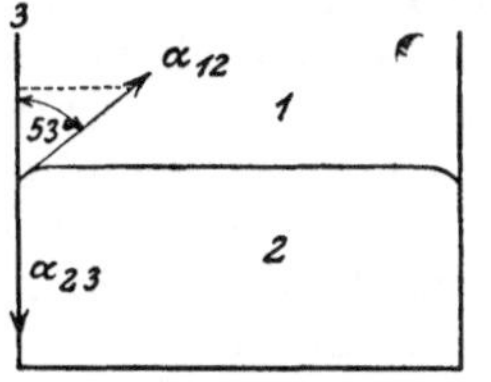

Abb. 112. Randwinkel einer Flüssigkeit an der Gefäßwand.

Ist $\alpha_{13} > \alpha_{23} + \alpha_{12}$, wie es in der Natur häufig vorkommt, so steigt die Flüssigkeit an, bis die gesamte Wand benetzt ist. Das ist der Fall für Alkohol und Äther in Glasgefäßen, nahezu auch für Wasser, wenn das Gefäß vollkommen entfettet ist. α_{13} und α_{23} sind nicht direkt meßbar, sondern aus dem Randwinkel zwischen Flüssigkeit und Wand zu berechnen.

Randwinkel:				
Wasser	gegen Glas	(ebene Fläche)	4^0 bis 5^0
„	„ „	(Kapillare)	8^0 „ 9^0
Quecksilber	„ „	(„)	— 53^0.

Kapillarröhren. Taucht man eine sehr enge Röhre, eine sog. Kapillare, in Wasser; so steigt das Wasser in ihr empor. Quecksilber wird entsprechend nach unten gedrückt.

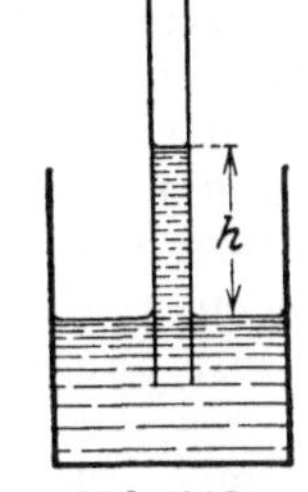

Abb. 113. Steighöhe in einer Kapillarröhre.

Bei Flüssigkeiten, welche die Wandung vollkommen benetzen, läßt sich die Beziehung zwischen der Steighöhe und der Konstante α_{12} der Oberflächenspannung gegen Luft leicht angeben. Es sei h die Steighöhe, r der Radius der Röhre (Abb. 113). Da ja die Röhrenwand stets von Flüssigkeit benetzt ist, verringert sich, wenn die Flüssigkeit um die Höhe h emporsteigt, die Grenzfläche zwischen Flüssigkeit und Luft um den Zylindermantel $2 r \pi h$. Die Arbeit, die von der Spannkraft dabei geleistet werden kann, ist $2 r \pi h \alpha$. Sie hat nun tatsächlich die in der Kapillare enthaltene Flüssigkeitsmenge ($r^2 \pi h s$, wo s das spez. Gew. ist) um die Höhe h aus dem großen Gefäß emporgehoben; es muß daher sein

$$2 r \pi h \alpha = r^2 \pi h s \cdot h,$$

$$\alpha = \frac{r h s}{2}.$$

Aus $h = \frac{2 \alpha}{r s}$ ergibt sich, daß die Steighöhe dem Radius der Röhre umgekehrt proportional ist. Auf Kapillarwirkung beruht das Aufsteigen von Flüssigkeit in Zuckerstücken, in Löschpapier usw.

Innere Reibung oder Viskosität. Wird ein Luftstrahl in ruhende Luft geblasen, so stößt er nicht nur auf die vor ihm befindlichen Teilchen, sondern setzt auch die seitlich gelegenen mit in Bewegung. Bewegen sich Gas- oder Flüssigkeitsschichten parallel zueinander mit verschiedenen Geschwindigkeiten, so suchen die schneller bewegten die langsameren zu beschleunigen, diese die schnelleren zu verzögern. Die Geschwindigkeiten erleiden von Schicht zu Schicht natürlich nicht einen merkbaren Sprung, sondern gehen stetig ineinander über. Ändert sich die Geschwindigkeit von Schicht zu Schicht so, daß der auf die Schichtentfernung 1 berechnete Unterschied der Geschwindigkeiten u beträgt, so ist die Zugkraft Z, die eine Schicht auf 1 qcm der unmittelbar benachbarten ausübt, der Größe u proportional

$$Z = \eta \cdot u.$$

η hängt dabei von einer Eigenschaft der Flüssigkeit oder des Gases ab, die man als „Zähigkeit“, „innere Reibung“ oder „Viskosität“ bezeichnet. Man nennt η den Koeffizienten der inneren Reibung oder die Zähigkeit. η hängt von der Temperatur ab; bei Flüssigkeiten nimmt η meist mit wachsender Temperatur ab.

Ausströmen von Gasen und Flüssigkeiten. Strömt ein Gas oder eine Flüssigkeit durch eine (sehr enge) Röhre, so ist die Strömung unmittelbar an der Wandung wegen der äußern Reibung (zwischen Wand und Flüssigkeit oder Gas) null; sie ist am stärksten in der Mitte; von der Mitte zur Wand hin nimmt die Geschwindigkeit wegen der inneren Reibung ab. Ist R der Radius der Röhre, L ihre Länge, und beträgt die Differenz der Drucke an ihren Enden $p_1 - p_2$, so gilt für das in der Sekunde ausströmende Volumen die Formel von Poiseuille:

$$V = \frac{\pi}{8} \cdot \frac{p_1 - p_2}{L} \cdot \frac{R^4}{\eta}.$$

Ausströmungsversuche können dazu dienen, den Koeffizienten η der inneren Reibung zu bestimmen. Die angegebene Formel gilt nur für sehr enge Röhren und größere Druckdifferenzen.

Für sehr kleine Drucke findet ein Gleiten des Gases an der Röhrenwand statt; der Koeffizient der äußern Reibung ist nicht mehr ∞, sondern hat den endlichen Wert e; in diesem Fall gilt

$$V = \frac{\pi}{8} \cdot \frac{p_1 - p_2}{L} \cdot \frac{R^4}{\eta} \left(1 + \frac{\eta}{R \cdot e}\right).$$

η/e ist dem Druck umgekehrt proportional. Auf der Tatsache, daß für sehr kleine Drucke die äußere Reibung wesentlich wird, hat Gaede die Konstruktion einer Molekular-Luftpumpe aufgebaut.

Fallformel von Stokes. Der Fall eines festen Körpers in einem Gas oder einer Flüssigkeit wird durch deren Zähigkeit gehemmt. Die Gasteilchen haften fest am Körper; durch innere Reibung werden benachbarte Gasteilchen mitgerissen. Der Widerstand, den der feste Körper findet, steigt bei kleiner Geschwindigkeit v dieser proportional, so daß v nicht wie beim freien Fall unbegrenzt anwächst, sondern sich einem Grenzwert nähert, der nach Stokes für kleine Kugeln durch die Formel gegeben ist

$$v = \frac{2 g r^2 (s - s')}{9 \eta}.$$

Hier ist g Erdbeschleunigung, r Radius der Kugel, s und s' spez. Gew. der Kugel bzw. des Mediums, η Koeffizient der inneren Reibung des Mediums.

Millikan hat neuerdings die Stokessche Formel durch Zusatz eines Korrektionsfaktors abgeändert.

Zähigkeit oder Viskosität η bei 20^0 C:

Äther	0,002	Dyn.sec/cm²
Wasser	0,010	„
Schwefelsäure	0,23	„
Glyzerin	10	„
Sirup	300	„
Eis (Schweizer Gletscher)	$3 \cdot 10^{12}$ bis $3 \cdot 10^{14}$	„
Luft	0,000 182 4	„

Diffusion von Gasen. Schichtet man zwei Gase übereinander, so mischen sie sich, sie „diffundieren“. Die Mischung geht so lange weiter, bis die Konzentration jeder Komponente überall gleich ist. Der Vorgang ist analog dem der Wärmeleitung; dem Temperaturgefälle entspricht hier das Partialdruckgefälle, dem Wärmeleitkoeffizienten der Diffusionskoeffizient. Die genaue Theorie der Diffusion ist schwierig und noch nicht völlig durchgeführt.

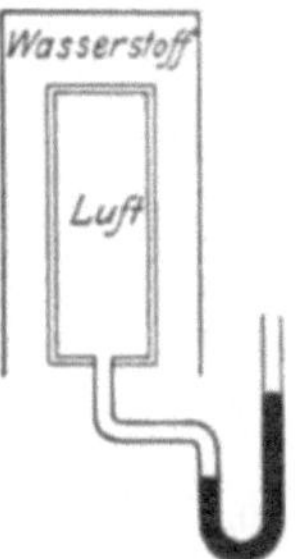

Abb. 114. Diffusionsgeschwindigkeit von Gasen.

Die Diffusion von Gasen erfolgt oft durch feste Körper hindurch. So diffundiert Sauerstoff und Kohlendioxyd durch die Wandungen in der Lunge und auch der Haut, Wasserstoff diffundiert durch glühendes Platin und Palladium. Nach Graham ist die Diffusionsgeschwindigkeit der Differenz der Partialdrucke des Gases direkt, der Quadratwurzel aus der Gasdichte umgekehrt proportional. Bringt man z. B. eine mit Luft gefüllte Tonzelle in reinen Wasserstoff, so diffundiert der leichte Wasserstoff schneller nach innen als die Luft nach außen, was vom Wassermanometer durch das Steigen der Flüssigkeit im rechten Schenkel (Abb. 114) angezeigt wird.

Über Diffusionspumpen s. S. 74.

Diffusion von Flüssigkeiten. Osmotischer Druck. Schichtet man reines Wasser auf die blaue, konzentrierte Lösung von Kupfersulfat, so tritt Diffusion ein, d. h., die blauen Teilchen der Lösung wandern von Orten höherer zu Orten niederer Konzentration, bis die Lösung überall gleich konzentriert ist. Dasselbe tritt ein, wenn man Wasser auf irgend eine andere Lösung, z. B. Rohrzuckerlösung schichtet. Das Bestreben der Zuckerteilchen, sich über die ganze Lösung zu verteilen, ist der Messung zugänglich. Denken wir uns, ehe Diffusion eingetreten ist, die Rohrzuckerlösung von dem reinen Wasser durch eine semipermeable oder halbdurchlässige Wand getrennt, d. i. eine Wand, die wohl für Wasser, aber nicht für Zucker durchlässig ist. Die Folge ist, daß der Zucker auf die Wand, die ihn an der freien Ausbreitung hindert, einen Druck ausübt, ganz ähnlich wie die Molekeln eines Gases auf die Wände des begrenzenden Gefäßes. Der Druck macht sich z. B. dadurch bemerkbar, daß er die Wand verschiebt, wenn es möglich ist. Diesen Druck der Lösung nennt man den „osmotischen Druck". (Osmose von griech. osmos = Stoß.) Solche halbdurchlässigen Wände, von denen eben die Rede war, lassen sich nun in der Tat herstellen[1]). Pfeffer, dem wir die grundlegenden Untersuchungen über den osmotischen Druck verdanken, brachte zu dem Zweck eine mit Kupfersulfatlösung gefüllte, poröse Tonzelle in eine Lösung von Ferrozyankalium. Dadurch bildete sich eine Niederschlagsmembran in der Wandung der Tonzelle, die für Wasser durchlässig, für viele Stoffe, z. B. auch Rohrzucker, undurchlässig ist. Pfeffer füllte nun die Zelle mit Rohrzuckerlösung und setzte sie in reines Wasser. Die Lösung sucht sich zu verdünnen, sie übt einen Druck auf die Membran aus; da diese fest in der Wand der Tonzelle eingelagert ist, sucht sich die Lösung nach dem Prinzip der Gegenwirkung nach der andern Seite hin auszudehnen, sie zieht Wasser an sich durch die Membran hindurch. Das zeigt sich darin, daß der Flüssigkeitsspiegel in der Zelle immer höher steigt, bis der hydrostatische Überdruck gleich dem osmotischen Druck ist. Bequemer noch wird der osmotische Druck durch ein angesetztes Quecksilbermanometer gemessen (Abb. 115)

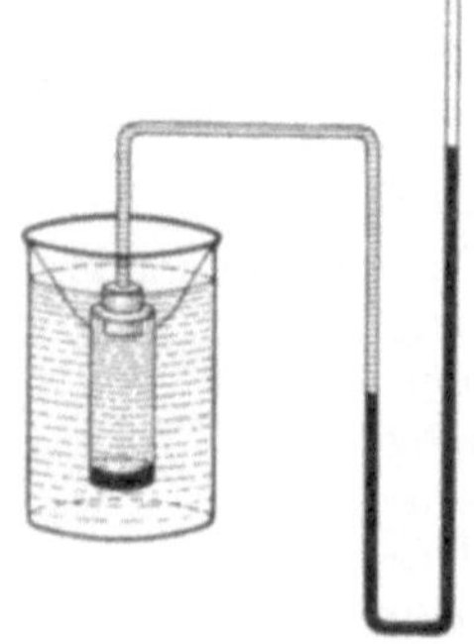

Abb. 115. Messung des osmotischen Druckes.

[1]) Vgl. auch S. 143, Dialyse.

hierbei ist die Konzentrationsänderung der Lösung viel geringer, da eine geringe Wasseraufnahme schon ein starkes Steigen des Quecksilbers bedingt.

Die Messungen von Pfeffer führten zu dem Ergebnis, daß der osmotische Druck einer Rohrzuckerlösung bei $t^0\,C$ durch die Formel dargestellt wird

$$P = n \cdot 0{,}649 \cdot (1 + 0{,}003\,67 \cdot t) \text{ Atm.}$$

n ist der Prozentgehalt (n gr Zucker in 100 gr Wasser). Für eine $5\,^0/_0$ige Zuckerlösung bei 20^0 C ist danach der osmotische Druck etwa 35 Atm.

Die Gesetze des osmotischen Drucks ganz allgemein sind durch Van 't Hoff festgestellt worden. Er fand, daß der osmotische Druck unabhängig ist vom Lösungsmittel und der Formel gehorcht

$$P = R \cdot \frac{T}{v} \cdot \frac{M}{\mathfrak{M}}.$$

Hier ist R die Gaskonstante, v das Volumen der Lösung, T die absolute Temperatur, M die Masse, $\mathfrak{M}$ das Molekulargewicht des gelösten Stoffes. (Vgl. hierzu die Gasgesetze S. 102.)

Die Osmose spielt in der Natur eine wichtige Rolle. Es ist bemerkenswert, daß zuerst pflanzenphysiologische Forschungen zur Untersuchung des osmotischen Drucks geführt haben. So stellt z. B. der lebende Protoplasmaschlauch eine für Wasser durchlässige, für viele in der umgebenden Zellflüssigkeit befindliche Stoffe undurchlässige Schicht dar. Auch bei Blutkörperchen, Bakterienzellen, Nervenzellen lassen sich osmotische Wirkungen nachweisen. In den Tier- und Pflanzenzellen beträgt der osmotische Druck 4 bis 5 Atm., in den Bakterienzellen und denjenigen Protoplasten, die Vorratskammern für gelöste Reservestoffe sind (Zellinhalt der roten Rüben), etwa das Vierfache davon. Das Austreten von Flüssigkeit aus Früchten beim Bestreuen mit Zucker, aus Rettigscheiben usw. beim Bestreuen mit Salz sind osmotische Erscheinungen: die Flüssigkeit sucht die Konzentration des Zuckers oder des Salzes zu verringern.

Auflösung fester Stoffe. Die bemerkenswerte Tatsache, daß der osmotische Druck den Gasgesetzen gehorcht (s. oben), ist vom Standpunkt der kinetischen Theorie durchaus verständlich. Die Gasmolekeln sind hier ersetzt durch die Molekeln des gelösten Stoffes, die gegen die Grenzwände stoßen. Entsprechend hat der Vorgang des Auflösens die größte Ähnlichkeit mit dem der Sublimation (S. 119). Zwischen löslichem und gelöstem Stoff ist das bewegliche Gleichgewicht erreicht, wenn der osmotische Druck des gelösten Stoffes (entspricht dem Dampfdruck) gleich der Lösungstension der festen Substanz ist. Thermodynamisch verhalten sich verdünnte Lösungen durchaus wie Gase; bei konzentrierten kommt der Einfluß des Lösungsmittels in Betracht.

Die Geschwindigkeit, mit der ein Stoff sich löst, hängt entweder nur ab von der Diffusionsgeschwindigkeit des gelösten Stoffes oder auch von chemischen Vorgängen (Bildung von Zwischenschichten usw.).

Im ersten Fall läßt sie sich durch Umrühren steigern, im zweiten nicht oder nur wenig.

Siedepunktserhöhung einer Lösung. Eine Lösung hat stets einen höheren Siedepunkt als das reine Lösungsmittel. Die Siededunktserhöhung Δt ist nach dem Gesetz von Raoult der in der Einheit pes Lösungsmittels gelösten Molzahl proportional, oder, anders ausgedrückt, sie ist der Konzentration der Lösung direkt, dem Molekulargewicht $\mathfrak{M}$ umgekehrt proportional. Es ist

$$\Delta t = C \cdot \frac{M}{F} \cdot \frac{1}{\mathfrak{M}},$$

wo F die Masse des Lösungsmittels ist.

Die Konstante C hängt von der Natur des Lösungsmittels ab; sie steht mit seiner Schmelztemperatur und Schmelzwärme in Zusammenhang. (Für Wasser ist $C = 520$, für Alkohol 1200, für Essigsäure 3070.)

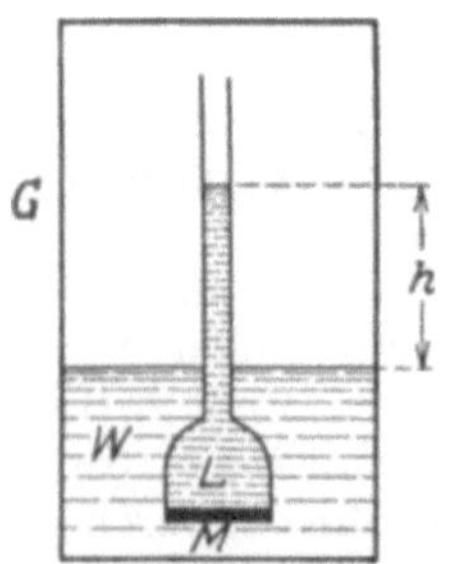

Abb. 116. Skizze zur Erklärung der Siedepunktserhöhung.

Vom kinetischen Standpunkt ist die Erscheinung selbst und ihr Zusammenhang mit dem osmotischen Druck so zu verstehen. Wir denken uns in dem abgeschlossenen Gefäß G (Abb. 116) Lösung L und reines Lösungsmittel W, getrennt durch die halbdurchlässige Membran M. Darüber befindet sich der Dampf des reinen Lösungsmittels. Dem osmotischen Druck wird das Gleichgewicht gehalten durch den hydrostatischen Überdruck der Flüssigkeitssäule mit der Höhe h. Ist das Ganze im Gleichgewicht, so ist der Dampfdruck über der Lösung um den Druck der Dampfsäule mit der Höhe h geringer als über dem reinen Lösungsmittel[1]); der Druckunterschied ist der Höhe h und daher dem osmotischen Druck proportional. Geringerer Dampfdruck bei gleicher Temperatur bedingt aber höheren Siedepunkt. Die oben gegebene Formel läßt sich auch theoretisch herleiten.

Erniedrigung des Gefrierpunktes; Kältemischung. Lösungen haben einen tieferen Gefrierpunkt als das reine Lösungsmittel. Die Größe der Erniedrigung gehorcht einem gleichen Gesetz wie die Siedepunktserhöhung, sie ist

$$\Delta t = -C' \cdot \frac{M}{F} \cdot \frac{1}{\mathfrak{M}}.$$

C' ist wieder eine vom Lösungsmittel abhängige Konstante (für Wasser ist $C' = 1860$).

Auch diese Tatsache läßt sich aus der Erniedrigung des Dampfdrucks erklären. Der Gefrierpunkt einer Substanz liegt da, wo sich die Dampfdruckkurven der festen (2 in Abb. 117) und der flüssigen (1) Substanz schneiden. Die Kurven der festen Substanz (2) und der

[1]) Die gelösten Teilchen helfen die verdampfenden Wasserteilchen zurückhalten.

Lösung (1') schneiden sich in einem Punkt, der einer tieferen Temperatur entspricht. Messungen des osmotischen Drucks, der Siedepunktserhöhung und der Gefrierpunktserniedrigung dienen in der Chemie zur Bestimmung des Molekulargewichts $\mathfrak{M}$ der gelösten Substanz.

Es wird hiernach auch verständlich, daß sich beim Mischen gleicher Teile von fein gestoßenem Eis und Kochsalz die Temperatur auf — 20° C erniedrigt (S. 118). Eis und Wasser sind bei 0° im Gleichgewicht. Sobald sich etwas Salz gelöst hat, verschiebt sich der Gleichgewichtspunkt zwischen Eis und Salzwasser (das schwer gefriert) zu tieferen Temperaturen; es schmilzt etwas Eis, wobei Wärme gebunden wird (79 cal pro g); dadurch tritt Temperaturerniedrigung ein, und das setzt sich fort, bis wieder Gleichgewicht eingetreten ist. Entsprechend ist es bei anderen Kältemischungen (S. 118).

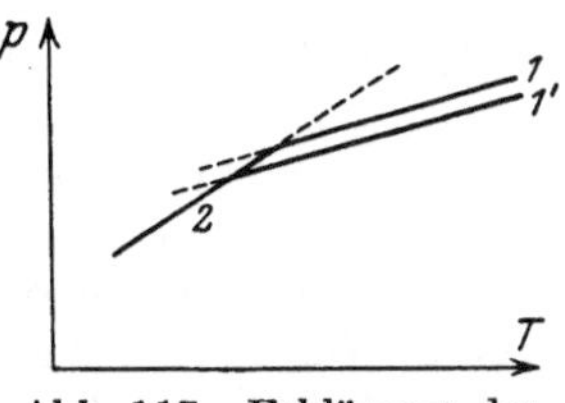

Abb. 117. Erklärung der Gefrierpunktserniedrigung.

Diffusion in festen Körpern. Gemische im festen Aggregatzustand bieten mannigfache Ähnlichkeiten mit flüssigen Gemischen, so daß man häufig von „festen Lösungen" spricht. Zu den Tatsachen, die hierzu geführt haben, gehört vor allem die Diffusionsfähigkeit des gelösten Stoffs. In Platin oder Palladium gelöster Wasserstoff verbreitet sich allmählich über das ganze Metall; naszierender Wasserstoff vermag leicht Eisen bei gewöhnlicher Temperatur zu durchdringen. Kohlenstoff dringt in heißes Eisen ein und durchwandert Porzellantiegel. Gold diffundiert in Blei hinein, bei 250° C deutlich, bei Zimmertemperatur so, daß es nach einigen Jahren nachweisbar war. In vielen anderen Fällen freilich hat sich nicht die geringste Andeutung einer Diffusion gezeigt, doch können in diesen Fällen chemische Kräfte der Diffusion entgegenwirken. Ob die Formeln für den osmotischen Druck anwendbar sind, ist noch nicht entschieden.

Absorption von Gasen. Für die Lösung von Gasen in Flüssigkeiten gilt das Gesetz von Henry: „Die Gase lösen sich in beliebigen Lösungsmitteln in Mengen, die dem Druck des Gases proportional sind." Dieses Gesetz ist außerordentlich gut bestätigt. Die Komponenten von Gasgemischen lösen sich entsprechend ihrem Partialdruck (Dalton 1807). Die Zahlen der nachfolgenden Tabelle bedeuten, daß 1 l Wasser bei 20° C z. B. 0,94 l der über ihm lastenden Kohlensäure löst, gleichgültig, welches ihr Druck ist. Mit wachsender Temperatur nimmt der Absorptionskoeffizient ab; wird Wasser, das in der Kälte mit Luft gesättigt ist, in ein warmes Zimmer gebracht, so scheidet sich Luft in Bläschen ab.

1 l Wasser absorbiert	bei 0° C	bei 20° C
Sauerstoff	0,049 l	0,033 l
Stickstoff	0,023 l	0,017 l
Luft	0,029 l	0,020 l
Kohlendioxyd	1,71 l	0,94 l
Ammoniak	1176 l	750 l

Aus den Werten der Absorptionskoeffizienten erklärt sich, daß die in Wasser gelöste Luft reicher an Sauerstoff ist als die atmosphärische. Für alle Gase, die dem Gesetz von Henry gehorchen, ist der osmotische Druck der gelösten Substanz gleich dem Gasdruck (Van 't Hoff).

Alle bisher untersuchten Gase lösen sich unter Wärmeentwicklung auf. Daß bei der Lösung fester Körper im allgemeinen zwar Wärme verbraucht (S. 118), in manchen aber auch Wärme frei wird, ist hiernach leicht zu verstehen. Der Endzustand ist der gleiche, ob Gas oder fester Körper gelöst wird, und es wird bei Lösung des festen Körpers Wärmebindung oder Wärmeentwicklung eintreten, je nachdem ob die Sublimationswärme größer ist als die Lösungswärme des Gases oder kleiner.

Adsorption. Schüttelt man pulverisierte Holz- oder Tierkohle mit einer Jodlösung oder bringt sie in Joddampf, so nimmt sie merkliche Mengen von Jod auf. Diese Erscheinung heißt „Adsorption". Ebenso werden gelöste organische Farb- und Riechstoffe u. dgl. von Kohle adsorbiert, die Lösungen also farb- und geruchlos gemacht. Tierkohle dient z. B. zum Entfärben von Flüssigkeiten (in den Zuckerfabriken) und zur Verbesserung des Trinkwassers (Kohlefilter). Untersuchungen mit wässerigen Lösungen haben gezeigt, daß das adsorbierende Pulver höchstwahrscheinlich die Eigenschaft besitzt, an seiner Oberfläche ein Wasserhäutchen zu bilden, das sich infolge von Kohäsionskräften in stark komprimiertem Zustand befindet. Steigt nun die Löslichkeit eines Stoffes mit dem Druck, so wird der Stoff stark adsorbiert. Nimmt dagegen die Löslichkeit mit dem Druck ab, so ist die Konzentration in der Wasserhaut geringer als in der ursprünglichen Lösung, es tritt negative Adsorption ein. (Tierkohle in Kochsalzlösung. Darauf beruht die Möglichkeit, Pulver durch „Auswaschen" zu reinigen.) Der Bruchteil Substanz, der durch Adsorption aus der Lösung entfernt wird, ist um so größer, je verdünnter die Lösung war. Das zeigt Abb. 118 für Essigsäure und Bernsteinsäure. Als Ordinaten sind die adsorbierten Mengen (in Millimol pro gr Kohle), als Abszissen die noch frei in Lösung bleibende Menge (in Millimol pro ccm Wasser) aufgetragen.

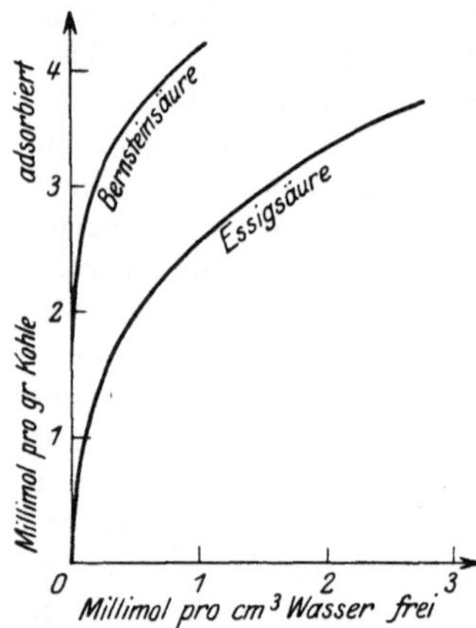

Abb. 118. Adsorption von Essig- und Bernsteinsäure durch Kohle.

Bei der Adsorption wird die Oberflächenspannung des Lösungsmittels durch den gelösten Stoff an der Grenzfläche zwischen Lösungsmittel und Adsorbens verringert. Die Tendenz einer solchen Verringerung ist auch der Grund dafür, daß sich die Oberflächen der wässerigen Lösungen mancher Farbstoffe, wie Fuchsin und Methylviolett, von Peptonen u. a. Stoffen mit dem gelösten Stoffe anreichern. Dieser erleidet an der Oberfläche eine chemische Veränderung und bildet dann ein Häutchen.

Die Gasschichten an der Grenze fester Körper sind äußerst schwer zu entfernen. Um hohe Vakua zu erzeugen, muß man vorher die Gashaut an den Glasgefäßen durch Erhitzen entfernen. Platinschwamm verdichtet an seiner Oberfläche Gase; ein Gemisch von Luft und Wasserstoff oder Leuchtgas entzündet sich dabei (Selbstzünder für Gaslicht).

Dissoziation. Bei Gasen: Das Molekulargewicht von Gasen kann man aus Dichtemessungen (S. 102), das von festen Stoffen aus dem osmotischen Druck ihrer Lösung, der Siedepunktserhöhung usw. bestimmen. In vielen Fällen wirkt jedoch hierbei eine neue Erscheinung störend. Z. B. hat Salmiakdampf eine fast um die Hälfte kleinere Dichte, als der Formel $NH_4 \cdot Cl$ entspricht. Aus $s = \frac{M}{v} = \frac{p}{R \cdot T} \cdot \mathfrak{M}$ folgt daher, daß das Molekulargewicht $\mathfrak{M}$ auf den halben Wert zurückgegangen ist, oder daß die Zahl der Molekeln sich verdoppelt hat. In der Tat sind die Salmiakmolekeln fast vollständig in zwei Teile $NH_3 + HCl$ gespalten. Ähnlich zerfällt z. B. Joddampf J_2 zum Teil in $J + J$. Diese Spaltung heißt Dissoziation. Unter Dissoziationsgrad versteht man den dissoziierten Bruchteil des Gases; er steigt mit der Temperatur und sinkt mit zunehmendem Druck.

Bei Lösungen: Auch die Molekeln gelöster Stoffe dissoziieren in den meisten Fällen. Das macht sich durch größeren osmotischen Druck, stärkere Siedepunktserhöhung usw. bemerkbar. Hier sind jedoch grundsätzlich zwei Fälle streng zu scheiden: Nur in selteneren Fällen zerlegt sich der gelöste Stoff in merklicher Menge (unter Aufnahme von Wasser) in neutrale Bestandteile, wie es die Gase tun (Hydrolyse; z. B. bei Salzen, deren Base oder Säure sehr schwach ist). In dem weit häufigeren Fall sind die Spaltteile (die sog. Ionen) des dissoziierten Stoffes teils positiv, teils negativ elektrisch geladen (die Summe der Ladungen ist null). Man spricht dann von elektrolytischer Dissoziation (S. 174). Z. B. zerfällt Salmiak in Lösung in $\overset{+}{N}H_4 + \overset{-}{Cl}$. Die Zeichen $+$ und $-$ deuten die elektrische Ladung an. Lösungen von starken Säuren und Basen und ihren Salzen sind meist stark dissoziiert. Gar nicht dissoziiert ist z. B. Zuckerlösung. Der Dissoziationsgrad wächst mit der Verdünnung. Sehr starke Elektrolyte sind stets völlig dissoziiert; durch die gegenseitige starke Anziehung der Ladungen wird aber die Beweglichkeit der Ionen und der osmotische Druck herabgesetzt. Der innere Zusammenhang zwischen gewöhnlicher und elektrolytischer Dissoziation ist noch nicht bekannt.

Kolloide. Die Lösungen enthalten den gelösten Stoff in Molekeln oder Bruchteilen von solchen; ihnen stehen gegenüber die Aufschwemmungen eines festen Pulvers in einer Flüssigkeit (Suspensionen) oder die feine Verteilung einer Flüssigkeit in einer anderen (Emulsion).

Hier hat man es mit relativ groben Teilchen zu tun. Zwischen beiden Extremen gibt es aber alle möglichen Übergänge.

Bei Untersuchungen über die Diffusion von Lösungen fand Graham (1862) einen so wesentlichen Unterschied zwischen dem Verhalten von Salzlösung und etwa Leimlösung, daß er „zwei verschiedene Welten der Materie“ unterschied, nämlich „Kristalloidsubstanzen“ und „Kolloidsubstanzen“. Erstere, zu denen die Salze gehören, nehmen leicht den kristallisierten Zustand an; letztere sind dazu unfähig oder mindestens sehr träge[1]). Ihren Namen führen sie nach ihrem Hauptrepräsentanten, dem Leim (griech. kolla = Leim). Außer von Leim, Dextrin, Stärke, Eiweiß, Gummi usw. kennt man kolloidale Lösungen von Kieselsäure, Tonerde, Eisenoxyd sowie von mehreren Elementen, z. B. Selen, Silber, Platin, Gold, den Alkalien u. a. Die letzteren kann man z. B. durch elektrische Zerstäubung des Metalls unter Wasser erhalten.

Obwohl die kolloiden Stoffe an der Erdoberfläche sehr weit verbreitet und für das organische Leben wichtiger sind als die kristalloiden, hat man sich, von den Arbeiten Grahams abgesehen, doch erst im 20. Jahrhundert eingehender mit ihnen beschäftigt. Viele Kolloide geben mit Flüssigkeiten, insbesondere mit Wasser, mehr oder weniger leicht bewegliche Lösungen; diese nennt man Sole (lat. solutio = Lösung). Durch verschiedene Mittel kann man aus ihnen die Substanz in amorpher Form abscheiden; man erhält ein Gel (in Anlehnung in Gelatine). In den meisten Fällen enthält das Gel eine mehr oder minder große Menge Wasser, wie z. B. Gelatine; man nennt das Gel dann eine Gallerte und spricht von einem hydrophilen Kolloid (griech. hydrophil = wasserliebend); es gibt aber auch wasserfreie Gele (z. B. aus den Solen von Gold, Silber, Platin); man redet dann von einem hydrophoben Kolloid (hydrophob = wasserscheuend).

Charakteristisch für kolloidale Lösungen ist, daß die in ihnen enthaltenen Teilchen von weit größeren Dimensionen sind als die Molekeln. Die Diffusion bei kolloidalen Lösungen erfolgt sehr viel langsamer als bei kristalloiden. Der osmotische Druck ist ganz außerordentlich klein, ebenso die Änderung des Gefrier- und Siedepunktes. Bestimmt man hieraus das Molekulargewicht, so erhält man ganz außerordentlich hohe Werte, z. B. für arabisches Gummi über 3000, für Leim etwa 5000, Kieselsäure etwa 50000, Glykogen über 140000. Das spricht alles dafür, daß in der kolloidalen Lösung sehr komplizierte Molekelkomplexe vorhanden sind. Demgemäß können auch Kolloide Wände mit engen Poren nicht passieren, und das ist ihr Haupterkennungsmerkmal. Bringt man eine Lösung, die ein Kolloid und ein Kristalloid gelöst enthält, in ein unten durch eine Fischblase abgeschlossenes Gefäß, und setzt dieses in reines Wasser, das öfter erneuert wird, so diffundiert die kristalloide Substanz hin-

---

[1]) Es gibt einige kristallisierende Kolloide, z. B. Eieralbumin, Hämoglobin u. a.

durch, die kolloide bleibt zurück. Man nennt diesen Vorgang, durch den man beide Substanzen voneinander trennen kann, Dialyse.

Schneller gelingt solche Trennung durch Ultrafiltration (s. u.), durch die man auch die Kolloide nach der Größe ihrer Teilchen sondern kann. Dialyse, Ultrafiltration und Diffusion sind die Hauptmittel zur Untersuchung von Kolloiden.

Für größere Dimensionen der Teilchen spricht auch das „Tyndall-Phänomen": im durchscheinenden Licht ist die kolloidale Lösung wie Wasser „optisch leer"; betrachtet man aber von der Seite, also senkrecht zu dem (sehr kräftigen) Lichtstrahl, so zeichnet sich dieser als Trübung ab. Mit dem Ultramikroskop (s. u. S. 266) kann man bei gutem Sonnenlicht Teilchen bis herab zu einer Größe von 5—10 $\mu\mu$ ($= 5 - 10 \cdot 10^{-7}$ cm) beobachten.

Bemerkenswert ist, daß kolloidale Lösungen „altern". Der gelöste Stoff scheidet sich allmählich, oft erst nach Jahren, in Flocken aus. Der kolloidale Zustand ist metastabil, aus ihm gehen die Teilchen in einen stabileren über. (Vgl. das S. 120 über amorphe Körper Gesagte.)

Filtration. Ultrafiltration. Das Filtrieren besteht im einfachsten Fall darin, daß die Flüssigkeit durch die Poren des Filters hindurch geht, während die aufgeschwemmten Teilchen zurückgehalten werden. Der Niederschlag adsorbiert eine gewisse Menge des Filtrats und muß daher ausgewaschen werden. Es kommt jedoch vor, daß ein Teil des „Niederschlags" „durch das Filter läuft", nämlich dann, wenn er kolloidal gelöst ist.

Solche kolloidalen Lösungen kann man durch Ultrafiltration von der wahren Lösung scheiden. Als Ultrafilter können z. B. Scheiben gewöhnlichen Filtrierpapiers dienen, die mit Kollodiumgallerte imprägniert sind. Je nach der Stärke der Imprägnation erhalten sie mehr oder weniger enge Poren. Abb. 119 zeigt das Schema eines Ultrafiltrationsapparates nach Bechhold. Die zu filtrierende Flüssigkeit wird in das Gefäß G gegossen, das unten durch ein Nickeldrahtnetz N und das darüber liegende Ultrafilter F abgeschlossen ist. Durch Druckluft, die bei D eintritt, wird die Flüssigkeit durch das Filter gepreßt. Man verwendet Drucke bis zu mehr als 10 Atm. Je enger die Poren sind, um so kleinere Kolloidteilchen werden zurückgehalten. Die Grenze der Ultrafiltration liegt bei Teilchen von etwa 1 $\mu\mu$ Durchmesser.

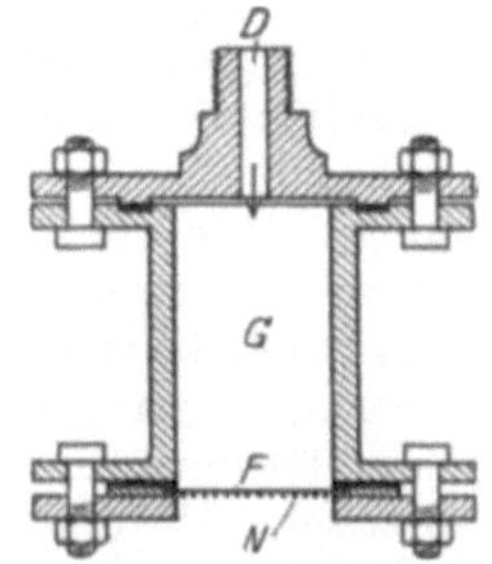

Abb. 119. Ultrafilter nach Bechhold.

Quellung. Die Quellung besteht in der Aufnahme einer Flüssigkeit (z. B. Wasser) durch einen festen Stoff unter Bildung einer festen Lösung. Die Eigenschaft des Quellens kommt in der Regel nur den Gelen eines hydrophilen Kolloids zu. Während die Adsorption im allgemeinen sehr rasch erfolgt, ist die Quellung, bei der die Diffusion eine wesentliche Rolle spielt, ein sehr langsamer Prozeß, der durch Umrühren u. dgl. nicht beschleunigt werden kann. Mit der Quellung ist eine starke Volumenzunahme verbunden. Wird das Volumen konstant gehalten, so tritt ein „Quellungsdruck“ auf, der Tausende von Atmosphären (bei Stärke z. B. 25000 Atm.) erreichen kann. Schon die alten Ägypter benutzten quellendes Holz zum Sprengen von Steinen.

Die Quellung ist für die Lebewesen von allerhöchster Bedeutung. Jedem Organ kommt eine gewisse normale Quellung zu; Abweichungen davon bedeuten Krankheit oder Tod. Als Hülle und Gerüst der Lebewesen finden wir Stoffe geringer Quellbarkeit (Haut, Schuppen, Holz, Gefäßwände); der Zellinhalt, das Protoplasma, besitzt hohe Quellbarkeit.

Größe der Kolloidteilchen. Wie schon oben gesagt, gibt es unter den Kolloiden alle möglichen Übergänge zwischen Suspensionen und wahren Lösungen. Bei Teilchen mit mehr als etwa 100 $\mu\mu$ Durchmesser spricht man von Suspensionen. (Zum Vergleich: Durchmesser eines Menschenblutkörperchens ungefähr 7000 $\mu\mu$, Länge des Influenzabazillus 500 $\mu\mu$.) Der Durchmesser der wahren Molekeln ist von der Größenordnung 0,1 $\mu\mu$. Die Durchmesser kolloidal gelöster Teilchen liegen also etwa zwischen 100 $\mu\mu$ und 1 $\mu\mu$. Der Durchmesser schwankt je nach der Herstellungsart der Sole. Z. B. gibt es Goldsole mit Teilchen von 40 $\mu\mu$ und solche mit kleineren Teilchen.

Brownsche Molekularbewegung. Berechnung der Loschmidtschen Zahl. 1827 brachte der englische Botaniker Robert Brown, anläßlich einer Untersuchung über die Befruchtung der Pflanzen, in Wasser aufgeschlämmte Pollenkörnchen unter das Mikroskop. Er beobachtete, daß die einzelnen Teilchen sich in lebhafter Bewegung befanden. Er untersuchte andere Pollen, sodann auch Suspensionen von toten, getrockneten, verbrannten Pflanzenteilen, weiter von anorganischen Substanzen (Mineralien, Erde, Metalle) und erhielt überall die gleiche Erscheinung. Man nennt sie jetzt die Brownsche Bewegung. Wir erklären sie uns durch die unregelmäßigen Stöße, die die aufgeschwemmten Teilchen durch die schnell bewegten Molekeln der Flüssigkeit erfahren. Die Brownsche Bewegung gewährt so gewissermaßen ein vergröbertes Bild der Wärmebewegung der Molekeln. Genaue Beobachtungen stammen u. a. von Gouy, Svedberg, Perrin, theoretische Untersuchungen von Einstein und Smoluchowski (1905).

Läßt man eine Flüssigkeit mit aufgeschwemmten Teilchen ruhig stehen, so setzen sich nicht etwa alle Teilchen zu Boden, wenn man lange genug wartet; es bildet sich vielmehr ein Gleichgewichtszustand der Art aus, daß überall Teilchen vorhanden sind, daß ihre Zahl in 1 ccm Flüssigkeit aber immer kleiner wird, je höher man steigt (Abb. 120). Man könnte meinen, daß unregelmäßige Stöße die Teilchen zwar hin und her werfen können, daß aber Teilchen, die einmal am Boden liegen, dort liegen bleiben müssen. Da ist zu bedenken, daß die Teilchen ungeheuer groß sind gegenüber den Molekeln, so daß diese sehr wohl ein am Boden liegendes Teilchen von unten stoßen können. Die beschriebene Erscheinung hat großes theoretisches

Interesse. Wir haben oben gesehen, daß die Gasgesetze auch für die Molekeln eines gelösten Stoffes gelten; wir werden entsprechend annehmen, daß sie auch für die Teilchen einer Suspension Geltung haben. Ist L die Loschmidtsche Zahl, m die Masse eines Teilchens, so gilt (S. 109): $Lm = \mathfrak{M}$, daher nach der Zustandsgleichung für ideale Gase

$$pv = R \cdot \frac{M}{Lm} T.$$

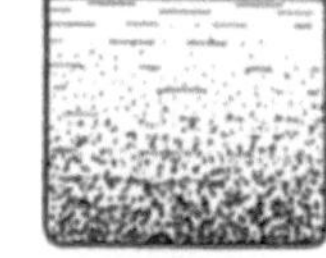

Abb. 120. Suspension feiner Teilchen.

Die Abnahme der Teilchenzahl mit der Höhe entspricht nun ganz der Abnahme des atmosphärischen Luftdrucks nach oben, und es läßt sich eine der barometrischen Höhenformel (S. 62) ganz entsprechende Gleichung ableiten. Sie lautet:

$$\log \text{nat} \frac{n_0}{n} = L \cdot \frac{mgh}{RT}\left(1 - \frac{\sigma}{s}\right).$$

Dabei bedeuten: L Loschmidtsche Zahl, m Masse eines Teilchens, s und σ die Dichten der Teilchen und der Flüssigkeit, g Erdbeschleunigung, R Gaskonstante, T abs. Temperatur, n_0 und n Teilchenzahl in gleichen Volumen in 2 Höhen vom Abstand h. Je größer m, desto schneller nimmt n nach oben hin ab. Bei schweren Teilchen (m sehr groß) ist n schon bei den geringsten Höhen ungeheuer klein.

Durch Auszählen von n_0 und n in verschiedenen Höhen[1]) läßt sich die obige Gleichung nachprüfen. Kennt man auch m (durch Wägen vieler Teilchen oder Ausmessen der Teilchendurchmesser), so kann man aus der Gleichung die Loschmidtsche Zahl L berechnen.

n_0 und n sind Durchschnittszahlen für eine längere Zeit. Statt sie zu beobachten, kann man auch die Bewegung eines einzelnen Teilchens verfolgen. Es beschreibt einen ungeheuer komplizierten Zickzackweg. Auch aus seiner mittleren Verschiebung während einer Zeit t läßt sich nach Einstein die Loschmidtsche Zahl L berechnen. Die gute Übereinstimmung der nach beiden Methoden gefundenen Werte untereinander und mit den auf ganz andern Wegen gefundenen Werten ist einer der schönsten Beweise für die Richtigkeit der molekularen Vorstellungen. Die genauesten Bestimmungen haben ergeben

$$L = 6{,}06 \cdot 10^{23} \text{ pro Mol.}$$

Da ein Mol eines Gases im Normalzustand 22390 ccm einnimmt, so erhält man aus L die Avogadrosche Zahl (S. 109), d. h. die Zahl der in 1 ccm Gas enthaltenen Molekeln; sie beträgt

$$N = \frac{L}{22390} = 2{,}71 \cdot 10^{19} \text{ Molekeln pro ccm im Normalzustand.}$$

Ferner ist (S. 109, Gl. 6) die Masse eines Wasserstoffatoms

$$m_H = \frac{1{,}008}{L} \quad \text{oder} \quad \underline{m_H = 1{,}66 \cdot 10^{-24} \text{ gr}}.$$

[1]) n und n_0 sind zeitliche Mittelwerte. Die Tatsache, daß an einer Raumstelle n um einen Mittelwert schwankt und sich nicht in einer Richtung ändert, weist darauf hin, daß der zweite Hauptsatz für Teilprozesse mit wenig Teilchen nicht gilt. (Vgl. S. 125.)

Dritter Hauptteil.

Elektrizität und Magnetismus.

Die Elektrizität und das elektrische Feld.

Grundversuch. Reibt man eine Ebonitstange mit Pelzwerk, so zieht sie ein an einem Seidenfaden aufgehängtes Holundermarkkügelchen an und stößt es nach erfolgter Berührung ab mit einer Kraft, die um so größer ist, je näher Stab und Kügelchen einander kommen. Die hier auftretenden Kräfte heißen elektrische Kräfte; ein Körper, von dem solche Kräfte ausgehen, heißt „elektrisch geladen" oder kurz „elektrisch"; die Ursache der Kräfte heißt Elektrizität. Der Versuch gelingt auch mit geriebenem Bernstein (griechisch elektron, woher der Name Elektrizität stammt), Siegellack, Schwefel, Glas u. a. und geeigneten Reibmitteln.

Das mit dem Ebonitstab berührte Holundermarkkügelchen besitzt seinerseits die Eigenschaft, ein anderes Kügelchen anzuziehen und nach der Berührung abzustoßen. Es ist also elektrisch geworden. Bei der Berührung ist ein Teil der elektrischen Ladung des Stabes auf das Kügelchen übergegangen.

Leiter und Nichtleiter. Berührt man ein elektrisch geladenes Kügelchen mit Paraffin oder Schwefel, so bleibt es unverändert elektrisch; berührt man es mit einem zweiten, an einem Seidenfaden hängenden Holundermarkkügelchen, so verliert es einen Teil der Elektrizität an dieses; berührt man es mit der Hand oder einem in der Hand gehaltenen Metallstück, so verliert es seinen elektrischen Zustand vollständig. Das Metall und der menschliche Körper leiten die Elektrizität in die Erde ab. Dementsprechend nennen wir die Metalle und den menschlichen Körper „Leiter der Elektrizität"; Körper, die die Elektrizität nicht leiten, heißen Nichtleiter oder Isolatoren; dazu gehören Schwefel, Paraffin, Seide, Guttapercha, Schellack, Porzellan, Ebonit, Siegellack, Luft; der beste Isolator ist Bernstein. Trocknes Glas ist ebenfalls ein Isolator; in feuchten Räumen überzieht sich Glas mit einer Wasserhaut und wird leitend.

Positive und negative Elektrizität. Macht man den Grundversuch mit Glas, so dient als Reibzeug zweckmäßig ein mit Amalgam[1])

---

[1]) Amalgame sind Legierungen mit Quecksilber. Hier handelt es sich um Zinn-Zink-Amalgame.

bestrichener Lederlappen. 2 Kügelchen, von denen das eine mit der geriebenen Ebonitstange in Berührung war, das andre mit geriebenem Glas, stoßen einander nicht ab, sondern ziehen sich an. Ebenso ziehen ein geriebener Ebonit- und ein Glasstab einander an, was man beobachten kann, wenn man sie in horizontaler Lage an Fäden leicht drehbar aufhängt. Prüft man die Wirkung anderer geriebener Körper auf einen geriebenen Ebonitstab, so findet man, daß sie diesen entweder anziehen (wie das Glas) oder abstoßen (wie ein zweiter Ebonitstab). Es gibt also 2 Arten elektrischer Ladungen. Allgemein gilt der Satz:

„Gleichnamig elektrische Körper stoßen einander ab; ungleichnamig elektrische Körper ziehen einander an.“

Gleich stark, aber ungleichnamig geladen sind 2 gleiche Teilchen, wenn sie auf einen kleinen elektrischen Körper bei gleicher Entfernung gleich große, aber entgegengesetzt gerichtete Kräfte ausüben. Bringt man 2 solche Teilchen zur Berührung, so erweisen sich beide nachher als vollkommen unelektrisch. Gleich große, ungleichnamige Elektrizitätsmengen heben sich also auf, ähnlich wie z. B. $+5$ und -5 zusammen 0 ergeben. Man spricht daher von „positiver“ und „negativer“ Elektrizität, und zwar nennt man die im Glasstab bei Reibung mit amalgamiertem Leder entstehende Elektrizitätsart positiv, die andre negativ. Daß gerade die Glaselektrizität positiv heißt, beruht auf Vereinbarung und ist nicht in der Natur der Dinge begründet.

Erhaltung der Elektrizität. Reibt man Glas mit amalgamiertem Leder, und hält man das Reibzeug an einer isolierenden Handhabe, so zeigt sich, daß es negativ elektrisch wird. Allgemein nimmt das Reibzeug immer die entgegengesetzte Elektrizität an wie der geriebene Körper, und zwar, wie genaue Messungen lehren, eine gleich große Menge wie dieser. Durch Reiben werden also beide Elektrizitäten in gleicher Menge erzeugt. (Vgl. die Spannungsreihe S. 161.) Die algebraische Summe der Elektrizitätsmengen bleibt unverändert.

Elektroskop. Ob ein Körper elektrisch ist oder nicht, kann man z. B. durch Heranbringen eines elektrischen Kügelchens untersuchen. Bequemer ist das Elektroskop (Abb. 121). Es besteht aus 2 Blättchen *B* aus Goldschaum oder dgl., die an einer Metallstange *D* hängen. Die Stange endigt oben in einem Knopf *K*. Das Ganze ist zum Schutz gegen Luftströmungen von einer Glashülle umschlossen, aus der oben der Metallknopf herausragt. Den Blättchen gegenüber ist das Glas meist mit Stanniol beklebt, das beim Aufsetzen des Apparates auf den Tisch mit der Erde in Verbindung steht. Berührt man den Metallknopf mit einem elektrisch geladenen Körper, so werden beide Blättchen gleichnamig elektrisch und spreizen sich, weil sie sich abstoßen. (Goldblattelektroskop.) Man vergleiche den Käfigversuch S. 152.

Abb. 121. Goldblattelektroskop.

Beim Braunschen und beim Kolbeschen Elektroskop sind die Goldblättchen durch ein festes und ein bewegliches Aluminiumblättchen ersetzt (Abb. 122).

Abb. 122. Braunsches Elektroskop.

Ein für Messungen geeichtes Instrument heißt Elektrometer. (Vgl. S. 152.)

Oft bringt man den zu untersuchenden Körper nicht direkt mit dem Elektroskop in Berührung, sondern bedient sich kleiner, an isolierenden Handgriffen befestigter Kugeln, sog. Probekugeln, die man erst mit dem elektrisch geladenen Körper, dann mit dem Elektroskop in Berührung bringt.

Das Gesetz von Coulomb. Das Gesetz lautet: „Zwei elektrische Punktladungen ziehen sich an oder stoßen sich ab (je nachdem ob sie ungleich- oder gleichnamig geladen sind) mit einer Kraft, die den Elektrizitäts- oder Ladungsmengen direkt, dem Quadrat der Entfernung umgekehrt proportional ist."

Das Gesetz wurde von Coulomb in Analogie zum Newtonschen Gravitationsgesetz (S. 19) vermutet und durch Versuche bestätigt, z. B. mit Hilfe der Drehwage (Abb. 123). An dem einen Ende eines Glasstäbchens, das an einem dünnen Quarzfaden horizontal hängt, befindet sich ein Metallkügelchen, das geladen werden kann. Ein zweites geladenes Kügelchen kann ihm nahe gebracht werden. Aus dem Torsionswinkel ist die Abstoßungskraft zu erschließen, wenn die Dimensionen und der Torsionsmodul des Fadens bekannt sind.

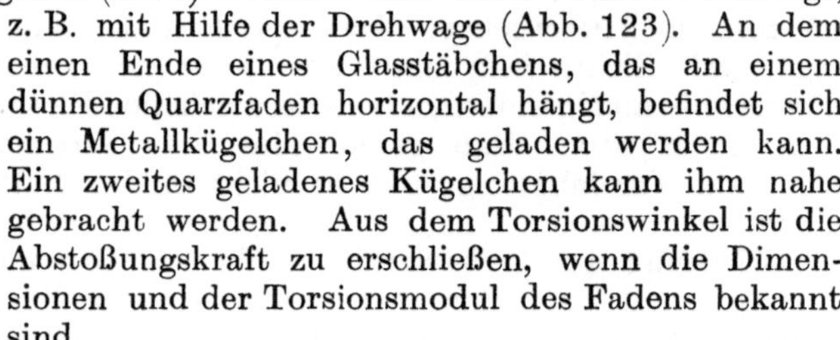

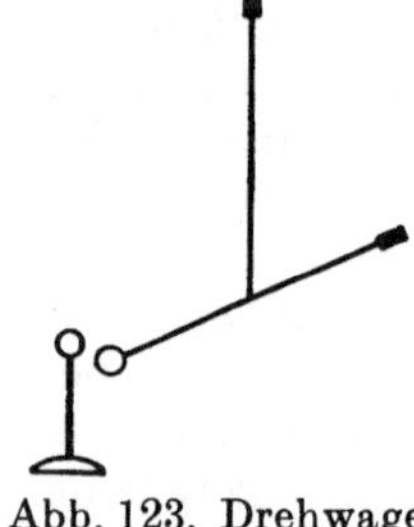

Abb. 123. Drehwage zum Nachweis des Coulombschen Gesetzes.

Nennt man die Elektrizitätsmengen, die auf den Kügelchen sitzen, e_1 und e_2, ihre Entfernung r, so ist nach dem Coulombschen Gesetz die Kraft

$$K = C \cdot \frac{e_1 e_2}{r^2},$$

wobei C der Gravitationskonstante analog ist. Ihr Wert hängt von den benutzten Maßeinheiten ab. Man wählt diese im „elektrostatischen Maßsystem" so, daß $C = 1$ wird. Ein positiver Wert von K entspricht einer Abstoßung, ein negativer einer Anziehung. (Vgl. S. 158.)

Einheit der Ladungsmenge. Wird $C = 1$ gesetzt, so ist $K = \frac{e_1 e_2}{r^2}$. Man definiert: Eine Elektrizitäts- oder Ladungsmenge hat die Größe „1 elektrostatische Ladungseinheit" (1 stat. L.E.), wenn sie eine gleich große, in der Entfernung 1 cm befindliche Elektrizitätsmenge mit der Kraft 1 Dyn abstößt. (Aus $e_1 = e_2 = 1$, $r = 1$ folgt $K = 1$). $3 \cdot 10^9$ solcher statischen Einheiten sind 1 Coulomb.

Das Potential. Ein Raum, in dem elektrische Kräfte wirksam sind, heißt ein elektrisches Feld. Es gilt hier alles das, was früher (S. 21) über Felder gesagt worden ist. In Übereinstimmung mit dem früheren definieren wir für beliebige elektrische Felder:

Die Arbeit, die nötig ist, um die Elektrizitätsmenge „1 positive statische Einheit" aus dem Unendlichen bis an einen bestimmten Punkt des Feldes zu bewegen, heißt das Potential V dieses Punktes. Zum Nähern der Elektrizitätsmenge e ist die Arbeit $A = V \cdot e$ nötig.

Eine direkte Messung nach dem Wortlaut der Definition wäre natürlich nur möglich, wenn man sich einmal statt des Unendlichen mit einer großen Entfernung begnügt, und wenn zweitens das Feld so stark ist, daß es durch Hineinbringen der Ladungseinheit nicht wesentlich geändert wird.

Das Potential „1 statische Potentialeinheit" (1 stat. P.E.) besitzt ein Punkt, wenn die Arbeit 1 Erg nötig ist, um 1 positive stat. L.E. aus dem Unendlichen bis zu ihm hinzubringen.

Praktische Einheit ist 1 Volt[1]) $= \frac{1}{300}$ st. P.E. (Vgl. S. 200 und Anhang II.)

Man kann auch sagen: Ein Punkt hat das Potential 1 Volt, wenn man, um die Elektrizitätsmenge $+1$ Coulomb $(= 3 \cdot 10^9$ st. L.E.) aus dem Unendlichen an den Punkt zu bringen, die Arbeit

$$A = V \cdot e = \frac{1}{300} \cdot 3 \cdot 10^9 = 10^7 \text{ Erg} = 1 \text{ Joule}$$

braucht.

1 Volt · 1 Coulomb = 1 Joule.

Herrschen in zwei Punkten A_1 und A_2 die Potentiale V_1 und V_2, so ist, wie sich zeigen läßt, die zur Überführung einer Einheitsladung von A_1 nach A_2 nötige Arbeit unabhängig vom Weg der Überführung und stets gleich $V_2 - V_1$. Den Ausdruck $V_2 - V_1$ nennt man „Potentialunterschied" oder „Spannung" zwischen den Punkten A_1 und A_2.

Nach unserer Definition herrscht im Unendlichen das Potential null; praktisch nimmt man meist das Potential der Erde als Nullpotential.

Elektrische Feldstärke. In einem Punkt des Feldes herrscht die Feldstärke $\mathfrak{E}$, wenn eine in ihm befindliche positiv elektrische Ladung von der Größe 1 st. L.E. mit der Kraft $\mathfrak{E}$ Dyn angegriffen wird. Die Feldstärke ist ein Vektor; sie weist vom höheren zum tieferen Potential. Ihre Richtung wird durch die Kraftlinien angezeigt.

Verschiebt sich die Ladung $+1$ in Richtung der Kraftlinien um das sehr kleine Stück $AB = \Delta x$, so leistet das Feld die Arbeit $\mathfrak{E} \cdot \Delta x$. Das Potential nimmt von A nach B um den sehr kleinen Betrag ΔV ab (ΔV negativ); daher ist die Überführungsarbeit $\mathfrak{E} \cdot \Delta x = -\Delta V$, mithin

$$\mathfrak{E} = -\frac{\Delta V}{\Delta x}.$$

Die Feldstärke läßt sich also messen durch die Abnahme des Potentials auf der Längeneinheit der Kraftlinie. Dementsprechend wählt man als praktische Einheit der Feldstärke 1 Volt/cm. Da 1 Volt · 1 Coulomb = 1 Joule ist, so herrscht die Feldstärke 1 Volt/cm da, wo die Ladung $+1$ Coulomb mit der Kraft 1 Joule/cm $= 10^7$ Dyn angegriffen wird.

---

[1]) Zu Ehren des italienischen Physikers Alessandro Volta (1745—1827).

Kraftlinienbilder. Nach Seite 22 ist die Zahl der Kraftlinien, die 1 qcm der durch einen Punkt gelegten Äquipotentialfläche durchsetzen, gleich der Feldstärke in diesem Punkte.

Die Gestalt der elektrischen Kraftlinien kann man in verschiedener Weise untersuchen. Klebt man z. B. auf Glas Stanniolstückchen verschiedener Größe und ladet sie elektrisch, so kann man den Verlauf der Kraftlinien dazwischen durch Aufstreuen von Rutilpulver sichtbar machen. Im Feld einer einzelnen Punktladung laufen die Kraftlinien radial von der Ladung aus. Die Abb. 124 zeigen schematisch das Bild der Äquipotentiallinien (ausgezogen) und der Kraftlinien (gestrichelt) in einem Feld, das bei 124a von zwei ungleichnamigen Ladungen gleicher Stärke, bei 124b von zwei gleichnamigen Ladungen herrührt, deren Stärken sich wie 1 : 2 verhalten.

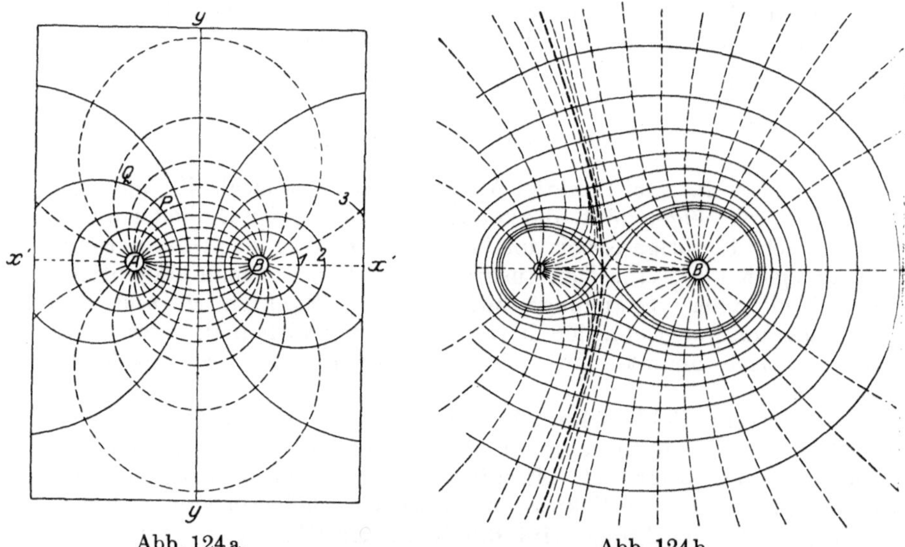

Abb. 124a. Abb. 124b.

Kraftlinien und Äquipotentiallinien eines elektrischen Feldes, das herrührt a) von zwei gleichen ungleichnamigen, b) zwei gleichnamigen Ladungen (Stärke 1 : 2).

Der Vergleich der Bilder mit dem radialen Feld einer Einzelpunktladung ist äußerst lehrreich. Er zeigt, wie stark das ursprüngliche Feld durch Einbringen einer neuen Ladung abgeändert wird. Man erkennt ferner, daß die Kraftwirkung zwischen den Ladungen (bei a Anziehung, bei b Abstoßung) so erfolgt, als ob in Richtung der Kraftlinien ein Zug, senkrecht dazu ein Druck wirksam ist. Diese „Spannungen“ sind charakteristisch für das Vorhandensein eines Feldes und für seinen Energiegehalt. Auch der leere Raum ist nicht leer im absoluten Sinne, sondern mit der Fähigkeit ausgestattet, Träger eines elektrischen (und magnetischen) Feldes zu sein. In diesem Sinne nennt man ihn auch „Äther[1])“. Verschiebt

[1]) Alle Versuche, ein mechanisches Bild vom Äther zu entwerfen, sind fehlgeschlagen und heute als undurchführbar erwiesen.

man eine elektrische Ladung, so ändert sich dadurch das Feld auch in den entfernten Punkten. Die Änderung der „Spannungen" schreitet von Punkt zu Punkt fort, so daß die Ausbreitung eine gewisse Zeit erfordert. Jede Wirkung erstreckt sich nicht unmittelbar in die Ferne, sondern nur auf die benachbarten Raumstellen und wird von dort weiter gegeben. Diese „Nahewirkungstheorie" ist zuerst von Faraday entwickelt und in erfolgreichster Weise benutzt worden. Maxwell hat die Theorie in mathematische Form gebracht.

Atomismus der Elektrizität. Elementarquantum. Elektronen. Ionen.

Wo Kraftlininien eines elektrischen Feldes beginnen oder enden, ist der Sitz der elektrischen Ladung. Die neueren Forschungen haben gezeigt, daß auch die Elektrizität atomistisch zusammengesetzt ist. Es gibt eine kleinste Ladungsmenge für positive und für negative Elektrizität von gleicher absoluter Größe, die nicht mehr unterteilt werden kann. Man nennt sie das „Elektrische Elementarquantum"; seine Größe beträgt $e = 1{,}592 \cdot 10^{-19}$ Coulomb. (Über die Bestimmung s. u. S. 177, 290, 297.)

Die an Masse kleinsten elektrischen Teilchen tragen negative Ladung von der Größe eines Elementarquantums ($-e$); ihre Masse ist der 1847. Teil von der eines Wasserstoffatoms, sie heißen Elektronen. Elektronen sind wesentliche Bestandteile der Atome aller Elemente; sie umkreisen den positiv geladenen Atomkern (Elektronenhülle) (S. 29ff.). Die Elektronen können auch frei, d. h., losgelöst vom Atomkern, auftreten.

Die positive Ladung ist stets an den Atomkern und damit an die Hauptmasse des Atoms gebunden. Im Normalzustand ist das Atom nach außen hin im wesentlichen neutral, da die zugehörigen Elektronen ebenso viel negative Ladung tragen wie der Kern positive. Fehlen in der Elektronenhülle ein oder mehrere Elektronen, so ist das Atom positiv elektrisch; sind mehr Elektronen vorhanden, als dem Normalzustand entspricht, so ist es negativ. Solche positiv oder negativ elektrischen Atome oder Atomgruppen treten vor allem in dissoziierten Lösungen und Gasen auf (S. 141 und 174); sie heißen Ionen.

Positive Ladungen können sich nur mit den Atomen zugleich bewegen, also in Form von Ionen oder mit dem ganzen geladenen Körper.

Negative Ladungen dagegen können sich bewegen:

1. als negative Ionen oder mit dem ganzen geladenen Körper,

2. als freie Elektronen, d. h., losgelöst von anderer Materie, z. B. als Kathodenstrahlen (S. 184),

3. als Leitungselektronen in Leitern. In Leitern ist die Materie so angeordnet, daß sich ein Teil der Elektronen unter dem Einfluß eines äußeren Feldes im Leiter bewegen kann (elektrischer Leitungsstrom).

4. als Polarisationselektronen in Nichtleitern. Hier können sich negative und positive Ladung der Atome unter dem Einfluß eines Feldes gegeneinander verschieben, ohne sich aber völlig trennen zu können; sie sind gewissermaßen (quasielastisch) aneinander gebunden.

Das elektrostatische Feld.

Elektrostatik. Ein Feld heißt elektrostatisch, wenn es nur durch ruhende Ladungen hervorgerufen wird. Aus dem bisher Gesagten wird eine große Reihe von Erscheinungen bei solchen Feldern sofort verständlich.

Das Potential auf einem Leiter. Alle Punkte eines Leiters haben im elektrostatischen Feld das gleiche Potential. Wäre es nicht der Fall, so wäre zwischen den verschiedenen Punkten des Leiters eine elektrische Feldstärke vorhanden, die eine Verschiebung von Leitungselektronen zur Folge hätte.

Potentialmessung. Quadrantelektrometer. Man kann nur Potentialunterschiede messen; gewöhnlich mißt man den Potentialunterschied eines Körpers gegen Erde. Beim Goldblatt- und Braunschen Elektroskop (Abb. 121 und 122) verbindet man die Blättchen mit dem zu untersuchenden Körper, die Stanniolbelegung bzw. das Metallgehäuse mit der Erde.

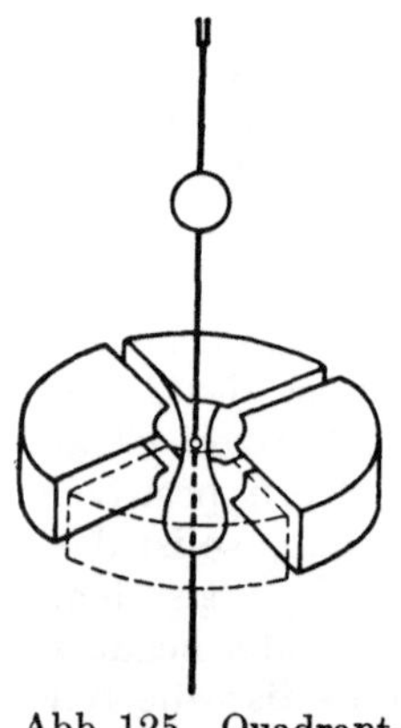

Abb. 125. Quadrantelektrometer.

Zu genaueren Messungen bedient man sich häufig des Quadrant-Elektrometers (Abb. 125). In einer hohlen, flachen Metallhülse, die durch zwei aufeinander senkrechte Schnitte in 4 Quadranten geteilt ist, ist die sog. Nadel um eine vertikale Achse drehbar aufgehängt. Sie besteht meist aus Papier mit dünnem Metallbelag. Die Achse hängt an einem feinen Torsionsfaden und trägt einen Spiegel zur Ablesung der Drehung. Eine gebräuchliche Schaltung ist die, daß man zwei gegenüberliegende Quadranten erdet (Potential null) die Nadel auf ein bekanntes hohes Potential bringt und das zweite Quadrantenpaar mit dem zu messenden Potential verbindet. Diese Quadranten laden sich auf; das entstehende Feld dreht die Nadel. Ist der Apparat geeicht, so kann man aus der Spiegeldrehung das Potential ablesen.

Faradays Käfigversuch. Nur wenn zwischen den Blättchen (und dem Knopf) eines Elektroskops einerseits und der Umgebung andererseits ein Potentialunterschied besteht, kann im Innern ein Feld entstehen und die Blättchen zum Sitz einer Ladung machen. Bringt man ein Elektroskop in einen isoliert aufgestellten, geschlossenen Drahtkäfig, so daß der Knopf den Käfig von innen berührt, so divergieren die Blättchen auch bei stärkster Ladung des Käfigs nicht. (Faraday ist selbst mit einem Elektroskop in einen großen Drahtkäfig hineingegangen.) Es folgt daraus, daß im Innern eines geladenen hohlen Leiters das Potential überall den gleichen Wert hat, also kein Feld besteht, ebenso wie ja auch an der Oberfläche überall gleiches Potential herrscht. Bringt man das Elektroskop in den Käfig, verbindet aber den Knopf durch einen isoliert eingeführten Draht mit der Erde, so divergieren die Blättchen sofort, weil sie jetzt anderes Potential haben als der Käfig (nämlich das Potential der Erde) und ein Feld entstehen kann.

Sitz der statischen Ladung an der Oberfläche. Da im Innern eines hohlen geladenen Leiters kein Feld vorhanden ist, also von den Innenwänden keine Kraftlinien ausgehen, so folgt, daß an den Innenwänden auch keine elektrische Ladung vorhanden ist.

Der Sitz einer statischen Ladung ist die äußere Oberfläche der Leiter.

Eine größere metallene Hohlkugel, die ein Loch besitzt, und die isoliert aufgestellt ist, sei elektrisch geladen (Abb. 126). Bringt man eine Probekugel mit einem Punkt der äußeren Oberfläche in Berührung, so wird sie elektrisch. Berührt man mit ihr die innere Wandung und zieht sie heraus, ohne den Rand der Öffnung zu berühren, so ist sie vollkommen unelektrisch. Dasselbe gilt für irgendwie gestaltete Körper. Führt man eine elektrisch geladene Probekugel in das Innere des Körpers und berührt mit ihr die Innenwandung, so gibt sie ihre Ladung völlig ab. Man benutzt diese Tatsache, um die Ladung eines Körpers restlos auf einen anderen zu übertragen. Elektroskope versieht man gelegentlich mit einem zylindrischen Aufsatz; ein mit der Innenwand des Zylinders in Berührung gebrachter Körper gibt seine gesamte Ladung ab (Faradayscher Becher).

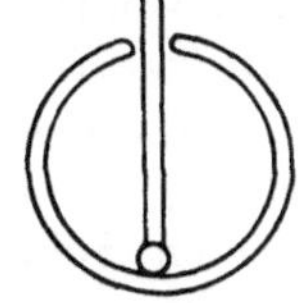

Abb. 126. Sitz der statischen Ladung an der Oberfläche (Faradayscher Becher).

Leiter im Feld. Influenz. Wird ein Leiter in ein elektrisches Feld gebracht, so wandern die Elektronen, da sie ja negativ sind, an Stellen höheren Potentials; an den anderen Stellen bleibt positive Ladung zurück. Durch die Trennung der Ladungen wird das Feld vollkommen verändert. Sobald alle Punkte des Leiters gleiches Potential haben, hört das Fließen auf.

Abb. 127 stellt schematisch das Kraftlinienbild dar, das sich ergibt, wenn man einen Leiter L in das von einer positiven Ladung herrührende Feld bringt. Das Ende einer Kraftlinie bezeichnet den Sitz negativer, der Beginn den Sitz positiver Ladung.

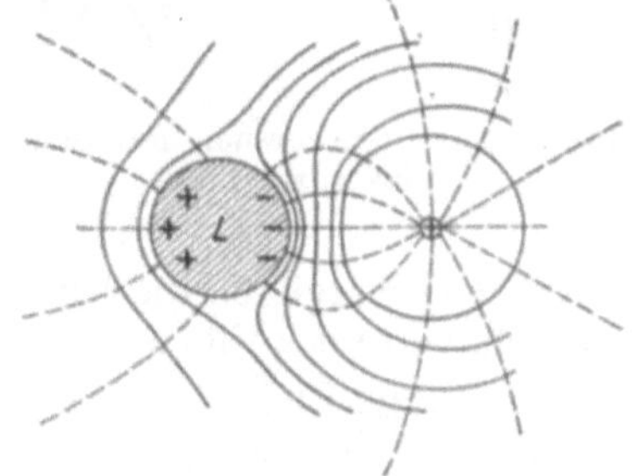

Abb. 127. Leiter im elektr. Feld.

Die Aufladung eines Leiters durch Einbringen in ein elektrisches Feld bezeichnet man als Influenz. Rührt das Feld von einer einzelnen Ladung her, so wird der eingebrachte Leiter auf der dem

Körper zugewandten Seite ungleichnamig, auf der abgewandten gleichnamig elektrisch (Abb. 127).

Bringt man zwei längliche, isoliert aufgestellte Metallkörper, die an jeder Seite Elektroskope (Holundermarkkügelchen oder dgl.) tragen, durch Zusammenschieben in leitende Verbindung (Abb. 128) und nähert von der rechten Seite her einen geriebenen Ebonitstab, so werden die Enden des Gesamtleiters durch Influenz elektrisch; die Elektroskope an den Seiten divergieren, die in der Mitte nicht. Entfernt man die Ebonitstange, so fallen die Kügelchen zusammen. Trennt man jedoch vorher die Metallkörper und entfernt erst danach die Ebonitstange, so divergieren sämtliche Elektroskope. Der linke Körper ist negativ, der rechte positiv elektrisch.

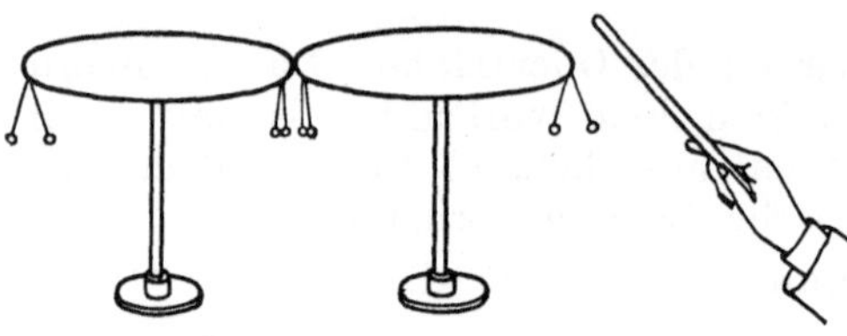

Abb. 128. Influenzwirkung.

Nähert man einen geriebenen Ebonitstab dem Knopf des Elektroskops, so schlägt dieses aus; durch Influenz werden die dem Stab nächsten Teile, also der Knopf, positiv, die entferntesten, also die Blättchen, negativ elektrisch. Beim Entfernen des Stabes gehen die Blättchen zusammen. Ist ein Elektroskop z. B. positiv geladen, so spreizen sich die Blättchen beim Annähern eines positiv elektrischen Körpers weiter, beim Nähern eines negativen Körpers gehen sie zusammen.

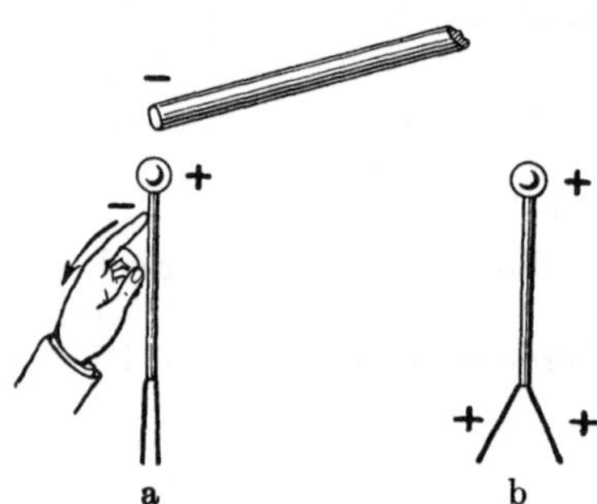

Abb. 129. Influenzversuch mit dem Elektroskop.

Nähert man dem Elektroskop den geriebenen Ebonitstab und berührt den Knopf mit der Hand, so fallen die Blättchen zusammen. Das Elektroskop bildet diesmal mit dem menschlichen Körper und der Erde einen einzigen Körper; der Knopf wird positiv elektrisch; negativ werden die entferntesten Teile, also die Erde; die Blättchen bleiben neutral (Abb. 129a). Entfernt man erst den Finger vom Knopf, darauf den Ebonitstab, so divergieren die Blättchen: Die positive Ladung des Knopfes hat sich verteilt (Abb. 129b).

Reibungs-Elektrisiermaschine. Um Elektrizität in größerer Menge zu erzeugen, bedient man sich einer Elektrisiermaschine. Die älteste Maschine dieser Art hat Otto von Guerike (1672) gebaut. Sie bestand aus einer Schwefelkugel, die mit der einen Hand gedreht wird, während sie sich an der aufgelegten anderen Hand reibt.

Die gebräuchlichen Maschinen besitzen als geriebenen Körper eine Glasscheibe S, die auf einer Glasachse AA drehbar angebracht ist

(Abb. 130). Als Reibzeug dienen zwei mit Amalgam[1]) bestrichene Lederkissen G, die durch Federn fest gegen die Glasscheibe gedrückt werden. Durch die Reibung beim Drehen wird die Scheibe positiv, das Reibzeug negativ elektrisch. Die Elektrizität des Reibzeugs sammelt sich im Konduktor RK. Die Glasscheibe geht zwischen zwei Ringen R hindurch, die auf ihren Innenseiten mit Metallspitzen versehen sind, und die mit dem isoliert aufgestellten Konduktor Kd (Metallkugel) verbunden sind. Durch Influenz werden die Spitzen negativ, der Konduktor positiv elektrisch. Durch die Wirkung der Spitzen wird die Luft leitend, die negative Elektrizität strömt auf die Scheibe und neutralisiert die dort befindliche positive Elektrizität. Kd wird immer stärker positiv, RK negativ elektrisch.

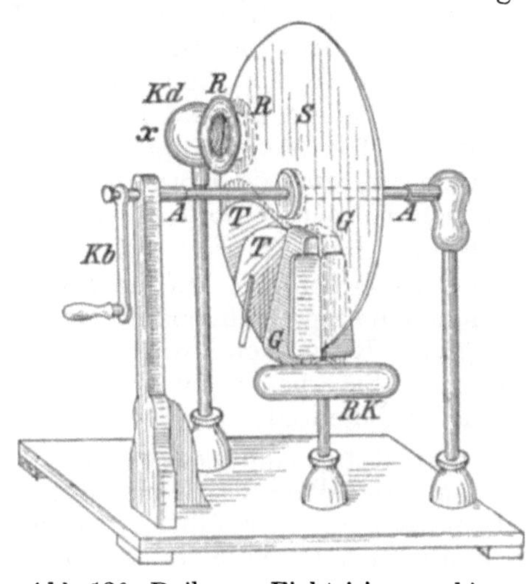

Abb. 130. Reibungs-Elektrisiermaschine.

Potentialverstärkung. Influenzmaschine. Wir betrachten folgende Vorrichtung (Abb. 131). Ein isolierender Stab, der an beiden Enden 2 Metallkörper e und f trägt, kann sich um seinen Mittelpunkt drehen. Hierbei kommen e und f mit den 4 Metallbürsten a, b, c, d in Berührung. Von diesen

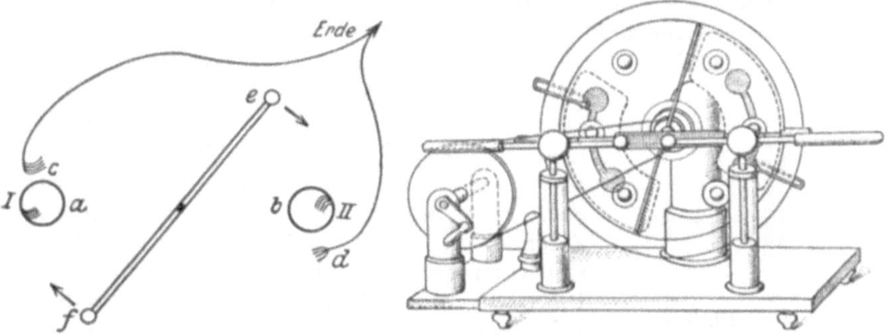

Abb. 131. Potentialverstärker. Abb. 132. Töplersche Influenzmaschine.

sind c und d mit der Erde, a und b mit den Hohlkörpern I und II verbunden. Jeder Hohlkörper besteht aus zwei Metallplatten, zwischen denen e und f hindurchgehen. Die Drehung geschieht in der Pfeilrichtung. Es habe etwa e eine kleine negative Ladung. Diese wird an b und damit restlos an II abgegeben. Alsbald wirkt II

[1]) Vgl. Anmerkung auf S. 146.

influenzierend auf e; bei Berührung mit d hat e das Potential null und, da II negativ ist, positive Ladung. (Vgl. den Versuch mit dem Elektroskop Abb. 129 a und b.) Beim Weiterdrehen wird die positive Ladung von der negativen des Hohlkörpers entfernt und durch die dazu nötige Arbeit das Potential von e erhöht. In a gibt e die positive Ladung vollkommen an I ab, wird dann durch Influenz bei c negativ, und das Spiel beginnt von neuem. f wirkt im gleichen Sinne, um die Ladungen von I und II immer mehr zu verstärken. Die hierzu nötige Energie wird durch die Arbeit geliefert, die nötig ist, um die Körperchen e und f von den ungleichnamig geladenen Körpern I und II entgegen der Anziehung zu entfernen.

Nimmt man statt e und f mehr Körper, etwa 6 oder mehr Stanniolscheibchen, die auf einer drehbaren Glasscheibe sitzen, so erhält man eine sog. „Influenz-Elektrisiermaschine“. Von diesen gibt es eine große Reihe von Konstruktionen. Abb. 132 zeigt eine solche Maschine. Sie dienen zum Erzeugen größerer Elektrizitätsmengen und hoher Potentiale.

Kapazität. Kondensatoren. Um einen isoliert aufgestellten Leiter auf das Potential V zu bringen, muß man ihm eine bestimmte Elektrizitätsmenge e zuführen. Bringt man umgekehrt den Leiter auf ein bestimmtes Potential V, so nimmt er stets dieselbe Elektrizitätsmenge e auf. Versuch und Theorie lehren, daß e und V einander proportional sind,

$$e = C \cdot V.$$

Der Proportionalitätsfaktor C hängt von der Größe und der Form des Leiters ab; er heißt „Kapazität“ des Körpers.

Die Kapazität eines Körpers kann man erhöhen durch Vergrößerung der Oberfläche, aber auch noch auf andere Weise, wie folgender Versuch lehrt: Nähert man einer z. B. positiv elektrisch geladenen Metallplatte, deren Potential durch ein Elektroskop angezeigt wird, eine zweite, geerdete Platte (in Abb. 133 die linke Platte), so nimmt die Divergenz der Blättchen des Elektroskops beträchtlich ab, ein Zeichen, daß das Potential der ersten Platte sich verringert hat. (Entfernt man die zweite Platte wieder, so erscheint der ursprüngliche Ausschlag, da ja die Elektrizitätsmenge unverändert ist.) Beim Annähern wird die zweite Platte durch Influenz negativ elektrisch; das von ihr erzeugte elektrische Feld überlagert sich dem von A ausgehenden und schwächt es; damit wird die zum Heranschaffen der Ladung $+1$ nötige Arbeit geringer, und so erklärt sich die Abnahme des Potentials. Um die Platte wieder auf dasselbe Potential wie vorher zu bringen, ist mithin jetzt eine weit größere Elektrizitätsmenge erforderlich, oder mit anderen Worten: die Doppelplatte hat eine weit größere Kapazität als die einfache, und zwar um so größer, je kleiner die Entfernung

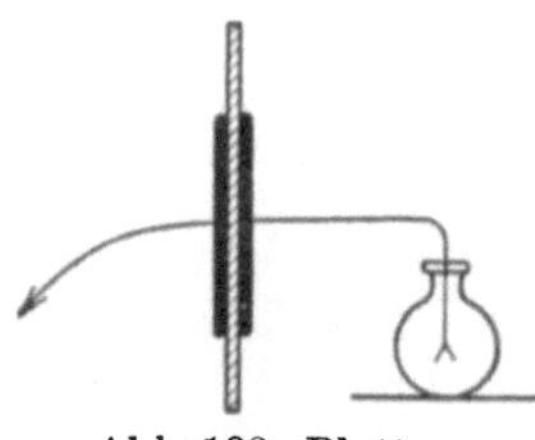

Abb. 133. Plattenkondensator.

der Platten ist. Körper, die so gebaut sind, daß sie eine größere Kapazität besitzen, heißen Kondensatoren.

Dielektrizitätskonstante. Isolatoren nennt man nach Faraday auch Dielektrika (griech. dia = hindurch, weil elektrische Kraftlinien sie durchsetzen, während sie auf Leitern enden). Bringt man zwischen die beiden Platten eines geladenen Kondensators (Abb. 133) statt Luft einen andern Isolator, z. B. Ebonit, so zeigt das Elektroskop abermals Verringerung des Potentials an. Das heißt also: durch Hineinbringen des Isolators wird die Kapazität vergrößert. Ist ihr neuer Wert ε mal so groß wie der alte, so nennt man ε die „Dielektrizitätskonstante" des Isolators. Gewöhnlich bezieht man die Dielektrizitätskonstante nicht auf Luft, sondern auf das Vakuum. (Tab. VI auf S. 308.)

Wir erklären uns die Wirkung der Dielektrika nach Faraday durch die Annahme der dielektrischen Polarisation. Im Gegensatz zu den Leitern sind in Dielektrizis die Elektronen nicht frei beweglich, sondern an die Träger der positiven Elektrizität, die materiellen Teilchen, elastisch gebunden (vgl. S. 152, Polarisationselektronen). Unter dem Einfluß des Feldes verschieben sich die Elektronen aus ihrer gewöhnlichen mittleren Lage etwas, und zwar proportional der Feldstärke. Durch diese „dielektrische Verschiebung" entstehen gerichtete Doppelpole und daher Ladungen an den Grenzflächen; das bewirkt, daß auch der Isolator ein kleines Gegenfeld erzeugt und so das Potential der geladenen Platte weiter herabsetzt.

Leydener Flasche. Eine gebräuchliche und schon sehr lange bekannte Form eines Kondensators ist die Leydener Flasche. Sie besteht aus einem Glaszylinder, der außen und innen bis zu etwa $\frac{4}{5}$ der Höhe mit Stanniol belegt ist. (Abb. 134.) Der obere Teil des Glases ist, der besseren Isolation wegen, mit Schellack bestrichen. Um bequeme Verbindung zur inneren Belegung zu erzielen, führt ein Metallstab in die Flasche, der oben in einer Kugel endet. Die äußere Belegung wird mit der Erde verbunden (Potential null); die innere Belegung wird geladen. Die beiden Belegungen entsprechen den Platten der Abb. 133. Wegen der großen Kapazität kann man sehr viel Elektrizität zuführen, ehe das Potential so weit steigt, daß ein Durchschlagen des Glases oder eine Entladung durch die Luft zu befürchten ist. Man kann also größere Elektrizitätsmengen aufspeichern. Die Leydener Flasche wurde gleichzeitig von Kleist in Pommern und von Musschenbroek in Holland 1745 erfunden.

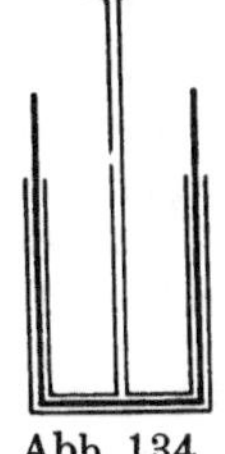

Abb. 134. Leydener oder Kleistsche Flasche.

Drehkondensator. Für manche Zwecke (z. B. der drahtlosen Telegraphie) ist es erwünscht, die Kapazität eines Kondensators verändern zu können. Man erreicht das dadurch, daß man Platten, deren Ebenen parallel sind und geringen Abstand voneinander haben, um die Achsen A und B (Abb. 135) drehbar macht. Die Kapazität ist am größten, wenn die Platten genau übereinander stehen. Man kann auch eine ganze Reihe von Platten so untereinander anordnen, daß die erste, dritte, fünfte . . . einerseits, die zweite, vierte,

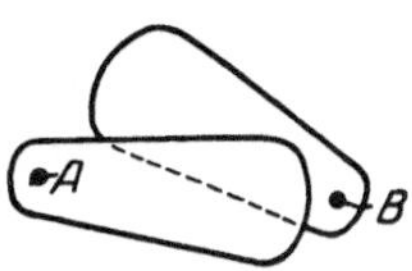

Abb. 135. Drehkondensator.

sechste ... andererseits starr miteinander verbunden sind. Häufig stehen solche Drehkondensatoren in einem Gefäß mit Öl. Das Öl dient zugleich zur Isolation und zur Erhöhung der Kapazität.

Maß der Kapazität. Entsprechend den Berechnungen S. 21 ergibt sich für das Potential an der Oberfläche einer Kugel, die der Radius r und die Ladung e hat, der Wert

$$V = \frac{e}{r}.$$

Ein Vergleich mit der Formel $e = C \cdot V$ liefert für die Kapazität den Kugel im Vakuum

$$C = r.$$

Die Einheit der Kapazität im el. stat. Maßsystem ist 1 cm. Die Kapazität 1 cm hat der Körper, der durch die Elektrizitätsmenge 1 st. L.E. auf des Potential 1 st. P.E. geladen wird. Ein solcher Körper ist z. B. eine Kugel vom Radius 1 cm.

Als praktische Einheit dient ein Farad (nach Faraday). Die Kapazität 1 Farad hat ein Körper, durch die Elektrizitätsmenge 1 Coulomb auf das Potential 1 Volt geladen wird. Diese Kapazität ist ungeheuer groß. Man rechnet daher meist mit 1 Mikrofarad ($= 10^{-6}$ Farad).

Der Radius einer Kugel mit der Kapazität 1 Farad ist $r = \frac{e}{V}$. $e = 1$ Coulomb $= 3 \cdot 10^9$ st. L.E.; $V = 1$ Volt $= \frac{1}{300}$ st. P.E., also $r = 9 \cdot 10^{11}$ cm $= 9 \cdot 10^6$ km. Das sind mehr als 1400 Erdradien oder 23 Mondentfernungen. Hohe Kapazitäten (1 bis 2 Mikrofarad) gewinnt man durch Plattenkondensatoren. Isolator ist paraffiniertes Papier (Abb. 175 auf S. 207) oder Glimmer.

Coulombsches Gesetz im Dielektrikum. Das Potential eines geladenen Körpers sinkt, wenn man ihn in ein Dielektrikum bringt, auf $\frac{1}{\varepsilon}$ des ursprünglichen Wertes. Da somit die Arbeit für das Heranführen der Ladung $+1$ kleiner wird, muß in gleicher Weise auch die Kraft abnehmen, mit der 2 Ladungen sich anziehen. So ist es in der Tat. Befinden sich 2 Ladungen e_1 und e_2 in der Entfernung r in einem Dielektrikum mit der Dielektrizitätskonstante ε, so ist die Kraft, die sie aufeinander ausüben,

$$\underline{K = \frac{1}{\varepsilon} \cdot \frac{e_1 e_2}{r^2}}.$$

Werden die Körperchen auf den Potentialen V_1 und V_2 gehalten, und sind ihre Kapazitäten im Vakuum C_1 und C_2, im Dielektrikum also εC_1 und εC_2, so ist

$$e_1 = \varepsilon C_1 V_1, \qquad e_2 = \varepsilon C_2 V_2,$$

daher

$$\underline{K = \varepsilon \cdot \frac{C_1 C_2 \cdot V_1 V_2}{r^2}}.$$

Dielektrische Nachwirkung. Wird eine geladene Leydener Flasche entladen, so sammelt sich in ihr nach kurzer Zeit eine neue schwache Ladung (Rückstand) an. Bei der ersten Entladung war die dielektrische Verschiebung noch nicht völlig zurückgegangen, so daß sich hinterher wieder ein schwaches Feld ausbildete. (Dielektrische Nachwirkung.) Es ist das ähnlich wie bei elastischen Körpern, die nach dem Aufhören der deformierenden Kraft ebenfalls oft nicht sofort in ihre alte Form zurückkehren, sondern noch kleine Rückstandsdeformationen zeigen, die allmählich verschwinden. (Elastische Nachwirkung.)

Pyro- und Piezo-Elektrizität. Hemimorphe Kristalle, d. s. solche, bei denen eine Unsymmetrie in der Ausbildung der Enden einer kristallographischen Achse besteht, zeigen zum Teil die Eigenschaft, bei Erwärmung sich zu elektrisieren, der Art, daß die Enden der Achsen entgegengesetzt geladen sind (Pyroelektrizität)[1]). In gleicher Weise wirkt eine Druckänderung auf den Kristall (Piezoelektrizität)[1]).

Elektrische Entladung. Blitz. Besteht zwischen 2 Punkten in Luft eine sehr hohe Potentialdifferenz (z. B. zwischen den beiden Konduktoren einer Influenzmaschine oder den Platten eines Kondensators, so erfolgt der Ausgleich durch einen elektrischen Funken. Der Funke ist meist von einem mehr oder minder starken Knall begleitet. Größere Funken zeigen mechanische Wirkungen (Durchschlagen von Kartenblättern und Glasplatten), Wärmewirkung (Entzündung von Alkohol, Äther, Pulver, Erwärmen der Luft), chemische Wirkung (Ozonbildung), physiologische Wirkungen (Muskelzuckungen, Einwirkung auf die Nerven). Das Leuchten des Funkens rührt von leuchtenden (elektrisch angeregten, s. u. S. 302) Metall- oder Gasteilchen her.

Der Blitz ist ein Funke von ungeheuren Dimensionen; der Donner wird durch die Luftschwingungen hervorgerufen, die durch die plötzliche Erwärmung der Luft verursacht werden. Der Blitz besteht gewöhnlich aus einer hell leuchtenden, vielfach geschlängelten Linie, von der oft zahlreiche Verzweigungen ausgehen. (Ein Zickzackblitz mit scharfen Kanten existiert nicht.) Meist gehören zu einem Blitz mehrere, rasch aufeinander folgende Entladungen, die dieselbe Funkenbahn benutzen.

Völlig rätselhaft sind die Kugelblitze. Bei diesen geht nach den Berichten die Entladung vor sich in Form einer sich langsam auf merkwürdigen Bahnen bewegenden, leuchtenden Kugel, die manchmal spurlos verschwindet, manchmal unter lautem Krachen zerbirst und Zerstörungen hervorruft.

Fließende Elektrizität. Spannungsreihe.

Elektrischer Strom. Werden 2 Punkte verschiedenen Potentials durch einen Leiter verbunden, so erfolgt in diesem unter dem Einfluß des äußeren Feldes eine Bewegung entweder von Leitungselektronen (in Metallen) oder Ionen (in Flüssigkeiten und Gasen). Diesen Transport elektrischer Ladung bezeichnet man als elektrischen Strom. Der Strom hört auf, sobald das Potential in allen Punkten des Leiters

[1]) griech. pyr = das Feuer, piezo = ich drücke.

gleich ist. Wird aber dafür gesorgt, daß die ursprüngliche Differenz an den Leiterenden aufrecht erhalten bleibt (z. B. durch Verbinden mit einer dauernd gedrehten Elektrisiermaschine oder den Polen einer Batterie), so fließt der Strom dauernd.

Es sei noch einmal ausdrücklich hervorgehoben, daß nur bei ruhender Elektrizität alle Punkte eines Leiters gleiches Potential haben. Empfindliche Elektroskope, längs eines vom Strom durchflossenen Leiters aufgestellt, zeigen die Abnahme des Potentials deutlich an.

Stromstärke. Die „Stromstärke“ wird gemessen durch die Elektrizitätsmenge, die in der Zeiteinheit durch den Querschnitt des Leiters fließt. Die praktische Einheit ist 1 Ampère[1]) (1 A). Die Stromstärke 1 A herrscht dann, wenn in jeder Sekunde die Elektrizitätsmenge 1 Coulomb durch den Leiterquerschnitt fließt. (Vgl. S. 177 und Anhang II.) Es ist hiernach 1 A = 1 Coulomb/sec: es folgt nach S. 149

$$1\ \mathrm{A} \cdot 1\ \mathrm{V} = 1\ \mathrm{Joule/sec}$$

oder

1 Volt · 1 Ampère = 1 Watt

Instrumente zum Nachweis und zum Messen elektrischer Ströme heißer Galvanometer oder auch Ampèremeter.

Stromrichtung. Als Richtung des Stromes bezeichnet man, der Überlieferung folgend, die Richtung vom höheren zum tieferen Potential. Der wirkliche Strom der Elektronen, der nach der modernen Anschauung den Transport der Elektrizität in Metallen und den meisten anderen festen Leitern besorgt, hat, da die Elektronen negativ geladen sind, die entgegengesetzte Richtung.

Kontaktpotential-Spannungsreihe. Bringt man zwei verschiedene Metalle zur Berührung, so bildet sich zwischen ihnen ein von Art und Größe der Berührungsfläche unabhängiger, nur durch die chemische Natur der beiden Metalle bedingter Potentialunterschied aus (Kontaktpotential). Man kann ihn z. B. nachweisen, wenn man aus einer Zink-, einer Kupfer- und einer dazwischen gelegten, sehr dünnen Glimmerplatte einen Kondensator aufbaut. Bringt man die beiden Metallplatten durch einen Kupferdraht zur Berührung, so bildet sich der Potentialunterschied aus; wegen der großen Kapazität des Ganzen sammeln sich in den Platten so große Elektrizitätsmengen, daß man sie nach dem Auseinandernehmen der Platten mit dem Elektroskop nachweisen kann. Man kann alle Metalle in eine sog. „Spannungsreihe“ ordnen, derart, daß jedes voraufgehende Metall bei Berührung mit einem folgenden positiv elektrisch wird. Eine solche Reihe ist

$$+\ \mathrm{Rb\ K\ Na\ Al\ Zn\ Pb\ Sn\ Sb\ Bi\ Fe\ Cu\ Ag\ Au\ Pt\ C}\ -.$$

Eisen wird also z. B. bei Berührung mit Zink negativ, mit Silber oder Kohle positiv elektrisch. Je weiter zwei Metalle in der Span-

---

[1]) Zu Ehren des französischen Physikers André Marie Ampère (1775—1836).

nungsreihe voneinander entfernt sind, um so größer ist das Kontaktpotential.

Zur Erklärung des Kontaktpotentials erinnern wir uns daran, daß in jedem Metall freie Elektronen (Leitungselektronen) enthalten sind. Bei Berührung eines Metalls mit einem andern, das elektronenärmer ist, fließen Elektronen hinüber; es bildet sich ein dynamisches Elektronengleichgewicht aus (vgl. S. 117). Die durch die beiderseitige Aufladung entstehenden Felder hindern sehr bald den weiteren Übergang von Elektronen. Daß die elektropositiven Metalle (etwa Kalium oder auch Zink) tatsächlich leicht Elektronen abgeben, zeigt z. B. der lichtelektrische Effekt (S. 305).

Auf Grund derselben Vorstellung können wir uns auch die Erzeugung von Elektrizität durch Reibung erklären. Auch hier ist das Kontaktpotential die Hauptsache. Während aber bei Leitern nur Berührung an einer Stelle nötig ist, um den Potentialunterschied hervorzurufen, müssen bei Isolatoren möglichst viele Stellen zur Berührung gebracht werden. Das geschieht am besten durch Pressen und Reiben. Man kann die Spannungsreihe z. B. in folgender Weise erweitern:

+ Katzenfell, Flanell, Glas, Baumwolle, Seide, trockne Haut der Hand, Holz, Schellack, Metalle, Hartgummi, Schwefel — .

Glas wird beim Reiben mit Katzenfell negativ, mit Seide oder Metall (Amalgam) positiv elektrisch. Schwefel behält seine Elektronen am stärksten.

Leiter erster und zweiter Klasse. Gesetz der Spannungsreihe. Wird ein Kreis aus drei oder mehr Metallen gebildet, so ist die algebraische Summe aller Potentialdifferenzen an den einzelnen Berührungsstellen null; es fließt also kein dauernder Strom. Man bezeichnet diese Tatsache als das „Gesetz der Spannungsreihe".

Leiter, die diesem Gesetz gehorchen, heißen Leiter erster Klasse. Zu ihnen gehören die Metalle und Kohle.

Ersetzt man in einem Kreis aus 3 oder mehr Leitern erster Klasse einen davon durch einen flüssigen Leiter, etwa eine Säure, eine Lauge oder die Lösung oder die Schmelze eines Salzes (Leiter zweiter Klasse), so gilt das Gesetz der Spannungsreihe nicht mehr. Die Summe der Potentialdifferenzen ist von null verschieden, und es fließt ein dauernder Strom. Man benutzt dies bei den galvanischen Elementen, von denen besonders der Akkumulator viel gebraucht wird. (Vgl. S. 178.) Die algebraische Summe der Potentialdifferenzen bezeichnet man auch als die „elektromotorische Kraft" des Elements, da durch sie die Elektronen bewegt werden. Der Leiter zweiter Klasse unterliegt dabei chemischen Veränderungen. Aus seiner chemischen Energie stammt die Energie des elektrischen Stromes.

Thermoelemente. Das Kontaktpotential zwischen zwei Leitern erster Klasse ist eine Funktion der Temperatur. Verbindet man daher zwei oder mehr Metalle zu einem Drahtkreis und erhitzt e i n e Verbindungsstelle, während die andern kalt bleiben, so ist die Summe der Potentialunterschiede nicht null, und es fließt ein Strom. Eine solche Vorrichtung heißt Thermoelement. Am stärksten ist die bei Erwärmung entstehende Potentialdifferenz, wenn man Antimon und Wismut verwendet (Thermoelement von Seebeck). Schaltet man mehrere Thermoelemente so hintereinander, daß immer die unpaaren Lötstellen (erste, dritte, fünfte usw.) erwärmt werden, so erhält man eine sog. Thermosäule; Abb. 136 zeigt schematisch die Anordnung.

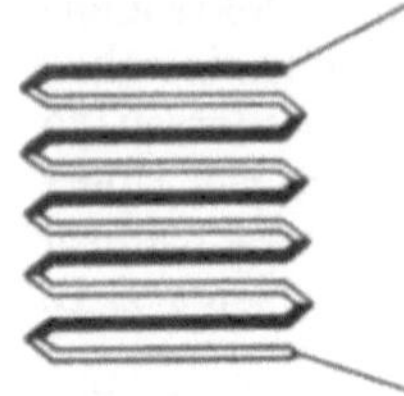
Abb. 136. Thermosäule.

Die Thermoelemente werden meist nicht zur Erzeugung elektrischer Ströme, sondern zum Nachweis von Temperaturunterschieden benutzt; sie dürften aber vielleicht einmal große Bedeutung bei der Ausnutzung der Sonnenwärme gewinnen. Höhere Temperaturen (Öfen) mißt man mit einem Thermoelement aus Platin und einer Platin-Rhodium-Legierung (10%) Rhodium). Die Lötstelle, die manchmal in einer Schutzhülle aus Porzellan steckt, wird auf die hohe Temperatur gebracht. Der durch die entstehende Potentialdifferenz erzeugte Strom wird durch ein empfindliches Galvanometer gemessen. Aus der Stärke des Stromes kann man die Temperatur berechnen. Zwischen 630° und 1063° dient dieses Thermoelement als Eichthermometer (S. 98).

Die Thermosäule von Rubens besteht aus dünnen Eisen- und Konstantandrähten (Dicke 0,1 mm); 20 unpaare Lötstellen sind unmittelbar nebeneinander angeordnet. Diese Thermosäule dient zur Untersuchung der Wärmewirkung in den verschiedenen Teilen des Spektrums, insbesondere im ultraroten Spektrum.

Feste Leiter. Ohmsches Gesetz.

Das Ohmsche Gesetz für unverzweigte Leiter. Wird ein unverzweigter Leiterkreis vom Strom durchflossen, so muß die Stromstärke für alle Querschnitte gleich groß sein, da im stationären Zustand nirgends eine Stauung von Elektronen erfolgen kann. Die Größe der Stromstärke hängt von Eigenschaften der Leiter ab, wie folgender Versuch zeigt. Ein Leiterkreis (Abb. 137) enthalte eine konstante Stromquelle S (z. B. einen Akkumulator) und ein Galvanometer G. Zwischen A und B können verschiedene Drähte eingeschaltet werden. Je nachdem, ob man dicke oder dünne, kurze oder lange Drähte einschaltet, erhält man stärkere oder schwächere Ströme. Auch das Material des Drahtes ist von Einfluß. Man spricht daher von dem gößeren oder geringeren „Widerstand“ des Leiters.

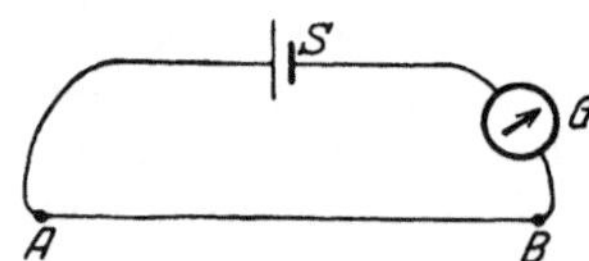

Abb. 137. Versuch zum Ohmschen Gesetz.

Über die Größe der Stromstärke hat G. S. Ohm (1827) ein Gesetz aufgestellt, das er zuerst theoretisch (in Anlehnung an die Gesetze der Wärmeleitung) gefunden und dann experimentell bestätigt hat. Es lautet: „Sind 2 Punkte durch einen unverzweigten Leiter verbunden, und besteht zwischen ihnen dauernd der Potentialunterschied V, so ist die Stärke i des durch den Leiter fließenden Stromes direkt proportional dem Potentialunterschied V, umgekehrt proportional einer nur von den Dimensionen und dem Material des Leiters abhängigen Größe, dem sogenannten Widerstand R." Bei passender Wahl der Einheiten lautet das Ohmsche Gesetz

$$i = \frac{V}{R}.$$

Der experimentelle Beweis des Gesetzes besteht in dem Nachweis, daß für denselben Leiter beim Anlegen verschiedener Potentialunterschiede der Quotient $\frac{V}{i} = R$ stets denselben Wert hat, also nur von Eigenschaften des Drahtes selbst abhängig ist. Das ist tatsächlich der Fall.

Einheit des Widerstandes. Mißt man i in Ampère, V in Volt, so ergibt sich für R eine Einheit, die man „Ohm" nennt[1]) (abgekürzt Ω). Den Widerstand 1 Ohm hat ein Leiter, durch den der Strom 1 A fließt, wenn an seinen Enden dauernd die Potentialdifferenz 1 V herrscht.

Der Versuch lehrt, daß eine Quecksilbersäule von 1 qmm Querschnitt und 106,3 cm Länge bei 0^0 C den Widerstand 1 Ω besitzt. (Internationale Definition des Ohms.) 1 Megohm $= 10^6$ Ohm.

Widerstand eines Leiters. Es ist zu erwarten, daß der Widerstand eines Leiters seiner Länge proportional ist. Das ist in der Tat der Fall. Wird ein ausgespannter, gleichförmiger Draht vom Strom durchflossen, und bringt man in verschiedenen Punkten Spannungsmesser (z. B. Quadrantelektrometer) an, so zeigt der Versuch, daß der Potentialunterschied zwischen 2 Punkten der Länge des dazwischen liegenden Drahtstückes proportional ist. Andererseits folgt aus $R = \frac{V}{i}$, daß R dem Potentialunterschied proportional ist. Also ist R auch der Drahtlänge l proportional. Die Abhängigkeit des Widerstandes vom Drahtquerschnitt zeigt folgender Versuch. Schaltet man zwischen die Punkte A und B eines Stromkreises (Abb. 137) einmal einen Draht von bestimmtem Durchmesser, ein anderes Mal einen Draht von demselben Material, aber doppeltem Durchmesser, daher vierfachem Querschnitt, so muß man die vierfache Länge nehmen, um dieselbe Stromstärke und also auch denselben Widerstand wie vorher zu erhalten. Bei gleicher Länge ist also der Widerstand dem Querschnitt umgekehrt proportional. Ganz allgemein gilt die Beziehung

$$R = \frac{1}{K} \cdot \frac{l}{q},$$

wo l die Länge, q der Querschnitt des Drahtes ist. K ist ein vom

[1]) Zu Ehren des deutschen Physikers Georg Simon Ohm (1787—1854).

Material abhängiger Faktor, das sogenannte „Leitvermögen“[1]). (Vgl. Tab. VII auf S. 308).

K ist eine Funktion der Temperatur. Bei den Metallen nimmt die Leitfähigkeit mit wachsender Temperatur ab, der Widerstand nimmt zu. Bei reinem Eisen z. B. steigt der Widerstand bei 100° C auf das 1,6fache des Betrages bei 0° C, bei 500° C auf das 6fache; dagegen sinkt er bei Abkühlung auf — 190° C auf das 0,1fache. Für Kupfer sind die entsprechenden Zahlen 1,4; 3,2; 0,15.

Der Temperaturkoeffizient, der die Stärke der Änderung angibt, wächst mit steigender Reinheit des Metalles. Schon geringe fremde Beimischungen können ihn stark herabdrücken. Bei geeigneten Legierungen ist er praktisch null, der Widerstand ist praktisch konstant, z. B. für Manganin (84 Kupfer, 4 Nickel, 12 Mangan) und Konstantan (60 Kupfer, 40 Nickel). Solche Legierungen nimmt man z. B. für Vergleichswiderstände.

Anders ist es mit Halbleitern und Isolatoren. Ihr Widerstand fällt meist mit steigender Temperatur. Wird z. B. Graphit von 0° auf 180° C erwärmt, so sinkt der Widerstand auf etwa $^1/_{40}$ seines Wertes; bei Glas geht er, wenn es von 10° auf 200° C erwärmt wird, auf 0,0001 zurück; wird endlich Porzellan von 20° C auf 1000° C erhitzt, so sinkt der Widerstand auf 0,000000001 seines Betrages. Selen verringert seinen Widerstand bei Belichtung.

Widerstandsthermometer. Bolometer. Die Temperaturabhängigkeit des Widerstands kann auch zur Messung der Temperatur benutzt werden. Besonders geeignet für solche „Widerstandsthermometer“ ist reines Platin. Ein sehr feiner Platindraht wird auf Glimmer oder Quarz gewickelt und mit einer dünnen Schutzschicht von Quarz oder dgl. umgeben. Der Draht wird auf die zu messende Temperatur gebracht und sein Widerstand z. B. mit Hilfe einer Brückenschaltung (S. 169) bestimmt; daraus wird die Temperatur berechnet. Widerstandsthermometer werden in der Technik und als Eichthermometer (S. 98) benutzt. Für Strahlungsmessungen gebaute Instrumente heißen Bolometer.

Supraleitfähigkeit. Bei der Temperatur des flüssigen Wasserstoffs ist der Widerstand der Metalle fast null. Z. B. ist er für Kupfer das 0,003fache, für Platin und Gold das 0,006fache des Widerstands bei 0° C. Man spricht dann von „Supraleitfähigkeit“. Erzeugt man in einem auf die Temperatur des flüssigen Wasserstoffs abgekühlten, kreisförmigen Leiter durch Herausziehen eines vor dem Abkühlen eingeführten Stabmagneten einen Induktionsstrom (S. 197), so kann dieser stunden- und tagelang kreisen, ohne seine Energie durch Wärmeentwicklung zu verzehren. (Nachweisbar durch seine ablenkende Wirkung auf eine Magnetnadel.) Eine genaue Theorie der Supraleitfähigkeit existiert noch nicht; offenbar werden die Wider-

---

[1]) Die Tatsache, daß der Widerstand in so einfacher Weise von den Dimensionen des Drahtes abhängt, macht das Ohmsche Gesetz praktisch überaus brauchbar.

stände, die die Elektronen finden, dadurch stark herabgesetzt, daß die Bewegungen der Metallatome bei der tiefen Temperatur fast aufhören.

Theoretische Ableitung des Ohmschen Gesetzes. Wir betrachten einen gleichförmigen Draht von der Länge l und dem Querschnitt q. An seinen Enden herrsche der Potentialunterschied V. Im Innern des Leiters sind die Leitungselektronen frei beweglich; sie werden sich daher unter dem Einfluß des angelegten elektrischen Feldes bewegen. Freilich werden sie dabei durch fortwährende Zusammenstöße mit den Metallatomen gehemmt, ganz ähnlich, wie ein fester Körper beim freien Fall in Gasen oder Flüssigkeiten durch die „Reibung", d. h. die Zusammenstöße mit den Molekeln des Gases oder der Flüssigkeit, gehemmt wird. Wie in jenem Fall (S. 135) nehmen wir die Reibungskraft proportional der Elektronengeschwindigkeit an. Im stationären Zustand haben die Elektronen ihre Höchstgeschwindigkeit v erreicht[1]). Es ist dann die Reibungskraft $K = \alpha \cdot v$, wo α die Reibungskonstante ist, gleich der Kraft des elektrischen Feldes. Durchläuft ein Elektron die Drahtlänge l, so ist gegen die Reibungskraft die Arbeit $A = k \cdot l = \alpha \cdot v \cdot l$ zu leisten; das Elektron durchläuft dabei die Potentialdifferenz V, und die elektrischen Kräfte leisten die Arbeit $V \cdot e$ (e = Ladung des Elektrons), also ist

$$\alpha \cdot v \cdot l = V \cdot e \quad \text{oder} \quad v = \frac{V \cdot e}{\alpha \cdot l}.$$

Die Stromstärke i ist gleich der Elektrizitätsmenge, die in 1 sec von den Elektronen durch jeden Drahtquerschnitt transportiert wird. Wir betrachten einen bestimmten Querschnitt AB (Abb. 138). In der nächsten Sekunde werden ihn alle die Elektronen durchfließen, die im jetzigen Augenblick die Entfernung v oder eine kleinere Entfernung von ihm haben, also alle die, die in einem Zylinder von der Länge v und dem Querschnitt q liegen. Ist n die Zahl der Elektronen in 1 cm³, so sind das im ganzen $v \cdot q \cdot n$ Elektronen. Jedes Elektron trägt die Ladung e, daher ist

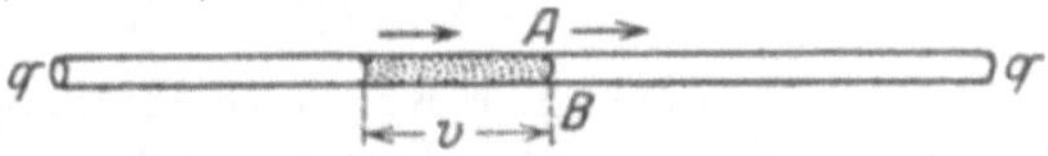

Abb. 138. Herleitung des Ohmschen Gesetzes.

$$i = v \cdot q \cdot n \cdot e$$

oder, wenn man den Wert für v einsetzt:

$$i = V \cdot \frac{e^2 q n}{\alpha \cdot l}.$$

Diese Formel enthält das Ohmsche Gesetz. Aus

$$i = \frac{V}{R} \quad \text{folgt} \quad R = \frac{l}{q} \cdot \frac{\alpha}{e^2 n}.$$

Die Leitfähigkeit ist

$$K = e^2 \frac{n}{\alpha}.$$

Mit steigender Temperatur wächst die Bewegung der Metallatome mithin die Reibung (α); es ist daher verständlich, daß die Leitfähigkeit abnimmt.

Das Vorhandensein von Reibung bedingt stets den Verzehr von Energie zur Erzeugung von Wärme; tatsächlich wird auch im Draht durch den Strom Wärme erzeugt. (S. 170.)

Offene und geschlossene Elemente. Klemmenspannung. Betrachten wir ein Element, dessen Pole durch einen Leiter vom Widerstand R_a (äußerer Widerstand) verbunden sind. Der Strom

---

[1]) Die Annahme, daß alle Elektronen gleiche Geschwindigkeit haben, trifft natürlich nicht streng zu.

(Stärke i) durchfließt nicht nur den äußeren Draht, sondern auch das Innere des Elements, dessen Widerstand mit R_i (innerer Widerstand) bezeichnet werde. Der Potentialabfall längs des äußeren Drahtes ist nach dem Ohmschen Gesetz iR_a, der im Innern iR_i. Beide Werte zusammen müssen gleich der Summe aller im Element auftretenden Kontaktpotentialdifferenzen, also gleich der „elektromotorischen Kraft“ E des Elements sein:

$$iR_a + iR_i = E.$$

Der Potentialunterschied zwischen den Enden des äußeren Drahtes oder den beiden Klemmen des Elements, die sogenannte „Klemmenspannung“ K, ist danach

$$K = iR_a = E - iR_i \quad \text{oder auch, da} \quad i = \frac{E}{R_a + R_i} \text{ ist,}$$

$$K = iR_a = E \cdot \frac{R_a}{R_i + R_a}.$$

Sie ist also von der Stromstärke bzw. dem äußeren Widerstand abhängig.

Kirchhoffsche Gesetze. In dem eben behandelten Beispiel konnten wir das Ohmsche Gesetz in der Form schreiben

$$E = iR_a + iR_i,$$

wobei E die Summe aller Kontaktpotentialsprünge war. In dieser Form ist das Gesetz einer Verallgemeinerung fähig. Wir betrachten ein System von Leitern mit beliebigen Verzweigungsstellen und beliebig vielen Stromquellen. So gelten stets folgende beiden Gesetze:

1. In jedem Verzweigungspunkt des Leiters ist die Summe der ankommenden Ströme gleich der Summe der abfließenden (keine Stauung von Elektronen!), oder wenn man die abfließenden Ströme negativ rechnet: die algebraische Summe aller Stromstärken ist in jedem Verzweigungspunkte null

$$\sum i = 0.$$

2. Beschreibt man über beliebig viele Verzweigungsstellen hinweg einen geschlossenen Weg durch die Leiterbahnen und bildet für jeden Leiterteil das Produkt iR, so ist der durch die Summe der Produkte iR gegebene Potentialabfall gleich der Summe der elektromotorischen Kräfte der auf dem Wege liegenden Stromquellen.

$$\sum E = \sum iR.$$

Das zweite Gesetz ist nichts anderes als das Ohmsche Gesetz in etwas verallgemeinerter Form.

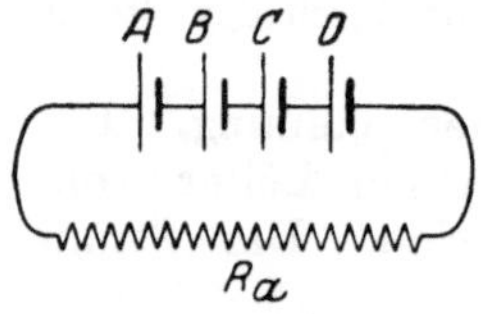

Ein paar Beispiele werden Sinn und Bedeutung klar machen.

Beispiele: 1. Es seien vier gleiche Elemente (elektrom. Kraft jedes Elements E, innerer Widerstand R_i) „hintereinander“ geschaltet, d. h. so, daß immer der negative Pol des einen mit dem positiven des nächsten ver-

Abb. 139. Hintereinander geschaltete Elemente.

bunden ist (Abb. 139). Der Widerstand des äußeren Drahtes sei R_a. Die Stromstärke ist überall die gleiche, i, da der Kreis unverzweigt ist. Der Potentialabfall ist in jedem Element $i R_i$, außen $i R_a$, im ganzen also $4 R_i \cdot i + R_a i$, d. h., es ist

$$i(R_a + 4 R_i) = 4 E,$$

$$i = \frac{4 E}{R_a + 4 R_i}.$$

2. Drei gleiche Elemente (E; R_i) seien so geschaltet, wie Abb. 140 zeigt. Der äußere Widerstand ist R_a. Ist die Stromstärke im äußeren Kreis i, so fließt durch die Elemente A und B je $\frac{i}{2}$, durch C der Strom i. Auf dem geschlossenen Leiterweg $ACFDA$ ist der Potentialabfall

$$\frac{i}{2} R_i + i R_i + i R_a;$$

auf dem Wege liegen zwei Elemente A und C, daher

$$\frac{i}{2} R_i + i R_i + i R_a = 2 E,$$

$$i = \frac{2 E}{\frac{3}{2} R_i + R_a}.$$

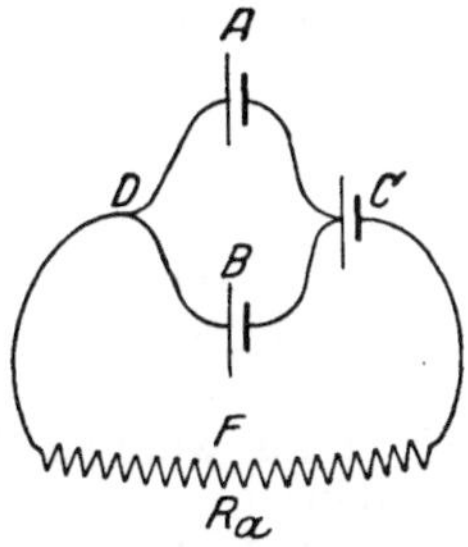

Abb. 140. Elemente in besonderer Schaltung.

Entsprechend ist bei anderen Schaltungen zu verfahren.

Erdleitung. Für die Rückleitung der Ströme bei Telegraphen, elektrischen Bahnen usw. benutzt man häufig das Erdreich und zwar in der Art, daß man an den beiden Stellen, die leitend zu verbinden sind, Metallplatten ins Grundwasser senkt und diese mit der Strombahn verbindet. Der Strom fließt nicht etwa auf kürzestem Wege von Platte zu Platte, die Stromlinien strahlen vielmehr nach allen Seiten hin aus. Bei sehr langen Leitungen hängt der Widerstand nur von der Größe, nicht von der Entfernung der Platten ab; er läßt sich dann kleiner machen als bei einer Drahtleitung.

Vergleichswiderstände. Um Widerstände bekannter Größe bequem zur Hand zu haben, stellt man solche aus Draht von Metallen mit geringem Temperatur-Widerstandskoeffizienten (Manganin, Nickelin, Konstantan) her.

1. Normalwiderstände sind in Dosen untergebracht; sie können durch ein Ölbad auf der Temperatur gehalten werden, bei der die Eichung erfolgt ist. Als Zuleitungen dienen dicke Kupferbügel.

2. Stöpselrheostaten[1]): Auf dem Deckel eines Kastens befindet sich eine Anzahl von Messingbacken. Zwischen je zwei von ihnen sind (im Innern des Kastens) Drähte von genau bekanntem Widerstand eingeschaltet, die auf Rollen aufgewickelt sind. Preßt man

---

[1]) rheo (griech.) = ich ströme. Rheostat = Stromsteller.

zwischen die Messingbacken (Abb. 141) einen Metallstöpsel, so nimmt der Strom den Weg durch den Stöpsel, der Drahtwiderstand ist „kurz geschlossen“ und damit praktisch ausgeschaltet[1]). Durch Herausnehmen von Stöpseln kann man die Widerstände einschalten.

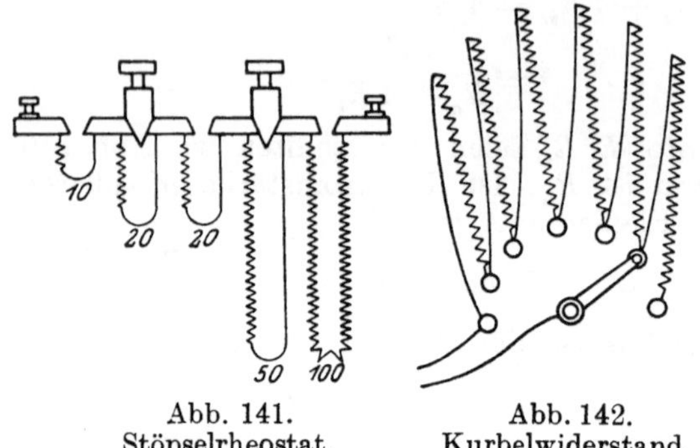

Abb. 141. Stöpselrheostat.

Abb. 142. Kurbelwiderstand.

Die Größe der Widerstände ist meist ähnlich gewählt wie die einzelnen Gewichte in Gewichtssätzen, 1, 2, 2, 5, 10, 20, 20, 50, 100 Ω usw. Die Drähte sind, zur Vermeidung der Selbstinduktion, auf den Rollen bifilar aufgewickelt. (S. 202 Anm.)

3. Kurbelwiderstände: Durch Drehen einer Kurbel kann man mehr oder weniger Widerstandsspiralen (Abb. 142) in den Stromkreis einschalten.

4. Schiebewiderstände: Auf einem prismatischen Schieferstück ist ein Nickelin- oder Manganindraht in engen Windungen aufgewickelt, die sich aber nicht berühren.

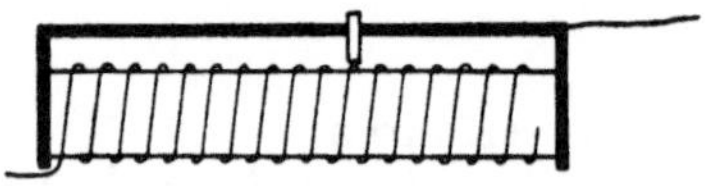

Abb. 143. Schiebewiderstand.

Das eine Ende des Drahtes ist mit der ersten Zuleitungsklemme verbunden, das andere endet isoliert auf dem Schiefer (Abb. 143) oder in einer weiteren Klemme. Die zweite Zuleitungsklemme steht in leitender Verbindung mit einer oberhalb der Drahtwindungen befestigten Metallstange, auf der ein Gleitstück (Schiebekontakt) verschoben werden kann. Je nach der Einstellung des Gleitstücks kann man den Strom durch mehr oder weniger Drahtwindungen gehen lassen.

Nebenschluß-Ampèremeter. Hat man ein empfindliches Strom-Meß-Instrument, etwa ein Milliampèremeter (bei dem also jeder Teilstrich $\frac{1}{1000}$ Ampère bedeutet), und will man stärkere Ströme messen, so bedient man sich eines „Nebenschlusses“. Der innere Widerstand des Ampèremeters muß bekannt sein; er betrage z. B. 1 Ω. Man schaltet parallel zu dem Meßinstrument einen dicken Draht von genau $\frac{1}{999}$ Ω Widerstand (Abb. 144).

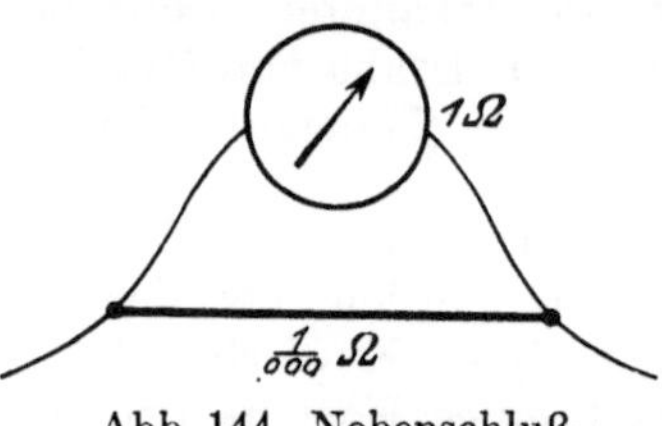

Abb. 144. Nebenschluß-Ampèremeter.

Das Instrument liegt dann „im Nebenschluß“. Der ankommende Strom i teilt sich in 2 Teile: i_1 geht durch das Ampèremeter, i_2 durch

[1]) Genau genommen, geht ein freilich verschwindend kleiner Bruchteil des Stromes durch den Draht.

den dicken Draht. Da der Potentialabfall auf beiden Wegen gleich sein muß, folgt

$$i_1 \cdot 1 = i_2 \cdot \frac{1}{999}, \qquad i_1 = \frac{1}{999} i_2$$

oder

$$i_1 = \frac{1}{1000} i \qquad \text{und} \qquad i_2 = \frac{999}{1000} i .$$

Nur $\frac{1}{1000}$ des Gesamtstroms geht durch das Milli-Ampèremeter. Ein Ausschlag von 1 Teilstrich bedeutet also, daß der Gesamtstrom die Stärke 1 A hat.

Messung von Widerständen. Zum genauen Messen von Widerständen dient die „Wheatstonesche Brückenschaltung". (Wheatstone 1843.) Sie ist aus Abb. 145 ersichtlich. E ist ein Element, G ein empfindliches Galvanometer, x der unbekannte, R ein bekannter Widerstand. AB ist ein ausgespannter, gleichförmiger Draht, auf dem der Gleitkontakt C verschiebbar ist. C wird verschoben, bis das Galvanometer G keinen Ausschlag gibt; dann herrscht in C und D gleiches Potential. Die Stromstärke im Leiter ADB sei i_D, die in ACB sei i_C. Ferner sei $AC = l_1$, $CB = l_2$, endlich seien die Widerstände von AC und CB bzw. R_1 und R_2. So ist

Potentialabfall von A bis D gleich dem von A bis C: $i_D \cdot x = i_C \cdot R_1$,

" " D " B " " " C " B: $i_D \cdot R = i_C \cdot R_2$.

Durch Division folgt

$$\frac{x}{R} = \frac{R_1}{R_2} = \frac{l_1}{l_2}, \qquad x = \frac{l_1}{l_2} \cdot R .$$

Voltmeter. Ist in einem beliebigen Stromkreis die Potentialdifferenz V zwischen 2 Punkten A und B zu messen (Abb. 146), so kann

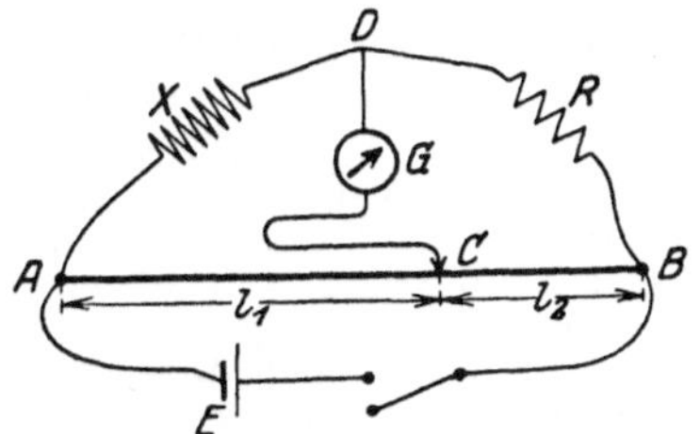

Abb. 145. Wheatstonesche Brückenschaltung.

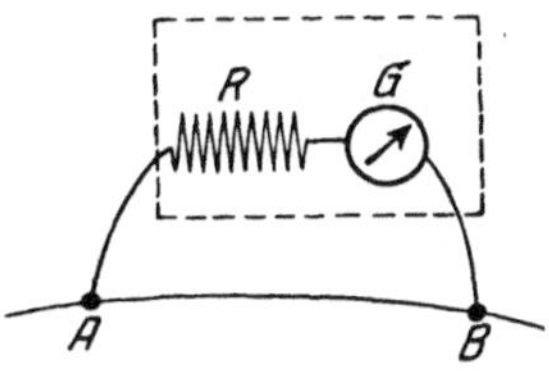

Abb. 146. Voltmeter.

man sich statt des Quadrantelektrometers des bequemeren Voltmeters bedienen. Man schaltet in den Nebenschluß zu AB einen sehr großen (bekannten) Widerstand R und ein empfindliches Ampèremeter G. Ist R sehr groß, so wird dadurch — und das ist wesentlich — die Stromverteilung im ursprünglichen Kreis fast gar nicht geändert, da nur ein verschwindender Bruchteil des Stroms durch R und G geht. G zeige die (sehr kleine) Stromstärke i an. So ist $V = i \cdot R$. An der Skala des Instruments liest man nicht i, sondern unmittelbar das Produkt $V = R \cdot i$ in Volt ab. Der Widerstand R ist in das Instrument mit eingebaut, das den Namen Voltmeter führt.

Die Wärmewirkung des Stromes.

Joulesche Wärme. Verbindet man die Pole eines Akkumulators durch einen kurzen dünnen Eisendraht, so gerät dieser in Weißglut. Allgemein wird im Innern jedes Leiters beim Durchfließen des Stromes Wärme erzeugt, die man auch „Joulesche Wärme" nennt, weil die Gesetze der Wärmeerzeugung von Joule aufgefunden worden sind. (James Prescott Joule 1843.)

Joulesches Gesetz. Joule legte sich die Frage vor, ob die Wärme im Draht selbst entsteht, oder ob sie etwa im Element erzeugt und durch den Strom nur an die verschiedenen Leiterstellen transportiert wird. Zur Entscheidung erzeugte er in einem Draht, der sich in einem Wasserkalorimeter befand, Induktionsströme (S. 197), benutzte also einen Stromkreis ohne Element. Er maß die Stromstärke und die entstehende Wärme. Aus den Versuchen ging hervor, daß die Wärme durch den Strom im Draht selbst erzeugt wird. Joule fand weiter, daß die in einem Draht in der Zeiteinheit erzeugte Wärmemenge dem Quadrat der Stromstärke und dem Widerstand R proportional ist. Allgemein ist die in der Zeit t erzeugte Wärme

$$Q = C \cdot i^2 \cdot R \cdot t\,.$$

Die Konstante des Jouleschen Gesetz ist experimentell zu bestimmen; sie hängt von den Maßeinheiten ab. Mißt man i in Ampère, R in Ω, t in sec, Q in cal, so ist

$$\underline{Q = 0{,}24 \cdot i^2 \cdot R \cdot t\,.}$$

Leitet man einen Strom nacheinander durch gleich dicke Drähte von Platin und von Silber und steigert die Stromstärke, bis der Platindraht glüht, so bleibt der Silberdraht dunkel; sein Widerstand und daher die in ihm erzeugte Wärme ist viel geringer als beim Platin.

Theoretische Erklärung des Gesetzes. Beim Durchgang der Elektronen durch einen Draht wird auf Kosten der elektrischen Energie gegen die Reibungskräfte Arbeit geleistet, deren Äquivalent sich als Wärme wiederfinden muß. Wir betrachten (im Anschluß an die Herleitungen und Bezeichnungen S. 165) ein Drahtstück von der Länge l und dem Querschnitt q. Durch jeden Querschnitt fließen in der Zeit t so viel Elektronen, wie in einem Drahtzylinder von der Länge vt enthalten sind, das sind $q \cdot vt \cdot n$. An jedem Elektron ist auf dem Wege l gegen die Reibungskraft $K = \alpha v$ die Arbeit $K \cdot l = \alpha v l$ zu leisten. Die auf Kosten der elektrischen Energie an allen Elektronen zu leistende Arbeit ist daher

$$A = \alpha \cdot v \cdot l \cdot q \cdot v \cdot t \cdot n = \alpha v^2 l q n t\,,$$

oder, da $v = \dfrac{i}{qne}$

$$A = \frac{\alpha \cdot i^2 l t}{q n e^2} \qquad \text{oder endlich, da} \qquad \frac{l}{q} \cdot \frac{\alpha}{n e^2} = R\,,$$

$$A = i^2 \cdot R \cdot t\,.$$

A stimmt bis auf den Faktor 0,24 mit Q überein. Ist V die Potentialdifferenz an den Enden des Drahtes, so ist $V = i \cdot R$ und

$$A = i \cdot V \cdot t\,.$$

Der Strom von 1 A befördert (S. 160) in 1 sec die Elektrizitätsmenge 1 Coulomb durch den Drahtquerschnitt; es ist daher $it = E$ die transportierte Elektrizitätsmenge in Coulomb. Es ist daher die vom Strom geleistete Arbeit $A = V \cdot E$, in Übereinstimmung mit den Ableitungen S. 149. Es wird nun V in Volt, E in Coulomb gemessen; nach S. 149 ist

$$1 \text{ Coulomb} \cdot 1 \text{ Volt} = 1 \text{ Joule},$$

d. h., die Größe A ergibt sich in Joule. Nun entspricht (S. 105)

$$1 \text{ cal der Arbeit } 4{,}18 \text{ Joule},$$

$$1 \text{ Joule der Wärme } \frac{1}{4{,}18} = 0{,}24 \text{ cal}.$$

Daher ist

$$Q = 0{,}24\,A = 0{,}24 \cdot i^2 w\,t \text{ cal}.$$

Leistung des Stromes. Das Produkt $Vi = \frac{A}{t}$ gibt die vom Strom in 1 sec gelieferte Arbeit, die sog. Leistung, in Joule/sec oder Watt (S. 17) an. Es ist also (vgl. S. 160)

$$\mathbf{1 \text{ Volt} \cdot 1 \text{ Ampère} = 1 \text{ Watt}.}$$

Die in beliebiger Zeit vom Strom geleistete Arbeit mißt man meist in Wattstunden (Volt · Ampere · Zeit). 1000 Wattstunden = 1 Kilowattstunde (kWh). Es ist

$$1 \text{ Wattsekunde} = 1 \text{ Joule},$$

daher

$$1 \text{ Kilowattstunde} = 1\text{kWh} = 1000 \cdot 3600 \text{ Joule}$$
$$= 3{,}6 \cdot 10^6 \text{ Joule} = 860{,}38 \text{ kcal}.$$

Anwendung der Wärmewirkung des Stromes.

Hitzdraht-Ampèremeter. Hierbei wird die durch die Joulesche Wärme bedingte Ausdehnung eines Drahtes zum Nachweis des Stromes und zur Messung seiner Stärke benutzt. Der Strom durchfließt den dünnen Draht AB (Abb. 147). In der Mitte C von AB hängt ein Faden, der um die Rolle D geschlungen ist und durch ein Gewicht G (oder eine Spiralfeder) gespannt wird. Je nach der Stromstärke dehnt sich AB mehr oder weniger aus, C und G senken sich, die Rolle D dreht sich. Die Drehung wird durch einen Zeiger sichtbar gemacht. Die Eichung des Instrumentes erfolgt durch Vergleich mit einem Voltameter. Hitzdrahtinstrumente sind auch für Wechselströme brauchbar.

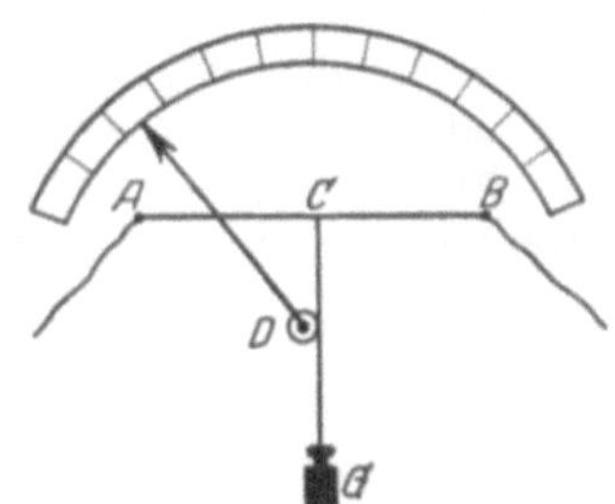

Abb. 147. Hitzdraht-Ampèremeter.

Schmelzsicherungen. Bei größeren elektrischen Anlagen muß der Querschnitt der Zuleitungsdrähte so gewählt werden, daß die erzeugte Joulesche Wärme ein gewisses Maß nicht überschreitet, einmal, um unnötige Verluste elektrischer Energie zu vermeiden, sodann, um eine gefährliche Erhitzung der Leitung, die zu Bränden führen kann, zu verhindern. Der Drahtquerschnitt wird für eine normale Stromstärke berechnet. Steigt diese plötzlich, etwa durch Kurzschluß (hervorgerufen z. B. dadurch, daß die Hin- und die Rückleitung des Stromes an einer schadhaften Stelle sich berühren, so daß die Hauptwiderstände ausgeschaltet werden), so wird die dadurch hervorgerufene Gefahr durch Schmelzsicherungen automatisch beseitigt. An bequem zugänglicher Stelle wird in die Leitung eine Sicherung eingeschaltet, d. i. ein kurzer, dünner Draht, der in einer Porzellanhülle steckt. Übersteigt die Stromstärke den normalen Wert, so wird der dünne Draht so stark erhitzt, daß er schmilzt und dadurch die Leitungsbahn des Stromes unterbricht.

Galvanokaustik. Glühende Platindrähte werden für galvanokaustische Zwecke gebraucht, z. B. zum Abbrennen von Fleischwucherungen u. dgl.

Glühlampen. Die Glühlampe besteht aus einem Glühdraht aus schwer schmelzbarem Metall (vor allem Wolfram), der sich in einem Glasgefäß befindet, und der durch den Strom zur Weißglut erhitzt wird. Der Metalldraht glüht entweder in höchstem Vakuum (luftleere Lampe) oder in einem Gemisch aus Stickstoff und Argon (gasgefüllte Lampe). Im zweiten Fall lassen sich infolge des Gasdruckes höhere Temperaturen erreichen (2500°), ohne daß Verdampfung des Fadens eintritt. An die Enden des Glühdrahtes sind Platindrähte angeschmolzen, die durch das Glas führen. Die Drähte enden in dem Gewinde bzw. dem Knopf der „Edison-Fassung“ (von Edison erfunden), die ein bequemes Einsetzen der Lampen ermöglicht. Die Helligkeit der Lampen wird in „Kerzenstärken“ angegeben (vgl. S. 231). Neuerdings gibt man meist nur den Energieverbrauch der Lampe in Watt an. Luftleere Lampen verzehren etwa 1,3 Watt pro Kerzenstärke, gasgefüllte Lampen kleineren Typs 1,4, großen Typs 0,6 Watt pro Kerze.

Die ersten Glühlampen enthielten als Glühdraht einen Kohlefaden[1]) (aus Bambuskohle). Sie verbrauchten zur Erzeugung gleicher Helligkeit weit mehr Energie als Metalldrahtlampen. Kohlefadenlampen werden heute nur noch in einzelnen Fällen wegen ihrer geringeren Empfindlichkeit gegen Stoß gebraucht.

Nernstlampe. Der Glühkörper ist ein Stab aus Oxyden von Erdalkalien und seltenen Erden (hauptsächlich Magnesiumoxyd). (S in Abb. 148.) Dieser leitet in kaltem Zustand den Strom nicht; er muß daher vorgewärmt werden. Das geschieht durch eine Platinspirale P, die den Oxydstift S umgibt (oder unter ihm angebracht ist). Sobald der Stift so heiß ist, daß er leitet (es handelt sich um elektrolytische Leitung), fließt der Strom durch S und den kleinen Elektromagneten M. Dieser wird magnetisch, unterbricht den Kontakt K und schaltet so die Platinspirale aus. Der gesamte Strom fließt durch den Stift S und bringt ihn zur Weißglut. Da das Anwärmen einige Zeit dauert, leuchtet die Nernstlampe erst $^1/_2$ bis 1 Minute nach dem Einschalten

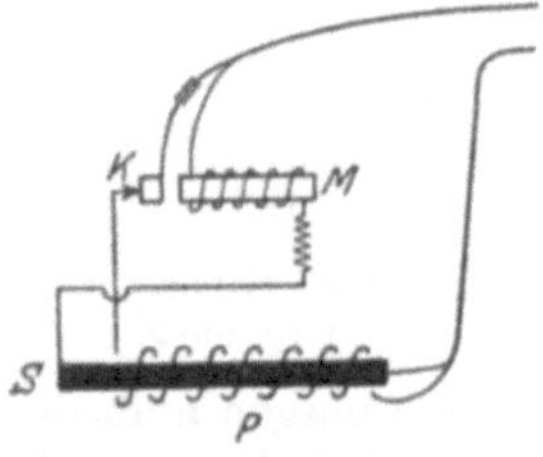

Abb. 148. Nernstlampe.

[1]) Die erste Glühlampe hat der Hannoveraner H. Goebel (1855) konstruiert; die Verkohlung der Bambusfaser hat Edison benutzt.

auf. Sie gibt ein sehr helles Licht und wird als Projektionslampe u. dgl. gebraucht, ist aber gegen Spannungsschwankungen sehr empfindlich.

Bogenlampe. Bringt man 2 Kohlenstäbe, zwischen denen eine Potentialdifferenz von mehr als 40 Volt herrscht, zur Berührung und entfernt sie danach wieder voneinander, so findet zwischen den Kohlen ein Übergang von Elektrizität, eine sog. Bogenentladung statt. Projiziert man die Kohlen durch eine Linse auf einen Schirm, so sieht man, daß der Bogen selbst verhältnismäßig schwach leuchtet, daß dagegen die Kohlen in lebhaftes Glühen geraten. Am hellsten glüht die positive Kohle; von ihr lösen sich kleine Stückchen ab; sie erhält dadurch eine kraterartige Vertiefung, von der das hellste Licht ausgeht. Den ersten Lichtbogen erzeugte Davy 1812.

Die Bogenlampe dient zur Beleuchtung von Räumen, Straßen, Plätzen, ferner für Scheinwerfer und Projektionsapparate. Gewöhnlich nimmt man die positive Kohle dicker als die negative, da sie schneller abbrennt. Durch die Abnutzung würde die Entfernung der Kohlen bald so groß werden, daß der Lichtbogen zerreißt. Der Abstand muß daher von Zeit zu Zeit verringert werden. Die hierzu nötige Bewegung der Kohlen besorgen die praktisch brauchbaren Lampen selbsttätig (magnetische Schaltung). Die Bogenlampe ist wirtschaftlicher als die Glühlampe, da die Gestehungskosten für eine Kerzenstärke niedriger sind.

Über die Verwendung des Lichtbogens bei Herstellung von Nitraten s. S. 180.

Bremer-Licht. Durch Imprägnieren der Kohlen mit bestimmten Salzen kann man auch den Lichtbogen selbst stark leuchtend machen (Bremer 1900); z. B. erhält man bei Verwendung von Kalziumfluorid ein gelbliches Licht.

Quarz-Quecksilber-Lampe. Statt der Kohleelektroden der Bogenlampe kann man auch solche aus Quecksilber benutzen. In einem Gefäß aus Quarz (Abb. 149) befindet sich an beiden Seiten Quecksilber, das mit den Polen einer Batterie verbunden wird. Durch vorsichtiges Neigen der Röhre bringt man die Quecksilbermassen zur Berührung; neigt man danach die Röhre zurück, so findet eine lebhafte Bogenentladung statt. Das Licht der Lampe ist äußerst reich an grünen und ultravioletten Strahlen; sie ist daher für Beleuchtungszwecke wenig geeignet. Da Quarz das ultraviolette hindurchläßt (Glas absorbiert es in hohem Maße), so benutzt man die Lampe vor allem als Quelle ultravioletter Strahlen (künstliche Höhensonne).

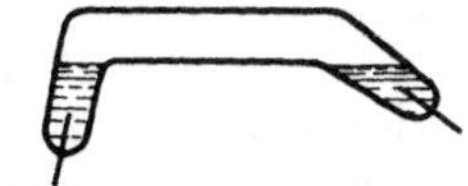
Abb. 149. Quarz-Quecksilber-Lampe.

Elektrische Öfen und Kochtöpfe. Elektrische Zimmeröfen enthalten entweder Glühlampen oder Heizdrähte. Heizdrähte befinden sich auch in den elektrischen Kochtöpfen, Wasserwärmern, Wärmekissen usw. Elektrische Laboratoriumsöfen bestehen aus einem Porzellanrohr, das von einer Spirale aus dünnem Platin- oder Iridiumdraht umgeben ist. Das Ganze steckt in einer Schutzhülle. Je nach der Stromstärke kann man die Temperatur des Ofens beliebig einstellen.

In den elektrischen Schmelzöfen benutzt man die hohe Temperatur des Lichtbogens, den ein Strom von mehreren Hundert Ampère erzeugt. Man erreicht mit ihnen Temperaturen von 3000^0 bis 4000^0 C. (Herstellung von Edelstahl, d. i. Chrom-Molybdän-Stahl, der sich durch außerordentlich große Härte auszeichnet.)

Durchgang der Elektrizität durch Flüssigkeiten.

Grundversuche zur Elektrolyse. Völlig reines Wasser ist ein Isolator. Schaltet man in einen Stromkreis (als Stromquelle kann die Starkstromleitung dienen) hintereinander eine Glühlampe, ein Galvanometer und zwei Platinbleche, zwischen denen sich destilliertes Wasser befindet (Abb. 150), so brennt die Lampe nicht, das Galvanometer gibt keinen Ausschlag, ein Zeichen, daß das destillierte Wasser nicht leitet. Bringt man einen Tropfen Schwefelsäure in das Wasser zwischen den Platinblechen, so leuchtet die Lampe auf; zugleich zeigt sich an den Platinblechen Gasentwicklung. Jede Leitung des Stromes durch Flüssigkeit ist von chemischen Prozessen begleitet.

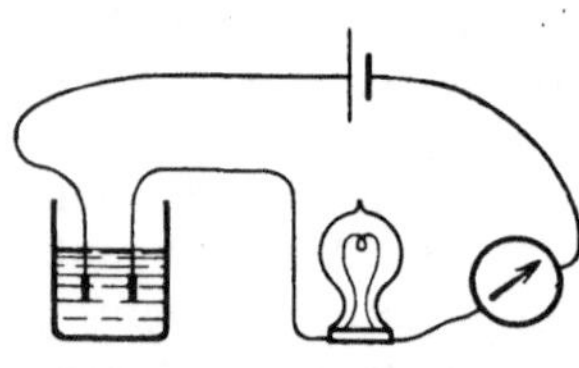

Abb. 150. Elektrolytischer Grundversuch.

Die den Strom leitende Flüssigkeit heißt Elektrolyt, der Vorgang Elektrolyse. Die beiden Platinbleche heißen Elektroden, und zwar ist die mit dem positiven Pol der Stromquelle verbundene Elektrode die Anode, die mit dem negativen Pol verbundene die Kathode.

Schmilzt man in einem U-Rohr Bleichlorid und steckt Kohlenelektroden hinein, so entwickelt sich beim Stromdurchgang an der Anode Chlor, an der Kathode Blei. Die Elektrolyse von konzentrierter Salzsäure liefert Chlor an der Anode, Wasserstoff an der Kathode.

Bei manchen Substanzen, vor allem bei wäßrigen Lösungen, schließt sich an die Elektrolyse sekundär ein chemischer Prozeß an. Bei der Elektrolyse der wäßrigen Lösung von Kupfersulfat z. B. ($CuSO_4$) wird an der Kathode Kupfer, an der Anode Sauerstoff abgeschieden. Es spielen sich hier zwei Vorgänge ab:

1. Primär elektrolytisch: $CuSO_4 = Cu + SO_4$.

2. Sekundär chemisch an der Anode: $SO_4 + H_2O = H_2SO_4 + O$.

Angesäuertes Wasser, d. h. eine verdünnte Lösung von Schwefelsäure gibt elektrolysiert an der Kathode Wasserstoff, an der Anode Sauerstoff:

1. $H_2SO_4 = H_2 + SO_4$.

2. An der Anode: $SO_4 + H_2O = H_2SO_4 + O$.

Allgemein läßt sich sagen, daß, wenn ein Stoff durch Elektrolyse zerlegt wird, an der Kathode Wasserstoff oder Metalle ausgeschieden werden, an der Anode Halogene, Säurereste, Sauerstoff.

Dissoziationstheorie. Die Erklärung der elektrolytischen Erscheinungen und Gesetze wird durch die 1887 von Arrhenius aufgestellte Dissoziationstheorie gegeben. Wie bereits früher auseinandergesetzt (S. 141 und 151), sind die Lösungen eines Elektrolyten dissoziiert (bemerkbar z. B. durch stärkere Siedepunktserhöhung, als dem normalen Molekulargewicht entspricht, usw.), d. h. die Molekeln sind zum größeren oder geringeren Teil in Ionen (= Wandrer) zerfallen, die eine elektrische Ladung tragen, der eine Teil positive, der andere negative. Z. B. zerfällt $CuSO_4$ (Kupfersulfat) in $\overset{+}{Cu} + \overset{-}{SO_4}$. Legt man an die Elektroden einen Potentialunterschied, so wandern die Ionen unter dem Einfluß des Feldes, die positiven zur Kathode, die negativen zur Anode. Die positiven heißen daher Kationen (Wasserstoff, Metalle), die negativen Anionen (Halogene, Säurerest, Sauerstoff). Die Wanderung der Ionen kann man bei stark gefärbten Ionen (z. B. Manganaten) oder durch Zusatz von Phenolphthalein oder dgl. direkt erkennen. Die Geschwindigkeit der Ionen ist z. B. bei verdünnter Schwefelsäure bei einem Potentialgefälle von 1 V/cm für das Kation 0,0032 cm/sec, für das Anion 0,00085 cm/sec.

Die wandernden Ionen übernehmen den Transport der Elektrizität. Nicht dissoziierte Lösungen leiten den Strom nicht (z. B. Rohrzuckerlösung). Dissoziiert sind die wäßrigen Lösungen von Säuren, Salzen, Basen, die Schmelzen von Salzen usw.

Der Grad der Dissoziation, d. h. der Prozentsatz der dissoziierten Molekeln, nimmt mit steigender Verdünnung der Lösung zu. (Vgl. S. 141.)

Nach S. 151 wird die positive oder negative Ladung des Ions dadurch hervorgerufen, daß das Ion gegenüber dem normalen neutralen Zustand des Atoms ein oder mehrere Elektronen zu wenig bzw. zu viel hat. Da (S. 151) die Ladung jedes Elektrons ein Elementarquantum e beträgt, so muß die Ladung jedes Ions stets eine ganzzahlige Anzahl von Elementarquanten betragen. Diese Anzahl ist gleich der chemischen Wertigkeit des Ions. Z. B. trägt ein Ion von Wasserstoff die Ladung $+1\,e$, Eisen in Ferrosalzen $+2\,e$, in Ferrisalzen $+3\,e$, Chlor $-1\,e$ usw. Wasserstoff und Eisen haben als Ionen 1 bzw. 2 oder 3 Elektronen weniger als im Normalzustand, Chlor hat ein Elektron mehr.

Es sei nun i die Stromstärke des durch die Flüssigkeit gehenden Stromes. Die während der Zeit t hindurchgegangene Elektrizitätsmenge ist dann $Q = it$. Es sei M die während derselben Zeit t an einer Elektrode abgeschiedene Stoffmenge. Die Masse eines Wasserstoffatoms sei m_H; so ist (S. 102 Anm.) die Masse eines Atoms des abgeschiedenen Stoffes $m = A \cdot \frac{m_H}{1{,}008}$, wenn A das Atomgewicht ist. Im ganzen sind also M/m Atome abgeschieden. Jedes einzelne Atom hat aber, wenn n die Wertigkeit ist, die Ladung $n \cdot e$ transportiert; die im ganzen hindurchgegangene Elektrizitätsmenge ist

$$\frac{M}{m} \cdot n e = Q = i t\,,$$

woraus folgt:

$$M = \frac{m \cdot i \cdot t}{e \cdot n}$$

$$M = \frac{m_H}{1{,}008 \cdot e} \cdot \frac{A}{n} \cdot i \cdot t. \tag{1}$$

Die Einführung der Loschmidtschen Zahl L (S. 109) liefert, da $L \cdot m_H = 1{,}008$

$$M = \frac{1}{L \cdot e} \cdot \frac{A}{n} \cdot i \cdot t. \tag{2}$$

Erstes Gesetz von Faraday. Die Gleichung (1) enthält die beiden wichtigen Gesetze, die Faraday[1]) 1833 auf experimentellem Wege gefunden hat. Daß M proportional $i \cdot t$ ist, ist der Inhalt des ersten Gesetzes. Es lautet: „Die an einer Elektrode abgeschiedene Stoffmenge ist der durch den Elektrolyten hindurchgegangenen Elektrizitätsmenge proportional."

Die experimentelle Nachprüfung des Gesetzes kann z. B. in folgender Weise geschehen (Abb. 151). Der Strom, der von der Stromquelle S kommt, geht im ganzen durch 6 Zersetzungszellen, die völlig gleich sind nach Beschaffenheit und Füllung, und zwar so, daß A_1 und A_2 und ferner C_1, C_2, C_3 parallel geschaltet sind. In A und C teilt sich der Gesamtstrom in 2 bzw. 3 Teile. In je einer der Zellen A, B, C verhalten sich die Stromstärken wie $\frac{1}{2} : 1 : \frac{1}{3}$. Wie der Versuch zeigt, verhalten sich die in je einer der Zellen A, B und C abgeschiedenen Mengen ebenfalls wie $\frac{1}{2} : 1 : \frac{1}{3}$, wie es dem Gesetz entspricht.

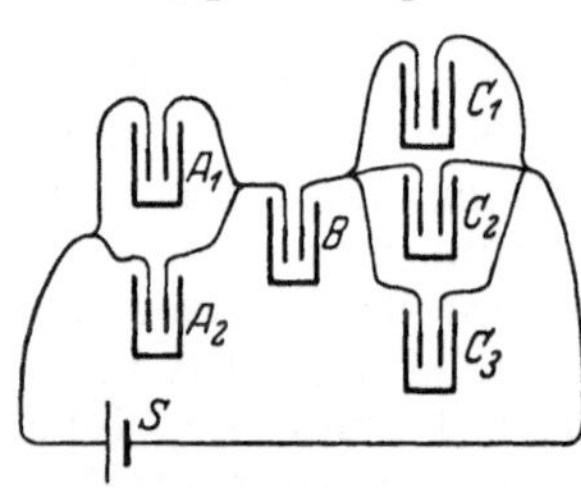

Abb. 151. Beweis der Faradayschen Gesetze.

Ferner lehrt das Experiment, daß bei gleichbleibender Stromstärke (nachzuprüfen z. B. mit dem Galvanometer) die ausgeschiedenen Mengen der Zeit und mithin der Elektrizitätsmenge proportional sind.

Faraday hat weiter gefunden, daß bei gleichbleibender Stromstärke die abgeschiedene Menge unabhängig ist von der Konzentration der Lösung und vom Abstand der Elektroden, in bester Übereinstimmung mit der Theorie.

Zweites Faradaysches Gesetz. Aus den Gleichungen (1) oder (2) ersehen wir, daß M proportional ist dem Quotienten aus Atomgewicht A durch Wertigkeit n. Dieser Quotient heißt in der Chemie Äquivalentgewicht, weil er unmittelbar angibt, in welchem Gewichtsverhältnis die Elemente sich miteinander verbinden. Z. B. folgt aus der Formel H_2O für Wasser, daß 1 H (1,008 gr Wasserstoff) sich mit $\frac{1}{2}$O (8 gr Sauerstoff) verbindet, also dieser Menge äquivalent ist. Entsprechend ersieht man aus den chemischen Formeln HCl, H_2O, NaCl, Na_2SO_4, $AgNO_3$, $CuSO_4$ usw., daß z. B. äquivalent sind

1 H (1,01 gr), $\frac{1}{2}$O (8 gr), 1 Na, 1 Cl, $\frac{1}{2}SO_4$ (48 gr), 1 Ag, 1 NO_3, $\frac{1}{2}$Cu usw.

Dieselbe Elektrizitätsmenge also, die 1,01 gr Wasserstoff abscheidet, scheidet auch 35,45 gr Chlor, 8 gr Sauerstoff usw. ab. Zu beachten ist, daß z. B. Eisen im Ferrochlorid ($FeCl_2$) und im Ferrichlorid ($FeCl_3$).

[1]) Michael Faraday (England), einer der bedeutendsten Physiker, 1791—1867.

entsprechend den verschiedenen Wertigkeiten, auch verschiedene Äquivalentgewichte hat, nämlich $\frac{56}{2}$ bzw. $\frac{56}{3}$.

Die Proportionalität von M mit A/n ist der Inhalt des zweiten, von Faraday ebenfalls experimentell gefundenen Gesetzes: „In gleichen Zeiten werden bei gleicher Stromstärke von verschiedenen Stoffen Gewichtsmengen abgeschieden, die sich wie die Äquivalentgewichte der abgeschiedenen Stoffe verhalten.“ (Äquivalentgewicht = Atomgewicht durch Wertigkeit.)

Der experimentelle Befund der Faradayschen Gesetze läßt sich dahin zusammenfassen, daß ein Strom mit der Stromstärke i in der Zeit t von einem Stoff mit dem Atomgewicht A und der Wertigkeit n die Menge abscheidet:

$$M = C \cdot \frac{i t A}{n}.$$

C ist eine Konstante, die sich experimentell bestimmen läßt, und für die sich ergibt

$$C = \frac{1}{96494} \quad \frac{\text{gr}}{\text{Coulomb}}.$$

Ein Vergleich mit Gleichung (2) auf S. 176 liefert die bemerkenswerte Beziehung $Le = 1/C$ oder

$$\boldsymbol{L \cdot e = 96494} \text{ Coul/Mol}$$

$$\frac{m_H}{1{,}008 \cdot e} = \frac{1}{96494} \text{ oder } \frac{e}{m_H} = 95760 \, \frac{\text{Coulomb}}{\text{gr}}.$$

Da nach S. 145 $m_H = 1{,}66 \cdot 10^{-24}$ gr ist, so erhalten wir für die Ladung eines Elektrons

$$e = 1{,}59 \cdot 10^{-19} \text{ Coulomb}.$$

Andere, direkte Methoden zur Bestimmung des Elementarquantums e werden wir später kennen lernen. Auf 1 Coulomb, d. i. die Elektrizitätsmenge, die bei 1 A Stromstärke in 1 sec durch den Drahtquerschnitt fließt, entfallen also $1/e = 6{,}29 \cdot 10^{18}$ Elementarladungen.

Praktische Einheit der Stromstärke. Dem ersten Faradayschen Gesetz gemäß kann man die abgeschiedene Stoffmenge als Maß für die durchgegangene Strommenge benutzen. Der leichten und exakten Meßbarkeit wegen gründet man hierauf die praktische Definition des Ampère. Durch Reichsgesetz vom 1. 6. 1898, § 3, wird definiert:

Ein konstanter Strom besitzt die Stromstärke 1 Ampère, wenn er in einer Sekunde 1,118 mg Silber aus einer Silbernitratlösung abscheidet. Die merkwürdige Zahl 1,118 mg war zu wählen, um Übereinstimmung mit der früheren Definition des Ampère (S. 160 u. S. 192) zu erzielen.

Voltameter. Apparate, bei denen die elektrolytische Wirkung des Stromes zur Messung der Stromstärke benutzt wird, heißen Voltameter. Von praktischer Bedeutung sind vor allem das Silber- und das Knallgasvoltameter. Beim ersten ist der Elektrolyt eine Lösung von Silbernitrat. Sie befindet sich in einem Platinschälchen, das zugleich

Kathode ist. Als Anode dient ein Stab von reinem Silber. Die Gewichtszunahme des Platinschälchens ergibt die Menge des abgeschiedenen Silbers, woraus die durchgegangene Elektrizitätsmenge zu berechnen ist. Durch Division durch die Zeit ergibt sich die Stromstärke.

Beim Knallgasvoltameter wird angesäuertes Wasser zersetzt. Das entstehende Gasgemisch (Wasserstoff + Sauerstoff = Knallgas) wird aufgefangen. In 1 Min. ($t = 60$ sec) scheidet 1 Amp. $M = \frac{1{,}008}{96\,494} \cdot 60$ gr $= 0{,}6215$ mg oder 6,96 ccm Wasserstoff im Normalzustand (i. N., d. h. bei 0^0 C und 760 mm Hg-Druck) aus. Da Knallgas aus $1\,H_2 + \frac{1}{2}\,O_2$ besteht, so werden durch 1 Amp. in der Minute $\frac{3}{2} \cdot 6{,}96 = 10{,}44$ ccm i. N. Knallgas abgeschieden.

Galvanische Elemente. Ein Kreis aus 3 oder mehr Leitern, von denen der eine ein Leiter zweiter Klasse ist, gehorcht nicht dem Gesetz der Spannungsreihe (S. 161); in ihm wird durch die chemischen Kräfte eine „elektromotorische Kraft" hervorgerufen. Diese Tatsache benutzt man bei den galvanischen Elementen. Das einfachste Element ist das Volta-Element. Es besteht aus einer Zink- und einer Kupferplatte, die in verdünnte Schwefelsäure tauchen. Kupfer nimmt das höhere, Zink das tiefere Potential an. Verbindet man beide Metalle außerhalb der Schwefelsäure durch einen Draht, so fließt ein Strom. Nach kurzer Zeit bereits hört jedoch der Strom zu fließen auf, weil beim Stromdurchgang die Schwefelsäure zersetzt wird und die Kupferplatte sich mit Wasserstoffbläschen bedeckt. Man hat jetzt ein Wasserstoff-Zink-Element, und bei diesem hat Wasserstoff das geringere Potential. Dieses neue und das alte Element heben sich in ihrer Wirkung gegenseitig auf, der Strom hört auf. Die Erscheinung, daß die vom Strom bewirkte Änderung an den Elektroden ihrerseits eine Potentialdifferenz verursacht, bezeichnet man als elektrolytische Polarisation. (S. u. S. 179).

Das Volta-Element ist ein „inkonstantes Element". Will man konstante Elemente herstellen, so muß man dafür sorgen, daß entweder gar kein Wasserstoff entsteht, oder daß er unschädlich gemacht wird. Entsprechende galvanische Elemente gibt es in großer Zahl.

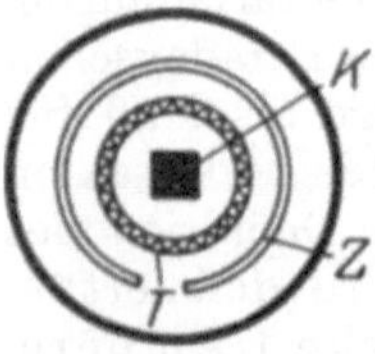

Abb. 152. Schnitt durch ein Daniell-Element.

Beim Daniell-Element z. B. steht Zink (Z) in Form eines aufgeschlitzten Zylindermantels in verdünnter Schwefelsäure (Abb. 152), Kupfer (K) in konzentrierter Lösung von Kupfersulfalt; beide Flüssigkeiten sind durch eine poröse Tonzelle (T) getrennt. Hier wird an dem Kupferstab nicht Wasserstoff, sondern Kupfer niedergeschlagen, wodurch die Oberfläche nicht geändert wird.

Blei-Akkumulator. Der Akkumulator ist das praktisch wichtigste Element. Er besteht, wenn er „geladen" ist, aus einer Blei- und einer Bleisuperoxydplatte (PbO_2), die beide in verdünnte Schwefelsäure tauchen. Die Bleisuperoxydplatte hat im Luftraum das höhere Potential. Innerhalb der Flüssigkeit geht die Stromrichtung dementsprechend vom Blei zum Bleisuperoxyd, es ist Pb die Anode, PbO_2 die Kathode. Bei Strom-entnahme (Entladen) spielen sich daher folgende chemische Prozesse ab:

A) an der Pb-Platte (Anode): $Pb + SO_4 = PbSO_4$,

B) „ „ PbO_2- „ (Kathode): $PbO_2 + H_2 + H_2SO_4 = PbSO_4 + 2H_2O$.

Im entladenen Zustand sind beide Platten gleich ($PbSO_4$); die Flüssigkeit ist ärmer an Schwefelsäure. Beim „Laden“ wird ein elektrischer Strom in umgekehrter Richtung durch den Akkumulator geschickt, und es gehen folgende chemische Prozesse vor sich:

A) an der Kathode: $PbSO_4 + H_2 = Pb + H_2SO_4$,

B) „ „ Anode: $PbSO_4 + SO_4 + 2\,H_2O = PbO_2 + 2\,H_2SO_4$.

Der Prozeß läuft also wieder rückwärts; der Akkumulator ist ein „reversibles“ Element, und diese Eigenschaft macht ihn praktisch wertvoll.

Der Akkumulator findet außerordentlich vielfache Verwendung, z. B. bei Automobilen, Motorbooten, in Fernsprechzentralen, ferner zum Aufspeichern elektrischer Energie in Zentralen in Zeiten geringen Stromverbrauchs. Er ist stets verwendungsbereit, leicht zu laden und gibt eine recht konstante Potentialdifferenz.

Die Potentialdifferenz zwischen den unverbundenen Polen (die sog. elektromotorische Kraft)[1]) beträgt beim Akkumulator etwa 2,1 bis 2,2 V, beim Daniell-Element 1 V.

Auflösen unreiner Metalle. Die Tatsache, daß sich viele Metalle in völlig reinem Zustand nur sehr schwer in Säuren lösen (z. B. reines Zink in Schwefelsäure), dagegen gut, wenn sie Verunreinigungen enthalten, erklärt sich dadurch, daß das Metall zusammen mit den Verunreinigungen (z. B. Kohle) und der Säure kleine Elemente bildet, deren Lokalströme die Zersetzung befördern.

Die Gegenkraft der Polarisation. Beim Volta-Element ist bereits darauf hingewiesen worden, daß durch die Abscheidung der Wasserstoffbläschen gewissermaßen ein neues Wasserstoff-Zink-Element entsteht, das eine entgegengesetzt gerichtete Potentialdifferenz aufweist wie das ursprüngliche Element, daß also eine Gegenkraft der elektrolytischen Polarisation wirksam wird. Bei jeder Elektrolyse werden nun an den Elektroden Stoffe ausgeschieden, und es entstehen elektrische Gegenkräfte. Soll die Elektrolyse überhaupt weiter gehen, so muß die angelegte „Zersetzungsspannung“ größer sein als die entstehende Gegenkraft. Soll z. B. ein Akkumulator geladen werden, so muß die angelegte Spannung etwas größer sein als 2,2 V. Man hat die Gegenkräfte für die verschiedenen ausgeschiedenen Kationen und Anionen experimentell bestimmt. Sie betragen (nach Nernst) bei normaler Konzentration, gemessen gegen Wasserstoff, z. B. für

Li — 3,0 K — 2,9 Al — 1,28 Zn — 0,77 Fe — 0,43
Pb — 0,15 Cu + 0,33 Hg + 0,75 Ag + 0,77 Volt,

ferner für die Ionen

Cl + 1,35 SO_4 + 1,9 HSO_4 + 2,6 Volt.

Sind in einer Lösung z. B. die Chloride von Eisen und Kupfer gemischt, so kann man beide Metalle durch Elektrolyse trennen, da die Mindest-Zersetzungsspannung für $CuCl_2$ 1,02 V (= 1,35 — 0,33),

[1]) Es ist das die algebraische Summe der in dem Element auftretenden Kontakt-Potentialdifferenzen (S. 161).

für $FeCl_2$ aber 1,78 V (0,43 + 1,35) beträgt. Das ist eine für die Technik äußerst wichtige Tatsache.

Anwendungen der Elektrolyse. 1. Galvanoplastik. Man versteht darunter die Herstellung metallischer Abdrücke von Holzschnitten, ferner von Münzen usw. auf elektrischem Wege. Von dem Original wird durch Eindrücken in Gips oder dgl. eine Form (Matrize) hergestellt. Diese wird durch Überziehen mit Graphitvulver leitend gemacht und als Kathode in eine Metallsalzlösung gehängt. Bei geeignet gewählter Zersetzungsspannung bildet der Niederschlag eine feste Masse; er wird abgelöst und stellt einen Abdruck dar.

2. Galvanostegie ist die Technik, einen Metallgegenstand elektrolytisch mit einer dünnen Schicht eines anderen (edleren) Metalls zu überziehen (vernickeln, versilbern, vergolden). Der Gegenstand wird gereinigt und als Kathode in ein elektrolytisches Bad gebracht; als Anode dient eine Platte des Metalls, das den Überzug bilden soll. Damit der Überzug fest haftet, müssen eine Menge praktischer Vorschriften beachtet und befolgt werden (über Konzentration und Temperatur des Bades, Stromstärke usw.).

3. Technische Herstellung von Sauerstoff und Wasserstoff durch Elektrolyse wäßriger Lösungen, z. B. von Pottasche und Natronlauge.

4. Reinigen von Metallen, insbesondere Raffinieren des Rohkupfers. Das unreine Kupfer wird als Anode in ein Kupfersulfatbad gehängt. Kathode ist eine Platte aus reinem Kupfer. Bei passender Wahl der Zersetzungsspannung wird reines Kupfer an der Kathode ausgeschieden, während die Verunreinigungen teils in Lösung bleiben, teils als Schlamm zu Boden fallen.

5. Gewinnen von Metallen auf elektrolytischem Wege. Hierher gehört die Herstellung von Aluminium, Magnesium, Natrium, Kalium u. a., ferner des für Elektromagnete wichtigen chemisch reinen Elektrolyteisens.

6. Herstellung von Nitraten. Nach Birkeland und Eyde läßt man Luft (Sauerstoff und Stickstoff) an einem durch Magnetkräfte auseinander gezogenen elektrischen Lichtbogen vorbeiströmen; dabei verbinden sich Teile des Sauerstoffs und des Stickstoffs zu Stickoxyd, das mit Kalkmilch u. dgl. Nitrate liefert. (Düngemittel.)

7. Eichung von Ampèremetern. Die in der Praxis gebräuchlichen Strommesser (Ampèremeter) beruhen auf der magnetischen oder der Wärmewirkung des Stroms (S. 203 und S. 171); sie werden mit Hilfe von Silbervoltametern geeicht.

Durchgang der Elektrizität durch Gase.

Arten der elektrischen Entladung in Gasen. Gasförmige Körper besitzen ebenso wie Flüssigkeiten ein gewisses, wenn auch meist geringes Leitvermögen. Aus einer feinen Spitze z. B. strömt Elektrizität aus; im Dunkeln ist dabei ein Leuchten des Gases an der Spitze wahrzunehmen (Spitzenentladung). Bei großer Potentialdifferenz kann zwischen 2 Elektroden die Entladung in Form eines Funkens vor sich gehen (Funkenentladung). In verdünnten Gasen geht dieser Ausgleich in mehr kontinuierlicher Form vonstatten (Glimmentladung). Diese 3 Arten der Entladung, so verschieden sie aussehen mögen, haben das eine gemeinsam, daß bei genügend hoher Potentialdifferenz die Elektrizität die für die Entladung nötigen Vorbedingungen selbst schafft; man spricht von „selbständiger Entladung".

Im Gegensatz dazu wird bei den „unselbständigen Entladungen" das Gas durch äußere Mittel leitend gemacht, z. B. durch Bestrahlen mit kurzwelligem Licht, mit Kathoden-, Röntgen-, Radiumstrahlen, durch Heranbringen glühender Körper u. a. m.

Die elektrische Leitung in Gasen wird, wie zuerst J. J. Thomson erkannt hat, durch Elektronen oder Ionen übernommen und ist daher an deren Anwesenheit geknüpft. Durch Bestrahlen und die anderen angegebenen Mittel wird die Luft ionisiert.

A. Unselbständige Entladungen.

Sättigungsstrom. Eine Metallplatte wird auf einem gewissen (nicht zu hohen) Potential gehalten. Ihr gegenüber steht eine zweite Platte, die über ein Galvanometer mit der Erde verbunden ist. Wird die Luft im Raum zwischen den Platten ionisiert, z. B. durch Bestrahlung mit Röntgen- oder Radiumstrahlen, so zeigt das Galvanometer einen Strom an. Mit zunehmendem Potentialunterschied der Platten wächst der Strom zunächst an, erreicht aber bald einen Grenzwert, den er nicht übersteigt. Man spricht dann vom „Sättigungsstrom". Dieser hängt nicht mehr vom Potentialunterschied ab, sondern nur von Art und Intensität der ionisierenden Strahlen. Mit Hilfe des Sättigungsstroms in einer solchen „Ionisationskammer" kann man z. B. die Stärke von Radiumpräparaten messen (vgl. S. 298).

Die Erklärung für die Erscheinungen ist die: Im allgemeinen werden sich die Ionen verschiedenen Vorzeichens, die durch Bestrahlen usw. entstanden sind, wieder zu neutralen Gasmolekeln vereinigen. Ist ein elektrisches Feld angelegt, so wird ein Teil der Ionen, bevor er sich mit Ionen des andern Vorzeichens vereinigen kann, an die Elektroden wandern und seine Ladung abgeben. Ist das Feld so stark, daß alle Ionen, die erzeugt werden, zu den Elektroden geschafft werden, ehe sie sich wieder vereinigen können, so ist der Zustand der Sättigung erreicht. Je mehr Ionen erzeugt werden, desto stärker ist der Strom.

Heßsche Strahlung. Gase besitzen immer eine geringe Leitfähigkeit, sind also in geringem Maße stets ionisiert. Ursache hierfür ist teils eine gewisse Radioaktivität vieler Körper, insbesondere des Erdbodens, teils eine sehr durchdringende harte Strahlung (Heßsche Strahlung), deren Ursprungsort entweder in hohen Schichten der Atmosphäre oder in kosmischen Bezirken liegt.

Glühkathoden. Wehneltkathode. Ein weißglühender Draht verliert und zerstreut in Luft Ladungen beider Vorzeichen. Im Vakuum verliert ein weißglühender Draht negative Ladung, nicht aber positive. Ist der glühende Draht Kathode, so geht von ihm ein kontinuierlicher Strom freier Elektronen (Kathodenstrahlen) aus, und zwar auch im höchsten Vakuum. Man benutzt das in den Elektronenröhren, wie sie z. B. in der drahtlosen Telegraphie gebraucht werden, und in den Coolidge-Röhren zur Erzeugung von Röntgenstrahlen (S. 280).

Nach den Untersuchungen von Wehnelt wird der Effekt ganz besonders stark, wenn sich auf dem Draht Oxyde von Barium, Strontium, Kalzium befinden. Ein kleiner Oxydfleck auf glühendem Platinblech im Vakuum sendet, sobald das Blech auf nur einige Volt negativ geladen wird, einen intensiven Strom freier Elektronen aus (Wehnelt-Kathode, s. S. 185).

B. Selbständige Entladungen.

Stoßionisation. Bei den bisher betrachteten Fällen mußte das Gas durch äußere Mittel leitend gemacht werden. Es gibt aber auch Fälle, wo das nicht nötig ist, z. B. bei der Entladung durch Funken. Hierbei fließen sogar während kurzer Zeit ungeheuer starke Ströme. Die Erklärung hierfür hat zuerst J. J. Thomson gegeben: Jedes Ion vermag, sobald es eine bestimmte Geschwindigkeit erreicht hat, durch Zusammenprall mit einer Gasmolekel diese in neue Ionen zu zerspalten, wobei es seine Energie zur Ionisierung aufbraucht (Stoßionisation). Befinden sich daher zwischen 2 Elektroden auch nur wenige Ionen, so werden diese, sobald ein genügend starkes Potentialgefälle erzeugt wird, stark beschleunigt; sie erlangen große Geschwindigkeit, ionisieren durch Stoß neue Teilchen usw., so daß in kurzer Zeit Ionendichte und Stromstärke beträchtliche Werte erreichen.

Funkenentladung. Sie tritt ein, wenn man 2 Leiter, z. B. Kugeln, auf eine hohe Potentialdifferenz bringt. Die zur Entladung nötige Potentialdifferenz, das sog. Funkenpotential, ist abhängig vom Radius und der Entfernung der Kugeln und von der Art und dem Druck des Gases, in dem die Entladung erfolgt. In Luft von 760 mm Druck ist z. B. die Entladungsspannung in Volt:

Schlagweite	Kugeln mit Durchmesser von			
	0,5 cm	1 cm	2 cm	5 cm
0,01 cm	1100	1020	990	
0,1 „	4870	4800	4740	
1 „	20500	27100	31000	31800
5 „	—	—	—	96600

Zwischen Kugeln von 25 cm Durchmesser muß bei 40 cm Schlagweite in Luft von 760 mm Druck der Potentialunterschied 468000 Volt herrschen.

Mit steigendem Druck wächst die Entladungsspannung.

Der Widerstand, den die Elektrizität zu überwinden hat, setzt sich aus zwei wesentlich verschiedenen Teilen zusammen: dem Übergangswiderstand, der da vorhanden ist, wo das Metall der Elektroden an die Luft grenzt, und dem eigentlichen Widerstand der Entladungsbahn. Dieser ist ungefähr der Länge der Funkenstrecke proportional.

Bei geringer Stromstärke ist die Funkenentladung eine diskontinuierliche Glimmentladung. Bei großer Stromstärke hat sie den Charakter der Bogenentladung, bei der infolge der hohen Stromstärke das Elektrodenmaterial in Glut kommt und verdampft. Über Bogenlampen s. S. 173.

Verzögerung der Entladung. Nach den oben entwickelten Anschauungen muß vor dem eigentlichen Einsetzen der Entladung das Feld aus den vorhandenen Ionen durch Stoß neue erzeugen. Das wird, wenn ursprünglich sehr wenig Ionen vorhanden sind, unter Umständen einige Zeit dauern. Dadurch erklärt sich vielleicht die merkwürdige Verzögerung der Funkenentladung, die darin besteht, daß, wenn man eine genügende Potentialdifferenz an die Kugeln gelegt hat, die Entladung oft nicht sofort, sondern erst nach einiger Zeit einsetzt. Diese Verzögerung kann man aufheben durch Bestrahlung der Funkenstrecke mit kurzwelligem Licht oder Radiumstrahlen, durch Heranbringen einer Flamme oder eines Glühdrahtes, kurzum durch Mittel, die Ionen erzeugen.

Spitzenentladung. Sie tritt ein, wenn eine der Elektroden eine Spitze ist, und besteht in einem kontinuierlichen elektrischen Strom. Bei der Spitzenentladung, oft auch schon bei der Entladung zwischen sehr kleinen Kugeln, treten eigentümliche Lichterscheinungen auf (Büschellicht). Sie bestehen bei positiver Ladung der Spitze aus langen Lichtpinseln, bei negativer Ladung aus kleinen Lichtpünktchen.

Glimmentladung. Sie verläuft mit schwacher Lichterscheinung. Der Raum zwischen den Elektroden ist frei von Licht, nur die Elektroden selbst sind von einer dünnen Lichtschicht bedeckt. Die Entladung ist kontinuierlich. Sie tritt bei Atmosphärendruck selten auf, bildet sich aber stets in verdünnten Gasen.

Entladungen in verdünnten Gasen. Zur Untersuchung der elektrischen Entladung in verdünnten Gasen schließt man die Gase in Röhren ein, die mit der Luftpumpe ausgepumpt werden können. Als Elektroden benutzt man oft Bleche oder Drähte aus Aluminium. Aluminium wird bei der Entladung wenig angegriffen; die meisten anderen Metalle werden allmählich zerstäubt. Die zur Erzielung einer Entladung nötige Potentialdifferenz wird durch einen Induktionsapparat (S. 207), eine Influenzmaschine oder (wobei die Erscheinungen am gleichmäßigsten und schönsten werden) durch eine Hochspannungsbatterie von vielen kleinen Akkumulatoren geliefert.

Die Erscheinungen, die eintreten, hängen von dem noch vorhandenen Gasdruck ab. Bei mittlerer Verdünnung (etwa 5 mm Quecksilber Druck) leuchtet das Innere der Röhre lebhaft (Geißlersche Röhre); die spektrale Untersuchung lehrt, daß das Leuchten von den Gasresten herrührt. Das Lichtband geht von der Anode aus und reicht bis nahe an die Kathode; es folgt ein dunkler Raum (Faradayscher Dunkelraum); an der Kathode selbst entsteht ein kleiner leuchtender farbiger Lichtfleck. Bei weiterer Verdünnung wird der Faradaysche Dunkelraum größer; das positive Licht zeigt erst Schichtungen und verblaßt schließlich mehr und mehr. Bei 0,5 mm hat sich das positive Licht stark zurückgezogen, das Kathodenlicht (negatives Glimmlicht) hat sich von der Kathode losgelöst und wird von ihr durch einen zweiten dunkeln Raum (Crookesscher Raum) getrennt; dicht auf der Kathode aufsitzend, hat sich eine hell leuchtende Schicht gebildet, die erste Kathodenschicht. Bei noch weiterer Verdünnung verschwindet das positive Licht, das negative Licht erstreckt sich bis nahe an die Anode. Bei 0,02 mm ist auch das negative Glimmlicht verschwunden; nur ein schwacher Lichtpinsel im Innern der Röhre bleibt zurück. Dagegen beginnt jetzt die Glaswand gegenüber der Kathode grün zu fluoreszieren.

Das positive Licht und das negative Glimmlicht zeigen durchaus verschiedenes Verhalten. Das positive Licht folgt überall den Stromlinien im Rohr, das negative ist davon unabhängig. Das zeigt die Crookessche Röhre (Abb. 153). *A* ist eine geknickte, bis auf eine feine Spitze von Glas umgebene Elektrode, *B* eine gewöhnliche Elektrode. Ist *A* Anode, *B* Kathode, so biegt das positive Licht von *A* nach *B* um. Ist dagegen *A* Kathode, so geht das negative Licht von *A* in den elektrodenlosen Raum nach rechts.

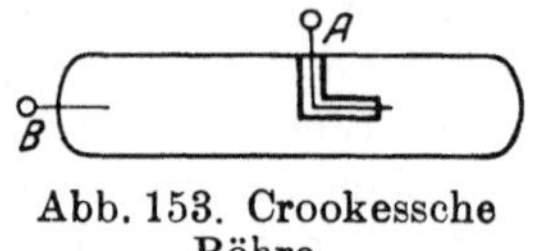

Abb. 153. Crookessche Röhre.

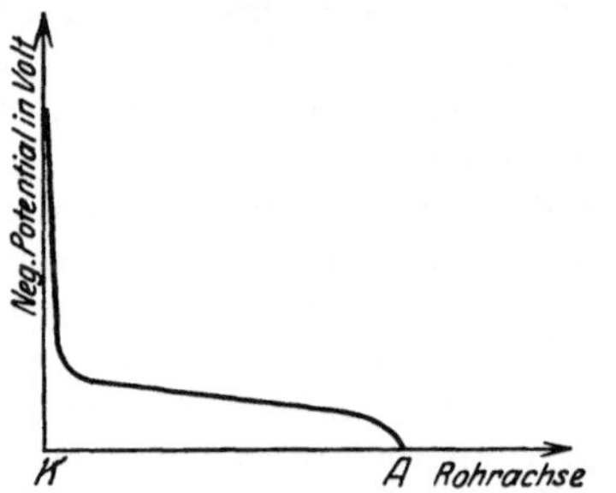

Abb. 154. Potentialverlauf in gasverdünnten Röhren.

Den Potentialverlauf in der Röhre zeigt Abb. 154. Man erkennt, daß fast der gesamte Potentialabfall unmittelbar an der Kathode liegt (Kathodenfall).

C. Strahlen positiver und negativer Elektrizität.

Kathodenstrahlen. Wie schon gesagt, ist bei etwa 0,02 mm Druck in der Entladungsröhre das positive Licht völlig, das negative fast ganz verschwunden. Nur ein schwacher Lichtschein und vor allem das grüne Aufleuchten des Glases an den der Kathode gegenüberliegenden Stellen zeigen an, daß von der Kathode Strahlen ausgehen. Man nennt sie Kathodenstrahlen.

Bei dem geringen Druck erleiden die von den Kathoden ausgehenden, nach Durchlaufen des Kathodenfalles sehr schnellen Elektronen keine nennenswerten Geschwindigkeitsverluste durch Zusammenstöße mehr und bewegen sich mit der vollen, in dem Feld an der Kathode erreichten Geschwindigkeit durch weite Strecken.

Eigenschaften der Kathodenstrahlen:

a) Kathodenstrahlen erregen viele Körper, auf die sie treffen, zum lebhaften Leuchten (Fluoreszieren), z. B. Glas, Kreide, Kalziumwolframat, Flußspat usw. Ein mit Flußspat bestrichener Schirm kann daher dazu dienen, den Weg der Strahlen zu verfolgen. Einige Körper leuchten auch noch nach dem Aufhören der Bestrahlung (Phosphoreszenz), z. B. Kalziumsulfid. Steinsalz wird durch Kathodenstrahlen intensiv blau gefärbt.

b) Die Kathodenstrahlen breiten sich im allgemeinen geradlinig aus. Ein Aluminiumkreuz, in den Weg der Strahlen gestellt, wirft einen scharfen Schatten auf die Glaswand. Ein rechteckiges Metalldiaphragma läßt nur ein scharf begrenztes Strahlbündel durch. Die Kathodenstrahlen gehen senkrecht zur Kathodenfläche aus, lassen sich daher konzentrieren, wenn man der Kathode hohlspiegelartige Form gibt.

c) Ein leichtes Flügelrädchen wird durch das Bombardement auftreffender Kathodenstrahlen gedreht. Ein Metallblech wird durch den Aufprall der konzentrierten Strahlen bis zur Rot- und Weißglut erhitzt. Beide Versuche erklären sich aus der korpuskularen Natur der Strahlen.

d) Läßt man Kathodenstrahlen zwischen zwei ungleichnamig elektrisch geladenen Platten hindurchgehen, so werden sie von der negativen Platte weg und zur positiven Platte hin bewegt, ein Zeichen, daß sie tatsächlich negativ geladen sind.

e) Durch ein Magnetfeld werden die Strahlen ebenfalls abgelenkt, und zwar in umgekehrter Richtung, als wie ein von der Kathode kommender positiver Strom (nach der Ampèreschen Regel, S. 190) abgelenkt würde. Auch hieraus ergibt sich ihre negative Ladung.

f) Fallen Kathodenstrahlen auf eine Metallplatte, so wird ein Teil reflektiert, und zwar diffus, was bei der Kleinheit der Elektronen und den im Verhältnis dazu großen Unebenheiten auch der bestpolierten Metallplatte verständlich ist. Die Metallplatte wird dabei zugleich zur Aussendung langsamer Elektronen angeregt (sekundäre Kathodenstrahlen).

g) Die Kathodenstrahlen können sehr dünne Metallschichten, besonders von spezifisch leichten Metallen, durchdringen, wobei sie einen Teil ihrer Geschwindigkeit einbüßen. Durch ein Fenster aus dünner Aluminiumfolie kann man Kathodenstrahlen in die Luft treten lassen. Sie ionisieren diese stark und rufen Ozonbildung hervor, werden aber sehr schnell absorbiert.

h) Werden Kathodenstrahlen durch den Aufprall auf feste Körper gebremst, so gehen von dort sehr kurzwellige Wellenstrahlungen aus (Röntgenstrahlen, s. S. 279).

Langsame Kathodenstrahlen. Mit Hilfe einer Wehneltkathode (S. 181), kann man im hohen Vakuum bei geringem Potential Kathodenstrahlen erhalten, die sehr geringe Geschwindigkeit haben. Die Strahlen besitzen hohe Ablenkbarkeit durch magnetische und elektrische Felder und eignen sich daher gut für Messungen. (Man vgl. dazu S. 291).

Anwendungen der Kathodenstrahlen.

1. Braunsche Röhre: Sie dient zur Untersuchung von Wechselströmen. Durch ein Diaphragma wird ein schmales Kathodenstrahlbündel ausgeblendet; es trifft auf einen Fluoreszenzschirm. Durchfließt ein Wechselstrom ein außerhalb der Röhre befindliches Solenoid, so wird der leuchtende Fleck auf dem Fluoreszenzschirm durch das entstehende magnetische Wechselfeld zu einem Strich auseinandergezogen. Bei Betrachtung im rotierenden Spiegel erscheint der Strich als leuchtende Kurve, deren Gestalt den Wechselstrom charakterisiert (Sinusstrom oder sinusähnlicher Strom).

2. Elektronenröhren (Glühkathodenröhren): Sie finden weitgehende Verwendung in der drahtlosen Telegraphie und Telephonie als Verstärker-, als Sende- und als Empfängerröhre. Über sie wird noch ausführlich zu sprechen sein (S. 210). Ihre Einführung hat erst die ungeheure Entwicklung der drahtlosen Nachrichtenübermittlung in den letzten Jahren ermöglicht.

3. Röntgenröhren: In ihnen dienen die Kathodenstrahlen zur Erzeugung der für die Medizin und Technik gleich wichtigen Röntgenstrahlen. (Vgl. S. 279.)

Besonders die unter 2. und 3. genannten Anwendungen sind von ganz hervorragender Wichtigkeit und Bedeutung für das Verkehrswesen, die Technik und die medizinische Wissenschaft.

Kanalstrahlen. In den Kathodenstrahlen haben wir die Träger der negativen Elektrizitätsatome vor uns. Durch einen Kunstgriff ist es Goldstein gelungen, auch die Träger der positiven Ladung der Untersuchung zugänglich zu machen. Versieht man nämlich die Kathode mit Öffnungen, so entsteht auch auf der der Anode abgewandten Seite der Kathode eine Strahlung, die scheinbar von den Öffnungen der Kathode ausgeht, und die man daher als „Kanalstrahlen“ bezeichnet. Kanalstrahlen erregen viele Körper beim Auftreffen zu lebhafter Fluoreszenz oder Phosphoreszenz. Glas z. B. leuchtet braunrot. Metalle werden durch auftreffende Kanalstrahlen sekundär zur Emission von Elektronen angeregt, besonders stark Aluminium. Messungen von W. Wien haben gezeigt, daß man es mit positiv geladenen Molekeln und Atomen (Ionen) des Füllgases (und z. T. des Elektrodenmetalls) zu tun hat. Manche Teile eines Kanalstrahlenbündels werden durch elektrische und magnetische Felder nicht abgelenkt, sind also elektrisch neutral, und zwar zeigt sich, daß Kanalstrahlen, die an einer Stelle der Röhre keine Ablenkung erfahren, unter Umständen an einer weiter entfernten Röhrenstelle abgelenkt werden. Es zeigt sich allgemein, daß schnell bewegte Träger positiver Ladung fortwährenden Umladungen unterliegen. Die Geschwindigkeit der Kanalstrahlen ist, ihrer größeren Masse entsprechend, weit geringer als die der Kathodenstrahlen.

J. Stark hat an den Kanalstrahlen den Dopplereffekt (S. 94) entdeckt und zur Bestimmung ihrer Geschwindigkeit benutzt.

Anodenstrahlen. Gehrke und Reichenheim haben (1906) Strahlen positiver Elektrizität entdeckt, die im höchsten Vakuum von einer aus den geschmolzenen Salzen des Lithiums, Natriums oder Kaliums bestehenden Anode ausgehen. Sie leuchten intensiv, enthalten die Spektrallinien des Salzes und bestehen, wie die magnetische Ablenkung zeigt, aus positiven Teilchen. Sie heißen Anodenstrahlen.

Magnetische Felder.

Magnete und Magnetpole. Manche Eisenerze, insbesondere Magneteisenstein (Fe_3O_4), besitzen die Fähigkeit, Eisenpulver anzuziehen. Sie heißen natürlich Magnete[1]). Harter Stahl kann durch geeignete Behandlung (z. B. durch Bestreichen mit einem natürlichen Magneten) magnetisch gemacht werden. Er zieht dann Eisen an, etwas schwächer auch Nickel, Kobalt und manche Legierungen von Kupfer, Mangan, Aluminium (Heuslersche Legierungen). Man gibt den Magneten meist Stab-, Hufeisen- oder Nadelform. Ein Stab- oder Nadelmagnet, der um eine vertikale Achse frei drehbar ist, stellt sich so ein, daß das eine Ende nach Norden (mit einer kleinen Abweichung nach Westen), das andere nach Süden zeigt. Man nennt das erste den Nordpol, das andere den Südpol des Magneten. Leicht drehbare Magnetnadeln dienen zur Bestimmung der Nordrichtung (Kompaß). Die Erfindung des Kompasses war von großer Bedeutung für die Entwicklung der Schiffahrt.

Hat man an verschiedenen Magneten Nord- und Südpol bestimmt, so zeigt ein weiterer Versuch, daß sich gleichnamige Pole abstoßen, ungleichnamige anziehen.

Molekularmagnete. Die Mitte eines Magnetstabes ist, wie sich z. B. beim Eintauchen in Eisenspäne zeigt, magnetisch unwirksam (Indifferenzzone). Zerbricht man den Stab jedoch, so ist jeder Teil ein kleiner Magnet mit eigenem Nord- und Südpol. Das wiederholt sich, wenn man das Zerbrechen fortsetzt. Wir schließen daraus, daß auch die kleinsten Teile, d. h. die Molekeln des Eisens kleine Magnete sind (Molekularmagnete). Im unmagnetischen Eisen sind ihre Richtungen völlig ungeordnet, so daß die Wirkungen sich nach außen hin aufheben.

Coulombsches Gesetz für Magnete. Im Anschluß an das Anziehungsgesetz für elektrische Ladungen hat Coulomb auch für Magnetpole das Gesetz aufgestellt: Die Kraft, mit der zwei Pole sich anziehen oder abstoßen, ist den Polstärken direkt, dem Quadrat der Entfernung umgekehrt proportional:

$$\mathfrak{F} = \frac{m_1 \cdot m_2}{r^2}.$$

Die experimentelle Nachprüfung erfolgt auch hier mit der Drehwage, ist aber schwieriger, da für jeden Magneten auch die Wirkung des entfernteren Poles zu berücksichtigen ist, und da ferner die Lage der Pole nicht genau fixiert ist (sie liegen bei Stabmagneten etwa $^1/_{12}$ der Länge vom Ende entfernt).

---

[1]) Wahrscheinlich kommt der Name von der Stadt Magnesia in Kleinasien her, in deren Nähe solche Eisenerze gefunden wurden.

Die Proportionalitätskonstante im Coulombschen Gesetz ist 1 gesetzt. Das bedingt folgende Definition für die

Polstärke: Die Polstärke 1 besitzt derjenige Pol, der einen gleich starken, in der Entfernung 1 cm befindlichen mit der Kraft 1 Dyn abstößt (bzw. anzieht).

Magnetische Influenz. Es sei (Abb. 155) *ab* ein Stab aus weichem, unmagnetischem Eisen. Bringt man in seine Nähe etwa den Nordpol eines starken Magneten *NS*, so wird der Stab magnetisch; er zieht Eisenstückchen an. Eine Nachprüfung mit der Magnetnadel zeigt, daß sein dem Nordpol zugekehrtes Ende *a* südmagnetisch, das Ende *b* nordmagnetisch wird. Diese magnetische Influenz ist der elektrischen Influenz ähnlich.

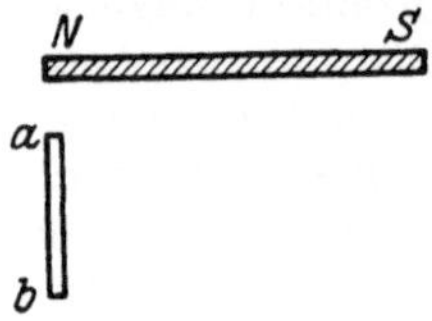

Abb. 155. Magnetische Influenz.

Wir erklären sie uns dadurch, daß durch den Einfluß des großen Magneten die Molekularmagnete im Stab *ab* gerichtet werden. (Ähnlich waren die Vorgänge im Dielektrikum, S. 157.)

Das magnetische Feld. Ein Raum, in dem magnetische Kräfte wirksam sind, heißt ein magnetisches Feld. An einer Stelle herrscht die Feldstärke $\mathfrak{H}$, wenn ein Magnetpol von der Polstärke m mit der Kraft $m\mathfrak{H}$ bewegt wird. Einheit der Feldstärke ist 1 Gauß; sie herrscht da, wo ein Pol mit der Polstärke 1 die Kraft 1 Dyn erfährt. Kleine Magnetnadeln stellen sich überall in Richtung der Kraftlinien ein. Bequemer erhält man ein Kraftlinienbild durch Aufstreuen von Eisenfeilspänen auf eine Glasplatte oder dgl. Die einzelnen Späne werden durch Influenz magnetisch und ordnen sich längs der Kraftlinien

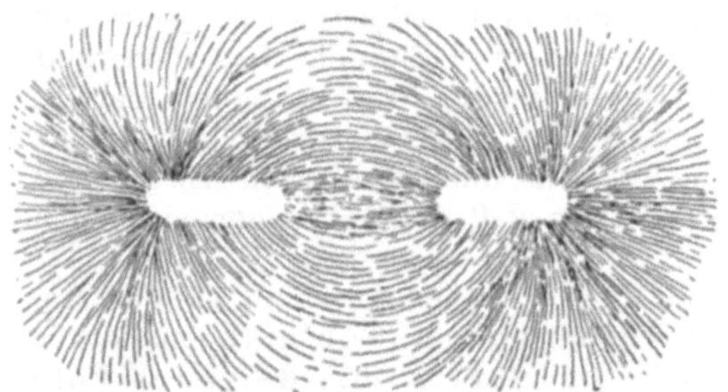

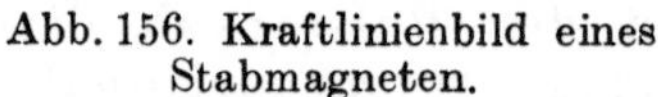

Abb. 156. Kraftlinienbild eines Stabmagneten.

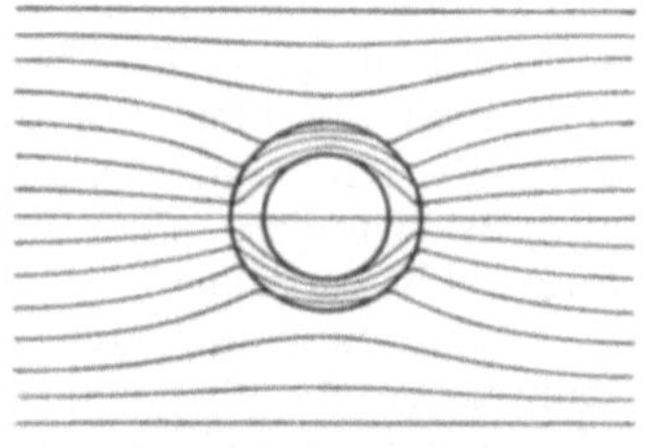

Abb. 157. Schirmwirkung eines Eisenringes.

an, wenn man die Reibung durch Klopfen gegen die Platte verringert. Die Bilder sind denen der entsprechenden elektrischen Felder (Abb. 124) gleich. Der Zug längs der Kraftlinien und der Druck quer dazu nach den Faradayschen Vorstellungen ist bei den magnetischen Kraftlinien genau so vorhanden wie bei den elektrischen. Abb. 156 zeigt einen in Richtung der Magnetachse gelegten Schnitt durch das Feld eines Stabmagneten. Die Kraftlinien sind geschlossene Linien. Das ist, streng genommen, stets der Fall, da man ja einzelne Pole nicht herstellen kann. Die Kraftlinien verlaufen auch im Innern des Magneten, und zwar hier vom Süd- zum Nordpol. (Elektrische Kraftlinien dagegen gibt es in einem Leiter nicht.)

Durch Hineinbringen weichen Eisens in ein Kraftfeld wird dieses stark verändert, und zwar durch den influenzierten Magnetismus des Eisens. Das Eisen saugt die Kraftlinien gewissermaßen an. Bringt man in ein vorher völlig homogenes Feld einen Stab oder einen Ring aus weichem Eisen, so ändert sich das Feld so, als ob die Kraftlinien vom Eisen aufgesogen würden. Die schematische Abb. 157 zeigt zugleich, daß im Innern des Ringes nur sehr wenig Kraftlinien vorhanden sind; es ist also auch fast kein Feld vorhanden. Ebenso wird eine (hohle) Eisenkugel in einem vorher homogenen Feld so magnetisiert, daß die Feldstärke im Innern der Kugel null ist. Darauf beruht die sog. „Schirmwirkung" des Eisens. Empfindliche Nadelgalvanometer schließt man zum Schutz gegen das Erdfeld in eine eiserne Hülle. (Panzergalvanometer von Dubois und Rubens, S. 203.)

Magnetfeld der Erde. Die Tatsache, daß frei aufgelegte Magnete sich in die Nordrichtung stellen, zeigt, daß die Erde ein Magnetfeld trägt. Die Kraftlinienrichtung kann man durch eine nach allen Richtungen frei bewegliche Magnetnadel ermitteln. Die Vertikalebene, in die sich eine solche Nadel einstellt, bildet mit der Nord-Süd-Ebene einen Winkel, den man die „Deklination" der Nadel nennt (bei uns $7^0 12'$ westl.). Ferner neigt sich das Nordende der Nadel nach unten, so daß die Nadel gegen die Horizontale um den Betrag der sog. „Inklination" geneigt ist (bei uns $66^0 38'$). Die Feldstärke des Erdfeldes hat zuerst Gauß bestimmt; es interessiert vor allem ihre Horizontalkomponente, da die gebräuchlichen Nadeln meist nur in horizontaler Richtung schwingen können. Die Horizontalkomponente ist für Berlin 0,1855 Gauß. Deklination, Inklination und Horizontalkomponente sind auf der Erde örtlich verschieden; am selben Orte unterliegen sie bestimmten Änderungen im Laufe größerer Zeiten, außerdem gewissen jährlichen und täglichen Schwankungen. Die Inklination ist null am magnetischen Äquator, der nicht mit dem geographischen zusammenfällt; sie ist 90^0 an den magnetischen Polen. Der magnetische Nordpol liegt bei $\varphi = 70^0$ nördl., $\lambda = 96^0$ westl. (nördl. von Kanada), der Südpol bei $\varphi = 73^0$ südl., $\lambda = 136^0$ östl. (Viktorialand südl. Australien). Die Ursachen des Erdmagnetismus sind noch nicht bekannt.

Permanente und temporäre Magnete. Stahlmagnete behalten den einmal erlangten Magnetismus, erst durch Erhitzen zur Rotglut werden sie wieder unmagnetisch. Sie heißen daher permanente Magnete. Stücke aus weichem Eisen werden nur unter dem Einfluß eines magnetischen Feldes magnetisch und bleiben es nur so lange, wie das Feld besteht; man nennt sie temporäre Magnete.

Im weichen Eisen werden die Richtungen der Molekularmagnete nach dem Verschwinden des Feldes sogleich wieder ungeordnet, beim Stahl dagegen bleiben die Molekeln infolge starker innerer Widerstände zum Teil ausgerichtet. Da bei höherer Temperatur die Molekularbewegung heftiger wird, ist es verständlich, daß auch Stahl bei Rotgluthitze unmagnetisch wird.

Unterschiede zwischen elektrischen und magnetischen Feldern. Wir haben im vorhergehenden weit reichende Ähnlichkeiten zwischen elektrischen und magnetischen Feldern kennen gelernt. In einer Reihe von Punkten aber unterscheiden sie sich.

Der wesentlichste Unterschied besteht darin, daß man zwar positive und negative Elektrizität trennen kann, nicht aber Nord- und Südpol. Die elektrischen Kraftlinien haben infolgedessen (bei statischen Feldern) einen Anfang (bei positiver Ladung) und ein Ende (bei negativer); die magnetischen sind stets geschlossene Linien.

Damit hängt ein Zweites zusammen. Es gibt freie Elektrizität; ihre Träger, die Elektronen bzw. die Ionen, sind frei beweglich. Es gibt daher elektrische Ströme, aber es gibt keine magnetischen Ströme.

Endlich gibt es permanente Magnete; ihnen entspricht nichts Analoges in der Elektrizitätslehre. Eine gewisse, freilich nicht sehr weit reichende Verwandtschaft zeigt höchstens die dielektrische Nachwirkung (S. 159).

Magnetisches Feld des elektrischen Stromes. Wir kommen nunmehr zu der gegenseitigen Beeinflussung von magnetischen und elektrischen Feldern.

Grundversuch von Oersted (1820): Wird ein Draht oberhalb einer ruhenden Magnetnadel ausgespannt und ein Strom durchgeleitet, so wird die Nadel abgelenkt. Der Strom erzeugt also ein magnetisches Feld. Die Richtung der Ablenkung wird umgekehrt, wenn die Stromrichtung umgekehrt wird, oder wenn der Strom unterhalb statt oberhalb der Nadel vorbeigeführt wird. Allgemein geben folgende (im Grunde identische) Regeln Auskunft über die Feldrichtung.

Schwimmregel von Ampère (1820): Man denke sich im positiven Strom schwimmend, das Gesicht der Magnetnadel zugekehrt; so wird der Nordpol nach der Seite des linken Armes abgelenkt. — Bequemer ist die sog.

Rechte-Hand-Regel: Hält man die rechte Hand so an den Stromleiter, daß der positive Strom bei der Handwurzel eintritt, bei den Fingerspitzen austritt, und daß der Handteller der Magnetnadel zugekehrt ist, so wird der Nordpol in Richtung des abgespreizten Daumens abgelenkt.

Gestalt des Feldes. Parallele Ströme. Die Gestalt des von einem Strom herrührenden Magnetfeldes untersucht man experimentell am einfachsten durch Herstellung von Kraftlinienbildern mit Eisenfeilspänen. Die Kraftlinien des Magnetfeldes, das von einem geradlinigen langen Stromleiter erzeugt wird, sind konzentrische Kreise, deren Ebenen senkrecht zum Leiter stehen. Zwei parallele Leiter erzeugen bei entgegengesetzter Stromrichtung das Feld Abb. 158. Nach den Faradayschen Vorstel-

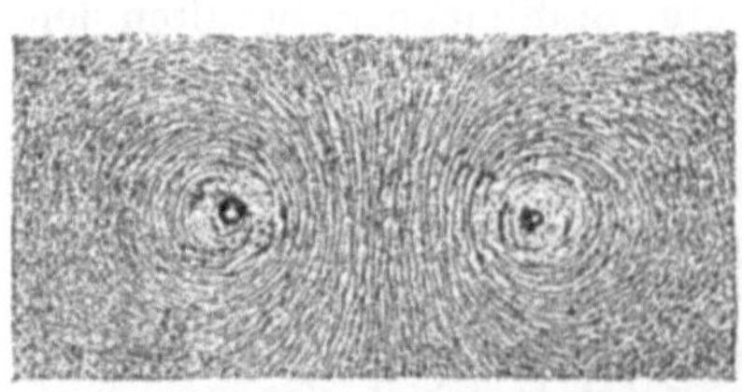

Abb. 158. Magnetisches Feld, das von zwei parallelen, entgegengesetzt gerichteten Strömen erzeugt wird.

lungen vom Zug längs der Kraftlinien und Druck quer dazu macht dieses Bild sofort die Tatsache verständlich, daß entgegengesetzt gerichtete sich abstoßen. Entsprechend ziehen gleichgerichtete Ströme sich an.

Gesetz von Biot und Savart. Biot und Savart haben sich mit der genauen Gestalt und der Stärke von Magnetfeldern, die von Strömen herrühren, beschäftigt. Das Ergebnis ihrer Arbeiten ist, daß man sich das Feld stets zusammengesetzt denken kann aus den Feldern, die von den einzelnen kleinen Teilchen des Leiters herrühren. Ein Leiterstück der Länge l, das von dem Strom der Stärke i durchflossen wird (Abb. 159), erzeugt in einem Punkt des Feldes, der von l die Entfernung r hat, eine magnetische Feldstärke, deren Richtung auf der durch l und r bestimmten Ebene senkrecht steht, und deren Größe

$$\mathfrak{H} = \frac{1}{c} \cdot \frac{il}{r^2} \sin\varphi$$

ist, wo φ den Winkel zwischen l und r, c eine von den Maßeinheiten abhängige Konstante bedeutet.

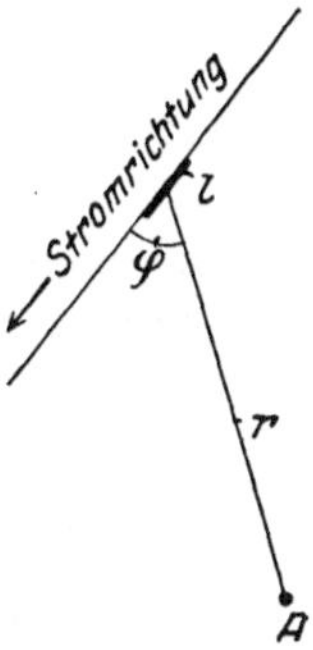

Abb. 159. Zum Gesetz von Biot und Savart.

Besondere Leiterformen. Das Feld, das von einem beliebigen Leiter herrührt, erhält man durch Addition der Felder der einzelnen Leiterelemente. Diese Addition ist meist eine mathematisch schwierigere Aufgabe (Integration). Der einfachste denkbare Fall ist der, daß der Strom einen Kreis vom Radius r durchfließt, und daß das Feld im Mittelpunkt gesucht wird. Hierbei ist für alle Leiterteilchen $\varphi = 90^0$, r konstant, ferner ist die Summe der Leiterlängen $2r\pi$, daher

$$\underline{\mathfrak{H} = \frac{1}{c} \cdot \frac{2\pi i}{r}.}$$

Die Kraftlinien stehen senkrecht zur Kreisebene; ihre Richtung bestimmt sich nach der Rechte-Hand-Regel. Der Kreisleiter verhält sich wie eine flache magnetische Scheibe.

Für einen geradlinigen, sehr langen Stromleiter ist die Feldstärke in einem Punkt mit der Entfernung a vom Leiter

$$\underline{\mathfrak{H} = \frac{1}{c} \cdot \frac{2i}{a}.}$$

Tangentenbussole. Ein Drahtkreis (Radius r) wird so aufgestellt, daß seine Ebene vertikal und im magnetischen Meridian liegt (Abb. 160). Im Mittelpunkt befindet sich, auf einer Spitze leicht drehbar, eine Magnetnadel. Ein Strom von der Stärke i lenke diese um den Winkel α aus ihrer Ruhelage ab. Auf die Nadel wirken

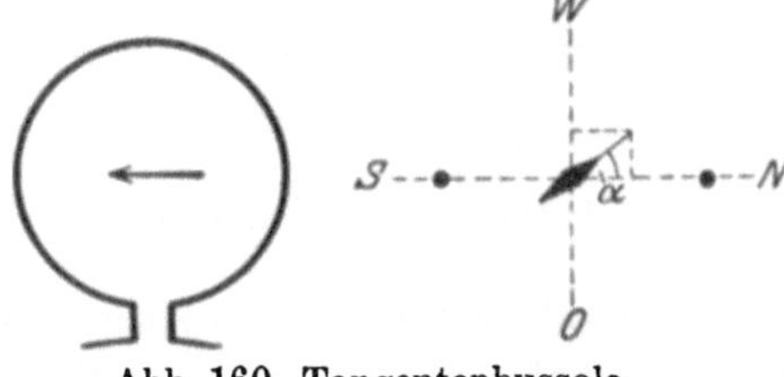

Abb. 160. Tangentenbussole. (Schematischer Aufriß und Grundriß.)

zwei Felder: das Erdfeld, Richtung Nord-Süd, Stärke $\mathfrak{H}_0$ (= Horizontalkomponente des Erdmagnetismus, S. 189), und das vom Strom erzeugte Feld, Richtung Ost-West Stärke $\mathfrak{H} = \frac{2\pi i}{cr}$. Die Nadel stellt sich in Richtung der Resultierenden ein. Daher ist

$$\operatorname{tg} \alpha = \frac{\mathfrak{H}}{\mathfrak{H}_0} = \frac{2\pi i}{cr} \cdot \frac{1}{\mathfrak{H}_0}; \text{ daraus}$$

$$i = \frac{cr\mathfrak{H}_0}{2\pi} \cdot \operatorname{tg} \alpha.$$

Man nennt die Vorrichtung Tangentenbussole.

Elektromagnetische und elektrostatische Einheit der Stromstärke. Die elektromagnetische Einheit der Stromstärke ist so gewählt, daß die Konstante $c = 1$ wird. Für den Kreisleiter wird dann $\mathfrak{H} = \frac{2\pi i}{r}$, und man definiert daher: Die Stromstärke „1 elektromagnetische Stromeinheit" (1 mag. Str.E.) besitzt derjenige Strom, der beim Durchfließen eines Drahtkreises vom Radius 1 cm im Mittelpunkt die magnetische Feldstärke 2π Gauß hervorruft.

$^1/_{10}$ mag. Str.E. ist 1 Ampère. ($c = 10$.) Das ist die ursprüngliche Definition des Ampère. Die S. 177 angegebene, praktisch benutzte und gesetzlich festgelegte Definition ist daraus abgeleitet.

Da allgemein Stromstärke gleich Elektrizitäts- oder Ladungsmenge durch Zeit ist, kann man aus der statischen Ladungseinheit (st. L.E., S. 148) auch die statische Stromeinheit (st. Str.E.) ableiten und die Stromstärke in diesem Maß messen. Wie groß die Konstante c in diesem Fall wird, läßt sich nur experimentell ermitteln. Die Bestimmung ist zuerst Kohlrauch und Weber dadurch gelungen, daß sie eine statisch gemessene Ladungsmenge durch einen Drahtkreis schickten und die im Mittelpunkt erzeugte Feldstärke durch Ablenkung einer Magnetnadel bestimmten. Sie fanden

$$c = 3 \cdot 10^{10} \text{ cm/sec}.$$

Das ist genau die Lichtgeschwindigkeit. Dieses sehr bemerkenswerte Resultat ist eine gute Stütze der von Faraday und Maxwell stammenden elektromagnetischen Theorie des Lichtes. Weiter folgt, daß

1 mag. Str.E. $= 3 \cdot 10^{10}$ stat. Str.E. und
1 Amp. $= 3 \cdot 10^{9}$ „ „ (S. 148).

Ferner ist

1 Volt · 1 Amp. $= 10^7$ Erg/sec (S. 171)
1 st. P.E. · 1 st. Str.E. $= 1$ Erg/sec

$1 \frac{\text{Volt}}{\text{st. P.E.}} \cdot 3 \cdot 10^9 = 10^7$, also 300 Volt = 1 st.P.E. (wie S. 149 angeg.).

Molekularmagnete. Im Anschluß an Ampère stellen wir uns die Molekularmagneten so vor, daß die Molekeln des Eisens von einem Elektronenstrom umkreist werden, der das magnetische Feld erzeugt.

Die Drehachse des Stroms ist die Achse des Molekularmagneten. Diese Anschauung ist durch Versuche von Einstein und De Haas bestätigt worden (1915).

Solenoid. Wickelt man isolierten Leitungsdraht in engen Schraubenwindungen auf einen Hohlzylinder, z. B. aus Holz, so kann man jede Windung als Kreisleiter ansehen, der sich, wenn Strom fließt, wie eine magnetische Scheibe verhält. Eine solche Drahtspule heißt ein Solenoid. Sie wirkt bei Stromfluß nach außen hin wie ein Stabmagnet. Hängt man ein Solenoid frei beweglich auf, so kann man sowohl die Einstellung in den erdmagnetischen Meridian wie die Abstoßung und Anziehung durch Magnetpole beobachten. Das Kraftlinienbild ist ähnlich dem des Stabmagneten. Im Innern laufen die Kraftlinien parallel. Die magnetische Feldstärke im Innern des Solenoids ist

$$\mathfrak{H} = 0{,}4\,\pi \cdot \frac{n i}{l},$$

wenn n die Zahl der Windungen, l die Länge des Solenoids, i die Stromstärke (in Amp.) bedeutet.

Elektromagnete. Wickelt man das Solenoid um ein Stück weiches Eisen, so wird dieses bei Stromschluß zu einem kräftigen Magneten. Eine solche Vorrichtung heißt Elektromagnet. Ein solcher ist bei gleicher Stromstärke sehr viel kräftiger als das Solenoid allein, da sich das Feld der ausgerichteten Molekularmagnete zu dem des Solenoids addiert. Die Elektromagnete sind für die Technik von ganz gewaltiger Bedeutung, worüber noch weiter unten ausführlich die Rede sein wird. Für manche Untersuchungen ist es nötig, sehr hohe Feldstärken zu erzielen. Man gibt dazu den Elektromagneten besondere Gestalt. Der Elektromagnet von Boas-Pederzani (Abb. 161) z. B. erzielt bei 1 cm Polabstand Felder bis rund 22000 Gauß zwischen den Polen, bei 1 mm Polabstand bis rund 50000 Gauß (Stromaufwand 25 Amp., 3,4 Kilowatt); das Feld läßt sich beliebig lange aufrecht erhalten.

Abb. 161. Elektromagnet von Boas-Pederzani.

Magnetische Permeabilität. Beim Elektromagneten wird unter dem Einfluß des vom Solenoid erzeugten Feldes das Eisen selbst magnetisch infolge Ausrichtung der Molekularmagnete. Ist die ursprüngliche Feldstärke im Solenoid $\mathfrak{H}$, so wirkt die Anwesenheit des

Eisens so, als ob an der vom Eisen eingenommenen Stelle eine größere Feldstärke $\mathfrak{B}$ (magn. Induktion) herrscht. Schreibt man $\mathfrak{B} = \mathfrak{H} + \mathfrak{J}$, so ist $\mathfrak{J}$ „der induzierte Magnetismus" des Eisens. Dieser wächst zuerst proportional der Feldstärke $\mathfrak{H}$, nähert sich aber bei stärker werdendem $\mathfrak{H}$ asymptotisch einem Grenzwert. Es sind dann alle Molekularmagnete ausgerichtet.

Schreibt man die Beziehung zwischen $\mathfrak{B}$ und $\mathfrak{H}$ in der Form $\mathfrak{B} = \mu \mathfrak{H}$, so heißt μ die Permeabilität. Bei den meisten Körpern ist μ nahezu 1 (s. u.). Bei Eisen ist μ nicht konstant, sondern sehr stark von der Feldstärke abhängig. Sie beträgt z. B. für geglühten Dynamostahl bei sehr kleinen Feldern $\mu = 320$ und erreicht ein Maximum $\mu = 14800$ bei Feldern von $\mathfrak{H} = 0{,}5$ Gauß.

Hysteresis. Der Wert der magnetischen Induktion $\mathfrak{B}$, die weiches, anfänglich unmagnetisches Eisen unter dem Einfluß eines äußeren Feldes von der Feldstärke $\mathfrak{H}$ annimmt, ist für veränderliche Werte $\mathfrak{H}$ in Abb. 162 graphisch dargestellt. Es zeigt sich dabei eine merkwürdige Erscheinung. Mit wachsendem $\mathfrak{H}$ steigt $\mathfrak{B}$ zunächst sehr stark an (innerer Kurvenast; die Einheiten auf der Ordinatenachse sind sehr viel kleiner gewählt als auf der Abszissenachse). Vermindert man nun die äußere Feldstärke $\mathfrak{H}$ (durch Verringern der Stromstärke im Solenoid), so geht auch $\mathfrak{B}$ zurück, aber auf anderem Wege, als es angestiegen ist; für $\mathfrak{H} = 0$ ist $\mathfrak{B}$ positiv. Nach dem Aufhören des äußeren Feldes ist also noch etwas Magnetismus im Eisen vorhanden (remanenter Magnetismus). Jetzt erzeugt man durch Umkehren des Stromes ein allmählich anwachsendes, umgekehrtes Feld; erst bei einem bestimmten äußeren Gegenfeld wird $\mathfrak{B} = 0$; die hierzu nötige äußere Feldstärke heißt „Koerzitivkraft". Läßt man nach Erreichen des Höchstwertes das äußere Feld wieder über null auf die erste Stromstärke anwachsen, so zeigt $\mathfrak{B}$ ein entsprechendes Verhalten. Der erste (innere) Zweig der Kurve wird nicht wieder erreicht; er heißt jungfräuliche Kurve. Der ganze Vorgang und die durch ihn gekennzeichnete Eigenschaft des Eisens heißt Hysteresis. Die einmal ausgerichteten Eisenmolekeln suchen mit einer gewissen Kraft ihre Richtung beizubehalten. Zum Ummagnetisieren ist daher eine gewisse Energie erforderlich. Es läßt sich theoretisch und experimentell zeigen, daß, wenn man das Eisen einem vollständigen Magnetisierungszyklus unterwirft, die dazu nötige Energie durch den Inhalt der Hysteresisschleife (Abb. 162) gemessen wird. Diese Energie findet sich als Wärme wieder und erhöht die Temperatur des Eisens. Für die Technik ist es von größter Wichtigkeit, für Eisenteile in Apparaten, die dauernder Ummagnetisierung unterworfen sind (Motoren), Eisensorten mit möglichst geringer Hysteresis herzustellen, um unnötige Energieverluste und zugleich schädliche Erwärmung zu vermeiden. Gewöhnlicher Stahl hat sehr große, geglühtes

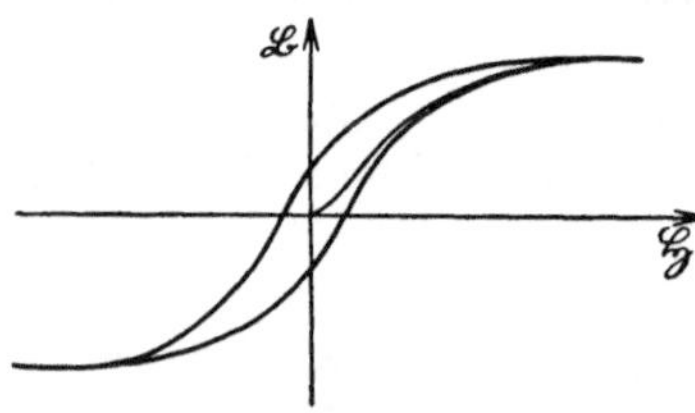
Abb. 162. Magnetische Hysteresis.

Elektrolyteisen und gut geglühter Dynamostahl fast gar keine Hysteresis.

Para- und diamagnetische Körper. Nähert man Kügelchen aus verschiedenen Stoffen einem einzelnen sehr starken Pol, so lassen sich die Stoffe nach ihrem Verhalten in zwei Gruppen teilen: sie werden entweder, wie Eisen, angezogen oder abgestoßen. Die Untersuchung zeigt, daß Eisen und alle Körper der ersten Gruppe die Kraftlinien gewissermaßen an sich ziehen; man erhält nach Einbringen des Körpers ein Kraftlinienbild, wie es zwei ungleichnamige Pole liefern, die sich anziehen. Körper der zweiten Gruppe stoßen die Kraftlinien weg. Man nennt die Körper der ersten Klasse paramagnetisch (para = neben, herbei), die der zweiten diamagnetisch (dia = durch, auseinander). Für jene ist $\mu > 1$, für diese $\mu < 1$. Paramagnetische Körper mit sehr großen Werten von μ nennt man ferromagnetisch (Eisen, Nickel, Kobalt, Heuslersche Legierungen). Stark diamagnetisch ist z. B. Wismut. Im inhomogenen Felde bewegt sich ein paramagnetischer Körper von Stellen geringerer zu solchen größerer Kraftliniendichte, ein diamagnetischer verhält sich umgekehrt. Ein um einen Punkt drehbares Stäbchen zwischen zwei starken Polen stellt sich, wenn es paramagnetisch ist, in Richtung der Verbindungslinie der Pole ein, wenn es diamagnetisch ist, senkrecht dazu.

Andere Darstellung des Gesetzes von Biot-Savart. Die magnetische Feldstärke in A (Abb. 159), die vom Leiterstück l herrührt, ist nach Biot und Savart (S. 191)

$$\mathfrak{H} = \frac{1}{c} \cdot \frac{il}{r^2} \sin \varphi .$$

Die Richtung bestimmt sich nach der Handregel (sie geht in der Abb. 159 nach vorn). Statt durch negative Elektronen, in Richtung steigenden Potentials bewegt, denken wir uns den Strom durch positive, in der Stromrichtung bewegte Teilchen erzeugt. Mit Benutzung der Bezeichnungen von S. 165 wird dann

$$i = vqne,$$

also

$$\mathfrak{H} = \frac{1}{c} \cdot v \cdot qnl \cdot \frac{e}{r^2} \sin \varphi .$$

Nun ist $\frac{e}{r^2}$ die Stärke des Feldes, das ein einzelnes Teilchen in A erzeugt, $qnl \frac{e}{r^2} = \mathfrak{E}$ ist daher die Stärke des Feldes, das alle in l enthaltenen Teilchen zusammen in A erzeugen. $v = v_e$ ist die Geschwindigkeit der elektrischen Teilchen, und es ist

$$\mathfrak{H} = \frac{1}{c} \cdot \mathfrak{E} v_e \sin \varphi .$$

Die Richtungsbeziehungen gibt Abb. 163.

Ein Analogon zu dieser Formel lernen wir später kennen. Ferner erscheint das Biot-Savartsche Gesetz in dieser Form als besonderer Fall eines weit allgemeineren Gesetzes, das sogleich besprochen werden soll.

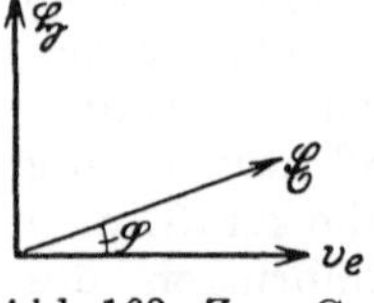

Abb. 163. Zum Gesetz von Biot und Savart.

Erstes Faraday-Maxwellsches Grundgesetz. Das erste Grundgesetz, von Faraday gefunden, von Maxwell mathematisch formuliert, besagt: Ein magnetisches Feld entsteht stets und überall da, wo ein vorhandenes elektrisches Feld einer zeitlichen Änderung unterworfen ist. Es besteht so lange, wie die Änderung fortdauert. Die Stärke der Änderung bestimmt die Stärke des Magnetfeldes. Die Änderung des elektrischen Feldes kann verschieden hervorgerufen werden:

1. Bewegung einer statischen Ladung. Eine mit statischer Elektrizität geladene, sehr rasch gedrehte Scheibe wirkt ablenkend auf die Magnetnadel (Rowland-Effekt).

2. Gewöhnlicher Leitungsstrom. Jeder elektrische Strom ist von einem Magnetfeld umgeben. Das von einem einzelnen Elektron erzeugte elektrische Feld ist in jedem Punkt stark veränderlich, da das Elektron sich bewegt. Diese Veränderlichkeit erklärt, daß ein Magnetfeld entsteht, obwohl der Mittelwert der von allen Elektronen herrührenden Feldstärke bei konstantem Strom konstant ist. Die Beziehung zwischen magnetischer und elektrischer Feldstärke und Geschwindigkeit ist S. 195 hergeleitet.

3. Freier Strom von Elektrizität. Für ihn gelten dieselben Betrachtungen. Er ist verwirklicht bei Kathoden- und Kanalstrahlen, deren magnetische Ablenbarkeit (S. 185 und 291) anzeigt, daß sie ein Magnetfeld hervorrufen.

4. Im Isolator ist das elektrische Feld der Dielektrizitätskonstante ε proportional; das bei Änderungen entstehende Magnetfeld ist daher auch ε proportional.

Bewegliche Stromleiter. Durch das Magnetfeld eines Stromleiters kann ein Magnet bewegt werden; ist der Magnet fest, so wird sich naturgemäß der Leiter relativ zu ihm bewegen. Ein Beispiel soll besprochen werden, das geeignet ist, die Analogie zwischen dem ersten und dem zweiten Faraday-Maxwellschen Grundgesetz hervortreten zu lassen. Der geradlinige Leiter a (Länge l) sei auf dem Drahtbügel b beweglich (Abb. 164a); b enthalte eine Stromquelle. Das Ganze befinde sich in einem homogenen Magnetfeld, dessen Kraftlinien von vorn nach hinten gehen. Vorn ist also der Nordpol. Der Strom habe die Pfeilrichtung. Nach der Handregel sucht der durch a fließende

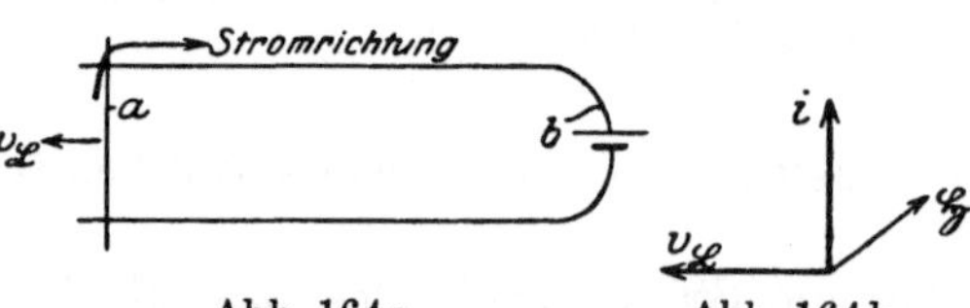

Abb. 164a. Abb. 164b.
Beweglicher Leiter im Magnetfeld.
(Magn. Kraftlinien von vorn nach hinten.)

Strom den Nordpol nach rechts zu verschieben; a selbst wird sich daher nach links bewegen. Das Koordinatensystem Abb. 164b legt die Richtungen von Strom (i), Magnetfeld ($\mathfrak{H}$) und Geschwindigkeit (v_L) des Leiters a fest. Die auf das Leiterstück ausgeübte Kraft K ist ebenso groß wie die, die das Leiterstück auf den das Feld erzeugenden Magnetpol ausübt. Sind m und r Polstärke und Entfernung dieses Pols, $\mathfrak{H}'$ die am Ort des Pols durch den Strom erzeugte Feldstärke, so ist

$$K = m\,\mathfrak{H}' = m \cdot \frac{1}{c}\frac{i\,l}{r^2} \qquad \text{oder} \qquad K = \frac{1}{c} \cdot \frac{m}{r^2}\,i\,l\,.$$

$\frac{m}{r^2} = \mathfrak{H}$ ist aber die Feldstärke, die der Magnetpol am Ort des Leiters erzeugt, daher

$$K = \frac{1}{c}\,\mathfrak{H}\,i\,l\,.$$

Setzt man wieder $i = v\,q\,n\,e$, so ist

$$K = \frac{1}{c}\,\mathfrak{H}\,v\,e\,q\,n\,l\,.$$

$q\,l\,n$ ist die Zahl der auf der Strecke l enthaltenen elektrischen Teilchen; die Kraft des Feldes auf das einzelne Teilchen beträgt daher

$$K_1 = \frac{1}{c}\,\mathfrak{H}\,v\,e\,.$$

(Vgl. z. B. Kathodenstrahlen S. 291).

Wird e in Coulomb gemessen, so ist $c = 10$.

Elektromagnetische Induktion.

Grundversuch. In eine Drahtschleife, die mit einem empfindlichen Stromanzeiger verbunden ist, wird ein kräftiger Stahlmagnet gestoßen. Der Strommesser zeigt einen Ausschlag. Ruht der Magnet, so ist der Draht wieder stromlos. Beim Herausziehen erfolgt wieder ein Ausschlag, aber nach der entgegengesetzten Seite. Der Ausschlag erfolgt nur, wenn der Magnet sich bewegt, er ist um so stärker, je rascher die Bewegung erfolgt. Man nennt die Erscheinung elektromagnetische Induktion, den erzeugten Strom einen Induktionsstrom.

Zweites Faraday-Maxwellsches Grundgesetz. Mit der Erzeugung von elektrischen Feldern durch magnetische, wie es der obige Versuch zeigte, beschäftigt sich das zweite Grundgesetz, das in gewisser Weise eine Umkehrung des ersten ist. Es besagt: „Stets und überall da, wo ein vorhandenes Magnetfeld einer zeitlichen Änderung unterworfen wird, entsteht ein elektrisches Feld; dieses besteht so lange, wie das Magnetfeld sich ändert; seine Stärke ist der Stärke der Änderung proportional.

Wo ein elektrisches Feld erzeugt wird, gibt es Punkte verschiedenen Potentials; werden solche durch einen Draht verbunden, so geraten die

Elektronen in Bewegung; es fließt ein Strom. So erklärt sich der oben beschriebene Grundversuch. Der dabei entstehende Strom wird stärker, wenn man statt der einfachen Schleife eine Spule aus isoliertem Draht benutzt.

Die Änderung des Magnetfeldes kann in mannigfacher Weise erfolgen:

1. Ein Stahlmagnet wird genähert oder entfernt.

2. In der Spule ruht ein Stahlmagnet. Sein Feld wird abgeändert durch Nähern oder Entfernen eines Stückes weichen Eisens (Abreißen des Ankers).

3. Ein vom Strom durchflossenes Solenoid wird genähert oder entfernt (Abb. 165).

4. Das Solenoid ruht; der Strom im Solenoid wird verstärkt oder geschwächt, ausgeschaltet oder eingeschaltet.

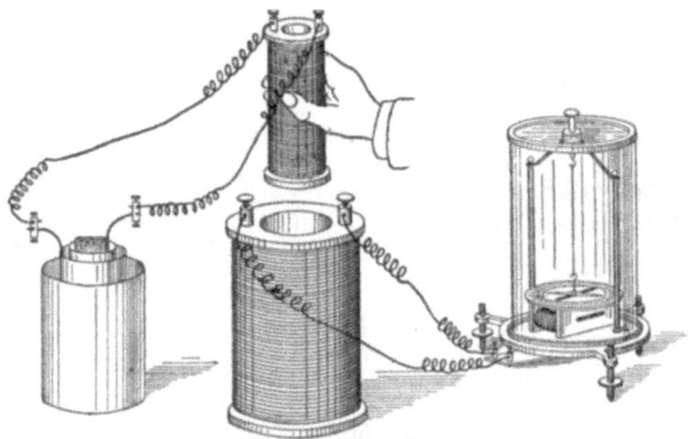

Abb. 165. Elektromagnetische Induktion.

In den beiden letzten Fällen bezeichnet man das Solenoid auch als „primäre Spule“, die mit dem Galvanometer verbundene Spule, in der der Induktionsstrom entsteht, als „sekundäre Spule“. Bei den Versuchen 1 und 3 kann der Stahlmagnet bzw. die Primärspule ruhen, während die sekundäre Spule sich bewegt. Die Induktionsströme, die beim Nähern und beim Entfernen des Magneten oder des Solenoids entstehen, sind einander entgegengesetzt; ebenso ist es beim Einschalten und beim Ausschalten des Primärstromes.

5. Enthält die Primärspule einen Eisenkern, so ist das veränderliche Magnetfeld und daher auch der Induktionsstrom stärker (proportional μ) als ohne Eisenkern.

Geschichtliches. Bereits 1822 beobachtete Ampère Induktionsströme in einem Kupferdraht; die richtige Deutung wurde jedoch von seinen Zeitgenossen abgelehnt und schließlich von ihm selbst aufgegeben. Der eigentliche Entdecker der Induktion ist Faraday. Er war von der Existenz der Induktionsströme überzeugt und suchte planmäßig nach ihnen. Die Entdeckung gelang ihm 1831. Er wickelte 2 isolierte Drähte nebeneinander auf eine Holzrolle und ließ durch den einen den Primärstrom fließen (das entspricht dem obigen Versuch 4). Er erwartete zuerst einen dauernden Induktionsstrom; schließlich fand er, daß ein solcher nur beim Schließen und Öffnen des Primärstroms entsteht. Die übrigen Entdeckungen gelangen Faraday dann schnell.

Weitere Analogien zwischen erstem und zweitem Grundgesetz.

Bewegter Leiter im Magnetfeld. Die Stärke und die Richtung des induzierten elektrischen Feldes werden in den einfachsten Fällen durch 2 Gesetze bestimmt, die dem Biot-Savartschen Gesetz und der Rechte-Hand-Regel durchaus entsprechen. Wir betrachten einen einfachen Fall. Ein homogenes Magnetfeld (Feldstärke $\mathfrak{H}$) bewege sich mit der Geschwindigkeit v_m. Die Richtungen von $\mathfrak{H}$ und v_m schließen den Winkel φ ein. Die hierbei erzeugte elektrische Feldstärke $\mathfrak{E}$ steht auf der durch $\mathfrak{H}$ und v_m bestimmten Ebene senkrecht; die Richtung wird durch Abb. 166 bestimmt; die Größe ist gegeben durch

$$\mathfrak{E} = \frac{1}{c} \cdot \mathfrak{H} \cdot v_m \cdot \sin\varphi .$$

Die Konstante c ist dieselbe wie im Gesetz von Biot und Savart (S. 195; vgl. dagegen Abb. 163 mit Abb. 166).

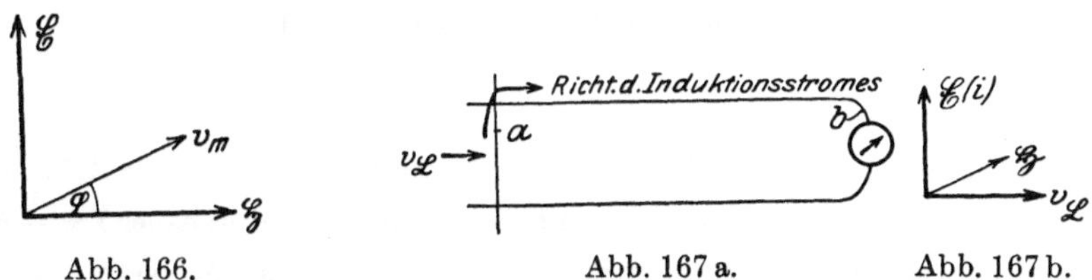

Abb. 166. Induziertes elektrisches Feld.

Abb. 167 a. Abb. 167 b. Bewegter Leiter im Magnetfeld. (Magn. Kraftlinien von vorn nach hinten.)

Wird in Richtung $\mathfrak{E}$ ein Leiter gehalten, so fließt in diesem ein Strom. Statt des Magnetfeldes kann sich auch der Leiter (entgegengesetzt) bewegen; es ist $v_L = -v_m$, die Richtungsbeziehung zeigt Abb. 167 b. Wir betrachten jetzt die Vorrichtung Abb. 167 a. Das Leiterstück a (Länge l) bewege sich mit der Geschwindigkeit v_L nach rechts auf dem Bügel b; die Kraftlinien des homogenen Magnetfeldes laufen von vorn nach hinten. Der Induktionsstrom hat die Richtung des Pfeils. Sieht man also in Richtung der Kraftlinien, so fließt der Induktionsstrom in positiver oder negativer Umlaufrichtung je nachdem, ob die Zahl der vom Leiter umrandeten Kraftlinien größer oder kleiner wird.

Lenzsches Gesetz. Ein Vergleich der Abb. 164a und 167a lehrt, daß der bei der Bewegung des Leiters a nach rechts entstehende Induktionsstrom den Draht nach links zu bewegen, ihn also aufzuhalten sucht. Das ist ein besonderer Fall des allgemeinen Lenzschen Gesetzes.

Ein Induktionsstrom ist stets so gerichtet, daß er die Bewegung, die ihn erzeugt, zu hemmen sucht.

Man vergleiche den Abschnitt über Foucaultsche Ströme, S. 211.

Das Lenzsche Gesetz ist aus energetischen Betrachtungen leicht verständlich. Würde nämlich Draht a in Abb. 167a, einmal angestoßen, immer weiter laufen, ohne durch den Induktionsstrom gebremst zu werden, so hätte man ein Perpetuum mobile, das dauernd Energie, nämlich Strom liefert. Ist i die Stärke des Induktionsstroms, so ist (S. 197) die Bremskraft $K = \frac{1}{c} \cdot \mathfrak{H}\, i\, l$; zu ihrer Überwindung ist pro Sekunde die Arbeit nötig

$$A = K \cdot v = \frac{1}{c}\, \mathfrak{H}\, v\, i\, l.$$

Andererseits ist die Potentialdifferenz an den Enden des Leiterstücks a $V = \mathfrak{E} \cdot l$, die in ihm vom Strom sekundlich geleistete Arbeit daher $A' = i\, V = \mathfrak{E}\, i\, l$. Setzt man nun voraus, daß die gesamte aufgewendete Arbeit in Stromenergie umgesetzt wird, so folgt

$$A' = A \qquad \text{oder} \qquad \mathfrak{E} = \frac{1}{c}\, \mathfrak{H}\, v\,.$$

Das ist eine theoretische Ableitung des oben gegebenen Gesetzes für den Fall $\varphi = 90^0$, insbesondere also eine Bestätigung dafür, daß c den früheren Wert hat. Allgemein kann man für die Vorrichtung Abb. 167a schreiben

$$V = \mathfrak{E} \cdot l = \frac{1}{c}\, \mathfrak{H}\, v\, l\,.$$

$v\, l = F$ ist die in der Sekunde vom Draht überstrichene Fläche

$$V = \frac{1}{c}\, \mathfrak{H}\, F.$$

Da jedes qcm von $\mathfrak{H}$ Kraftlinien durchsetzt wird, ist $\mathfrak{H}\, F = N$ die Zahl der in der Sekunde vom Leiter geschnittenen magnetischen Kraftlinien; daher $V = \frac{1}{c} N$.

Einheit des Potentials. Für das elektromagnetische Maßsystem ist $c = 1$ (S. 192). Daher gilt: Bewegt sich ein Leiter im Magnetfeld senkrecht zu den Kraftlinien, so entsteht an seinen Enden der Potentialunterschied 1 elektromagn. Potentialeinheit (1 magn. Pot.E.), wenn das Produkt $N = \mathfrak{H} \cdot F$ aus der Feldstärke und der pro Sekunde überstrichenen Fläche den Wert 1 hat, wenn er also pro Sekunde eine Kraftlinie schneidet.

Für das elektrostatische Maßsystem ist

$$c = 3 \cdot 10^{10}$$

(S. 192), daher

$$1 \text{ st. Pot.E.} = 3 \cdot 10^{10} \text{ magn. Pot.E.},$$

und da (S. 149)

$$300 \text{ Volt} = 1 \text{ stat. Pot.E.},$$

so folgt

$$1 \text{ Volt} = 10^8 \text{ mag. Pot. E.} \qquad \text{(Vgl. Anhang II.)}$$

Koeffizient der gegenseitigen Induktion. In den praktisch wichtigen Fällen wird das veränderliche Magnetfeld durch Ströme erzeugt. 2 Drahtkreise I und II mögen sich gegenüberstehen. In I fließe der Strom i; das erzeugte Magnetfeld und daher auch die Zahl N der von II umrandeten Kraftlinien ist der Stromstärke i proportional:

$$N = \mathfrak{L} \frac{1}{c} i ,$$

wobei c die bekannte Konstante ist.

Die Größe $\mathfrak{L}$ hängt dabei nur von der geometrischen Gestalt und und der gegenseitigen Lage der beiden Leiter (und von der Permeabilität des Mediums) ab. Das Magnetfeld und damit N und $\mathfrak{L}$ sind offenbar der Windungszahl von I proportional, aber auch der von II, da jede einzelne Windung die Kraftlinien umrandet. $\mathfrak{L}$ heißt „Koeffizient der gegenseitigen Induktion". Bezeichnet man die Änderung von i mit $\frac{\Delta i}{\Delta t}$, so wird in II die induzierte elektromotorische Kraft

$$V = \frac{1}{c^2} \mathfrak{L} \frac{\Delta i}{\Delta t} .$$

Selbstinduktion. Wir betrachten einen kreisförmigen, vom Strom durchflossenen Leiter (Abb. 168). Fließt der Strom in Uhrzeigerrichtung (negativer Richtung), so laufen gemäß der Rechte-Hand-Regel (S. 190) die magnetischen Kraftlinien von vorn nach hinten. Schwächt man den Strom, so verringert sich die Zahl der vom Leiter

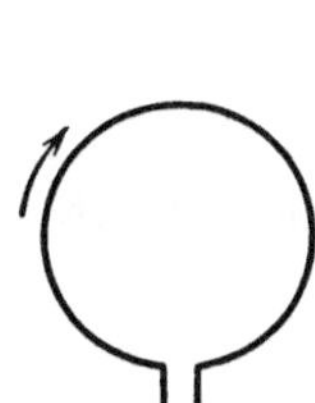

Abb. 168. Kreisleiter.

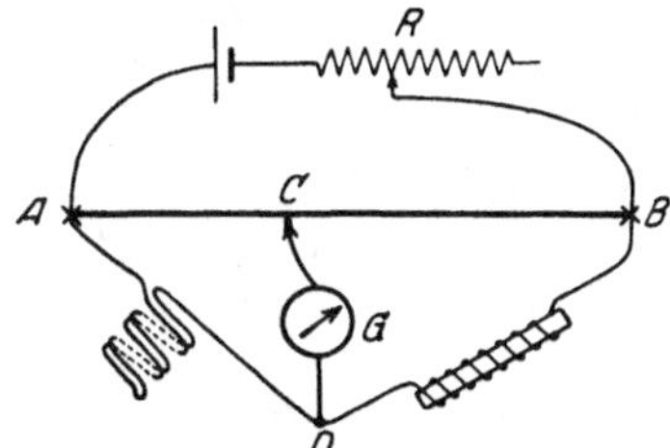

Abb. 169. Nachweis der Selbstinduktion.

umrandeten Kraftlinien, und es entsteht ein Induktionsstrom, der ebenfalls negative Umlaufsrichtung hat (S. 199), also den Hauptstrom verstärkt. Verstärkt man dagegen den ursprünglichen Strom, so vermehrt sich die Zahl der Kraftlinien, der Induktionsstrom ist dem Hauptstrom entgegengesetzt und verlangsamt sein Anwachsen. Man bezeichnet die Erscheinung als Selbstinduktion. Sie ist sehr stark bei windungsreichen Leitern. Unterbricht man den in einem Leiter fließenden Strom, so entsteht ein starker, gleich gerichteter Induktionsstrom, der sog. Öffnungsextrastrom. Er macht sich z. B. beim Ausschalten als „Öffnungsfunke" bemerkbar. Entsprechend wächst der Strom beim Schließen erst mehr oder weniger langsam auf seinen Höchstwert an. Die Vorrichtung Abb. 169 dient zum Nachweis der Selbstinduktion. Ein Element E liefert den Strom, der mit Hilfe des Regulierwiderstands R veränderlich ist. Der Zweig AD einer Wheatstomschen Brückenschaltung (vgl. S. 169) enthält einen möglichst selbstinduktionslosen Leiter[1]), DB einen mit hoher Selbstinduktion (Solenoid mit Eisenkern). Man stellt den Schiebekontakt C so ein, daß die Brücke mit dem Galvanometer G stromlos ist. Jedesmal, wenn man durch Verschieben der Kurbel R den Strom stärkt oder schwächt, verursacht der im Zweig DB entstehende Selbstinduktionsstrom einen Ausschlag im Galvanometer, das dann alsbald wieder in die Nullage zurückkehrt.

Maß der Selbstinduktion. Entsprechend den oben abgeleiteten Formeln gilt für die Größe der im Leiter induzierten elektromot. Kraft der Selbstinduktion

$$V = -\frac{1}{c^2}\mathfrak{L}\frac{\Delta i}{\Delta t}.$$

Das Minuszeichen bedeutet, daß bei Stromzunahme der Induktionsstrom entgegengesetzt gerichtet ist. $\mathfrak{L}$ heißt der Selbstinduktionskoeffizient; er hängt von der Gestalt des Leiters ab. Im elektromagnetischen Maßsystem ist $c = 1$; man definiert daher: die Selbstinduktion „1 elektromagn. Einheit" besitzt der Leiter, in dem die elektromotorische Kraft 1 magn. Pot. E. induziert wird, wenn sich die Stromstärke in der Sekunde um 1 magn. Str. E. ändert.

Die praktische Einheit ist ein Henry. Die Selbstinduktion 1 Henry hat diejenige Leiter, in dem die elektromotorische Kraft 1 Volt induziert wird, wenn sich die Stromstärke in der Sekunde um 1 A ändert.

Da 1 Volt $= 10^8$ magn. Pot.E., 1 A $= 10^{-1}$ magn. Str.E., so folgt

$$1 \text{ Henry} = 10^9 \text{ magn. Einh.}$$

Die Selbstinduktion eines Solenoids von der (relativ großen) Länge l, dem Querschnitt q und der Windungszahl n beträgt, wenn die Permeabilität des Kerns μ ist:

$$\mathfrak{L} = \frac{4\pi n^2}{10^9}\cdot\frac{q}{l}\cdot\mu \text{ Henry}.$$

Energieverhältnisse. Daß der Strom beim Einschalten durch den Selbstinduktionsstrom geschwächt wird, ist verständlich. Zur Herstellung des Magnetfeldes wird eine gewisse Menge Energie verbraucht, und diese Energiemenge ist es, die zunächst dem Strom entzogen wird. Beim Öffnen des Stromes ist es umgekehrt: die Energie des Magnetfeldes verwandelt sich in Stromenergie.

Elektromagnetische Felder. Maxwellsche Gleichungen. Die beiden Faraday-Maxwellschen Grundgesetze entsprechen einander. Aus ihnen ergibt sich, daß außer in statischen Feldern elektrische und magnetische Feldstärken immer gemeinsam auftreten. Man spricht daher von elektromagnetischen Feldern. Die beiden Grundgesetze, die von Maxwell und von H. Hertz in mathematische Form gebracht worden sind (Maxwellsche Gleichungen), gestatten die vollständige mathematische Herleitung aller Gesetze des Elektromagnetismus (außer den Erscheinungen des permanenten Magnetismus und der Hysterese).

[1]) Z. B. eine bifilar gewickelte Spule, wie man sie in Widerstandskästen verwendet. Hierbei liegen Hin- und Rückleitung des Stromes unmittelbar nebeneinander, so daß das entstehende Magnetfeld äußerst schwach ist.

Die technischen Anwendungen der elektromagnetischen Kraftwirkungen.

Meßinstrumente. Zur praktischen Messung von Stromstärken benutzt man entweder die Wärmewirkung oder die magnetische Wirkung des Stromes. Man nennt solche Instrumente Galvanometer oder, wenn sie (z. B. durch Vergleich mit einem Voltameter) geeicht sind, Ampèremeter.

1. **Hitzdraht-Instrumente.** Sie sind bereits früher besprochen worden. (S. 171, Abb. 147.)

2. **Instrumente mit beweglichem Magneten.** Ein solches Instrument enthält eine feste Spule, die von dem zu messenden Strom durchflossen wird, und einen beweglichen Magneten, der einerseits durch das Magnetfeld des Stromes bewegt wird, und den andererseits eine Richtkraft in die Gleichgewichtslage zurückzudrehen sucht. Als Richtkraft kann im einfachsten Fall das Magnetfeld der Erde dienen, wie bei der Tangentenbussole (S. 191, Abb. 160). Da jedoch das Erdfeld durch bewegte eiserne Maschinenteile, die in der Nähe sind, durch starke Ströme u. dgl. beeinflußt wird, sind solche Instrumente praktisch nicht mehr im Gebrauch.

Um vom Erdfeld frei zu werden, setzt man das Instrument in eine Eisenkugel und schirmt dadurch (S. 189) das Erdfeld ab (Kugelpanzer-Galvanometer). Die Richtkraft wird durch einen Stahlmagneten erzeugt. Als beweglichen Magneten nimmt man einen möglichst kleinen, aber doch starken Testkörper, etwa eine magnetische Scheibe, einen Ringmagneten oder dgl.

Eine andere Art, das Erdfeld auszuschalten, besteht in der Benutzung eines astatischen Nadelpaares. Zwei möglichst gleiche Magnetnadeln werden so zusammengelötet, daß der Nordpol der einen über dem Südpol der anderen liegt. Das Erdfeld übt dann keine Richtkraft mehr aus. Man muß dafür sorgen, daß der Strom beide Nadeln nach derselben Seite ablenkt. In Abb. 165 ist auf der rechten Seite ein Instrument zu sehen, bei dem die eine Nadel in der Spule, die andre darüber liegt; die Richtkraft wird hier durch die Torsion des Fadens, bei besseren Instrumenten durch einen besonderen Magneten geliefert. Bei allen hoch empfindlichen Instrumenten wird der bewegliche Magnet an einem Quarzfaden aufgehängt, dessen Torsionskraft fast null ist.

3. **Weicheisen-Instrumente.** Ein Stück weichen Eisens, das am unteren Ende einer dünnen Spiralfeder befestigt ist, hängt in eine vertikal stehende, zylindrische Spule hinein. Sobald Strom fließt, wird das Eisen in die Spule hineingezogen; die Spiralfeder liefert die Gegenkraft. Durch ein kleines Hebelwerk wird die Bewegung auf einen Zeiger übertragen. Die meisten technischen Instrumente sind Weicheiseninstrumente. Sie haben zwei besondere Eigenschaften: sie sind für stärkere Ströme empfindlicher als für schwache, daher für Starkstrom sehr geeignet; sie schlagen stets nach derselben Seite aus, unabhängig von der Richtung des Stromes und sind daher auch für Wechselströme verwendbar.

4. **Instrumente mit beweglichem Stromleiter.** a) Saitengalvanometer (Einthoven). Zwischen den Polen eines starken Hufeisenmagneten ist ein äußerst feiner Platindraht (Wollastone-Draht) ausgespannt. Geht Strom durch den Faden, so wird er seitlich abgelenkt. Die Ablenkung wird durch ein Mikroskop beobachtet.

a) Längsschnitt. b) Querschnitt.
Abb. 170. Schema des Drehspulgalvanometers.

b) Braunsche Röhre. Ein Elektronenstrom wird abgelenkt (vgl. S. 186).

c) Drehspul-Galvanometer (Desprez-Darsonval). Diese enthalten einen festen Hufeisenmagneten und einen beweglichen Stromleiter, einen feinen Draht, der auf einem sehr leichten, rechteckigen Rahmen aufgewickelt ist. Das Prinzip geht aus Abb. 170 hervor. Um das Magnetfeld möglichst homogen zu machen, gestaltet man den Raum zwischen den Polen zylindrisch und setzt einen zylindrischen Eisenkern *E* hinein (Abb. 171 b). Die Richtkraft für die Spule wird bei Aufhängung durch die Torsion eines Fadens, bei Achsenscherung durch eine Feder erzeugt. Im homogenen Feld ist die Drehkraft und daher auch der Ausschlag der Stromstärke proportional; die Skalenabstände sind völlig gleichmäßig. Man baut Zeigerinstrumente und solche mit Spiegelablesung (Abb. 172). Es gibt für jedes Instrument einen günstigsten inneren Widerstand, bei dem sich der Zeiger schnell und ohne Hin- und Herschwingen (aperiodisch) einstellt.

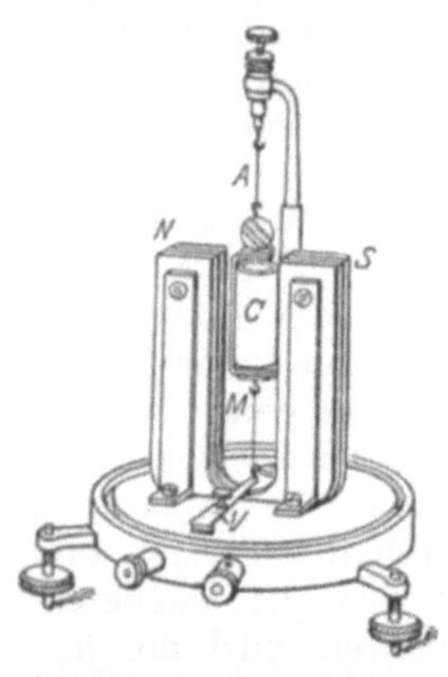

Abb. 171. Drehspulgalvanometer mit Spiegelablesung.

Man kann die Instrumente nur für schwache Ströme bauen (Milli-Ampèremeter), aber durch geeignete Nebenschlüsse den Meßbereich beliebig erweitern (S. 168, Abb. 144). Häufig kann man auch durch einfache Stöpselung einen Vorschaltwiderstand einschalten und den Apparat als Voltmeter benutzen (S. 169). Die Drehspulinstrumente sind in ihren Angaben unabhängig von äußeren Magnetfeldern; sie übertreffen hierin auch die Panzergalvanometer. Wo man mit starken magnetischen Störungen zu rechnen hat (z. B. durch elektrische Bahnen u. dgl.), kann man daher fast nur mit Drehspulinstrumenten arbeiten.

d) Elektrodynamometer. Sie sind gänzlich eisenfrei und enthalten eine feste und eine bewegliche Spule. Beide Spulen werden von demselben Strom durchflossen; die Folge davon ist, daß die relative Richtung der Ströme stets gleich, die Kraftwirkung der Spulen aufeinander unabhängig von der Stromrichtung ist. Ebenso wie die Hitzdraht- und die Weicheiseninstrumente schlagen die Elektrodynamometer stets nach derselben Seite aus und sind wie diese auch für Wechselströme brauchbar.

5. **Wattmeter.** Häufig benutzt man die Elektrodynamometer als Effektmesser. Man schaltet die feste Spule wie die Spule eines Ampèremeters in den Stromkreis ein und verbindet die Enden der beweglichen Spulen durch einen genügend hohen Vorschaltwiderstand hindurch wie eine Voltmeterspule (Abb. 146 auf S. 169) mit den Stellen, zwischen denen der Stromeffekt zu messen ist. Der Ausschlag gibt dann das Produkt aus Stromstärke und Potentialunterschied, also die Stromleistung oder den Effekt an (S. 171).

Der magnetische Telegraph. Bei dem einfachen Morseschen Schreibtelegraphen (Abb. 172) befindet sich auf der Aufgabestation eine Stromquelle B und ein Schalter (Taster oder Schlüssel), der beim Herunterdrücken der Hebelseite K auf M den Strom schließt; auf der

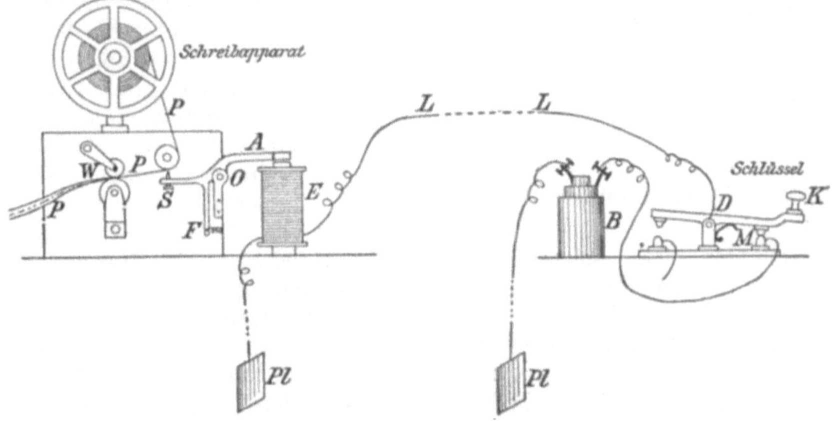

Abb. 172. Morse-Telegraph.

Empfangstation, die mit der Aufgabestation durch die Leitung L verbunden ist, befindet sich der Empfänger. Dieser besteht aus einem Elektromagneten E mit vorgelegtem Anker A. Der Anker ist an dem einen Arm des Hebels AS befestigt; wird er (bei Stromschluß) angezogen, so drückt der am andern Hebelarm sitzende Schreibstift S gegen den durch die Walzen W vorbeigezogenen Papierstreifen P und hinterläßt dort Schreibeindrücke, die je nach der Dauer des Stromschlusses Striche oder Punkte sind. Aus Strichen und Punkten sind die Zeichen für alle Buchstaben zusammengesetzt (Morse-Alphabet). Zur Rückleitung des Stroms benutzt man das feuchte Erdreich (S. 167).

Eine der ältesten Formen des Telegraphen ist der Nadeltelegraph, bei dem der Stromschluß den Ausschlag einer Galvanometernadel bewirkt. Er wird bei transatlantischen Linien benutzt.

Der Typendrucktelegraph von Hughes druckt die Telegramme selbsttätig in Schreibmaschinenschrift.

Die Bemühungen der Post, die Telegraphenleitungen möglichst gut auszunutzen, laufen in doppelter Richtung. Einmal ist es gelungen, auf demselben Draht zu gleicher Zeit mehrere Telegramme zu befördern (Mehrfach-Telegraphie); zweitens sind sog. Schnelltelegraphen konstruiert, mit deren Hilfe 20000 bis 50000 Worte in der Stunde telegraphiert werden können.

Telegraph nach Johnsen-Rahbek. Ein gut abgeschliffener Halbleiter (Schiefer, Achat) ist auf der Unterseite mit Stanniol belegt; auf die Oberseite wird eine gleichfalls gut abgeschliffene Metallplatte gestellt. Bringt man das Stanniol auf 0 Volt, die Metallplatte auf etwa 100 oder 200 Volt und hebt die Platte an, so wird der Halbleiter mit hochgenommen; er wird angezogen. Dabei fließt durch den Apparat ein sehr schwacher Strom (bei Schiefer mit 20 qcm Oberfläche z. B. 10^{-6} Amp.). Beim Ausschalten des Stroms fliegt der Halbleiter ab. (Johnsen und Rahbek 1917). Es handelt sich um eine elektrostatische Anziehung zwischen Halbleiter und Metall.

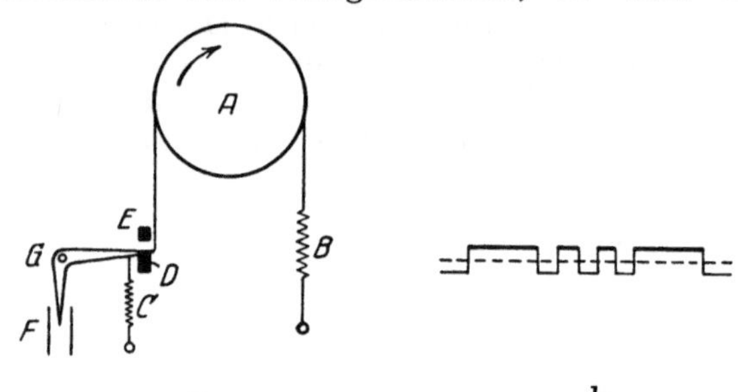

Abb. 173. Telegraph nach Johnsen-Rahbek.

Die Erscheinung läßt sich für einen schnell schreibenden Telegraphen dadurch verwenden, daß man (Abb. 173a) über eine rotierende Achatwalze A einen Metallstreifen legt, der beim Anlegen einer Potentialdifferenz zwischen ihm und der Walze mit hochgerissen, beim Ausschalten durch die Feder C zurückgezogen wird. Der Schreibstift F gleitet auf dem Papier nach rechts bzw. nach links. Auf dem Papier entstehen Zeichen der in Abb. 173b angegebenen Form.

Elektrische Klingel. Sie beruht darauf, daß der Strom sich selbsttätig unterbricht und wieder schließt. Der Strom tritt (Abb. 174) durch die Klemme K in den Elektromagneten, dessen Anker an einem federnden Hebel sitzt. Der Strom tritt in den Hebel und fließt durch die Kontaktschraube D und die Klemme L zum Element zurück. Am unteren Ende des beweglichen Hebels sitzt der Klöppel, der gegen die Glocke G schlagen kann.

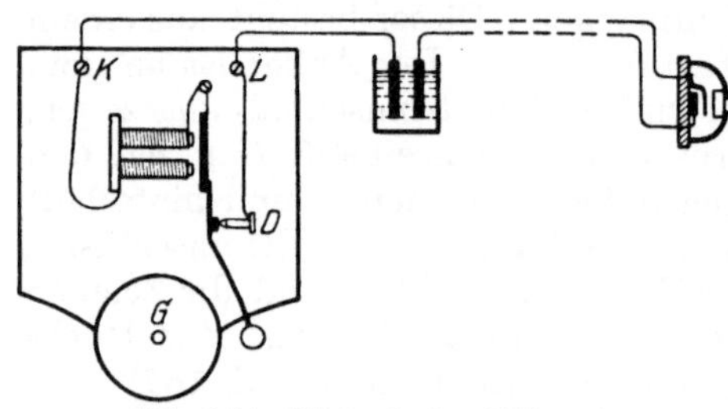

Abb. 174. Elektrische Klingel.

Wird der Strom geschlossen, so wird der Anker angezogen; der Klöppel schlägt gegen die Glocke. Zugleich aber ist die Strombahn bei der Kontaktschraube D unterbrochen, der Strom ist ausgeschaltet, der Klöppel federt zurück. Dadurch wird die Strombahn wiederhergestellt, und das Spiel beginnt von neuem.

Der Stromschlüssel hat gewöhnlich die Form des bekannten Knopfes, in dem 2 Metallfedern erst dann zur Berührung kommen, wenn man auf den Knopf drückt.

Wagnerscher Hammer. Dieselbe Konstruktion wie die Klingel, aber ohne Glocke und Klöppel, findet Anwendung zum dauernden selbsttätigen Unterbrechen und Schließen eines Stromes. Man nennt den Apparat in dieser Form Wagnerschen oder Neefschen Hammer.

Induktionsapparat. Ist der Koeffizient der gegenseitigen Induktion zwischen 2 Spulen (S. 200) groß genug, so kann man in der Sekundärspule sehr hohe Spannungen induzieren. Davon macht man in den Umformern oder Transformatoren Gebrauch. Ein besonderer Transformator ist der Induktionsapparat oder das Induktorium. Drei Hauptteile sind an ihm zu unterscheiden (Abb. 175):

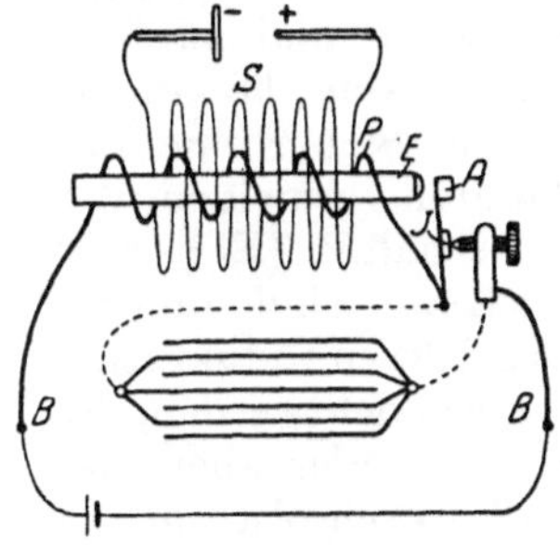

Abb. 175. Induktionsapparat.

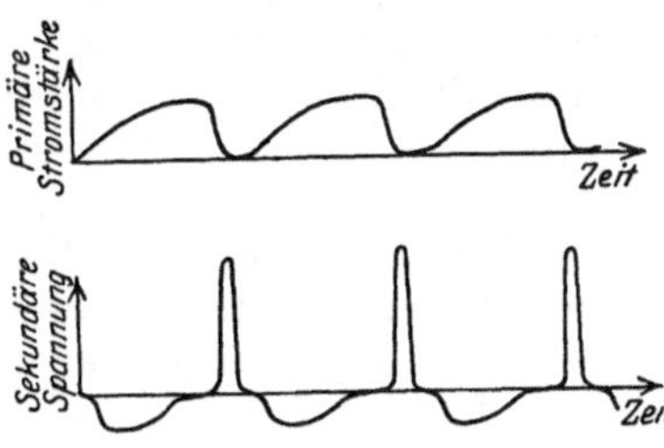

Abb. 176. Zeitlicher Verlauf des Primär- und des Sekundärstroms im Induktionsapparat.

1. Die Primärspule. Sie ist aus dickem Draht P gewickelt, damit der Primärstrom möglichst stark, das Magnetfeld möglichst kräftig wird. Zur Verstärkung des Feldes wird ein Eisenkern E eingeführt; dieser besteht meist, zur Vermeidung von Wirbelströmen (S. 211), aus einzelnen isolierten Eisendrähten. Die Wirbelströme würden erstens unnötig Wärme erzeugen, also Energie vergeuden; zweitens würden sie das Verschwinden des Magnetfeldes bei Unterbrechung des Primärstroms verlangsamen, also die Wirkung des Induktoriums verschlechtern.

2. Die Sekundärspule. Sie ist so über die Primärspule gewickelt (S), daß möglichst alle Kraftlinien sie schneiden. Um einen hohen Induktionskoeffizienten zu erzielen, nimmt man möglichst viele Windungen und benutzt daher dünnen Draht.

3. Der Stromunterbrecher. Er schließt und öffnet selbsttätig den Primärstrom. Über seine Erfordernisse s. u. Im einfachsten Fall besteht er aus einem Wagnerschen Hammer. Wird der Primärstrom geschlossen, so wird das Magnetfeld erzeugt; in der Sekundärspule entsteht ein kurzer Induktionsstrom. Beim Öffnen des Primärstroms verschwindet das Feld, der Induktionsstrom ist entgegengesetzt gerichtet. Infolge der Selbstinduktion (S. 201) entsteht beim Schließen der Strom in der Primärspule nicht gleich in voller Stärke, entsprechend wächst auch das Magnetfeld erst relativ langsam an, während es beim Öffnen sofort erlischt. Daher ist auch der Induktionsstoß in der

Sekundärspule beim Schließen sehr viel schwächer als beim Öffnen. Der zeitliche Verlauf des in der geschlossenen Sekundärspule fließenden Stroms ist in Abb. 176 angedeutet; er kann im wesentlichen als „abgehackter Gleichstrom" angesehen werden.

Der Induktionsapparat dient zum Elektrisieren in der Heilkunde, ferner zum Betrieb von Geißler-, Kathoden- und vor allem Röntgenstrahlröhren.

Die Spannung an den Enden der Sekundärspule ist proportional der Zahl der in der Sekunde geschnittenen Kraftlinien; sie wächst mit der Stärke des Magnetfeldes, also des Primärstromes, und mit der Schnelligkeit des Unterbrechens.

Die in der geschlossenen Sekundärspule pro Sekunde fließende Strommenge, d. i. die Stromstärke, ist ferner proportional der Zahl der Stromstöße, also der Zahl der Unterbrechungen in der Sekunde. Ein guter Unterbrecher muß daher erstens ruckweise und zweitens möglichst oft den Strom unterbrechen. Störend wirken die an der Unterbrechungsstelle auftretenden Funken, die dem Strom eine Leitungsbahn bieten. Man kann sie einigermaßen dadurch vermeiden, daß man der Funkenstrecke einen Kondensator parallel schaltet. (Er besteht meist aus Stanniolblättern, die durch Ölpapier getrennt sind, und befindet sich unterhalb des Induktors, Abb. 175.) Bei größeren Induktorien, wie sie z. B. zum Betrieb von Röntgenröhren verwendet werden, benutzt man meist entweder einen Motorunterbrecher, oder aber man nimmt (für noch größere elektrische Energien) Wechselstrom als Primärstrom, wobei dann jeder Unterbrecher überflüssig ist.

Motor-Unterbrecher. Von den verschiedenen Motorunterbrechern werde eine Konstruktion beschrieben. Ein eisernes, oben geschlossenes Rohr (*A* in Abb. 177) taucht mit der unteren Öffnung in Quecksilber, das sich in dem eisernen Zylinder *B* befindet. Das Rohr *A* trägt eine hohle Scheibe mit der seitlichen Ausflußöffnung *e*. Das Rohr wird durch einen Motor in sehr schnelle Umdrehung versetzt; das Quecksilber wird infolge der Zentrifugalkraft aus *e* ausgespritzt und von unten nachgesogen. Der rotierende Strahl trifft auf einen Metallring *D*, der mit Aussparungen versehen ist (Abb. 177 unten). Die Stromquelle steht mit *A*, die Primärspule des Induktoriums mit *D* in Verbindung; der Strom ist geschlossen, wenn der rotierende Quecksilberstrahl auf den Ring *D* trifft, er ist unterbrochen, wenn er durch eine Aussparung hindurchgeht. Je nach der Geschwindigkeit der Drehung und der Zahl der Aussparungen im Ring *D* kann man die Zahl der Unterbrechungen regeln.

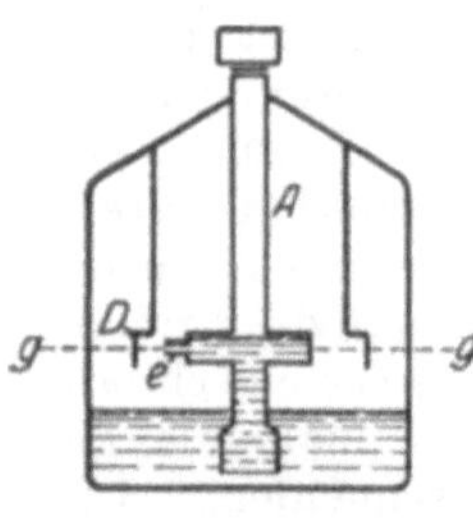

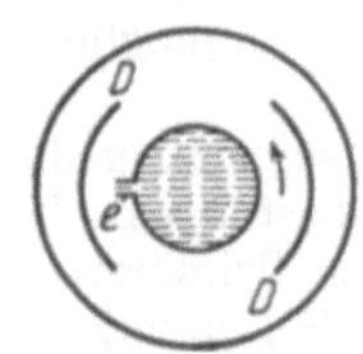

Abb. 177. Motor-Unterbrecher. Längs- und Querschnitt.

Der **elektrolytische Unterbrecher,** auch Wehnelt-Unterbrecher genannt (Wehnelt 1899), ist eine Zelle mit $30\,^0/_0$iger Schwefelsäure, die in den Primärkreis geschaltet wird. Kathode ist eine Bleiplatte, Anode ein kurzer Platinstift. Der Strom findet beim Übergang von der Platinspitze zur Schwefelsäure einen relativ sehr hohen Widerstand; durch die entstehende Wärme wird die Schwefelsäure an der Spitze bis zur Verdampfung erhitzt. Der Dampf unterbricht den Strom momentan. Nach der Unterbrechung wird die Dampfhülle rasch kondensiert, der Strom wird wieder geschlossen, und das Spiel wiederholt sich. Die Unterbrechungszahl ist beim Wehnelt-Unterbrecher sehr hoch, ein Kondensator ist überflüssig.

Der Fernsprecher. Eine Fernsprechanlage besteht aus dem Hörer (Telephon), dem Sprechapparat (Mikrophon), der Stromquelle, den Leitungen (Vermittlungsamt) und gegebenenfalls den Verstärkerapparaten.

Das Mikrophon. Legt man 2 Kohlestäbchen aufeinander, so ist der Widerstand, den ein hindurchgeleiteter Strom findet, abhängig von dem Druck, mit dem beide Stäbe zusammengepreßt werden. Darauf beruht die Konstruktion des Mikrophons (Hughes 1878). Eine auch jetzt noch gebräuchliche Bauart ist folgende: Auf einer dünnen Holzmembran sitzen 2 prismatische Kohlestäbchen (Abb. 179 links unten). Sie werden durch kleine Kohlenwalzen leitend verbunden, die in Bohrungen stecken und mit den Stäbchen lose Kontakte geben. Wird das Mikrophon in einen Stromkreis geschaltet und spricht man gegen die Holzmembran, so ändern die losen Kontakte infolge der Erschütterungen durch die Schallwellen ihren Widerstand, der Strom wird im Rhythmus der Sprache gestärkt und geschwächt.

In neuerer Zeit verwendet man vielfach Körnermikrophone. Der Zwischenraum zwischen 2 Kohleplatten ist mit groben Kohlekörnern oder kleinen Kohlekugeln angefüllt, die beim Sprechen mehr oder weniger gepreßt werden. Es sind hier gewissermaßen viele Mikrophone parallel geschaltet; dadurch wird größere Gleichmäßigkeit erzielt und die Verwendung höherer Stromstärken möglich gemacht.

Das Telephon. Das Telephon (Philipp Reis 1860, Graham Bell 1875) besteht aus einem Stahlmagneten S (Abb. 178) und einer in geringem Abstand vom einen Pol befindlichen dünnen Eisenmembran M. Dieser Platte gegenüber liegt um den Pol des Magneten eine Spule C aus dünnem Kupferdraht, von deren Enden die Leitungen E zu den Klemmen K führen. Das Ganze ist von einem Holzgehäuse G umschlossen. Vor der Membran befindet sich die Schallöffnung D.

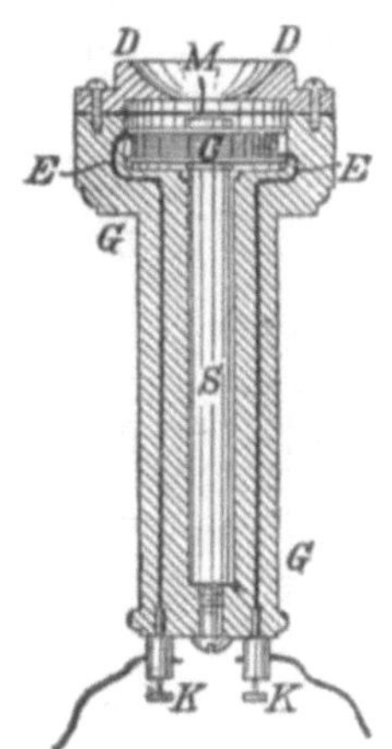

Abb. 178. Telephon.

Wird ein Strom, der durch ein Mikrophon gegangen und daher im Rhythmus der gesprochenen Worte veränderlich ist, durch die Spule eines Telephons geleitet, so verstärkt oder schwächt er dort das magnetische Feld des Stabmagneten S; die vorgelagerte Membran schwingt im Rhythmus der gesprochenen Worte, sie versetzt die Luft in Schwingungen, die ins Ohr gelangen und so die Worte reproduzieren.

Die Leitungen. Anders als beim Telegraphen benutzt man beim Fernsprecher zur Rückleitung nicht die Erde, sondern einen zweiten Draht, um Störungen zu vermeiden. Bei modernen Anlagen befinden sich auf den Vermittlungsämtern, die die einzelnen Teilnehmer miteinander verbinden, auch zugleich die Stromquellen für sämtliche Teilnehmer (große Akkumulatorenbatterien).

Verstärkung durch Induktionsspulen. Bei langen Leitungen schickt man den Strom, der das Mikrophon durchsetzt hat, in die Primärspule eines Induktors (Abb. 179). Der Sekundärstrom

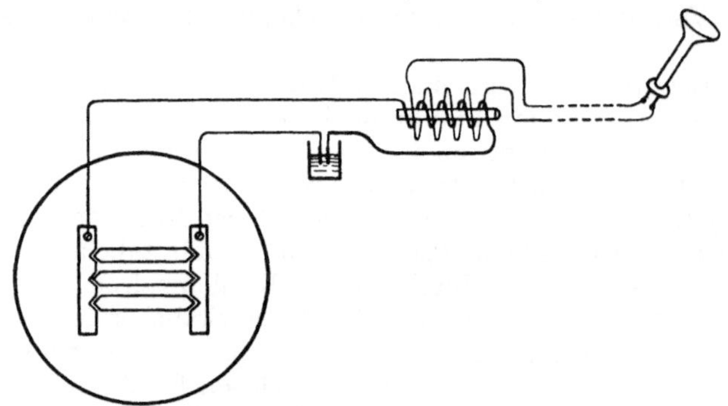

Abb. 179. Schema einer Fernsprechanlage.

erst wird in die Ferne geleitet. Da er höhere Spannung hat, ist der Energieverlust durch Wärmeerzeugung im Leitungsdraht geringer (s. u. S. 217).

Verstärkung durch Elektronenröhren (Glühkathodenröhren). Zur Verstärkung sehr schwacher Telephonströme verwendet man eine Vorrichtung, die auch in der drahtlosen Telegraphie die größte Rolle spielt. Man benutzt die Tatsache, daß man in einer hoch evakuierten Röhre mit Hilfe einer Glühkathode einen Elektronenstrom erzeugen kann (S. 181). Abb. 180 stellt eine hochevakuierte Elektronenröhre schematisch dar. K ist die Kathode (Platin- oder Wolframdraht), die durch die Heizbatterie HB zum Glühen gebracht wird. Die Anodenbatterie AB erzeugt den Potentialunterschied zwischen K und Anode A. Es fließt ein Elektronenstrom von der Glühkathode K zur Anode, dessen Stärke durch das Meßinstrument M_1 angezeigt wird. Er heißt Anodenstrom. Zwischen A und K befindet sich ein Drahtgitter G. Bringt man G durch die Gitterbatterie GB auf ein höheres Potential als K, so werden die Elektronen beschleunigt, der Anodenstrom wird stärker; ein kleiner Teil der Elektronen wird vom Gitter abge-

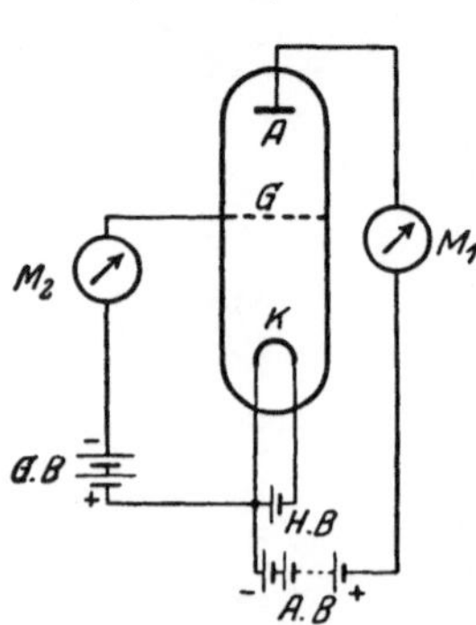

Abb. 180. Elektronenröhre. (Glühkathodenröhre.)

fangen, das Instrument M_2 mißt diesen „Gitterstrom". Hat G geringeres Potential als K, so werden die Elektronen aufgehalten, der Anodenstrom wird geschwächt. Das Diagramm Abb. 181 zeigt die Charakteristik einer Elektronenröhre. Solange der Potentialunterschied zwischen Gitter und Kathode, das sog. Gitterpotential konstant ist, ist der Anodenstrom ein Gleichstrom. Legt man an das Gitter eine Wechselspannung, so überlagert sich dem Gleichstrom ein Wechselstrom, der den Schwankungen der Gitterspannung mit gleicher Frequenz und Phase, aber verstärktem Energieinhalt folgt. Die dem Gitterkreis zugeführte minimale Wechselstromenergie wirkt als Steuerung für die viel größere Energie des Anodenkreises.

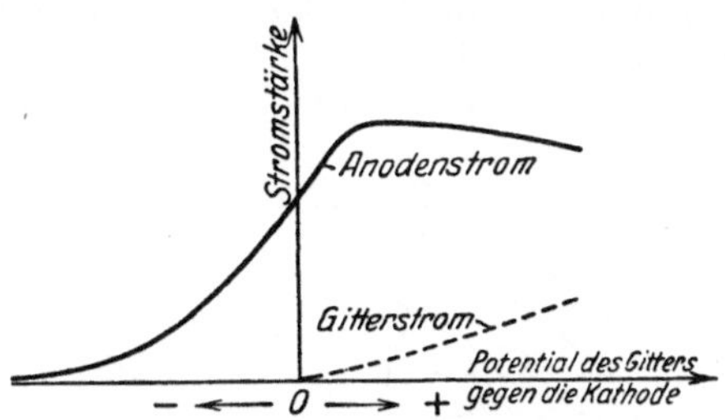

Abb. 181. Charakteristik einer Elektronenröhre.

Bei Verwendung der Elektronenröhre als Lautverstärker läßt man die ankommenden Mikrophonströme auf das Gitter wirken und dort Spannungsschwankungen erregen. An Stelle von M_1 wird das Telephon eingeschaltet, dessen Membran dann durch den Anodenstrom bewegt wird. Unter Umständen schaltet man mehrere Verstärkerröhren hintereinander. Mit geeignet gebauten Telephonen kann man es dann erreichen, daß man die Sprache in einem ganzen Zimmer oder Saal vernehmen kann (Lautsprecher).

Foucaultsche Ströme. Induktionsströme entstehen in Leitern jeglicher Form. Sie hemmen die Bewegung des Leiters, die sie erzeugt. (Vgl. S. 199, Lenzsches Gesetz). Die Schwingungen einer Magnetnadel z. B. werden durch eine kupferne Hülle stark gebremst (Dämpfung eines Galvanometers). Eine Kupferscheibe, die zwischen den Polen eines starken Magneten rotiert, wird durch die induzierten Ströme (Wirbelströme oder Foucaultsche Ströme) sehr schnell zum Stillstand gebracht. Foucaultsche Ströme erzeugen Wärme; ihr Auftreten bedeutet also Energieverlust. In allen Apparaten, in denen Induktionswirkungen auftreten können, wendet man daher statt massiver Metallteile einzelne isolierte Bleche oder Drähte an, um die Ausbildung von Foucaultströmen und den damit verbundenen Energieverlust zu vermindern (Eisenkern in Induktionsapparaten, S. 207).

Elektromotoren. Elektromotoren sind Apparate, die elektrische Energie in rotierende Bewegung umsetzen. Die Hauptbestandteile eines Motors sind:

1. Der Elektromagnet, der ein starkes Feld erzeugt (Feldmagnet).
2. Der bewegliche Stromleiter, der sog. Anker.
3. Der Stromwender oder Kommutator mit den Schleifbürsten.

Abb. 182 zeigt schematisch eine Anordnung einfachster Art, die große Ähnlichkeit mit einem Drehspuleninstrument (vgl. Abb. 170) hat. Zwischen den ausgehöhlten Polschuhen N und S eines starken Elektromagneten ist ein rechteckiger Stromleiter um eine Achse drehbar angebracht. Der Strom wird durch 2 metallische Federn (sog. Bürsten) dadurch zugeleitet, daß diese Bürsten gegen 2 mit den Leiterenden verbundene, voneinander isolierte metallische Halbringe, den sog. Kommutator, drücken.

Tritt in Abb. 182 der Strom durch die linke Bürste ein, durch die rechte aus, so erfaßt das linke Leiterstück (Strom von vorn nach hinten) eine Kraft nach unten, das rechte eine Kraft nach oben. Im ganzen wirkt also auf den Leiter ein Kräftepaar, das ihn, von vorn gesehen, in positivem Sinne dreht. Steht die Ebene des Leiters vertikal, so wäre eine stabile Gleichgewichtslage erreicht, wenn nicht in diesem Augenblick die Bürsten ihren Kontakt mit den Halbringen vertauschten. Dadurch entsteht von neuem ein positiv drehendes Kräftepaar, sobald der tote Punkt durch die Trägheit des rotierenden Leiters überwunden ist.

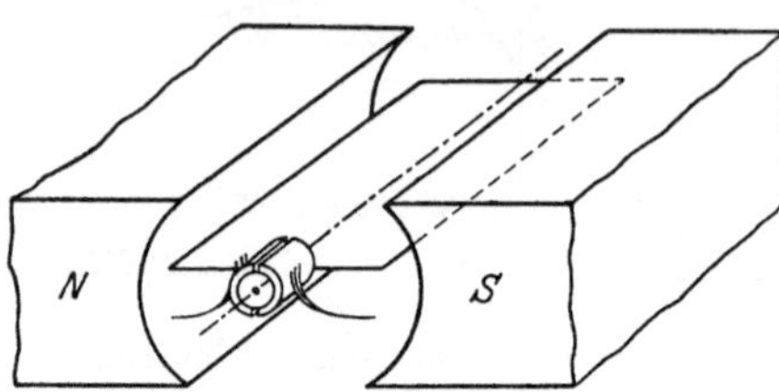

Abb. 182. Prinzip des Elektromotors.

Anker mit Eisenkern. Um das Magnetfeld möglichst zu konzentrieren und homogen zu machen (vgl. Drehspuleninstrument, Abb. 170), füllt man den Raum zwischen den Polen nach Möglichkeit mit Eisen aus. Aus technischen Gründen muß man den Leiter auf den Eisenkern aufwickeln und diesen sich mitdrehen lassen. Bei der Drehung wird das Eisen dauernd ummagnetisiert; das bedingt infolge der Hysterese des Eisens (S. 194) Wärmeentwicklung, die an sich schädlich ist und zudem Energieverlust bedeutet. Daher ist es von größter Wichtigkeit, für den Ankerkern Eisensorten mit geringer Hysterese herzustellen (Elektrolyteisen, Dynamostahl).

Bei der Vorrichtung (Abb. 182) wechselt die Stärke der Drehkraft; sie ist am größten in der gezeichneten Stellung, sie ist null nach einer Drehung von 90°. Die praktisch brauchbaren Anker müssen in allen Lagen gleiche Drehkraft erfahren. Es gibt wesentlich 2 Ankertypen.

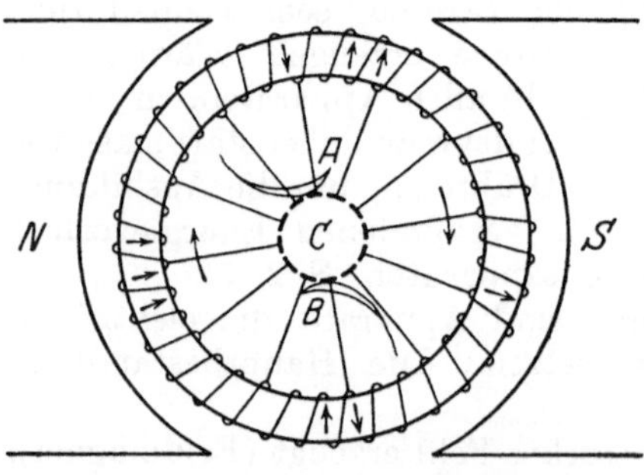

Abb. 183. Grammescher Ringanker.

Der Ringanker. Der Ringanker oder der Grammesche Ring (Gramme 1869) besteht aus einem Eisenring mit in sich geschlossener Drahtwicklung, der sich im Magnetfeld um seine Achse drehen kann (Abb. 183). Durch den Ring wird das Magnetfeld so deformiert, daß die Kraftlinien überall fast senkrecht in den Ring eintreten; das Innere des Ringes ist fast völlig frei von Kraftlinien (vgl. Abb. 157 auf S. 188). Drehwirkung erfahren daher nur die äußeren Teile der Wicklung. Durch die Bürsten A und B und den Kontaktring C wird der Strom zugeführt; er fließt in der Pfeilrichtung. Dabei erfährt die linke Seite des Ringes eine Drehung nach oben, die rechte nach unten.

Der Trommelanker. Der Trommelanker (Hefner-Alteneck 1873) besteht aus einem Zylinder aus Eisen[1]), der um seine Achse drehbar ist, und der in besonderer Art mit dem Draht bewickelt ist. Für einen nur vierteiligen Kommutator zeigt Abb. 184 die Anordnung schematisch. Das Magnetfeld verlaufe von links nach rechts. Vom Kontakt a des Kommutators verläuft der Strom in 2 Drähten auf der linken Seite von vorn nach hinten. Die weitere Draht- und Stromführung bis zum Kontakt c und der zweiten Bürste ergibt sich aus der Figur. Die gestrichelten Linien bedeuten Drahtführung auf der hinteren Stirnwand des Zylinders. Im ganzen wird erreicht, daß links der Strom durch alle Drähte von vorn nach hinten, rechts von hinten nach vorn fließt. Das bleibt so bei allen Stellungen des Ankers. Wenn die Drehkraft für eine Drahtgruppe am kleinsten ist, ist sie für eine andere am größten; einen toten Punkt gibt es nicht. Bei vielteiligen Kommutatoren ist die Drahtführung unübersichtlicher, aber nach demselben Prinzip vorzunehmen.

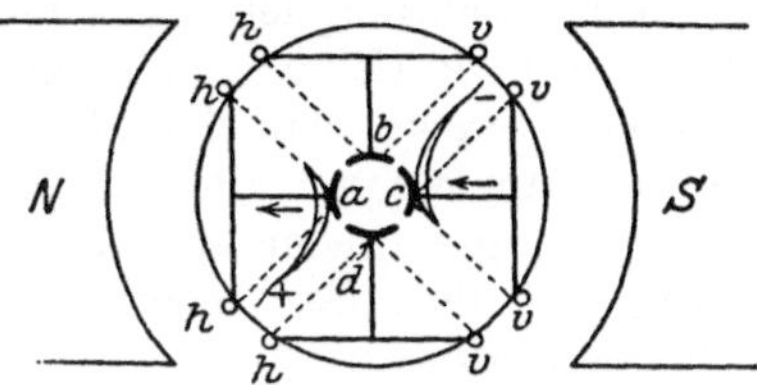

Abb. 184. Trommelanker im Querschnitt. (h bzw. v bedeutet, daß der Strom nach hinten bzw. nach vorn fließt.)

Der Ringanker hat den Nachteil, daß die Drahtwicklungen im Ringinnern überhaupt nicht zur Kraftwirkung beitragen, also toter Ballast sind, während der Trommelanker den Draht voll ausnutzt. Ferner ist das Magnetfeld beim Trommelanker wegen des stärkeren Eisenkerns stärker. Dafür ist der Ringanker einfacher und leichter ausbesserungsfähig; auch haben bei ihm, anders als beim Trommelanker, die nebeneinander liegenden Drähte geringe Potentialdifferenz, so daß auf die Isolation nicht so großes Gewicht gelegt werden muß. Für Maschinen, die mit sehr hoher Spannung arbeiten, nimmt man daher Ringanker.

Schaltungsart. Feldmagnet und Anker können entweder nacheinander von demselben Strom durchflossen werden (Hauptschluß) oder von verschiedenen Strömen (Nebenschluß).

Dynamomaschinen (Generatoren). Maschinen, die mit Hilfe von Bewegungsenergie elektrischen Strom erzeugen, heißen dynamoelektrische Maschinen, Dynamomaschinen oder kurz Dynamos. Jeder Motor kann als Dynamo dienen (und umgekehrt). Wird nämlich der Feldmagnet des Motors erregt, der Anker aber nicht vom Strom durchflossen, und wird nun der Anker gedreht, so entsteht ein Induktions-

[1]) Man nimmt viele einzelne, voneinander isolierte Eisenblechscheiben, die auf eine eiserne Hohltrommel aufgesetzt sind. Man vermindert so die Foucaultschen Ströme und macht zugleich eine gute, kühlende Luftventilation möglich.

strom, der durch die Bürsten abgenommen werden kann. Man kann sowohl den Ringanker wie den Trommelanker verwenden. Bei gleicher Feld- und gleicher Bewegungsrichtung des Ankers ist die Stromrichtung im Anker bei Motor und Dynamo genau entgegengesetzt.

Der Feldmagnet muß hierbei von außen erregt werden; man braucht also von vornherein einen elektrischen Strom. W. v. Siemens hat nun (1867) gefunden, daß der auch im unerregten Feldmagneten stets vorhandene remanente Magnetismus zur Erzeugung eines ersten schwachen Induktionsstromes hinreicht. Dieser Strom wird zur Stärkung in den Feldmagneten geschickt; dadurch wird wiederum der Induktionsstrom kräftiger usw.; nach kurzer Zeit haben Feld und Strom bedeutende Stärke erreicht. Die gegenseitige Erhöhung des Energiezustandes auf Kosten der zugeführten mechanischen Arbeit nennt man das Siemenssche dynamoelektrische Prinzip. Erst seine Entdeckung hat den Bau elektrischer Kraftmaschinen hoher Leistung möglich gemacht.

Auch die Dynamomaschine kann man in Hauptschluß- oder in Nebenschlußschaltung verwenden. Im ersten Fall geht der gesamte erzeugte Strom erst durch den Feldmagneten, dann in die Nutzleitung; im zweiten Fall speist ein Teil des Stroms den Magneten, ein anderer die Nutzleitung.

Mehrpolige Dynamos. Statt eines durch 2 Pole erzeugten Magnetfeldes kann man auch ein durch viele Polpaare hervorgerufenes benutzen. Die Maschine wirkt dann wie ein Aggregat mehrerer einfacher Maschinen. Zu jedem Polpaar gehören 2 Abnehmerbürsten. Je nachdem, ob man die einzelnen Teile der Maschine hinter- oder nebeneinander schaltet, kann man hohe Spannung oder hohe Stromstärke erzielen.

Gegenspannung im bewegten Motor. Ein bewegter Motor wirkt als Dynamo und erzeugt einen Strom, der dem ursprünglichen, ihn bewegenden entgegengesetzt ist. Dieser Gegenstrom ist umso stärker, je schneller der Motor läuft. Ein unbelasteter, schnell laufender Motor wird daher unter sonst gleichen Umständen weit weniger Strom nötig haben und daher weniger Energie verbrauchen als ein stark belasteter, daher sich langsam drehender Motor. Der unbelastete Motor braucht nur die eigene Reibung zu überwinden, der belastete muß dazu noch Nutzarbeit leisten (z. B. Straßenbahn, die bergauf fährt). Die Stromstärke, die durch den Motor geht, ist am größten, wenn er still steht. Daher wird, um Beschädigungen (durch Durchbrennen, ruckartiges Anziehen usw.) zu vermeiden, beim Einschalten des Moters zunächst ein Widerstand vorgeschaltet (Anlasser).

Elektromagnetische Wechselfelder.

Wechselströme. Entstehen und Wesen der Wechselströme. Wir lassen (ähnlich wie S. 212) ein Drahtrechteck (Abb. 185) im homogenen Magnetfeld rotieren. Die beiden Drahtenden sollen jedoch diesmal nicht in den Halbringen eines Kommutators, sondern in 2 getrennten Schleifringen enden, von denen jeder durch eine Bürste berührt wird. Da hier der Kommutator fehlt, ändert der Strom bei Drehung um 180^0 seine Richtung. Ist v die Geschwindigkeit des Drahtes, $\mathfrak{H}$ die magnetische Feldstärke, φ der Winkel zwischen $\mathfrak{H}$ und v (oder zwischen der Feldrichtung und der Normalen auf der Drahtebene), so ist nach dem zweiten Grundgesetz (S. 197) die induzierte Feldstärke $\mathfrak{E} = \frac{1}{c}\mathfrak{H} v \sin\varphi$, also, wenn l die Drahtlänge ist, die induzierte elektromotorische Kraft $E = \frac{1}{c}\mathfrak{H} v l \sin\varphi$.

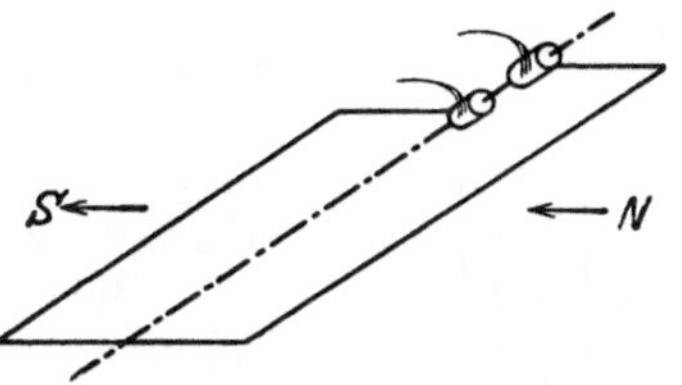

Abb. 185. Schema der Wechselstromerzeugung.

Der Maximalwert der Spannung ist $E_0 = \frac{1}{c}\mathfrak{H} v l$; er wird erreicht, wenn die Drahtebene den Kraftlinien parallel ist. Bei gleichförmiger Drehung ist nach der Zeit t

$$\varphi = 2\pi n t^{1)} \qquad \underline{E = E_0 \cdot \sin(2\pi n t)}.$$

Die Spannung schwankt zwischen $+E_0$ und $-E_0$; ähnlich verhält sich die Stromstärke. Ein Strom, der sein Vorzeichen dauernd ändert, heißt ein Wechselstrom. Der vorliegende Strom insbesondere wird ein sinusförmiger Wechselstrom oder kurz Sinusstrom genannt. In $T = \frac{1}{n}$ sec macht das Drahtrechteck eine volle Umdrehung, der Strom durchläuft eine volle Periode. Man nennt n die Frequenz oder Periodenzahl, $2n$ die Wechselzahl.

Wechselstromdynamos. Mit geringer Änderung kann man Gleichstrommaschinen auch zur Erzeugung von Wechselströmen benutzen. Verbindet man z. B. beim Ringanker eine Stelle des Ringes mit einem Schleifring, die gegenüberliegende Stelle mit einem zweiten Schleifring (Abb. 186), so erhält man Wechselstrom. Ähnlich ist es beim Trommelanker.

Abb. 186. Ringanker zur Erzeugung von Wechselstrom.

Nach anderen Gesichtspunkten sind die sehr gebräuchlichen Innenpol- und Außenpolmaschinen gebaut. Das Prinzip ist an folgendem Modell erkennbar (Abb. 187). Einem Hufeisenstahlmagneten (oder Elektromagneten) *NS* (Feldmagnet) stehe ein ganz gleicher Elektromagnet (Anker) gegenüber, dessen Wicklung auf zwei Schleifringen endet. In der gezeichneten Stellung laufen fast sämtliche Kraftlinien durch das Eisen des Elektromagneten. Dreht man den Elektromagneten (den Anker) um 180^0, so hat der Kraftlinienfluß um-

[1]) Dem Winkel 2π oder 360^0 entspricht eine volle Umdrehung. n ist die Zahl der Umdrehungen in der Sekunde.

gekehrte Richtung. Die Zahl der umrandeten Kraftlinien hat sich geändert, es ist ein Strom induziert worden. Bei weiterer Drehung wird ein Strom entgegengesetzter Richtung induziert usw., bei fortgesetzter Drehung erhält man einen Wechselstrom. Statt des Ankers kann auch der Feldmagnet gedreht werden. Solche Vorrichtungen findet man bei den Anrufapparaten mancher Fernsprechanlagen, bei denen der Strom durch Drehen einer Kurbel erzeugt wird.

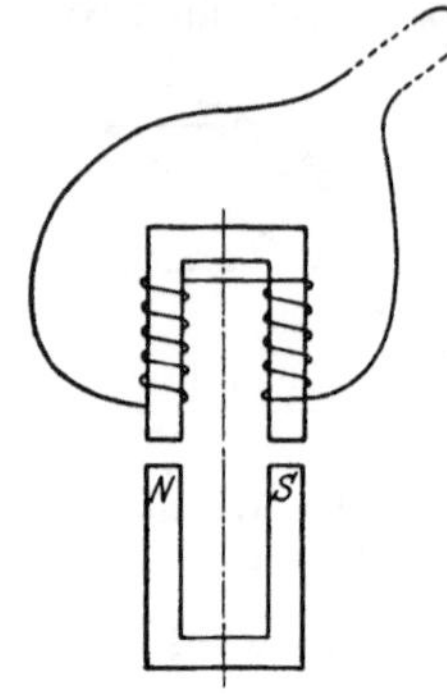

Abb. 187. Wechselstromgenerator.

Bei den in der Technik gebrauchten Maschinen sitzen die Pole des einen Elektromagneten auf dem äußeren Umfange eines großen Rades; dieses bewegt sich innerhalb eines großen Ringes, auf dessen Innenseite die Pole des anderen Elektromagneten sitzen. Gewöhnlich enthalten beide Kreise viele Magnetpolpaare. Das bewegliche Rad heißt Läufer oder Rotor, der feste Ring Ständer oder Stator. Dient der Ständer als Feldmagnet, so spricht man von einer Außenpolmaschine, dient der Läufer als solcher, von einer Innenpolmaschine. Der Feldmagnet wird stets mit Gleichstrom gespeist. Man kann Wechselstrommaschinen sehr großer Leistung bauen.

Meßinstrumente für Wechselstrom. Apparate mit Stahlmagneten sind unbrauchbar, da der Ausschlag von der Stromrichtung abhängt. Man benutzt entweder Hitzdraht- oder Weicheiseninstrumente oder Elektrodynamometer (vgl. S. 203ff). Die Instrumente messen den „dynamometrischen Mittelwert“ der Wechselstromstärke i, da der Ausschlag von i^2 abhängt.

Die schnellen Schwankungen der Stromstärke und damit den Charakter des Wechselstromes kann man mit einer Braunschen Röhre (S. 186) untersuchen.

Wechselstrommotoren. Eine Wechselstromdynamomaschine kann nicht ohne weiteres als Motor benutzt werden. Wegen der schnellen Polwechsel kommt nämlich der Läufer nicht von selbst in Bewegung. Nur wenn der Motor durch äußere Kraft in solche Bewegung versetzt ist, daß er mit der stromliefernden Dynamomaschine gleiche Umlaufzeit hat, wird seine Bewegung durch die Polwechsel unterstützt. Man hat einen Synchronmotor. Wird er aber plötzlich überlastet, so „fällt er aus der Phase“ und bleibt stehen.

In neuerer Zeit hat man Asynchronmotoren gebaut, die ähnlich eingerichtet sind wie ein Gleichstrommotor. Feldmagnet und Anker werden vom selben Strom durchflossen, so daß die Umkehrung der Pole in beiden gleichzeitig erfolgt. Sehr störend wirken hier Hysterese und Foucault-Ströme. Von großer praktischer Bedeutung sind auch die Repulsionsmotoren, bei denen der Wechselstrom nur dem Ständer zugeführt wird; der Strom im Läufer wird durch Induktion erzeugt.

Dreiphasen-Wechselstrom. Drehstrom. Vor Erfindung des Asynchronmotors bediente man sich des Wechselstroms fast nur in der

Form des Dreiphasenstroms, der aber auch heute noch viel verwandt wird. Um das Prinzip zu erkennen, denken wir uns (Abb. 188) eine Innenpolmaschine, deren Läufer nur ein Polpaar, deren Ständer 3 Paare enthält. In den Polpaaren AD, DE, CF werden dann Wechselströme erzeugt, von denen jeder dem vorhergehenden um $^1/_3$ Periode nacheilt. Die 3 Ströme zusammen bezeichnet man als Dreiphasenstrom. Leitet man die Ströme in einen Ständer gleicher Art, so werden von den 3 Spulenpaaren veränderliche Felder erzeugt, die sich so addieren, daß die Resultierende sich mit derselben Geschwindigkeit dreht wie der Läufer der Maschine. Eine Magnetnadel wird von dem Drehfeld mitgenommen. Man spricht daher auch von Drehstrom. Drehstrom kann man sowohl mit Innen- und Außenpolmaschinen wie auch mit Ring- und Trommelanker erzeugen. Zum Fortleiten sind eigentlich 3 Leitungspaare, also 6 Drähte nötig. Durch geeignete Schaltung läßt sich erreichen, daß man mit 3 Drähten auskommt.

Der einfachste Drehstrommotor besteht aus einem Ständer, der das Drehfeld erzeugt, und einem in sich geschlossenen Leiter als

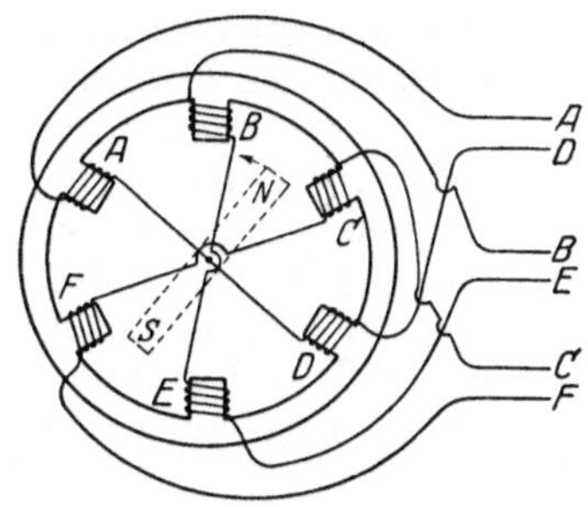

Abb. 188.
Drehstromgenerator.

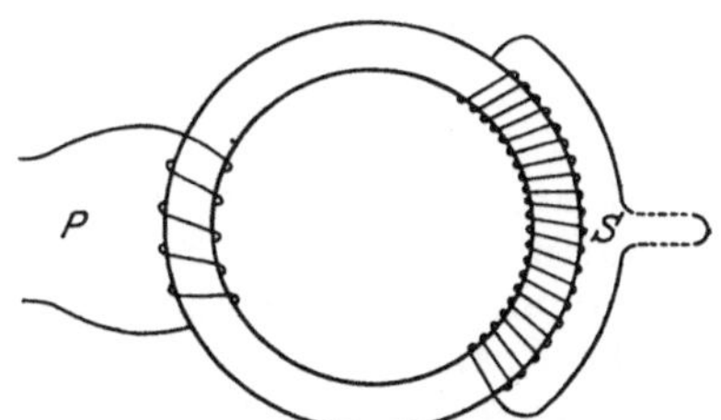

Abb. 189.
Wechselstrom-Transformator.

Anker (Kurzschlußanker). Durch die Rotation des Feldes werden im Anker Foucaultsche Ströme von solcher Stärke erzeugt, daß der Anker rotiert.

Transformatoren. Fortleitung elektrischer Energie. Im Induktionsapparat (S. 207) haben wir einen Umformer oder Transformator kennen gelernt, mit dessen Hilfe man hoch gespannte Ströme aus niedrig gespannten (oder umgekehrt) erzeugen kann. In Abb. 189 ist ein Transformator zum Herauftransformieren von Wechselstrom schematisch gezeichnet. Ein Unterbrecher ist überflüssig, da der Strom selbst seine Richtung ändert. Um einen Eisenring ist die Primärspule P (wenig Windungen) und die Sekundärspule S (viel Windungen) gewickelt. Die Ringform ist gewählt, um Streuung und Verlust magnetischer Kraftlinien zu vermeiden. Kann man die Energieverluste durch Hysterese und Foucault-Stöme vernachlässigen, so muß sich die gesamte Energie des Primärstroms im Sekundärstrom wiederfinden. Sind also E_p und E_s

die Potentialdifferenzen an den Enden der Primär- bzw. Sekundärspule, i_p und i_s die Stromstärken, so ist (vgl. S. 171)

$$E_p \cdot i_p = E_s \cdot i_s, \quad \text{also} \quad i_s = \frac{E_p}{E_s} \cdot i_p.$$

Bei Erhöhung der Spannung wird also die Stromstärke herabgesetzt. Das ist wichtig für die Fernleitung elektrischer Ströme. Technisch werden die Ströme in großen Zentralen durch Wasser- oder Dampfkraft erzeugt und von dort den Verbrauchern zugeführt. Die Zentralen können an Orten angelegt werden, wo Naturkräfte (Wasserfälle, Kohle, Gichtgase u. dgl.) zur Verfügung stehen. Die Stadt Berlin erhält einen beträchtlichen Teil ihrer elektrischen Energie aus der Gegend von Bitterfeld, wo sich große Braunkohlenfelder befinden. Unterwegs geht nun stets ein Teil der Stromenergie durch die Bildung Joulescher Wärme in der Leitung verloren. Ist R der Widerstand der Fernleitung, i die Stromstärke, so ist dieser Verlust (S. 170)

$$Q = 0{,}24 \cdot i^2 \cdot R \text{ cal/sec.}$$

R kann man aus technischen Gründen nicht unter eine gewisse Grenze bringen. Erhöht man aber die Spannung des erzeugten Stromes vor dem Fortleiten durch einen Transformator etwa auf das 20fache, so wird i auf $^1/_{20}$, i^2 und die erzeugte Wärme auf $^1/_{400}$ herabgedrückt. Man leitet daher nur sehr hoch gespannte Wechselströme in die Ferne (100000 Volt und darüber). An der Verbrauchsstelle werden diese durch Transformatoren wieder auf geringe Spannung gebracht, unter Umständen in mehreren Schritten, z. B. von 100000 Volt erst auf 30000, dann auf 5000 Volt usf. Erst mit Hilfe der Transformation auf hohe Spannung ist die Fortleitung elektrischer Ströme auf weite Entfernungen wirtschaftlich möglich geworden.

Oszillatorische Entladung. Wheatstone und besonders Feddersen haben den Entladungsfunken einer Leydener Flasche im rotierenden Spiegel untersucht und das auseinandergezogene Funkenbild photographiert. Es zeigt sich, daß die Entladung nicht ein einfacher Ausgleichsvorgang ist, daß sie vielmehr in wiederholten, hin und her gehenden, an Stärke schließlich abnehmenden Schwingungen besteht.

Thomsonsche Formel. Die Dauer einer einzelnen Schwingung bei der Entladung ist abhängig von der Kapazität C des Kondensators und dem Selbstinduktionskoeffizienten L des Drahtes, der die Belegungen verbindet. Ihr Betrag ist nach Thomson bei geringem Widerstand des Leiters

$$\underline{T = 2\pi\sqrt{LC}.}$$

C wird in Farad, L in Henry gemessen.

Tesla-Ströme. Tesla (1890) leitete den Entladungsstrom der Leydener Flasche in die aus ganz wenig Windungen bestehende Primärspule eines Induktoriums (Tesla-Transformator); in der Sekundärspule, die sehr viele Windungen enthält, enstehen dann wegen der schnellen Stromwechsel äußerst hoch gespannte Ströme. Die Leydener

Flasche wird durch ein gewöhnliches Induktorium immer wieder aufgeladen. Die Spannung der Tesla-Ströme ist so hoch, daß die Elektrizität unter Lichterscheinungen ausströmt, Vakuumröhren ohne Be-Berührung durch Influenz zum Leuchten bringt usf. Bemerkenswert ist, daß die hochfrequenten Ströme nicht in das Innere eines Leiters eindringen, sondern an der Oberfläche bleiben (Haut-Effekt oder Skin-Effekt).

Wechselstromwiderstand. Die Selbstinduktion eines Leiters wirkt jeder Änderung der Stromstärke entgegen, um so stärker, je schneller die Änderung erfolgt. Es ist daher verständlich, daß bei Wechselströmen hoher Wechselzahl der von der Selbstinduktion herrührende Teil des Widerstandes oft beträchtlicher ist als der eigentliche „Ohmsche Widerstand". Der „Wechselstromwiderstand" (Impedanz) eines Leiters, der von dem Ohmschen Widerstand R, der Selbstinduktion L und der Kapazität C abhängt, beträgt, wenn n die Frequenz des Stromes ist

$$W = \sqrt{R^2 + \left(2\pi n L - \frac{1}{2\pi n C}\right)^2}\,.$$

L und C sind in elektromagnetischen Einheiten zu messen.

Elektrische Resonanz. Der Wechselwiderstand W hängt stark von n ab. Bei passender Wahl von n wird die Klammer unter der Wurzel null; dann nimmt W den kleinsten Wert (w) an. Es ist dann $\frac{1}{n} = T = 2\pi\sqrt{LC}$. Der Leiter wird dann in der ihm eigentümlichen „Eigenperiode" (vgl. Thomsonsche Formel) durch den Strom angeregt; er steht zu der erregenden Schwingung in Resonanz (vgl. S. 90). Bei den Tesla-Versuchen ist die Sekundärspule ein Gebilde, das Selbstinduktion und Kapazität besitzt und daher, auch ohne angehängten Kondensator, zu Schwingungen befähigt ist. In der Tat werden die Tesla-Erscheinungen ganz besonders glänzend, wenn Resonanz vorhanden ist, wenn also die Schwingungszeiten der anregenden und der Eigenschwingung gleich sind oder sich verhalten wie Grundton zu Oberton (S. 88).

Elektromagnetische Wellen.

Schnelle Schwingungen. Die Zahl der Schwingungen bei der Entladung einer Leydener Flasche ist von der Größenordnung 10^6 pro Sekunde (Schwingungszeit 10^{-6} sec). Durch Verkleinerung von Kapazität und Selbstinduktion ist es Heinrich Hertz (1888) gelungen, die Schwingungszahl bis auf $4{,}5 \cdot 10^8$ zu steigern. Er benutzte als Schwingungserreger (Oszillator) zwei kleine Metallzylinder, zwischen denen die Entladung stattfand. Die Aufladung erfolgte durch ein Induktorium. Zum Erkennen der Schwingungen benutzte Hertz kleine Drahtrechtecke mit Funkenstrecke (Resonatoren), die auf dieselbe Schwingungszeit abgestimmt waren wie der Oszillator. Brachte er sie in die Nähe des schwingenden Oszillators, so wurden sie durch Induktion zu Schwingungen erregt, die sich durch Fünkchen in der Funkenstrecke bemerkbar machten.

Wellen an Drähten. Ein ganz neuer Gedanke lag einem Versuch von Hertz zugrunde, der durch Abb. 190 angedeutet ist. Am Oszillator befinden sich 2 Platten A und B. Der einen (B) ist eine Platte C gegenübergestellt, an die sich ein langer, isoliert aufgestellter Draht CD anschließt. In einem Moment der Entladung, wo Platte B negativ ist, wird C durch Influenz positiv, Elektronen werden in den Draht gedrückt. Nach $^1/_2$ Schwingungszeit werden sie wieder nach C herausgezogen. Ist nun die Geschwindigkeit, mit der sich der Bewegungszustand der Elektronen fortpflanzt, endlich, so muß eine Art longitudinaler Wellenbewegung der Elektronen im Draht eintreten. Da aber der Draht eine endliche Länge hat, wird die Bewegung am Ende D reflektiert: es bilden sich stehende Wellen (S. 84). Zwischen Punkten maximaler Potentialschwankung liegen solche, wo das Potential dauernd null ist. In diesen liegt das Maximum der Elektronenbewegung. In der Umgebung des Drahtes wird das elektrische Feld entsprechend schwanken. Hertz suchte diese Umgebung mit seinem Resonator ab und fand die Knoten und Bäuche tatsächlich. Die Entfernung zweier Knoten liefert die halbe Wellenlänge; daraus und aus der Schwingungszeit läßt sich die Fortpflanzungsgeschwindigkeit der elektrischen Wellen berechnen. Hertz fand dafür 280000 km/sec; spätere Versuche haben 300000 km/sec (Lichtgeschwindigkeit) ergeben.

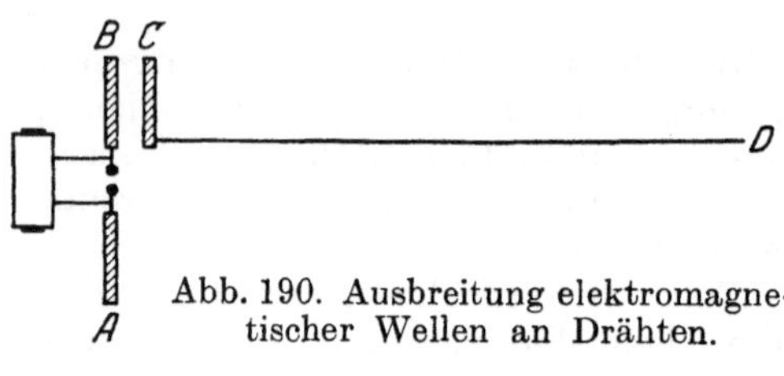

Abb. 190. Ausbreitung elektromagnetischer Wellen an Drähten.

Die Ausbreitung elektromagnetischer Wellen längs Drähten ist vergleichbar mit der Ausbreitung von Schallwellen an ausgespannten Seilen usw. (vgl. S. 92). Lecher hat später die Versuchsanordnung verbessert; er stellt beiden Oszillatorplatten Metallplatten gegenüber und bringt an diesen Drähte an, die in geringem Abstand voneinander parallel ausgespannt sind. Die Wellen werden hierbei stärker zusammengehalten und sind leichter nachweisbar. Ein elektrodenloses Heliumrohr, über beide Drähte gelegt, leuchtet an Stellen starker Potentialschwankung auf.

Wellen im Raum. Die Hertzschen Versuche ließen vermuten, daß auch im freien Raum das elektromagnetische Feld periodischen Änderungen unterworfen ist. Hertz stellte in geeigneter Entfernung von seinem einfachen Oszillator einen metallischen Schirm auf, um durch Reflexion zu stehenden Wellen zu gelangen. In der Tat konnte er auch im freien Raum Knoten und Bäuche mit dem Resonator nachweisen; die Messung des Abstandes zweier Knoten liefert die halbe Wellenlänge ($\frac{1}{2}\lambda$); aus λ und der Schwingungszeit T folgt nach $cT = \lambda$ die Geschwindigkeit der Wellenausbreitung $c = 300000$ km/sec, d. h., die Lichtgeschwindigkeit. Damit war für die elektromagnetische Lichttheorie von Faraday-Maxwell eine weitere sehr starke Stütze gewonnen (vgl. S. 235).

Die Wellenlänge konnte Hertz bis auf 66 cm herabbringen; später hat Lebedew Wellen von 4 mm, v. Baeyer solche von 2 mm, neuerdings haben Nichols und Tear sogar Wellen von 0,22 mm = 220 μ Länge erzeugt.

Detektoren. Hertz war bei seinen Versuchen auf seinen Resonator und dessen Funkenspiel angewiesen. Seitdem hat man eine große Zahl von weit besser geeigneten Vorrichtungen zum Erkennen elektromagnetischer Wellen gebaut. Man faßt sie unter dem Namen Detektoren zusammen.

1. Der Kohärer oder Fritter (Branly 1890) ist geschichtlich von Interesse, weil er der erste Detektor der drahtlosen Telegraphie war. In einer Glasröhre liegt zwischen 2 Metallplättchen etwas Metallpulver. Die Kombination hat einen relativ hohen elektrischen Widerstand, läßt also, in einen Stromkreis geschaltet, nur schwachen Strom durch. Sobald aber der Kohärer von elektrischen Wellen getroffen wird, sinkt sein Widerstand sehr erheblich, was ein Meßinstrument, eine Klingel oder dgl. anzeigt. Der Kohärer wird in der Praxis nicht mehr gebraucht.

2. Kontaktdetektoren. Setzt man ein Metall mit scharfer Spitze auf ein leitendes kristallinisches Mineral, z. B. Molybdänglanz, Bleiglanz, Pyrit, Zinkblende u. a., so stellt diese Kombination (Kristalldetektor) eine Ausnahme vom Ohmschen Gesetz dar; sie bietet nämlich dem Strom in der einen Richtung einen sehr viel größeren Widerstand als in der andern. Schaltet man den Detektor in einen Leiterkreis, der durch die ankommenden Wellen zu Schwingungen erregt wird, so wird die eine Richtung des hochfrequenten Wechselstroms fast völlig unterdrückt; der übrig bleibende abgehackte Gleichstrom kann auf ein Galvanometer oder, bei geeigneter Schaltung, auf ein Telephon wirken. Kristalldetektoren werden beim Rundfunkempfang viel benutzt.

3. Elektronenröhren. Die auf S. 210 beschriebenen Elektronenröhren können bei geeigneter Anordnung (Audionschaltung) ebenfalls als Detektoren wirken. Sie sind heutzutage (neben den Kristalldetektoren) die gebräuchlichsten und wichtigsten Detektoren. Elektronenröhren finden in der drahtlosen Telegraphie die mannigfachste Verwendung: als Schwingungserzeuger (Generator), als Detektor (Gleichrichtungs- und Überlagerungsempfang) und als Verstärkerröhren. Auf ihnen basiert zum Teil die moderne Entwicklung der drahtlosen Nachrichtenübermittlung.

4. Thermodetektoren. Die durch die Wellen induzierten hochfrequenten Schwingungen erwärmen die eine Lötstelle eines aus sehr dünnen Drähten bestehenden Thermoelements; der Strom wird durch ein Galvanometer angezeigt.

5. Geißlersche Röhren, mit Neon gefüllt, auf etwa 10 mm evakuiert, mit Aluminiumelektroden. Sie zeigen die Schwingung durch Aufleuchten an.

Eigenschaften der elektromagnetischen Wellen. Die elektromagnetischen Wellen zeigen alle für Wellen überhaupt charakteristischen Erscheinungen (S. 79ff.), sie weisen daher in ihrem Verhalten große Ähnlichkeit mit Schall- und Lichtwellen auf, wie folgende Zusammenstellung zeigt.

Spiegelung. Daß die Wellen an Metallen gespiegelt werden, haben schon die Versuche mit stehenden Wellen gezeigt. Hertz nahm weiter zwei parabolische Hohlspiegel, brachte in die Brennlinie des einen den Oszillator, in die des andern einen Detektor. Beide Brennlinien mögen horizontal liegen; sind die Spiegelöffnungen einander zugekehrt, so zeigt der Detektor die Anwesenheit der Welle an, in der Stellung Abb. 191 dagegen nur, wenn noch der gezeichnete ebene Metallspiegel vorhanden ist.

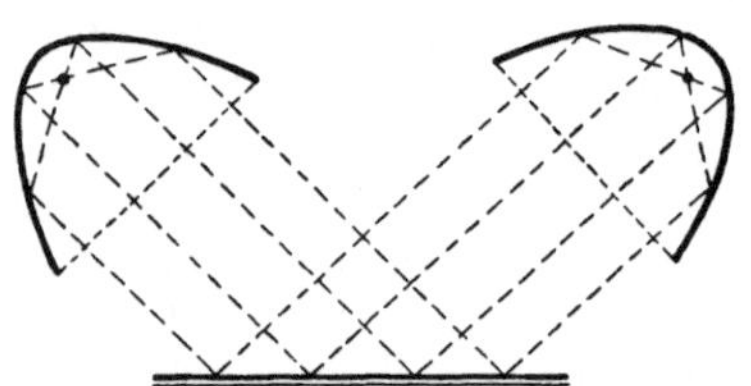

Abb. 191. Reflexion elektromagnetischer Wellen.

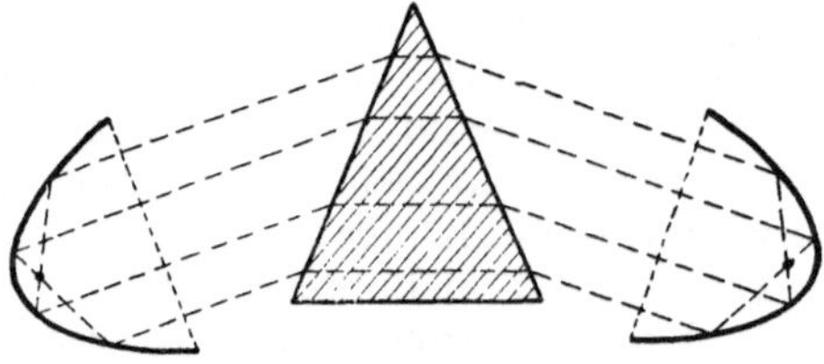

Abb. 192. Brechung elektromagnetischer Wellen.

Brechung. Bei der in Abb. 192 gezeichneten Anordnung werden die Wellen durch ein Prisma von Pech oder Stearin ebenso gebrochen wie Lichtstrahlen durch ein Glasprisma.

Interferenz. Die Interferenzfähigkeit der elektrischen Wellen ist bereits durch die Bildung stehender Wellen erwiesen.

Beugung. Fällt eine Welle auf ein Gitter aus Metalldrähten, so wird sie an den Drähten nach allen Seiten gebeugt, im wesentlichen aber nur in Richtung der geometrischen Reflexion. Hierauf beruht ein Versuch von Kapzow, der dem Braggschen Versuch mit Röntgenstrahlen (S. 281) nachgebildet ist. Er stellt ein sog. Raumgitter her, dessen Elemente kleine kupferne Hohlzylinder (3 mm Durchmesser, 12 mm Länge) sind, die an Fäden hängen und deren Abstände verändert werden können. Wir erhalten eine Vorstellung von der Versuchsanordnung, wenn wir uns das Bild eines Kristallraumgitters (Abb. 22 auf S. 31) entsprechend vergrößert und jedes Atom durch einen der kleinen Kupferzylinder ersetzt denken. Die auffallenden Wellen (bei den Versuchen 3 cm Länge) werden genau so gebeugt wie Röntgenstrahlen im Kristallgitter, und man erhält Intensitätsmaxima, wenn $n\lambda = 2d\sin\alpha$ ist (n ganze Zahl, d Abstand der Gitterebenen. Ableitung s. u. S. 281).

Der Versuch ist interessant, weil er zeigt, daß für die verhältnismäßig sehr langen elektromagnetischen Wellen dieselben Gesetze gelten wie für die sehr kurzwelligen Röntgenstrahlen.

Natur der Wellen. Ist ein Hertzscher Oszillator geladen, so geben die elektrischen Kraftlinien das Bild Abb. 124a auf S. 150. Bei schnell wechselnder Ladung der Kugeln ändert sich das Kraftfeld schnell. Dabei schnüren sich ringförmige Büschel von Kraftlinien ab, die sich vom Oszillator entfernen und in den Raum hinaus wandern (Abb. 193). Sie erzeugen so an entfernten Stellen ein Feld, das einem früheren Ladungszustand der Kugeln entspricht. Entsprechendes gilt für das magnetischen Kraftfeld, das ja stets und überall mit dem elektrischen gemeinsam auftritt. Es wandert also elektromagnetische Energie in den Raum hinaus. Denkt man sich um den Oszillator als Mittelpunkt Kugeln gelegt, die die Oszillatorachse zur Achse haben, so geben in großen Entfernungen die Meridiane der Kugeln die Richtung der elektrischen, die Breitenkreise die der magnetischen Feldstärken (Vektoren) an. Die Ausbreitung erfolgt radial. Die Größe der beiden Vektoren ändert sich im Rhythmus der Oszillatorschwingung. Allgemein gilt der Satz, daß die Richtung der Wellenausbreitung senkrecht steht auf der durch den elektrischen und den magnetischen Vektor bestimmten Ebene.

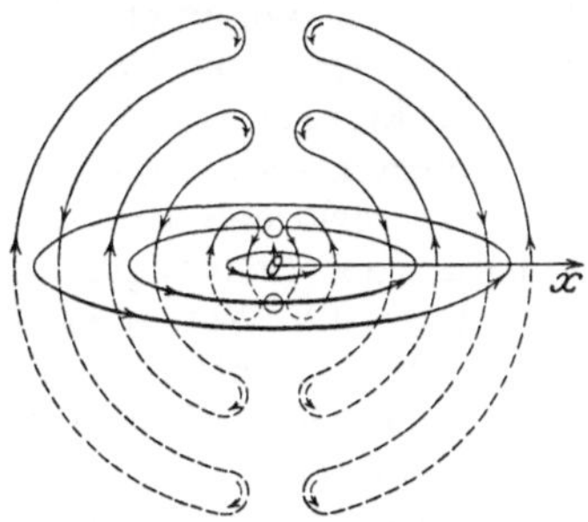

Abb. 193. Schema der elektromagnetischen Welle.

Polarisation. Die elektromagnetischen Wellen sind also transversal. In der Tat zeigen sie eine Eigenschaft, die nur transversalen Wellen zukommt, nämlich Polarisation (vgl. S. 271). Linear polarisiert nennt man eine transversale Welle, wenn die Schwingungen stets in derselben Ebene erfolgen. Daß die vom Oszillator kommenden Wellen linear polarisiert sind, zeigt folgender Versuch. Die in Abb. 191 und 192 gezeichneten parabolischen Hohlspiegel kehrt man einander zu und bringt zwischen sie ein Drahtgitter. Dieses läßt die Schwingungen durch, wenn die Stäbe des Gitters zur Brennlinie der Spiegel senkrecht stehen; es läßt nichts durch, wenn sie parallel dazu sind. Das ist nach dem Gesagten leicht verständlich. Die elektrischen Kraftlinien der Hertzschen Wellen laufen meridional, also in unserm Fall parallel zur Brennlinie. Sind die Drähte parallel hierzu, so gleichen sich die Potentialschwankungen längs der Kraftlinien durch Elektronenströme aus; die Welle geht nicht hindurch, sondern wird z. T. reflektiert, z. T. absorbiert. Bei Drehung des Gitters um 90^0 können sich in den Drähten keine Ströme ausbilden, die Welle geht weiter. Bei Drehung um 45^0 wird ein Teil reflektiert, der andre durchgelassen. Beim ersten Teil ist der elektrische Vektor parallel zu den Stäben, beim zweiten senkrecht dazu. Beide Teile sind also wieder linear polarisiert.

Drahtlose Telegraphie. Das Prinzip der drahtlosen Telegraphie besteht darin, daß auf der Aufgabestation elektromagnetische Wellen erzeugt werden, die auf der Empfangstation durch den Detektor bemerkbar werden. Hertz selbst hat diese Anwendung seiner Entdeckung nicht erlebt. Der Anglo-Italiener Marconi war der erste, der (1897) die elektrischen Wellen im großen zur Übermittlung von Nachrichten brauchte. Die bedeutendsten Fortschritte verdankt die drahtlose Telegraphie den Arbeiten von Braun, Slaby, Marconi, M. Wien, Graf Arco u. a.

Gedämpfte und ungedämpfte Schwingungen. Die Entladung einer Leydener Flasche, eines Hertzschen Oszillators ist oszillatorisch. Der Energieverlust durch Joulesche Wärme und durch Ausstrahlung elektromagnetischer Wellen bewirkt, daß die Schwingungen an Intensität rasch abnehmen und bald aufhören: die Schwingungen und damit die ausgesandten Wellen sind stark gedämpft. Der Hertzsche Oszillator wird bei jeder Entladung von neuem zu Schwingungen angeregt, die rasch abklingen. Zwischen zwei Entladungen liegt eine Pause. Hertz selbst zog den Vergleich mit einer Glocke, die alle 24 Stunden einmal angeschlagen wird. Sorgt man dagegen dafür, daß die bei jeder Schwingung durch Ausstrahlung usw. verlorene Energie sofort nachgeliefert wird, so bleibt die Intensität der Schwingungen und damit der ausgesandten Wellen ungeändert: die Wellen sind ungedämpft.

In der drahtlosen Telegraphie kann man mit gedämpften oder, wie es jetzt fast ausschließlich geschieht, mit ungedämpften Wellen arbeiten.

Gedämpfte Wellen. Es werde nur eine der vielen Schaltungsarten besprochen. Der Sender besteht aus 3 Hauptteilen (Abb. 194):

a) Der Stromerzeuger oder Maschinenkreis. Eine Wechselstrommaschine a erzeugt einen Strom von etwa 500 Perioden oder 1000 Wechseln in der Sekunde; dieser wird durch einen Transformator c—d auf etwa 8000 Volt oder mehr Spannung gebracht und mit den Enden der Funkenstrecke e verbunden.

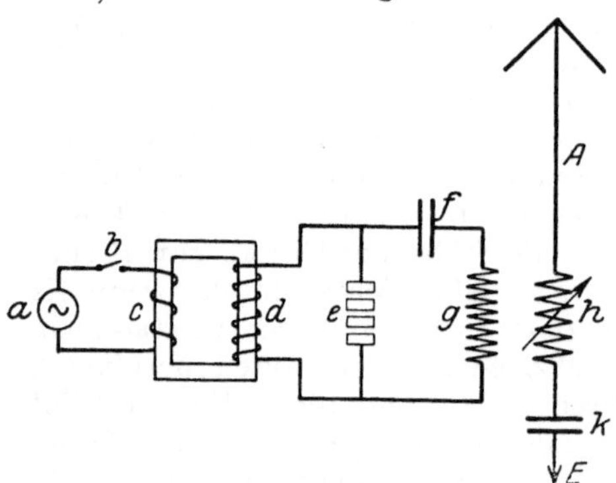

Abb. 194. Sendeanlage für gedämpfte Wellen.

b) Der sog. Stoßkreis. Er enthält die Funkenstrecke e, den Kondensator f und die Spule g. Jedesmal, wenn die Wechselstromspannung ihren Höchstwert erreicht, springt bei e ein Funke über. Benutzt man nun kurze Funkenstrecken in Wasserstoff zwischen gut gekühlten Metallen, so reißt die Entladung sofort wieder ab, ist also nicht oszillatorisch (Löschfunkenstrecke). Es wird dadurch eine Rückübertragung der Schwingungsenergie vom Antennen- auf den Stoßkreis verhindert.

c) Der Antennenkreis. Er ist ein offener und daher durch Ausstrahlung stark gedämpfter Schwingungskreis. Er besteht aus dem Kondensator k, der Spule h, die von g induktiv beeinflußt wird, und der Antenne A, einem in großer Höhe über der Erdoberfläche ausgespannten System von Drähten. Die zweite Platte des Kondensators k ist mit der Erde E verbunden. Antennen- und Stoßkreis sind auf dieselbe Schwingungszahl abgestimmt. Jedesmal, wenn bei e der Funke überspringt, werden im Antennenkreis durch Induktion Schwingungen erregt, die infolge Ausstrahlens der Energie in den Raum stark gedämpft sind. Bei 1000 Stromwechseln pro Sekunde werden 1000 rasch abklingende Energiestöße ausgesandt.

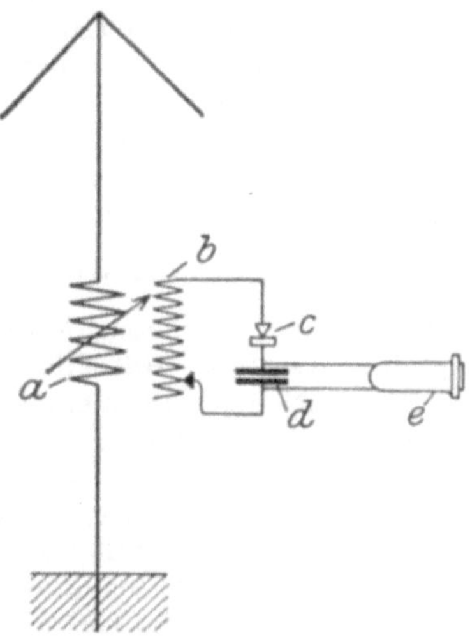

Abb. 195. Empfang gedämpfter Wellen.

Der Empfänger enthält (Abb. 195):

a) Den Antennenkreis. Er ist dem Antennenkreis der Sendestation ähnlich gebaut und auf dieselbe Schwingungszahl abgestimmt, so daß in ihm die ankommenden Wellen infolge Resonanz elektrische Schwingungen erregen.

b) Den Resonatorkreis. Er enthält den Kondensator d und die Spule b, durch die er mit dem ersten Kreis induktiv gekoppelt ist, und ist auf diesen abgestimmt. Außerdem enthält er den Detektor c und das Telephon e. Der Detektor (Kristalldetektor oder Elektronenröhre in Audionschaltung) verwandelt die hochfrequenten Wechselströme in Gleichstrom. Das Telephon registriert also pro Sekunde 1000 Gleichstromstöße, gibt daher einen summenden Ton mit der Schwingungszahl 1000. Gewöhnlich wird dem Telephon eine Verstärkerröhre vorgeschaltet (vgl. S. 210). Man benutzt das Morsealphabet. Punkte und Striche werden abgehört. Gedämpfte Wellen werden noch von kleinen Schiffs- und Militärstationen benutzt, auch Nauen sendet noch in geringem Maß gedämpfte Zeichen ($\lambda = 3100$ m).

Ungedämpfte Wellen. Ein wesentliches Ziel war die Erreichung „abgestimmter Telegraphie". Darunter versteht man eine Einrichtung der Art, daß jede Station nur Wellen ganz bestimmter, vereinbarter Wellenlänge aufnimmt, auf andre aber nicht reagiert. Die gegenseitige Abstimmung zweier Stationen aufeinander gelingt um so besser, je geringere Dämpfung die Wellen haben. Es ist ähnlich wie in der Akustik, wo z. B. zwei gute Stimmgabeln (mit fast ungedämpften Schwingungen) sehr gute Resonanz geben. Man ist daher jetzt in der Praxis der drahtlosen Telegraphie meist zur Benutzung ungedämpfter Wellen übergegangen. Dabei wird nicht mehr der Schwingungskreis in größeren Zeitabständen zu hochfrequenten Schwingungen angeregt, die dann infolge Dämpfung schnell abklingen, sondern es werden Schwingungen hoher Frequenz und konstanter Energie erzeugt und der Antenne zugeführt. In der Telefunkenstation Nauen z. B. wird durch eine Hochfrequenz-Dynamomaschine ein Wechselstrom von 800 Volt Spannung und 6000 Perioden pro Sekunde erzeugt. Durch ein besonderes, sinnreiches Verfahren gelingt es, durch ruhende Transformatoren, die durch fließendes Öl isoliert und gekühlt werden, die Periodenzahl zweimal zu verdoppeln und die Spannung heraufzusetzen. Man erhält Wechselstrom von 24000 Perioden pro Sekunde und 100000 Volt, der der Antenne direkt zugeführt wird. Nach der Formel $\lambda \cdot n = c$ entspricht dieser Periodenzahl die Wellenlänge $\lambda = \frac{c}{n} = \frac{3 \cdot 10^{10}}{2{,}4 \cdot 10^4} = 1{,}25 \cdot 10^6$ cm $= 12500$ m. Die Stromstärke in der Antenne ist 330 Amp., die zugeführte Leistung 400 Kilowatt.

Bei Stationen mit kleinerer Leistung bedient man sich zur Erzeugung ungedämpfter Wellen der Elektronenröhren in besonderer Schaltungsart. Das Prinzip ist aus Abb. 196 ersichtlich. Im Anodenkreis der Röhre liegen, parallel zueinander, der Kondensator C und die Selbstinduktionsspule L. Mit L ist die Spule L_g des Gitterkreises durch Induktion gekoppelt. Sobald durch irgendeinen Impuls, z. B. den Stromstoß beim Einschalten des Anodenstroms, der Kreis LC zu Eigenschwingungen angeregt wird, die an sich schnell abklingen würden, so werden diese durch die „Rückkoppelung“ $L - L_g$ auf den Gitterkreis übertragen. Jede Schwankung des Gitterpotentials beeinflußt aber im selben Rhythmus den Anodenstrom; dadurch wird der Kreis LC immer wieder im eignen Rhythmus angeregt. Wählt man den Koppelungssinn zwischen beiden Kreisen so, daß der verstärkte Anodenstrom zum ursprünglichen sich addiert, so werden die ursprünglich gedämpften Schwingungen zu ungedämpften Eigenschwingungen, die, wie sich zeigt, in bezug auf Frequenz und Amplitude von höchster Konstanz sind, und die dem Antennenkreis zugeführt werden.

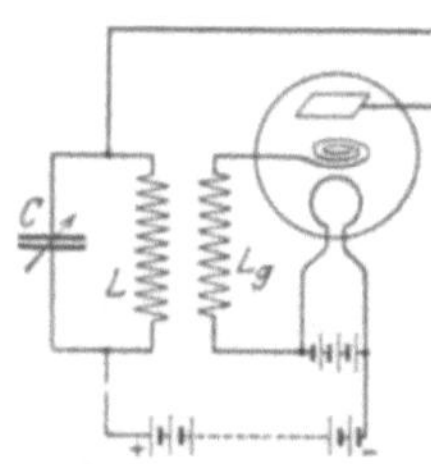

Abb. 196. Elektronenröhre als Erzeuger ungedämpfter Wellen.

Der Empfang ungedämpfter Wellen kann nicht ebenso erfolgen wie bei gedämpften Wellen, da durch die Gleichrichtung im Detektor ein einziger Gleichstrom erzeugt würde, der im Telephon nicht hörbar ist. Man macht es so, daß man der ankommenden Welle in der Empfangsantenne eine zweite Welle überlagert, die man an der Empfangsstation mit Hilfe einer Elektronenröhre erzeugt, und deren Schwingungszahl sich von der der ankommenden Welle um 500 bis 1000 pro Sekunde unterscheidet. Es entstehen dann in der Sekunde 500 bis 1000 Schwebungen, die man mit Detektor und Telephon als Ton abhören kann.

Drahtlose Telephonie. Für die Zwecke der Telephonie müssen die Wellen im Sender so beeinflußt werden, daß man im Telephon des Empfängers die Worte abhören kann. Das ist bei gedämpften

Wellen ganz unmöglich, da hier die Pause zwischen zwei Wellen etwa 10 mal so lange dauert wie das Abklingen eines Wellenzuges. Während 90% der Zeit ist also gar keine Welle vorhanden. Man kann daher nur mit ungedämpften Wellen telephonieren. Es kommt darauf an, die Energie der Schwingung im Rhythmus der in ein Mikrophon gesprochenen Worte zu ändern, und zwar möglichst proportional der Mikrophonstromstärke. Von den zahlreichen Verfahren, nach denen das möglich ist, und die in der Praxis gebraucht werden (Rundfunk), werde nur ein recht übersichtliches erwähnt. Abb. 197 zeigt das Schema der Schaltung. *Sa* ist ein beliebiger Schwingungskreis für ungedämpfte Wellen (Hochfrequenzmaschine, Röhrensender nach Abb. 196). Durch die Koppelung *ab* werden die Schwingungen auf den Antennenkreis *AE* übertragen. Die Spule *c* dieses Kreises hat wegen ihres Eisenkerns *ef* einen hohen Widerstand für den hochfrequenten Antennenstrom (der Mittelwert der Antennenstromstärke sei J_A). Schickt man jedoch einen Gleichstrom i_m durch die Spule *d*, so wird der Eisenkern magnetisiert, und der Wechselstromwiderstand von *c* sinkt; J_A wächst mit i_m. Ist die Sättigungsmagnetisierung erreicht, so ist der Widerstand von *c* am kleinsten, J_A erreicht ein Maximum. Abb. 198 stellt die Abhängigkeit des Antennenstroms J_A von i_m graphisch dar. Zwischen *A* und *B* ist Proportionalität vorhanden. Man wählt daher die mittlere Stromstärke im Kreis *dg* so, daß sie dem Punkt *C* der Abb. 198 entspricht und überlagert durch Koppelung (*hi*) den (ev. durch mehrere Elektronenröhren verstärkten) Strom des Mikrophonkreises *M*. Die Energieänderungen der ausgesandten Wellen sind dann den Mikrophonströmen proportional. Die Energieschwankungen werden im Empfangskreis mit Hilfe von Detektor und Telephon abgehört.

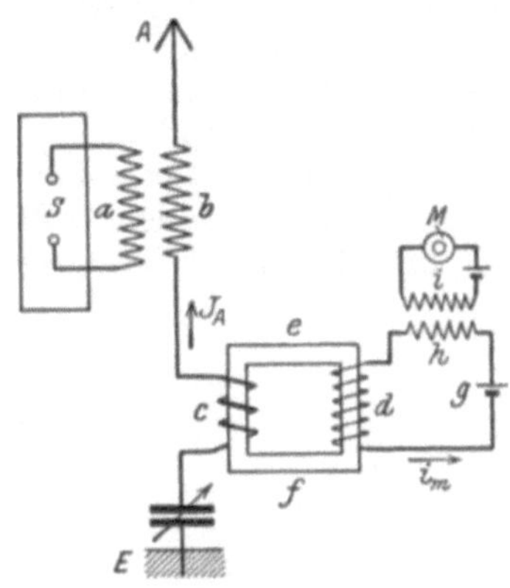

Abb. 197. Schaltungsschema für drahtlose Telephonie.

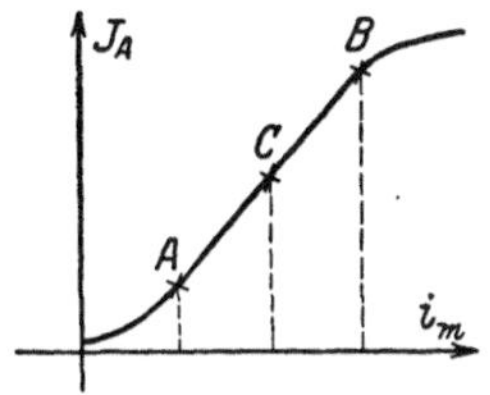

Abb. 198. Stromdiagramm zur Schaltung Abb. 197.

Statt des Mikrophons benutzt man im Sprechkreis auch das Kathodophon. Zwischen 2 Metallpolen befindet sich eine kurze Luftstrecke. Der negative Pol ist ein glühender Metallstab, der Elektronen aussendet, die Anode eine Metallplatte. Man spricht gegen den Elektronenstrom, bewegt ihn und beeinflußt dadurch die Stromstärke im Sprechkreis. Man vermeidet so die schädliche Wirkung, die von der Trägheit der Mikrophonmembran herrührt. Ein völlig trägheitsfreier Hörer oder Lautsprecher ist noch nicht konstruiert.

Bei der Reichspost bedient man sich zum Telegraphieren teils der verschiedenen Magnettelegraphen, teils der drahtlosen Telegraphie, teils der Telegraphie mit hochfrequenten Wellen, die sich — entsprechend den Hertz-Lecherschen Versuchen — längs der Telegraphendrähte fortpflanzen. Neuerdings ist auf der Strecke Berlin—Hamburg ein drahtloser Fernsprechverkehr zwischen den Landstationen und den fahrenden D-Zügen geplant. Die Wellen pflanzen sich auch hier längs der Telegraphendrähte fort.

Vierter Hauptteil.

Optik.

Ausbreitung des Lichtes.

Lichtempfindung, Licht, Lichtstrahl. Eine Lichtempfindung entsteht durch Reizung des Sehnerven. Das gewöhnliche Reizmittel ist das Licht. Von einem leuchtenden Körper pflanzt sich in einem homogenen Medium das Licht nach allen Seiten auf geradlinigen Wegen fort, die man als „Lichtstrahlen" bezeichnet. Die Geradlinigkeit der

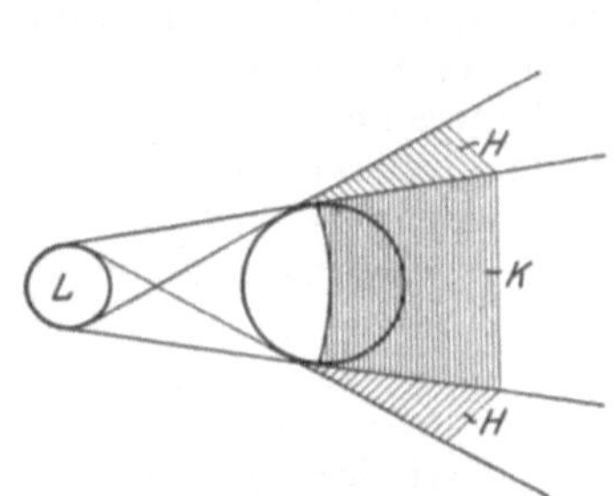

Abb. 199. Halbschatten und Kernschatten.

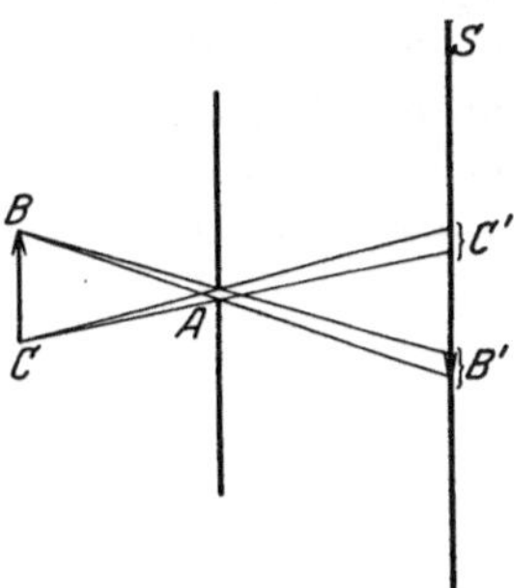

Abb. 200. Schema der Camera obscura.

Lichtstrahlen ergibt sich z. B. daraus, daß das Licht einer punktförmigen Lichtquelle L nur dann durch die kleinen Öffnungen A und B in 2 hintereinander stehenden Schirmen geht, wenn L, A und B in einer Geraden liegen.

Schatten. Der Raum hinter einem Körper, in den von einer Lichtquelle aus kein Licht fällt, heißt der Schattenkegel oder der Schatten des Körpers. Ist die Lichtquelle ausgedehnt (leuchtende Linie, Fläche oder Scheibe) (Abb. 199), so gelangt gar kein Licht in den sog. Kernschatten K, der den von den verschiedenen Punkten der Lichtquelle herrührenden Schattenkegeln gemeinsam ist; der Halbschattenraum H wird von einigen Teilen der Lichtquelle beleuchtet, und zwar von um so mehr, je weiter die betreffende Stelle vom Kernschatten entfernt ist.

Bilder kleiner Öffnungen. Camera obscura. Es sei A (Abb. 200) eine kleine Öffnung in einer Wand, S ein weißer Schirm. Ein leuchtender Punkt B wirft durch das Loch A einen Lichtkegel und erzeugt so auf dem Schirm einen Lichtkreis B', den wir das „Bild" von B nennen. Die Bilder aller Punkte eines ausgedehnten leuchtenden Körpers, z. B. des Pfeils BC, fügen sich zu einem Gesamtbild $B'C'$ zusammen. Dieses Bild ist, verglichen mit dem Gegenstand, immer umgekehrt. Es wird um so lichtschwächer, aber zugleich auch um so schärfer, je kleiner die Öffnung A ist. Ein Kasten, dessen Vorderwand ein Loch und dessen Rückwand als Schirm eine Mattglasscheibe besitzt, heißt eine Camera obscura. Mit Hilfe einer kleinen Öffnung kann man auch z. B. leicht ein Sonnenbildchen erzeugen. Ein solches entsteht auch, wenn die Sonne durch das Laubwerk eines Baumes hindurchscheint.

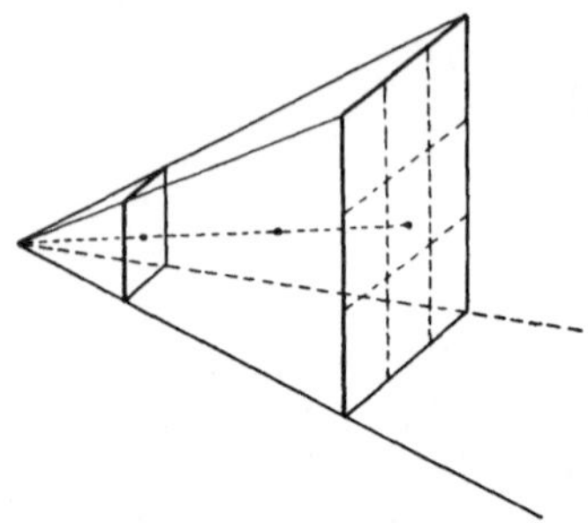

Abb. 201. Abhängigkeit der Beleuchtungsstärke von der Entfernung von der Lichtquelle.

Beleuchtungsstärke. Die Helligkeit, die eine punktförmige Lichtquelle auf einem Schirm erzeugt, nimmt mit wachsender Entfernung ab; denn eine Lichtquelle (Abb. 201), die sich in einem homogenen, nichtabsorbierenden Mittel befindet, strahlt offenbar durch jeden Querschnitt eines räumlichen Winkels die gleiche Lichtmenge. Dieselbe Lichtmenge, die in der kleineren Entfernung r_1 auf das Quadrat mit der Seite a entfällt, kommt in der größeren Entfernung r_2 auf das Quadrat mit der Seite b. Die Beleuchtungsstärken E_1 und E_2, d. h., die Lichtmengen, die auf 1 qcm entfallen, verhalten sich daher wie

$$E_1 : E_2 = \frac{1}{a^2} : \frac{1}{b^2} \quad \text{oder, da } a : b = r_1 : r_2, \quad E_1 : E_2 = \frac{1}{r_1^2} : \frac{1}{r_2^2}.$$

Die Beleuchtungsstärke ist umgekehrt proportional dem Quadrat der Entfernung. Für die Entfernung r schreiben wir

$$E = L/r^2$$

und nennen L die „Lichtstärke" der punktförmigen Lichtquelle.

Bei der Beleuchtung von Räumen spielt das von den hellen Wänden und Decken diffus reflektierte Licht die Hauptrolle. Das einfache Gesetz gilt nicht mehr; eine Änderung in der Aufhängung der Lampe hat meist nur geringe Wirkung.

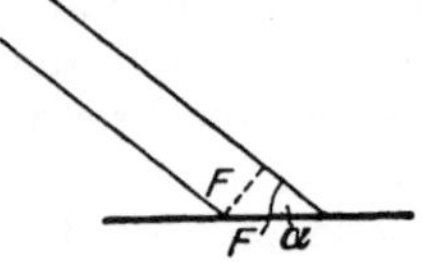

Abb. 202. Zum Lambertschen Gesetz.

Lambertsches Gesetz. Fällt ein Strahlenbündel nicht senkrecht, sondern unter dem Winkel α auf eine Fläche, so verteilt sich dieselbe Lichtmenge, die bei senkrechter Inzidenz auf die Fläche F entfällt (Abb. 202), auf die größere Fläche $F' \doteq \frac{F}{\sin\alpha}$. Auf 1 qcm kommt daher nur $\sin\alpha$ mal so viel wie vorher. Die Beleuchtungsintensität wird

$$E = L \sin\alpha / r^2.$$

Lichtstärke. Lichtstrom. Beleuchtung. Einheit der Lichtstärke ist die „Hefner-Kerze" (HK). Es ist das die horizontale Lichtstärke einer mit Amylazetat gespeisten Lampe, deren Docht 8,0 mm

Durchmesser und deren Flamme 40 mm Höhe hat. Bei Glühlampen ist die Lichtstärke nach verschiedenen Richtungen hin verschieden, je nach der Anordnung der Glühdrähte; die „mittlere räumliche Lichtstärke" liegt meist zwischen 16 und 1000 HK. Strahlt eine Lampe nach allen Richtungen hin 1 HK aus, und betrachtet man einen Lichtkegel, der aus einer um sie gelegten Einheitskugel (Radius 1 m) die Fläche 1 qm ausschneidet, so nennt man den innerhalb dieses Kegels liegenden „Lichtstrom" (= Lichtenergie-Strahlung pro Sek) ein Lumen (Lm).

Einheit der Beleuchtungsstärke ist ein „Lux" (Lx). Diese Beleuchtung entsteht auf einer Fläche, auf die das Licht einer 1 m entfernten Hefnerkerze senkrecht auffällt.

Photometer. Mit bloßem Auge kann man die Gleichheit von Lichtstärken meist nicht feststellen. Z. B. scheint uns eine Glühlampe heller zu sein als eine gleich helle Gaslampe, weil bei der ersten das Licht von dem dünnen Draht ausgeht, die spezifische Helligkeit also größer ist. Apparate, die zum Vergleich der Lichtstärken zweier Quellen dienen, heißen Photometer.

Fettfleckphotometer (Bunsen 1843). Es besteht im wesentlichen aus einem weißen Papierschirm mit einem Fettfleck in der Mitte. Bei einseitiger Beleuchtung erscheint der Fettfleck von der Seite der Lichtquelle dunkel auf hellem Grunde (weil er durchlässiger ist als die Umgebung, also weniger reflektiert), von der anderen Seite hell auf dunklem Grunde (aus derselben Ursache; er läßt mehr Licht durch). Stellt man die zu untersuchende Lichtquelle L_2 auf der einen, eine konstante Hilfslichtquelle L_1 auf der andern Seite des Schirms so auf, daß beide Seiten gleich stark beleuchtet werden, so verschwindet der Fleck. Es ist dann

$$\frac{L_1}{r_1^2} = \frac{L_2}{r_2^2} \quad \text{oder} \quad \frac{L_1}{L_2} = \left(\frac{r_1}{r_2}\right)^2.$$

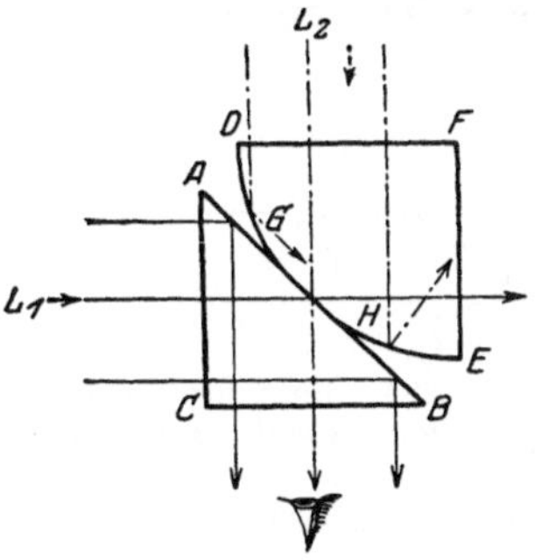

Alle Lichtquellen, die zu untersuchen sind, werden mit derselben Hilfslichtquelle L_1 verglichen. Das Photometer wäre ganz einwandfrei, wenn der Fettfleck völlig durchlässig, die Umgebung völlig undurchlässig für Licht wäre.

Photometerwürfel (Lummer und Brodhun 1899). Das Prinzip ist das gleiche wie bei Bunsen; man verwendet gewissermaßen einen „idealen Fettfleck".

Abb. 203. Photometerwürfel.

Das Photometer besteht aus einem rechtwinklig-gleichschenkligen Glasprisma ABC (Abb. 203) mit ebenen Flächen und aus einem zweiten Prisma DEF, dessen Hypotenusenfläche kugelförmig ist. Der mittlere Teil GH der Hypotenusenfläche ist eben geschliffen und so innig und fest gegen das erste Prisma gepreßt, daß dort die beiden Prismen wie ein einziger Glaskörper sich verhalten.

Fallen Lichtstrahlen auf die Fläche AC, so durchsetzen sie die Hypotenusenfläche im mittleren Teil GH ungestört, werden aber rings umher an allen Stellen nach BC hin total reflektiert (vgl. S. 241). Von der Seite der Fläche BC aus sieht man daher einen dunkeln Kreis mit scharfen Rändern auf hellem Grund. Fällt das Licht dagegen auf die Fläche DF, so gelangt es durch GH hindurch ans Auge, während ringsherum die Strahlen zur Seite EF hin total reflektiert werden; man sieht einen hellen Kreis auf dunkelm Grunde. Läßt man nun das Licht der einen Lichtquelle auf AC, das der anderen auf DF fallen, so wird bei passender Einstellung der Entfernungen der Kreis ganz verschwinden, das Gesichtsfeld gleichmäßig hell werden. Dann ist wieder $\frac{L_1}{L_2} = \left(\frac{r_1}{r_2}\right)^2$. Da der Rand des Kreises sehr scharf ist, kann man geringste Helligkeitsunterschiede wahrnehmen.

Flächenphotometer. Es dient zur Untersuchung der Beleuchtung von Flächen, z. B. von Arbeitsplätzen. Es enthält einen Lummer-Brodhunschen Photometerwürfel. Vor die Flächen AC und DF des Würfels werden dann Mattscheiben gesetzt, von denen die eine durch die zu untersuchende Fläche, die andere durch eine verschiebbare Vergleichslampe konstanter Helligkeit beleuchtet wird. Das Photometer wird durch Beobachtung von Flächen mit bekannter Flächenhelligkeit geeicht.

Geschwindigkeit des Lichts. Die Geschwindigkeit der Lichtausbreitung hat bereits Galilei zu messen versucht, allerdings ohne Erfolg. Man kennt jetzt eine ganze Reihe von Methoden zu ihrer Bestimmung; die beiden ältesten Methoden benutzen astronomische Beobachtungen.

Methode von Olaf Römer. Die von Galilei entdeckten 4 Trabanten des Planeten Jupiter werden fast bei jedem Umlauf — die 3 inneren sogar bei jedem — durch den Schatten des Jupiters verfinstert. Die verhältnismäßig große Genauigkeit, mit der man die Zeit des Verschwindens und des Wiederauftauchens bei jedem Mond beobachten kann, führte die Astronomen des 17. Jahrhunderts zur Berechnung von Tafeln für diese Finsternisse. Beim Durcharbeiten der Tafeln fand nun Olaf Römer (1676), daß die Umlaufzeit jedes einzelnen Trabanten ungleichförmig erschien, und zwar in sehr merkwürdiger Weise. War der Jupiter in Opposition zur Sonne S (Erde in A, Abb. 204), so war die Umlaufzeit gleich dem allgemeinen Durchschnittwert. Bewegte sich die Erde von A über B nach C, so dauerten die Einzelumläufe länger, so daß die Verfinsterungen später eintraten, als die Berechnungen, denen die Durchschnittwerte der Umlaufzeiten zu grunde gelegt waren, es verlangten. Zur Zeit der Konjunktion[1]) (Erde in C) betrug diese Differenz zwischen errech-

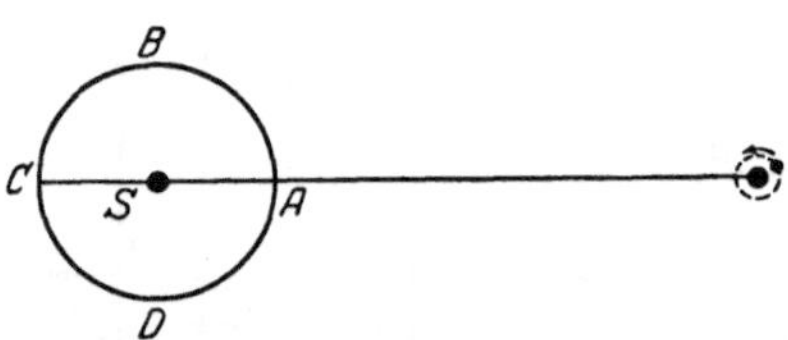

Abb. 204. Bestimmung der Lichtgeschwindigkeit nach Olaf Römer.

[1]) Zwischen den Stellungen A und C vergeht wegen der Eigenbewegung des Jupiter etwa $^1/_2$ Monat mehr als $^1/_2$ Jahr.

netem und wirklichem Eintritt der Verfinsterung 22 Minuten. Die Einzelumlaufzeit war bei Stellung B am größten, bei C wieder gleich dem Durchschnittwert. Bei weiterer Bewegung der Erde wurden die Zeiten der Einzelumläufe kleiner als der Durchschnittwert, die beobachteten Zeiten der Verfinsterung näherten sich den errechneten und fielen bei Stellung A wieder mit ihnen zusammen. Für alle 4 Satelliten ergab sich die gleiche Erscheinung. Römer gab die richtige Deutung, daß nämlich die endliche Geschwindigkeit des Lichts die Ursache der Erscheinung ist. Die Durchschnitt-Umlaufzeit ist die wirkliche Umlaufzeit des Satelliten. Entfallen etwa auf die Zeit zwischen den Stellungen A und C 100 Umläufe des Mondes, so hat das Licht, das nach dem ersten Auftauchen des Mondes aus dem Schatten zur Erde eilt, den Weg JA zu machen, das Licht aber, das nach dem 100. Auftauchen zur Erde kommt, den Weg JC. Es wird daher um so viel später als berechnet zur Erde kommen, wie es für den Weg AC braucht. Es ist klar, daß dieser Weg für das Licht aller Monde der gleiche ist. Er ist gleich dem Durchmesser der Erdbahn und beträgt rund 300000000 km. Römer hatte für die Zeit, die das Licht zu diesem Weg braucht, 22 Minuten gefunden; spätere genauere Messungen haben rund 1000 Sekunden ergeben. Danach beträgt die Lichtgeschwindigkeit $c = 300000$ km/sec oder $c = 3 \cdot 10^{10}$ cm/sec.

Auch aus der 1727 von Bradley entdeckten Aberration der Fixsterne ist die Berechnung der Lichtgeschwindigkeit möglich. Es ergibt sich derselbe Wert wie oben.

Methode von Foucault. Um die Mitte des 19. Jahrhunderts wurden kurz nacheinander 2 Methoden erdacht, um die Lichtgeschwindigkeit durch Experimente auf der Erde zu bestimmen. Die wichtigere von ihnen werde kurz beschrieben, die Methode von Foucault (1862)[1]). Sie gestattet die Bestimmung von c innerhalb des Laboratoriums. Die Anordnung ist aus Abb. 205 ersichtlich. Der von rechts her stark beleuchtete Spalt A wird durch eine Linse B so abgebildet, daß sein Bild in C entstehen würde. Dadurch, daß dem Licht der Planspiegel D in den Weg gestellt ist, wird das Bild in E erzeugt. D ist um seine senkrecht zur Zeichenebene stehende Mittelachse drehbar. E ist ein Hohlspiegel, dessen Krümmungsmittelpunkt in D liegt. Bei jeder Stellung von D werden daher alle von D kommenden Strahlen, sofern sie den Hohlspiegel E überhaupt

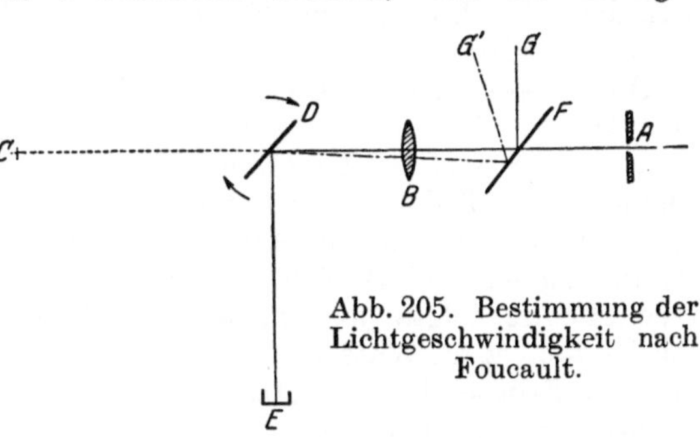

Abb. 205. Bestimmung der Lichtgeschwindigkeit nach Foucault.

[1]) Die ersten Versuche machte Foucault 1850; die entscheidende Idee, einen rotierenden Spiegel zu verwenden, stammte von Arago.

treffen, stets in der eigenen Richtung zurückgeworfen. Von D geht der Lichtstrahl in Richtung DBA weiter; Linse B erzeugt zum zweitenmal ein reelles Bild des Spaltes, das mit ihm selbst zusammenfällt. Zwischen B und A ist aber eine unter 45^0 geneigte, unbelegte Glasplatte F eingeschaltet; durch sie wird ein Teil des Lichtes nach oben reflektiert, und man sieht das Spaltbild auch in G. Läßt man nun Spiegel D außerordentlich schnell rotieren, so findet das Licht, das von D nach E gegangen ist, bei seiner Rückkehr den Spiegel D nicht mehr in der alten Lage; er hat sich vielmehr um einen kleinen Winkel gedreht. Die Folge ist, daß der reflektierte Strahl die Glasplatte F in einem tieferen Punkte trifft; das Spaltbild erscheint in G'. Aus der Länge von GG' und den übrigen geometrischen Dimensionen der Versuchsanordnung kann man den Winkel berechnen, um den der Spiegel sich gedreht hat, während das Licht von D nach E und zurück geht; aus dem Winkel und der Umdrehungszeit des Spiegels (bei den Versuchen etwa $^1/_{800}$ bis $^1/_{1000}$ Sekunde) ergibt sich die Zeit, die das Licht zu dem Weg $2 \cdot DE$ gebraucht hat, und daraus die Geschwindigkeit c. Man erhält auch hier rund[1]) $c = 3 \cdot 10^{10}$ cm/sec. Die Foucaultsche Methode ist aus einem doppelten Grunde wichtig: Einmal gestattet sie, die Lichtgeschwindigkeit auch in anderen Medien, z. B. Wasser, zu bestimmen, indem man zwischen D und E Wasser bringt. Es zeigte sich, daß in Wasser die Geschwindigkeit nur rund $^3/_4\, c$ beträgt. Für solche Versuche macht man DE nur einige Meter lang. Andererseits kann man DE sehr groß machen (einige Kilometer); man erhält große Drehwinkel des Spiegels und kann so Präzisionsbestimmungen für c vornehmen. Als bester Wert für die Lichtgeschwindigkeit in Luft gilt zur Zeit $c = 299\,860$ km/sec (nach Michelson und Newcomb).

Das Wesen des Lichts. Newton nahm an, daß das Licht aus feinen Teilchen besteht, die von dem leuchtenden Körper in den Raum hinein geschleudert werden (Emanationstheorie). Er konnte damit die Reflexion (die Teilchen verhalten sich beim Aufprall wie elastische Kugeln) und auch die Brechung erklären (beim Übergang z. B. von Luft in Wasser ändert sich die Geschwindigkeit der Teilchen). Aus seiner Theorie folgte jedoch, daß die Lichtgeschwindigkeit in dichteren Medien (z. B. Wasser) größer sein muß als in dünneren (Luft). Durch die Foucaultschen Messungen ist die Emanationstheorie daher endgültig erledigt worden.

Huyghens, der Zeitgenosse Newtons, erkannte dagegen das Licht als eine Wellenbewegung (Undulationstheorie). Mit Hilfe des von ihm aufgestellten Prinzips (vgl. S. 84) konnte er Reflexion und Brechung erklären; die Lichtgeschwindigkeit muß in Wasser kleiner sein als in Luft, übereinstimmend mit dem Experiment. Über die Art der Wellen (transversal oder longitudinal) hat erst Thomas Young (1817) den Satz aufgestellt, daß die Lichtwellen transversal sind. (Sie zeigen Polarisation.)

---

[1]) Foucault fand $c = 2{,}88 \cdot 10^{10}$ cm/sec.

Heutzutage ist in der Physik allgemein die Faraday-Maxwellsche Theorie angenommen, nach welcher das Licht eine elektromagnetische Wellenerscheinung ist, wesensverwandt den in der drahtlosen Telegraphie auftretenden Wellen. Beide Wellenarten haben die gleiche Fortpflanzungsgeschwindigkeit. Im folgenden werden wir ferner beim Licht alle die Eigenschaften wiederfinden, die wir bei den elektrischen Wellen kennen gelernt haben: Reflexion, Brechung, Interferenz, Beugung, Polarisation. Darüber hinaus ist es möglich, aus der Maxwellschen Theorie auch rein rechnerisch alle Gesetze herzuleiten.

Reflexion des Lichtes.

Durchsichtige und undurchsichtige Körper. Fällt auf einen Körper Licht auf, so wird im allgemeinen ein Teil des Lichts zurückgeworfen (reflektiert), ein Teil im Inneren des Körpers verschluckt (absorbiert), ein dritter Teil durchgelassen. Ein Körper, der kein Licht durchläßt, heißt undurchsichtig; läßt er Licht durch, so heißt er durchsichtig oder durchscheinend, je nachdem, ob man durch ihn hindurch die Formen eines Gegenstandes erkennen kann oder nicht.

Ein Körper, der weder Licht reflektiert noch durchläßt, sondern alles absorbiert, heißt schwarz.

Fällt auf einen reflektierenden Körper von einer Seite her Licht, so kann er es entweder nach allen Seiten hin zurückwerfen (diffuse Reflexion), wie es rauhe Körper tun (weißes mattes Papier), oder aber nur nach einer bestimmten Richtung (regelmäßige Reflexion an spiegelnden Flächen). Die uns umgebenden Körper (Zimmerwände, Kleider usw.) reflektieren fast ausschließlich diffus.

Ein Lichtstrahl in Luft wird uns nur bemerkbar, wenn er das Auge trifft. Zigarrenrauch oder Staubteilchen in der Luft reflektieren das Licht diffus und machen so seinen Weg auch von der Seite erkennbar (Sonnenstäubchen).

Reflexionsgesetz. Ein Lichtstrahl falle auf einen ebenen Spiegel. Das im Einfallspunkt errichtete Lot heißt Einfallslot. So gelten folgende Gesetze, die experimentell bestätigt werden:

1. Der einfallende Strahl, das Einfallslot und der reflektierte Strahl liegen in einer Ebene.

2. Der einfallende und der reflektierte Strahl bilden mit dem Einfallslot gleiche Winkel, oder: der Einfallswinkel ist gleich dem Reflexionswinkel.

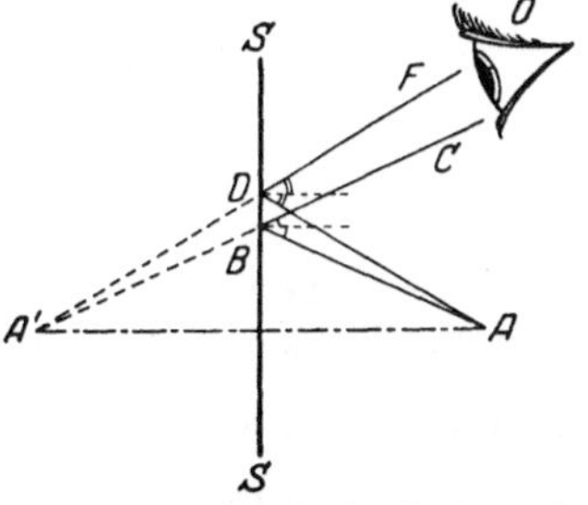

Abb. 206. Gegenstand und Bild beim ebenen Spiegel.

Bild beim ebenen Spiegel. Aus der täglichen Erfahrung wissen wir, daß bei der Betrachtung durch einen ebenen Spiegel das Bild eines Gegenstandes ebenso weit hinter dem Spiegel liegt wie der Gegenstand selbst davor. Die Erklärung dafür gibt Abb. 206. S sei ein ebener

Spiegel, A ein leuchtender Punkt. Die Strahlen AB und AD werden in Richtung BC und DF reflektiert. Fallen diese Strahlen in unser Auge O, so suchen wir unwillkürlich den Ursprung der Strahlen dort, wo ihre rückwärtigen Verlängerungen sich schneiden, d. h. in A'. Wegen der Gleichheit von Einfalls- und Reflexionswinkel folgt aus geometrischen Sätzen, daß A und A' oder Gegenstand und Bild symmetrisch zum Spiegel liegen.

Hohlspiegel. Einen Hohlspiegel können wir uns zusammengesetzt denken aus ebenen Flächenelementen, auf diese können die Gesetze des ebenen Spiegels angewandt werden. Das Einfallslot ist das Lot auf der Tangentialebene (Flächennormale). Ist der Hohlspiegel ein Stück eines Umdrehungsparaboloids, so werden nach geometrischen Sätzen sämtliche parallel zur Achse einfallenden Strahlen genau nach dem Brennpunkt reflektiert (parabolischer Spiegel). Gewöhnlich ist der Hohlspiegel ein Stück einer Kugelfläche (sphärischer Spiegel). Es sei (Abb. 207) M der Krümmungsmittelpunkt, r der Krümmungsradius, MA die Achse des Spiegels. Die Strahlen, die von einem auf der Achse liegenden Gegenstandspunkt G ausgehen, werden so reflektiert, daß sie sich im Bildpunkt B treffen, wie der Versuch zeigt. Die Lagenbeziehung zwischen G und B erhält man so: GC sei ein von G kommender Strahl; CM ist das Einfallslot, CB der reflektierte Strahl; daher ist CM die Winkelhalbierende im Dreieck GCB, und es ist

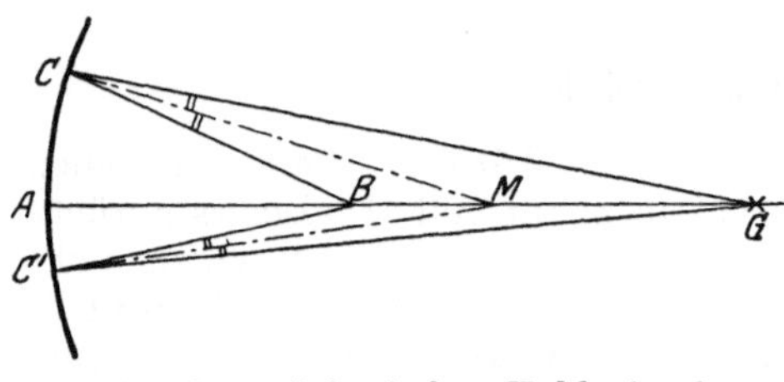

Abb. 207. Sphärischer Hohlspiegel.

$$GC:BC = GM:MB.$$

Betrachtet man nun nur solche Strahlen, die mit der Achse sehr kleine Winkel bilden, so ist mit guter Annäherung für alle Strahlen $GC = GA$, $BC = BA$ zu nehmen; wir setzen $AG = a$, $AB = b$; dann lautet obige Proportion

$$GA:BA = GM:MB \quad \text{oder}$$

$$a:b = (a - r):(r - b),$$

$$ar - ab = ab - br \quad \text{oder}$$

$$\frac{1}{a} + \frac{1}{b} = \frac{2}{r}.$$

a heißt die Gegenstandweite, b die Bildweite. Die Gleichung gibt die Beziehung zwischen a und b. Ist insbesondere $a = \infty$ (Gegenstand so weit entfernt, daß die Strahlen parallel kommen), so wird $b = \frac{r}{2}$.

Den Sammelpunkt paralleler Strahlen nennt man den Brennpunkt des Spiegels; seine Entfernung vom Spiegel heißt Brennweite, sie ist also $f = \frac{r}{2}$. Wir führen f in die Gleichung ein:

$$\frac{1}{a} + \frac{1}{b} = \frac{1}{f}.$$

Beziehung zwischen Gegenstand- und Bildweite. Reelles und virtuelles Bild. Aus der angegebenen Gleichung folgt $b = \frac{af}{a-f}$. Diese Beziehung zwischen a und b ist in Abb. 208 graphisch dargestellt. Man erkennt Folgendes:

1. $a = \infty$, $b = f$; parallel ankommende Strahlen werden im Brennpunkt vereinigt.

2. $\infty > a > 2f$, $f < b < 2f$; rückt der Gegenstand dem Spiegel näher, so rückt das Bild weiter weg.

3. $a = 2f$, $b = 2f$; ist der Gegenstand im Krümmungsmittelpunkt, so fällt er mit seinem Bild zusammen ($r = 2f$).

4. $2f > a > f$, $2f < b < \infty$; liegt der Gegenstand zwischen Brennpunkt und Krümmungsmittelpunkt, so liegt das Bild jenseits des Mittelpunktes.

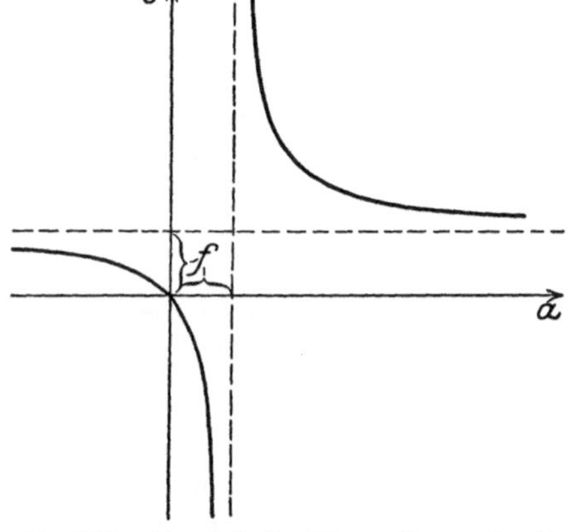

Abb. 208. Graphische Darstellung der Beziehung zwischen Gegenstandsweite a und Bildweite b beim Hohlspiegel.

5. $a = f$, $b = \infty$; die vom Brennpunkt kommenden Strahlen werden parallel zur Spiegelachse reflektiert.

6. $a < f$, b negativ; liegt der Gegenstand innerhalb der Brennweite, so divergieren die reflektierten Strahlen so, daß sie von einem hinter dem Spiegel liegenden Punkt zu kommen scheinen.

In den Fällen 1 bis 4 vereinigen sich die reflektierten Strahlen (wie in Abb. 207); das Bild, das sie erzeugen, läßt sich auf einem Schirm auffangen, es heißt ein „reelles Bild". Bei 5 liegt das Bild im Unendlichen, die reflektierten Strahlen sind parallel. Im Fall 6 vereinigen sich die Strahlen nicht, sie divergieren vielmehr; das Bild läßt sich daher nicht auffangen. Die ins Auge tretenden divergenten Strahlen erwecken den Eindruck, als ob sie von einem „Bild" hinter dem Spiegel kommen; man spricht hier von einem „virtuellen Bild" (Abb. 209). (Ebenso ist das Bild beim ebenen Spiegel virtuell.)

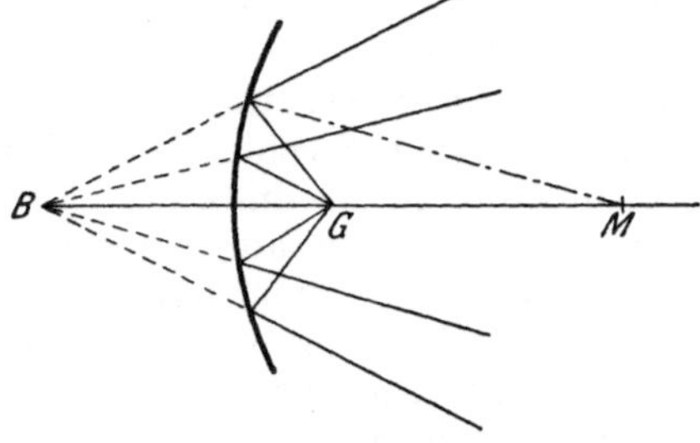

Abb. 209. Virtuelles Bild beim sphärischen Hohlspiegel.

Nebenachse. Bildgröße. Jede durch den Krümmungsmittelpunkt M eines Hohlspiegels gelegte Gerade ist eine Spiegelachse. Die Achse, die durch die Mitte der spiegelnden Fläche geht, ist die Hauptachse; die anderen heißen Nebenachsen. Das Bild eines leuchtenden Punktes liegt stets auf der durch ihn gehenden Nebenachse. Es sei (Abb. 210) $G_1 G_2$ ein auf der Hauptachse $G_1 S$ senkrecht stehender, leuchtender Gegenstand, F der Brennpunkt ($MF = \frac{1}{2} MS$). Das Bild von G_1 liegt auf der Hauptachse (in B_1), das Bild B_2 von G_2 auf der Nebenachse $G_2 M$, denn der Strahl $G_2 M$ fällt senkrecht auf den Spiegel und wird in der eigenen Richtung reflektiert. B_2 ist der

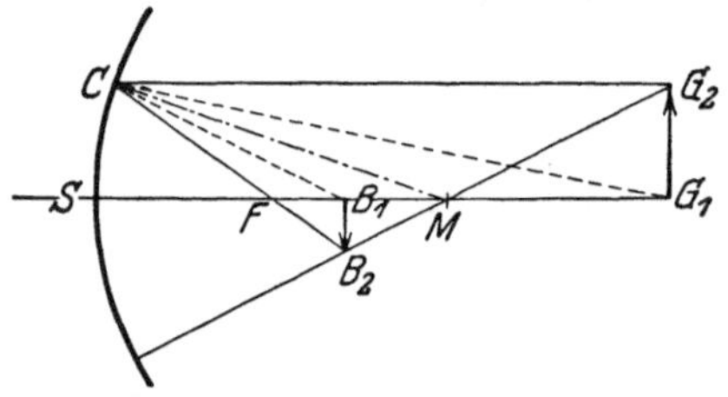

Abb. 210. Konstruktion eines reellen Bildes beim Hohlspiegel.

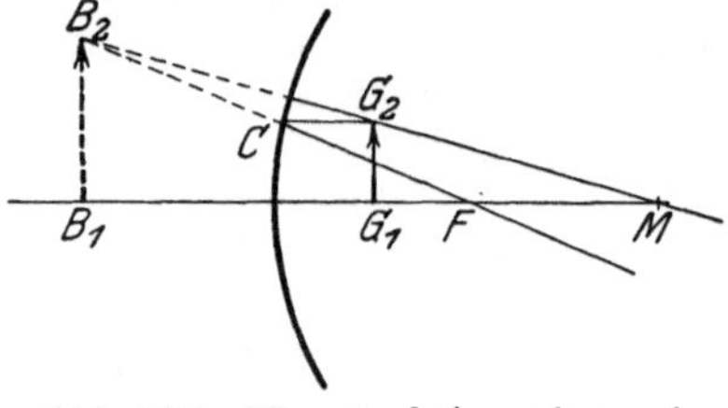

Abb. 211. Konstruktion eines virtuellen Bildes beim Hohlspiegel.

Konvergenzpunkt aller von G_2 ausgehenden, reflektierten Strahlen; der Strahl $G_2 C$ z. B., der zur Hauptachse parallel ist, geht nach der Reflexion durch den Brennpunkt F; wo CF den Strahl $G_2 M$ schneidet, liegt B_2. Man hat so ein Mittel, B_2 durch Konstruktion zu finden. B_1 ist (bei kleinen Gegenständen) nahezu der Fußpunkt des von B_2 auf MS gefällten Lotes. Man erkennt, daß die reellen Hohlspiegelbilder stets umgekehrt sind. Übrigens folgt aus der Figur

$$G_1 G_2 : B_1 B_2 = G_1 M : B_1 M = G_1 C : CB_1 = G_1 S : B_1 S;$$

die Größen von Bild und Gegenstand verhalten sich wie ihre Entfernungen vom Spiegel.

Abb. 211 zeigt die Konstruktion eines virtuellen Bildes. Es ist stets aufrecht und vergrößert.

Sphärische Aberration. Spiegel mit größerer Öffnung vereinigen zur Achse parallele Strahlen nicht sämtlich im Brennpunkt, es bildet sich vielmehr eine Brennfläche. (Läßt man Sonnenstrahlen in einen Fingerring fallen, der auf einer weißen Unterlage ruht, so hat die Brennlinie die Gestalt einer arabischen Drei.) Entsprechend erzeugt ein Gegenstand $G_1 G_2$ bei großer Spiegelöffnung ein gekrümmtes Bild $B_1 B_2$, das dem Hohlspiegel die konvexe Seite zukehrt. Fängt man das Bild auf ebenem Schirm auf, so muß man diesen näher an den Spiegel, wenn B_1, weiter weg, wenn B_2 scharf werden soll. (Sphärische Aberration.)

Konvexe Spiegel. Bei ihnen wird die konvexe Seite zum Spiegeln verwendet. Alle zur Achse parallelen Strahlen werden divergent reflektiert, doch so, daß sie von einem hinter dem Spiegel liegenden „virtuellen Brennpunkt“ F zu kommen scheinen. Entsprechend gehört zu jedem Gegenstandpunkt G ein virtueller Bildpunkt B. Rechnet man demgemäß Brennweite f und Bildweite b negativ, so gilt wieder

$$\frac{1}{a}+\frac{1}{b}=\frac{1}{f}.$$

Der Konvexspiegel gibt stets virtuelle, aufrechte, verkleinerte Bilder. Spiegelt sich z. B. ein Mensch in einer Kugel von 20 cm Radius, deren Oberfläche 90 cm entfernt ist, so ist $a = 90$ cm, $f = -10$ cm, daher $b = -9$ cm; $\frac{-b}{a}=\frac{9}{90}=\frac{1}{10}$; das virtuelle Bild liegt 9 cm hinter dem Spiegel, seine Größe ist $\frac{1}{10}$ des Gegenstandes. (In kleinen Konvexspiegeln kann man sich vollständig sehen.)

Anwendungen der Spiegel. 1. Ebene und Hohlspiegel dienen als Toilette- und Rasierspiegel.

2. Hohlspiegel werden verwendet bei Blendlaternen, Automobillaternen, Scheinwerfern.

3. Kleine Planspiegel dienen als Kehlkopf-, Ohren-, Nasen-, Zahnspiegel. Als Lichtquelle bei Untersuchungen nimmt man häufig eine Glühlampe, deren Licht durch einen vor dem Auge des Arztes befindlichen Hohlspiegel gesammelt, auf den Planspiegel geworfen und von dort zum Kehlkopf usw. reflektiert wird. Der Hohlspiegel enthält in der Mitte ein Loch, damit die zurückkommenden Strahlen zum Auge des Arztes gelangen können.

4. Augenspiegel s. u. S. 257.

5. Der Heliostat ist ein ebener Spiegel, der so aufgestellt ist, daß er das Sonnenlicht in das Experimentierzimmer wirft. Beim Uhrwerk-Heliostaten wird der Spiegel automatisch mit der Sonne mitgedreht.

6. Spiegelablesung wird bei Galvanometern, der Coulombschen Drehwage usw. angewandt. Ein kleiner, sehr leichter Planspiegel ist mit der Drehspule des Galvanometers usw. verbunden. Man läßt das Licht einer Glühlampe auf den Spiegel fallen und von dort auf eine entfernte Skala reflektieren. Bereits eine geringe Spiegeldrehung bewirkt eine starke Wanderung des Lichtflecks auf der Skala (Lichtzeigermethode). Oder man beobachtet durch ein Fernrohr das durch Reflexion am Spiegel erzeugte Bild einer unterhalb des Fernrohrs befindlichen Skala. Der Punkt der Skala, der bei der Ruhelage genau im Fadenkreuz des Fernrohrs erscheint, wird als Nullpunkt genommen. Dreht sich der Spiegel, so rückt eine entsprechende Maßstabzahl ins Gesichtsfeld (Fernrohrmethode).

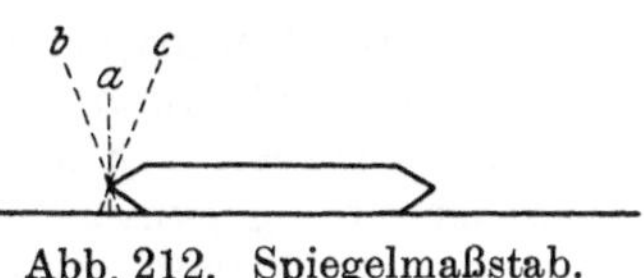

Abb. 212. Spiegelmaßstab.

7. Spiegelmaßstab. Will man die Länge eines Gegenstandes bestimmen, der auf einen Maßstab aufgelegt ist, dessen Enden aber vom Maßstab abstehen, so liegt die Gefahr vor, daß man bei schiefer Blickrichtung eine zu kleine oder zu große Länge abliest (Parallaktischer Fehler, Abb. 212). Man nimmt daher einen spiegelnden Maß-

stab; das Auge ist so zu halten, daß die Grenzkante des Körpers und ihr Bild auf demselben Sehstrahl liegen, also sich scheinbar decken.

8. Hohlspiegel werden in den Spiegelteleskopen (Reflektoren) benutzt, vgl. S. 270.

Brechung des Lichtes.

Grundversuch. Der Apparat Abb. 213 ist bis zur Höhe von M mit Wasser gefüllt. Durch den Spalt A fällt ein paralleles Strahlenbündel, das bei M aufs Wasser trifft. Der Lichtstrahl wird in der Luft durch Zigarrenrauch u. dgl. oder auch dadurch sichtbar gemacht, daß er an einer Mattglasscheibe entlanggleitet, im Wasser dadurch, daß man diesem z. B. etwas Fluoreszein zusetzt. Ein Teil des Lichtes wird in M reflektiert (nach A'), ein anderer dringt ins Wasser. Der Strahlengang des zweiten Teils MB erfährt in M einen Knick. Man bezeichnet diesen Vorgang als „Brechung" oder „Refraktion" des Lichtes. Sie tritt überall da ein, wo der Lichtstrahl die Grenze zwischen 2 Medien passiert. Der Winkel α zwischen dem einfallenden Strahl und dem Einfallslot heißt Einfallswinkel, der Winkel β zwischen Lot und gebrochenem Strahl heißt Brechungswinkel.

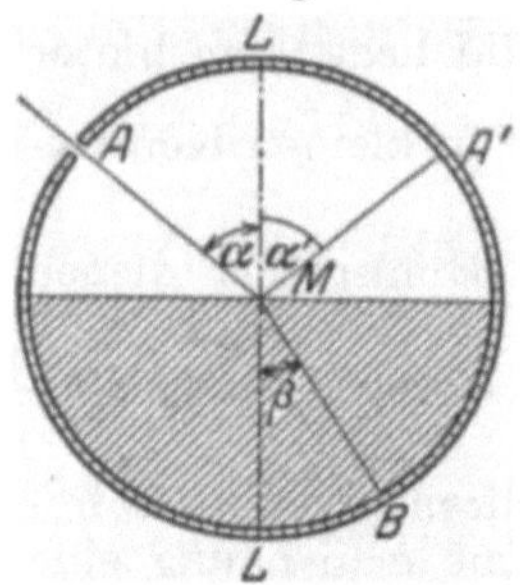

Abb. 213. Brechung des Lichtes.

Brechungsgesetz. Für die Brechung gelten (außer für gewisse Kristalle, S. 273) folgende Gesetze (Willibrord Snell, 1591—1626):

1. Eintretender Strahl, Einfallslot und gebrochener Strahl liegen in einer Ebene.

2. Der Sinus des Einfallswinkels steht zum Sinus des Brechungswinkels in einem konstanten Verhältnis: $\frac{\sin\alpha}{\sin\beta} = n$.

Die Größe n, die von der Natur der beiden aneinander grenzenden Medien abhängt, heißt ihr gegenseitiger Brechungsexponent oder Brechungsindex. Z. B. ist n für Luft und Wasser $\frac{4}{3}$, für Luft und Glas etwa $\frac{3}{2}$.

Den Brechungsexponenten einer Substanz gegen den leeren Raum bezeichnet man kurz als den „Brechungsexponenten der Substanz". Haben 2 Substanzen die Brechungsexponenten n_1 und n_2, so ist ihr gegenseitiger Brechnungsexponent $n = n_1/n_2$. Für Luft ist $n = 1{,}00029$, so daß die Brechungsexponenten einer Substanz gegen Luft und gegen den leeren Raum sehr wenig verschieden sind.

Dasjenige Medium, in dem der Strahl näher am Einfallslot verläuft, heißt optisch dichter. Glas und Wasser z. B. sind optisch dichter als Luft.

Abb. 214 zeigt, wie infolge der Strahlenbrechung eine auf dem Grunde eines Wasserbehälters befindliche Münze G oder dgl. dem Auge des Beschauers gehoben erscheint (nach B). Aus gleichem Grunde erscheint ein Bach dem seitlich hineinblickenden Beschauer flacher, als er wirklich ist. Beobachtet man einen ins Wasser gesteckten Stab, so erscheint das untere Ende gehoben, der Stab selbst geknickt.

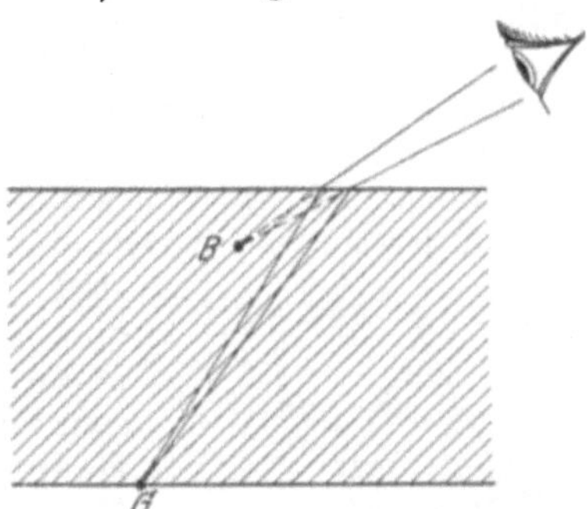

Abb. 214. Strahlenbrechung im Wasser.

Totalreflexion. Eine Lichtquelle L (Abb. 215) ist von einer halbkreisförmigen Glashülle umgeben. Das Licht tritt senkrecht und daher ungebrochen in das darüber befindliche Wasser und wird an der oberen Grenzfläche des Wassers beim Übergang in Luft, also vom dichteren ins dünnere Medium, vom Einfallslot weg gebrochen. Der Ausfallswinkel α in Luft ist dabei gegeben durch $\sin\alpha = n \cdot \sin\beta$. Ist nun $\sin\beta = \frac{1}{n}$, so ist $\sin\alpha = 1$, $\alpha = 90^0$. Man nennt den durch die Gleichung $\sin\beta_0 = 1/n$ bestimmten Winkel β_0 den Grenzwinkel. (Für Wasser-Luft ist $n = \frac{4}{3}$, $\beta_0 = 49^0$, für Glas-Luft ist $n = 1{,}5$, $\beta_0 = 42^0$.) Wird β größer als β_0, so existiert, da der Sinus eines Winkels kleiner als 1 sein muß, kein zugehöriger Winkel α. In der Tat zeigt der Versuch, daß, wenn $\beta > \beta_0$ ist, kein Licht aus dem Wasser in die Luft tritt, sondern daß alles reflektiert wird. Der Vorgang heißt Totalreflexion. Nähert sich β dem Grenzwinkel β_0, so wird der Bruchteil des Lichts, der reflektiert wird, immer größer, der gebrochene immer kleiner.

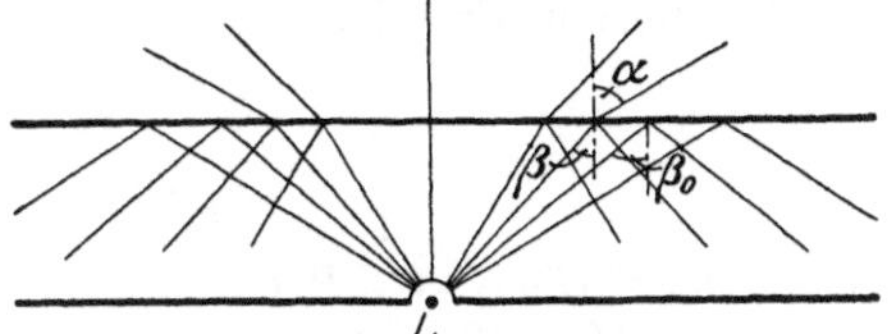

Abb. 215. Totalreflexion.

Nach dem Gesagten kann Totalreflexion nur eintreten, wenn das Licht aus dem dichteren ins dünnere Medium zu treten sucht, und wenn der Einfallswinkel größer ist als der Grenzwinkel. Sie wird verwendet beim Photometerwürfel (S. 231, hier $\beta > 42^0$). Blickt man schräg von unten gegen die horizontale Oberfläche des in einem Glasgefäß befindlichen Wassers (Aquarium), so ist der intensive Silberglanz ein Zeichen für die Totalreflexion. Denselben Glanz bemerkt man, wenn man schräg auf ein leeres (mit Luft gefülltes) und ins Wasser gestecktes Probierglas blickt. Wasserspinnen und andere Tiere nehmen am Körper Luftbläschen mit ins Wasser, die dann infolge Totalreflexion des Lichts silbrig glänzen.

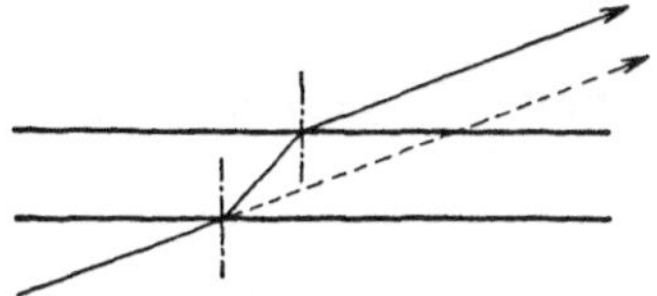
Abb. 216. Strahlengang durch eine planparallele Platte.

Planparallele Platten. Geht ein Lichtstrahl durch eine von parallelen Ebenen begrenzte Glasplatte, so wird er an der Vorder- und der Rückseite gebrochen. Wie Abb. 216 zeigt, erfährt er im ganzen eine seitliche Parallelverschiebung, die um so größer ist, je schräger er auffällt.

Prisma. Ein optisches Prisma ist ein durchsichtiger Körper, bei dem (mindestens) 2 Begrenzungsflächen Ebenen sind, die nicht parallel sind. Die Schnittkante der Ebenen heißt die brechende Kante, der Winkel zwischen ihnen der brechende Winkel. Ein Schnitt senkrecht zur brechenden Kante heißt ein Hauptschnitt. Ein Lichtstrahl, der in einem Hauptschnitt auf die eine Grenzebene fällt, erfährt erst an dieser, dann beim Austritt aus dem Prisma an der anderen Ebene eine Brechung (Abb. 217). Die Winkel, die der eintretende bzw. der austretende Strahl mit dem Einfallslot bildet, seien in Luft α_1 und α_2, im Glas β_1 und β_2. Der brechende Winkel sei ω. Der in der Abbildung mit δ bezeichnete Winkel gibt die Gesamtablenkung an. Theoretisch und experimentell ergibt sich, daß die Gesamtablenkung δ dann am kleinsten ist, wenn der Strahl symmetrisch durch das Prisma geht. In diesem Fall ist

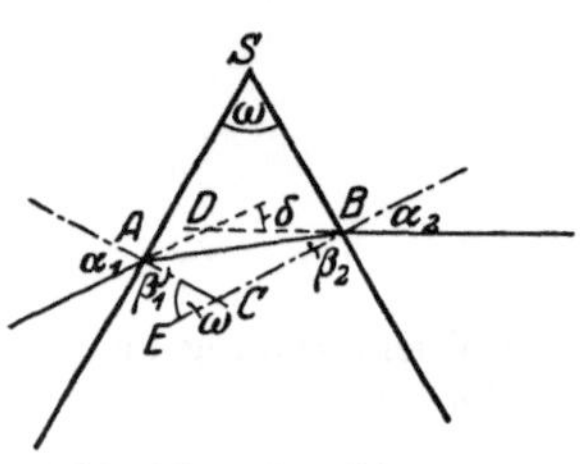

Abb. 217. Strahlengang durch ein Prisma.

$$\alpha_1 = \alpha_2 = \alpha,$$

$$\beta_1 = \beta_2 = \beta.$$

Ferner ist $\sphericalangle CAS = CBS = 90^0$, daher, da die Winkelsumme im Viereck $ASBC$ 360^0 ist,

$$\sphericalangle ACB + \omega = 180^0, \quad \sphericalangle ECA = \omega,$$

mithin

$$\beta = \frac{\omega}{2}.$$

Endlich ist

$$\sphericalangle DAB = \alpha - \beta, \quad 2(\alpha - \beta) = \delta, \quad \alpha = \frac{\delta}{2} + \beta = \frac{\delta + \omega}{2}.$$

Da nun $\frac{\sin\alpha}{\sin\beta} = n$ ist, folgt für symmetrischen Strahlendurchgang

$$\frac{\sin\frac{\delta + \omega}{2}}{\sin\frac{\omega}{2}} = n.$$

Die Ausmessung der Gesamtablenkung δ bei symmetrischem Strahlendurchgang durch ein Prisma vom brechenden Winkel ω liefert ein gutes Mittel zur Bestimmung des Brechungsexponenten n.

Sehr schmales Prisma. Ist der brechende Winkel ω sehr klein, so ist naturgemäß auch die Ablenkung δ sehr klein. Das Verhältnis der Sinuswerte sehr kleiner Winkel ist gleich dem Verhältnis der Winkel (vgl. Anhang III Nr. 4), daher

$$n = \frac{\delta + \omega}{\omega} \quad \text{oder} \quad \underline{\delta = (n - 1)\,\omega}\,.$$

Eine genauere Betrachtung zeigt überdies, daß diese Formel für sehr schmale Prismen immer gilt, auch bei nicht symmetrischem Strahlendurchgang.

Linsen. Eine Linse ist ein aus durchsichtiger Substanz (meist Glas, gelegentlich Quarz, Flußspat, Steinsalz u. a.) hergestellter Körper, der auf einer oder auf beiden Seiten von Teilen einer Kugelfläche (Kugelkalotte) begrenzt ist. Abb. 218 zeigt eine bikonvexe (a), eine plankonvexe (b), eine bikonkave (d), eine plankonkave (e), eine konkav-konvexe (c, in der Mitte dicker als am Rande) und endlich eine konvex-konkave Linse (f, am Rande dicker). Konvexe Linsen (a, b, c) besitzen die Eigenschaft, zur Achse parallele Strahlen in einem Punkt, dem Brennpunkt, zu vereinigen. Sie heißen Sammellinsen. Die konkaven Linsen (d, e, f) machen parallele Strahlen divergent, sie heißen Zerstreuungslinsen.

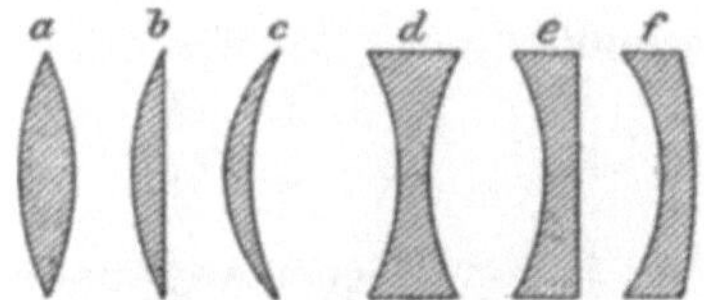

Abb. 218. Konvexe und konkave Linsen.

Linsengesetz. Befindet sich ein leuchtender Punkt G auf der Achse der Linse in der Entfernung a (Gegenstandweite) von dieser, so werden die von ihm ausgehenden Strahlen so gebrochen, daß sie sich in einem Bildpunkt B (Entfernung von der Linse b = Bildweite) vereinigen. Ist die Linse sehr schmal, so gilt, wie Rechnung und Versuch lehren, die Gleichung

$$\frac{1}{a} + \frac{1}{b} = \frac{1}{f}\,.$$

Die Brennweite f hängt vom Brechungsexponenten n der Linsensubstanz und von den Krümmungsradien r_1 und r_2 der begrenzenden Kugelkalotten ab. Es ist

$$f = \frac{1}{n - 1} \cdot \frac{r_1 r_2}{r_1 + r_2}\,.$$

Die Linse besitzt auf jeder Seite einen Brennpunkt; auch bei unsymmetrischen, dünnen Linsen (z. B. b, c, e, f in Abb. 218) haben beide Brennpunkte dieselbe Entfernung von der Linse.

Die Linsenformel stimmt mit der Hohlspiegelformel überein. Die Betrachtungen über die Beziehung zwischen Gegenstand und Bildweite (S. 237) gelten daher auch hier, nur mit dem Unterschied, daß Gegenstand und reelles Bild auf verschiedenen Seiten, Gegenstand und virtuelles Bild auf derselben Seite der Linse liegen. Insbesondere erhält man auch hier, wenn der Gegenstand zwischen Linse und Brennpunkt liegt, ein virtuelles, aufrechtes, vergrößertes Bild. Auch über die Beziehung zwischen den Größen von Gegenstand und Bild sowie über die Konstruktion des Bildes gilt das beim Hohlspiegel Gesagte. Gar nicht abgelenkt werden die Strahlen, die durch den Linsenmittelpunkt gehen; für sie wirkt die Linse wie eine dünne planparallele Platte. Strahlen, die zur Hauptachse parallel sind, gehen nach der Brechung durch den Brennpunkt. Mit Hilfe eines durch den Linsenmittelpunkt gehenden und eines zur Achse parallelen Strahls ist die Bildkonstruktion durchführbar.

Konkave Linsen machen zur Achse paralleles Licht so divergent, daß es vom Brennpunkt zu kommen scheint. Man kann auch für sie die Linsenformel anwenden, wenn man die Brennweite negativ rechnet:

$$\frac{1}{a} + \frac{1}{b} = -\frac{1}{f}, \qquad b = -f \cdot \frac{a}{a+f}.$$

Von jedem Gegenstandpunkt entsteht also ein virtuelles Bild innerhalb der Brennweite. (Vgl. Konvexspiegel S. 238.)

Für dicke Linsen werden die Formeln komplizierter. Insbesondere erfährt ein durch die Linsenmitte gehender Strahl eine Parallelverschiebung. Der Strahlengang durch dicke Linsen oder Linsensysteme läßt sich konstruieren, wenn man außer den Brennpunkten noch die sog. Haupt- und Knotenpunkte kennt.

Mängel der gewöhnlichen Linsen. a) Aberration. Von einer Linse werden nicht sämtliche parallelen Strahlen genau in einem Brennpunkt vereinigt; vielmehr vereinigen sich die sog. Randstrahlen, die durch die äußeren Teile der Linse gegangen sind, näher an der Linse als die mittleren Strahlen. Die Strecke zwischen beiden Vereinigungspunkten heißt die Aberration der Linse. Kombinationen von Linsen können aberrationsfrei gemacht werden; sie heißen dann sphärisch korrigiert. In anderen Fällen blendet man die Randstrahlen ab.

b) Astigmatismus. Gewöhnliche Linsen bilden punktförmige Objekte, die weit von der Achse entfernt sind, von denen Strahlen also unter großem Winkel gegen die Achse einfallen, nicht punktförmig ab. Korrigierte Linsensysteme heißen anastigmatisch.

c) Aplanatische Systeme. Beschränken wir uns auf Strahlen, die unter kleinen Winkeln gegen die Achse einfallen (kein Astigmatismus) und auf sphärisch korrigierte Systeme, so erhalten wir zwar von Achsenpunkten scharfe Bilder, von Punkten in der Nähe der Achse aber im allgemeinen unscharfe, da die Lage des Bildes davon abhängt, ob die Strahlen durch die mittleren oder die äußeren Teile der Linse hindurchgegangen sind. Linsenkombinationen, die von dem geschilderten Mangel frei sind, heißen nach Abbe aplanatische Systeme.

d) Chromasie. Infolge der farbzerlegenden Wirkung des Glases erscheinen die Ränder der Bilder mehr oder weniger farbig gesäumt.

Linsensysteme, bei denen dieser Fehler ausgeglichen ist, heißen achromatisch (S. 248).

Erklärung der Brechung. Die Brechung erklärt sich aus dem Huyghensschen Prinzip (S. 84), das für jede Wellentheorie, also auch die Maxwellsche gültig ist. Das Prinzip verlangt, daß das Verhältnis $\frac{\sin \alpha}{\sin \beta}$ gleich dem Verhältnis der Geschwindigkeiten der Wellen in den beiden Medien ist. Für Luft und Wasser muß daher das Verhältnis der Lichtgeschwindigkeiten $\frac{4}{3}$ sein, was nach den Versuchen von Foucault (S. 233) tatsächlich der Fall ist. (Die Emanationstheorie forderte gerade das umgekehrte Verhältnis $\frac{3}{4}$.)

Die Maxwellsche Theorie fordert noch die Beziehung $n^2 = \varepsilon$, wo n der Brechungsexponent, ε die Dielektrizitätskonstante ist. Die Gleichung ist für Gase experimentell aufs beste bestätigt. Bei Wasser z. B. ist dagegen $n^2 = \frac{16}{9} = 1{,}8$, $\varepsilon = 80$. Nun hängt der Brechungsexponent sehr stark von der Wellenlänge des Lichts ab (s. u.), und es zeigt sich, daß für solche Wellengebiete, wo diese Abhängkeit sehr gering ist (z. B. für die langen Hertzschen und für ultrarote Wellen), die Maxwellsche Gleichung tatsächlich allgemein erfüllt ist.

Dispersion des Lichtes.

Grundversuch von Newton. In ein verdunkeltes Zimmer läßt man durch einen Spalt S (Abb. 219) parallele Sonnenstrahlen auf einen Schirm fallen. Es entsteht ein weißer Lichtfleck B. Bringt man in den Strahlengang ein mit der brechenden Kante nach oben stehendes Prisma P, so wird das Licht nicht nur abgelenkt, sondern auch in einen Farbfächer auseinander gezogen, dessen unteres Ende violett (V), dessen oberes Ende rot (R) ist. Dieser Farbfächer heißt Spektrum. Die Zahl der Zwischenfarben ist nicht bestimmt, da die Übergänge kontinuierlich sind; Newton unterschied 7 Hauptfarben: rot, orange, gelb, grün, blau, indigo, violett. Die Entstehung des Farbfächers wurde bereits durch Newton erklärt. Das weiße Licht ist ein Gemisch aus den verschiedenen farbigen Lichtern; das Glas des Prismas besitzt für die einzelnen Farben verschiedene Brechungsexponenten, so daß die Ablenkungen verschieden ausfallen. Zur Bestätigung dieser Ansicht machte Newton eine Reihe von Versuchen. Blendet man durch einen mit einem Spalt versehenen Schirm aus dem Spektrum ein einzelnes Spektrallicht aus und läßt dieses durch ein neues Prisma gehen, so wird es zwar abgelenkt, aber nicht mehr

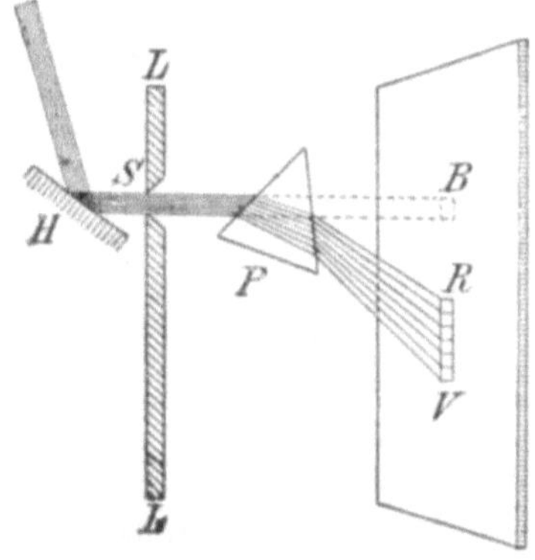

Abb. 219. Spektrale Zerlegung des Lichtes durch ein Prisma.

zerlegt, es ist also einfach. Läßt man andererseits die Spektrallichter auf schmale Spiegelstreifen fallen und stellt diese so ein, daß alle Lichter auf denselben Punkt eines Schirmes reflektiert werden, so erhält man weiß. Ebenso ergibt sich weiß, wenn man alle Spektrallichter durch einen Hohlspiegel oder eine Linse vereinigt. Rückt man bei dem Grundversuch (Abb. 219) den Schirm unmittelbar an das Prisma, so wird der mittlere Teil des Spektrums weiß, da sich dort die Spektrallichter überdecken[1]).

Spektralapparat. Fraunhofer hat zur Beobachtung des Spektrums folgende Anordnung angegeben. Ein schmaler Spalt *s* (ganz rechts in Abb. 220) wird möglichst intensiv beleuchtet. Die Linse *l*

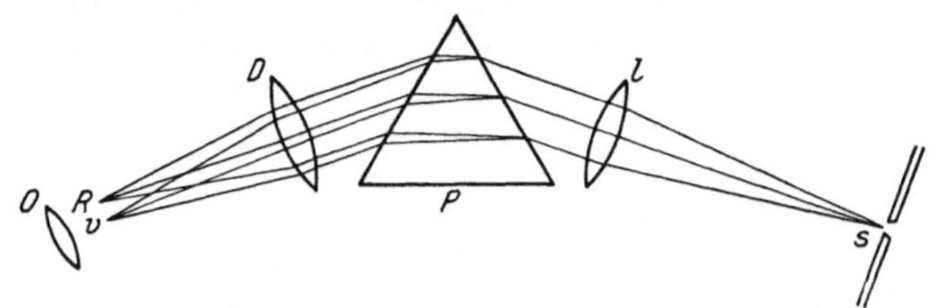

Abb. 220. Strahlengang im Spektralapparat.

(Kollimatorlinse) macht die Lichtstrahlen, die vom Spalt kommen, parallel. Sie durchsetzen dann das Prisma *P*, in dem die einzelnen Lichter verschieden gebrochen werden; die Linse *D* sammelt die Strahlen. Das entstehende Farbband *R*—*V* wird durch eine Lupe *O* (Okular) betrachtet. Wird Linse *l* mit dem Spalt *s* in einem Rohr *C* vereinigt und ebenso die Linse *D* mit der Okularlupe (Rohr *F*), so erhält man einen sog. Spektralapparat (Abb. 221), mit dessen Hilfe man das Licht der verschiedensten Lichtquellen in ein Spektrum zerlegen kann (Kirchhoff und Bunsen 1859). *C* ist das Kollimatorrohr, *F* das Beobachtungsrohr. Häufig ist noch ein Skalenrohr *Sc* vorhanden, das am äußeren Ende eine beleuchtete Skala, am inneren eine Sammellinse enthält. Das Rohr ist so gestellt, daß das Licht der Skala an der einen Fläche des Prismas reflektiert wird und so ins Beobachtungsrohr gelangt. Der Beobachter sieht dann das Spektrum und die Skala an gleicher Stelle und kann so die Lage der einzelnen Spektrallichter messend verfolgen (vgl. Spektralanalyse S. 285).

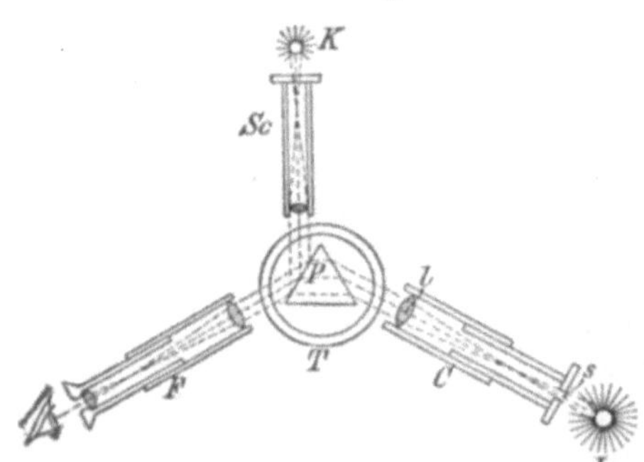

Abb. 221. Spektralapparat.

[1]) Goethe sah in diesem Versuch ein Argument gegen die Newtonsche Lehre, daß das weiße Licht ein Gemisch der farbigen Lichter ist.

Fraunhofersche Linien. Entwirft man mit der Anordnung Abb. 219 oder Abb. 221 ein Spektrum des Sonnenlichts, so bemerkt man in diesem eine große Anzahl schwarzer Linien, die dem Spalt parallel sind, und die eine unveränderliche Lage im Spektrum haben, gleichgültig, ob man direktes oder indirektes Sonnenlicht benutzt. Fraunhofer, der die Erscheinung (1814) entdeckte, beobachtete schon gegen 600 Linien. Die stärksten wurden von ihm mit den Buchstaben A (dunkelrot) bis H (violett) bezeichnet. (Vgl. S. 286.)

Das Spektrum glühender fester Körper, z. B. einer Glühlampe, enthält keine dunkeln Linien; es ist völlig kontinuierlich. Das Spektrum leuchtender Gase (Geißlerröhre, Salze in der Bunsenflamme) ist diskontinuierlich; es besteht aus einzelnen hellen Linien.

Dispersionsvermögen. Die Zerlegung des Lichts durch ein Prisma bezeichnet man als Dispersion. Man kann dementsprechend einer Substanz nicht einen einheitlichen Brechungsexponenten zuordnen; dieser ist vielmehr von der Farbe des Lichts abhängig. Zur Bestimmung des Brechungsexponenten n benutzt man feste Körper in Prismenform; flüssige gießt man in Prismen, deren Wände aus planparallelen Glasplatten bestehen. Bei Prismen aus verschiedenen Glassorten sind die Verhältnisse außerordentlich verschieden. In der folgenden Tabelle sind für Prismen mit gleichem brechendem Winkel aus Wasser, Kronglas, Flintglas, Schwefelkohlenstoff die Ablenkungen für die Fraunhoferschen Linien C (rot), D (gelb), F (grün), H (violett) und die Gesamtlänge des Spektrums berechnet.

Prismensubstanz	Ablenkung durch ein 4°-Prisma in 1,50 m Entfernung				Länge des Spektrums
	C	D	F	H	
Wasser	3,31 cm	3,33 cm	3,37 cm	3,44 cm	0,13 cm
Kronglas	5,13 „	5,15 „	5,21 „	5,31 „	0,18 „
Flintglas	6,16 „	6,20 „	6,30 „	6,49 „	0,33 „
Schwefelkohlenstoff .	6,22 „	6,31 „	6,56 „	7,04 „	0,82 „

Die Zahlenwerte stellen $(n-1)\cdot 10$ dar; das entspricht der Ablenkung (in cm) auf einem 1,50 m entfernten Schirm durch ein Prisma mit einem brechenden Winkel von 4°. Man erkennt, daß nicht nur die Ablenkungen für die einzelnen farbigen Lichter verschieden sind, sondern auch die Gesamtlänge des Spektrums. Körper, die ein langes Spektrum erzeugen, heißen stark dispergierend. Als Maß der relativen Dispersion nimmt man den Bruch $\frac{n_F - n_C}{n_D - 1}$. Hier sind n_C, n_D und n_F die Brechungsexponenten für die den Fraunhoferschen Linien C, D, F entsprechenden Wellenlängen.

Achromatische Prismen. Bei Prismen mit gleichem brechenden Winkel aus Kronglas und aus Flintglas verhalten sich die durchschnittlichen Ablenkungen nahezu wie 1 : 1, die Dispersionen dagegen wie 1 : 2. Setzt man daher ein Kronglasprisma und ein Flintglasprisma mit etwa halbem brechenden Winkel so zusammen, daß die brechenden Kanten nach entgegengesetzten Richtungen zeigen (Abb. 222), so wird durchgehendes Licht zwar abgelenkt, aber nicht in Farben zerlegt, da beide Dispersionen gleich und entgegengesetzt sind. Eine solche Kombination heißt achromatisches Prisma.

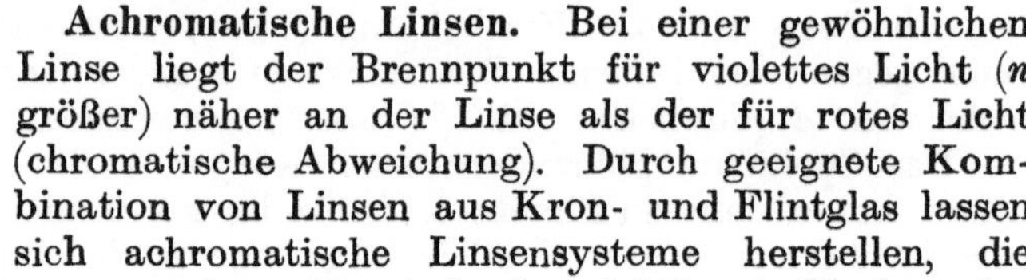

Abb. 222. Achromatisches Prisma.

Achromatische Linsen. Bei einer gewöhnlichen Linse liegt der Brennpunkt für violettes Licht (n größer) näher an der Linse als der für rotes Licht (chromatische Abweichung). Durch geeignete Kombination von Linsen aus Kron- und Flintglas lassen sich achromatische Linsensysteme herstellen, die keine Farbenzerstreuung zeigen. Sie sind sehr wichtig als Okulare der stark vergrößernden Fernrohre und Mikroskope.

Geradsichtige Prismen. Verbindet man Prismen aus Kron- und Flintglas (oder anderen geeigneten Substanzen) so, daß die mittlere Ablenkung verschwindet, so bleibt eine Farbenzerstreuung übrig. Das Licht geht geradlinig hindurch, wird aber in ein Spektrum zerlegt (geradsichtiges Prisma). Die einzelnen Prismenflächen sind mit Kanadabalsam aneinander gekittet, um Lichtverluste durch Reflexion möglichst herabzusetzen. Geradsichtige Prismen finden bei den sog. Taschenspektroskopen Verwendung. (Abb. 223.)

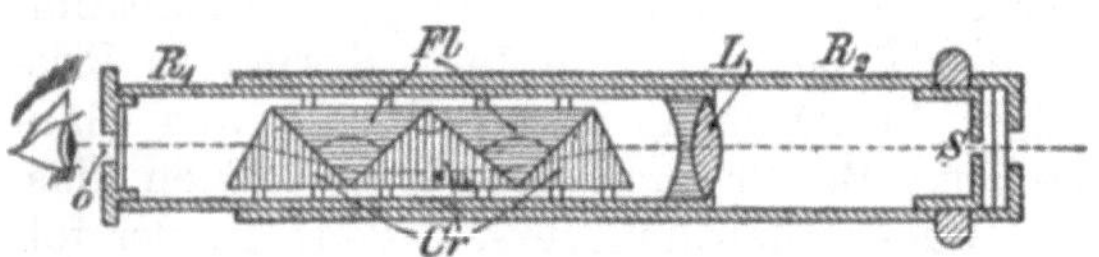

Abb. 223. Taschenspektroskop (mit geradsichtigem Prisma).

Normale und anomale Dispersion. Im allgemeinen wächst der Brechungsexponent n vom Roten zum Violetten; er nimmt also mit wechselnder Wellenlänge λ des Lichts ab (normale Dispersion). Es gibt aber für jede Substanz ein Gebiet „anomaler Dispersion", wo eine andere Abhängigkeit zwischen λ und n besteht. Bei einigen Substanzen fällt dieses Gebiet in das Gebiet des sichtbaren Lichts. Z. B. zeigt Abb. 224 den Brechungsexponenten n des Fuchsins als Funktion der Wellenlänge λ. Hier ist n im Violetten ($\lambda = 450\ \mu\mu$) viel kleiner als im Roten. Ein Fuchsinprisma entwirft also daher ein Spektrum mit anderer Farbenfolge als gewöhnlich. Die anomale Dispersion wurde 1861 von Le Roux am Joddampf entdeckt, durch Christiansen 1870 eingehender untersucht.

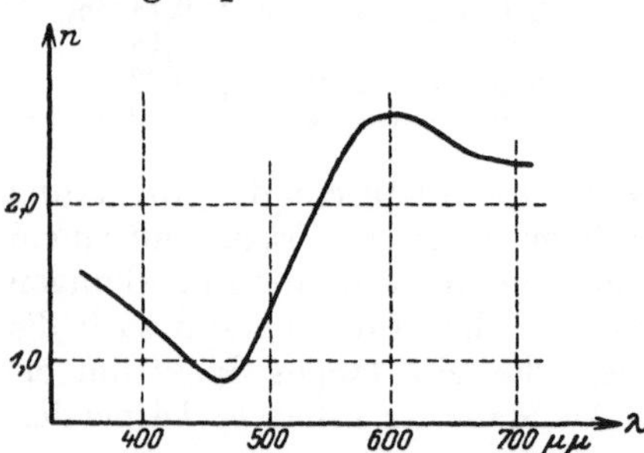

Abb. 224. Brechungsexponent n des Fuchsins als Funktion der Wellenlänge λ.

Interferenz des Lichtes.

Kohärente Strahlen. Daß das Licht wirklich eine Wellenerscheinung ist, wird besonders dadurch bestätigt, daß alle für Wellenbewegungen charakteristischen Erscheinungen, insbesondere Interferenz und Beugung, auch beim Licht zu beobachten sind. Dauernde gegenseitige Verstärkung oder Schwächung zweier Lichtstrahlen ist nur dann möglich, wenn die Strahlen von zwei punktförmigen Lichtquellen kommen, die dauernd in Wellenlänge und Phase übereinstimmen; die Lichtstrahlen heißen in diesem Fall kohärent. Zwei voneinander unabhängige Lichtquellen senden niemals kohärente Strahlen aus; solche werden vielmehr durch mehrfache Spiegelung des Lichts der gleichen Lichtquelle hergestellt.

Spiegelversuch von Fresnel. Das Licht einer Lichtquelle L (Abb. 225), am besten eines stark beleuchteten Spaltes, fällt auf zwei ebene schwarze Spiegel I und II, die unter beinahe 180^0 gegeneinander geneigt sind, und wird so reflektiert, als ob es von L_1 und L_2 komme, den Bildern von L in bezug auf die beiden Spiegel. Die ganze Anordnung wirkt so, als ob von L_1 und L_2 kohärente Lichtstrahlen ausgesandt werden. Senkrecht zur Mittellinie MC von $L_1 L_2$ wird in größerer Entfernung ein Schirm S aufgestellt; sein mittlerer Teil wird vom Licht beider (scheinbaren) Quellen L_1 und L_2 getroffen, dort ist also Interferenz möglich. In der Tat beobachtet man auf dem Schirm bei C einen hellen Streifen, links und rechts davon abwechselnd dunkle und helle Streifen. Dunkelheit entsteht da, wo die von L_1 und L_2 kommenden Wellenzüge einen Wegunterschied von einer halben Wellenlänge oder einem ungeraden Vielfachen davon aufweisen; denn da sind beide stets in entgegengesetztem Schwingungszustand, es treffen Wellenberge der einen mit Tälern der anderen Welle zusammen und vernichten sich gegenseitig. Helle Streifen entstehen da, wo beide Wellen im gleichen Schwingungszustand aufeinander treffen und sich verstärken, d. i. da, wo der Wegunterschied eine ganze Wellenlänge oder ein Vielfaches davon beträgt. Es sei (Abb. 225) λ die Wellenlänge, ferner $MC = a$, $L_1 L_2 = b$, endlich sei der Abstand der innersten dunkeln Streifen $DD' = c$. Es muß also $L_2 D - L_1 D = \lambda/2$ sein. Aus geometrischen Gründen ist, wenn man sich noch von D das Lot DF auf $L_1 L_2$ gefällt denkt,

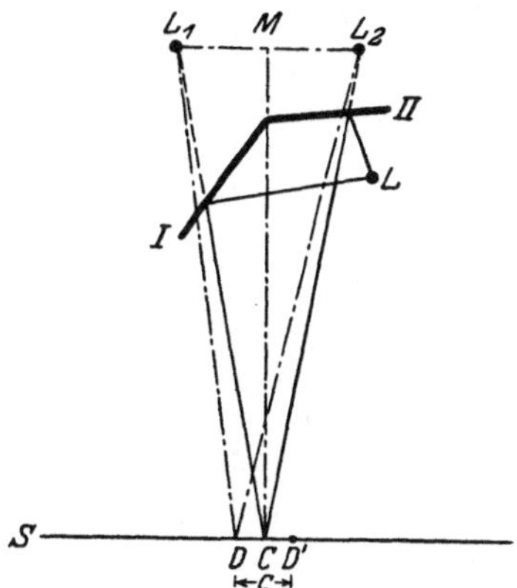

Abb. 225. Spiegelversuch von Fresnel.

$$L_2 D^2 = DF^2 + L_2 F^2 = a^2 + \left(\frac{b}{2} + \frac{c}{2}\right)^2$$

$$L_1D^2 = FD^2 + L_1F^2 = a^2 + \left(\frac{b}{2} - \frac{c}{2}\right)^2$$

$$L_2D^2 - L_1D^2 = bc \quad \text{oder}$$

$$(L_2D + L_1D)(L_2D - L_1D) = bc.$$

Nun ist $L_2D - L_1D = \frac{\lambda}{2}$; ferner ist, da b und c sehr klein sind gegenüber a, mit größter Annäherung $L_1D + L_2D = 2a$; es folgt

$$a\lambda = bc,$$

$$\lambda = \frac{bc}{a}.$$

Der Versuch bietet ein allerdings recht ungenaues Mittel, die Wellenlänge λ des Lichts zu messen. Arbeitet man mit weißem Licht, so ist nur der mittlere helle Streifen rein weiß, die andern sind farbig. Das rührt daher, daß die verschiedenen Farben verschiedene Wellenlänge haben; zu jedem λ aber gehört ein c; die dunkeln wie die hellen Stellen der einzelnen Farben liegen nebeneinander.

Die Wellenlänge des sichtbaren Lichts mißt man in $\mu\mu$ ($1\,\mu\mu = 0{,}000\,001$ mm) oder in Ångström-Einheiten (1 Å $= 0{,}1\,\mu\mu = 10^{-8}$ cm). Das äußerste Rot hat etwa $700\,\mu\mu$, das äußerste Violett etwa $350\,\mu\mu$ Wellenlänge.

Wellenlänge in verschiedenen Medien. Ebenso wie ein Ton in der Akustik (S. 81) hat auch das Licht einer bestimmten Farbe in verschiedenen Medien zwar die gleiche Schwingungsdauer τ, aber verschiedene Wellenlänge. Sind die Wellenlängen im Vakuum und in einem beliebigen Medium λ und λ_1, die zugehörigen Lichtgeschwindigkeiten c und c_1, so ist $\lambda = c\tau$ und $\lambda_1 = c_1\tau_1$ daher $\lambda_1/\lambda = c_1/c$ oder $\lambda_1 = \lambda/n$ wo n der Brechungsexponent (S. 245) ist.

Farben dünner Blättchen. Ein Seifenwasserhäutchen, das in einem rechteckigen Drahtrahmen ausgespannt ist, zeigt bei Bestrahlung mit weißem Licht parallele, farbige Streifen. Auf einer Seifenblase sieht man farbige Ringe. Ähnliche farbige Streifen erhält man, wenn man zwei vollkommen ebene Spiegelglasplatten so aufeinander legt, daß sie sich auf der einen Seite berühren, auf der andern einen sehr kleinen (etwa durch Zwischenlegen eines Papierblatts hergestellten) Abstand haben. Legt man endlich eine sehr schwach konvexe Linse (mit etwa 4 mm Brennweite) auf eine ebene Spiegelglasplatte, so ist der Berührungspunkt zwischen Linse und Platte Mittelpunkt eines Systems konzentrischer, bunt gefärbter Ringe, bei Beleuchtung mit Natriumlicht[1]) eines Systems von sehr zahlreichen, abwechselnd hellen und dunkeln Kreisen, die man nach ihrem Entdecker „Newtonsche Ringe“ nennt.

Den beschriebenen Erscheinungen, die sowohl im auffallenden wie im durchgehenden Licht beobachtbar sind, ist es sämtlich gemeinsam,

[1]) Man bringe Kochsalz (Natriumchlorid) in eine Spiritus- oder Bunsenflamme.

daß sie an das Vorhandensein dünner Schichten (aus Wasser bzw. Luft) gebunden sind. Man spricht daher auch von den Farben dünner Blättchen. Zur Erklärung betrachten wir Abb. 226. Ein Lichtstrahl falle in A auf die ebene Grenzfläche einer sehr dünnen Lamelle (Dicke d) mit parallelen Grenzflächen. Er wird in A teils reflektiert, teils gebrochen. Das gleiche geschieht mit dem gebrochenen Teil in B, dann wieder mit den Strahlen in C, in D usw. Sowohl die durchgegangenen wie auch die reflektierten parallelen Strahlen werden untereinander interferieren. Betrachten wir zunächst die durchgegangenen, z. B. BB' und DD'. Der Weg des zweiten ist um $BC + CD$, also bei senkrechtem oder nahezu senkrechtem Einfall des Lichts um $2d$ länger als der des ersten. Ist $2d = \frac{1}{2}\lambda$, $d = \frac{1}{4}\lambda$, so vernichten sich die Strahlen durch Interferenz, man erhält Dunkelheit; ebenso ist es für $d = \frac{3}{4}\lambda$, $\frac{5}{4}\lambda$ usf. Dagegen erhält man Helligkeit für $d = 0$, $\frac{1}{2}\lambda$, λ, $\frac{3}{2}\lambda$ usw. Hieraus erklären sich die Newtonschen Ringe (die Entfernung Linse—Platte wird nach außen hin größer) und die anderen beschriebenen Erscheinungen für durchfallendes Licht. Die Farben bei Verwendung weißen Lichts erklären sich daraus, daß für eine bestimmte Dicke d manche Farben sich verstärken, andere sich schwächen. Für die reflektierten Strahlen AA' und CC' gilt die gleiche Betrachtung; hieraus würde folgen, daß die Lamelle im durchgehenden und im reflektierten Licht an denselben Stellen hell oder dunkel erscheint, was nicht nur dem Energiegesetz, sondern auch dem Experiment widerspricht. Der Mittelpunkt der Newtonschen Ringe ist z. B. im durchgehenden Licht tatsächlich hell ($d = 0$), im reflektierten aber dunkel. Die Lösung liegt darin, daß die Lichtwellen, ähnlich wie die akustischen (vgl. S. 83), am dichteren Medium (in B an Glas) in entgegengesetzter Phase reflektiert werden, also um eine halbe Wellenlänge verschoben werden; es ist also so, als ob zu dem wahren Wegunterschied zwischen den Strahlen AA' und CC' noch das Stück $\frac{1}{2}\lambda$ hinzukommt. So ergeben AA' und CC' dann Dunkelheit, wenn BB' und DD' sich verstärken und umgekehrt. (Zu dem Wegunterschied der Strahlen BB' und DD' kommt zweimal, in B und C, je $\frac{1}{2}\lambda$, zusammen λ hinzu, was keine Wirkung hat.)

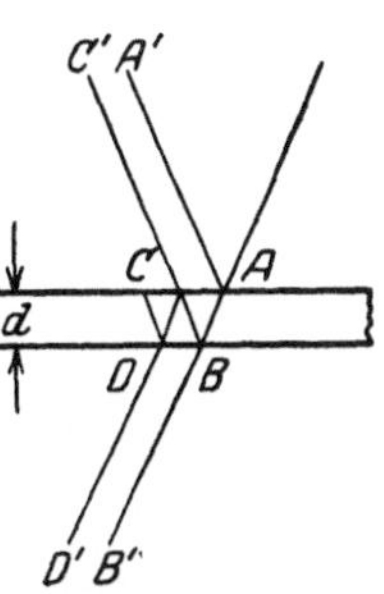

Abb. 226. Erklärung der Farben dünner Blättchen.

Interferenz ist z. B. die Ursache für die Farben dünner Ölschichten auf Wasser, die Anlauffarben des Stahls (Interferenz an dünnen Oxydschichten), die Farben der Perlmutter, die Farben von Gläsern, deren Oberfläche verwittert und künstlich chemisch verändert ist (irisierende Gläser), das Farbenspiel an Sprüngen und Spalten von Kristallen usw.

Spiegelversuch von Michelson. Die Messung von Wellenlängen durch Interferenz ist am vollkommensten dem amerikanischen Physiker Michelson (1895) mit der in Abb. 227 skizzierten Anordnung gelungen. Ein einfarbiger Lichtstrahl L falle auf eine unbelegte, ihm unter 45^0 in den Weg gestellte Glasplatte B. Ein Teil des Lichts geht durch zum Spiegel S_2, der andere wird zum Spiegel S_1 reflektiert. Von beiden Spiegeln aus gelangt ein Teil des Lichts zurück zur Lichtquelle L, ein anderer kommt (in Abb. 227 nach rechts) in das Beobachtungsfernrohr. Die beiden nach dort gelangenden Strahlen sind interferenzfähig; ihr Wegunterschied ist $2\,BS_1 - 2\,BS_2$. Verschiebt man nun den einen Spiegel, z. B. S_2, parallel zu sich selbst in Richtung des Lichtstrahls, so ändert sich der Wegunterschied, und man beobachtet im Fernrohr abwechselnd Helligkeit und Dunkelheit des Gesichtsfeldes bzw. seiner Mitte. Helligkeit wechselt mit Dunkelheit, wenn sich der Wegunterschied um $\frac{1}{2}\lambda$ vergrößert, wenn also der Spiegel S_2 um $\frac{1}{4}\lambda$ verschoben wird. Man verschiebt nun den Spiegel mit einer Mikrometerschraube um ein endliches Stück und zählt die dabei eintretenden Wechsel von Hell und Dunkel; daraus läßt sich die Wellenlänge mit größter Genauigkeit berechnen. Michelson und Morley haben ausgemessen, wieviel Wellenlänge einer Lichtart auf ein Urmeter entfallen. Es kommen auf 1 m

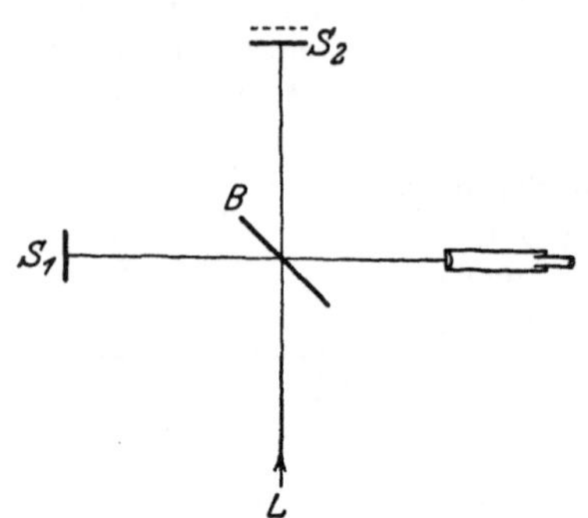

Abb. 227. Spiegelversuch von Michelson.

1553163,5 Wellenlängen der roten Kadmiumstrahlen,
2083372,1 „ „ blauen „ .

Die Zahlen geben einen Begriff von der ungeheuren Genauigkeit der Methode, die freilich auch recht große experimentelle Schwierigkeiten bietet. Die Wellenlängen der beiden Lichter ergeben sich hieraus zu

$$\text{blauer Strahl } \lambda = 4799{,}9107\ \text{Å},$$
$$\text{roter Strahl } \lambda = 6438{,}4722\ \text{Å}.$$

Die rote Kadmiumlinie gilt heute als Hauptnormale; in trockner Luft (die Messung war in feuchter Luft vorgenommen) beträgt ihre Wellenlänge

$$\lambda = 6438{,}4700\ \text{Å}.$$

Beugung des Lichtes.

Allgemeines. Wie bei den akustischen, den elektrischen und den Wasserwellen zeigt sich auch beim Licht die Erscheinung der Beugung (Diffraktion). Man lasse z. B. Licht auf eine scharfe Kante, etwa die Schneide eines Rasiermessers fallen. Betrachtet man die Schneide von einem Punkt des geometrischen Schattens aus, so erscheint sie als feine Lichtlinie, die um so schwächer wird, je weiter man in den Schattenraum hineingeht. Es wird Licht in den Schatten hinein „gebeugt“. Beleuchtet man die Schneide mit einer sehr schmalen, ihr parallelen Lichtquelle (schmaler Spalt oder Glühlampe mit geradem Draht), und läßt man den Schatten auf einen Schirm fallen, so bemerkt man im Schattenraum parallele dunkle und helle Streifen, die von der Interferenz des gebeugten Lichtes herrühren. Ähnliche Streifen zeigen sich, wenn man den Schatten eines dünnen Drahtes auf einer Mattscheibe auffängt.

Beugung durch einen Spalt. Läßt man paralleles Licht durch einen Spalt von der Breite a fallen, so entsteht auf einem gegenüberstehenden Schirm ein Beugungsbild, das breiter ist als der Spalt, und dem sich nach den Seiten dunkle und helle Streifen anschließen. Die Erklärung ergibt sich aus dem Huyghensschen Prinzip (S. 84). Wir können uns danach jeden Punkt des Spaltes vorstellen als Zentrum von Lichtwellen, die untereinander sämtlich kohärent sind. Die Strahlen gehen von jedem Punkt nach allen Richtungen und treten miteinander in Interferenz. An der dem Spalt gegenüberliegenden Stelle H des Schirmes verstärken sie sich sämtlich; dort herrscht Helligkeit. Die Stelle D der ersten Dunkelheit ($\sphericalangle HCD = \alpha$) läßt sich so ermitteln (Abb. 228). Denken wir uns etwa 6 Lichtquellen-Punkte auf dem Spalt (ebensogut können wir uns 10000 oder noch andere Zahlen denken). Hat nun das Licht der ersten Quelle gegen das der 4. (d. h. der mittleren) den Gangunterschied $\frac{\lambda}{2}$, so ist es genau ebenso mit der 2. und 5. usf.; die Strahlen heben sich paarweise durch Interferenz vollständig auf, es herrscht Dunkelheit. Die Wellenfläche liegt senkrecht zur Strahlrichtung; man muß daher, um den Gangunterschied zu finden, von A das Lot AB auf die Strahlrichtung fällen. Es muß jetzt $CB = \frac{1}{2}\lambda$ sein. Da $AC = \frac{1}{2}a$, $\sphericalangle CAB = \alpha$ ist, so folgt

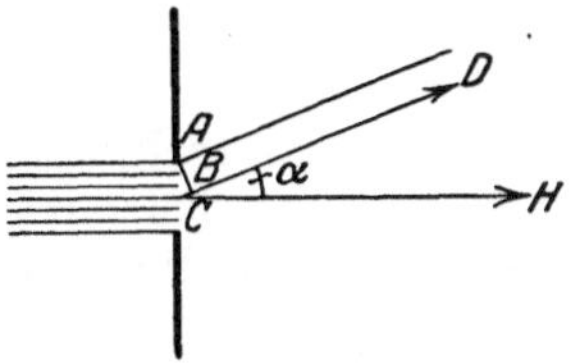

Abb. 228. Beugung an einem Spalt.

$$\sin\alpha = \frac{\lambda}{a}.$$

Ebenso ergeben sich Dunkelheiten für

$$\sin\alpha = 2\cdot\frac{\lambda}{a}$$

(hier löschen sich die Lichter von dem ersten und zweiten bzw. dritten und vierten Spaltviertel aus), für $\sin\alpha = 3\cdot\frac{\lambda}{a}$ usw. Die Intensität der dazwischen liegenden Maxima nimmt nach den Seiten hin schnell ab (Abb. 229); man erhält im wesentlichen ein mittleres helles Beugungsbild mit dem Öffnungswinkel $2\cdot\frac{\lambda}{a}$.

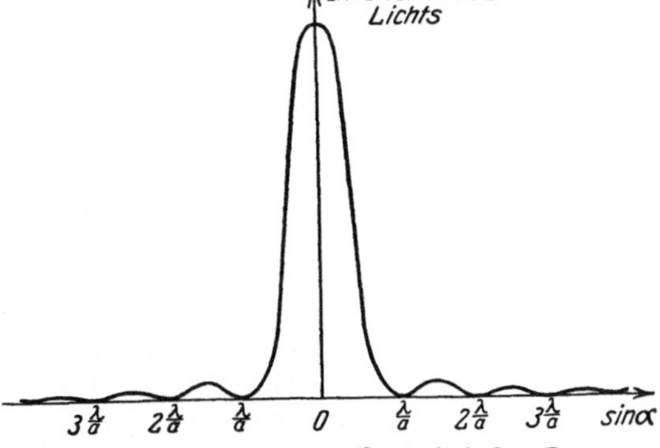

Abb. 229. Intensitätsverteilung bei der Beugung durch einen Spalt.

Scharf ausgeprägte Dunkelheiten erhält man natürlich nur bei Beleuchtung mit einfarbigem Licht, wie bei den Newtonschen Ringen.

Farbige Beugungserscheinungen beobachtet man z. B., wenn man bei halb geschlossenen Augen durch die Wimpern auf eine entfernte helle Lichtquelle blickt, ferner wenn man durch bestaubte oder bereifte Fensterscheiben, durch die Haare einer Federfahne usw. sieht. Die kleinen Höfe um Sonne und Mond beruhen ebenfalls auf Beugung. Nach Lord Rayleigh erklären wir uns die blaue Farbe des Himmels dadurch, daß die Luftmolekeln bei seitlicher Beleuchtung durch Sonnenlicht das blaue Licht am stärksten beugen, so daß es in unser Auge gelangt.

Beugung durch mehrere Spalte. Beugungsgitter. Fällt paralleles Licht auf zwei benachbarte Spalte (Abstand von Mitte zu Mitte b), so können auch die Strahlen beider Spalte miteinander interferieren. Die hellen mittleren Beugungsbildchen H und H', die jeder Spalt allein erzeugt, fallen, wenn man hinter die Spalte eine große Sammellinse stellt, auf dem Schirm zusammen. Dieses Bildchen ist jetzt aber durchzogen von zahlreichen hellen und dunkeln Streifen, die von der Interferenz des Lichts der beiden Spalte miteinander herrühren. In der Mitte herrscht Helligkeit. Diejenigen parallelen Strahlen, die als nächste wieder maximale Helligkeit geben, mögen mit der Mittelrichtung den Winkel β bilden. Die Strahlen beider Spalte müssen dann den Gangunterschied λ, 2λ, 3λ usf. haben. Das ergibt (Abb. 230)

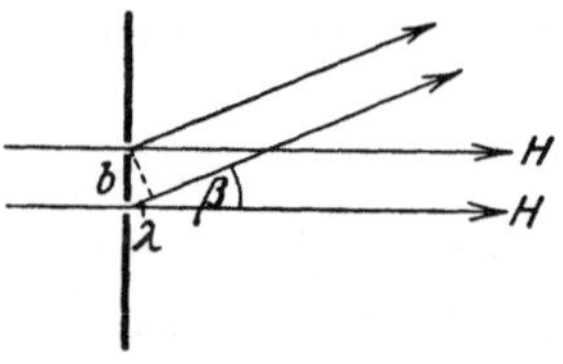

Abb. 230. Beugungsbild bei der Beugung durch 2 Spalte.

$$\sin\beta = \frac{\lambda}{b} \quad \text{oder} \quad 2\cdot\frac{\lambda}{b}, \quad 3\cdot\frac{\lambda}{b} \quad \text{usf.}$$

Dazwischen liegen Minima der Helligkeit. Nimmt man statt zweier Spalte sehr viele, parallele, in gleichen Abständen voneinander befindliche, so zeigen Theorie und Erfahrung, daß die Maxima der Helligkeit an denselben Stellen liegen wie bei zwei Spalten, daß sie jedoch weit stärker sind, und daß vor allem der Helligkeitsabfall vor und nach dem Maximum äußerst steil ist. Man erhält einzelne, diskrete, scharfe Maxima, dazwischen (fast) völlige Dunkelheit.

Eine Vorrichtung mit sehr vielen Spalten heißt ein Gitter. Man stellt Gitter entweder aus Glas her (50 bis 400 Striche auf 1 mm) oder auf Spiegelmetall (Reflexionsgitter; bis zu 1700 Strichen auf 1 mm).

Das erste Helligkeitsmaximum liegt beim Gitter für Licht aller Farben in der Mitte. Das zweite Maximum dagegen ist um so weiter von der Mitte entfernt, je größer λ ist. Beleuchtet man daher ein Gitter mit parallelem weißem Licht, so entsteht in der Bildmitte ein weißer Fleck; nach den Seiten folgt auf einen dunkeln Raum das Maximum des violetten, dann des blauen Lichts usw.: man erhält ein Spektrum, und zwar je eins auf beiden Seiten. Ebenso geben die folgenden Helligkeitsmaxima Anlaß zur Bildung von Spektren (Spektren höherer Ordnung). Im Gegensatz zu den Dispersionsspektren (S. 245) wird hier das rote Licht am meisten abgelenkt (Wellenlänge am größten). Man nennt die Beugungsspektren auch Normalspektren, weil die Flächenräume, die die einzelnen Farben in ihnen einnehmen, nur von den Wellenlängen, nicht aber, wie bei der Dispersion, auch noch von den besonderen Eigenschaften des zerstreuenden Mediums abhängen.

Mit guten Gittern (Rowland-Gittern) lassen sich außerordentlich reine Spektren herstellen. Sie können zur Bestimmung der Wellenlänge λ dienen, wenn der Spaltabstand b (die „Gitterkonstante") bekannt ist und der Winkel β gemessen wird, z. B. mit einem Spektralapparat (Abb. 221), dessen Prisma durch das Gitter ersetzt ist.

Das Auge und die optischen Instrumente.

Das Auge. Das Auge hat etwa die Gestalt einer Kugel oder eines Apfels (vertikaler Durchmesser 23,3 mm, horizontaler Durchmesser von vorn nach hinten 24 mm, von links nach rechts 23,6 mm). Die äußere Hülle bildet die harte weiße Faser- oder Lederhaut (Sclerotica, F in Abb. 231), die in ihrem vorderen Teil durchsichtig ist und dort Hornhaut (H, Cornua) heißt. Unter ihr sitzt die Aderhaut (A) oder Gefäßhaut (Chorioidea), die vorn in die Regenbogenhaut oder Iris (J) übergeht. Die Iris verleiht dem Auge die Farbe; sie besitzt eine Öffnung (Pupille P), die durch Zusammenziehen oder Erweitern kleiner oder größer gemacht werden kann. Durch die Pupille dringen die Strahlen ins Auge; sie wirkt wie eine Blende, die die Randstrahlen abhält. Der hintere Teil der Aderhaut ist von der Netzhaut N (Retina) bedeckt, die lichtempfindlich ist. Auf ihr münden die feinen Verzweigungen des seitlich ins Auge tretenden Sehnerven S.

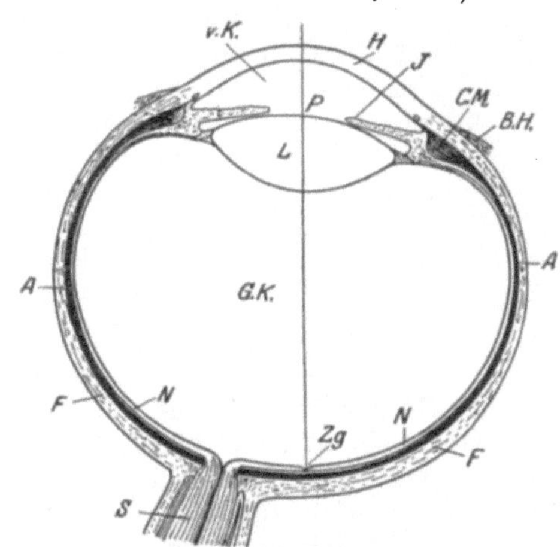

Abb. 231. Schematischer Schnitt durch das menschliche Auge.

(F Faserhaut, H Hornhaut, A Aderhaut, J Iris, N Netzhaut, Zg Zentralgrube, S Sehnerv, $v.K.$ vordere Augenkammer, P Pupille, L Kristallinse, $G.K$ Glaskörper, $C.M.$ Ciliarmuskel, $B.H.$ Bindehaut.

Die ins Auge kommenden Strahlen werden durch ein System von drei Linsen gebrochen; die erste ist die vordere Augenkammer ($v. K.$), sie besteht aus der Hornhaut und der zwischen ihr und der Pupille befindlichen „wäßrigen Flüssigkeit" (sie ist konkav-konvex); die zweite ist die sog. Kristallinse (L), die hinter der Iris liegt (bikonvex, Brechungsexponent etwa 1,6); die dritte endlich ist der konvex-konkave Glaskörper ($G. K.$), eine gallertartige Masse, die die hintere Augenkammer zwischen Kristallinse und Netzhaut ausfüllt. Das ganze System wirkt wie eine einzige konvexe Linse, deren optischer Mittelpunkt 7,5 mm hinter der Hornhaut liegt.

Akkommodation. Kurz- und Weitsichtigkeit. Die Größe der Pupille bestimmt die Menge des eintretenden Lichts; sie ändert sich unwillkürlich mit der Beleuchtungsstärke. Auf der Netzhaut entsteht ein reelles, umgekehrtes, verkleinertes Bild des Gegenstandes. Da die Bildweite konstant ist, nämlich gleich der Entfernung zwischen Linse und Netzhaut, so ist das Zustandekommen scharfer Bilder von verschieden weit entfernten Gegenständen nur dadurch möglich, daß die Brennweite der Linse sich ändert. Die Kristallinse ist ringförmig von einem Muskel *C.M.* (Ciliarmuskel) umgeben, der durch seine Verkürzung der Linse eine stärkere Krümmung und dadurch eine kleinere Brennweite gibt. Die Anpassung des Auges an verschieden weit entfernte Gegenstände heißt Akkommodation. Der nächste Punkt, auf den das Auge noch akkommodieren kann, heißt Nahepunkt, der entfernteste Fernpunkt. Jener ist beim normalen Auge etwa 15 cm entfernt; dieser liegt, bei völlig unangespannter Kristallinse, im Unendlichen. Beim Kurzsichtigen liegen beide Punkte näher; von weit entfernten Gegenständen kommt das Bild, wegen zu starker Brechung, vor der Netzhaut zustande; die Kristallinse kann nicht mehr in den völlig unangespannten Zustand gelangen. Beim Weitsichtigen wiederum ist die Brechung so gering, daß das Bild näherer Gegenstände erst hinter der Netzhaut entstehen würde. Das kurzsichtige Auge wird durch eine (konkave) Zerstreuungslinse, das weitsichtige durch eine (konvexe) Sammellinse korrigiert. Die Schärfe des Brillenglases wird in Dioptrien gemessen; sie beträgt n Dioptrien, wenn die Brennweite $\frac{1}{n}$ Meter ist.

Das Netzhautbild. Auf der Netzhaut endigt der Sehnerv (*S* in Abb. 231) in sehr feinen Gebilden, bei denen man Stäbchen und Zäpfchen unterscheidet. Die Zäpfchen dienen zum Wahrnehmen sehr heller Gegenstände und speziell zur Aufnahme der Farbeindrücke. Sie finden sich besonders zahlreich auf dem der Pupille gegenüberliegenden „gelben Fleck“ (macula lutea), am meisten in der Mitte des Flecks, der Zentralgrube (fovea centralis, *Zg* in Abb. 231). Die Stäbchen sind nur für hell und dunkel empfindlich, für Farben unempfindlich[1]); sie fehlen im gelben Fleck und finden sich mehr in den peripheren Teilen des Auges. Beim „Fixieren“ eines Gegenstandes fällt sein Bild auf den gelben Fleck. Die Eintrittstelle des Sehnerven ist völlig unempfindlich gegen Licht, sie heißt blinder Fleck. (Versuch: Man schließe das linke Auge, fixiere mit dem rechten eine Münze und lege rechts von dieser in etwa 10 cm Abstand eine andere kleine Münze hin; dann wird diese unsichtbar, wenn das Auge etwa 30 cm Abstand von der ersten hat.)

Wie wir zur Auffassung und Verarbeitung des Netzhautbildes gelangen, und wie wir daraus Rückschlüsse ziehen auf die Gestalt

[1]) Nachtvögel sind „Stäbchenseher“.

des Gegenstandes, ist ein schweres psychologisches Problem. Für die Beurteilung der Lage eines Gegenstandes ist die Stellung, die wir dem Kopf und der Augenachse geben, wesentlich; das Sehen mit 2 Augen ermöglicht Aussagen über die Entfernung; im übrigen ziehen wir Schlüsse aus der scheinbaren Größe u. a. m.

Der Sehwinkel, unter dem eine Strecke AB erscheint, ist der Winkel, dessen Schenkel vom optischen Mittelpunkt des Auges nach A und B gehen. Sollen 2 entfernte Punkte A und B getrennt wahrgenommen werden, so muß der Sehwinkel, unter dem AB erscheint, mindestens 50 Bogensekunden betragen, weil sonst die Bilder beider Punkte nur ein Zäpfchen der Netzhaut treffen. (Entfernung zweier Zäpfchen etwa 0,005 mm.) Je größer der Sehwinkel, desto größer das Netzhautbild, desto deutlicher kann man Einzelheiten unterscheiden. Man nähert daher, wenn möglich, den Gegenstand bis zum Nahepunkt. Zur weiteren Vergrößerung des Sehwinkels dienen die optischen Instrumente.

Augenspiegel. Zur Untersuchung des Augenhintergrundes dient der Augenspiegel (Helmholtz 1850). Das Licht einer Lichtquelle L (Abb. 232) wird durch eine schief gestellte Spiegelplatte S in das zu untersuchende Auge A hineinreflektiert, dessen Hintergrund dadurch beleuchtet wird. Durch eine unbelegte Stelle des Spiegels (B) gelangen die zurückkehrenden Strahlen, die nach L' konvergieren, ins Auge des Beobachters. Durch Vorschieben einer passenden kleinen Konkavlinse werden die Strahlen so gebrochen, daß ein Bild auf der Netzhaut des Beobachters entsteht.

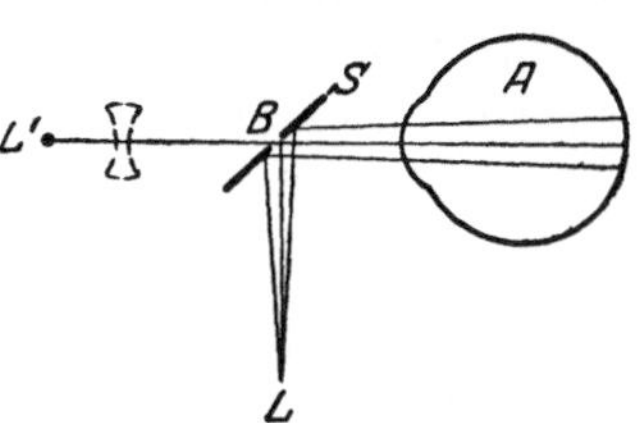

Abb. 232. Augenspiegel.

Körperliches Sehen. Stereoskop. Wir sehen körperlich, weil wir mit 2 Augen sehen. Die beiden Augen entwerfen verschiedene Bilder des Gegenstandes; mit dem einen sehen wir mehr von der rechten, mit dem anderen mehr von der linken Seite.

Haben wir von einem räumlichen Gegenstand ein Bild, wie ihn das rechte Auge sehen würde, und eins, wie ihn das linke wahrnimmt, so wird das Doppelbild körperlich wahrgenommen, wenn gleichzeitig jedes Auge das ihm zukommende Bild betrachtet. Das geschieht mit dem Stereoskop (Wheatstone 1838, Brewster, Helmholtz). Eine Wand trennt die beiden Bilder; 2 vor die Augen gesetzte halbkonvexe Gläser wirken wie 2 Prismen; durch sie betrachtet erscheinen beide Bilder an demselben Ort und bringen so den Eindruck eines einzigen körperlichen Gegenstandes hervor.

Nachbilder. Kinematograph. Stroboskop. Die Erregung der Netzhaut durch Licht ist mit chemischen Veränderungen verknüpft, die nicht augenblicklich zurückgehen. Starke Lichteindrücke zeigen Nachwirkungen; die Lichtempfindung verschwindet erst einige Zeit nach dem Aufhören des Lichtreizes. (Blick in die Sonne oder helle

Lampen)[1]). Ein normaler Lichteindruck wirkt etwa $^1/_{20}$ Sekunde nach. Rasch aufeinander folgende Lichteindrücke werden daher nicht mehr unterschieden und verschmelzen miteinander. Hierauf beruhen Kinematograph und Stroboskop.

Das Stroboskop, auch Lebensrad genannt, besteht aus einer Blechtrommel, die um ihre Achse drehbar ist, und in der sich in regelmäßigen Abständen Schlitze befinden. In die Trommel wird, unterhalb der Schlitze, ein Streifen eingelegt, auf dem die aufeinander folgenden Phasen einer Bewegung abgebildet sind. Betrachtet man den Streifen bei sich drehender Trommel durch die Schlitze, so verschmelzen die Eindrücke zu dem Bild der Bewegung.

Beim Kinematographen werden dem Auge in bestimmter Zeitfolge getrennte Bilder desselben Bewegungsvorganges dargeboten (20 bis 30 in der Sekunde), die infolge der Nachbilder zu einer fortgesetzten Empfindungsreihe, also zur Empfindung des Bewegungsvorganges von uns zusammengesetzt werden. Macht man von dem Vorgang etwa 600 Aufnahmen in der Sekunde, bietet aber bei der Reproduktion dem Auge nur 20 bis 30 in der Sekunde, so sieht man schnelle Vorgänge stark verlangsamt (Zeitlupe: Bewegungen beim Sport, Herzbewegungen u. a. m.). Andererseits kann man von Aufnahmen, die man in Abständen von Minuten oder Stunden gemacht hat, wiederum 20 bis 30 in der Sekunde abrollen (Zeitraffer: keimende oder aufblühende Pflanzen u. dgl.).

Farbempfindungen. Die Lehre von den durch das Auge vermittelten Farbempfindungen gehört nicht mehr zu den Aufgaben der reinen Physik; es spielen hier wesentlich physiologische und psychologische Fragen mit hinein. Die Lichter, die wir durch das Prisma oder das Beugungsgitter erhalten, heißen Spektrallichter; die Farben, die wir an ihnen wahrnehmen, Spektralfarben. Durch Addition aller Spektrallichter erhält man die Mischfarbe weiß. Teilt man das Spektrum durch einen Spiegel in zwei Teile und vereinigt die Lichter jedes Teils durch Linsen, so ruft jeder Teil eine einheitliche Lichtempfindung hervor. Die Farben solcher Lichter, die addiert weiß ergeben, heißen Komplementärfarben. Komplementär sind z. B. je bestimmte Töne von Rot und Grün, von Gelb und Blau.

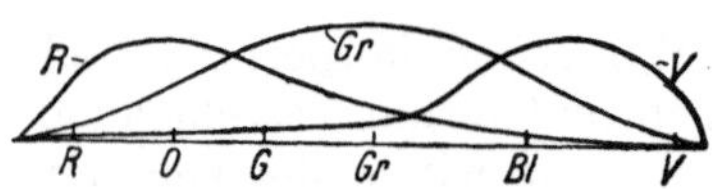

Abb. 233. Empfindlichkeitskurven der Zäpfchen gegen Spektrallichter.

Nach der Anschauung von Young und Helmholtz gibt es auf der Netzhaut drei Arten von Zäpfchen: die einen sind für Rot, die anderen für Grün, die dritten für Blau-Violett empfindlich. Die Kurven (Abb. 233) zeigen die Stärke der Erregung der einzelnen Zäpfchen durch spektral zerlegtes Licht an. Man erkennt, daß dieselbe relative Erregung der drei Zäpfchensorten durch reine Spektrallichter

[1]) Anders ist es bei lange andauernden Reizen. Fixiert man z. B. beleuchtetes weißes Papier auf grauer Unterlage längere Zeit und zieht das Papier plötzlich weg, so erscheint die Unterlage an dieser Stelle dunkler als ringsum. Es ist das eine Ermüdungserscheinung (negatives Nachbild).

oder durch geeignete Mischung von Spektrallichtern hervorgerufen werden kann. Zwischen Rot und Violett liegt eine besondere Farbempfindung, Purpur.

Farbenblindheit entsteht in der Regel dadurch, daß eine Zäpfchenart (oder mehr) fehlt. Am häufigsten fehlen die rot-empfindlichen Zäpfchen. Solche Farbenblinde verwechseln Rot mit Grün und Braun.

Ermüdungserscheinungen der Zäpfchen beobachtet man z. B., wenn man erst lange auf eine rote, dann plötzlich auf eine weiße Fläche blickt; diese erscheint grünlich (Ermüdung der rot-empfindlichen Zäpfchen). Wird ein Stab, der auf weißer Fläche steht, z. B. durch eine rote Lichtquelle beleuchtet, so wirft er einen schwarzen Schatten. Beleuchtet man die Grundebene zugleich auch mit weißem Licht, so erscheint der Schatten grün. (Die rot-empfindlichen Zäpfchen werden von den Schattenstellen aus weniger gereizt als von anderen Stellen aus.)

Farben von Pigmenten. Farbige, nicht selbstleuchtende Körper absorbieren von dem auffallenden Licht manche Spektrallichter völlig, andere gar nicht oder wenig (selektive Absorption). Wird der Körper mit weißem Licht beleuchtet, so ergibt das von ihm reflektierte Licht seine „Eigenfarbe". Enthält das beleuchtende Licht nicht alle Spektrallichter, die er reflektieren kann, so erhalten wir einen anderen Farbeindruck. Farbige Stoffe sehen daher bei künstlichem Licht anders aus als bei Tageslicht; im gelben Natriumlicht erscheinen nichtgelbe Körper (z. B. roter Siegellack) fahl und dunkel.

Die Körperfarben werden auch subtraktive Farben genannt, weil sie durch Absorption eines Teils des weißen Lichts, also durch eine Subtraktion entstehen. Da blaue Pigmente hauptsächlich Rot und Gelb, gelbe Pigmente Blau und Violett absorbieren, so erfahren in einem Gemisch beider Pigmente nur grüne Strahlen keine wesentliche Absorption. Blaue und gelbe Pigmente ergeben daher zusammen ein grünes Pigment. (Blaue und gelbe Lichter liefern zusammen Weiß.)

Ostwaldsche Farbenlehre. Die Aufgabe, die ungeheure Mannigfaltigkeit der beobachtbaren Farben und Farbennuancen in ein System zu bringen, ist von Wilhelm Ostwald (Leipzig 1915) gelöst worden. Zu beachten ist, daß der subjektiv wahrgenommene Ton einer Farbe wesentlich durch die Umgebung mitbestimmt ist. Das zeigt folgender Versuch. Man betrachtet durch ein Loch in einer weißen Fläche eine gut beleuchtete gelbe Fläche; sie erscheint gelb. Verringert man die Beleuchtung der gelben, nicht aber der weißen Fläche, so wird der Ton olivfarben.

Die Charakterisierung der Farben geschieht nach folgenden Grundsätzen. Rein weiß ist eine Fläche, die alles Licht zurückstrahlt, rein schwarz eine solche, die nichts zurückwirft. Einer grauen Fläche, die z. B. 40% des Lichtes zurückwirft, wird 40% Weißgehalt, 60% Schwarzgehalt zugeschrieben. Die bunten Farben ordnet Ostwald, von den Spektrallichtern ausgehend, durch Einschieben der Purpurtöne zwischen Rot und Violett zu einem Kreis. Die Anordnung ist so getroffen, daß 1. zwei Lichter beim Mischen stets das zwischen ihnen liegende Licht ergeben, daß 2. zwei gegenüberstehende Lichter zusammen Weiß ergeben (Komplementär- oder Gegenfarben). Der Kreis ist willkürlich in 100, für den gewöhnlichen Gebrauch in 24 Stufen geteilt (bezeichnet mit 00 04 usw.). Die 8 Hauptfarben sind in Ostwaldscher Bezeichnung:

Gelb	U-Blau (Ultramarinblau),
Kreß[1])	Eisblau,
Rot	Seegrün,
Veil[2])	Laubgrün.

Nebeneinander stehende Namen bezeichnen Gegenfarben.

Ostwald hat Farbfilter hergestellt, die das Licht der Eigenfarbe durchlassen (Paßfilter), das der Gegenfarbe absorbieren (Sperrfilter). Auch sind für alle Farben Pigmentaufstriche hergestellt worden. Wirft ein Pigmentaufstrich alles Licht der Eigenfarbe zurück, so enthält er die reine Vollfarbe ($v = 100\,^0/_0$); er erscheint dann, durch das Paßfilter betrachtet, ebenso hell wie eine rein weiße Fläche, durch das Sperrfilter dagegen schwarz. Die meisten Körperfarben enthalten außer dem Gehalt an reiner Vollfarbe noch einen solchen an Weiß und Schwarz, d. h.: bei Bestrahlung mit weißem Licht reflektieren sie einen Bruchteil völlig (Weißgehalt w), einen Bruchteil selektiv (Gehalt an Vollfarbe v), der dritte Bruchteil endlich wird völlig absorbiert (Schwarzgehalt s). Drückt man w, v, s in Prozenten aus, so ist $w + v + s = 100$. Durch das Paßfilter geht der Teil $w + v$, durch das Sperrfilter der Teil w hindurch; aus w und $w + v$ kann man auch s ermitteln. Durch die Angabe des Tons der reinen Vollfarbe und der Größen w und v (dadurch ist s mitgegeben) ist jede Farbe eindeutig bestimmt und daher reproduzierbar.

Photographischer Apparat. Die Möglichkeit des Photographierens beruht auf der chemischen Wirksamkeit der Lichtstrahlen. Der photographische Apparat besteht aus einem geschlossenen, innen geschwärzten Kasten (Kamera), der in einer Seitenwand eine Linse (Objektiv) trägt. Diese entwirft auf der gegenüberliegenden Wand, deren Entfernung von der Linse veränderlich ist, ein reelles, umgekehrtes, verkleinertes Bild des Gegenstandes. Das Bild soll scharf[3]), eben, nicht verzeichnet und lichtstark sein. Das Objektiv besteht in der Regel aus einem System von Linsen, um die sphärische und die chromatische Aberration zu beseitigen. Eine Blende mit verstellbarer Öffnung ermöglicht die Einstellung bei verschiedenen Beleuchtungsstärken. Bei verdeckter Linse wird auf die gegenüberliegende Seite eine photographische Platte gebracht, die eine lichtempfindliche Bromsilber-Gelatine-Schicht enthält. Durch die Belichtung wird eine chemische Änderung des Bromsilbers eingeleitet. An den belichteten

[1]) Farbe der Kresse (orange).

[2]) Farbe des Veilchens (violett).

[3]) Die Schwierigkeit liegt darin, daß bei räumlichen Objekten nur die Punkte einer Ebene (Einstellebene) scharf auf der Platte abgebildet werden; die anderen geben kleine Zerstreuungskreise.

Stellen, wo der chemische Prozeß begonnen hat, wird im Entwicklerbad Silber ausgeschieden; im Fixierbad werden dann die übrig gebliebenen lichtempfindlichen Bestandteile der Platte aufgelöst. Entwickelt und fixiert wird bei rotem Licht, das die gewöhnlichen photographischen Platten nicht angreift. Auf den so gewonnenen „Negativen“ sind die in der Natur hellsten Stellen am dunkelsten, da sich dort Silber ausgeschieden hat. Legt man das Negativ auf ein lichtempfindliches Papier und belichtet, so erhält man ein „Positiv“, das wieder entwickelt und fixiert wird; bei ihm entsprechen die Helligkeitsverhältnisse im großen und ganzen denen in der Natur. Kopien, die auf Glas gemacht und daher durchsichtig sind, heißen Diapositive.

Blaue und violette Strahlen wirken auf die photographische Platte stärker als rote; rote Kleider erscheinen daher auf der Platte (dem Negativ) heller, auf der Kopie (dem Positiv) dunkler als in Wirklichkeit. Durch besondere Behandlung lassen sich die Platten auch rot-empfindlich machen (sensibilisieren).

Farbenphotographie. Das Problem, Photographien in natürlichen Farben herzustellen, hat verschiedene Lösungen gefunden. Kein Verfahren ist bisher so einfach und billig, daß es sich in weiten Kreisen als Liebhaberei hätte einbürgern können wie die gewöhnliche Photographie. Nach Miethe macht man drei Aufnahmen durch je ein rotes, grünes und blaues Glas hindurch auf Platten, die für rotes, grünes bzw. blaues Licht empfindlich gemacht (sensibilisiert) worden sind, und projiziert die danach gewonnenen, nicht farbigen Diapositive unter Vorschaltung wieder eines roten, grünen bzw. blauen Glases zugleich so auf einen weißen Schirm, daß die drei Bilder sich decken. Dadurch erhält jede Stelle des Bildes sehr angenähert denselben Farbton wie in der Natur.

Für subjektive Bildbetrachtung ist das Verfahren von Miethe nicht geeignet. Hierzu dienen die sog. Autochrom-Platten. Sie wurden zuerst von den Brüdern Lumière in Lyon (Anf. des 20. Jahrhunderts) hergestellt. Auf die Glasplatte wird eine Schicht von rot-, grün- und blau-gefärbten, kleinen Stärkekörnchen (Durchmesser 10 μ) so gebracht, daß die Körnchen neben-, nicht übereinander liegen, und daß die Farben möglichst gleichmäßig verteilt sind. Darüber wird eine feine Schicht von durchsichtigem Lack gegossen, darauf endlich die Bromsilber-Gelatine-Schicht. Bei der Aufnahme ist die Glasseite der Platte dem Objekt zugekehrt. Das Licht eines grünen Objekts z. B. wird von den roten und blauen Stärkekörnchen absorbiert, von den grünen durchgelassen; nur hinter diesen greift es das Bromsilber an, und nur hier wird im Entwickler Silber ausgeschieden. Nun kommt, abweichend von der gewöhnlichen Photographie, die Platte ins sog. Umkehrbad (z. B. Kaliumbichromat plus Schwefelsäure). Hier wird das vorher erzeugte Silber aufgelöst, die Stellen hinter den grünen Körnchen werden bis auf die Lackschicht freigelegt. Darauf wird die Platte dem Tageslicht ausgesetzt und von neuem entwickelt. Hinter den blauen und roten Körnchen erscheint jetzt schwarzes Silber, das die Platte undurchsichtig macht; beim Durchblicken erscheint der Gegenstand grün, da die einzelnen grünen Punkte im Auge zu einem Gesamteindruck verschmelzen. In den letzten Jahren haben die deutschen Agfa-Werke gleichwertige Autochrom-Platten hergestellt.

An dem Problem, farbige Kopien auf photographischem Papier zu erhalten, wird noch gearbeitet, ebenso daran, farbige Kinematographenbilder herzustellen.

Iustrumente znr optischen Vergrößerung. Optische Instrumente dienen zur Vergrößerung des Sehwinkels (S. 257). Zum objektiven Gebrauch verwendet man den Projektionsapparat, zum subjektiven für nahe Gegenstände Lupe und Mikroskop, für entfernte die Fernrohre.

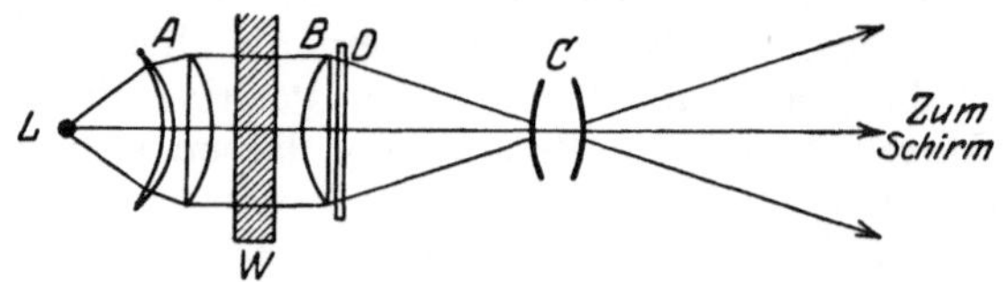

Abb. 234. Projektionsapparat für diaskopische Projektion.

Projektionsapparat. Der Projektionsapparat hat die Aufgabe, nichtleuchtende Objekte, in der Regel Bilder, vergrößert auf eine Wand zu projizieren. Abb. 234 zeigt ein Schema zur Projektion von Diapositiven (diaskopische Projektion). Die Linsen *A* und *B* bilden zusammen den sog. Kondensor; sie sammeln das Licht der Lichtquelle *L* (Bogenlampe, Glühlampe). Ein Wasserkasten *W* zwischen *A* und *B* hält die Wärmestrahlen auf. Unmittelbar hinter *B* wird das Diapositiv *D* angebracht. Das System der Projektionslinsen *C* entwirft auf dem Schirm ein vergrößertes, umgekehrtes Bild des Diapositivs *D*.

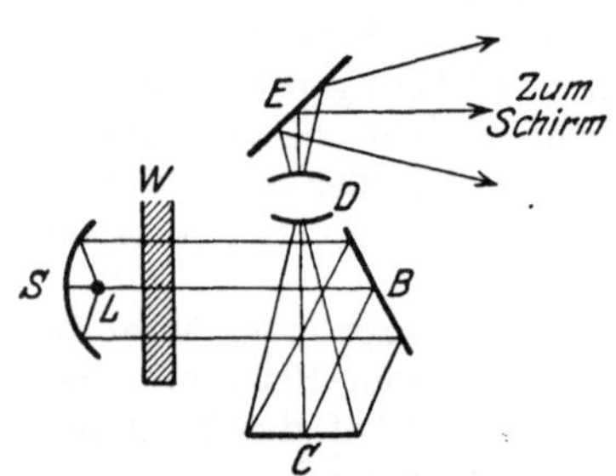

Abb. 235. Projektionsapparat für episkopische Projektion.

Ist das zu projizierende Objekt nicht selbstleuchtend (z. B. eine Buchillustration), so muß es sehr intensiv beleuchtet werden. Abb. 235 zeigt ein Schema für solche episkopische Projektion. Das Licht der Lichtquelle *L* wird durch einen Hohlspiegel *S* oder eine Linse parallel gemacht und durch den Planspiegel *B* auf das Objekt *C* geworfen. Die Projektionslinsen *D* erzeugen von dem auf die Weise leuchtend gemachten Objekt ein Bild, das mit Hilfe des Planspiegels *E* auf die vertikale Wand geworfen wird.

Lupe. Der Sehwinkel, unter dem ein Gegenstand erscheint, läßt sich durch Annäherung an das Auge beliebig vergrößern. Bei zu geringer Entfernung kann jedoch das Auge nicht mehr akkommodieren; die Grenze, bis zu der ohne sonderliche Anstrengung akkommodiert werden kann, heißt deutliche Sehweite (*s*; beim normalen Auge ist sie im Durchschnitt $s = 25$ cm). Ist die Größe des Gegenstandes h, so berechnet sich der Sehwinkel w_0 im Grenzfall aus

$$\operatorname{tg} w_0 = \frac{h}{s}.$$

Um ihn weiter zu vergrößern, benutzt man eine Lupe. Das ist eine einfache Sammellinse von kurzer Brennweite f. Sie erzeugt ein virtuelles, aufrechtes Bild des Gegenstandes, das vom Auge im Zustand entspannter Akkommodation betrachtet werden soll. Für ein normales Auge muß das Bild daher im Unendlichen liegen. Der Gegenstand wird in die Brennebene der Lupe gebracht; dann werden die von irgend einem Objektpunkt ausgehenden Strahlen so gebrochen, daß sie einander parallel sind und in Richtung der durch den Punkt gehenden Nebenachse der Lupe (S. 238) verlaufen. Für den Winkel w_1, den die von den beiden Endpunkten des Objekts kommenden Strahlenbündel miteinander bilden, gilt $\operatorname{tg} w_1 = \frac{h}{f}$.

Die durch die Lupe bewirkte Vergrößerung des Gesichtswinkels wird gemessen durch

$$v = \frac{\operatorname{tg} w_1}{\operatorname{tg} w_0} \quad \text{oder} \quad \underline{v = \frac{s}{f}}.$$

Mikroskop. Das Mikroskop[1]), von Goethe Kleinsehglas genannt, dient zur Erzielung bedeutender Vergrößerungen. Es enthält zwei Linsensysteme, das Objektiv (dem Gegenstand zugekehrt) und das Okular (dem Auge zugewandt). Das Objektiv hat eine kleine Brennweite f_1 und ist so angebracht, daß der Gegenstand (Größe h; Abb. 236) außerhalb der Brennweite, aber sehr nahe dem Brennpunkt liegt. Es erzeugt von dem Gegenstand ein reelles, umgekehrtes, vergrößertes Bild (Größe h_1). Die Entfernung des Bildes vom Objektiv sei l; dann ist, da der Gegenstand sehr angenähert die Entfernung f_1 vom Objektiv hat, die Vergrößerung durch das Objektiv

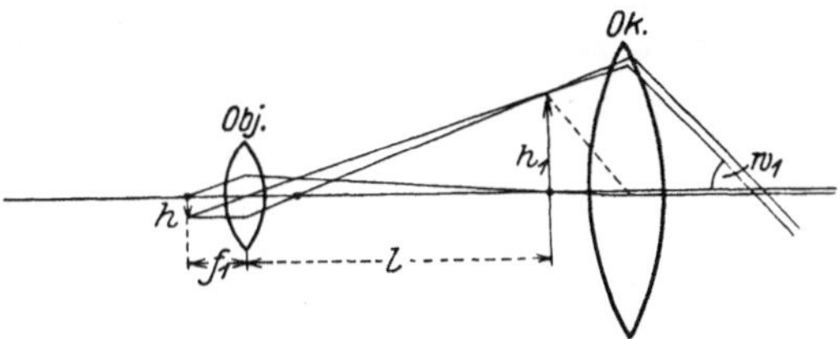

Abb. 236. Strahlengang im Mikroskop.

$$\frac{h_1}{h} = \frac{l}{f_1}.$$

Das so erzeugte Bild wird durch das Okular (Brennweite f_2) wie durch eine Lupe betrachtet. Die hierdurch bewirkte Vergrößerung

[1]) Die ersten Mikroskope finden sich schon bei Galilei und Scheiner (1610); die Erfindung der achromatischen Linsen durch Dollond (1757) gab Anlaß zu wesentlichen Verbesserungen.

ist, wie oben gezeigt, $\frac{s}{f_2}$; daher ist die Gesamtvergrößerung durch das Mikroskop

$$v = \frac{l \cdot s}{f_1 \cdot f_2}.$$

l ist (nahezu) die Rohrlänge des Mikroskops (Tubuslänge). Das Mikroskop erzeugt stets ein umgekehrtes Bild. Die Erfüllung der Forderung, ein scharfes, weder farbiges noch verzeichnetes Bild zu erzeugen, obwohl das Objekt, das dem Objektiv sehr nahe ist, durch weit geöffnete Strahlenbündel abgebildet wird, macht die größten Schwierigkeiten; Korrektionslinsen sind nötig; das Objektiv besteht daher meist aus vielen (etwa 10) Linsen, das Okular mindestens aus 2. Gute Mikroskope haben mehrere auswechselbare Objektive und Okulare, damit man verschiedene Vergrößerungen einstellen kann. (Abb. 237.)

Abb. 237. Mikroskop.

Nach der Formel für die Vergrößerung v könnte man, wenn die Brennweiten f_1 und f_2 gegeben sind, durch einfaches Ändern der Rohrlänge l die Vergrößerung v variieren. Tatsächlich ist das aber nicht der Fall, wie zuerst Abbe gezeigt hat. Ist nämlich bei einem starken Objektiv für eine bestimmte Gegenstands- und Bildweite (d. h. für ein ganz bestimmtes l) durch geeignete Linsenkombinationen die sphärische Abweichung aufgehoben, so ist das für keine andere Objekt- und Bildweite der Fall; vielmehr liefern benachbarte Objektpunkte schon so große Zerstreuungskreise, daß ein Bild nicht mehr wahrgenommen wird. Die Konstruktion gut brauchbarer, sphärisch und chromatisch korrigierter Objektivsysteme ist planmäßig von Abbe in Jena durchgeführt worden; er hat auch eine große Reihe neuer Glasarten mit besonderen optischen Eigenschaften hergestellt.

Da die Objekte fast nie selbstleuchtend, sondern durchscheinend sind, werden sie von unten (durch Spiegel und Kondensor) beleuchtet. Gelegentlich werden sie in einer geeigneten Substanz (z. B. Kanadabalsam) eingebettet und mit einem Deckgläschen bedeckt. Ebenso wie in Abb. 215 auf S. 241 wird ein Teil der vom Objekt kommenden Strahlen an der Grenze des Deckgläschens gegen Luft total reflektiert; dadurch wird das Bild lichtschwächer. Der äußerste seitliche Strahl, der noch in die Luft und dann in das Objektiv eintreten kann, bilde mit dem Ausfallslot in Luft $\sphericalangle u'$, in Glas $\sphericalangle u$. So ist, wenn n der Brechungsexponent des Glases ist, $\sin u' = n \cdot \sin u$. Dieser Wert ist also für die Menge des eintretenden Lichtes maßgebend. Nach

Abbe nennt man

$$A = n \cdot \sin u$$

die numerische Apertur des Mikroskops. A kann offenbar im geschilderten Fall höchstens 1 werden ($u' \leqq 90^0$). Beseitigt man aber den Luftraum zwischen Deckglas und Objektiv dadurch, daß man ihn mit Öl oder Wasser füllt (Öl- und Wasser-Immersionssysteme), so vermeidet man auch die Totalreflexion; es kann u bis nahezu 90^0, die Apertur bis zum Wert n wachsen (n = Brechungsexponent des Öls bzw. Wassers gegen Luft).

Auflösungskraft des Mikroskops. Immersionssysteme sind aber nicht nur lichtstärker als Luft- oder Trockensysteme, sie gestatten auch noch die Wahrnehmung (Auflösung) kleinerer Objekte. Liegen nämlich die Teile des Objekts einander zu nahe, so werden sie nicht mehr getrennt wahrgenommen, nicht mehr „aufgelöst". Bei sehr kleinen Objektteilchen spielt die Beugung eine Rolle. Um das klar zu machen, denken wir uns etwa als Objekt ein Strichgitter vom Gitterabstand d in einer Immersion (Br. Exp. n). Das durchgehende Licht wird abgebeugt, und zwar bildet das erste abgebeugte Intensitätsmaximum mit dem Hauptstrahl (S. 254) einen Winkel β, der sich ergibt aus[1]) $\sin\beta = \frac{\lambda}{n \cdot d}$, für das zweite Maximum ist $\sin\beta = 2 \cdot \frac{\lambda}{n d}$ usf. Es ist das Verdienst von Abbe, eine genaue Theorie des Mikroskops auf Grund der Lichtbeugung gegeben zu haben. Seine Ergebnisse lassen sich kurz so zusammenfassen: 1. Die Beugungsstreifen entstehen in der Brennebene des Objektivs; das von ihnen ausgehende Licht erzeugt durch Interferenz das Bild des Gitters im Abstand l vom Objektiv; 2. die durch das Objektiv bewirkte Vergrößerung ist l/f_1 (s. o.); 3. — und das ist hier das Wesentliche —: ein Bild des Gitters kann nur entstehen, wenn mindestens zwei aufeinander folgende Beugungsmaxima in das Objektiv eintreten. Bei senkrechtem Einfall des Lichtes darf also β höchstens den Wert u des Grenzöffnungswinkels erreichen; dann ist $\sin u = \frac{\lambda}{n d}$; für den kleinsten Gitterabstand, der noch aufgelöst wird, erhält man

$$d = \frac{\lambda}{n \cdot \sin u} = \frac{\lambda}{A}.$$

Bei schiefer Beleuchtung kann man es erreichen, daß das Hauptmaximum durch den einen, das eine der beiden ersten Beugungsmaxima durch den andern Rand des Objektivs geht; es wird dann die Grenze der Auflösbarkeit

$$d = \frac{\lambda}{2A}.$$

---

[1]) λ bedeutet im folgenden die Wellenlänge des Lichtes in Luft; in der Immersion ist sie daher (S. 250) $\frac{\lambda}{n}$.

Um d recht klein zu machen (starke Auflösung), wählt man A recht groß (Immersionssysteme, s. o.) und λ klein (bei Benutzung von Quarzlinsen kann man mit ultraviolettem Licht photographieren).

Im gewöhnlichen Tageslicht liegt die auf das Auge wirksamste Wellenlänge etwa bei $\lambda = 550\ \mu\mu$; mit einer sehr guten Ölimmersion ($n = 1{,}51$; $A = 1{,}40$) kann man daher bei schiefer Beleuchtung noch Größen bis herab zu $d = 196\ \mu\mu$ auflösen. Damit man sie noch gut erkennen kann, müssen sie im Mikroskop unter einem Gesichtswinkel von etwa $2'$ (bis $4'$) erscheinen; dann ist die scheinbare Größe in der Entfernung der deutlichen Sehweite $s \cdot \mathrm{tg}\, 2'$, und die Vergrößerung für das normale Auge beträgt das $v = s \cdot \mathrm{tg}\, 2'/d = 740$ fache, bzw. für den Gesichtswinkel $4'$ das 1480 fache (hier ist $s = 25$ cm $= 25 \cdot 10^7\ \mu\mu$). Ist die Vergrößerung wesentlich größer, so sieht man trotzdem kein weiteres Detail, weil eben kein weiteres aufgelöst werden kann. Für ein gutes Mikroskop spielt also keineswegs allein die Vergrößerung, sondern vor allem auch die Apertur eine wesentliche Rolle.

Ultramikroskop. Fällt ein Lichtstrahl durch einen Spalt in ein dunkles Zimmer, so sieht man die feinen Staubteilchen aufleuchten, die sonst unsichtbar sind. An ihnen wird das Licht gebeugt, und die entstehenden Beugungsscheibchen lassen die Teilchen größer erscheinen. Darauf beruht das Ultramikroskop (Siedentopf und Szigmondy 1903). Das von einer intensiven Strahlenquelle (Bogenlampe) kommende Licht wird durch Linsen gesammelt und fällt auf das Objekt (z. B. Bakterium, Kolloidteilchen). Senkrecht zum Strahlengang wird ein Mikroskop aufgestellt. Man sieht die durch die Objektpunkte erzeugten Beugungsscheibchen hell auf dunkelm Grunde (Dunkelfeldbeleuchtung). Statt einseitige Beleuchtung zu benutzen (Spalt-Ultramikroskop), kann man bei geeigneter Konstruktion der Beleuchtungseinrichtung (Kardioid-Kondensor) das Licht von allen Seiten auf das Objekt treffen lassen und es so aufs äußerste ausnutzen. Beim gewöhnlichen Mikroskop ist die Auflösungskraft bei Teilchen von etwa $180\ \mu\mu$ Größe erschöpft, für Photoaufnahmen mit ultraviolettem Licht bei etwa $106\ \mu\mu$. Die Sichtbarmachung von Teilchen durch das Ultramikroskop hängt dagegen nur von der Stärke der Beleuchtungsquelle ab. Praktisch kann man in unsern Breiten bei gutem Sonnenlicht Objekte bis herab zu $5\ \mu\mu$ Größe beobachten (Kolloidteilchen u. dgl.). Freilich können die Form der Teilchen und ihre Einzelheiten im allgemeinen nicht erkannt werden.

Das astronomische oder Keplersche Fernrohr. Mit dem Fernrohr betrachtet man weit entfernte Gegenstände. Es hat die Aufgabe, den Gesichtswinkel zu vergrößern, unter dem diese Gegenstände erscheinen. Es enthält zwei optische Systeme, Objektiv und Okular. Im einfachsten Fall bestehen Objektiv und Okular aus je einer bikonvexen Linse (Kepler 1611). Die vom höchsten Punkt des (sehr weit entfernten) Gegenstandes kommenden, als parallel anzusehenden Strahlen mögen in Richtung der Fernrohrachse einfallen. Sie sammeln sich im Brennpunkt B des Objektivs (Abb. 238). Die vom tiefsten Punkt des Gegenstandes kommenden Strahlen mögen mit der Achse den Winkel α bilden; sie sammeln sich im Punkte A der Brennebene. $\sphericalangle AOB = \alpha$. AB ist das reelle, umgekehrte (natürlich sehr stark verkleinerte) Bild des Gegenstandes. B ist zugleich der

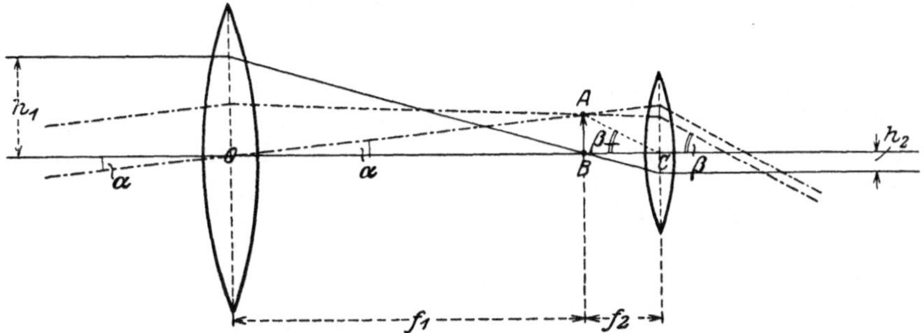

Abb. 238. Strahlengang im astronomischen Fernrohr.

Brennpunkt des Okulars. Dieses macht daher die von jedem Punkt von AB kommenden Strahlen wieder parallel. Das Auge empfängt daher, wie ohne Fernrohr, von jedem Punkt des Gegenstandes parallele Strahlen; jedoch ist der Sehwinkel bei direkter Beobachtung α, jetzt dagegen $\beta = ACB$. Nun sind die Brennweiten des Objektivs und des Okulars $OB = f_1$ und $BC = f_2$, daher $\operatorname{tg}\alpha = \frac{AB}{f_1}$, $\operatorname{tg}\beta = \frac{AB}{f_2}$; die Vergrößerung ist

$$\underline{v} = \frac{\operatorname{tg}\beta}{\operatorname{tg}\alpha} = \underline{\frac{f_1}{f_2}}.$$

Galileisches oder holländisches Fernrohr. Das astronomische Fernrohr gibt umgekehrte Bilder; seine Länge ist $f_1 + f_2$. Man kann die für terrestrische Beobachtungen unbequeme Bildumkehr vermeiden,

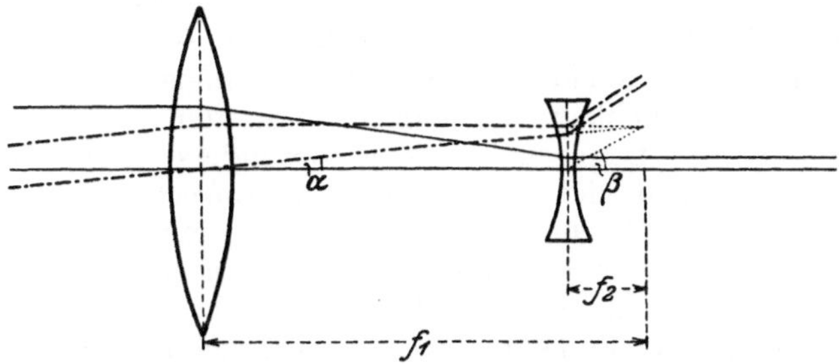

Abb. 239. Strahlengang im Galileischen Fernrohr.

wenn man entweder zur zweiten Umkehr eine oder zwei weitere Linsen einschaltet (was die Fernrohrlänge stark vergrößert), oder wenn man als Okular keine konvexe, sondern eine konkave Linse wählt, deren dem Objektiv abgewandter Brennpunkt mit dem des

Objektivs zusammenfällt[1]). Der Erfolg ist der gleiche; das Okular macht auch hier die vorher parallelen Strahlenbündel wieder parallel (Abb. 239). Es entstehen aufrechte Bilder. Die Vergrößerung ist $\frac{f_1}{f_2}$, die Länge des Fernrohrs $f_1 - f_2$. Die geringe Länge und die Erzeugung aufrechter Bilder macht das Rohr für viele Zwecke geeignet (s. u.). Das Opernglas besteht aus 2 Galileischen Fernrohren.

Helligkeit der Bilder im Fernrohr. Haben zwei achsenparallele Strahlen (Abb. 238) vor dem Durchgang durchs Fernrohr den Abstand h_1, nach dem Durchgang h_2, so ist $h_1 : h_2 = f_1 : f_2$. Läßt man Abb. 238 um die Fernrohrachse rotieren, so erkennt man, daß dieselbe Lichtmenge, die vorher auf den Kreis vom Inhalt $h_1^2 \pi$ entfiel, nachher auf die Fläche $h_2^2 \pi$ kommt. Die Lichtmenge pro Flächeneinheit (die sog. Helligkeit) ist also im Verhältnis $\left(\frac{h_1}{h_2}\right)^2 = \left(\frac{f_1}{f_2}\right)^2$ gestiegen. Man muß zwei Fälle unterscheiden. Betrachtet man durch das Fernrohr ausgedehnte Objekte, so werden die Lineardimensionen im Verhältnis $f_1 : f_2$, die Flächendimensionen im Verhältnis $f_1^2 : f_2^2$ gesteigert. Die Flächenhelligkeit ist daher (abgesehen von den Lichtverlusten durch Reflexion an den Linsen) trotz der Vergrößerung dieselbe wie für das bloße Auge. Punktförmige Objekte dagegen erscheinen heller. Ein Fixstern z. B. erscheint auch im Fernrohr punktförmig. Das gesamte Licht jedoch, welches das Objektiv trifft, wird in die Pupille geleitet. Die Helligkeiten des Sterns mit und ohne Fernrohr verhalten sich daher wie Objektiv- und Augenpupillenfläche. Das große Fernrohr der Yerkes-Sternwarte z. B. hat 102 cm Objektivdurchmesser, die Augenpupille bei Nachtbeleuchtung etwa 6 mm = 0,6 cm. Die Helligkeitssteigerung erfolgt daher auf das $(102 : 0{,}6)^2 = (170)^2 = 289\,000$ fache. Davon gehen allerdings noch die Reflexions- und Absorptionsverluste im Fernrohr ab. Mit dem Fernrohr kann man noch Sterne bis etwa zur 19. Größenklasse wahrnehmen (mit bloßem Auge höchstens bis zur 5. oder 6.). Man erkennt hieraus die Wichtigkeit großer Objektive für die Fernrohre.

Verwendung der Fernrohrtypen. Das Galileische Fernrohr ist für Meßzwecke unbrauchbar, da man in ihm kein Fadenkreuz anbringen kann (s. u.). Dagegen wurde es besonders früher für terrestrische Beobachtungen viel benutzt, weil es aufrechte Bilder liefert und zudem kurz und leicht ist. Sein Hauptvorzug ist die Lichtstärke seiner Bilder; denn da es meist nur 2 Linsen enthält, ist der Lichtverlust in ihm sehr gering. Es wird daher auch heute als Theaterglas und als Nachtglas benutzt. Bei stärkeren Vergrößerungen (Krimstechern) muß man dem Rohr korrigierte Okulare geben.

Beim astronomischen Fernrohr hat es keinen Zweck, stärkere Okularvergrößerungen anzuwenden als solche, bei denen die durch

[1]) Die aus Sammel- und Zerstreuungslinse bestehende Form des Fernrohres ist die älteste überhaupt. Sie wurde 1608 von dem holländischen Brillenschleifer Johann Lipperhay, 1609 von Galilei gefunden.

das Objektiv erzeugten Abbildungsfehler für das Auge unerkennbar bleiben. Es ist daher vor allem die Aufhebung der chromatischen und der sphärischen Aberration von größter Wichtigkeit. Die Herstellung großer, gut korrigierter Objektive ist äußerst schwierig und war lange unmöglich. Die größten Objektive sind in der Sternwarte zu Potsdam (50 und 80 cm Durchmesser), der Lick-Sternwarte (91 cm) und dem Yerkes-Observatorium (102 cm Durchmesser, 18,9 m Brennweite). Gut korrigierte Objektive lassen starke Vergrößerungen zu; große Objektive gewährleisten große Lichtstärke (s. o.) und erhöhen die Auflösungskraft des Fernrohrs (S. 270).

Prismenfernrohr. Galileische Fernrohre stärkerer (6 bis 12 facher) Vergrößerung und Fernrohre mit Umkehrlinsen werden kaum noch gebaut, seit man die Prismenfernrohre kennt (erfunden 1852 durch

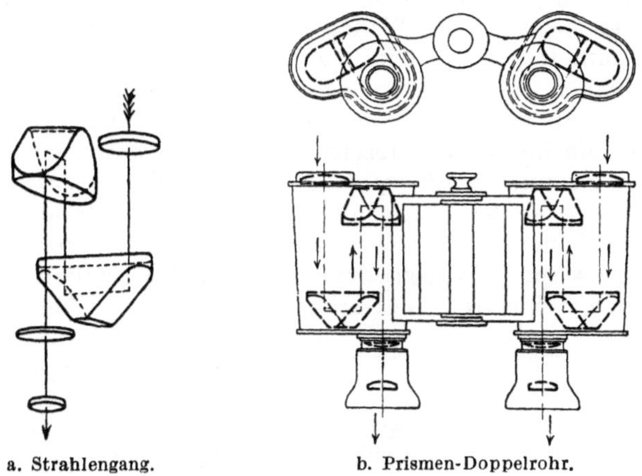

a. Strahlengang. b. Prismen-Doppelrohr.

Abb. 240. Prismafernrohr.

Porro, vervollkommnet vor allem durch Abbe 1893). Sie geben trotz geringer Rohrlänge ein aufrechtes Bild. Der Strahlengang ist aus Abb. 240a ersichtlich. Objektiv und Okular sind Sammellinsen. Die Bildumkehrung wird durch ein Paar gekreuzter Winkelspiegel erreicht (man benutzt vierfache Totalreflexion an zwei rechtwinkligen Prismen). Das eine (aufrecht stehende) Prisma vertauscht oben und unten, das andre (wagerecht liegende) links und rechts. Infolge der Reflexionen durchläuft das Licht die Strecke zwischen Objektiv und Okular nahezu dreimal, so daß eine bedeutende Verkürzung der Rohrlänge erreicht wird.

Bei etwas andrer Anordnung kann man, freilich nur unter Verzicht auf die Rohrverkürzung, eine bedeutende seitliche Verschiebung zwischen Objektiv- und Okularachse erreichen. Das hat folgenden Vorteil. Bei gewöhnlichen Fernrohren werden die Breitendimensionen (rechts-links und oben-unten) vergrößert, nicht aber die Tiefendimensionen (vorn-hinten). Körperliche Objekte in endlicher Entfernung erscheinen daher durch das Fernrohr stark verflacht, besonders bei Benutzung von Doppelrohren. Bei einem Prismen-Doppelrohr (Abb. 240b) dagegen ist der Objektivabstand, also gewissermaßen der Augenabstand sehr stark erhöht; dadurch wird die Tiefenwahrnehmung äußerst gesteigert, die Gegenstände erscheinen weit plastischer.

Fadenkreuz. Entfernungsmesser. In die Brennebene des astronomischen oder des Prismenfernrohrs (nicht aber des Galileischen) bringt man häufig 2 Systeme von zueinander rechtwinkligen, sehr dünnen Spinnwebfäden, vor allem, um das Fernrohr scharf auf einen Punkt einstellen zu können (Fadenkreuz). Statt dessen kann man auch einen in Glas geritzten Maßstab anbringen.

Benutzt man ein binokulares Instrument mit großem Abstand der Objektive und sind in beiden Rohren die Maßstäbe ganz symmetrisch angebracht, so scheinen die Urbilder der im Fernrohr erscheinenden Striche im Unendlichen zu liegen. Sind die Maßstäbe nicht ganz symmetrisch, so tritt stereoskopische Wirkung ein: die Teilstriche scheinen im Raum in größerer oder geringerer Entfernung zu schweben. Man ordnet sie so an, daß eine nach Hektometern fortschreitende Markenreihe entsteht. Die Marke, mit der ein Punkt der Landschaft zusammenfällt, gibt sofort seine Entfernung an. Derartige Instrumente heißen Entfernungsmesser. Der Objektivabstand ist bei mittleren Instrumenten etwa 50 cm, bei großen mehrere Meter.

Spiegelteleskope. Wegen der großen Schwierigkeit der Aufgabe, sehr große, fehlerfreie, korrigierte Linsen herzustellen, hat man bereits im 17. und 18. Jahrhundert das Objektiv astronomischer Fernrohre zuweilen durch einen großen Hohlspiegel ersetzt (Spiegelteleskope oder Reflektoren). Beim Spiegel tritt chromatische Aberration überhaupt nicht auf. Reflektoren sind in verschiedenster Art gebaut. Abb. 241 zeigt die Konstruktion von Newton; der kleine Planspiegel in der Rohrachse bewirkt, daß das Bild vor dem Okular (unten rechts) entsteht.

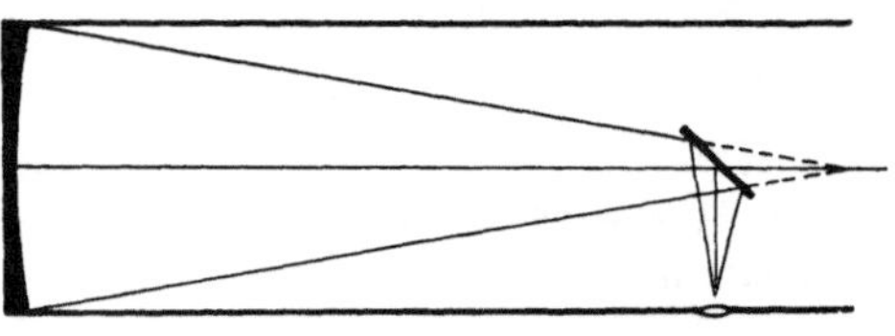

Abb. 241. Spiegelteleskop nach Newton.

Auflösungskraft des Fernrohres. Die Auflösungskraft wird dadurch bestimmt, wie nahe zwei leuchtende Punkte, z. B. die Komponenten eines Doppelsterns, beieinander stehen dürfen, um noch getrennt wahrgenommen zu werden. Die Objektivfassung wirkt als beugende Öffnung. Fallen Strahlen parallel zur Achse ein, so entsteht um den Brennpunkt ein System von hellen und dunkeln Beugungskreisen. Der Radius des ersten dunkeln Ringes ist der Brennweite f direkt, dem Objektivdurchmesser D umgekehrt proportional. D muß sehr groß gewählt werden, damit der Radius des Ringes möglichst klein wird; denn zwei sehr nahe stehende Sterne werden nur dann getrennt wahrgenommen, wenn ihre Beugungskreise sich nicht überdecken.

Polarisation des Lichtes.

Polarisation durch Spiegelung. Ebenso wie die elektromagnetischen zeigen auch die ihnen wesensgleichen Lichtwellen die Erscheinung der Polarisation. Man lasse einen Lichtstrahl unter einem Einfallswinkel zwischen 50⁰ und 60⁰ auf eine Glasplatte S_1 fallen (Abb. 242); der reflektierte Strahl trifft unter dem gleichen Winkel auf eine zweite Glasplatte S_2. Dreht man nun, unter Beibehaltung der Einfallswinkel, den zweiten Spiegel um die Linie BC als Achse, so wird der Strahl CD mit ganz verschiedener Intensität reflektiert, je nach der Stellung der Spiegel zueinander. Die Intensität ist am größten, wenn die Einfallsebenen des Lichts bei beiden Spiegeln parallel sind (wie in Abb. 242 gezeichnet); sie ist am schwächsten, wenn die Einfallsebenen aufeinander senkrecht stehen. Durch die erste Reflexion (an S_1) hat der Lichtstrahl offenbar ein in verschiedener seitlicher Richtung verschiedenes Verhalten erlangt; er ist „polarisiert“ worden[1]). Der Spiegel S_1 heißt der Polarisator, der Spiegel S_2, mit dessen Hilfe man den Polarisationszustand erkennt, der Analysator.

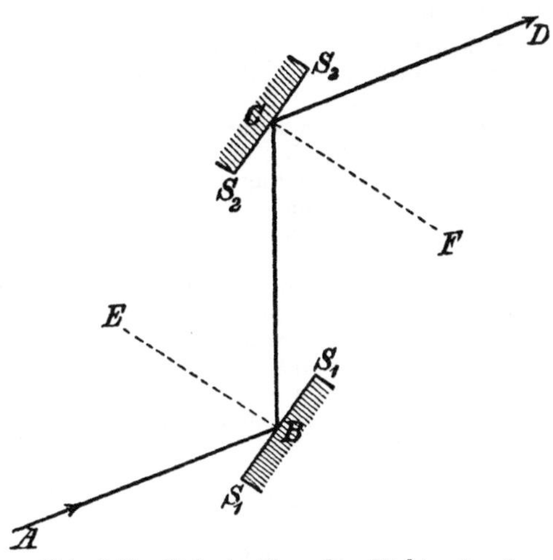

Abb. 242. Polarisation des Lichts durch Spiegelung.

Für jede Substanz gibt es einen Einfallswinkel, bei dem die Polarisationswirkung am stärksten ist; er heißt Polarisationswinkel und beträgt z. B. für Glas 55^0. Fällt Licht unter diesem Winkel auf, so wird es „vollständig linear polarisiert“; stehen dann die Einfallsebenen bei beiden Spiegeln aufeinander senkrecht, so wird bei S_2 überhaupt nichts reflektiert.

Die Ausfallsebene des Lichts beim ersten Spiegel heißt die Polarisationsebene des Strahls.

Der in die Glasplatte S_1 eindringende (gebrochene) Strahl ist teilweise polarisiert. Der Grad der Polarisation wird stärker, wenn er einen Satz von Spiegelglasplatten durchsetzt. Die Polarisationsebene des durchgehenden Strahls ist senkrecht zu der des reflektierten.

Gesetz von Brewster. Die Polarisation eines Lichtstrahls durch Spiegelung ist dann am vollständigsten, wenn der reflektierte und der gebrochene Strahl aufeinander senkrecht stehen. In diesem Fall ist

[1]) Die Polarisation ist 1808 durch Malus in Paris entdeckt worden; er bezeichnete die beiden ausgezeichneten seitlichen Richtungen des Strahls als dessen „Pole“, den Strahl selbst als polarisiert.

$\beta = 90^0 - \alpha$ (man vgl. etwa Abb. 213 auf S. 240)

$$\frac{\sin\alpha}{\sin(90^0-\alpha)} = n \quad \text{oder} \quad \underline{\operatorname{tg}\alpha = n}.$$

Der Tangens des Polarisationswinkels ist gleich dem Brechungsexponenten.

Erklärung der Polarisation nach der Maxwellschen Theorie. Wir betrachten einen Lichtstrahl, der sich senkrecht zur Zeichenebene fortpflanzt. Der Durchstoßpunkt A sei Nullpunkt eines festen Koordinatensystems. Nach Maxwell ist das Licht eine elektromagnetische Erscheinung; der elektrische und der magnetische Vektor stehen (vgl. S. 223) auf der Fortpflanzungrichtung senkrecht, beide liegen hier also in der Zeichenebene; ihre Richtungen können sich in jedem Augenblick ändern, stets aber bleiben sie senkrecht zueinander. Wir betrachten die zeitliche Änderung des einen, z. B. des elektrischen Vektors und seiner Projektionen $\mathfrak{E}_x$ und $\mathfrak{E}_y$ auf die Koordinatenachsen in der Zeichenebene. Wäre das Licht „streng homogen", hätte es also nur eine einzige Schwingungszahl, so wären $\mathfrak{E}_x$ und $\mathfrak{E}_y$ streng harmonische Schwingungen; der Endpunkt P des Resultierenden, des Vektors $\mathfrak{E}$, beschriebe dann im allgemeinen eine elliptische Bewegung (vgl. Abb. 20 auf S. 27). Da die Ellipsen in ihren Achsen 2 Vorzugsrichtungen besitzen, so sollte man meinen, daß auch jeder einfarbige Lichtstrahl solche zeigt, also polarisiert ist. Das ist aber tatsächlich nicht der Fall, und zwar aus 2 Gründen. Erstens besteht das beobachtbare Licht aus lauter ungeheuer kurzen, schnell aufeinander folgenden „Lichtstößen", wie das aus den Vorstellungen über den Mechanismus der Lichtemission leicht verständlich ist; bei jedem Stoß kann die Ellipse eine andere Achsenrichtung haben. Zweitens gibt es kein streng homogenes Licht. Selbst eine Spektrallinie hat eine gewisse Breite. Sind etwa in einem blauen Licht von rund 5000 Å Wellenlänge Lichtstrahlen enthalten, deren Wellenlänge sich höchstens um 0,0001 Å unterscheiden, so entspricht das doch schon in der Schwingungszahl einem Spielraum von 12000000. Auch im scheinbar homogensten Licht sind also noch ungeheuer viele verschiedene elliptische Schwingungen enthalten. Ihre Achsenverhältnisse und Achsenrichtungen sind im allgemeinen alle verschieden. Man hat „natürliches Licht". Polarisieren des Lichts bedeutet, eine Gleichmäßigkeit in die elliptischen Schwingungen bringen; folgende Hauptfälle sind möglich:

1. Alle Ellipsen arten zu Geraden aus, deren Richtungen zusammenfallen. Man hat dann das gewöhnliche „polarisierte", genauer „linear oder geradlinig polarisierte Licht", wie es z. B. bei der Reflexion (s. o.) entsteht[1]).

2. Alle Ellipsen werden Kreise: Das Licht ist „zirkular polarisiert".

3. Die Achsen aller Ellipsen haben gleiches Verhältnis und gleiche Richtung: Das Licht ist „elliptisch polarisiert". Zirkular und elliptisch polarisiertes Licht kann man durch geeignete Totalreflexion linear polarisierten Lichtes (oder mit Kristallen, s. u.) erhalten.

4. Unvollständig polarisiert heißt ein Gemisch aus natürlichem und polarisiertem Licht.

Kristalloptik.

Doppelbrechung. Der Kalkspat ist ein rhomboedrisch kristallisierendes Kalziumkarbonat ($CaCO_3$); die guten Stücke sind völlig farblos und durchsichtig. Legt man ein Kalkspatstück auf bedrucktes Papier, so sieht man die Schrift doppelt („Doppelspat"). Abb. 243

[1]) Die Maxwellsche Theorie liefert auch die genaue quantitative Beziehung zwischen Einfallswinkel und Polarisationsgrad. Sie lehrt ferner, daß beim linear polarisierten Licht die sog. Polarisationsebene die Ebene ist, in der der magnetische Vektor schwingt.

stellt ein durch Spaltung entstandenes Rhomboeder dar. Es wird von 6 Rhomben mit Winkeln von 102° bzw. 78° begrenzt; nur in 2 Ecken (A und B) stoßen 3 stumpfe Winkel zusammen (sonst stets 2 spitze und 1 stumpfer); die Gerade AB, die mit der kristallographischen Hauptachse zusammenfällt, heißt die „optische Achse“ des Kristalls. Jede durch die optische Achse gelegte oder ihr parallele Ebene heißt ein Hauptschnitt.

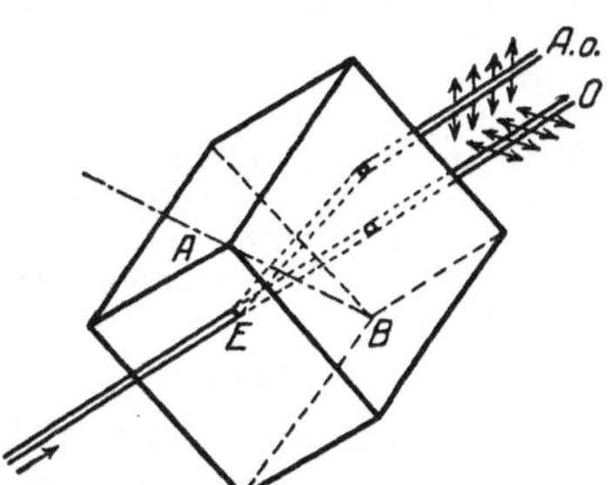

Abb. 243. Doppelbrechung im Kalkspat.

Man lasse (Abb. 243) ein sehr schmales Lichtbündel senkrecht auf die vordere Begrenzungsebene eines Kalkspatrhomboeders fallen (Einfallspunkt E). Im Kalkspat zerfällt das Licht in 2 Strahlen, die beim Austritt aus dem Kristall parallel werden. Der eine Strahl geht ungebrochen durch, er heißt „ordentlicher Strahl“ (O); der andere, der trotz senkrechten Auffalls gebrochen wird, wird „außerordentlicher Strahl“ (Ao) genannt. Dreht man den Kristall um den einfallenden Strahl als Achse, so bleibt der ordentliche Strahl in seiner Lage, während sich der außerordentliche um ihn im Kreise dreht. Brechung und Verschiebung des außerordentlichen Strahls erfolgt immer in der Ebene eines Hauptschnitts; er bildet mit der optischen Achse stets einen größeren (spitzen) Winkel als der ordentliche.

Untersucht man beide Strahlen mit dem Analysator, so zeigt sich, daß sie beide polarisiert sind. Die Polarisationsebene fällt für den ordentlichen Strahl mit dem Hauptschnitt zusammen: für den außerordentlichen steht sie senkrecht dazu. Abb. 243 gibt durch Pfeile die Schwingungsebenen der elektrischen Vektoren an, die auf den Polarisationsebenen senkrecht sind[1].

Fällt ein Lichtstrahl schief auf die Rhomboederfläche, so wird er auch in 2 polarisierte Strahlen gebrochen. Für den ordentlichen ist der Brechungsindex konstant, z. B. für Na-Licht $n_0 = 1,65$; es gilt also für ihn das Gesetz von Snellius. Für den außerordentlichen Strahl hängt n von der Einfallsrichtung ab; für Na-Licht schwankt der Wert zwischen 1,48, wenn der Strahl senkrecht, und 1,65, wenn er parallel zur optischen Achse durch den Kristall geht.

Wellenfläche. Nach S. 245 hat die Lichtgewindigkeit in einem Medium in dem Brechungsexpondenten n den Wert c/n. Wir denken uns im Innern eines sehr großen Kalkspatkristalls ein Lichtzentrum. Nach einer (sehr kurzen) Zeit sind die ordentlichen Strahlen nach allen Richtungen hin auf der Oberfläche einer Kugel angekommen, die das Lichtzentrum zum Mittelpunkt hat. Der außerordentliche Strahl dagegen hat nach den verschiedenen Richtungen verschiedenes n, also auch verschiedene Geschwindigkeiten. Die genauere Untersuchung lehrt, daß er die Oberfläche eines Ellipsoides erreicht, das die Kugel

[1]) Die Doppelbrechung im Kalkspat wurde von Erasmus Bartholinus entdeckt (Kopenhagen 1669); ihre Gesetze wurden von Huyghens aufgefunden (1690).

umschließt. Kugel und Ellipsoid zusammen heißen die „Wellenfläche“ des Kalkspats. Huyghens hat die Wellenfläche aufgefunden und gezeigt, wie man mit ihrer Hilfe den Gang des ordentlichen und außerordentlichen Strahls konstruieren kann.

Amorphe Körper und Kristalle des regulären Systems brechen das Licht einfach (Wellenfläche: Kugel). Kristalle des quadratischen und des hexagonalen Systems, die also kristallographische Achsen von zweifach verschiedenem Wert haben, verhalten sich wie der Kalkspat. Sie heißen optisch einachsig, weil in einer Richtung die Geschwindigkeit beider Strahlen übereinstimmt. (Wellenfläche: Ellipsoid mit eingeschlossener oder umschließender Kugel.) Kristalle der anderen Systeme zeigen auch Doppelbrechung; die Wellenfläche ist sehr kompliziert (Fresnelsche Fläche); in 2 Richtungen stimmen die Geschwindigkeiten beider Strahlen überein; die Kristalle heißen daher „optisch zweiachsig“.

Nicolsches Prisma. Durch einen Kunstgriff ist es Nicol (1841) gelungen, einen der beiden polarisierten Strahlen des Kalkspats zu vernichten und so einen guten Polarisator herzustellen. Von einem verlängerten Rhomboeder werden die Endflächen so abgeschliffen, daß die neuen Grenzflächen mit den Längskanten einen Winkel von 68° (statt 71°, wie vorher) bilden. Das so erhaltene Prisma wird senkrecht zu den neuen Endflächen und zu der Hauptschnitt-Diagonalebene zersägt. Nach dem Schleifen und Polieren werden die beiden Stücke durch Kanadabalsam wieder zusammengekittet. Abb. 444 zeigt den Querschnitt, der zugleich Hauptschnitt ist (SS gekittete Fläche). Fällt ein Lichtstrahl parallel zur Längskante ein, so wird der ordentliche Strahl (BC) stärker gebrochen als der außerordentliche (BD). Das hat zur Folge, daß der ordentliche Strahl an der Kanadabalsamschicht (in C) total reflektiert und in der undurchsichtigen Fassung des Prismas absorbiert wird. Nur der außerordentliche Strahl verläßt das Prisma (bei E); er ist vollständig linear polarisiert.

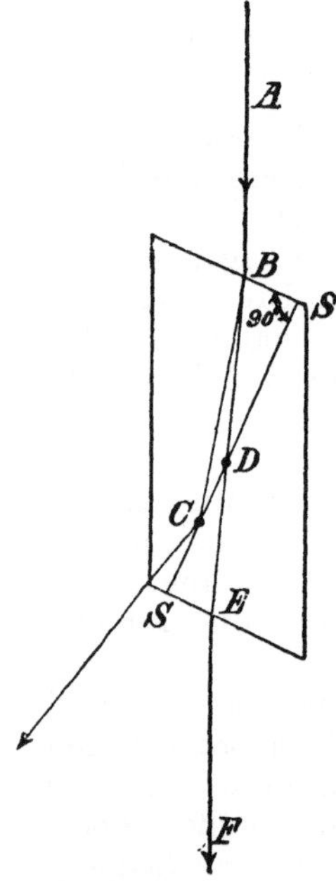

Abb. 244. Nicolsches Prisma.

2 Nicolsche Prismen, von denen eins als Polarisator, eins als Analysator wirkt, bilden einen Polarisationsapparat. Je nachdem, ob die Polarisationsebenen beider Prismen parallel oder senkrecht zueinander sind, spricht man von parallelen oder gekreuzten Nicols. Das Gesichtsfeld ist im ersten Fall hell, im zweiten dunkel; denn bei gekreuzten Nicols läßt das zweite das vom ersten polarisierte Licht nicht durch.

Turmalin. Turmalin ist ebenfalls doppelbrechend. Da eine geeignet geschnittene Turmalinplatte schon bei geringer Dicke den ordentlichen Strahl völlig absorbiert, also nur den außerordentlichen Strahl hindurchläßt, kann sie ohne weiteres als Polisator dienen. Störend wirkt ihre Färbung. Allgemein hängt die Absorption des

Lichtes in doppeltbrechenden Kristallen von der Strahlrichtung, dem Schwingungszustand und der Wellenlänge ab. Daher haben die durchgelassenen Strahlen je nach der Richtung, in der sie den Kristall durchsetzt haben, verschiedene Farben (Pleochroismus, Dichroismus).

Drehung der Polarisationsebene. a) Durch Quarz. Bringt man zwischen 2 gekreuzte Nicols eine senkrecht zur optischen Achse geschnittene Quarzplatte, so wird das Gesichtsfeld hell. Der Quarz dreht nämlich die Polarisationsebene des durchgehenden Lichtes. Durch eine Nachdrehung des Analysators, deren Stärke von der Dicke der Platte und der Farbe des Lichts, deren Richtung (links oder rechts herum) von der Art des Quarzes abhängt, wird wieder Dunkelheit erzeugt. Bei Quarz von 1 mm Dicke beträgt die Drehung (nach links oder rechts) für Licht der Farbe

$$B\,(\text{rot})\ 16^{0},\quad D\,(\text{gelb})\ 22^{0},\quad F\,(\text{blau})\ 33^{0}.$$

Die Drehung ist der Plattenstärke proportional.

Bei Anwendung weißen Lichts wird das Gesichtsfeld nicht wieder dunkel, sondern bei 16^{0} Nachdrehung grün, bei 22^{0} blau, bei 33^{0} gelb.

b) Durch Zuckerlösung. Schaltet man zwischen Polarisator und Analysator ein Rohr mit Zuckerlösung, so tritt ebenfalls Drehung der Polarisationsebene ein. Ist l die Länge der durchstrahlten Schicht in dm, c die in ccm gelöste Anzahl gr, so ist der Drehwinkel

$$\delta = \alpha \cdot l \cdot c\,.$$

α ist das „spez. Drehvermögen“, es hängt ab von Lichtart und Temperatur. Die Drehung der Polarisationsebene dient in der Zuckerindustrie zur Bestimmung des Zuckergehalts einer Lösung (Saccharimeter, s. unten), in der Medizin bei Untersuchung des diabetischen Harns auf Traubenzucker usw.

Außer Zucker drehen noch sehr viele andere Substanzen die Polarisationsebene; sie heißen „optisch aktiv“. Kohlenstoffverbindungen sind nur dann optisch aktiv, wenn sie ein oder mehrere sog. asymmetrische Kohlenstoffatome enthalten. Es ist auch gelungen, aktive Verbindungen herzustellen, die nicht Kohlenstoff als Kern enthalten, sondern Stickstoff, Schwefel, Zinn oder Selen.

Saccharimeter von Mitscherlich. Es besteht aus 2 Nicols, zwischen die die Zuckerlösung gebracht werden kann. Das Gesichtsfeld wird vor und nach dem Einbringen der Zuckerlösung auf Dunkelheit eingestellt und der Drehwinkel δ abgelesen. Die Konzentration c berechnet man aus der Gleichung $\delta = \alpha \cdot l \cdot c$. Die Platten, die das Rohr mit der Zuckerlösung verschließen, dürfen nicht zu fest angezogen werden, da sonst die im gepreßten Glas entstehende Doppelbrechung die Erscheinung stört. Die genaue Einstellung auf Dunkelheit ist schwierig.

Doppelquarz. Eine gegen die Drehung sehr empfindliche Anordnung erhält man, wenn man 2 halbkreisförmige, gleichdicke Quarzplatten, am günstigsten 3,75 mm dick, eine rechts, eine links drehend, zusammenkittet und zwischen Polarisator und Analysator senkrecht zur Sehlinie einsetzt. (D' in Abbildung 246 rechts unten.)

Beide Plattenhälften drehen, nach rechts bzw. links, die Polarisationsebene um den gleichen Betrag, in Abb. 245 von *PP* nach *OR* bzw. *OL* (für Natriumlicht um etwa 80°). *OR* und *OL* geben sowohl im bezug auf *AA* wie *PP* gleiche Komponenten; daher erscheinen beide Gesichtshälften bei gekreuzten wie bei parallelen Nicols gleich hell, und zwar bei Beleuchtung mit weißem Licht violett („empfindliche Farbe"). Bringt man eine drehende Substanz in den Strahlengang, so werden die Polarisationsebenen um einen Winkel α in die Richtungen OR' bzw. OL' gedreht. OR' und OL' geben aber in bezug auf *AA* wie auf *PP* Komponenton verschiedener Größe; infolgedessen erscheinen die beiden Hälften des Gesichtsfeldes verschieden hell; durch Drehen des Analysators um den Winkel α kann die Einheitlichkeit des Gesichtsfeldes wiederhergestellt werden (Halbschattenapparat).

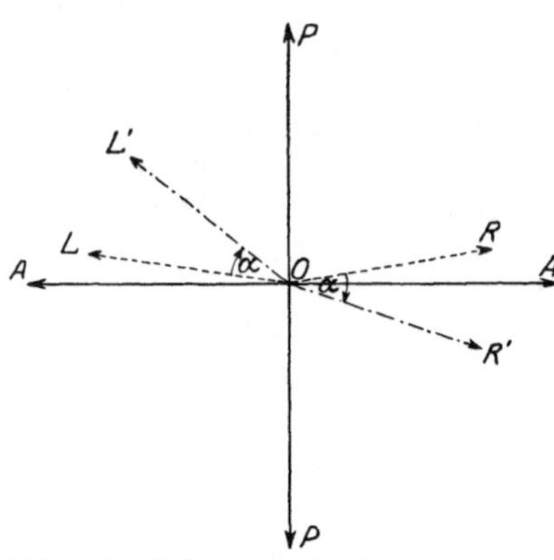

Abb. 245. Schematische Zeichnung zur Wirkung des Doppelquarzes.

Saccharimeter von Soleil. Das Licht geht durch den Polarisator *C* (Abb. 246), die Doppelquarzplatte *D*, die Zuckerlösung *BA*, dann durch eine rechts drehende Quarzplatte *E*, die beiden links drehenden Quarzkeile *F* und endlich durch den festen Analysator *G*.

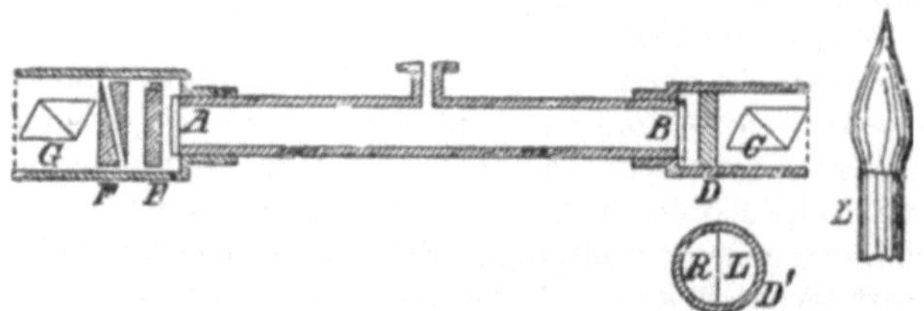

Abb. 246. Saccharimeter nach Soleil.

C und *G* sind parallel eingestellt. Die Keile *F* lassen sich mittels eines Triebes gegeneinander verschieben. Ist die Gesamtdicke der durchsetzten Keilschichten gleich der Dicke des Quarzes *E*, so haben *E* und *F* zusammen keine Wirkung. Infolge der oben beschriebenen Wirkung des Doppelquarzes *D* erscheinen nach Einschalten der Zuckerlösung beide Hälften des Gesichtsfeldes verschieden hell. Statt nun *G* zu drehen, verschiebt man die Keile *F* gegeneinander, so daß die Dicke des Linksquarzes sich ändert, bis dadurch die durch die Zuckerlösung hervorgebrachte Drehung aufgehoben wird und das Gesichtsfeld gleichförmig erscheint. An dem Trieb der Keile ist unmittelbar der entsprechende Drehwinkel abzulesen. Die Methode ist äußerst empfindlich. Verwendung des Saccharimeters S. 275.

Interferenz bei polarisiertem Licht. Geht polarisiertes Licht durch eine dünne, doppelt brechende Platte, z. B. Gips, so zerfällt es im Gips in einen ordentlichen und einen außerordentlichen Strahl, die verschiedene Geschwindigkeit haben und die daher das Plättchen in verschiedener Phase verlassen. Interferenz tritt ein, sobald der Analysator die elektrischen Vektoren in dieselbe Ebene gebracht hat. Daher erscheint ein Gipsblättchen zwischen 2 Nicols farbig. Bei Drehung des einen Nicols um 90^0 erscheinen die Komplementärfarben.

Im konvergenten polarisierten Licht treten beim Durchgang durch eine Kristallplatte farbige Ringe auf, die von einem schwarzen oder einem weißen Kreuz durchzogen sind. Beim Drehen des Analysators um 90^0 schlagen auch hier die Farben in die Komplementärfarben um.

Strahlen verschiedener Wellenlänge.

Allgemeines. Es ist im vorhergehenden sehr oft gesagt worden, daß nach der Maxwellschen Theorie die Lichtwellen und die elektromagnetischen Wellen wesensgleich sind und sich nur durch die Wellenlänge unterscheiden. Wenn sich die Physik mit den Lichtwellen ganz besonders abgibt, so liegt das daran, daß wir für das Licht ein besonderes Organ haben und daß es daher für uns von ungeheurer Bedeutung ist. Vom wissenschaftlichen Standpunkt sind alle diese Wellenarten zusammenzufassen. Sie alle zeigen Reflexion, Brechung, Interferenz, Beugung, Polarisation. Nach der Wellenlänge können wir folgende Hauptgruppen elektromagnetischer Wellen unterscheiden: Hertzsche Wellen, ultrarotes Licht, sichtbares Licht, ultraviolettes Licht, Röntgen- und γ-Strahlen. Zwischen ihnen gibt es jedesmal kontinuierliche Übergänge.

Hertzsche Wellen. Über ihre Erzeugung und Erkennung sowie ihre Eigenschaften vgl. S. 219 ff.

Die Messung der Wellenlänge erfolgt durch stehende Wellen (S. 220), mit Beugung und Interferenz (S. 222) oder durch Berechnung aus der Schwingungszahl. In der Praxis der drahtlosen Telegraphie benutzt man im allgemeinen Wellen zwischen 15 km und 50 m Länge.

Hertz hat Wellen erzeugt mit Längen bis herab zu 66 cm, Lebedew bis 4 mm, v. Baeyer bis 2 mm = 2000 μ, Nicols und Tear bis 0,22 mm = 220 μ. Glagolewa-Arkadiewa gibt neuerdings (1924) sogar an, bis 82 μ herabgekommen zu sein.

Gebiet des Ultraroten. Im Sonnenspektrum machen sich noch jenseits des sichtbaren roten Endes Strahlen durch ihre Wärmewirkung bemerkbar (ultrarote Strahlen, F. W. Herschel 1800). Ultrarote Strahlen sind in der Temperaturstrahlung jedes Körpers enthalten. Messungen sind möglich mit Glasprismen[1]) bis zu Wellenlängen von 1 μ, mit Flußspat bis 15 μ, mit Sylvin bis 30 μ. Genaue Wellenlängenmessungen zwischen 20 und 340 μ hat besonders H. Rubens

[1]) Wellen von mehr als 1 μ Länge werden vom Glas absorbiert. Die Glasdächer der Treibhäuser lassen die sichtbaren Sonnenstrahlen durch, halten aber die vom Boden zurückkommenden langen Wärmewellen zurück.

mit Hilfe von Beugungsgittern (S. 254) vorgenommen, Die Gitter bestanden aus Drähten von 0,1 bis 1 mm Dicke, die in Abständen gleich der Drahtdicke parallel ausgespannt waren. Statt der Linsen benutzt man zum Sammeln der Strahlen meist Hohlspiegel, deren Brennweite nicht von der Wellenlänge abhängt. Die Maxima und Minima der Intensität werden angezeigt durch Thermosäulen (S. 162) oder durch Bolometer (S. 164).

Die für Messungzwecke nötige Aussonderung einzelner langwelliger Wärmestrahlen aus der Gesamtstrahlung des heißen Körpers erfolgt nach der Reststrahlenmethode von Rubens. Sie beruht darauf, daß Kristalle (z. B. Sylvin) Strahlen bestimmter Wellenlänge vollständig (metallisch), andere Wellenlängen dagegen nur sehr wenig reflektieren. Durch mehrmalige Reflexion desselben Strahls an Flächen gleicher Kristalle werden so Strahlen ganz bestimmter Wellenlänge ausgesondert (Reststrahlen), während alle übrigen schließlich verschwindende Intensität besitzen. Schwierigkeiten entstehen dadurch, daß langwellige Wärmestrahlen vom Wasserdampf und vom Kohlendioxyd der Luft stark absorbiert werden. Die längste gemessene Wellenlänge ist 342 μ (Rubens und v. Baeyer), sie ist länger als die von Nicols und Tear gemessene kürzeste elektromagnetische Welle (220 μ, s. o.); die kürzesten ultraroten Wellen schließen sich unmittelbar an das sichtbare Spektrum an. Neuerdings ist das Rubenssche Reststrahlenverfahren von Czerny durch Verwendung polarisierten Lichtes verbessert worden.

Das sichtbare Licht. Über die Wellenlängenmessung mit dem Gitter und nach der Präzisionsmethode von Michelson ist oben (S. 254 bzw. 251) das Wesentliche gesagt worden. Nur ein winzig kleiner Bruchteil der elektromagnetischen Wellen ist für das menschliche Auge wahrnehmbar.

Ultraviolettes Licht. Photographiert man ein Spektrum, bei dessen Erzeugung man nur Quarzlinsen sowie Quarzprismen oder Gitter verwendet, so erkennt man, daß das rote Ende eine geringere Schwärzung erzeugt als das violette, und daß die Schwärzung weit über das violette Ende hinausgeht. Die hier wirksamen Strahlen nennt man ultraviolette Strahlen. Sie ionisieren die Luft und machen sie dadurch leitend; sie sind chemisch wirksam (schwärzen die photographische Platte, leiten chemische Reaktionen ein) und erregen Fluoreszenz (Uranglas; Bariumplatinzyanürschirm; ein Zinksulfidschirm leuchtet nach). Sie bilden die wirksamen Strahlen der künstlichen Höhensonne (Quarz-Quecksilberlampe S. 173). Die Wellenlängenmessung geschieht mit dem Reflexionsgitter photographisch, für Wellenlängen unter 185 $\mu\mu$ mit gelatinefreien Platten. Für sehr kurze Wellen ist die Luft undurchlässig.

Die kürzesten gemessenen Wellenlängen betragen

125 $\mu\mu$ (Schumann),

90 und 60 $\mu\mu$ (Lyman),

13,9 $\mu\mu = 139$ Å (Millikan; Entladungsfunke im höchsten Vakuum, Druck $< 10^{-4}$ mm, Aluminiumelektroden).

Röntgenstrahlen. 1895 machte Röntgen die Entdeckung, daß von den Stellen der Glaswand einer Kathodenröhre, die von Kathodenstrahlen getroffen werden, außer dem grünen Fluoreszenzlicht noch eine Strahlenart ausgeht, die einen mit Bariumplatinzyanür bestrichenen Schirm zum Leuchten bringt, gleichgültig, ob man der Röhre die Pappseite oder die Schichtseite des Schirmes zukehrt. Röntgen nannte die Strahlen „X-Strahlen“; sie werden heute als Röntgenstrahlen bezeichnet. In seinen grundlegenden Arbeiten hat Röntgen Eigenschaften der Strahlen sowie die Bedingungen ihrer Erzeugung untersucht. Röntgenstrahlen entstehen da, wo Kathodenstrahlen auf Materie prallen, am besten auf ein Metall. Eine einfache, früher gebräuchliche Form der Röntgenröhre zeigt Abb. 247. Die Kathode K ist gewölbt, so daß sich die von ihr ausgehenden Kathodenstrahlen wesentlich in einem Punkt sammeln. Sie treffen hier auf ein Metallblech, die sog. Antikathode (AK), die aus schwer schmelzbarem Metall hohen Atomgewichts (Platin, Tantal, Wolfram) besteht und meist mit der Anode A leitend verbunden ist. Wird ein hohes Potential angelegt (Induktionsapparat), so gehen von der Antikathode sehr intensive Röntgenstrahlen aus. Diese haben eine große Reihe bemerkenswerter Eigenschaften:

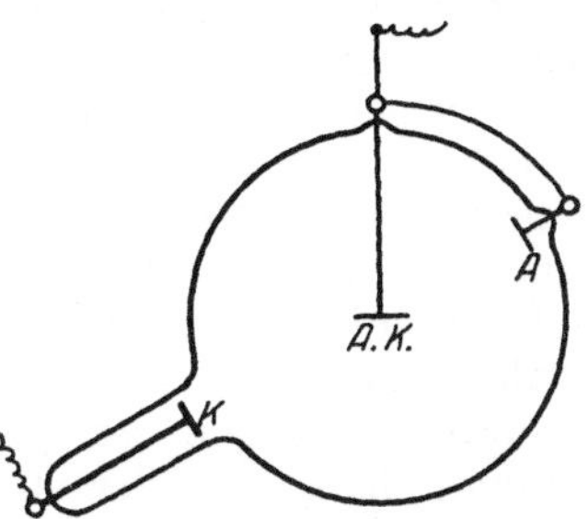

Abb. 247. Röntgenröhre alter Form.

1. Sie bringen, ähnlich wie Kathodenstrahlen und ultraviolettes Licht, viele Körper zur Fluoreszenz. Viel gebraucht wird, wie schon erwähnt, der Bariumplatinzyanürschirm.

2. Sie haben chemische Wirkung; sie schwärzen insbesondere die photographische Platte. Dieser Eigenschaft bedient man sich bei den meisten Anwendungen.

3. Sie ionisieren die Luft und machen sie dadurch leitend. Eine Geigersche Kammer (s. S. 298) oder eine ähnliche Ionisationskammer ermöglicht es, die Intensität der Strahlung zu messen.

4. Sie durchdringen mehr oder weniger stark alle Körper, sehr stark z. B. Papier, Holz, die Fleischteile des Körpers, in geringerem Maß die Knochen usw. Bei Röntgenaufnahmen kann daher die photographische Platte in schwarzes Papier gewickelt oder in eine Holzkassette gelegt werden. Die Durchdringungsfähigkeit ist um so kleiner, je höher das Atomgewicht des Stoffes ist. Dicke Bleiplatten dienen daher zum Abschirmen von Röntgenstrahlen.

5. Sie beeinflussen die von ihnen getroffenen Organe lebender Körper. Sie rufen schwere Entzündungen der Haut hervor und töten lebende Zellgewebe ab. (Vgl. S. 282.)

6. Sie werden — anders als die Kathoden- und Kanalstrahlen, aber ebenso wie das Licht — von magnetischen und elektrischen Feldern nicht abgelenkt. Ihr Wellencharakter ist erst durch die Versuche von Laue (s. u.) erwiesen worden.

Härte der Röntgenstrahlen. Schon Röntgen unterschied zwischen harten und weichen Strahlen. Harte Strahlen sind solche mit großem, weiche solche mit geringem Durchdringungsvermögen. Jede Röhre liefert komplexe Strahlung, die insgesamt um so härter ist, je höheres Atomgewicht die Antikathode hat, und je größer das Entladungspotential in der Röhre ist.

Coolidge-Röhren. Für medizinische und technische Zwecke werden Röhren höchster Leistung gebraucht; Intensität und Härte der Strahlung müssen unabhängig voneinander regulierbar sein. Das ist z. B. der Fall bei der sog. Coolidge-Röhre. Die Röhre enthält allerhöchstes Vakuum. Zur Erzeugung von Kathodenstrahlen ist daher (S. 181) eine Glühkathode (meist Wolframdraht) nötig. Die Anode ist zugleich Antikathode; sie besteht aus Wolfram, ist hohl und wird durch fließendes Wasser gekühlt. Die Röhre hat große Vorzüge: sie kann nicht nur mit Gleichstrom, sondern auch, was in der Praxis oft geschieht, mit Wechselstrom beschickt werden, da nur dann Kathodenstrahlen und damit auch Röntgenstrahlen erzeugt werden, wenn der Glühdraht Kathode ist (selbsttätige Drosselung). Die Härte der Strahlung hängt von der angelegten Spannung ab, die Intensität vom Glühzustand der Kathode, also von der Stärke des Heizstroms.

Wellenlänge der Röntgenstrahlen. Interferenz und Beugung. Nachdem es Barkla (1905) gelungen war, Röntgenstrahlen durch Interferenz an Kohlekegeln zu polarisieren, fehlte zum endgültigen Beweis ihrer Lichtstrahlennatur noch die Feststellung der Interferenz und Beugung und die Messung ihrer Wellenlänge. Röntgen selbst machte bereits 1895 Beugungsversuche, doch mit negativem Erfolg, da kein Gitter fein genug war Haga und Wind ließen (1900) die Röntgenstrahlen durch einen kegelförmigen Spalt gehen, der oben einige μ, unten einige $\mu\mu$ breit war, um Beugung zu erzielen; Walter und Pohl verbesserten später das Verfahren und fanden die Wellenlänge von der Größenordnung 0,4 Å ($4 \cdot 10^{-9}$ cm). Einen bahnbrechenden Fortschritt bedeutet die Arbeit, die Max von Laue mit seinen Mitarbeitern Friedrich und Knipping 1912 veröffentlichte. Er ging von dem Gedanken aus, daß uns die Natur selbst in den Kristallen allerfeinste Gitter zur Verfügung stellt. Ein Kochsalzkristall z. B. ist nach unseren Vorstellungen aus einzelnen Natrium- und Chloratomen aufgebaut, die, miteinander abwechselnd, in den Ecken regelmäßig aufeinander gestellter Würfel mit gleicher Kantenlänge sich befinden. Das entstehende Raumgitter ist in Abb. 22 auf S. 31 gezeigt; andere Kristalle bilden andere Raumgitter. Eine Ebene, die so gelegt ist, daß sie eine große Zahl Atome in sich enthält, heißt eine Netzebene. Netzebenen sind z. B. alle Ebenen, die zu den Würfelflächen oder den Diagonalflächen parallel sind. Eine Netzebene (z. B. eine Würfelfläche) ist mit einem feinen Kreuzgitter vergleichbar. Strichgitter, wie sie beim Licht verwendet werden, geben für jede Wellenlänge auf einem Schirm Linien stärkster gebeugter Intensität, Kreuzgitter geben Punkte stärkster Intensität. Raumgitter endlich müssen, wie die theoretische Betrachtung lehrt, ebenfalls Punkte stärkster Intensität liefern, aber nicht mehr für alle, sondern nur für bestimmte Wellenlängen, die der Kristallstruktur entsprechen. Laue hat die Rechnung durchgeführt, dann Kristalle mit Röntgenstrahlen bestrahlt und die Beugungsbilder photographiert (Laue-Diagramm). Es ergab sich völlige Übereinstimmung mit der Theorie. Damit war zweierlei erwiesen: die Wellennatur der Röntgenstrahlen und die Richtigkeit unserer Auffassung von der Kristallstruktur. Zugleich konnte Laue die Röntgenwellenlänge bestimmen, wenn er den Netzebenenabstand des Kristalls kannte.

Die Engländer Bragg (Vater und Sohn) haben die Lauesche Methode folgendermaßen abgeändert. Es läßt sich rechnerisch leicht zeigen, daß ein Röntgenstrahl in einem Kristallgitter stets so abgebeugt wird, als ob er an einer Netzebene reflektiert wird. Da diese Reflexion an einer beliebigen Netzebene, nicht nur an der Oberfläche stattfindet, hängt sie auch nicht von der Güte der Oberfläche ab. Man kann sich nun leicht klar machen, daß nur bestimmte Wellenlängen merklich abgebeugt (oder „reflektiert") werden. Ein Röntgenstrahlbündel treffe so auf eine Schar paralleler Netzebenen, daß es mit ihnen den Winkel α bildet (Abb. 248). Wir betrachten zwei Strahlen, die in A und B die erste bzw. zweite Netzebene treffen. Der Netzebenenabstand sei $AB = d$. Nach der Reflexion haben beide Strahlen den Gangunterschied

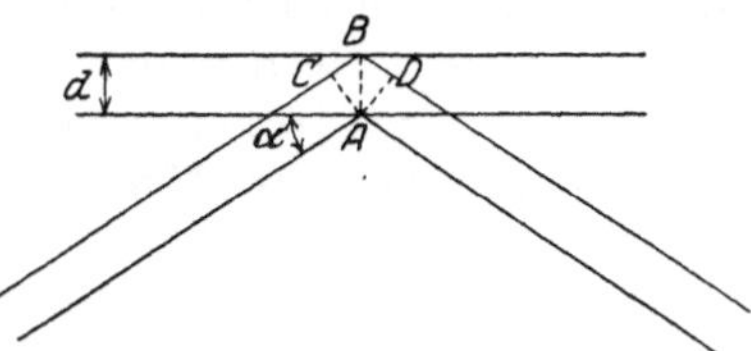

Abb. 248. Skizze zum Braggschen Versuch.

$$CB + BD = 2\,CB = 2\,d \sin\alpha, \quad \text{(da ja } \sphericalangle BAC = \alpha \text{ ist).}$$

Die beiden Strahlen werden interferieren; sie verstärken sich, wenn der Gangunterschied ein ganzzahliges Vielfaches der Wellenlänge ($n \cdot \lambda$) ist. Da nicht nur zwei Strahlen, sondern auch alle an den tiefer gelegenen Netzebenen reflektierten zur Interferenz beitragen, wird die Intensität bei allen anderen Gangunterschieden völlig ausgelöscht (vgl. die Gitterwirkung S. 254). Das Röntgenstrahlbündel wird also nur für diejenigen Winkel α merklich und stark reflektiert, für die

$$2\,d \sin\alpha = n \cdot \lambda \quad \text{ist} \qquad (n = 1, 2, 3, \ldots).$$

Aus d und α läßt sich λ ermitteln. Für Steinsalz ist der Abstand der Hauptnetzebenen $d = 2{,}814$ Å, für Gips $d = 7{,}621$ Å. Den kleinsten bekannten Netzebenenabstand hat der Diamant ($d = 1{,}775$ Å).

In der Praxis läßt man ein durch mehrere Bleischirme mit engen Schlitzen parallel gemachtes Röntgenstrahlbündel auf einen Kristall fallen, der durch ein Uhrwerk langsam gedreht wird, so daß sich der Einfallswinkel ändert. Den Kristall umschließt kreisförmig ein photographischer Film. Aus den Lagen der Schwärzungsstellen lassen sich die Winkel α, aus ihnen und aus d die Wellenlängen λ berechnen (Drehkristallmethode von De Broglie). Die Untersuchungen zeigen, daß ein Röntgenspektrum aus zwei Teilen besteht: einem kontinuierlichen Untergrund und aus mehreren scharfen Linien. Jener, das sog.

„weiße Röntgenspektrum" (vgl. Spektrum des weißen Lichts), bricht nach der Seite der kurzen Wellen an einer bestimmten Stelle plötzlich scharf ab; die kürzeste Wellenlänge ist dabei der an die Röhre gelegten Spannung umgekehrt proportional (vgl. S. 304). Das Linienspektrum ist für das Antikathodenmaterial charakteristisch (Eigenstrahlung). Für jedes Element hat man mehrere Gruppen charakteristischer Linien gefunden; man bezeichnet sie, mit den Linien kleinster Wellenlänge anfangend, als K-, L-, M-, N- usw. Gruppe[1]). Sehr genaue Messungen hat Siegbahn in Lund ausgeführt. Die Röntgenwellenlängen sind von der Größenordnung 1 Å. Die kürzeste gemessene Wellenlänge ist die der K-Grenze des Urans ($\lambda = 0{,}1075$ Å $= 107{,}5$ X)[2]); die längste Wellenlänge, die nach dem Kristallverfahren gemessen ist, hat die Linie L_α des Kupfers ($\lambda = 13$ Å); neuerdings haben Holtsmarck u. a. auf photoelektrischem Wege langwellige Röntgenstrahlung von Elementen mit geringem Atomgewicht gemessen ($\lambda = 43$ Å bei Kohlenstoff, $\lambda = 84{,}6$ Å bei Bor); Millikan hat nach optischer Methode mit sehr engen Strichgittern in den L-Serien des Natriums und Magnesiums Wellenlängen bis $\lambda = 136$ Å gemessen.

Anwendungen der Röntgenstrahlen. 1. In der Medizin. Hier haben die Röntgenstrahlen die größten Triumphe gefeiert; es gibt wohl kein Hilfsmittel der Medizin, das einer so allgemeinen und vielseitigen Anwendung fähig ist. Man braucht sie in der Diagnostik (Durchleuchtung) und in der Therapie (Bestrahlung). Die Durchleuchtung beruht auf der verschieden starken Absorption der Strahlen durch Körper verschiedenen Atomgewichts. Man durchleuchtet nicht nur die Gliedmaßen, sondern auch Brust, Kopf, Rumpf. Knochenbrüche und Fremdkörper sind leicht zu erkennen. Auch weiche Organe (Lunge usw.) geben in erkranktem Zustand ein anderes Bild als in gesundem. Bei Untersuchung der Verdauungsorgane gibt man dem Patienten vorher mit der Speise Körper hohen Atomgewichts (Schwerspat). Das Röntgenbild wird entweder photographiert oder (seltener) mit dem Fluoreszenzschirm betrachtet. Gegen die zerstörenden Wirkungen der Strahlen schützen sich die Untersuchenden durch Bleischirme, Bleifenster, Bleimäntel.

Andererseits benutzt man Röntgenstrahlen, um erkrankte Zellen zu zerstören und ein Weiterfressen der Krankheit zu verhindern. Man hat Frauenleiden, Krebs, Lupus und andere Krankheiten durch Bestrahlung zu heilen gesucht. Hierbei spielt die Verwendung der richtigen Härte und die richtige Dosierung eine wichtige Rolle, damit die erkrankten, also weniger widerstandsfähigen Zellen zerstört, die gesunden aber nur wenig angegriffen werden. Man ersieht hieraus die Wichtigkeit der Röhren mit Glühkathoden, bei denen sich Härte und Stärke gesondert regulieren lassen. Bei Coolidge-Röhren verwendet man für diagnostische Zwecke etwa 50000, für therapeutische etwa 200000 Volt Betriebsspannung.

---

[1]) Welche Gruppe auftritt, hängt von der Entladespannung im Rohr ab.

[2]) 1 X-Einheit $= 0{,}001$ Å $= 10^{-11}$ cm.

2. In der Kristallographie. Auch hier spielen die Strahlen seit der Laueschen Entdeckung eine große Rolle. Aus den Interferenzdiagrammen kann man — bei bekannter Wellenlänge — die Struktur von Kristallen erschließen. Ein selbst für Kristallpulver brauchbares Verfahren haben Debye und Scherrer ausgearbeitet.

3. In der Technik. Hier dienen die Röntgenstrahlen zur Aufsuchung von Inhomogenitäten und Fehlern in großen Gußstücken, ferner zur Untersuchung der Struktur von Metallen und von Faserstoffen (Geweben). Besonders die Metallkunde hat von hier aus entscheidende Anstöße erhalten.

γ-Strahlen. Die beim Zerfall radioaktiver Substanzen entstehenden γ-Strahlen sind den Röntgenstrahlen wesensgleich. Eine direkte Messung der Wellenlänge ist meist schwierig, da die Intensität viel geringer und die Wellenlänge kleiner ist als bei den Röntgenstrahlen. (Näheres siehe unten S. 299.)

Zusammenstellung der Wellenlängen.

Strahlenart	Längste gemessene Welle	Kürzeste gemessene Welle	Bemerkungen
Hertzsche Wellen .	—	220 μ	Nicols u. Tear, S. 277
Ultrarotes Gebiet .	342 μ	[1])	[1]) Anschluß an das sichtbare Gebiet (etwa 700—350 $\mu\mu$)
Ultraviolettes Gebiet	[1])	13,9 $\mu\mu$ = 139 Å [2])	[1]) Anschluß an das sichtbare Gebiet [2]) Millikan, S. 278
Röntgenstrahlen .	136 Å [1])	0,1075 Å = 107,5 X [2])	[1]) mit Strichgitter [2]) Kristallmethode S. 280
γ-Strahlen	270 X	20,4 X	S. 299

Die einzelnen Gebiete greifen ineinander über, so daß keine Lücke vorhanden ist.

Temperaturstrahlung schwarzer Körper.

Temperaturstrahlung. Das einfachste Mittel, einen Körper zum Aussenden von Lichtwellen (sichtbaren und unsichtbaren) zu bringen, ist die Erhöhung seiner Temperatur. Dabei entstehen im allgemeinen Strahlen aller Wellenlängen. Die Intensität der emittierten Strahlung hängt ab von der Wellenlänge, der Temperatur und der Natur des strahlenden Körpers (bzw. seiner Oberfläche).

Fällt Strahlung auf einen Körper auf, so wird sie zum Teil reflektiert, zum Teil durchgelassen, zum Teil absorbiert. Die Zahlen, welche die entsprechenden Beträge in Bruchteilen der auffallenden Intensität angeben, heißen Reflexions-, Durchlässigkeits-, Absorptionskoeffizient. Es ist $R + D + A = 1$. Alle 3 Größen hängen von Wellenlänge und Temperatur ab.

Schwarzer Körper. Ein Körper, der alle auffallenden Strahlen restlos absorbiert, heißt vollkommen schwarz. ($R = D = 0$, $A = 1$.) Er läßt sich mit guter Annäherung realisieren durch ein Loch in der

Oberfläche eines innen geschwärzten Hohlkörpers. Ein in das Loch fallender Strahl wird erst nach sehr vielen Reflexionen das Loch wieder erreichen; dann aber ist seine Intensität bis zur Unmerklichkeit geschwächt.

Gesetz von Kirchhoff. Das Emissionsvermögen E eines Körpers ist für jede Farbe und jede Temperatur dem jeweiligen Absorptionsvermögen A proportional. Schreibt man

$$E = C \cdot A,$$

so hängt C nur noch von Temperatur und Wellenlänge, nicht mehr von der Natur des Körpers ab.

Ein schwarzer Körper, für den $A = 1$ ist, strahlt auch mehr als ein gleich heißer, der nicht schwarz ist. Man zeigt das dadurch, daß man einen metallenen Hohlwürfel, von dem je eine Seite metallisch blank, glänzend weiß, matt weiß und schwarz ist, mit heißem Wasser füllt und die Ausstrahlungen der einzelnen Flächen mit einem Thermoelement mißt. (Lesliescher Würfel.)

Das Kirchhoffsche Gesetz hängt mit folgendem zusammen: Befindet sich ein Körper A innerhalb einer gleichmäßig temperierten Hülle B, so nehmen Hülle und Körper gleiche Temperatur an; A nimmt dann in der Sekunde ebenso viel Wärme auf, wie es ausstrahlt, es herrscht „dynamisches Temperaturgleichgewicht". Ist A zur Hälfte blank, zur Hälfte geschwärzt, so nimmt der ganze Körper A trotzdem, wie die Erfahrung zeigt, eine einheitliche Temperatur an. Da die schwarze Hälfte mehr Wärme absorbiert, muß sie auch entsprechend mehr ausstrahlen.

Da der schwarze Körper das größte Absorptionsvermögen besitzt, besitzt er auch das größte Emissionsvermögen. Auf ihn beziehen sich die folgenden Gesetze.

Stefan-Boltzmannsches Gesetz. Die Gesamtstrahlung (aller Wellenlängen zusammen) eines schwarzen Körpers ist der 4. Potenz der absoluten Temperatur proportional.

$$\underline{U = \sigma \cdot T^4}.$$

U ist die Gesamtenergie, die von 1 qcm der Oberfläche eines schwarzen Körpers mit der absoluten Temperatur T in der Sekunde ins Vakuum gestrahlt wird; U hat die Dimensionen $\frac{\text{Energie}}{\text{Fläche} \cdot \text{Zeit}} = \frac{\text{erg}}{\text{cm}^2 \cdot \text{sec}}$.

Dabei ist

$$\sigma = 5{,}73 \cdot 10^{-5} \frac{\text{erg}}{\text{cm}^2 \cdot \text{sec} \cdot \text{grad}^4}.$$

Wiensches Verschiebungsgesetz. 1. Die Wellenlänge, bei der das Maximum der ausgestrahlten Energie liegt, ist der absoluten Temperatur umgekehrt proportional.

Es ist $\lambda_{\max} \cdot T = C$ und zwar, wenn man λ in μ mißt:

$$\lambda_{\max} \cdot T = 2880\ (\mu \cdot \text{grad}).$$

Hat der strahlende Körper z. B. die Temperatur 1440^0 abs., so liegt also das Maximum der Strahlung bei $\lambda = 2\,\mu$.

2. Die Höhe der Strahlungsmaxima ist proportional T^5.

Plancksches Strahlungsgesetz. Ein schwarzer Körper habe die Temperatur T. Er strahle in dem (kleinen) Wellenlängenbereich zwischen λ und $\lambda + \Delta\lambda$ (λ in cm gemessen) den Energiebetrag $E_\lambda \cdot \Delta\lambda$ pro qcm und Sekunde aus. So ist nach M. Planck (1900):

$$E_\lambda = \frac{c^2 h}{\lambda^5} \cdot \frac{1}{e^{\frac{ch}{k\lambda T}} - 1}.$$

Hierin bedeuten die Konstanten: $e = 2{,}71828$ die Basis der natürlichen Logarithmen, $c = 3 \cdot 10^{10}$ cm/sec die Lichtgeschwindigkeit, $k = 1{,}37 \cdot 10^{-16}$ erg/grad die „Boltzmannsche Konstante oder Entropiekonstante", $h = 6{,}54 \cdot 10^{-27}$ erg·sec das „Plancksche Wirkungselement".

Das Plancksche Gesetz ist kein empirisches Gesetz, sondern theoretisch hergeleitet; hierbei hat Planck zuerst seine sog. Quantentheorie aufgestellt und angewandt, die jetzt die Grundlage der gesamten modernen Atomlehre ist. Außerordentlich zahlreiche Messungen haben die Richtigkeit des Planckschen Gesetzes bestätigt. Aus ihm folgen auf rein mathematischem Wege die Gesetze von Boltzmann und Wien.

Energieverteilung im Sonnenspektrum. Temperatur der Sonne. Die Energieverteilung im Sonnenspektrum ist zuerst von Langley ausgemessen worden. Da der Wasserdampf und das Kohlendioxyd der Luft manche Teile des Spektrums stark absorbieren, ist die Messung schwierig. Das Maximum der Energie liegt im Gelben ($\lambda_{max} \approx \frac{1}{2}\mu$). Hieraus ergibt sich nach dem Wienschen Gesetz, was auch die Messung der Gesamtstrahlung bestätigt, daß die Sonnenoberfläche ebenso strahlt wie ein schwarzer Körper von etwa 6000°. Man nennt diese Temperatur die „effektive Temperatur" der Sonne.

Strahlung nichtschwarzer Körper.

Emissionsspektrum. Spektralanalyse. Zerlegt man das Licht, das ein leuchtender Körper aussendet, durch ein Prisma oder ein Gitter, so erhält man das „Emissionsspektrum" des Körpers. Zur bequemen Herstellung und Betrachtung dient der Spektralapparat (S. 246), dessen Prisma auch durch ein durchlässiges oder reflektierendes Gitter ersetzt werden kann. Handelt es sich um den ultravioletten Teil des Spektrums, so müssen alle Linsen aus Quarz sein; an die Stelle des Okulars tritt ein photographischer Apparat (vgl. S. 278).

Das Emissionsspektrum eines glühenden festen oder flüssigen Körpers ist kontinuierlich, genau wie beim schwarzen Körper, jedoch mit anderer Intensitätsverteilung.

Das Spektrum eines leuchtenden Gases besteht aus einzelnen hellen Linien oder Streifen (Linien- oder Bandenspektrum). Die Lage dieser Linien im Spektrum ist so charakteristisch für die Natur des aussendenden Stoffes, daß man dessen Gegenwart daran sicher erkennen kann. Diese Methode, Stoffe zu erkennen, bezeichnet man als

Spektralanalyse. Sie ist äußerst empfindlich und hat seit ihrer Entdeckung durch Kirchhoff und Bunsen (1859) der Chemie unschätzbare Dienste geleistet. Eine Reihe von Elementen ist auf spektralanalytischem Wege entdeckt worden[1]). Leuchtende Metalldämpfe stellt man durch Erhitzen eines entsprechenden Metallsalzes in der Bunsenflamme oder durch Verdampfen des Metalls im elektrischen Flammenbogen her (eine oder beide Elektroden aus dem Metall); Gase werden durch elektrische Anregung (in Geißlerröhren) zum Leuchten gebracht. Natrium z. B. gibt 2 sehr nahe benachbarte gelbe Linien (Abstand 6 Å). Einen Begriff von der Empfindlichkeit der Spektralanalyse gibt die Tatsache, daß man die Natriumlinien bereits bei Anwesenheit von $3 \cdot 10^{-10}$ gr Na nachweisen kann.

Absorptionsspektrum. Fraunhofersche Linien. Läßt man Licht, das ein kontinuierliches Spektrum liefert, z. B. das einer Glühlampe, durch Natriumdampf gehen und zerlegt es dann spektral, so erscheint im Gelb des kontinuierlichen Spektrums eine scharfe schwarze Linie, gerade an der Stelle, die der Natriumlinie entspricht (Absorptionsspektrum, Kirchhoff 1859). Diese auch als „Umkehrung des Spektrums" bezeichnete Erscheinung entspricht durchaus dem Kirchhoffschen Gesetz: Das Gas besitzt für diejenigen Strahlen ein starkes Absorptionsvermögen, für die es ein großes Emissionsvermögen hat.

Farbige Gläser und Flüssigkeiten liefern Absorptionsspektren, die schwarze Linien und Streifen von charakteristischer Lage enthalten. Rotes Glas z. B. läßt nur Lichter durch, deren Summe den physiologischen Eindruck Rot erzeugt. Eine wichtige Rolle spielen die Absorptionsspektren z. B. bei Blutuntersuchungen.

Die Fraunhoferschen Linien des Sonnenspektrums (S. 247) sehen wir seit Kirchhoff als die Absorptionslinien der in der Sonnenhülle (Chromosphäre) enthaltenen gasförmigen Stoffe[2]) an. Daraus, daß die Fraunhoferschen Linien der Lage nach mit den Spektrallinien bekannter Elemente übereinstimmen, folgt, daß die Chromosphäre der Sonne aus denselben Elementen besteht, die auch auf der Erde vorkommen. Ob die Atome eines Stoffes die Strahlen, die für ihn charakteristisch sind, auch tatsächlich in nennenswertem Maß absorbieren oder nicht, hängt von dem Ionisationszustand und den Anregungsbedingungen ab; beide werden wesentlich durch Druck und Temperatur bestimmt. Aus den besonderen Druck- und Temperaturverhältnissen an der Sonnenoberfläche sowie aus den Absorptionseigenschaften der Erdatmosphäre erklärt sich auch vollständig die merkwürdige Tatsache, daß im Fraunhoferschen Spektrum nur die Linien von 36, nicht von allen 92 Elementen auftreten. Auch die

---

[1]) Das Element Helium wurde 1868 von Lockyer im Spektrum der Sonnenchromosphäre, aber erst 1895 von Ramsay auf der Erde gefunden.

[2]) Daß die Sonne von einer Hülle glühender Gase umgeben ist, geht auch daraus hervor, daß man bei Verfinsterung des Sonnenkerns das Emissionsspektrum der Hülle beobachtet. Es treten darin besonders Wasserstoff- und Kalziumlinien hervor.

Zugehörigkeit eines Fixsterns zu einer bestimmten Spektralklasse wird hieraus erklärlich (Megh Nad Saha 1921).

Selektive Reflexion, Absorption, Emission. Alle Körper außer dem schwarzen absorbieren und reflektieren selektiv, d. h., manche Wellenlängen weit stärker als andere und anders als der schwarze Körper. Selektiv emittierend sind nicht nur leuchtende Gase, sondern auch die meisten festen Körper. Z. B. beruht die Brauchbarkeit des Auerschen Glühstrumpfes darauf, daß bei ihm das Verhältnis der ausgesandten sichtbaren Strahlung zur ausgesandten Wärmestrahlung ganz bedeutend günstiger ist als bei einem schwarzen Körper gleicher Temperatur.

Pyrometer. Mißt man die Strahlung eines schwarzen Körpers, und zwar entweder die Gesamtstrahlung oder die Strahlung eines Spektralbereichs, so kann man daraus nach dem Boltzmannschen bzw. Planckschen Gesetz seine Temperatur bestimmen. Ist der strahlende Körper nicht schwarz, so liefern die gleichen Messungen die Temperatur desjenigen schwarzen Körpers, der dieselbe Strahlung besitzt wie der vorgelegte; diese Temperatur heißt die „schwarze“ oder die „effektive Temperatur“ des Körpers. Gewöhnlich nimmt man keine absoluten, sondern vergleichende Messungen vor. Eine veränderliche Hilfsstrahlungsquelle (Glühlampe) wird auf die gleiche Strahlung eingestellt, wie sie der leuchtende Körper hat (Photometermethode), und zwar unter Vorschaltung eines Farbfilters, so daß nur ein bestimmter Spektralbereich beider Strahlungen verglichen wird. Die Hilfsstrahlungsquelle wird durch Vergleich mit einem schwarzen Körper geeicht.

Instrumente, die auf diesem Prinzip beruhen, heißen optische Pyrometer. Sie dienen zur Messung hoher Temperaturen. Aus der schwarzen Temperatur eines Körpers kann man nur dann seine wahre Temperatur bestimmen, wenn man sein Absorptionsvermögen für den Strahlungsbereich kennt, in dem die pyrometrische Messung stattgefunden hat.

Gesetzmäßigkeiten des Wasserstoffspektrums. Die Zahl der zu einem Spektrum gehörenden Linien ist sehr groß. Vom Eisen und Kupfer z. B. kennt man Tausende von Linien. Bei vielen Elementen ist es gelungen, bestimmte Linien zu Serien zusammenzufassen. Ganz besonders einfach ist der Zusammenhang der Linien der sogenannten „Balmer-Serie“ des Wasserstoffs. Zu ihr gehören je eine rote, grüne, blaue und sehr viele violette Linien, die sich nach der „Seriengrenze“ zu immer mehr zusammendrängen und schließlich nicht mehr auflösbar sind. Die Wellenlängen λ der Linien (in cm) ergeben sich aus der folgenden einfachen Formel (Balmer 1885):

$$\frac{1}{\lambda} = R \cdot \left(\frac{1}{2^2} - \frac{1}{n^2}\right).$$

Hierin ist $R = 109678$ die sogenannte Rydbergsche Konstante, n eine beliebige ganze Zahl > 2. Setzt man für n nacheinander

3, 4, 5 usw., so erhält man

$$\lambda = 656\,\mu\mu \text{ (rot)}, \quad 486\,\mu\mu \text{ (grün)}, \quad 434\,\mu\mu \text{ (blau) usw.}$$

$n = \infty$ liefert $\lambda = 365\,\mu\mu$, die Seriengrenze.

Später zeigte sich, daß auch die Formeln

$$\frac{1}{\lambda} = R \cdot \left(\frac{1}{1^2} - \frac{1}{n^2}\right) \quad \text{und} \quad \frac{1}{\lambda} = R \cdot \left(\frac{1}{3^2} - \frac{1}{n^2}\right)$$

Serien des Wasserstoffspektrums darstellen, und zwar liegt die erste im Ultravioletten (Lyman-Serie), die andre im Ultraroten (Paschen-Serie).

Auch bei Spektren anderer Stoffe hat man gesetzmäßige Beziehungen aufgefunden, doch sind sie meist nicht so einfacher Natur.

Bogen- und Funkenspektren. Zur Erzeugung des Spektrums kann man den Körper in einem Gefäß oder in der Flamme oder im elektrischen Flammenbogen erhitzen (Flammen- oder Bogenspektrum), oder aber man kann ihn als Elektrode der Funkenbahn bei einer Kondensatorentladung einschalten (Funkenspektrum). Im zweiten Fall entstehen höhere Temperatur und höhere elektrische Spannung. Bogen- und Funkenspektrum eines Elements sind voneinander völlig verschieden. Es gilt der Satz, daß das Funkenspektrum eines Elements denselben Charakter hat wie das Bogenspektrum des im periodischen System voraufgehenden Elements (Spektroskopischer Verschiebungssatz von Sommerfeld und Kossel, vgl. S. 303).

Gesetzmäßigkeiten bei Röntgenspektren. Gesetz von Moseley. Wie schon gesagt, lassen sich die Linien der Röntgenspektren zu Gruppen zusammenfassen, die man als K-, L-, M- usw. Serie bezeichnet. Die K-Serie, die die kürzesten Wellen kat, ist am einfachsten gebaut und enthält nur wenige Linien. Die Schwingungszahlen ν der Hauptlinie (K_α) wie der Nebenlinien wachsen in einfacher Weise mit der Ordnungszahl Z des Elements, zu dem das Spektrum gehört. Stellt man $\sqrt{\nu}$ als Funktion von Z dar, so erhält man eine gerade Linie (Gesetz von Moseley). Für die Linien der L- usw. Serie tritt an ihre Stelle eine sehr schwach gekrümmte Linie. Man kann danach aus dem Röntgenspektrum die Ordnungszahl eines Elements eindeutig bestimmen. Es zeigt sich, daß die Ordnungszahl, nicht das Atomgewicht die Stellung des Elements im periodischen System bestimmt. Auf röntgenspektroskopischem Wege ist auch die Entdeckung dreier bis dahin unbekannter Elemente gelungen, der Elemente 72 (Hafnium), 43 (Masurium) und 75 (Rhenium). Das erste wurde 1922 durch Coster und Hevesy in Kopenhagen, die beiden anderen 1925 durch Berg, Noddack und Tacke in Berlin entdeckt.

Fünfter Hauptteil.

Mechanische und elektrische Eigenschaften der Atome und Elektronen.

Geschwindigkeit, Ladung und Masse der Atome und Elektronen.

Geschwindigkeit der Molekeln. Nach S. 109, Gleichung (5) ist für ideale Gase

$$\frac{1}{2} m u^2 = \frac{3}{2} \cdot \frac{R}{L} \cdot T.$$

Da nun $m \cdot L = \mathfrak{M}$ die Masse eines Mols in Gramm oder das Molekulargewicht ist, so folgt für die mittlere Geschwindigkeit der Gas molekeln

$$u = \sqrt{\frac{3 R T}{\mathfrak{M}}}.$$

Hierbei ist T die absolute Temperatur, $\mathfrak{M}$ das Molekulargewicht, $R = 8{,}316 \cdot 10^7$ die Gaskonstante (S. 102). Für Wasserstoff ($\mathfrak{M} = 2{,}016$) bei 0^0 C ($T = 273$) ergibt sich z. B. $u = 183800\ c s^{-1}$ oder $u = 1840$ m/sec.

Atomstrahlen. Gerlach und Stern ist es (1920) zuerst gelungen, solche Geschwindigkeiten experimentell zu messen, und zwar mit Hilfe von „Atomstrahlen" aus Silberatomen. Abb. 249 zeigt das Prinzip des Versuches. In einem völlig evakuierten Raum V befindet sich ein kleines, mit Gas gefülltes Gefäß G, aus dem das Gas durch eine feine Öffnung entweichen kann. Mit Hilfe der Blende B wird ein feiner Gasstrahl abgegrenzt, der auf die Auffangplatte P fällt. Gerlach und Stern benutzten Gas, das aus Silberatomen bestand. In der Achse des Gefäßes G befand sich ein versilberter Platindraht, der elektrisch bis zur Verdampfung des Silbers erhitzt wurde. Die Auffangplatte P war aus poliertem Messing, auf dem sich der „Atomstrahl" des Silbers bei Zimmertemperatur beim Auftreffen sofort niederschlägt. Wird nun der ganze Apparat um G als Achse schnell gedreht, so ist, während die Atome von B nach P fliegen, die Platte P in der Pfeilrichtung gewandert; der Strahl schlägt sich daher etwas seitlich von der ursprünglichen Stelle nieder. Die Verschiebung betrage s; ferner sei u die Geschwindigkeit der Silberatome, t die Zeit, die sie

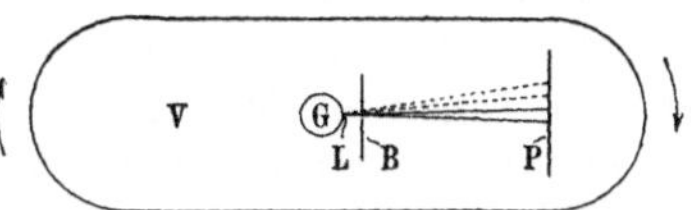

Abb. 249. Bestimmung der Geschwindigkeit von Atomstrahlen.

zum Durchlaufen der Strecke $BP = b$ brauchen, endlich sei $GP = a$ und n die Zahl der Umläufe, die der Apparat in der Sekunde macht. So ist

$$b = u \cdot t.$$

s ist das Stück, um das sich die Platte P in der Zeit t bewegt. P macht in 1 Sek. n volle Umläufe, durchläuft also die Strecke $2\pi a \cdot n$, also in t sec: $s = 2\pi a n t$; die Elimination von t liefert

$$s = \frac{2\pi a n b}{u} \quad \text{oder} \quad u = \frac{2\pi a b n}{s}.$$

Die Größen auf der rechten Seite sind sämtlich meßbar; damit ist u experimentell bestimmt. Die oben abgeleitete einfache Formel der kinetischen Theorie liefert für verdampfendes Silber ($\mathfrak{M} = 107{,}9$; $T \approx 1500$) $u = 584$ m/sec; unter Berücksichtigung des Umstandes, daß von den schnelleren Atomen mehr ausströmen als von den langsamen, ergibt die strengere Theorie für den meßbaren Mittelwert $u = 672$ m/sec. In bester Übereinstimmung hiermit liefert das Experiment Werte zwischen $u = 600$ und $u = 670$ m/sec.

Born und Bormann haben die mittlere freie Weglänge (S. 107) experimentell bestimmt und in bester Übereinstimmung mit der Theorie gefunden.

Die geschilderten Versuche gehören zu den besten direkten Beweisen für die Richtigkeit der atomistischen Auffassung.

Bestimmung des Elementarquantums e. Läßt man eine mit Wasserdampf gesättigte Gasmenge sich plötzlich adiabatisch ausdehnen, so sinkt die Temperatur. Sind in dem Gas Staubteilchen enthalten, so bilden sich sofort um diese Nebelteilchen. In staubfreier Luft dagegen tritt keine Kondensation ein. Läßt man aber Röntgen- oder Radiumstrahlen in den staubfreien Raum fallen, so tritt bei Expansion wieder Nebelbildung ein. Die durch Bestrahlung erzeugten Ionen bilden die Kondensationskerne, und zwar die negativen leichter als die positiven. Bei geringer Expansion bilden sich daher Nebel nur um die negativen Ionen. Aus der Fallgeschwindigkeit der Nebelteilchen kann man nach der Stokesschen Formel (S. 135) ihre Größe und damit ihre Masse errechnen. Mißt man die Menge des niedergeschlagenen Nebels und die von ihm mitgeführte Ladung, so ergibt sich die Zahl der Teilchen und die durchschnittliche Ladung eines Ions. Die erste derartige Bestimmung stammt von J. J. Thomson; er erhielt für das Elementarquantum den noch ungenauen Wert $e = 3 \cdot 10^{-10}$ st. L. E.

Genauere Messungen von e rühren von Millikan her. Er ließ innerhalb eines Kondensators kleinste geladene Öltröpfchen einmal unter dem Einfluß der Schwere allein, dann unter dem Einfluß eines verzögernden oder beschleunigenden elektrischen Feldes fallen und bestimmte daraus die Ladung der Tröpfchen. Es wurden die Ladungen verschiedener Tröpfchen sowie die Ladungen eines und desselben Tröpfchens nach verschiedenen (z. B. durch Bestrahlung hervorgerufenen) Umladungen bestimmt. Da die Ladungen jedesmal ganzzahlige Vielfache von e sein müssen (denn die Elementarladung ist die kleinste existierende), gibt der größte gemeinsame Quotient der gemessenen Ladungen das Elementarquantum. Als bester Wert gilt

$$e = 4{,}774 \cdot 10^{-10} \text{ st. L. E.} \quad \text{oder} \quad e = 1{,}591 \cdot 10^{-19} \text{ Coulomb.}$$

Die Werte stimmen mit den nach anderen Methoden gefundenen aufs beste überein.

Masse und Geschwindigkeit der Elektronen. Die einfachste Methode, die Masse m des Elektrons zu messen, beruht auf der Ablenkung der Kathodenstrahlen durch elektrostatische und magnetische Felder (S. 185, Versuch d und e). Das Elektron tritt in das homogene elektrische Feld zwischen den Platten eines geladenen Plattenkondensators (Feldstärke $\mathfrak{E}$). Seine Geschwindigkeit v stehe senkrecht zu $\mathfrak{E}$. Das Feld übt auf das Elektron senkrecht zu seiner ursprünglichen Richtung die konstante Kraft $e \cdot \mathfrak{E}$ aus, erteilt ihm also die gleichförmige Beschleunigung $a = e \cdot \mathfrak{E}/m$. Der Vorgang entspricht durchaus dem wagerechten Wurf (S. 9, $\alpha = 0^0$). Ist AB die ursprüngliche Richtung des Elektrons und gelangt es in der Zeit t von A nach C (Abb. 250), so ist offenbar

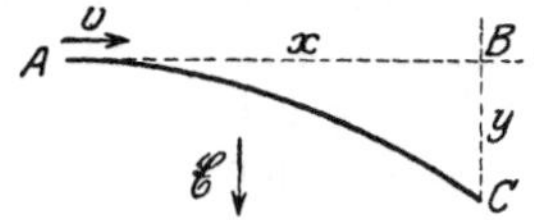

Abb. 250. Ablenkung von Elektronen durch ein elektrostatisches Feld.

$$AB = x = vt, \qquad BC = y = \frac{1}{2} a t^2 = \frac{1}{2} \frac{e\mathfrak{E}}{m} t^2,$$

also

$$y = \frac{1}{2} \frac{e\mathfrak{E}}{m} \frac{x^2}{v^2} \quad \text{oder} \quad (1) \quad \frac{m v^2}{e} = \frac{\mathfrak{E} x^2}{2y}.$$

$\mathfrak{E}$, x und y sind meßbar.

Eine weitere Beziehung zwischen den drei Größen e, m und v liefert die magnetische Ablenkung der Strahlen. Bringt man die Kathodenstrahlen in ein homogenes Magnetfeld der Feldstärke $\mathfrak{H}$, welches senkrecht zur Bewegungsrichtung steht, so werden sie zu einem Kreis umgebogen. Sein Radius sei r. Jedes Elektron erfährt (vgl. S. 197) eine senkrecht zur Bewegungs- und zur Feldrichtung, also nach dem Kreismittelpunkt hingerichtete Kraft von der Größe $\frac{e \cdot \mathfrak{H} \cdot v}{c}$. Diese Kraft muß gleich der Zentrifugalkraft sein:

$$\frac{m v^2}{r} = \frac{e \cdot \mathfrak{H} \cdot v}{c} \quad \text{oder} \quad (2) \quad \frac{m v}{e} = \frac{\mathfrak{H} \cdot r}{c}.$$

$\mathfrak{H}$ und r sind meßbar. Aus den Gleichungen (1) und (2) findet man v (durch Division) und das Verhältnis e/m. Der Quotient e/m hat sich bei allen Messungen (bis auf Fälle sehr großer Geschwindigkeit v) als konstant erwiesen; er beträgt

$$\frac{e}{m} = 1{,}769 \cdot 10^8 \frac{\text{Coulomb}}{\text{Gramm}}.$$

Nach S. 177 war

$$\frac{e}{m_H} = 95\,760 \frac{\text{Coul.}}{\text{gr}};$$

daher ist das Verhältnis der Massen eines Wasserstoffatoms und eines Elektrons

$$\underline{\frac{m_H}{m} = 1847,}$$

und endlich, da (S. 145) $m_H = 1{,}66 \cdot 10^{-24}$ gr ist, die Masse des Elektrons

$$\underline{m = 0{,}90 \cdot 10^{-27} \text{ gr.}} \quad \text{(A. G. 1/1833.)}$$

Die Geschwindigkeit der Elektronen hängt von dem an die Kathodenstrahlröhre angelegten Potential V ab. Da fast der gesamte Potentialabfall unmittelbar an der Kathode erfolgt (Kathodenfall; Abb. 154 auf S. 184), ist die vom Feld an jedem Elektron geleistete Arbeit $e \cdot V$ gleich der gewonnenen kinetischen Energie $\frac{1}{2} m v^2$. Es ergibt sich

$$v = \sqrt{2 V \cdot \frac{e}{m}}.$$

$\frac{e}{m} = 1{,}77 \cdot 10^8 \frac{\text{Coul.}}{\text{gr}}$; mißt man V in Volt, so ist zu beachten, daß 1 Volt $\cdot$ 1 Coul. $=$ 1 Joule $= 10^7$ Erg ist. Daher

$$v = \sqrt{2 \cdot V \cdot 1{,}77 \cdot 10^8 \cdot 10^7} \text{ cm/sec} \qquad \text{oder} \qquad v = 5{,}95 \cdot 10^7 \cdot \sqrt{V} \text{ cm/sec.}$$

Die Geschwindigkeit „10000 Volt“ wäre also rund $6 \cdot 10^9$ cm/sec. In den gebräuchlichen Kathodenstrahlröhren liegt v zwischen 3 und $9 \cdot 10^9 \text{ cs}^{-1}$, also rund $^1/_{10}$ bis $^1/_3$ Lichtgeschwindigkeit. (Wiechert hat ein Verfahren angegeben, um v direkt zu messen.)

Periodisches System der Elemente. Isotopie. Ein chemisches Element ist ein Stoff, der sich auf chemischem Wege nicht weiter zerlegen läßt. Für jedes Element sind eine Reihe chemischer Reaktionen, ferner seine optischen und Röntgenspektren charakteristisch, so daß mit ihrer Hilfe das Element stets erkannt werden kann. Das relative Gewicht der Atome verschiedener Elemente bezeichnet man als Atomgewicht (A. G.); bezogen werden die A. G. auf den Sauerstoff (A. G. 16). Ordnet man alle Elemente nach steigendem Atomgewicht, so zeigt sich, daß in gewissen regelmäßigen Abständen (Perioden) stets wieder Elemente mit ähnlichen chemischen und physikalischen Eigenschaften auftreten (ein Beispiel ist die Gruppe der Edelgase oder die der Halogene Fluor, Chlor, Brom, Jod). Die Möglichkeit, die Elemente in dieser Weise in ein „periodisches System“ einzuordnen, wurde 1869 durch Lothar Meyer und Mendelejeff entdeckt. Es gelang dadurch, die Eigenschaften einer Reihe noch unbekannter Elemente, die dann später entdeckt wurden, richtig vorherzusagen. Allerdings blieben auch nach genauester Nachprüfung der Atomgewichte noch einige Unstimmigkeiten bestehen insofern, als nach den chemischen Eigenschaften dreimal ein Element höheren

Atomgewichts vor ein solches mit etwas geringerem Atomgewicht gestellt werden mußte (Argon vor Kalium; Tellur vor Jod; Kobalt vor Nickel). Größere Schwierigkeiten ergaben sich nach der Entdeckung der Radioaktivität (s. u.). Es zeigte sich, daß es beispielsweise eine ganze Reihe von Bleiarten mit verschiedenen Atomgewichten gibt, die sich chemisch auf keine Weise trennen lassen. Außer den relativ kurzlebigen radioaktiven Bleiarten Radium B (A. G. 214), Thorium B (212) und Radium D (210) gibt es drei beständige Bleiarten: Thorblei (208), Uranblei (206) und gewöhnliches Blei (207,2). Bei einigen anderen Elementen ist es ähnlich. Alle diese Elementarten zeigen nicht nur dieselben chemischen Reaktionen; sie haben auch gleiche Spektren. Man muß mithin ihnen allen den gleichen Platz im periodischen System der Elemente zuweisen und nennt sie daher Isotopen (griech. isos = gleich, topos = Ort, Stelle).

Es ergeben sich zwei Fragen: 1. Wenn das Atomgewicht nicht das Charakteristikum der Elemente ist, was tritt an seine Stelle? 2. Gibt es möglicherweise Isotopie auch bei den nichtradioaktiven Elementen?

Die erste Frage ist eindeutig dahin beantwortet, daß für ein Element die sog. Kernladungszahl charakteristisch ist, d. i. die Zahl, welche angibt, wieviel positive Elementarladungen der Atomkern trägt. Diese Kernladungszahl ist stets gleich der Ordnungszahl, d. h. der Zahl, die die Nummer des Elements im periodischen System angibt. Die Ordnungszahl ist aus dem Röntgenspektrum bestimmbar (Gesetz von Moseley, S. 288). Die oben angegebenen Unstimmigkeiten fallen jetzt weg, denn es hat Argon die Ordnungszahl 18, Kalium 19, Kobalt 27, Nickel 28, Tellur 52, Jod 53. Isotopen haben stets die gleiche Kernladung und Ordnungszahl.

Isotopie von nichtradioaktiven Elementen ist zuerst 1913 durch Thomson und Aston beim Neon entdeckt und inzwischen bei vielen andern Elementen nachgewiesen worden. Unterwirft man Strahlen positiver Elektrizität (Kanal- oder Anodenstrahlen, S. 186), die Ionen eines Elements enthalten, zugleich einer elektrostatischen und einer magnetischen Ablenkung, so kann man, ähnlich wie oben bei den Kathodenstrahlen beschrieben (S. 291), daraus die Masse der Teilchen bestimmen. Solche Versuche sind besonders von Aston (mit dem Massenspektrographen) und von Dempster angestellt worden. Sie haben gezeigt, erstens, daß viele einheitliche Elemente aus Atomen verschiedenen Gewichts, also aus Isotopen bestehen, zweitens, daß die Atomgewichte der einzelnen Isotopen ganzzahlig sind. Z. B. besteht Bor (A. G. 10,8) aus 2 Isotopen (A. G. 10 und 11), Brom (79,92) aus 2 Isotopen (79; 81), Magnesium (24,32) aus 3 Isotopen (24; 25; 26) usf.

Aufbau des Atomkerns. Zahl der Elemente. Diese Ergebnisse lassen wichtige Schlüsse auf den Aufbau des Atomkerns zu. Bereits 1815 hat der englische Arzt Prout die Hypothese aufgestellt, daß alle Atome aus Wasserstoff aufgebaut sind. Die Unganzzahligkeit der gewöhnlichen A. G. (z. B. bei Chlor 35,45) ließ früher diese An-

nahme ausgeschlossen erscheinen. Heute sprechen außer der Ganzzahligkeit der A. G. der Isotopen noch andere Tatsachen (s. u. Atomzertrümmerung) dafür, daß alle Atomkerne aus einem gemeinsamen Baustein atomistisch aufgebaut sind. Als Baustein gilt der Wasserstoffkern, der daher auch Proton genannt wird (griech. = der erste, früheste). Die andern Atomkerne sind aus Protonen und Kernelektronen (die wohl zu unterscheiden sind von den die Kerne umkreisenden „Ringelektronen") aufgebaut. Ein Heliumkern z. B., der ganz besonders stabil ist und daher auch als Baustein bei komplizierteren Atomkernen auftritt, besteht aus 4 Protonen (Masse 4; Ladung $+4$) und 2 Elektronen (Ladung -2; Masse 2/1833, d. h. verschwindend klein), so daß die Gesamtmasse 4, die Gesamtkernladung $+2$ beträgt. Bor z. B. hat die Kernladung 5, das A. G. 10 oder 11. Der Kern kann daher möglicherweise bestehen
im ersten Fall aus 2 Heliumkernen, 2 Wasserstoffkernen, 1 Elektron

$$(\text{Masse } 2\cdot 4 + 2\cdot 1 = 10, \text{ Ladung } 2\cdot 2 + 2\cdot 1 - 1 = 5),$$

im zweiten Fall aus 2 Heliumkernen, 3 Wasserstoffkernen, 2 Elektronen

$$(\text{Masse } 2\cdot 4 + 3\cdot 1 = 11, \text{ Ladung } 2\cdot 2 + 3\cdot 1 - 2\cdot 1 = 5).$$

Die Größe der Kernladung bestimmt die Zahl der umkreisenden Atomelektronen und damit das Spektrum und die chemischen Eigenschaften; sie ist daher charakteristisch für das Element. Man definiert: Ein chemisches Element ist ein Stoff, dessen sämtliche Atome gleiche Kernladung haben. Hat das Element nur Atome eines A. G., so heißt es ein reines Element; hat es mehrere Isotopen, so nennt man es ein Mischelement.

Bemerkenswert ist es, daß das praktisch feststellbare, gewöhnliche A. G. der Mischelemente stets und überall denselben Wert hat (z. B. Chlor 35,45), daß also überall die Isotopen im gleichen Verhältnis gemischt sind. Man wird das wohl durch die Annahme zu erklären haben, daß die uns zugänglichen Mineralien sämtlich aus dem Schmelzfluß der flüssigen Erdrinde entstanden sind.

Auch die Frage nach der Zahl der Elemente ist jetzt zu beantworten. Die höchste bekannte Kernladungszahl ist 92 (beim Uran); es gibt daher vom Wasserstoff bis zum Uran 92 Elemente. Von diesen sind drei noch unbekannt, nämlich die Elemente mit den Kernladungen 61, 85, 87. Die erste Gruppe im periodischen System besteht aus 2 Elementen [Wasserstoff (1) und Helium (2)]; dann folgen zwei Gruppen mit je 8 Elementen [Lithium (3) bis Neon (10) bzw. Natrium (11) bis Argon (18)], dann zwei Gruppen mit je 18 Elementen [Kalium (19) bis Krypton (36) bzw. Rubidium (37) bis Xenon (54)], schließlich eine Gruppe mit 32 Elementen [Cäsium (55) bis Emanation oder Niton (86)]. Die letzte Gruppe beginnt mit dem noch unbekannten Element 87 und ist vorläufig nur bis zum Uran (92) bekannt. Die Gruppen beginnen (außer der ersten) stets mit einem Alkalimetall; sie enden sämtlich mit einem Edelgas.

Atomzertrümmerung. Der Zerfall radioaktiver Atome (s. u.) erfolgt spontan; er ist durch Änderung äußerer Bedingungen (stärkste

Abkühlung oder Erhitzen) in keiner Weise zu beeinflussen. Atome künstlich zu zerlegen, ist zuerst Rutherford (1919) gelungen; er brachte Stickstoffatome durch Beschießen mit α-Strahlen (s. u. S. 297) zum Zerfall; es entstanden Wasserstoff- und Heliumatome (A. G. des Stickstoffs $= 14 = 3 \cdot 4 + 2 \cdot 1$). Der Prozentsatz der zerfallenden Atome ist äußerst gering, der Zerfall ist aber (durch die Reichweite der entstehenden Sprengstücke) nachweisbar. Später ist es Rutherford gelungen, auf gleiche Weise folgende Stoffe zu zerlegen: Bor (Kernladung 5), Stickstoff (7), Fluor (9), Natrium (11), Aluminium (13), Phosphor (15). Man muß trotzdem diese Stoffe ebenso wie die radioaktiven Stoffe weiter als Elemente bezeichnen, da sie auf chemischem Wege nicht zerlegbar sind. Nur Elemente mit ungerader Kernladungszahl haben sich bisher zerlegen lassen. Diese Tatsache ist um so bemerkenswerter, als sorgfältige Analysen gezeigt haben, daß 97,6 % des Materials der Steinmeteoriten und der Erdkruste aus Elementen mit gerader Kernladungszahl bestehen, vor allem aus Sauerstoff (8), Magnesium (12), Silizium (14), Schwefel (16), Kalzium (20), Eisen (26), Nickel (28). Möglicherweise sind die Elemente mit ungerader Kernladungszahl weniger beständig und daher weniger häufig. In dieser Hinsicht ist es auch beachtenswert, daß die drei noch nicht entdeckten Elemente (s. o.) sämtlich ungerade Ordnungszahlen haben.

Radioaktive Elemente.

Radioaktivität. Manche Stoffe haben die Eigenschaft, ständig und selbsttätig eine durchdringende Strahlung auszusenden; sie heißen radioaktiv. Diese Eigenschaft wurde 1896 durch Becquerel an Uransalzen entdeckt. Der Hauptrepräsentant der radioaktiven Elemente ist das Radium. 1898 wurden durch P. und S. Curie Radiumsalze, 1910 durch Frau S. Curie und Debierne das metallische Radium hergestellt. Radium wird aus der Pechblende, einem Uranerz, gewonnen (Näheres in einem chemischen Lehrbuch).

Die Strahlen, die von radioaktiven Präparaten ausgehen, lassen sich durch kräftige Magnetfelder in drei Teile zerspalten, die man als α-, β- und γ-Strahlen (Alpha-, Beta- und Gamma-Strahlen) bezeichnet. Die α-Strahlen bestehen, wie die Art der Ablenkung zeigt, aus positiv geladenen Teilchen; die β-Strahlen sind schnell bewegte negative Elektronen (wie die Kathodenstrahlen); die γ-Strahlen endlich sind den Röntgen- und Lichtstrahlen wesensgleich und werden vom Magneten nicht abgelenkt.

Alle drei Strahlenarten ionisieren die Luft, schwärzen die photographische Platte und erzeugen Fluoreszenz. Radiumstrahlen (vor allem die γ-Strahlen) zerstören die Gewebe des menschlichen Körpers, die Präparate werden deshalb in dicken Bleikapseln aufbewahrt. Die zerstörende Wirkung wird ebenso wie bei den Röntgenstrahlen zu Heilzwecken benutzt.

α-Strahlen werden von anderen Körpern leicht absorbiert, sie haben nur geringe Durchdringungsfähigkeit. Die Strecke, bis zu der sie sich z. B. in Luft noch bemerkbar machen, heißt ihre Reichweite. β-Strahlen sind erheblich durchdringender. γ-Strahlen durchdringen die meisten Körper beträchtlich; sie sind im allgemeinen kurzwelliger als Röntgenstrahlen.

Radioaktive Zerfallsreihen. Verschiebungsgesetz. Der Gedanke, daß das Wesen der Radioaktivität in der Umwandlung der Elemente besteht, ist zuerst 1902 von Rutherford und Soddy ausgesprochen worden. Der Beweis wurde 1903 von Ramsay und Soddy erbracht. Schließt man Radiumemanation, einen aus dem Radium entstandenen Stoff, in ein Glasröhrchen, so bemerkt man an der Art und Stärke der ausgesandten Strahlung, daß die Menge der Emanation bald abnimmt und nach einigen Wochen unmerklich geworden ist. Zugleich kann man spektroskopisch nachweisen, daß im Röhrchen Helium entstanden ist. Die Emanation ist in Helium und einen andern Stoff, der Radium A genannt wird, zerfallen. α-Teilchen sind nichts andres als doppelt ionisierte, also positiv geladene Heliumatome.

Das Radium, das über mancherlei Zwischenstoffe aus dem Uran entstanden ist (siehe Tabelle), zerfällt in α-Strahlen, d. h. Helium und in Radiumemanation, diese in Helium und Radium A; aus diesem wird Helium und Radium B. Den weiteren Zerfall läßt die nachfolgende Tabelle erkennen. Alle Stoffe mit der Ordnungszahl 82 (Ra B, Ra D, Ra G) haben Bleicharakter, sind Isotopen des Bleis. Das für unsere Untersuchungsmethoden stabile Endprodukt der Reihe ist Radium G (Uranblei). Diese verschiedenen Stoffe bilden eine „radioaktive Zerfallsreihe". Solcher Reihen, innerhalb deren jedes Element durch Zerfall aus dem vorhergehenden entsteht, gibt es drei: die Uran-Radium-Reihe, die Uran-Aktinium-Reihe, die Thorium-Reihe. Wir kennen heute im ganzen etwa 40 radioaktive Stoffe, von denen zwei sehr schwach aktive nicht zu den drei genannten Reihen gehören; das sind Kalium und Rubidium.

Die pro Sekunde zerfallende Menge eines einzelnen Stoffes ist der jeweils vorhandenen Stoffmenge proportional. Die Zeit, innerhalb deren ein beliebiges Quantum des Stoffs zur Hälfte zerfallen ist, heißt die Halbwertzeit. Sie ist für einen bestimmten, reinen radioaktiven Stoff charakteristisch, schwankt aber von Stoff zu Stoff sehr stark. Sie beträgt z. B. für Thorium etwa $2 \cdot 10^{10}$ Jahre, für Thorium C′ etwa 10^{-11} Sekunden. Wegen der Verschiedenheit der Zerfallszeiten sind die meisten Präparate ein Gemisch aus verschiedenen radioaktiven Stoffen. Je kürzer die Halbwertzeit eines Stoffes, desto größer ist die Reichweite der von ihm ausgehenden Strahlung (Geigersches Gesetz).

Jeder reine radioaktive Stoff sendet (bis auf ganz wenig Ausnahmen, s. u.) entweder α- oder β-Strahlen aus; dazu können γ-Strahlen kommen. Der Vergleich zwischen dem chemischen Charakter (oder der Kernladungszahl) des zerfallenden Elements und des Zerfallsproduktes oder, was dasselbe ist, zwischen ihren Stellungen im periodischen System hat zu einem äußerst interessanten Ergebnis geführt, dem sog. Verschiebungsgesetz (Fajans und Soddy 1913). Es lautet: „Nach einer α-Umwandlung findet man das entstandene Element zur zweitniedrigeren Gruppe des periodischen Systems von seiner Muttersubstanz verschoben, d. h. die Kernladungszahl wird um 2 kleiner. Nach einer β-Umwandlung findet eine Verschiebung zur nächsthöheren Gruppe statt, die Kernladungszahl wird um 1 größer."

Das ist in bester Übereinstimmung mit den theoretischen Vorstellungen. β-Teilchen sind Elektronen und enthalten je eine negative Elementarladung; α-Teilchen enthalten (s. u.) je zwei positive Elementarladungen. Verliert der Atomkern, der aus Protonen und Elektronen besteht, ein α-Teilchen, so sinkt die Gesamtladung um zwei Einheiten; verliert er ein Elektron, so steigt die positive Gesamtladung um eine Einheit.

Einige wenige Stoffe können α- oder β-Strahlen aussenden und dabei verschiedene Zerfallsprodukte liefern. Z. B. zerfallen die meisten Atome (99,96 %) von Radium C unter β-Strahlaussendung in Radium C', der Rest (0,04 %) unter α-Strahlaussendung in Radium C''. Aus beiden entsteht Radium D. Uran II kann unter Aussendung von α-Strahlen entweder in Ionium oder in Uran 𝔜 zerfallen. Bei einigen anderen Stoffen, wie beim Radium, kommen die β-Strahlen, die neben den α-Strahlen zugleich ausgesandt werden, wahrscheinlich überhaupt nicht aus dem Atomkern, sondern aus der Elektronenhülle.

Die folgende Tabelle enthält die zur Uran-Radium-Reihe gehörigen Stoffe. In der dritten Spalte steht die Kernladungszahl Z, in der vierten das Atomgewicht, in der fünften die Strahlenart, unter deren Aussendung der Stoff zerfällt, in der sechsten die Halbwertzeit.

Uran-Radium-Familie.

Substanz	Symbol	Z	A. G.	Strahlenart	Halbwertzeit	Bemerkungen
Uran I	U_I	92	238,18	α	$4{,}5 \cdot 10^9$ a	
Uran X_1	UX_1	90	234	$\beta\,\gamma$	23,8 d	
Uran X_2	UX_2	91	234	$\beta\,\gamma$	1,15 m	
Uran II	U_{II}	92	234	α	$2 \cdot 10^6$ a	
Ionium	Jo	90	230	$\alpha\ \gamma$	$9 \cdot 10^4$ a	
Radium	Ra	88	226,0	$\alpha\,\beta\,\gamma$	1580 a	β-Strahlen wahrscheinlich nicht aus dem Kern.
Radium-Emanation	RaEm	86	222	α	3,85 d	Auch Niton genannt.
Radium A	RaA	84	218	α	3,05 m	
Radium B	RaB	82	214	$\beta\,\gamma$	26,8 m	
Radium C	RaC	83	214	$\beta\,\gamma$ bzw. α	19,5 m	RaC zerfällt zu 99,96 % in
Radium C'	RaC'	84	214	α	10^{-6} s	RaC', zu 0,04 % in RaC''.
Radium C''	RaC''	81	210	$\beta\,\gamma$	1,32 m	Aus beiden wird RaD.
Radium D	RaD	82	210	$\beta\,\gamma$	16 a	
Radium E	RaE	83	210	$\beta\,\gamma$	4,85 d	
Radium F	RaF	84	210	$\alpha\ \gamma$	136,5 d	Auch Polonium genannt.
Radium G	RaG	82	206,0	—	—	Uranblei.

Es bedeuten: a Jahre (anni), d Tage (dies), m Minuten, s Sekunden.

Die α-Strahlen. Bestimmung des Elementarquantums. Wie Rutherford zuerst ausgesprochen hat, sind die α-Teilchen mit positiv geladenen Heliumatomen identisch. Die Bestimmung der Geschwindigkeit sowie des Verhältnisses von Ladung E zur Masse m_a erfolgt nach der

Methode der elektrischen und magnetischen Ablenkung. Die Geschwindigkeit der α-Strahlen liegt zwischen 10^9 und $2 \cdot 10^9$ cm/sec. Jede α-strahlende Substanz ist durch α-Strahlen von ganz bestimmter Geschwindigkeit (und damit Reichweite) charakterisiert. Für das Verhältnis von Ladung E zur Masse m_α ergibt sich das 1/2,016fache des Wertes für Wasserstoffionen. Da sich die Masse des Heliumatoms zu der des Wasserstoffatoms verhält wie $m_\alpha : m_H = 4 : 1{,}008$, so folgt $E = 2\,e$, die Ladung des α-Teilchens beträgt 2 Elementarquanten. Die Ladung E läßt sich nun experimentell bestimmen. Um die von einem α-strahlenden Präparat pro Sekunde ausgesandten α-Teilchen zu zählen, stellt man in einiger Entfernung von dem Präparat einen Zinkblendeschirm auf und zählt die beim Aufprall durch Fluoreszenz hervorgerufenen Lichtblitze (Szintillationen). Das Stück des Schirmes, das im Mikroskop beobachtet wird, stellt einen leicht festzustellenden Bruchteil der Kugelfläche dar, die man in der Entfernung des Schirmes um das Präparat legen kann. Kennt man also die Zahl der α-Teilchen, die pro Sekunde auf den Schirm fallen, so kennt man auch (unter Voraussetzung räumlich gleichmäßiger Strahlung) die Zahl der insgesamt pro Sekunde ausgesandten α-Teilchen (Methode von Rutherford und Geiger sowie von Regener). Geiger hat noch eine zweite Zählmethode angegeben. Man läßt die α-Teilchen in eine „Geigersche Kammer“ fallen. Sie besteht aus einem Blechgefäß, das einen Eintrittsschlitz trägt und auf hohes Potential geladen ist. Im Innern befindet sich isoliert eine feine Platinspitze, die über ein Galvanometer geerdet ist. Jedes in den Luftraum der Kammer tretende α-Teilchen bewirkt Ionisation und damit einen Stromstoß. Die Zahl der Stromstöße wird gezählt (Ionisationskammer). Umgibt man andererseits das Präparat mit einer Metallhülle, so kann man die von ihm insgesamt ausgesandte Ladung messen. Die Division durch die Zahl der ausgesandten α-Teilchen ergibt die von jedem Teilchen transportierte Ladung, d. h. $2\,e$. Die so gefundene Größe des Elementarquantums e stimmt mit der nach andern Methoden gefundenen überein.

Die β-Strahlen. Messungen nach der Ablenkungsmethode zeigen, daß die β-Teilchen Elektronen sind; ihre Geschwindigkeiten reichen bis nahe an die Lichtgeschwindigkeit heran. Im Gegensatz zu den α-Strahlen besitzen die β-Strahlen einer und derselben Substanz durchaus nicht alle die gleiche Geschwindigkeit; es lassen sich vielmehr eine Reihe diskreter Geschwindigkeitsgruppen von verschiedener Intensität nachweisen; ihre Zahl ist zuweilen groß, z. B. beim Ra C 40. Es ist anzunehmen, daß beim Zerfall des Atomkerns stets nur eine Art von α- oder β-Strahlen entsteht; die zugleich entstehenden γ-Strahlen können aber Ringelektronen des Atoms auslösen (sekundäre β-Strahlen).

Energieverhältnisse. Radioaktivität und chemische Prozesse. Jeder radioaktive Stoff hat stets eine etwas höhere Temperatur als seine Umgebung. Das ist leicht erklärlich: Die aus dem Innern kommenden α- und β-Teilchen bleiben z. T. in den äußern Teilen stecken, ihre kinetische Energie verwandelt sich in Wärme. Bedenkt man, daß 1 gr reines Radium pro Sekunde $3{,}72 \cdot 10^{10}$ Teilchen aussendet, deren jedes die kinetische Energie $7{,}5 \cdot 10^{-6}$ Erg besitzt, so versteht man, daß es sich hier um ungeheure Energien handelt. 1 gr Radium, das mit seinen Zerfallsprodukten zusammenbleibt, erzeugt pro Stunde 136 gr-cal, in einem Jahr, während dessen eine merkliche Massenänderung noch nicht eintritt, also 1200000 gr-cal, beim vollständigen Zerfall etwa $2{,}7 \cdot 10^{9}$ gr-cal. Demgegenüber ist die bei den energischsten chemischen Reaktionen auftretende Wärme verschwindend; verbrennt z. B. Wasserstoff, so entstehen mit jedem Gramm Wasser 3800 gr-cal. Man sieht hier den tiefgreifenden Unterschied zwischen chemischen und radioaktiven Vorgängen ebenso wie bei der Unabhängigkeit der letzteren von der Art der chemischen Bindung (ob Radium als Element oder in einem Salz vorliegt) und von der Temperatur (Temperaturänderungen von -250^0 bis über 1000^0 C haben nicht den geringsten Einfluß auf die Geschwindigkeit des radioaktiven Zerfalls).

Die γ-Strahlen. Die Wellenstrahlung radioaktiver Substanzen besteht teils aus der charakteristischen Röntgenstrahlung (*K*-, *L*-, *M*-Strahlung, s. o.), teils aus einer unmittelbar aus dem Kern stammenden, sehr kurzwelligen γ-Strahlung. Ihre Wellenlänge ist meist nicht direkt meßbar; sie läßt sich aber ermitteln aus der Geschwindigkeit der β-Teilchen (Elektronen), die von den γ-Strahlen bei ihrem Durchgang durch die Elektronenhülle des Atoms losgelöst werden. Die längste bisher festgestellte Wellenlänge beträgt 270 *X*-Einheiten beim Ra *D*, die kürzesten sind

24,3 *X*-Einheiten beim Thorium *C''* und
20,4 *X*- „ „ Radium *C*.

Die Plancksche Quantentheorie und das Bohrsche Atommodell.

Aufgaben der Theorie. Bei der Deutung vieler mechanischer und thermischer Vorgänge nach der kinetischen Theorie kommt man ohne spezielle Vorstellungen über den Aufbau der Atome aus. Die Deutung der spektroskopischen Gesetzmäßigkeiten (Balmerserie; Gesetz von Moseley) sowie die Erklärung des periodischen Systems macht besondre Untersuchungen nötig. Die Aufstellung eines erfolgreichen Atommodells ist Niels Bohr (1913) geglückt dadurch, daß er ein von Rutherford (1911) vorgeschlagenes Modell mit der Planckschen Quantentheorie verknüpfte und weiter entwickelte. Das Modell ist bereits oben (S. 29) skizziert worden: ein positiver Kern wird von negativen Elektronen umkreist.

Wie kommt nun das Spektrum zustande? Das Aussenden der Strahlung ist ein Prozeß, der sich in den Elementarteilchen (Atomen, bei ultraroter Strahlung auch Molekeln) abspielt. Die meßbare Intensität der vom Körper ausgehenden Strahlung entsteht durch Summation aller Elementarprozesse. Hierbei muß man, wie in der kinetischen Gastheorie, zur Mittelwertbildung schreiten (statistische Betrachtung). Zur richtigen Erklärung der Elementarprozesse hat eine eigenartige Erweiterung der atomistischen Auffassung geführt. Wir kennen Atome der Masse und der Elektrizität; wir wissen, daß z. B. $1^1/_2$ oder $2^3/_4$ Atome oder Elementarquanten nicht existieren. Für andre physikalische Größen, z. B. für Energie, Impuls usw. kannte die frühere Physik solche Einschränkungen nicht.

Betrachten wir nun das Bohrsche Modell des Wasserstoffatoms. Es besteht aus einem positiven Kern und einem negativen Elektron, das um den Kern (in einem Kreis oder einer Ellipse) umläuft. Nehmen wir eine Kreisbahn vom Radius a. Nach den Gesetzen der Mechanik kann der Radius a jeden beliebigen Wert annehmen, vorausgesetzt nur, daß die Geschwindigkeit des Elektrons passend gewählt ist, so daß Anziehungs- und Zentrifugalkraft einander gleich sind (S. 25). Hier führt nun die Quantentheorie, die 1900 von Max Planck aufgestellt worden ist, einen grundsätzlich neuen Gesichtspunkt ein. Sie verlangt nichts Geringeres als eine Atomistik ganz neuer Art. Sie besagt, daß z. B. im Fall des Wasserstoffatoms nur bestimmte, genau angebbare Bahnen des Elektrons stabilen Atomzuständen entsprechen. Es ist nämlich eigenartig: vom rein mechanischen Standpunkt kann der Radius a der Elektronenbahn jeden beliebigen Wert annehmen; andrerseits erzeugt das ungeheuer schnell kreisende Elektron ein schnell veränderliches elektromagnetisches Feld, und ein solches ist nach den Gesetzen der Elektrodynamik stets mit Ausstrahlung von Energie verbunden; Energieabnahme aber bedeutet Instabilität. Vom Standpunkt der Mechanik ist für ein stabiles Atom jeder Bahnradius möglich, vom Standpunkt der alten („klassischen“) Elektrodynamik überhaupt keiner. Die Quantentheorie besagt nun, daß es unter den unendlich vielen, mechanisch möglichen Bahnen auch solche gibt, die stabil sind, auf denen also keine Ausstrahlung stattfindet; sie lehrt auch, wie man solche stabilen Bahnen („Quantenbahnen“) finden kann.

Erster Quantensatz. Zur Auffindung der stabilen Bahnen führt ein eigentümliches Verfahren. Wir betrachten zunächst irgendeine mechanisch mögliche Bahn des Elektrons. Jeder Bahnpunkt ist der Lage nach bestimmt bei Kreisbahnen durch eine veränderliche Lagekoordinate, bei Ellipsen durch 2, bei Raumkurven durch 3. Die Werte der Lagekoordinate trage man als Abszissen, die Werte der zu den Punkten zugehörigen Bewegungsgrößen (S. 16) als Ordinaten in ein rechtwinkliges Koordinatensystem ein. Macht man das für alle Punkte der gewählten (in sich geschlossenen) Bahn, so erhält man eine Kurve, die mit der Abszissenachse und den Ordinaten in ihren Endpunkten eine bestimmte Fläche einschließt; den Inhalt dieser Fläche bezeichnet man als das „Phasenintegral“ der betrachteten Bahn. Zu jeder mechanisch möglichen Bahn des Elektrons gehört ein bestimmter Wert des Phasenintegrals (zu Ellipsenbahnen gehören 2 Integrale). Der erste Quantensatz besagt nun: Dann und nur dann ist die betrachtete Bahn stabil, wenn jedes der zu ihr gehörigen Phasenintegrale ein ganzzahliges Vielfaches einer festen

Größe, der sog. Planckschen Konstanten h (auch Plancksches Wirkungselement genannt, vgl. S. 285) ist.

Im Fall der Kreisbahn des Wasserstoffelektrons (Rad. a) nehmen wir als Lagekoordinate die auf der Kreisperipherie gemessene Entfernung des Elektrons von einem festen Kreispunkt; die Bewegungsgröße (S. 16) ist konstant mv, und das Phasenintegral wird gleich dem Inhalt eines Rechtecks mit den Seiten mv und $2a\pi$, d. h., es muß sein

$$mv \cdot 2a\pi = nh,$$

wo n eine ganze Zahl ist.

Es folgt

$$v = \frac{nh}{2\pi a m}.$$

Nun hat sich früher (S. 25) ergeben (für $r = a$, $E = e$)

$$e^2 = m a v^2.$$

Die Elimination von v liefert

$$\underline{a = n^2 \cdot \frac{h^2}{4\pi^2 e^2 m}}.$$

Der Radius der kleinsten möglichen Elektronenbahn ($n = 1$) beim Wasserstoff ist (Zahlenwerte s. S. 308)

$$a_1 = \frac{h^2}{4\pi^2 e^2 m} = 0{,}53 \cdot 10^{-8}\ \text{cm} = 0{,}53\ \text{Å}.$$

Die folgenden stabilen Bahnen haben die Radien

$$a_2 = 4a_1, \qquad a_3 = 9a_1 \qquad \text{usw.}$$

Nur auf diesen Bahnen bewegt sich das Elektron strahlungslos und stabil.

Nach S. 26 ist die Gesamtenergie des aus Kern und Elektron bestehenden Systems

$$U = U_0 - \frac{e^2}{2a},$$

also, wenn das Elektron auf der n-ten Quantenbahn ist:

$$U_n = U_0 - \frac{2\pi^2 e^4 m}{n^2 h^2}.$$

Zweiter Quantensatz. Die Formel für U_n zeigt, daß die Energie des Atoms um so größer ist, je größer n ist, je weiter draußen also das Elektron sich befindet. Nun kann zwar das Elektron nur auf den stabilen Bahnen längere Zeit verharren, aber es kann durch instabile Zustände hindurch von einer Quantenbahn auf eine andre übergehen. Beim Übergang von einer inneren auf eine äußere Bahn ist Energiezufuhr nötig; beim umgekehrten Übergang wird Energie frei. Diese frei werdende Energie gibt das Atom als Strahlung ab. Strahlung erfolgt also nur beim Sprung des Elektrons von einer äußeren auf eine innere Bahn. Die Schwingungszahl der Strahlung bestimmt der zweite Quantensatz: Verringert sich die Energie des Atoms um $E = U_n - U_p$ [Übergang von der n-ten auf die p-te Bahn], so ist die Schwingungszahl ν der ausgesandten Strahlung bestimmt durch $E = h \cdot \nu$.

Das Spektrum des Wasserstoffatoms. Setzt man die Werte für U_n und U_p ein und beachtet, daß $\lambda \cdot \nu = c$ ist, so erhält man

$$h\nu = \frac{hc}{\lambda} = U_n - U_p$$

oder

$$\frac{1}{\lambda} = \frac{2\pi^2 e^4 m}{h^3 c}\left(\frac{1}{p^2} - \frac{1}{n^2}\right).$$

Das ist aber, für $p = 2$, die Formel für die Balmerserie, für $p = 1$ und 3 die für die Lyman- und Paschenserie (S. 287), und es ist einer der schönsten Triumphe der Bohrschen Theorie, daß die Konstante $R = \frac{2\pi^2 e^4 m}{h^3 c}$ genau den empirischen Rydbergschen Wert (s. o.) hat.

Betrachtet man h [aus dem Strahlungsgesetz] und R sowie e/m als bekannt, so liefert die Gleichung einen weiteren, sehr genauen Weg zur Bestimmung von e.

Die Elektronenbahnen bei beliebigen Elementen. Der Kern des Atoms besitzt fast die gesamte Masse; die Ordnungszahl Z des Elements ist gleich der Zahl der positiven Elementarladungen, die der Kern trägt (Kernladungszahl), und gleich der Zahl der ihn umgebenden Elektronen. Über den Aufbau des Kerns aus Protonen und Elektronen ist bereits oben (S. 294) das Erforderliche gesagt worden.

Die Bahnen der Elektronen sind beim Wasserstoff Kreise oder Ellipsen (die Achse dreht sich langsam), bei den andern Elementen ellipsenähnlich. Das normale Heliumatom z. B. hat 2 Elektronen in (nahezu) elliptischen Bahnen, deren Ebenen gegeneinander geneigt sind. Bei allen weiteren Elementen befinden sich in der Nähe des Kerns 2 Elektronen in ähnlicher Konfiguration wie beim Helium. Das beim Lithium hinzutretende dritte Elektron beschreibt eine stark exzentrische Bahn, doch so, daß es in der Kernnähe noch innerhalb der Bahnen der beiden ersten Elektronen verläuft. Die weiteren Elektronen, die bei andern Elementen vorhanden sind, lassen sich zu gewissen Gruppen (Elektronenringen oder -schalen) zusammenfassen. Bohr hat hierüber ausführliche Vorstellungen entwickelt. Es gelingt ihm, insbesondere auch die Periodizität der optischen und chemischen Eigenschaften, manches für die Stellung des Elements im periodischen System charakteristische Verhalten, wie die chemische Inaktivität der Edelgase, die magnetischen Eigenschaften der Eisengruppe u. v. a. m. verständlich zu machen.

Optische und Röntgenspektren. Wird ein Elektron (durch Bestrahlung, Elektronenstoß usw.) aus seiner normalen Bahn herausgehoben, so nennt man das Atom „angeregt“. Sobald ein Elektron aus einer äußeren Bahn oder ganz von außen her auf die freie Bahn springt, wird die dabei frei werdende Energie ausgestrahlt. Dabei erzeugen Elektronensprünge auf den weiter außen liegenden Bahngruppen das optische, Sprünge auf den inneren Bahnen das Röntgenspektrum.

Die mannigfachen gegenseitigen Beeinflussungen der äußeren Elektronen und die Kompliziertheit ihrer Bahnen machen es verständlich, daß die optischen Spektren der schwereren Elemente äußerst verwickelt sind. Die weit leichtere theoretische Behandlung der fester gefügten Bahnen der inneren Elektronen liefert das Gesetz von Moseley (S. 288) und erklärt die relativ einfache Natur der Röntgenstrahlspektren.

Hat ein Element ein äußeres Elektron verloren, ist es also ionisiert, so ist es im Aufbau der übrigen Elektronenhülle dem Element ähnlich, das ihm im periodischen System voraufgeht. Ionisiertes Helium z. B. besitzt nur ein Elektron, ist also (bis auf die höhere Kernladungszahl) dem Wasserstoff gleich. Tatsächlich ist auch das Spektrum des ionisierten Heliums dem des Wasserstoffs völlig entsprechend gebildet. Allgemein erklärt sich das spektroskopische Verschiebungsgesetz (S. 288) daraus, daß das Bogenspektrum dem normalen, das Funkenspektrum dem einfach ionisierten Element angehört; letzteres wird daher auch Ionenspektrum genannt.

Wechselwirkung zwischen Atom-, Elektronen- und Strahlungsenergie.

Allgemeines. Die Energie eines bewegten Elektrons ist kinetischer Art. Die Energie eines Atoms setzt sich zusammen aus 1. der kinetischen Energie des Gesamtatoms, 2. der kinetischen Energie der kreisenden Elektronen und der potentiellen Energie der Elektronen gegen den Kern und gegeneinander (innere Energie des Atoms), 3. der Energie des Kerns.

Die Energie (3) ändert sich nur bei Zertrümmerung des Kerns. Die Energie (2) kann sich nur beim Sprung eines Elektrons auf eine andre Quantenbahn, also quantenhaft, d. h., in bestimmten endlichen Beträgen ändern. Erfolgt die Energieänderung durch Emission oder Absorption von Strahlung, so gilt das zweite Quantengesetz $E = h\nu$, d. h.,

1. wird bei einem Elementarprozeß die Energie E in Strahlung verwandelt, so ist deren Frequenz ν durch $h\nu = E$ bestimmt,

2. verwandelt sich Energie einer Strahlung von der Frequenz ν in andre Energie, so geschieht das in Quanten von der Größe $E = h\nu$.

Anregungs- und Ionisationspotential. Stößt ein Atom oder ein Elektron gegen ein andres Atom, so gibt es einen Teil seiner Energie ab. Es kann dadurch die Geschwindigkeit des gestoßnen Atoms beeinflussen oder eins seiner Elektronen in eine höherwertige Quantenbahn heben (Anregung des Atoms) oder ein Elektron ganz entfernen (Ionisation). Ist die Energie des stoßenden Teilchens klein, so reicht sie zur Anregung des gestoßenen Atoms nicht aus; da sich die innere

Energie des Atoms um einen geringeren Betrag, als die kleinste Anregungsenergie ihn darstellt, nicht ändern kann, bleibt sie bei den Zusammenstößen konstant. Es tauschen sich lediglich die kinetischen Energien der Teilchen aus (elastischer Stoß). Das ist z. B. der Fall bei einem einatomigen Gas bei gewöhnlicher Temperatur.

Die zur Anregung oder Ionisation nötige Energie ist zuerst von James Franck und Gustav Hertz mit Hilfe von Elektronenstößen experimentell gemessen worden. Elektronen, die aus einem Glühdraht kommen, durchlaufen ein beschleunigendes Potentialgefälle V und erlangen dabei die kinetische Energie $V \cdot e$ (S. 292). Sie treten dann in einen feldfreien Raum. Der ganze Apparat ist mit verdünntem Gas gefüllt. V wird langsam gesteigert. Sobald die Energie eines Elektrons ausreicht, um ein Atom anzuregen, beginnt das Gas zu leuchten; in den angeregten Atomen fallen die Elektronen unter Ausstrahlung in die alten Bahnen zurück. Die Anregungsarbeit ist $Ve = h\nu$. Bei noch größerer Energie ionisieren die stoßenden Elektronen das Atom; das macht sich durch plötzliche, sehr starke Steigerung der Leitfähigkeit des Gases bemerkbar. Statt der wahren Anregungs- bzw. Ionisationsarbeit Ve gibt man häufig nur das Potential V in Volt an.

Die „Ionisierungsspannung“ des Heliums z. B. beträgt 25 Volt, das bedeutet: Zum Ionisieren eines Heliumatoms ist die kinetische Energie nötig, die ein Elektron beim Durchlaufen eines Potentialgefälles von 25 Volt erlangt. (Diese Energie ist $1{,}592 \cdot 10^{-19} \cdot 25$ Amp.sec Volt $= 3{,}98 \cdot 10^{-18}$ Watt sec oder Joule $= 3{,}98 \cdot 10^{-11}$ Erg.)

Röhrenspannung und Röntgenspektrum. In den Röntgenstrahlröhren werden Röntgenstrahlen durch den Aufprall schneller Elektronen auf die Antikathode erzeugt. Ob nun die Atome der Antikathode zu ihrer charakteristischen Strahlung angeregt werden (Linienspektrum), oder ob die Energie der Elektronen sonstwie in Strahlung verwandelt wird (kontinuierliches oder weißes Röntgenspektrum), es ist klar, daß die Energie eines Elektrons $Ve \geqq h\nu$ sein muß, wo V das an die Röhre gelegte Potential, ν die Schwingungszahl der entstehenden Röntgenstrahlung ist. Ist λ deren Wellenlänge, so folgt, da $\lambda\nu = c$ ist, $\lambda \geqq hc/Ve$. Daraus folgt zweierlei: 1. Daß eine kurzwellige Eigenstrahlung der Antikathode nur dann entstehen kann, wenn V einen gewissen Mindestwert überschreitet; 2. daß das kontinuierliche Spektrum bei einer bestimmten kleinsten Wellenlänge plötzlich abbrechen muß, die der Röhrenspannung V umgekehrt proportional ist. Beides ist tatsächlich der Fall (vgl. S. 282).

Stöße zweiter Art. Stößt ein angeregtes Atom mit einem andern zusammen, so wird unter Umständen seine Anregungsenergie nicht als Strahlung emittiert, sondern an das gestoßene Atom abgegeben. Einen solchen Vorgang bezeichnet man als Stoß zweiter Art.

Fluoreszenz. Phosphoreszenz. Manche Körper werden, wenn sie von Licht getroffen werden, selbst zu Lichtquellen und senden ihre Eigenstrahlung nach allen Seiten aus (Fluoreszenz). Hierher gehören Flußspat (Fluoreszenzlicht violettblau), Uranglas (grünlich).

Bariumplatinzyanür (grün), Petroleum (blau), Chlorophyllösung (blutrot), Fluoreszeinlösung (gelbgrün) u. v. a. Uranglas wird nicht durch rotes oder gelbes, wohl aber durch blaues und violettes Licht, durch Röntgen- und γ-Strahlen zur grünlichen Fluoreszenz angeregt. Allgemein gilt, daß nur solche Strahlung Fluoreszenz hervorruft, deren Wellenlänge kürzer, deren Frequenz also höher ist als die des Fluoreszenzlichts (Regel von Stokes). Das ist verständlich. Ist die Frequenz der auffallenden Strahlung ν, die des Fluoreszenzlichts ν_f, so ist die erforderliche Anregungsarbeit $h\nu_f$. Also kann Anregung nur eintreten, wenn $h\nu \geqq h\nu_f$ oder $\nu \geqq \nu_f$ ist.

Phosphoreszenz nennt man die Eigenschaft mancher Substanzen, nach stattgehabter Belichtung auch im Dunkeln weiter zu leuchten. Lenard in Heidelberg hat eine große Zahl solcher „Leuchtphosphore" hergestellt. Sie enthalten meist die Sulfide eines Erdalkali- und eines Schwermetalls.

Unter Chemilumineszenz versteht man das Leuchten eines Stoffes bei einer chemischen Reaktion (z. B. Chlorgas mit Natriumgas).

Lichtelektrischer Effekt. Wird eine Metallplatte von ultraviolettem Licht getroffen, so sendet sie einen Strom von Elektronen aus. Diese Erscheinung, die besonders von Elster und Geitel untersucht worden ist, heißt lichtelektrischer oder Photoeffekt. Hat die Platte ein nicht zu geringes negatives Potential, so ist die Stärke des Elektronenstroms vom Potential unabhängig und nur durch die Intensität des absorbierten Lichtes bestimmt (Sättigungsstrom); ist das Potential null, so ist die Stromstärke bei gleicher Bestrahlung etwa $^2/_3$ des Sättigungsstroms.

Der Effekt tritt auch im höchsten Vakuum auf. Er ist um so stärker, je elektropositiver das Metall ist. Bei Natrium, Kalium und Rubidium ist er auch bei Bestrahlung mit sichtbarem Licht bedeutend. Die Erscheinung wird durch oberflächlich adhärierende und vom Metall okkludierte Gase stark kompliziert.

Hoch evakuierte Röhren mit Kaliumkathode (Kaliumphotozellen) dienen zur elektrischen Registrierung von Lichtschwankungen, da die Stärke des Sättigungsstromes ein Maß für die Intensität des auffallenden Lichtes ist.

Die Energie der absorbierten Strahlung ($h\nu$) löst die Elektronen aus dem Atomverband und bringt sie durch die Grenzfläche des Metalls (Ablösungsarbeit p) und erteilt ihnen ferner eine Geschwindigkeit v. Für jeden Elementarprozeß muß daher gelten

$$p + \tfrac{1}{2} m v^2 = h\nu.$$

Dieser Satz, daß das Quadrat der Geschwindigkeit der ausgelösten Elektronen mit der Frequenz des absorbierten Lichtes wächst, ist experimentell stets aufs beste bestätigt worden. Man benutzt die Gleichung zur Bestimmung der Wellenlänge kürzester Röntgen- und Gamma-Strahlen, und zwar so, daß man durch diese Strahlen sekundäre β-Strahlen (Elektronen) auslösen läßt (v und p werden gemessen, ν und daraus λ berechnet).

Anhang.

I. Physikalische Konstanten.

Tabelle I. Spezifische Gewichte fester und flüssiger Körper (Gase s. S. 62).

Wasser bei 4°: 1,00.

Elemente:	
Aluminium	2,70
Blei	11,34
Eisen (rein)	7,86
Gold	19,3
Kalium	0,86
Kupfer	8,93
Magnesium	1,74
Messing	8,1—8,7
Nickel	8,8
Platin	21,4
Quecksilber bei 0° C	13,5955
Quecksilber bei 18° C	13,5511

Schwefel rhombisch	2,07
Schwefel monoklin	1,96
Schwefel amorph	1,92
Silber	10,50
Zink	7,1
Zinn	7,28
Andre feste Stoffe:	
Eis bei 0°	0,917
Flaschenglas	2,6
Flintglas	3,15—3,90
Holz (trocken) Kiefer	0,31—0,76
Holz (trocken) Eiche	0,69—1,03
Holz (trocken) Ebenholz	1,26

Kork	0,24
Kochsalz	2,17
Wachs	0,96
Rohrzucker	1,6
Flüssige Stoffe:	
Äther	0,7135
Alkohol	0,789
Benzol	0,879
Glyzerin	1,26
Olivenöl	0,92
Petroleum	0,7

Tabelle II. Elastische Konstanten $\left(\text{sämtlich in } \frac{\text{kg-Gew.}}{\text{qmm}}\right)$.

	Elastizitätsmodul E	Torsionsmodul G	Festigkeit gegen		
			Zug	Druck	Biegung
Aluminium	6300—7500	2300—2700	10—40	—	—
Blei	1500—1700	550	2	—	—
Flußeisen	20000—22000	7700—8450	34—50	20—30	40—55
Wolframstahl	24000	—	—	—	—
Gold	7000—9500	2600—3900	10—27	—	—
Kupfer	10400	3900—4800	20—50	bis 40	—
Messing	8000—10000	2700—3700	30—50	20—30	—
Platin	16000—17500	6000—7240	30	—	—
Silber	6000—8000	2500—2900	16—29	—	—
Glas verschiedener Zusammensetzung	5000—8000	2000—3200	3—8	60—126	—
Quarz	6900	—	16	180	7

Die elastischen Größen sind je nach der Bearbeitung des Stoffes verschieden. Sie ändern sich außerdem mit der Temperatur.

Tabelle III. Wärmekonstanten fester Körper.

	Linearer Ausdehnungskoeffizient bei 20°	Spez. Wärme bei 20° cal/gr	Schmelzpunkt °	Schmelzwärme cal/gr	Siedepunkt bei 1 Atm. Druck °	Wärmeleitvermögen λ $\frac{\text{cal}}{\text{cm}\cdot\text{sec}\cdot\text{Grad}}$	Atomwärme bei 20°
Aluminium . .	0,000022	0,21	658	80	rd. 2000	0,50	5,8
Blei	0,000028	0,03	327	6	1525	0,08	6,4
Eisen	0,000012	0,11	1520	50	2450	0,10—0,17	5,8—6,2
Gold	0,000014	0,03	1063	16	rd. 2600	0,70	6,1
Kupfer . . .	0,000016	0,09	1083	42	2300	0,90	5,8
Nickel	0,000012	0,11	1452	60	—	0,14	6,2
Platin	0,000009	0,03	1770	27	3800	0,17	6,2
Silber	0,000019	0,06	960,5	24	2000	1,01	6,0
Zink	0,000028	0,09	419	28	900	0,26	6,1
Wolfram . . .	0,000004	0,03	3400	—	—	0,38	6,2
Invar (Nickelstahl)	0,0000009	0,11				0,03	
Messing . . .	0,000018	0,09				0,26	
Glas im Durchschnitt . . .	0,000008	0,2	800—1400			0,001—0,003	
Quarzglas . .	0,0000005	0,18	—			0,003	

Tabelle IV. Wärmekonstanten flüssiger Körper.

	Kub. Ausdehnungskoeff. β bei 20°	Spez. Wärme bei 20° cal/gr	Siedepunkt (bei 1 Atm.) °	Verdampfungswärme (b. Siedepkt) cal/gr	Schmelzpunkt °	Schmelzwärme cal/gr
Äther	0,0016	0,56	34,6	86	— 116	27
Alkohol	0,0011	0,59	78,3	216	— 114	—
Benzol	0,0012	0,42	80,5	94	5,5	30
Glyzerin . . .	0,0005	0,58	290	—	19	42
Quecksilber . .	0,00018	0,03	357	68	— 38,9	3
Wasser	0,00021	1,00	100	539	0	79

Tabelle V. Physikalische Konstanten einiger Gase im kritischen, flüssigen und festen Zustand.

Stoff	Kritischer Zustand			Flüssiger Zustand			Fester Zustand		
	Krit. Temperatur °	Krit. Druck in Atm.	Krit. Dichte	Dichte	Siedepunkt b. 1 Atm. Druck °	Verdampfungswärme beim Siedepunkt cal/gr	Dichte	Schmelzpunkt °	Schmelzwärme cal/gr
Kohlendioxyd .	31,3	73	0,46	1,0	— 78,5 [1])	142 [1])	1,6	— 57 [2])	44
Schwefeldioxyd	157	78	0,51	1,5	— 10	96		— 73	
Luft	— 141	37	0,35	0,9	— 191	44			
Sauerstoff . . .	— 118	50	0,43	1,1	— 183	51	1,4	— 219	3,3
Stickstoff . . .	— 146	33	0,32	0,8	— 196	48	1,0	— 210,5	6,1
Wasserstoff . .	— 241	13	0,03	0,07	— 253	114	0,08	— 258	15
Helium	— 268	2,3	0,065	0,14	— 269	6	—	(— 272,1 ?)	—

[1]) sublimiert. [2]) bei 5 Atm.

Tabelle VI. Dielektrizitätskonstanten.

Feste Körper		Flüssige Körper bei 20°	
Glas, gewöhnlich	5 bis 7	Wasser	81
Optische Gläser	bis 16	Äthyläther	4,3
Porzellan	etwa 6	Äthylalkohol	26
Glimmer	7,1—7,7	Petroleum	2,1
Quarz	3,7	Paraffinöl	2,1
Ebonit	2,5	Benzol	2,3
Bernstein	2,8	Luft bei 0° u. 1 Atm.	1,0006
Paraffin	2	Helium bei 0° u. 1 Atm.	1,00007
Papier	2		
Schwefel	3 bis 4		

Tabelle VII. Elektrisches Leitvermögen K.

$\left(\text{In } \frac{1}{\text{Ohm} \cdot \text{cm}}\right)$.

Substanz	Temperatur °	K
Aluminium	20	350000
Blei	20	50000
Eisen	20	100000
Gold	20	430000
Kupfer	20	580000
Platin	20	90000
Silber	20	610000
Manganin	20	24000
Konstantan	20	20000
Graphit	15	700—2500
Nernststift	300	$5{,}2 \cdot 10^{-6}$
„	1100	0,2
Glas	20	10^{-12}
Glimmer	20	10^{-16}
Schwefel	20	10^{-17}

Tabelle VIII. Konstanten der Atomphysik.

Größe	Bezeichnung	Zahlenwert
1. Loschmidtsche Zahl (der Molekeln im Mol)	L	$6{,}062 \cdot 10^{23}$
2. Avogadrosche Zahl (der Molekeln in 1 ccm i. N.)	N	$2{,}71 \cdot 10^{19}$
3. Elementarquantum der Elektrizität	e	$1{,}591 \cdot 10^{-19}$ Coulomb
4. Masse des Wasserstoffatoms	m_H	$1{,}662 \cdot 10^{-24}$ gr
5. Masse des Elektrons	m	$0{,}90 \cdot 10^{-27}$ gr
6. Plancksches Wirkungselement	h	$6{,}54 \cdot 10^{-27}$ erg. sec
7. Entropiekonstante	k	$1{,}371 \cdot 10^{-16}$ erg/grad
8. Radius der innersten Elektronenbahn beim Wasserstoff	r_1	$0{,}528 \cdot 10^{-8}$ cm

Messungen der atomistischen Konstanten.

1. $L \cdot m_H = 1{,}008$ (Kinetische Gastheorie, S. 109, Gleichg. 6).
2. $L \cdot k = R = 8{,}316 \cdot 10^7$ erg/grad (Kinetische Gastheorie, S. 109, Gleichg. 4).
3. $L e = 96494$ Coul. oder $e/m_H = 95760$ Coul./gr (Elektrolyse, S. 177).
4. $e/m = 1{,}769 \cdot 10^8$ Coul./gr (Ablenkung von Kathodenstrahlen, S. 291).
5. h/e (Lichtelektr. Messung, S. 305, Anregungs- und Ionisierungsspannung, S. 304).
6. e^5/h^3 (Rydbergsche Konstante nach der Bohrschen Theorie, S. 302).
7. h und k (Plancksche Strahlungsformel, S. 285).
8. L unmittelbar (Brownsche Bewegung, S. 144. Innere Reibung und kritische Daten der Gase, S. 115 und 134).
9. e unmittelbar (Methode von Millikan, S. 290. Zählung der α-Teilchen, S. 297).
10. r_1 beim Wasserstoff (Bohrsche Atomtheorie, S. 301).
11. Geschwindigkeit von Kathodenstrahlen (S. 291).
12. Geschwindigkeit von Atomstrahlen (S. 289).

II. Praktische Maßeinheiten.

I. Gesetzliche Einheiten.

1. Länge und Masse. Das metrische System ist in Deutschland eingeführt seit 1872; die folgenden Definitionen sind nach der Maß- und Gewichtsordnung vom 30. 5. 1908 angegeben.

Das Meter (m) ist der Abstand zwischen den Endstrichen des internationalen Meterprototyps bei der Temperatur des schmelzenden Eises.

(Ursprünglich sollte 1 m der 40000000. Teil eines Erdmeridians sein.)

1 m = 100 cm. 1 cm = 10 mm = $10^4\,\mu = 10^7\,\mu\mu = 10^8$ Å $= 10^{11}\,X$. (Vgl. S. 250 und S. 282.)

Vom Meter leiten sich die Flächen- und Raummaße her; insbesondere ist 1 Liter = 1 l = 1000 cm³ oder 1000 ccm.

Das Kilogramm (kg) ist die Masse des internationalen Kilogrammprototyps.

(Ursprüngliche Definition: 1 kg ist die Masse von 1 l Wasser bei 4°; S. 11.)

2. Elektrische Einheiten. (Reichsgesetz v. 1. 6. 1898.)

Ein Ohm wird dargestellt durch den Widerstand einer Quecksilbersäule von der Temperatur des schmelzenden Eises, deren Länge bei durchweg gleichem, einem Quadratmillimeter gleich zu achtendem Querschnitt 106,3 cm und deren Masse 14,4521 g beträgt. (Vgl. S. 163.)

Ein Ampère wird dargestellt durch den unveränderlichen Strom, welcher bei dem Durchgang durch eine wässerige Lösung von Silbernitrat in einer Sekunde 0,001118 gr Silber niederschlägt. (Vgl. S. 160, S. 177, S. 192.)

Ein Volt wird dargestellt durch die elektromotorische Kraft, welche in einem Leiter, dessen Widerstand ein Ohm beträgt, einen elektrischen Strom von einem Ampère erzeugt. (Vgl. S. 149 und S. 200.)

3. Wärmeeinheiten. (Reichsgesetz v. 7. 8. 1924.)

Temperatur: Die gesetzliche Temperaturskala ist die thermodynamische Skala mit der Maßgabe, daß die normale Schmelztemperatur des Eises mit 0° und die normale Siedetemperatur des Wassers mit 100° bezeichnet wird.

Wärmemenge: Die Kilokalorie (kcal) ist diejenige Wärmemenge, durch welche 1 kg Wasser bei Atmosphärendruck von 14,5° auf 15,5° erwärmt wird. (S. 103.)

Die Kilowattstunde (kWh) ist gleichwertig dem Tausendfachen der Wärmemenge, die ein Gleichstrom von einem gesetzlichen Ampère in einem Widerstand von einem gesetzlichen Ohm während einer Stunde entwickelt, und ist 860 kcal gleich zu erachten.

Genauer ist 1 kWh = 860,38 kcal. (S. 171.)

II. Andre praktische Einheiten.

1. Zeit. Der mittlere Sonnentag ist die Zeit zwischen 2 aufeinander folgenden Kulminationen einer mittleren Sonne, d. i. einer gedachten Sonne, die sich auf dem Himmelsäquator mit gleichförmiger Geschwindigkeit bewegt und ihren Umlauf in der gleichen Zeit beendet wie die wahre Sonne selbst auf der Ekliptik.

1 mittl. Sonnentag = 24 Stunden.

1 Stunde = 60 Minuten = 3600 Sekunden.

2. Mechanische Einheiten.

Einheit der Dichte: g/ccm. (S. 32.)

Einheit der Geschwindigkeit: km/h oder m/sec oder cm/sec. (S. 2.)

Einheit der Beschleunigung: m/sec^2 oder cm/sec^2. (S. 6.)

Kraft: Ein Kilogrammgewicht ist die Druckkraft, die 1 kg in der geogr. Breite 45°, in Meereshöhe und im luftleeren Raum vermöge seiner Schwere ausübt.

$$1 \text{ kg-gew.} = 980{,}665 \text{ Dyn} \approx 981 \text{ Dyn.} \quad (\text{S. } 10.)$$

Arbeit und Energie: Ein Meterkilogramm (kgm) ist die Arbeit, die geleistet wird, wenn die Kraft 1 kg-gew. ihren Angriffspunkt in der Kraftrichtung um 1 m verschiebt. (S. 17.)

$$1 \text{ kgm} = 9{,}81 \text{ Joule}$$
$$= 9{,}81 \text{ Wattsec.}$$
$$1 \text{ kWh} = 3\,600\,00 \text{ Joule} = 367\,000 \text{ kgm} = 860{,}38 \text{ kcal}$$
$$1 \text{ kcal} = 426{,}3 \text{ kgm}. \qquad (\text{S. } 105.)$$

Leistung: Eine Pferdestärke (PS) liegt vor, wenn in jeder Sekunde die Arbeit 1 kgm geleistet wird. (S. 17.)

$$1 \text{ PS} = 75 \text{ kgm/sec} = 0{,}736 \text{ Kilowatt.}$$

3. Elektrische Einheiten. Ein Coulomb ist diejenige Elektrizitätsmenge, die in der Sekunde durch den Querschnitt eines Leiters fließt, in dem die Stromstärke ein Ampère herrscht. (Vgl. S. 148 und S. 160.)

Einheit der Feldstärke ist Volt/cm. (S. 149.)

Die Selbstinduktion ein Henry hat derjenige Leiter, in dem die elektromotorische Kraft 1 Volt induziert wird, wenn sich die Stromstärke in der Sekunde um 1 Amp. ändert. (S. 202.)

Die Kapazität ein Mikrofarad hat ein Körper, der durch die Elektrizitätsmenge 10^{-6} Coulomb auf das Potential 1 Volt (oder durch 1 Coulomb auf 10^6 Volt) geladen wird. (S. 158.)

4. Lichteinheiten. Einheit der Lichtstärke ist Hefnerkerze (HK). Sie wird durch die horizontale Lichtstärke einer Hefnerlampe (S. 231) dargestellt.

Die Leuchtdichte 1 HK/qcm hat ein Körper, der pro qcm leuchtender Fläche Licht von der Stärke einer Hefnerkerze aussendet.

Lichtstrom. Eine punktförmige Lichtquelle sende nach allen Richtungen hin die Lichtstärke 1 HK. Wir denken uns um die Lichtquelle eine Einheitskugel (Radius 1 m) gelegt. Dann ist der innerhalb eines Lichtkegels, der aus der Einheitskugel die Fläche 1 qm ausschneidet, ausgestrahlte Lichtstrom (= Lichtenergie-Ausstrahlung pro Sekunde) ein Lumen (Lm).

Insgesamt sendet die Lichtquelle 4π Lumen aus, da die Oberfläche der Einheitskugel 4π qm beträgt.

Es ist 1 Lumen = 1,5 Erg/sec = $1{,}5 \cdot 10^{-7}$ Watt.

Einheit der Lichtmenge ist die Lumenstunde (Lmh). Sie wird dargestellt durch die Lichtmenge (Energie), die durch den Lichtstrom 1 Lumen in 1 Stunde ausgestrahlt wird.

Einheit der Beleuchtungsstärke ist das Lux (Lx), das ist die Beleuchtung, die der Lichtstrom 1 Lumen auf der Fläche von 1 qm hervorruft, oder die Beleuchtung, die eine Lichtquelle von 1 HK Lichtstärke bei senkrechtem Lichteinfall auf einer 1 m von ihr entfernten Fläche erzeugt.

III. Mathematische Anmerkungen.

1. Nennt man in einem rechtwinkligen Dreieck die dem Winkel α gegenüberliegende Kathete a, die anliegende Kathete b, die Hypotenuse c, so ist

$$\sin\alpha = a/c\,, \qquad \cos\alpha = b/c\,,$$
$$\operatorname{tg}\alpha = a/b\,, \qquad \operatorname{cotg}\alpha = b/a\,.$$

2. Für jeden Winkel α gilt

$$2\sin\alpha\cos\alpha = \sin 2\alpha\,. \quad \text{(S. 9.)}$$

3. Nennt man in einem beliebigen Dreieck die dem Winkel α gegenüberliegende Seite a, die beiden anliegenden Seiten b und c, so lautet der sog. „Cosinussatz“:

$$a^2 = b^2 + c^2 - 2\,bc\cos\alpha\,. \quad \text{(S. 9.)}$$

4. Zeichnet man in einem Kreis vom Radius r einen Zentriwinkel $2\,\alpha$ und nennt die zwischen den Endpunkten der Schenkel liegende Sehne s_1, so ergibt sich, wenn man noch vom Kreismittelpunkt das Lot auf die Sehne fällt,

$$s_1 = 2\,r\sin\alpha\,.$$

Nennt man die zu einem anderen Zentriwinkel $2\,\beta$ gehörige Sehne s_2, so ist

$$s_2 = 2\,r\sin\beta$$

und

$$s_1 : s_2 = \sin\alpha : \sin\beta\,.$$

Es seien nun die zwischen den Schenkeln der Zentriwinkel liegenden Kreisbögen b_1 und b_2, so ist

$$b_1 : b_2 = 2\,\alpha : 2\,\beta = \alpha : \beta\,.$$

Für sehr kleine Winkel ist nun offenbar die Sehne sehr angenähert gleich dem Kreisbogen, daher

$$s_1 : s_2 \approx b_1 : b_2\,;$$

daraus folgt für kleine Winkel

$$\sin\alpha : \sin\beta \approx \alpha : \beta\,. \quad \text{(S. 243.)}$$

5. Es ist $\dfrac{1}{1-a} = 1 + a + \dfrac{a^2}{1-a}$, wie man durch Ausrechnen (Erweitern mit $1-a$) leicht beweisen kann. Ist nun a sehr klein gegen 1 ($a \ll 1$, gelesen: a sehr viel kleiner als 1), so ist a^2 und auch $a^2 : (1-a)$ eine noch sehr viel kleinere Größe; es ist daher mit guter Annäherung

$$1 : (1-a) \approx 1 + a\,. \quad \text{(S. 64).}$$

6. Ist $v \ll c$, so ist $v/c \ll 1$, daher nach dem Vorstehenden

$$\frac{c}{c-v} = \frac{1}{1-v/c} \approx 1 + \frac{v}{c} = \frac{c+v}{c}\,. \quad \text{(S. 95.)}$$

Namen- und Sachverzeichnis.

(Die Zahlen geben die Seiten an.)

Neues pharmazeutisches Manual. Von **Eugen Dieterich.** Vierzehnte, verbesserte und erweiterte Auflage, bearbeitet von Dr. **Wilhelm Kerkhof,** ehemaligem Direktor der Chemischen Fabrik Helfenberg A.-G. vormals Eugen Dieterich, herausgegeben von der **Chemischen Fabrik Helfenberg A.-G.** vormals Eugen Dieterich, Helfenberg bei Dresden. Mit 156 Textabbildungen. (833 S.) 1924. Gebunden 21 Goldmark

Anleitung zur Erkennung und Prüfung aller im Deutschen Arzneibuche, fünfte Ausgabe, aufgenommenen Arzneimittel mit Erläuterung der bei der Prüfung der chemischen Präparate sich abspielenden chemischen Prozesse. Zugleich ein Leitfaden bei Apothekenmusterungen für Apotheker und Ärzte. Von Apotheker Dr. **Max Biechele †.** Mit einem Anhang: Anleitung zur Darstellung, Prüfung und Verwendung der offiziellen volumetrischen Lösungen. Vierzehnte, neu bearbeitete Auflage. (646 S.) 1922. Gebunden 9 Goldmark

Die chemischen und physikalischen Prüfungsmethoden des Deutschen Arzneibuches, 5. Ausgabe. Aus dem Laboratorium der Handelsgesellschaft Deutscher Apotheker von Dr. **J. Herzog** und **A. Hanner.** Zweite, völlig umgearbeitete Auflage. Mit 10 Textabbildungen. (429 S.) 1924. Gebunden 14 Goldmark

Bakteriologie, Serologie und Sterilisation im Apothekenbetriebe. Mit eingehender Berücksichtigung der Herstellung steriler Lösungen in Ampullen. Von Dr. **Conrad Stich,** Leipzig. Vierte, verbesserte und vermehrte Auflage. Mit 151 zum Teil farbigen Textabbildungen. (330 S.) 1924. Gebunden 15 Goldmark

Neue Arzneimittel und pharmazeutische Spezialitäten einschließlich der neuen Drogen, Organ- und Serumpräparate, mit zahlreichen Vorschriften zu Ersatzmitteln und einer Erklärung der gebräuchlichsten medizinischen Kunstausdrücke. Von **G. Arends,** Apotheker.
Siebente Auflage. Unter der Presse.

Spezialitäten und Geheimmittel aus den Gebieten der Medizin, Technik, Kosmetik und Nahrungsmittelindustrie. Ihre Herkunft und Zusammensetzung. Eine Sammlung von Analysen und Gutachten von **G. Arends.** Achte, vermehrte und verbesserte Auflage des von **E. Hahn** und **J. Holfert** begründeten gleichnamigen Buches. (568 S.) 1924. Gebunden 12 Goldmark

Handbuch der Drogisten-Praxis. Ein Lehr- und Nachschlagebuch für Drogisten, Farbwarenhändler usw. Im Entwurf vom Drogisten-Verband preisgekrönte Arbeit. Von **G. A. Buchheister.** Vierzehnte, neubearbeitete und vermehrte Auflage von **Georg Ottersbach,** Hamburg. Mit 621 in den Text gedruckten Abbildungen. (1504 S.) 1921. Gebunden 32 Goldmark

Vorschriftenbuch für Drogisten. Von **G. A. Buchheister.** Die Herstellung der gebräuchlichen Verkaufsartikel. Neunte, neubearbeitete Auflage von **Georg Ottersbach,** Hamburg. (Zweiter Band des Handbuches der Drogisten-Praxis. Ein Lehr- und Nachschlagebuch für Drogisten, Farbwarenhändler usw. Im Entwurf vom Deutschen Drogisten-Verbande preisgekrönte Arbeit von G. A. Buchheister. In neuer Bearbeitung von Georg Ottersbach in Hamburg.) (797 S.) 1922. Gebunden 20 Goldmark